第十届全国商品砂浆
学术交流会论文集

Proceedings of the 10th National Symposium
on Commercial Mortar

主 编 王培铭 张国防
　　　 孙振平 张永明

中国建材工业出版社
北 京

图书在版编目（CIP）数据

第十届全国商品砂浆学术交流会论文集/王培铭等主编．--北京：中国建材工业出版社，2024.11.
ISBN 978-7-5160-4226-7

Ⅰ.TQ177.6-53

中国国家版本馆CIP数据核字第2024K33R81号

第十届全国商品砂浆学术交流会论文集
DI-SHI JIE QUANGUO SHANGPIN SHAJIANG XUESHU JIAOLIUHUI LUNWENJI
主　编　王培铭　张国防　孙振平　张永明

出版发行：**中国建材工业出版社**
地　　址：北京市西城区白纸坊东街2号院6号楼
邮　　编：100054
经　　销：全国各地新华书店
印　　刷：北京印刷集团有限责任公司
开　　本：787mm×1092mm　1/16
印　　张：33.5
字　　数：700千字
版　　次：2024年11月第1版
印　　次：2024年11月第1次
定　　价：198.00元

本社网址：www.jccbs.com，微信公众号：zgjskjcbs
请选用正版图书，采购、销售盗版图书属违法行为
版权专有，盗版必究。本社法律顾问：北京天驰君泰律师事务所，张杰律师
举报信箱：zhangjie@tiantailaw.com　举报电话：(010)63567684
本书如有印装质量问题，由我社事业发展中心负责调换，联系电话：(010)63567692

第十届全国商品砂浆学术交流会(10th NSCM)

上海　2023 年 11 月 9—11 日

主办单位:中国硅酸盐学会房屋建筑材料分会
　　　　　同济大学
承办单位:同济大学
协办单位:郑州市建文特材科技有限公司
　　　　　塞拉尼斯(上海)聚合物有限公司
　　　　　中建西部建设建材科学研究院有限公司
　　　　　上海荷瑞展览有限公司
　　　　　上海增司工贸有限公司
　　　　　上海春隆节能装饰材料有限公司
　　　　　上海惠广精细化工有限公司
　　　　　佳固士新材料科技有限公司
　　　　　上海三松果新材料有限公司
　　　　　上海同材材料科技发展有限公司
　　　　　先进土木工程材料教育部重点实验室(同济大学)
　　　　　上海市建筑材料行业协会干混砂浆分会
　　　　　建筑材料学报
　　　　　中国砂浆网

前 言

第十届全国商品砂浆学术交流会于2023年11月9—11日在上海市举行。这是继2005年上海、2007年开封、2009年武汉、2011年上海、2013年南京、2015年济南、2017年广州、2019年天津、2021年杭州之后国内商品砂浆学术交流的又一次盛会。

自第九届全国商品砂浆学术交流会以来的两年内，商品砂浆的研究范围不断扩大，研究深度不断加深，产品门类和种类不断增多，标准和规范不断完善。本届会议旨在总结交流近两年来的研究成果，为商品砂浆的科学研究、产品研发、生产和应用提供参考。

本届会议由中国硅酸盐学会房屋建筑材料分会和同济大学主办，并由同济大学承办。会议得到协办单位郑州市建文特材科技有限公司、塞拉尼斯(上海)聚合物有限公司、先进土木工程材料教育部重点实验室(同济大学)、中建西部建设建材科学研究院有限公司、上海荷瑞展览有限公司、上海增司工贸有限公司、上海春隆节能装饰材料有限公司、上海惠广精细化工有限公司、佳固士新材料科技有限公司、上海三松果新材料有限公司、上海同材材料科技发展有限公司、上海市建筑材料行业协会干混砂浆分会、建筑材料学报、中国砂浆网等单位的大力支持。

本届会议遴选出53篇论文，汇编形成《第十届全国商品砂浆学术交流会论文集》并正式出版。该论文集涉及商品砂浆发展现状、砂浆基本性能和原材料的作用、砂浆产品研发、砂浆生产与应用技术、相关标准与测试方法等。

该论文集参编人员有刘贤萍、徐玲琳、杨晓杰、于龙、卢子臣、王茹、张世杰、苗琳琳、范树景等。在论文征集、整理和编辑过程中，同济大学材料科学与工程学院研究生冯淑瑶、杨肯、王向红、张雨祥、许慧杰、刘柏君、唐田野等也为此付出了辛勤劳动。在此一并表示深深的谢意！

由于编者水平有限，书中不足之处在所难免，敬请广大读者批评指正。

编　者
2024年7月

目 录

第一部分 综 述

35年砂浆的技术突破及科学探索 ··· 王培铭（ 3 ）
关于聚合物对水泥基材料增强增韧的讨论 ······························· 钟世云（ 29 ）
水泥自流平面层砂浆技术问题探讨 ································ 苏新禄 钱佳佳（ 44 ）
（贝利特）硫铝酸钙系列胶凝材料在特种砂浆中的应用研究 ·················· 张世杰（ 54 ）
高吸水性树脂（SAPs）对砂浆体积稳定性和抗裂性的改善及机理研究
··· 杨敬斌 孙振平（ 62 ）
煤矸石资源化利用及其在水泥中应用的研究进展
··· 张 耒 王 晶 夏京亮 宋普涛 冷发光（ 71 ）

第二部分 砂浆基本性能和原材料作用

聚合物对MWCNTs/水泥复合浆体流变性能的影响
··· 刘 科 张世伟 王 茹（ 81 ）
可再分散乳胶粉与纤维素醚共同作用对硅酸盐水泥性能的影响
··· 康 旺 黄天勇 张 莹 赵宇翔 李 扬（ 92 ）
聚合物掺量梯度变化对水泥砂浆性能的影响 ······················ 潘 晔 卢子臣（100）
生物胶对新拌水泥浆体流变性能的影响 ······ 左彦峰 易玥彤 张艺勐 李崇智（108）
$C_{12}A_7$与轻质碳酸钙复合体系的水化行为研究
··· 郑亚林 王 冲 周 帅 熊光启（121）
偏高岭土和石灰石对低热微膨胀水泥强度的影响
··· 丁旭鹏 施小龙 张建平 武双磊（135）
激发剂对赤泥-黄金尾矿-碱矿渣体系性能的影响研究
··· 崔皓楠 程海丽 黄天勇 杨飞华（144）
三种铜矿渣作为辅助性胶凝材料用于砂浆的性能及减碳效应研究
··· 闫珠华 孙振平 罗 琼 李志林 杨春云 马跃飞 王志立（154）
硅藻土/聚丙烯酸钠复合材料的调湿性能
··· 王 旭 付建鹏 朱 斌 邓 妮 武双磊（160）

白色锆硅微粉在高强度砂浆中的性能表现及优势
................................武海龙 刘 涛 刘 晓 石俊花 韩晓佳（171）
磷铝酸盐水泥对海砂包覆以及抗氯离子性能的研究
....张 露 毕海峰 王守德 赵丕琪（178）
养护温度对聚合物改性砂浆瓷砖粘结剂收缩及粘结强度的影响
....刘志伟 卢子臣（190）
养护温湿度对聚合物水泥砂浆粘贴瓷砖拉伸粘结强度的影响
................................胡莹莹 杭法付 雷 蕾 叶 勇 范树景 王培铭（197）
碱处理对聚合物改性水泥砂浆力学性能的影响
....安艳菲 杭法付 张心怡 范树景（206）

第三部分　砂浆的产品研发

磷建筑石膏基自流平砂浆改性与应用技术研究
....马保国 陈 偏 咸华辉 杨 琪（217）
缓凝剂对石膏砂浆性能的影响 ············· 苏新禄 郑媛媛 钱佳佳 时 磊（227）
聚丙烯酸钠在石膏砂浆中的可行性研究
....沈学鹏 丁 浩 李东旭 陈 浩（235）
灰钙对脱硫抹灰石膏性能影响初探
....王 颖 张 乐 陈建国（243）
酒石酸对聚合物水泥基防水涂料性能的影响研究
....陆小培 郑 薇 张国防（251）
有关单组分防水涂料耐水性的研究
................................陈孝鹏 王纯利 胡 乾 张英杰 狄 旭（263）
减缩剂对聚合物水泥防水砂浆性能的影响研究
................................王振兴 赵 伦 严兴李 伍艳峰 邢巨元（270）
聚合物水泥防水砂浆的性能测试研究
....黄业盛 张伶俐 罗 慧（277）
高性能聚合物水泥防水砂浆的研究
................................张 洁 鲁统卫 蔡贵生 王林茂 杜 义（285）
全疏水砂浆的制备及其耐久性的研究
....苏延俐 梁 辰 赵丕琪 芦令超（294）
不同胶粉类型的抹面砂浆耐久性演变规律
....王 娟 董庆广 姚苏皖（306）
硫酸钙晶型对修补砂浆工作性能的影响研究
....丁 浩 沈学鹏 李东旭 陈爱丽（314）
外加剂对混凝土结构修补砂浆性能影响的研究
....陈向娟 章银祥 田胜力 邱军付（323）

新型相变保温砂浆的制备及研究
……………………………………………… 肖力光　蒋大伟　李晶辉　尚小月（329）
建筑固废制备气凝胶及气凝胶保温砂浆的研究
……………………………………… 孙振平　张　挺　杨海静　李　飞　胡江伦（340）
再生骨料级配对矿渣硫铝酸盐水泥基回填砂浆物理力学性能的影响
……………………………………… 蔡　强　浦明波　杨　肯　李文杰　徐玲琳（348）
掺入回收风电叶片复合材料时瓷砖胶的柔韧性
……………………………………………… 李　建　郭鲲鹏　冯少光　耿　翔（354）
风电基础专用超早强高抗裂灌浆料的制备与性能研究
……………………………………………………………………… 杨　虎　马保国（368）
不同级配铁尾矿砂对盾构注浆材料性能影响研究
……………………………………… 杨文秀　宋昱璋　赵青林　周明凯　马文杰（376）
装饰用粉体涂料的研究
………………………………… 闫慧聪　于利华　冯秀艳　滕朝晖　国爱丽　刘　佳（387）

第四部分　砂浆的生产与应用技术

水泥基类刚性防水材料及其应用
……………………………………… 沈春林　褚建军　王玉峰　李　伟　孟亚楠（397）
水泥厂翻新聚合物水泥防水装饰一体化涂料施工技术研究
……………………………………………… 罗建光　侯燕深　柳文君　修成铁（407）
启新远程控制砂浆全自动生产系统 ………………………………………… 胡元平（414）

第五部分　砂浆的标准与测试方法

预拌砂浆标准中存在的问题及对策研究
……………………………………………… 章银祥　王肇嘉　陈向娟　邱军付（425）
聚合物水泥防水砂浆和浆料产品及标准修订设想
……………………………………… 沈春林　褚建军　王玉峰　李　伟　孟亚楠（432）
聚合物改性水泥砂浆晾置时间与拉伸粘结强度关联分析
……………………………………………… 张心怡　范树景　杭法付　叶　勇（439）
不同拌和机制、拌和量及加荷速度对干混砂浆试验测试结果影响规律的研究
……………………………………………… 朱　诚　江海燕　文春燕　王大莲（449）

第六部分　其　他

内掺水泥基渗透结晶型防水材料混凝土配合比设计及其性能研究
……………………………………… 沈春林　高　岩　王玉峰　李　伟　孟亚楠　胡金亮（461）

水电站大体积混凝土缺陷修复和效果检测措施
············ 陈森森　王玉峰　赵灿辉　李　康　孙晨让　顾生丰　叶　锐（472）
高效水分蒸发抑制方法对超高性能混凝土适用性研究
·· 方寅生　秦兆权（483）
高纤维体积率GRC材料的韧性性能研究
············ 张亚晴　王玉峰　沈春林　孟亚楠　李　伟　李　英　蒋　怡（489）
基于生命周期的工业副产石膏制备胶凝材料碳足迹评价
······································ 李　莹　段鹏选　倪　文　张大江（499）
水硬性石灰的制备 ·························· 苏泓霖　左彦峰　刘　航　何　焜（512）

第一部分
综 述

35年砂浆的技术突破及科学探索

王培铭

(同济大学材料科学与工程学院,上海 200092)

摘 要:简要介绍了国内自有产品以来35年间我国在砂浆产业领域的技术突破,更多篇幅论述了新世纪在砂浆研发方面的科学探索所取得的重要进展,对应已举办的10次全国商品砂浆学术交流会的各自主题,归纳了10个科学问题,并吸纳了国内外其他学者的相应研究成果。展现了我国在砂浆领域的技术突破和科学探索方面已经取得长足的发展,但是仍有较大的发展空间,特别是在砂浆的微观结构及其与宏观性能的关系研究领域仍是任重道远。

关键词:商品砂浆;技术突破;科学探索;学术会议

Technological Breakthroughs and Scientific Explorations of Mortar in Recent Thirty-five Years

Wang Peiming

(School of Materials Science and Engineering, Tongji University, Shanghai 200092)

Abstract: In this paper, the technological breakthroughs of mortar industry in China over the past 35 years were introduced in brief. The main developments on the scientific explorations of the mortar since the new century were discussed in detail. Based on the topics of the past ten national conferences on commercial mortar, and combined with the researches of other scholars at home and abroad, ten scientific issues on mortar were summarized. In summary, China has achieved significant progress in the technological breakthroughs and scientific explorations of mortar industry，but there is still considerable development potential，especially in the research field of the microstructure and its relationship with the properties of mortars.

Keywords：commercial mortar；technological breakthroughs；scientific explorations；academic conference

0 引言

自 20 世纪 80 年代末叶迄今为止，我国的砂浆产业化的发展已经走过 35 年的历程，最初在工厂生产的砂浆实际只有一两种产品，笔者等[1]在 1995 年提出"商品砂浆"的概念，制定相应的标准，旨在使各种专用砂浆和特种砂浆成为产品，包含预（干）混砂浆。1999 年 7 月 21 日国家建材局发布的《新型建材及产品发展导向目录》将聚合物干混砂浆列为重点发展的产品之一。次年 2 月上海建筑业管理办公室发布《关于上海市建设工程推行试用商品砂浆的通知》。2001 年和 2002 年广州和上海前后出台了推广和发展商品砂浆的政策。2007 年和 2009 年商务部、公安部、建设部（住房城乡建设部）、交通部（交通运输部）、国家质量监督检验检疫总局（国家市场监督管理总局）和国家环境保护总局（生态环境部）两次发布关于在部分城市限期禁止现场搅拌（"搅拌"应为"配制"，笔者注）砂浆工作的通知，将砂浆产业化推上一个高潮。行业协会和学会也积极行动起来，如 2004 年中国散装水泥协会干混砂浆专业委员会、中国砂浆网、2005 年中国硅酸盐学会房屋建筑材料分会干混砂浆专业委员会、2008 年中国陶瓷协会瓷砖粘贴专业委员会、2014 年中国建筑材料联合会预拌砂浆分会相继成立，并长期举办砂浆产业化的技术和学术交流会，为砂浆产业发展助力。

本文简要论述商品砂浆自国内生产以来的技术突破及相应的科学研究，后者主要以中国硅酸盐学会房屋建筑材料分会干混砂浆专业委员会与合作单位共同承办的十次全国砂浆学术交流会的论文为依据。

1 砂浆的技术突破

从我国砂浆产业化那年开始以来，既有国外引进技术，也有自主研发技术。1988 年北京市化学建材材料实验厂和上海曹杨建筑黏合剂厂几乎同时开始生产干混砂浆，也是走的这两种不同的技术路线。自那以后，商品砂浆的生产及上下游企业不断出现，其中不乏国外的知名企业进入中国，国内企业的规模也越来越大。根据中国建筑材料联合会预拌砂浆分会统计数据，2023 年砂浆企业约 1 万家，全年产量达 3 亿吨，其中特种砂浆约占三分之一，陶瓷砖粘贴砂浆、防水砂浆、自流平砂浆、建筑保温配套砂浆等产量占比较大。

相应地，我国颁布关于干混砂浆产品的国家和行业标准超过 60 部，有的标准只含有一种产品，有的含有多种产品，也有的标准相互重复的（因行业不同或时间段不同导致），有多部标准已进行过修订，甚至现行的行业标准 JC/T 547《陶瓷砖胶粘剂》已经历了两次修订。这些标准含 70 多种独立的砂浆品种（即不包含重复的），将这些种类进一步归类，可以分为 12 大类 60 小类，见表 1 和表 2。除了这些商品砂浆品种以外，还有尚无标准对应的砂浆种类，如机铺砌筑砂浆、机砌砌筑砂浆、机抹砂浆、无尘砂浆等，这些砂浆在国内，有的技术已经成熟，有的技术还在完善中。有些砂浆种类，国外已有而国内尚无，如饼干砌筑砂浆、阻盐砂浆等。

表 1 干混砂浆的产品标准数量随颁布年份分布（仅限于国家和行业标准）

年份	标准数量					包含砂浆种类			备注
	国家标准	行业标准			合计	原数	重复情况*	净数	
		建材	建筑工程	交通运输					
1995		1			1	1		1	
2000		1			1	1		1	
2001	1	1			2	4		4	
2002		2			2	2		2	
2003			1		1	2	2（作废）	0	
2005		3			3	3		3	
2006	1	3			4	4		4	
2007		3	1		4	17	14	3	
2009	2				2	2		2	
2010	2		2		4	15	9	6	
2011		2	2		4	6	1	5	
2012	1		1		2	5		5	
2013	1		3		4	12	8	4	
2014	1		1		2	4	2	2	
2015		3	1		4	6		6	
2016		2			2	4		4	
2017		2	1	1	4	5		5	
2018		5		1	6	6		6	
2019		1		1	2	2		2	
2020		2			2	4	2	2	
2021	1	1			2	2		2	
2022		4			4	4	1	3	
总计	10	36	13	3	62	111	39	72	

* 在另外的标准里也包含相同或相似的品种，或此标准已经作废。

表2 干混砂浆的分类（仅限于现行国家和行业标准所包含的，除了一例团体标准以外）

大类（12）	小类（60）
砌筑	普通砌筑砂浆，薄层砌筑砂浆，混凝土砌块砌筑砂浆
抹灰	普通抹灰砂浆，薄层抹灰砂浆，抹灰石膏，机喷砂浆
地面	普通地面砂浆，水泥基自流平砂浆，石膏基自流平砂浆，混凝土地面用水泥基耐磨材料，透水砂浆
粘贴	陶瓷砖粘结砂浆，石材粘结砂浆，石膏粘结砂浆
装饰	墙面饰面砂浆，造型砂浆（团体标准），石灰饰面砂浆
填缝	陶瓷砖填缝砂浆，外墙外保温体系界面填缝砂浆
密封	坐浆料，接缝料
界面	水泥混凝土界面砂浆，加气混凝土界面砂浆，水泥基自流平砂浆用界面砂浆，外墙外保温体系界面砂浆
灌浆	钢筋套筒灌浆料，钢筋浆锚灌浆料，机器基础灌浆料，桥梁支座灌浆料
修缮	修补砂浆，加固砂浆，灌浆材料
防水防火隔声	普通防水砂浆，聚合物水泥防水砂浆，堵漏砂浆，水泥渗透结晶型防水材料，不发火砂浆，隔声砂浆
复合保温体系	EPS颗粒保温砂浆及防护砂浆；无机保温砂浆及防护砂浆，保温板粘结砂浆，保温板防护砂浆，储能调温砂浆

注：有些砂浆品种名称与标准不同。

总结了上述砂浆种类，有的从一开始就是自主研发的，也有通过引进消化的，但国内都能自主生产，绝大多数砂浆的性能指标都和国际接轨，甚至在某些方面有所超越。因此，35年的砂浆技术突破，成就斐然，基本赶上先进工业国一个多世纪的发展水平。当然国内的快速发展也与原材料的供应有关，有些重要的原材料20世纪60年代才问世。

2 砂浆的科学探索

如果说国内砂浆产业化的技术开发始于20世纪80年代，则砂浆材料的科学探索始于两个年代。本文主要以近18年的10次全国商品砂浆学术交流会的论文为依据，归纳围绕砂浆微观结构研究涉及的科学问题。这10次全国商品砂浆学术交流会论文集收录了500多篇论文，其中100多篇属于"学术"论文。所谓"学术"论文，这里指论述砂浆显微结构及其与宏观性能关系的论文。从这些"学术"论文中归纳科学问题，以每一届为主归纳一个问题，共计10个问题，见表3。

表3 由十次全国商品砂浆学术交流会归纳出的十个科学问题

会议情况			科学问题
届次	时间	地点	
一	2005.11	上海	聚合物分散体的增韧原理
二	2007.11	开封	轻质骨料的导热作用差异原理

续表

会议情况			科学问题
届次	时间	地点	
三	2009.11	武汉	可溶性聚合物和聚合物分散体的协同作用原理
四	2011.11	上海	无机胶凝材料多元体系的体积稳定性问题及原理
五	2013.11	南京	饰面砂浆的泛白机理
六	2015.11	济南	聚合物分散体增强界面的普适原理
七	2017.11	广州	聚合物抵抗环境温湿度的作用原理
八	2019.11	天津	不同聚合物分散体的作用差异
九	2021.11	杭州	聚合物分散体的阻裂机理
十	2023.11	上海	砂浆科学探索所用显微方法的进步原理

2.1 聚合物分散体的增韧原理

本节涉及的聚合物指聚合物分散体,包括乳液和可再分散乳胶粉。舒尔茨(Schulze J)[2]在第一届全国商品砂浆学术交流会上介绍了其多年的研究结果,指出聚合物的增韧原理基于热塑性的聚合物乳液或可再分散乳胶粉改变了水泥砂浆的显微结构,聚合物易于在砂浆内部的孔隙及砂浆与基体的界面成膜(图1)。笔者[3]用SBR,马保国[4]用VAE,

图1 VAE在水泥砂浆中的成膜[2]

施展[5]用自制可再分散乳胶粉改性的实用水泥砂浆中均发现了聚合物网络结构。针对这种网络结构早在20世纪80年代OHAMA Y[6]在研究混凝土时就提出了模型,其后有学者如KONIETZKO A[7]、BEELDENS A等[8]对此进行了修正,也有学者进行了评述或验证,如文献[9]~[11]所示。针对聚合物网络结构是否与水泥浆体互穿及其形成条件的不同观点,Wang等[12]用环境扫描电镜证实了聚合物掺量是一个重要条件,与大多数学者观点一致的是砂浆的某些区域有立体网状的聚合物膜形成[图2(a)、(b)],可想而知,试验过程中故意用酸蚀掉的水泥水化产物必然也属于网状结构,两者互相交织。另外,水泥水化产物之一的氢氧化钙晶体层间还会形成网状聚合物膜[3],这种膜结构的形成使砂浆内部,特别是水泥浆体和骨料界面上的微裂纹减少,这就有利于抗拉强度及相对应的抗折强度的提高,即裂纹形成所需的能量是通过聚合物的作用而提高[13]。当然,由于聚合物所形成的膜弹性模量较低,水泥砂浆的弹性模量随之较低。也正是如此,水泥砂浆的脆性降低,韧性提高。如果聚合物掺量不足,如SBR掺量5%时,就不能形成连续的膜[图2(c)],韧性也就得不到提高。舒尔茨证明了水泥砂浆中的聚合物膜结构可以在室内外放置10年长期存在[2],张量等[14]引用的文献[15]证明,含氯乙烯的乳胶膜结构在水泥砂浆浸水后也没有发生变化,具有良好的耐水性。

然而,聚合物和水泥水化产物是否具有化学键合作用,至今尚未得到试验证明。

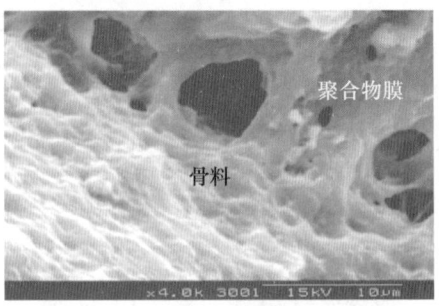

(a)聚灰比0.08,水泥浆体内部　　　　(b)聚灰比0.08,水泥浆体与骨料界面

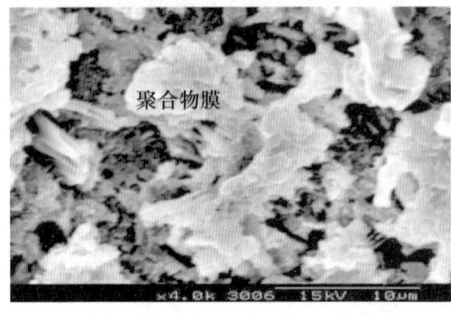

(c)聚灰比0.05,水泥浆体内部　　　　(d)聚灰比0.05,水泥浆体与骨料界面

图2　两种不同聚灰比的水泥砂浆中的丁苯乳液成膜[12]

2.2　轻质骨料的导热作用差异原理

在第二届全国商品砂浆学术交流会上,有8篇关于轻质砂浆的论文[16-23]。如果考虑到其他届数,不乏关于轻质骨料的作用原理的论文[23-27],从中可以看出轻质骨料微观结构的差异。

笔者和张国防[16]综合了当时国内外关于保温砂浆的研究进展,指出砂浆中浆体的轻量化和轻骨料的运用是降低砂浆表观密度和热导性、提高其服役期间保温效果的双重技术。浆体的轻量化主要依靠所用化学外加剂对浆体的引气作用,而在轻骨料方面是依靠骨料的真密度和多孔性质,后者如图3所示。

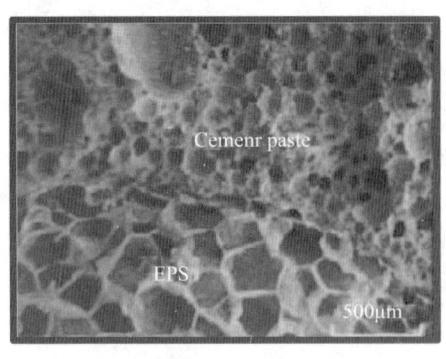
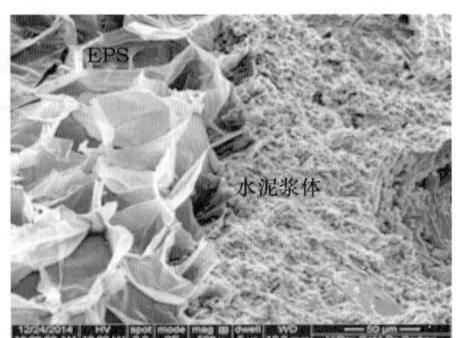

(a)文献[24]　　　　　　　　　　(b)文献[28]

图3　保温砂浆中水泥浆体和EPS颗粒及其界面形貌[24,28]

轻骨料主要是一些多孔的无机或有机材料，例如陶砂、膨胀珍珠岩、玻化微珠、中空玻珠、聚苯乙烯泡沫（EPS）颗粒、玉米棒芯等。范树景等[25]比较了玻化微珠和EPS颗粒的剖面形貌（图4）和堆积密度（前者为10kg/m³，后者为100kg/m³）的关系。显然，EPS之所以具有如此小的表观密度，主要是其孔壁薄而均匀。且图中不能表达而不难理解的是，孔壁材质真密度小，玻化微珠则不然。PINTO J等[26]比较了玉米棒芯与EPS颗粒的剖面形貌（图5），显而易见的是两者极其相似。

(a)玻化微珠　　　　　　　　　　　　(b)EPS

图4　玻化微珠和EPS剖面形貌[25]

(a)玉米棒芯　　　　　　　　　　　　(b)EPS

图5　玉米棒芯和EPS剖面形貌[26]

肖力光等[27]提出了用火山渣制备非常适于严寒地区轻质砂浆的可行性。从图6可以看出，火山渣表面形貌和范树景[28]描述的玻化微珠颗粒表面形貌类似，均有一定量的开口孔，这两种轻质骨料真密度大，且孔壁厚度大，可以制备表观密度较大的轻质砂浆。另外，利用玻化微珠的开口孔，李珠等[29]和张挺[30]分别通过不同的工艺将堆积密度极低的二氧化硅气凝胶负载于膨胀珍珠岩中，这就是说，玻化微珠的开口孔可为二氧化硅气凝胶提供收纳保护作用，还能避免开口孔因吸浆而降低保温效果，这就给二氧化硅气凝胶的更高效的可靠应用于无机保温砂浆开辟了一种新思路。

总之，除了真密度以外，轻骨料的孔腔结构对砂浆的表观密度的降低起着重要的作用。因此可以说，砂浆的导热作用差异与骨料的真密度及孔结构差异密切相关。

(a)火山渣

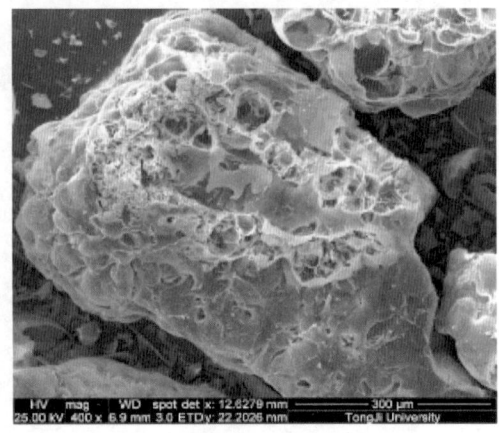
(b)玻化微珠

图 6　玻化微珠和火山渣表面形貌[27-28]

2.3　可溶性聚合物和聚合物分散体的协同作用原理

用于制备特种砂浆的聚合物有许多种，最重要的是聚合物分散体和可溶性聚合物两大类。这两大类聚合物都各自含有若干种类。两大类聚合物的性能差异巨大，一般来说，聚合物分散体可以归入有机胶凝材料，而可溶性聚合物则不然。由于它们的作用不同，随之而来的是用量差距也很大。尽管这样，我们发现两者之间仍有协同效应，有时这种作用是不可或缺的。一个很明显的实例就是属于可溶性聚合物的羟乙基甲基纤维素（HEMC）和属于聚合物分散体的乙烯醋酸乙烯酯共聚物（VAE）对挤塑聚苯板粘贴用砂浆的拉伸粘结强度发展的协同效应，见表 4。不掺 HEMC 时，在此试验所用的 VAE 掺量为 20％及其以下范围内，拉伸粘结强度均远未达到 0.2MPa，再加上拉伸试验时的破坏部位均在砂浆和挤塑聚苯板的界面上，这样的粘贴砂浆不满足国标 GB/T 30595—2014《挤塑聚苯板（XPS）薄抹灰外墙外保温系统材料》所规定的技术要求。而掺入 0.3％HEMC 后，再掺入 10％VAE，就可使拉伸粘结强度超过 0.2MPa，且拉伸试验破坏部位均在挤塑聚苯板内部。其实，单掺 0.3％MHEMC 时拉伸粘结强度只有 0.06MPa，单掺 10％VAE 时 0.1MPa，两值相加为 0.16MPa。0.3％HEMC 和 10％VAE 同时掺入时，拉伸粘结强度可达 0.22MPa，提高了近 40％，更重要的是这样的砂浆才满足上述国标的技术要求。

VAE（属聚合物分散体）和 HEMC（属可溶性聚合物）的这种协同效应原理何在？HEMC 有分散作用，分散的对象不仅是水泥浆体，而且也有 VAE。对水泥浆体来说，按张国防[31]的观察结果，掺入 HEMC 的水泥浆体，无论掺不掺 VAE，具有相似的微观结构（图 7），特别是微孔的尺寸和分布的近似性非常明显［图 7（c）、（d）］。仅掺 VAE 而不掺 HEMC 的［图 7（b）］则接近于不掺任何聚合物的［图 7（a）］。这里是从孔的变化状态看纤维素醚的分散作用。

表4 掺与不掺 HEMC 的砂浆和挤塑聚苯板基底拉伸粘结强度随 VAE 掺量的变化

VAE 掺量/%	不掺 HEMC		掺 0.3% HEMC	
	拉伸粘结强度/MPa	破坏部位	拉伸粘结强度/MPa	破坏部位
0	0.04	界面	0.06	界面
2	0.06	界面	0.08	界面
5	0.06	界面	0.13	界面
6	0.07	界面	0.15	界面/内部
7.5	0.08	界面	0.18	界面/内部
10	0.10	界面	0.22	内部
12.5	0.10	界面	0.25	内部
15	0.13	界面	0.25	内部
20	0.11	界面	0.26	内部

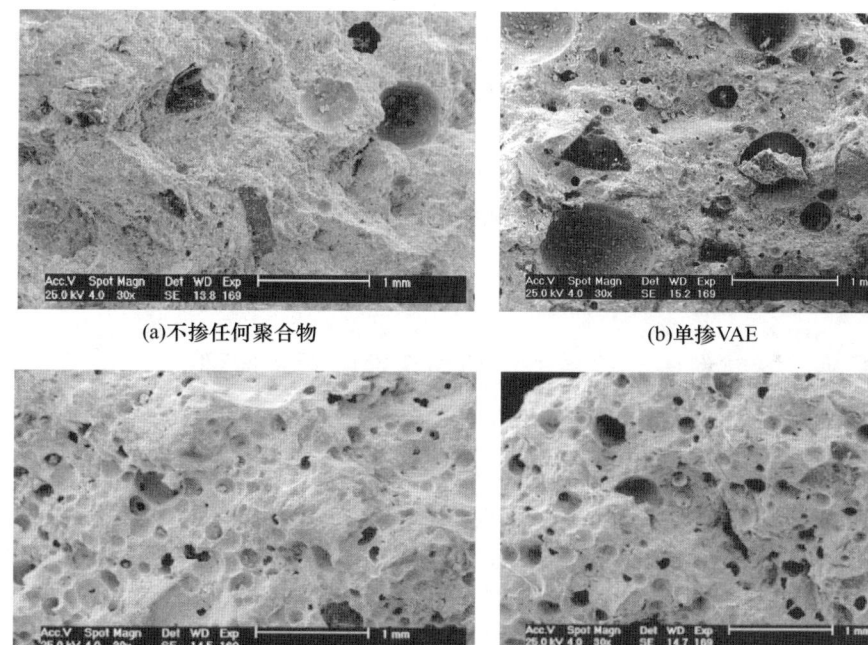

(a)不掺任何聚合物　　(b)单掺VAE
(c)单掺HEMC　　(d)同掺VAE和HEMC

图7 掺与不掺聚合物的水泥砂浆的断面形貌[31]

可溶性聚合物的这种分散作用，还可以按钟世云的观点[32]，从可溶性聚合物对聚合物分散体的成膜影响来观察。在掺有另一种可溶性聚合物 HPMC（羟丙基甲基纤维素）的 SAE（苯丙乳液）改性硬化水泥浆中，聚合物膜是由 SAE 和 HPMC 的共混物形成的。在 SAE 改性水泥浆体中，聚合物膜的形成主要是由于未被吸附的聚合物颗粒后期干燥而成。在掺 HPMC 的 SAE 改性硬化水泥浆中形成的聚合物膜当 HPMC 的掺量增大时而变薄，如图8所示。同时用 zeta 电位的测试结果证实了这一点。在乳液掺量相同的情况下，乳液成膜变薄就使膜的面积更大，消除了膜的不均匀分布，提高了乳液成膜的环箍效应乃至水泥浆体的韧性。

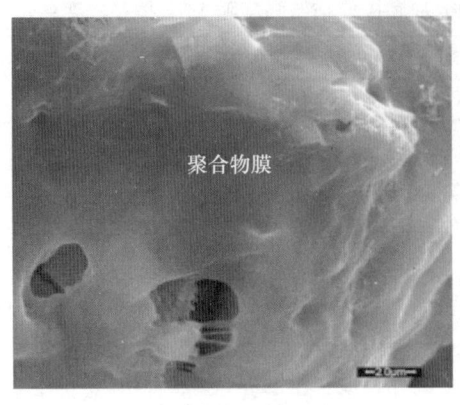 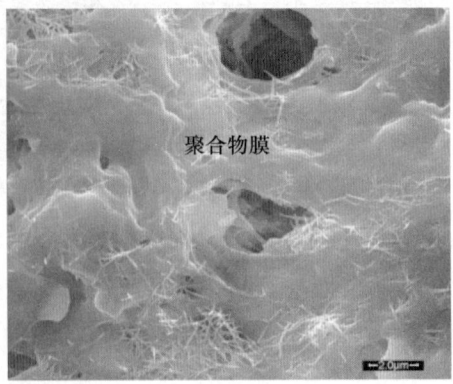

(a)HPMC0.02%　　　　　　　　(b)HPMC0.1%

图 8　掺 HPMC 的苯丙乳液改性硬化水泥浆体形貌（1%稀盐酸腐蚀）[32]

钟世云[33]在增韧的机理方面还提出了是否存在聚合物间距效应。他综合文献中水泥净浆圆环开裂、混凝土板的平板开裂、混凝土板边或角脱空落球冲击振动幅度以及混凝土板的疲劳寿命与橡胶粒子间距的数据，认为产生性能突变的临界橡胶粒子间距都在 0.4~0.5mm 之间。说明橡胶粒子间距也可以作为橡胶态聚合物增韧水泥基材料韧性转变的一个判据。橡胶粒子试验的临界粒子间距数据是否可以用来分析聚合物分散体改性水泥基材料的增韧作用，以及上述可溶性聚合物的存在是否也改变了聚合物分散体的间距，这些还需要进一步求证。

2.4　无机胶凝材料多元体系的体积稳定性问题及原理

水泥砂浆，特别是特种砂浆，有时会用多种胶凝材料混合使用，形成多元胶凝体系以使砂浆达到特定性能，甚至表现出比单元胶凝体系的性能显著优异。常见的多元胶凝体系是二元胶凝体系或三元胶凝体系。但多元胶凝体系的性质并非单调变化的，给使用者带来诸多困惑。对此，需对多元胶凝体系的性能变化进行细致的研究，找出其规律及其与微观结构的关系。

首先应提一下 MAIER S[34]建立的若干个硅酸盐水泥-铝酸盐水泥-石膏（硬石膏或半水石膏）三元胶凝体系性能（凝结时间、强度、收缩，体积稳定性）的模型，从中可以看出，硬石膏和半水石膏有相似的作用，但对应的组成区域不同，作用的程度也有不同。图 9 表达了其中一例，即硅酸盐水泥-铝酸盐水泥-α 半水石膏三元胶凝体系的收缩值分布，各组分以 10%递进，收缩值以高度和颜色区别（这里因印刷问题未能显示彩色）。A 区砂浆体积基本不变化，安定性好，早期强度高；而 B 区砂浆膨胀严重，安定性差，强度下降。

徐玲琳等[35]通过研究同样的三元胶凝体系揭示了严重膨胀导致强度下降的原因：如果掺入太多的半水石膏，浆体中则生成过量钙矾石和大量长柱状二水石膏晶体（图 10），则使浆体过度膨胀而"溃烂"，而掺无水石膏则不然。

戴浩等[36]研究硅酸盐水泥-铝酸盐水泥-石膏三元胶凝体系对水泥自流平砂浆性能的影响时，也发现掺 α-半水石膏的浆体的膨胀率比掺无水石膏和二水石膏的高得多，同样是与次生二水石膏有关。后来，戴浩等[37]再一次证实了掺 α-半水石膏的三元胶凝体系的浆体中次生二水石膏的产生及其对膨胀的贡献。

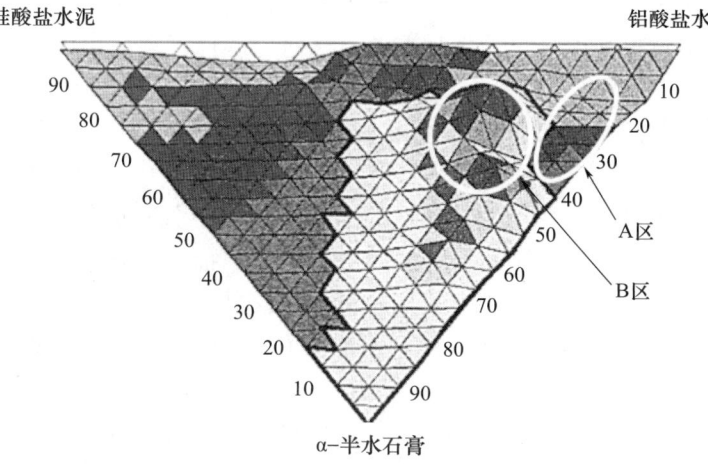

图 9　三元胶凝体系的体积变化分布图[34]

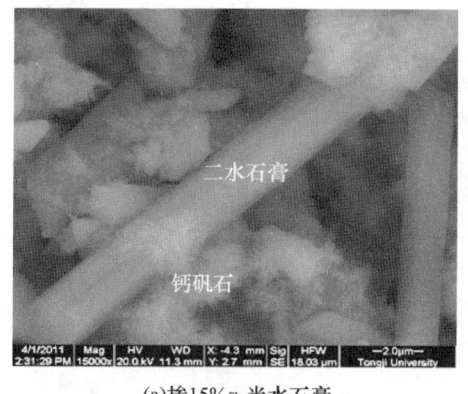 

(a)掺15%α-半水石膏　　　　　　　　(b)掺15%无水石膏

图 10　三元胶凝体系水化 1d 的形貌图[35]

王辉等[38]在研究硅酸盐水泥-铝酸盐水泥-硬石膏三元胶凝体系自流平砂浆时虽然也发现 AFt 的生成是浆体膨胀的主要原因，但随着硬石膏掺量的增加，除了次生二水石膏外，还有 AFm 对浆体膨胀的贡献。李海南等[39]通过研究同样三元胶凝体系，认为体积变化与水化产物的失水程度有关：铝酸盐水泥较多时，其生成的铝胶 AH3 增多，失水多，体积收缩大，加入石膏后，因形成 AFt 又使收缩变小。

孙科科等[40]在研究硅酸盐水泥-硫铝酸盐水泥二元胶凝体系砂浆时通过微观结构和宏观性能的联系，发现硫铝酸盐水泥会引起浆体微膨胀，弥补硅酸盐水泥收缩的机理，使二元体系大孔数量降低，从而使浆体更加密实。

总之，三元胶凝体系是一个复杂的体系，性质与微观结构非单调变化，研究时不能以点概面，必须进行详尽研究，才能全面揭示性能变化规律及其机制。

2.5 饰面砂浆的泛白机理

从第五届全国砂浆学术交流会开始，笔者及合作者陆续介绍了面向水泥基饰面砂浆泛白机理分析的测试方法[41-44]，及依据这些方法进一步探索的泛白机理[45-47]，摒弃了一些模糊概念。

水泥基饰面砂浆泛白机理分析方法最关键的一步是利用了光学显微镜[43]，形成人眼-光镜-电镜同位测试法，其原理如图 11 所示。选择用肉眼观察到的感兴趣的区域，或泛白区域或非泛白区域，如图中的虚线框的泛白区域，分别用光学显微镜和扫描电子显微镜在相同的放大倍数下进行观察。必要时进一步用扫描电子显微镜（光学显微镜的分辨率有限而不能继续放大）放大观察或用联机能谱仪进行元素分析，综合起来辨别泛白物。其中，光学显微镜虽然分辨率受限，但有显色功能而起了"桥梁"作用，有了它，才能将人眼所见（宏观）泛白紧密联系起来。再和电子显微镜结合才能有效辨识泛白物。当然，光学显微镜下的泛白物不一定宏观可见，但从这里可以看出哪些物质是白色的，它们的尺寸和聚集度如何，和宏观泛白面积又有何关系。

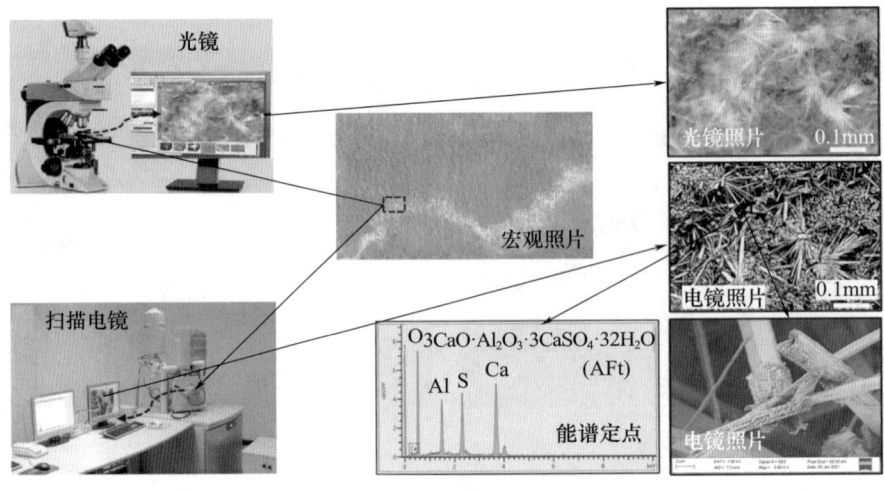

图 11　人眼（宏观）-光镜-电镜同位测试法示意图（根据文献[43]整理）

以往不用光学显微镜，而仅用电子显微分析方法或配以 X 射线衍射分析测到的饰面砂浆表面"泛白物质"只能说是疑似泛白物质。虽然在砂浆"表面"测到这些疑似泛白物质，但是，如果这些物质的颗粒尺度或其聚集度小于肉眼分辨率，宏观上就观察不到泛白。另外，由于有的测试方法的探测深度超出了表面，这些"表面"物质不一定真正来自砂浆"极"表面，这就造成一种假象。

根据人眼-光镜-电镜同位测试法，明确了饰面砂浆泛白过程的几个原本模糊的点：（1）在与水断续接触的条件下，水泥基砂浆泛白物是盐而不是碱。这些盐包括方解石、钙矾石、AFm、水化铝酸钙等。钠、钾氢氧化物难以观察得到。（2）这些泛白物有些是水化产物，如钙矾石、AFm、水化铝酸钙；有些是碳化产物，如碳酸钙。（3）这些泛白物有些是最终产物，如方解石；有些是中间产物，如水泥水化产物，随着时间还是会碳化。（4）这些泛白物必须凸出于表面，并不被颜料或其他有色物质覆盖。

总之，从化学的角度论证了泛白物的本质是水化产物和碳化产物的转变与其有效聚集度的最终形成。例如，铝酸盐水泥一元胶凝体系和铝酸盐水泥-石膏二元胶凝体系的最终泛白物质是碳化产物方解石，虽然铝胶既是最终水化产物也是碳化产物，但其呈微细针状密集体，会将颜料颗粒均匀分散并嵌住，宏观上不显其本身白色。而方解石在表面上几乎无颜料颗粒附着，若其聚集体足以使人眼分辨得出，则宏观显其本色，即泛白。

利用人眼-光镜-电镜同位测试法，徐玲琳等[45]、刘贤萍等[46]和马红恩等[47]分别探讨了硫铝酸盐水泥、铝酸盐水泥、聚合物对降低饰面砂浆泛白的作用机理。在这里，光学显微镜起到了不可或缺的重要作用。

2.6 聚合物分散体增强界面的普适原理

聚合物分散体，即聚合物乳液、可再分散乳胶粉应该是作为有机胶凝材料应用于水泥砂浆，其作用主要是改善界面，包括两个方面的界面：（1）水泥砂浆内部的界面，如水泥水化产物之间的界面，水泥水化产物和骨料的界面等；（2）水泥砂浆和邻层材料的界面，如水泥砂浆和混凝土、陶瓷、玻璃、金属、塑料等基底的界面。

在第六届全国商品砂浆学术交流会上彭宇等[48]和赵国荣等[49]分别介绍了用扫描电子显微镜背散射电子［图12（a）］和二次电子两种不同成像方式观察到的水泥浆体内部水泥水化产物之间的界面。背散射电子像中，可以看到同一平面上水化产物界面大多通过聚合物膜（有众多小圆孔的区域）联系起来。后来，彭宇等[50]再次用二次电子成像证实在水化产物之间的聚合物膜的存在［图12（b）］，这是一例晚期水化产物C-S-H凝胶和早期水化产物氢氧化钙（层状晶体）界面的聚合物膜的连接。水泥浆体和骨料的界面从上面提到的文献[10] ～ [12]中清晰可见，图2也只是其中一例。

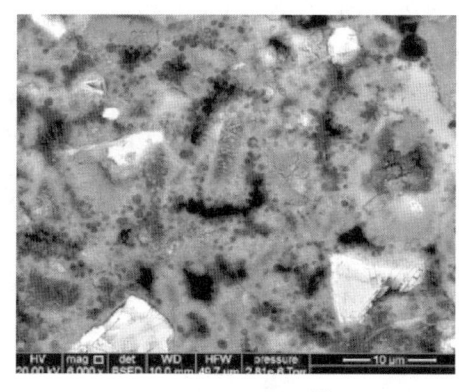 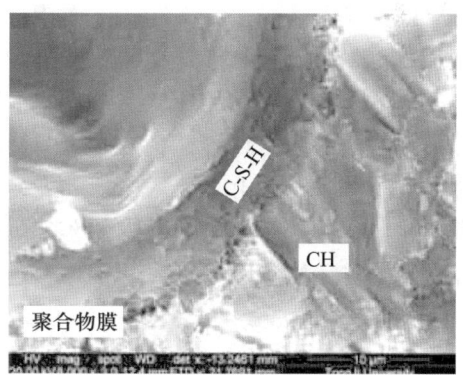

(a) 背散射电子像[48]　　　　　　　(b) 二次电子像[50]

图12　水泥水化产物之间的聚合物界面

何代华[51]和寿梦婕[52]分别观察了可再分散乳胶粉水泥砂浆和瓷砖的界面，无论瓷砖横截断面还是斜面都能清晰地观察到聚合物膜将瓷砖和水泥浆体的紧密结合，如图13所示。范树景[28]和ZUBRIGGEN R等[53]研究了可再分散乳胶粉水泥砂浆和EPS板的界面。后者指出，在EPS板的界面处和邻层水泥砂浆各物相之间形成了聚合物膜，其为复合体系提供了粘结力、内聚力和柔韧性（图14）。

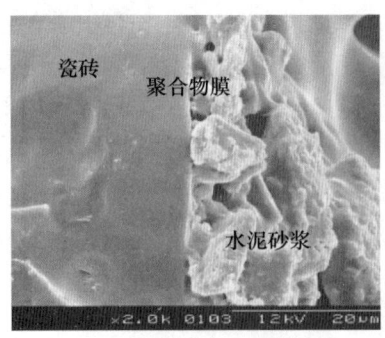
(a) 瓷砖横截断面[51]

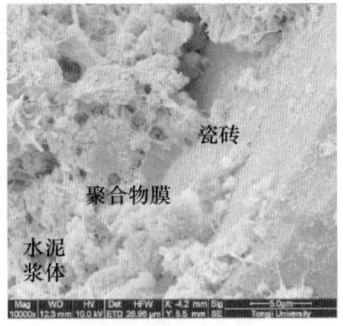
(b) 瓷砖斜面[52]

图 13　水泥砂浆与瓷砖之间的界面

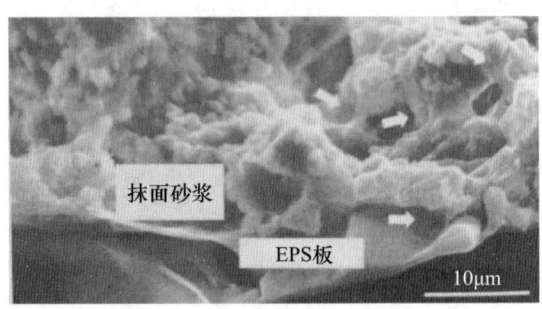

图 14　水泥砂浆与瓷砖之间的界面（箭头指向聚合物膜）[53]

2.7　聚合物抵抗环境温湿度的作用原理

聚合物在水泥砂浆中的增韧增强作用最初是在常温下或高温而不管湿度如何的条件下表现出来的。人们也期待着在特殊或极端环境温度和湿度同时处于高位的情况下也能保持聚合物的改善效果。此外从聚合物水泥砂浆使用时接触邻层的角度，也会碰到使水泥砂浆内部失水快慢的环境。而粘贴吸水率极低的瓷砖的粘结砂浆又是一个极端的场景。在这里，水泥砂浆由吸水率极低的瓷砖作为失水几乎为零的一侧，而水泥砂浆除了水化消耗的水以外的多余水的散失就落在另一侧上，这就看另一侧的邻层材料的吸水性质如何。根据实际的应用场景，邻层材料的吸水程度可以分为吸水偏强、极低和介于两者之间的多种极端情况。

（1）吸水偏强的情况

第七届全国商品砂浆学术交流会上，寿梦婕等[54]显示了吸水偏强的几种情况，即水泥基粘贴砂浆一侧是吸水率为 0.08% 的瓷砖，另一侧是温度湿度不同的空气。图 15（a）和（b）分别显示了其中两组温度湿度的例子。从中可以看出，在其他条件相同的情况下，聚合物水泥砂浆在瓷砖上的拉伸粘结强度远远低于在混凝土上的。在环境温度为 40℃、相对湿度为 80% 的条件下，单掺 VAE 时只有 9% 及其以上掺量的，或掺 6% VAE 另外再同掺 0.3% HEMC 的水泥砂浆才达到 0.5MPa 的拉伸粘结强度。而将环境温度提高到 80℃（相对湿度仍保持在 80%）时几乎没有水泥砂浆能达到 0.5MPa 的拉伸粘结强度。在更换可再分散乳胶粉再掺 0.3% HEMC 后才勉强达到 0.5MPa（研究结果另发）。

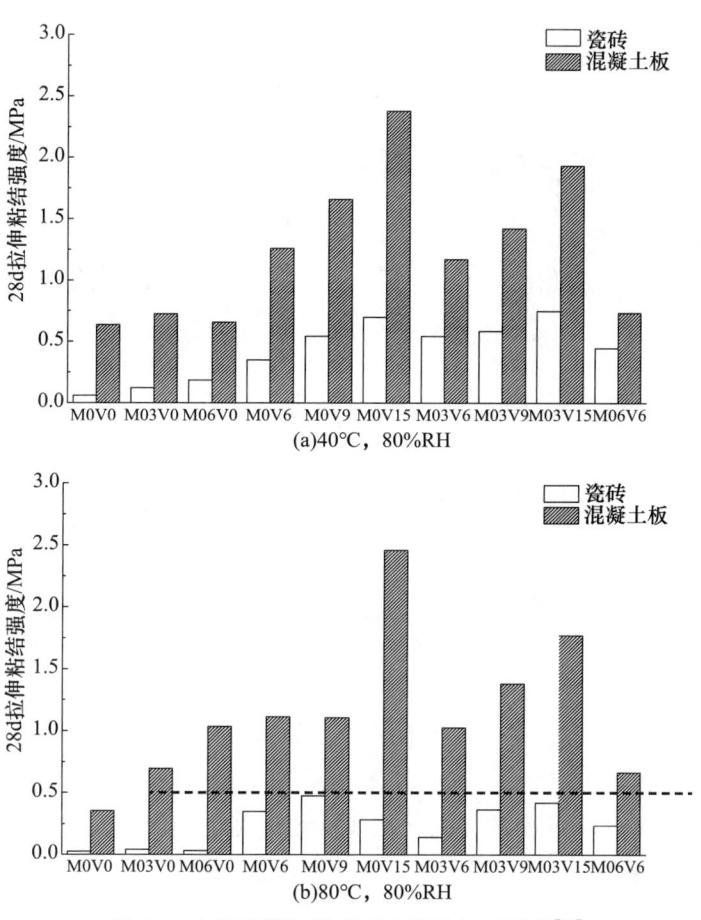

图 15 水泥砂浆与瓷砖 28d 拉伸粘结强度[54]

横坐标符号：M03—HEMC，掺量 0.3%；V15—VAE 乳胶粉，掺量 15%

显然，水泥砂浆在瓷砖上的拉伸粘结强度远远低于在混凝土上的现象是与两种基底接触面的物理形态和吸水率相关的，无论瓷砖表面的粗糙程度和吸水率都对拉伸粘结强度的发展有影响。尽管这样，掺入聚合物还是能显著提高水泥砂浆的拉伸粘结强度，且随着可再分散乳胶粉的掺量增大而效果越高。作者试图从水泥砂浆的孔结构、接触界面的形貌和氢氧化钙晶体择优取向指数等三个方面进行解释这种现象的机理。但在第一个方面没有找到能合理解释上述机理的依据（另文献[52]有详细论述）。而从接触界面的形貌和氢氧化钙晶体择优取向指数两方面获得一些解释机理的依据。

如图 16（a）所示，结合图 13，聚合物在水泥浆体和瓷砖界面上的成膜是使拉伸粘结强度比不掺聚合物的增强的关键所在，这是其一。其二，如图 16（b）所示，界面上氢氧化钙晶体择优取向指数比，掺入聚合物的比不掺聚合物的显著下降，经计算可得平均下降 30% 以上，甚至比同样掺了聚合物的水泥浆体内部（不在界面上）的氢氧化钙晶体择优取向指数也下降了近 20%。众所周知，氢氧化钙晶体择优取向指数是衡量水泥浆体和骨料界面强弱的重要指标之一，其值越高说明界面越弱。在环境温度湿度相同的情况下，聚合物的分散作用及聚合物成膜分布降低了水泥浆体和瓷砖界面上的择优取向，有利于粘结强度的发展。

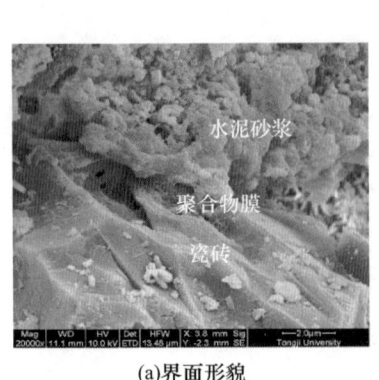 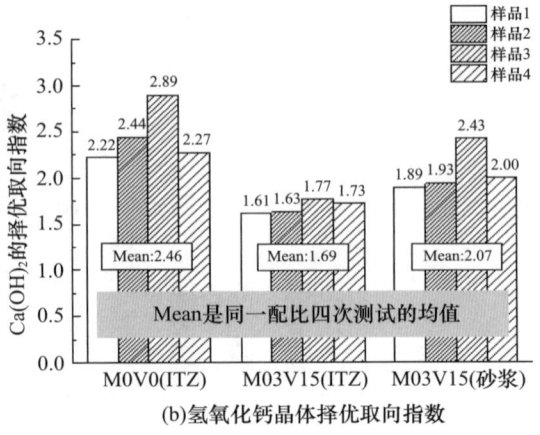

(a) 界面形貌　　　　　　　　　　(b) 氢氧化钙晶体择优取向指数

图 16　40℃，80%RH 条件下水泥砂浆与瓷砖界面形貌和氢氧化钙晶体择优取向指数[52]

（2）吸水中等的情况

为了与上述瓷砖粘结砂浆邻层吸水偏强的几种情况相对比，胡莹莹等[55]的试验采用瓷砖粘结砂浆邻层（基底）吸水中等的试验条件，即水泥基粘贴砂浆一侧是吸水率为 0.1% 的瓷砖，另一侧是吸水量为 ×××mL 的混凝土块（基底）。图 17 显示了在 95% 相对湿度条件下，不管是 20℃、40℃ 还是 70℃，可再分散乳胶粉（VAE）水泥砂浆的拉伸粘结强度远超过 0.5MPa，甚至大于 1.0MPa，即使不掺 VAE 也是这样。当乳胶粉掺量为 15% 时，随着环境温度的提高，拉伸粘结强度也在提高，这与图 13 的结果截然不同。可见在高湿度条件下，提高养护温度才能更好地发挥 VAE 的增强作用，这是因为高湿不利于聚合物的成膜，提高环境温度可以加快水泥水化，从而降低水泥浆体中的水分，促进聚合物及时成膜而发挥其作用。如果将环境湿度降至 50%RH，会更大幅度地提高拉伸粘结强度，也是因为在此条件下水泥浆体失水（通过混凝土基板）而有助于聚合物成膜。另外，刘斯凤[56]研究结果显示，环境温度提高以后，聚合物在常温下对水泥水化的抑制作用可以得到缓解。这也应是一个高温提高拉伸粘结强度的重要因素。

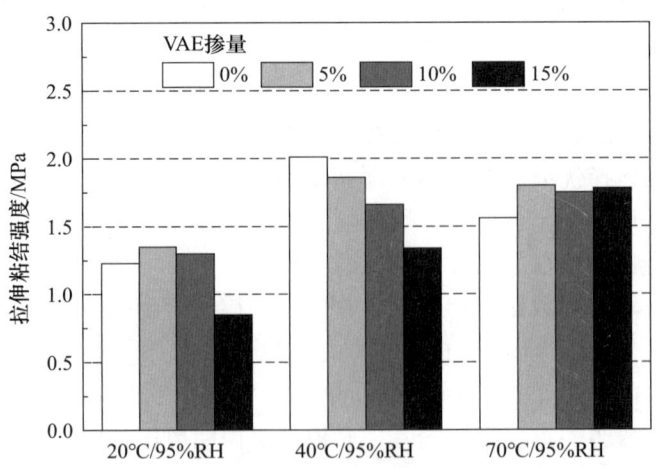

图 17　高温高湿下水泥砂浆与瓷砖 28d 拉伸粘结强度[55]

（3）吸水极低的情况

瓷砖粘结砂浆基底吸水极低的应用场景并非罕见，如在陶瓷、金属、防水材料上粘结低吸水率的瓷砖都属于此。高温、高湿或高温高湿并重的情况下在吸水率极低的基底上的粘结砂浆失效的机理尚待深入研究。

2.8 不同聚合物分散体的作用差异

用于砂浆改性的聚合物种类繁多，根据文献[10]和[57]，仅聚合物分散体（包括乳液和可再分散乳胶粉）就有十多种。但各种聚合物的作用效果不尽相同，有些甚至相差很大，在上述两篇文献中已有详述。不同聚合物的作用差异机制在第八届全国商品砂浆学术交流会及其前后也得到部分解释。

钟世云等[58]分别用三种市场品牌不同的聚合物分散体制备的水泥浆体测出的结果如图18所示。聚合物的作用差异产生原因，首先还是归结于钟世云在文献[10]报告的聚合物组成的差异。聚合物的组成对本身的性质如强度、刚性、耐水性、耐候性等有重要影响，对水泥砂浆的性能产生相应的影响，而且对水泥水化产生不同的影响，有可能加重了对砂浆的影响。

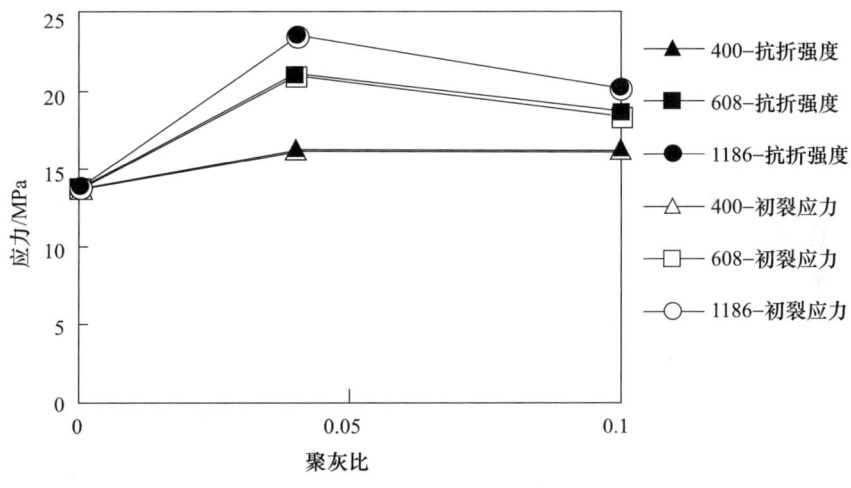

图18 三种聚合物水泥浆体抗折强度与初裂应力[58]

ZURBRIGGEN R 等[59]直接用玻璃化温度诠释了聚合物的作用差异。用玻璃化温度不同的聚合物分别在5℃和23℃下成膜后测试的应力和应变，其关系如图19所示。从此可以看出，聚合物膜本身的应力-应变曲线随玻璃化温度有天壤之别，玻璃化温度为22℃的聚合物在23℃下固化的膜呈现刚性，玻璃化温度为－4℃的表现出显著的塑性，而玻璃化温度为8℃和16℃的表现出韧性。膜的柔韧性质的变化还与固化温度有关，总体来说，固化温度低的偏向柔韧性。另外，图20显示了聚合物水泥砂浆的柔韧性与聚合物的掺量密切相关。聚合物掺量低（如15%以下），主要呈现弹性，强度和可变形性呈正相关，聚合物掺量高时，强度和可变形性呈负相关；若用玻璃化温度高的聚合物使砂浆具有高强，必然牺牲可变形性；若用玻璃化温度低的聚合物可使砂浆变形性高，但必然牺牲强度。

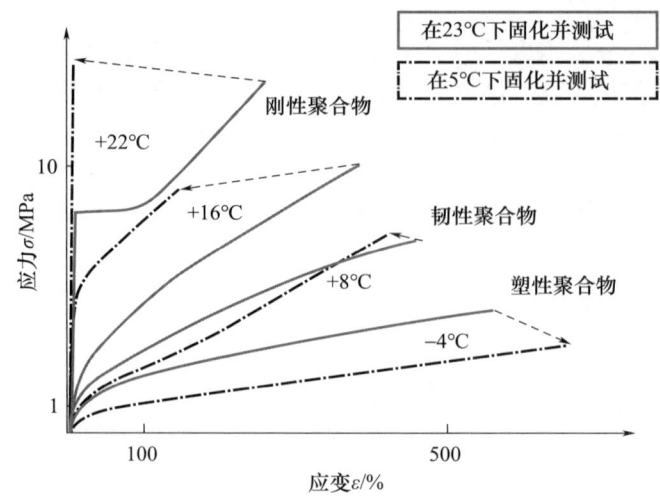

图 19　聚合物膜应力、应变与柔韧性的关系[59]

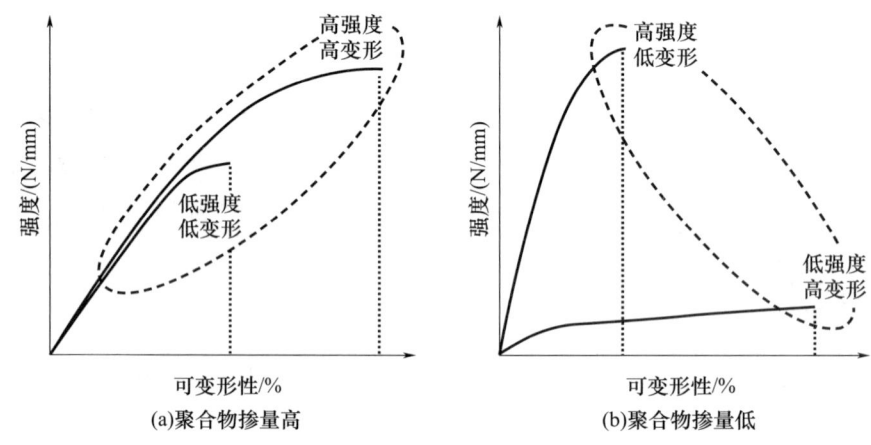

图 20　聚合物掺量不同（15％为界）时强度和变形的关系[59]

WANG R 等发现不同的聚合物不仅对水泥砂浆力学性能产生不同的作用[60]，而且对水泥基饰面砂浆的泛白也能产生显著的影响[61]，图 21 所示的分别掺入两种乳液后的红色砂浆泛白的对比便是一例。至于不同聚合物对泛白影响的差异原理还有待于深入研究。

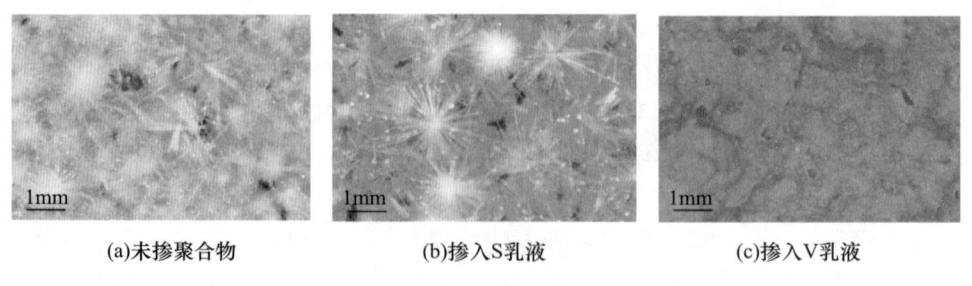

图 21　掺入不同聚合物的饰面砂浆泛白程度差异[61]

2.9 聚合物分散体的阻裂机理

邓璇在第九届全国商品砂浆学术交流会上的报告[62]，引入 Volkwein[63] 关于应变白化的概念，介绍了可再分散乳胶粉水泥防水膜桥接裂缝处受拉断裂的应变白化与荷载-位移行为的关系，如图 22 所示。位移与应变白化区域宽度的关系函数呈"S形"曲线，非连续应变白化（第一次出现应力变白）、连续应变白化（白化区形成一定宽度）、首次失效（出现黑色小孔）是位移过程的三个重要标志。非连续应变白化发生在最大荷载之前，标志着应变局部化的开始；连续应变白化发生在最大荷载之后，出现单独的、小的、局部分散的应力白化斑点，可视为应变硬化机制。非连续应变白化和连续应变白化之间的位移代表应变硬化机制阶段；连续应变白化后的应变白化区变宽，可视为应变软化机制，这一机制延续到首次失效。从连续应变白化宽度的急剧增加到减缓的变化可能与控制应变白化区加宽的机制的变化有关。

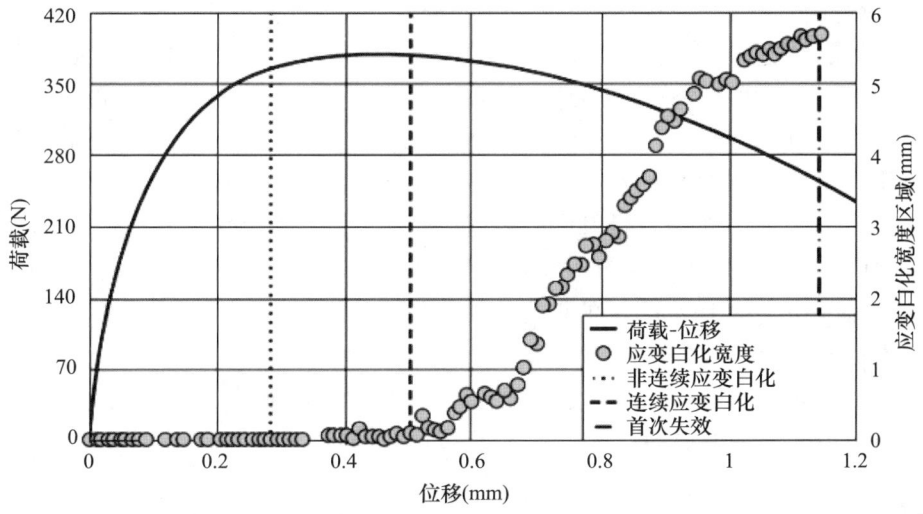

图 22 水泥基聚合物防水膜表面应变白化演变与荷载-位移行为的关系[62]

WALDVOGE M[64] 利用纤维-孔隙结构的概念表征了水泥基聚合物防水膜受拉断裂面原位显微结构的演变。图 23（a）是防水膜横截面受拉时扫描电子显微图，将图下方含有一个气孔的方框内的区域连续放大二次，如图 23（b）和（c）所示，变形以纤维-孔隙结构的形式发生于气孔的周围，纤维-孔隙结构出现在受拉方向的中纬线区域，离气孔越远，纤维-孔隙尺寸越小，这说明纤维-孔隙结构起始于气孔-膜界面后扩散到聚合物基体中。聚合物基体的持续变形集中于梯形变形体积，其又细分成主动变形体积和被动变形体积。在主动部分，聚合物基体伸展，形成纤维-孔隙结构。无所不在的非均质体（石英颗粒、水泥颗粒和气孔）起着应力集中器的作用。纤维-孔隙结构的密度在变形体积内达到最大时，通过被动伸展产生应力直至最后破裂。开裂始于基体-膜界面，沿着上述非均质体和纤维-孔结构扩展穿过防水膜。将文献[62][64]提到的力学行为和变形结构关联起来就可以弄清聚合物水泥材料复杂的弹塑变形，有利于开发更耐久的新产品。

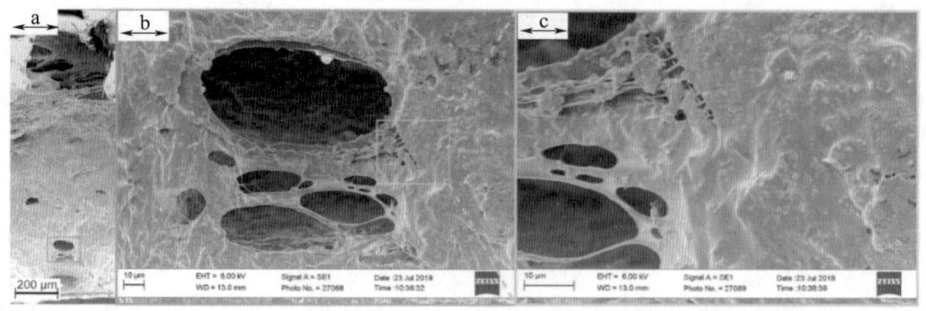

(a)气孔(红框)　　(b)(a)局部放大，气孔周边的纤维-孔结构　　(c)(b)局部放大

图 23　水泥基聚合物防水膜受拉应力（左上角箭头方向）横截面断裂前的孔形貌[64]

文献[62]还指出了聚合物在水泥砂浆中的体积占比与防水膜的最大荷载能力的关系：当聚合物体积占比占主导地位时，防水膜的最大荷载能力不再增加，但位移仍会增加，即裂纹桥接能力提高。

但需要指出的是，此文献中认为不同的聚合物所呈现的最大荷载和位移范围并不相同，即它们的增韧效果有差别。从偏宏观的角度可以用 ZURBRIGGEN 提出的聚合物玻璃化温度具有差异性来诠释（图 19、图 20）。从微观的角度可以用钟世云提出的间距效应[33]和基于泊松比效应-环箍效应的复合材料模型[58]来解释。间距效应在前面已有涉及，而关于泊松比效应-环箍效应的复合材料模型的运用，文献[58]作了如下解释：聚合物乳液在水泥浆体中形成的膜的面积最大同时厚度最小的时候，聚合物对复合材料的抗拉弹性模量和强度的贡献最大。图 16 所显示的聚合物掺量超过抗折强度最大值的聚灰比以后，抗折强度的下降现象是因为聚合物膜厚度的增加减弱了环箍效应，从而降低了聚合物膜的实际弹性模量，使其不能再发挥分担应力的作用。聚合物的组成不同，即使在掺量和水灰比相同的情况下，在砂浆中形成的膜厚度也可能不同，以至于产生上面的结果。

2.10　砂浆科学探索所用显微方法的进步原理

在第十届全国商品砂浆学术会议上，笔者归纳了用于砂浆材料科学探索用到的显微方法及其不断的进步。其实，从光学显微镜、电子显微镜到原子力显微镜等，一旦问世，人们总是跃跃欲试，企图用来揭示材料的显微结构的神秘面纱。但在砂浆研究方面，到目前为止，用得最多的还是电子显微镜，特别是扫描电子显微镜。而扫描电子显微镜，又衍生了环境扫描电子显微镜、冷冻扫描电子显微镜。另外，扫描电子显微镜的成像方式又分为二次电子成像、背散射电子成像等。为什么显微镜不断地推陈出新，是因为探索砂浆微观世界时受到显微镜的分辨力的限制、样品制备的繁难、结果解析的困扰、原始信息的失真等。

光学显微镜的失真率低，但分辨力最低；透射电子显微镜分辨力最高，但样品厚度和广度必须很小，厚 200nm 左右的砂浆样品几乎不能直接做成，结果解析也非常困难。扫描电子显微镜因其分辨率在数量级上已接近透射电子显微镜，样品制备简便，观察视域大，形貌图像立体感强，直观易懂，因此，成为研究砂浆微观结构的最有力探测手段。

扫描电子显微镜立体感强的砂浆形貌一般是用二次电子成像的，如图 24 所示。裂纹在覆有聚合物膜的气孔边缘扩展受阻和裂纹扩展贯通的形貌非常清晰［图 24（a）和（b）］；在养护初期，如 1d，聚合物成膜尚不完善，甚至有零散的聚合物原始颗粒（箭头指向）在水泥水化产物氢氧化钙晶体表面清晰可见［图 24（c）］，在除冰盐溶液里浸泡 28d 后聚合物膜并没有发生断裂［图 24（d）］。这些二次电子成像是在环境扫描电子显微镜（ESEM）进行的，所得到的形貌失真度低，不过这是相对来说的，下面我们用图 21 来对比说明。

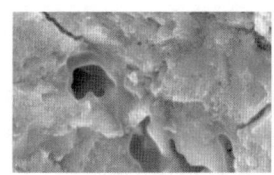 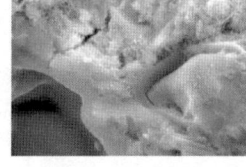  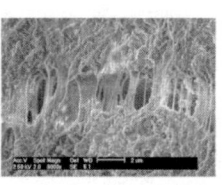

(a)裂纹扩展受阻[49]　　(b)裂纹扩展贯通[49]　　(c)1d聚合物未完全成膜[65]　　(d)28d聚合物膜完整[66]

图 24　聚合物水泥砂浆内部聚合物的状态（ESEM，二次电子像）

图 25 表达了电子显微镜在测试水化硅酸钙凝胶（C-S-H）的不断进步，使其失真度逐渐降低。C-S-H 的颗粒尺寸非常小，直径为纳米级，须用高放大倍数的显微镜才能观察得到，用光学显微镜是根本不可能的，而用电子显微镜的先行者透射电子显微镜来观察，结果如图 25（a）所示，C-S-H 呈有尖端的纤维状。但这是在水灰比极大的水溶液里"捞"出来的样品，与在水泥砂浆里生长的真实环境大相径庭。人们迫切需要能直接观察实用水泥砂浆里的 C-S-H，20 世纪 60 年代扫描电子显微镜问世以后，这一愿望得到实现，所得图片如图 25（b）所示。因其取自实用水泥浆体且具有特强的立体感立即成为观察 C-S-H（其实不限于此）的热门手段。但后来又不满足了，水泥砂浆属于非导电体，必须在样品表面镀导电层，导电层必然对形貌有影响，这就使环境扫描电子显微镜应运而生，其所具有的低真空样品室，含水样品可以不经受干燥，特别是样品不再需要镀导电层。使样品形貌失真不再那么严重，特别适合于水化硅酸钙的观察，所得图像如图 25（c）所示，可见，水化硅酸钙的尖端纤维状得以展现，而用普通扫描电子显微镜获得的图 25（b）中水化硅酸钙的尖端已被导电层所掩盖，被人们误认为 C-S-H 本来就是这种形状。进步并没有中止，也不该中止，因为环境扫描电子显微镜的样品室并不是完全处于大气压状态的，不能观察流态样品，如新拌水泥砂浆或大流动度砂浆。而最近面世的冷冻扫描电子显微镜使之成为可能。它观察到更加真实的水化硅酸钙及其周边的孔溶液［图 25（d）］，甚至能用来观察分布在溶液中的固体颗粒和聚合物膜（图 26）。图中表达了纤维素醚对新拌砂浆中水泥颗粒高度分散的能力，这种能力使若不用纤维素醚的浆体可能发生的泌水现象不复存在。图 27 表达了乳液和涂料的液体状态。只有这些用冷冻扫描电子显微镜获得的形貌才不会失真。这就是显微手段不断进步的原理：采用非真空样品环境使之不失水或急冷冰冻保持样品原状。当然这些进步不是针对水泥砂浆取得的，但为水泥砂浆微观结构研究提供了条件。

 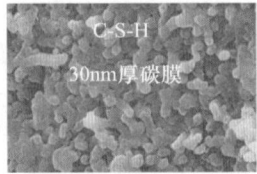 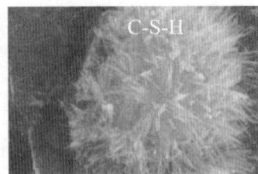 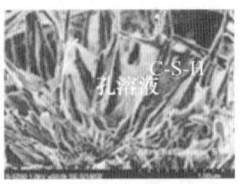

(a)透射电子显微像　　(b)普通扫描电子显微像　　(c)环境扫描电子显微像　　(d)冷冻扫描电子显微像

图 25　水泥水化产物 C-S-H 在不同显微镜下观察到的形状（依次向右失真度低）[67-69]

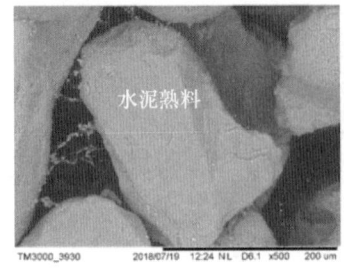 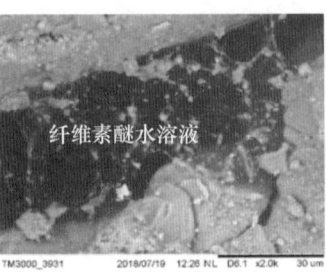 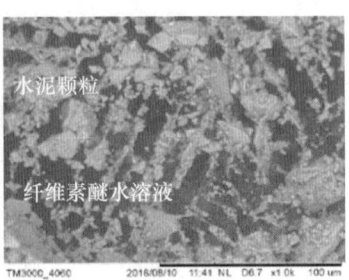

(a)熟料颗粒之间　　　　　　(b)骨料颗粒之间　　　　　　(c)水泥颗粒之间

图 26　冷冻扫描电子显微镜下纤维素醚在新拌水泥砂浆的形态[70]

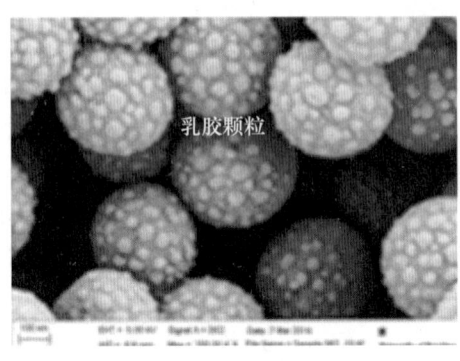 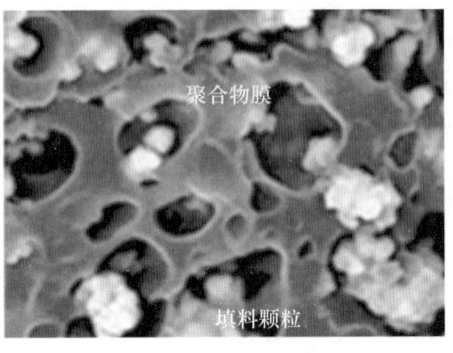

(a)乳液　　　　　　　　　　　　(b)涂料

图 27　冷冻扫描电子显微镜下乳液和涂料形貌

背散射电子成像获得的形貌信息与二次电子成像的完全不同（图 28），它是一种"公平"的信息，可观察砂浆内部同一平切横截面的所有物相（无论强弱）的形貌，而二次电子成像往往得到的是"偏驳"的信息，只能观察沿着弱者断裂的断面上的物相（强者深藏不露）的形貌。背散射电子成像虽然立体感不强，但能得到用二次电子成像得不到的信息（反映深度和界面、强硬体的状态等），还可以进行物相定量分析，越来越受到研究者的青睐。

光学显微镜以它自己的独特优势也是不可忽视的一种显微方法，在 2.5 节的饰面砂浆泛白物质的辨析发挥着极其重要的作用，这里不再赘述。

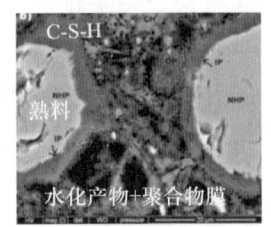

图 28　VAE 水泥砂浆的背散射电子像和二次电子像[48]

随着上述显微结构检测方法的进步，为砂浆科学探索提供了有利条件，但这还不是全部，显微方法还有原子力显微镜、X 射线元素面分析、TC 立体分析等。除此以外，必要时还须和其他测试方法联合使用，如 X 射线衍射分析、热分析、光谱、核磁共振等，不再一一列举。

3 结语

尽管我国在砂浆领域的技术突破和科学探索方面已取得长足的发展，但仍有较大的发展空间，在材料的微观结构及其与宏观性能的关系探索方面尤其是这样。即使是本文所列的 10 个科学问题，仍然存在尚未得到完全解释的疑惑，如聚合物在增韧、增强、阻裂、协同等方面是否存在化学作用，不同的聚合物分散体在某些方面的作用尚未厘清，可溶性聚合物和聚合物分散体的协同效果还需要进一步的确认，新的显微测试方法对以前的研究结果也可能带来冲击等。期待着业内技术、科学研究能够取得更大进步，为砂浆产业高质量发展助力。

参考文献

[1] 王培铭, 吴科如. 商品砂浆 [J]. 中国建材, 1995 (4): 27-28.
[2] 约翰·舒尔茨. 可再分散乳胶粉在砂浆中的主要作用 [A]. 商品砂浆的研究与应用. 北京: 机械工业出版社, 2005: 309-230.
[3] 王培铭, 许绮, Stark J. 桥面用丁苯乳液改性水泥砂浆的力学性能 [J]. 建筑材料学报, 2001, 4 (1): 1-6.
[4] 马保国, 郝先成, 塞守卫. 提高新型节能墙体材料抗裂砂浆抗裂性能的研究 [A]. 商品砂浆的研究与应用 [C]. 北京: 机械工业出版社, 2005: 112-116.
[5] 施展, 刘加平. 可再分散乳胶粉对自流平地坪砂浆的性能影响及机理研究 [A]. 商品砂浆的理论与实践 [C]. 北京: 化学工业出版社, 2013: 231-238.
[6] OHAMA Y. Principle of latex modification and some typical properties of latex-modified mortars and concretes [J]. ACI Materials Journal, 1987: 511-518.
[7] KONIETZKO A. Polymersperzifische Auswirkungen auf das tragverhalten modifizierter zementgebundener Betone (PPC) [D]. Braunschweig: TU Braunschweig, 1988.
[8] BEELDENS A, VAN GEMERT D, OHAMA Y, et al. Integrated model of structure formation in polymer modified concrete [A]. 11th International Congress on the Chemistry of Cement [C]. Durban, South Africa, 2003: 11-16.
[9] LIANG N X. Untersuchungen über mit Elastomeren modifizierte Zemente [D]. Clauthal-Zellerfeld: TU Clausthal, 1991.
[10] 钟世云, 袁华. 聚合物在混凝土中的应用 [M]. 北京: 化学工业出版社, 2003.
[11] 王培铭, 赵国荣, 张国防. 聚合物水泥混凝土的微观结构研究进展 [J]. 硅酸盐学报, 2014, 42 (5): 654-660.
[12] WANG Ru, WANG Peiming. Microstructual aspects of SBR latex-modified cement paste and mortar highlighted by means of SEM and ESEM [A]. 6th ASPIC [C]. Shanghai: Tongji University

Press, 2009: 289-298.

[13] SCHORN H. Beton mit Kunststoffen und andere Instandsetzungsbaustoffe [M]. Berlin: Ernst & Sohn, 1991.

[14] 张量, ZUBRINGEN R. 干混砂浆微结构研究的新进展 [A]. 商品砂浆的研究进展 [C]. 北京: 机械工业出版社, 2007: 35-42.

[15] JENNI A, ZUBRIGGEN R, HOLZER L, et al. Changes in microstructures and physical properties of polymer-modified mortars during wet storage [J]. Cement and Concrete Research, 2006, 36 (1): 79-90.

[16] 王培铭, 张国防. 建筑保温砂浆的研究进展 [A]. 商品砂浆的研究进展 [C]. 北京: 机械工业出版社, 2007: 12-22.

[17] 赵立群, 樊钧, 沈池清. 砂浆稠化粉在胶粉聚苯颗粒保温砂浆中的应用研究 [A]. 商品砂浆的研究进展 [C]. 北京: 机械工业出版社, 2007: 213-216.

[18] 李伟, 潘钢华, 睢晨光, 等. 高钙粉煤灰对 EPS 颗粒保温砂浆的性能影响 [A]. 商品砂浆的研究进展 [C]. 北京: 机械工业出版社, 2007: 217-221.

[19] 孙振平, 于龙, 黄雄荣, 等. 再生聚苯颗粒配制保温砂浆相关问题的研究 [A]. 商品砂浆的研究进展 [C]. 北京: 机械工业出版社, 2007: 222-231.

[20] 刘宾, 王培铭, 单卫良. 有机物组分对膨胀珍珠岩保温砂浆硬化后性能的影响 [A]. 商品砂浆的研究进展 [C]. 北京: 机械工业出版社, 2007: 236-244.

[21] 邓鹏, 王培铭, 刘宾. 天然硬石膏基保温砂浆性能研究 [A]. 商品砂浆的研究进展 [C]. 北京: 机械工业出版社, 2007: 255-261.

[22] 刘宾, 王培铭, 康明. 膨胀珍珠岩颗粒级配对保温砂浆性能的影响 [A]. 商品砂浆的研究进展 [C]. 北京: 机械工业出版社, 2007: 262-266.

[23] 扈士凯, 王栋民, 赵晖, 等. 超轻矿物微珠保温砂浆的研究 [A]. 商品砂浆的研究进展 [C]. 北京: 机械工业出版社, 2007: 271-277.

[24] 陈明旭, 赵丕琪, 刘裕, 等. 响应曲面法优化外加剂对聚苯颗粒保温砂浆性能的影响 [A]. 第七届全国商品砂浆学术交流会论文集 [C]. 北京: 中国建材工业出版社, 2017: 268-277.

[25] 范树景, 王培铭. 玻化微珠保温砂浆的制备和性能研究 [A]. 第六届全国商品砂浆学术交流会论文集 [C]. 北京: 中国建材工业出版社, 2016: 266-274.

[26] PINTO J, CRUZ D, PAIVA A, et al. Characterization of corn cob as a possible raw building material [J]. Construction and Building Materials, 2012, 34: 28-33.

[27] 肖力光, 蒋大伟. 火山渣干混保温砌筑砂浆的研究 [A]. 第七届全国商品砂浆学术交流会论文集 [C]. 北京: 中国建材工业出版社, 2017: 283-289.

[28] 范树景. 保温砂浆长期收缩开裂机理分析及预测 [D]. 上海: 同济大学, 2017.

[29] 贾冠华, 刘鹏, 李珠. 气凝胶/膨胀珍珠岩的制备及其微观特征对导热性能的影响 [J]. 硅酸盐通报, 2018, 37 (3): 1039-1046.

[30] 张挺. 建筑固废的硅质结构重建及常压法合成气凝胶的机制研究 [D]. 上海: 同济大学, 2023.

[31] 张国防. 聚合物干粉改性水泥砂浆性能的研究 [D]. 上海: 同济大学, 2002.

[32] 韩冬冬, 李晋梅, 钟世云. VMA 对乳液改性水泥浆 zeta 电位和硬化浆体微观结构的影响 [A]. 商品砂浆科学与技术 [C]. 北京: 化学工业出版社, 2011: 56-62.

[33] 钟世云. 关于聚合物对水泥基材料增强增韧的讨论 [A]. 第十届全国商品砂浆学术交流会论文集 [C]. 北京: 中国建材工业出版社, 2024.

[34] MAIER S. Ternary system: Calcium aluminate cement-portland cement-gypsum [A]. Calcium

Aluminate Cements, procedings of the Centenary Conference 2008 [C]. Berkshire, UK: IHS BRE Press, 2008, 511-526.

[35] 徐玲琳, 王培铭, 张国防. 石膏种类影响硅酸盐-铝酸盐混合水泥强度的机理 [J]. 硅酸盐学报, 2013, 41 (11): 1499-1506.

[36] 戴浩, 李东旭. 复合胶凝体系对水泥自流平砂浆性能的影响 [A]. 第六届全国商品砂浆学术交流会论文集 [C]. 北京: 中国建材工业出版社, 2016: 283-289.

[37] 戴浩, 张超, 王辉, 等. 复合材料对水泥自流平砂浆干缩率的影响 [A]. 第八届全国商品砂浆学术交流会论文集 [C]. 北京: 中国建材工业出版社, 2020: 72-77.

[38] 王辉, 赵智慧, 秦露露. 胶凝材料三元体系对水泥自流平砂浆力学性能的影响 [A]. 第六届全国商品砂浆学术交流会论文集 [C]. 北京: 中国建材工业出版社, 2016: 168-176.

[39] 李海南, 张承志, 王爱勤, 等. 硅酸盐水泥-铝酸盐水泥-硬石膏体系的干缩变形性能研究 [A]. 商品砂浆的科学与技术 [C]. 北京: 化学工业出版社, 2011, 145-151.

[40] 孙科科, 郭向阳, 宫晨琛, 等. 硅酸盐水泥-硫铝酸盐水泥复合体系砂浆性能研究 [A]. 第六届全国商品砂浆学术交流会论文集 [C]. 北京: 中国建材工业出版社, 2016: 177-189.

[41] 王培铭, 朱绘美, 张国防. 水泥砂浆表面碱浸出率表征泛白程度的研究 [A]. 商品砂浆的理论与实践 [C]. 北京: 化学工业出版社, 2013: 148-153.

[42] 朱绘美. 硅酸盐水泥基饰面砂浆泛白机理及抑制 [D]. 上海: 同济大学, 2014.

[43] LIU X P, WANG P M, GAO H Q, et al. Characterization of the white deposit on the surface of cement mortars by correlative light-electron microscopy (CLEM) [J]. Cement, 2022, 10: 100046.

[44] 王培铭. 水泥基饰面砂浆泛白本质及机理研究 [A]. 第九届全国商品砂浆学术交流会论文集 [C]. 北京: 中国建材工业出版社, 2023: 3-12.

[45] 徐玲琳, 刘斯好, 张学文, 等. 5~40℃下硫铝酸盐水泥砂浆泛白研究 [A]. 第八届全国商品砂浆学术交流会论文集 [C]. 北京: 中国建材工业出版社, 2020: 40-48.

[46] 刘贤萍, 周晓延, 高汉青, 等. 干湿循环条件下半水石膏对铝酸盐水泥砂浆泛白的影响 [A]. 第九届全国商品砂浆学术交流会论文集 [C]. 北京: 中国建材工业出版社, 2023: 76-83.

[47] 马红恩, 王茹, 席子岩, 等. VAE改性铝酸盐水泥基饰面砂浆泛白的研究 [A]. 第九届全国商品砂浆学术交流会论文集 [C]. 北京: 中国建材工业出版社, 2023: 65-75.

[48] 彭宇, 赵国荣, 王培铭, 等. 硬化可再分散乳胶粉改性水泥浆体中多孔结构的研究 [A]. 第六届全国商品砂浆学术交流会论文集 [C]. 北京: 中国建材工业出版社, 2016: 77-84.

[49] 赵国荣, 王培铭, 张国防. 可再分散乳胶粉改性水泥浆体中聚合物膜结构的界面特征 [A]. 第六届全国商品砂浆学术交流会论文集 [C]. 北京: 中国建材工业出版社, 2016: 85-92.

[50] 彭宇, 赵国荣, 王培铭, 等. 基于瓷砖粘结砂浆的硬化 C_3S 浆体内聚合物膜结构分布特征研究 [A]. 第七届全国商品砂浆学术交流会论文集 [C]. 北京: 中国建材工业出版社, 2017: 129-137.

[51] 何代华. EVA砂浆与基体结合的界面性能及界面改性机理 [D]. 上海: 同济大学, 2007.

[52] 寿梦婕. 温湿度对聚合物改性水泥砂浆拉伸粘结强度的影响 [D]. 上海: 同济大学, 2017.

[53] ZURBRIGGEN R, 蒋志恒. 可再分散乳胶粉对薄抹灰外保温系统 (ETICS) 抗冲击性能的影响以及对高性能抹面砂浆的探讨 [A]. 第七届全国商品砂浆学术交流会论文集 [C]. 北京: 中国建材工业出版社, 2017: 290-297.

[54] 寿梦婕, 王培铭. 温湿度对聚合物改性水泥砂浆与不同基底粘结强度的影响 [A]. 第七届全国商品砂浆学术交流会论文集 [C]. 北京: 中国建材工业出版社, 2017: 59-66.

[55] 胡莹莹, 杭法付, 雷蕾, 等. 养护温湿度对聚合物水泥砂浆粘贴瓷砖拉伸粘结强度的影响 [A]. 第十届全国商品砂浆学术交流会论文集 [C]. 北京: 中国建材工业出版社, 2024.

［56］刘斯凤，史翠萍，王培铭. 聚合物对不同温度下水泥砂浆水化热的影响［A］. 第六届全国商品砂浆学术交流会论文集［C］. 北京：中国建材工业出版社，2016：100-107.

［57］梁乃兴. 聚合物水泥混凝土［M］. 北京：人民交通出版社，1995.

［58］钟世云，陈维灯，韩冬冬. 聚合物改性水泥复合材料的若干问题［A］. 第八届全国商品砂浆学术交流会论文集［C］. 北京：中国建材工业出版社，2019：11-15.

［59］ZURBRIGGEN R，ABERLE T，徐龙贵，等. 聚合物性能对砂浆变形性的影响［A］. 第八届全国商品砂浆学术交流会论文集［C］. 北京：中国建材工业出版社，2019：30-39.

［60］WANG R，WANG P M，LIU E G，ZHANG G F. Different Functions of Three Polymer ders in Cement Mortar［J］. 17ibausil，Weimar：2009，2-0669-0674.

［61］MA H E，WANG R，XI Z Y，et al. Regulation and inhibition of early whitening of calcium aluminate cement/hemihydrate gypsum decorative mortar by polymer emulsion［J］. Construction and Building Materials，2023，393.

［62］邓璇，杜金杰，苗琳琳. 可再分散乳胶粉对瓷砖胶下防水膜桥接裂缝性能的影响［A］. 第九届全国商品砂浆学术交流会论文集［C］. 北京：中国建材工业出版社，2023：37-42.

［63］VOLKWEIN A. Oberflächenschutz von Beton mit flexiblen Dichtschlämmen，Teil 2：Eigenschaften und Erfahrungen［J］. Betonwerk＋Fertigteil-Technik，1988，9：72-78.

［64］WALDVOGE M，ZURBRIGGEN R，BERGER A，et al. The microstructural evolution of cementitious，flexible waterproofing membranes during deformation with special focus on the role of crazing［J］. Cement and Concrete Composites，2020，107：103494.

［65］DIMMIG A. Einflusse von Polymeren auf die Mikrostruktur und die Dauerhaftigkeit kunststoffmodifizierterer Mortel（PCC）［D］. Weimar：Bauhaus-Universität Weimar，2002.

［66］BODE K A. Aspekte der kohäsiven und adhäsiven Eigenschaften von PCC［D］. Weimar：Bauhaus-Universität Weimar，2013.

［67］LOCHER F W. Zement：Grundlagen der Herstellung und Verwendung［M］. Düsseldorf：Verlag Bau＋Technik，2000.

［68］STARK J，WICHT B. Zement und Kalk：Der Baustoff als Werkstoff［M］. Basel：Birkhäuser Verlag，2000.

［69］STARK J，WICHT B. Dauerhaftigkeit von Beton［M］. Berlin Heidelberg：Springer Vieweg，2013.

［70］陈宁. 纤维素醚对水泥砂浆流变性能影响及作用机理研究［D］. 上海：同济大学，2021.

关于聚合物对水泥基材料增强增韧的讨论

钟世云

(同济大学材料科学与工程学院,上海 200092)

摘　要:本文从泊松比效应和断裂力学理论分析了聚合物乳液对水泥基材料的增强增韧机理;根据橡胶粒子改性水泥基材料的文献数据,提出了橡胶粒子增韧水泥基材料的最小粒子尺寸和临界粒子间距概念。主要结论如下:(1)聚合物乳液(乳胶粉)提高了水泥基材料的抗拉和抗开裂能力,在低聚灰比时,泊松比效应和减小水泥基材料缺陷尺寸为主要作用机理;高聚灰比时,聚合物的变形功为主要作用机理。(2)用合适掺量的聚合物乳液和高模量纤维可以制备具备变形能力高达5‰而不发生开裂的水泥基材料。(3)橡胶粒子对水泥基材料的增韧存在两种临界尺寸,即最小粒子尺寸和临界粒子间距;当分散在水泥基材料中的柔软聚合物聚集体尺寸大于最小尺寸、间距低于临界值的时候,水泥基材料的韧性和抗裂性大幅度提高。

关键词:聚合物改性水泥基复合材料;增强增韧机理;聚合物的特征性能;临界尺寸

Discussion on the Strength and Ductility Enhancement Mechanism of Polymers on Cement-based Materials

Zhong Shiyun

(School of Materials Science and Engineering, Tongji University, Shanghai 200092)

Abstract: Based on Poisson ratio effect and fracture mechanics theory, the strength and ductility enhancement mechanism of polymers on cement-based materials was analyzed. Based on the data on rubber particle modified cement-based materials from literature, the concepts of minimum particle size and critical rubber particle spacing for rubber particle modified cement-based materials are proposed. The main conclusions are as follows: (1) The polymer latexes (and redispersible polymer powder) improve the tensile strength and anti-cracking resistance of cement mortar. At the low polymer to cement ratio, the Poisson ratio effect and the defect size reduction of cement mortar are the main mechanisms. At the high polymer to cement ratio, the deformation function of the polymer is the main mechanism. (2) The cement-based materials with deformation capacity up to 5% and no cracking can be prepared by using the appropriate amount of polymer latex and high modulus fiber. (3) There are two critical sizes for the ductility enhancement of cement-based materials by rubber particles, namely the minimum particle size and the critical particle spacing. When the size of polymer aggregates dispersed in cement-based materials exceeds the minimum size and the spacing is below the critical value, the ductility and crack resistance of cement-based materials are significantly improved.

Keywords: Polymer modified cement-based materials, Strength and ductility enhancement mechanism, Characteristic properties of polymers, Critical size

为什么"相同的掺量以及相同品种的聚合物改性水泥混凝土,其性能有时明显表现得难以预测[1]",造成这个困惑的原因是对聚合物的哪些性能对改性水泥基材料的性能有什么样的影响还不是很清楚。本文从分析低拉伸强度聚合物能够提高水泥基材料抗折强度以及抗折强度随聚灰比增大存在极大值的原因着手,用泊松比效应解释了改性砂浆的抗折强度随聚合物发生这样变化的原因,并从断裂力学角度进一步分析了聚合物对水泥基材料增强增韧的机理;另一方面,本文利用近年来用废弃轮胎制备的橡胶粒子改性水泥基材料的文献数据,提出了橡胶粒子增韧水泥基材料的最小粒子尺寸和临界粒子间距的概念。这两个概念可以用来进一步研究聚合物乳液(乳胶粉)改性水泥基材料性能发生变化的原理。

1 聚合物乳液(乳胶粉)增强增韧水泥基材料的机理

常用于水泥基材料改性的乳液或乳胶粉属于常温下处在橡胶态的聚合物材料,本身比较柔软,强度低,断裂伸长率大。图1显示了4种乳胶膜的拉伸应力-应变曲线,图中1186和623是丁苯乳液,608和400是苯丙乳液。其中3种乳液所得薄膜的抗拉强度低于试验所得水泥砂浆(灰砂比2,水灰比0.285,8字模拉伸)的抗拉强度3.9MPa。但这3种乳液改性水泥砂浆的抗折强度可以远远高于对比砂浆,说明低拉伸强度的乳胶也能够对水泥砂浆有增强作用,其机理将在下文分析讨论。

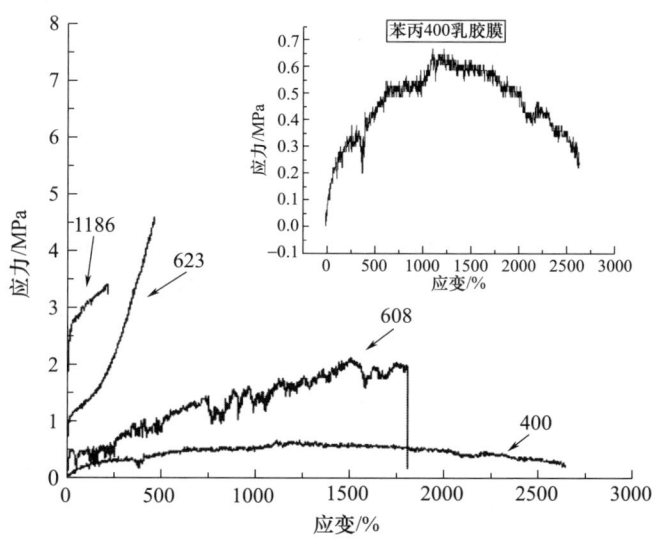

图 1　几种聚合物薄膜的拉伸性能

1.1　泊松比效应使受水泥浆体约束的聚合物薄膜模量强度大幅提高

聚合物改性砂浆与对比砂浆抗折强度比值随聚灰比的变化（水灰比为 0.325）如图 2 所示。由该图可见，尽管两种乳液薄膜的抗拉强度远低于水泥砂浆，但改性砂浆的抗折强度则能在一定聚灰比范围内高于对比砂浆，表现出增强效应。

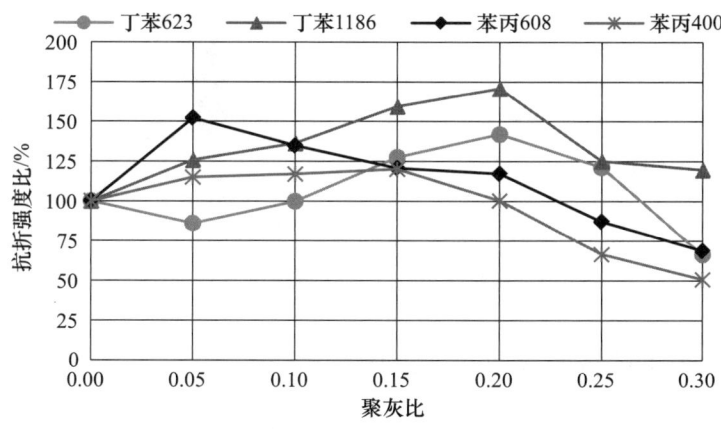

图 2　聚合物改性砂浆与对比砂浆抗折强度比值随聚灰比的变化（水灰比为 0.325）

陈维灯[2]从考虑泊松比效应和环箍效应的复合材料模型出发，对聚合物乳液改性水泥复合材料的弹性模量和强度性能进行了理论分析。由于柔软聚合物（即橡胶态聚合物）的泊松比约为 0.47，与水泥基材料的泊松比（约为 0.17）有很大差别，当受水泥基体约束的聚合物微元在一个方向受到拉伸，另一个方向不能自由收缩时，两种材料泊松比差的效应将使聚合物相的模量增大。根据实测改性砂浆的弹性模量和未考虑泊松比效应的复合材料模型反向计算，泊松比效应可以使受水泥基体约束的乳胶薄膜的模量提高几万倍，例如苯丙 608 薄膜的弹性模量最多由 0.11MPa 提高到超过 6GPa（图 3）。

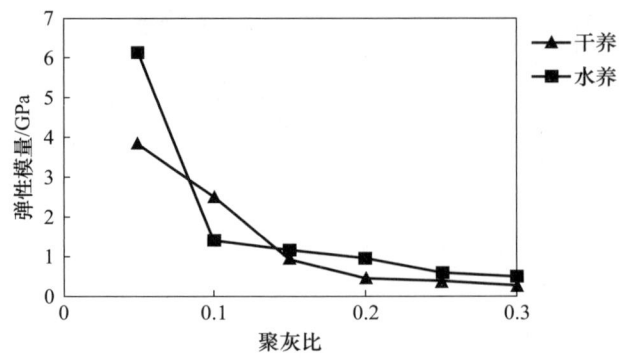

图 3 苯丙 608 改性水泥砂浆中聚合物薄膜弹性模量的计算值

理论上讲,在复合材料内部,当聚合物微元三维方向完全受到水泥基体相的约束时,要产生细微应变,必先克服额外引起的无穷大应变所产生的应力,即聚合物微元在达到应力最大值前(断裂前)不会产生应变,因此,聚合物微元弹性模量为无限大。例如,在另外一组将水灰比降低为 0.22 的水泥净浆抗折强度试验中,3 种聚合物改性水泥浆体抗折强度的最大值都在聚灰比为 0.04 时出现,此时通过复合材料模型逆算的乳胶膜弹性模量高达几十吉帕(图 4),为原来聚合物薄膜在单轴拉伸试验中的 10 万倍数量级。

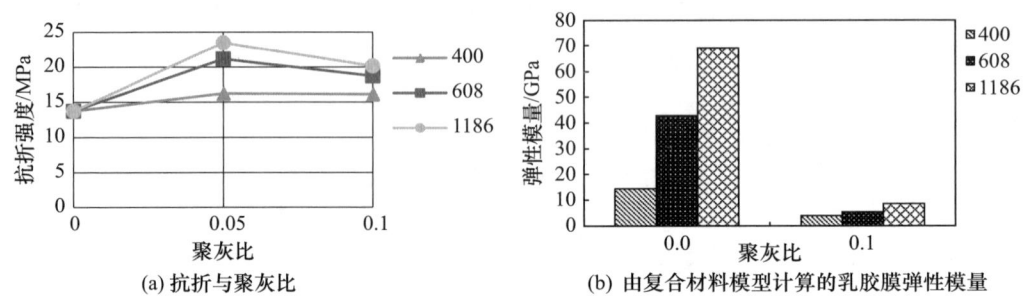

(a) 抗折与聚灰比　　　　　(b) 由复合材料模型计算的乳胶膜弹性模量

图 4　聚灰比对水灰比为 0.22 的水泥净浆抗折强度和乳胶膜弹性模量的影响
(图例中数字表示不同牌号的乳液)

1.2 取得最大抗折强度聚灰比的理论分析

显然,当聚合物乳液在水泥浆体中形成的薄膜面积最大、同时厚度最小的时候,聚合物对复合材料的抗拉弹性模量和强度的贡献最大。

当聚合物乳液与水泥混合的时候,有一部分乳胶粒子会被吸附(absorbed)[或者说沉积(deposited)]在水泥粒子表面。理论上来说,稳定性足够好的乳液,由于它在水泥混合物中分散良好,在水泥粒子表面上的吸附(沉积)只能是单层的。因为乳胶粒子是球形的,可以根据球形粒子紧密堆积的假设和水泥的比表面积以及聚合物乳胶粒子的粒径计算它在水泥表面的最大吸附量。理论最大吸附量与乳胶粒径成正比,当水泥勃氏比表面积为 3660 cm^2/g 时,聚合物乳胶粒子在水泥表面的最大吸附量与乳胶粒径的关系如图 5 所示。

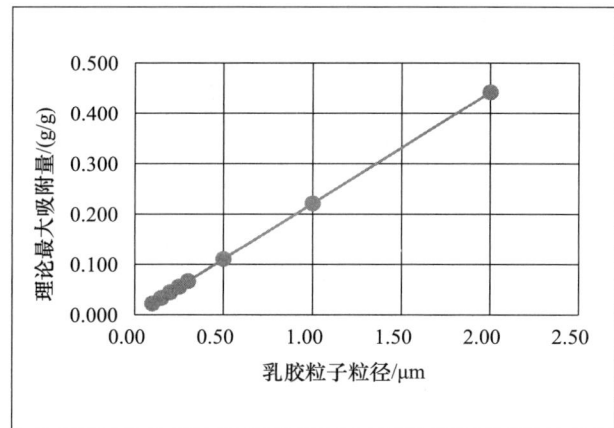

乳胶粒子粒径/μm	比表面积为 3660cm²/g 的水泥表面最大吸附量/(g/g)
0.10	0.022
0.15	0.033
0.20	0.044
0.25	0.055
0.30	0.066
0.50	0.111
1.00	0.221
2.00	0.442

图 5　乳胶粒子在水泥表面的最大吸附量与其粒径成正比

显然，当乳胶粒子脱水成膜时，粒子之间的空隙还要通过乳胶粒子变形来填充，这个面积约占 9.3%。

因此，在乳胶粒子会预先吸附在水泥粒子表面的情况下，理论上能够形成的最薄的聚合物薄膜为两层乳胶粒子堆积的厚度，而且此时还需要有一些未被吸附的自由乳胶粒子能够填充在乳胶粒子凝聚成膜时出现的空隙。

从获得厚度最薄的聚合物薄膜的角度出发，最理想的状况是乳胶粒子不吸附在水泥粒子表面，而是在水泥粒子之间形成一个单层粒子厚度的连续薄膜，简单地说，即只需要能够覆盖水泥粒子一半表面积的乳胶粒子（两颗水泥粒子共享一颗乳胶粒子）。

实际情况是聚合物乳胶粒子会吸附在水泥粒子表面，并且能覆盖大约 70% 的水泥粒子表面[1]。如果不考虑过大的水灰比所需要的聚合物量，若在所有已经完全吸附了乳胶粒子的水泥粒子之间再填充一层紧密堆积的乳胶粒子，应该能够形成事实上可能的厚度最薄、面积最大、受水泥基体约束最大的薄膜，即约相当于按照图 5 计算的最大吸附量 1.5 倍用量的聚合物，是聚合物对水泥增强效果最大的聚灰比；或者除去已经吸附的聚合物粒子以外，再有理论计算最大吸附量一半的聚合物用量，就是形成厚度最小、受水泥基体约束最大聚合物薄膜的聚灰比。韩冬冬和钟世云[3]的一篇论文中提到，不同粒径的聚合物乳液改性砂浆抗折强度与聚灰比关系的结果，与这个推测是比较吻合的，见表 1 和图 6。

表 1　乳胶粒子粒径与有关聚合物量的关系

乳胶粒子粒径/nm	理论计算最大吸附量/(g/g)	实际饱和吸附量/(g/g)	最大抗折强度对应的聚灰比
138	0.03	0.018	约 0.05
202	0.044	0.029	约 0.07
251	0.055	0.034	约 0.07

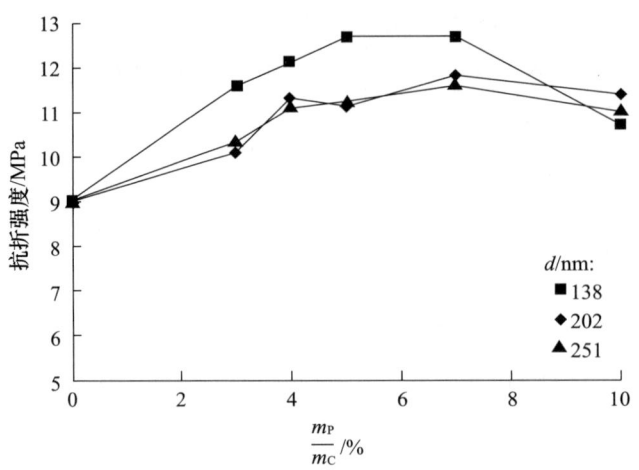

图 6　乳胶粒子粒径和聚灰比对水泥砂浆抗折强度的影响

另一方面，试样的水灰比和聚合物薄膜的变形能力也影响聚合物薄膜在水泥基体中的约束状况。硅酸盐水泥完全水化所需要的理论水灰比只有 0.23～0.24，当试验所用的水灰比更大时，多余水分蒸发所留下的空隙如果不能被聚合物薄膜的变形所填充，则将在材料内部形成孔洞，聚合物薄膜与空气接触的部分显然没有受到约束，因而几乎不能发挥增强的作用。聚合物通过自身变形能够补充水分蒸发空间的能力与其拉伸试验时最大应力对应的应变正相关。最大应力对应的应变越大，体积变形能力越大。这里强调最大应力峰值对应的应变是因为在这个应变之前说增强才有意义，在最大应力峰值应变以后，随着应变增大，应力持续降低，如图 1 的小图中苯丙 400 薄膜所显示的那样，在应变约 1250% 之后应力持续降低，意味着薄膜承载能力在下降，实际上很可能是聚合物薄膜内部开始出现微小缺陷。所以，在水灰比比较大的情况下，为了获得最大的增强效果，除了乳胶粒子需要覆盖水泥粒子表面形成完整的聚合物薄膜，还要考虑多余水分蒸发后留下的空间需要通过聚合物的体积变形来填充，从而形成完整约束的最薄的薄膜，多余水分越多，形成完整约束薄膜需要的额外聚合物也越多。当然，聚合物的体积应变（最大应力对应的应变）越大，所需要的额外聚合物粒子就越少。因此，在水灰比比较大的情况下，聚合物薄膜最大应力对应的应变越大，改性砂浆取得最大抗折强度的所需要的聚合物就越少。例如苯丙 608 乳液，在较大水灰比（0.325，图 2）时砂浆获得最大抗折强度的聚灰比为 0.05，在较低水灰比（0.22）时聚灰比为 0.04（图 4）。而薄膜最大应力对应应变较小的丁苯 623 乳液（462%，图 1），在较低水灰比（0.22）时取得最大抗折强度的聚灰比是 0.04，但在较大水灰比（0.325）时取得最大抗折强度的聚灰比为 0.20（图 7）。

总体来说，根据泊松比和环箍效应，当聚合物在水泥基体中所形成的薄膜厚度最小、面积最大时，聚合物对水泥基材料的增强作用最大。因此可以得到以下几点：

（1）当聚灰比等于小于水泥水化所需要的水灰比时，没有多余水分蒸发所遗留空隙，取得厚度最小、面积最大的聚合物薄膜的聚灰比约等于乳胶粒子在水泥粒子表面的最大吸附量对应的水灰比的 1～1.5 倍。

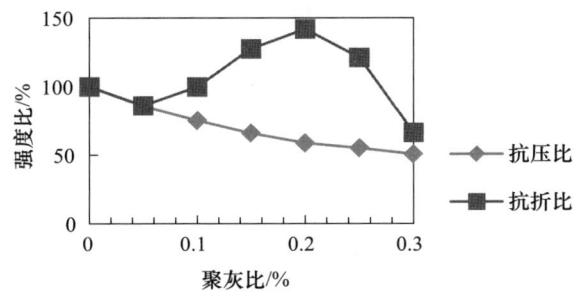

图 7　丁苯 623 改性砂浆的强度（应力）比与聚灰比的关系

（2）当聚灰比大于水泥水化所需要的水灰比时，取得厚度最小、面积最大的聚合物薄膜的聚灰比除了考虑水泥粒子表面的吸附，还要考虑聚合物通过变形填充多余水分蒸发所留空隙的额外聚灰比，此时，聚合物薄膜的体积变形能力（最大应力对应的应变）越大，所需额外聚灰比越小。

1.3　断裂力学的分析

虽然在水泥浆体中受到约束的聚合物薄膜的弹性模量和强度由于泊松比效应和环箍效应大幅度提高，但除了极少数情况下，聚合物薄膜的模量能够超过水泥基体［图 3（b）中 0.04 聚灰比情况］，大多数情况下掺聚合物水泥基材料的弹性模量仍然低于不掺聚合物的对比材料。这个时候，聚合物使水泥基材料抗拉和抗折强度提高的现象，就不能用聚合物薄膜的泊松比效应和环箍效应来解释。

根据断裂力学理论，材料的强度（断裂）由材料内部的最大缺陷决定。假设材料内部存在的微裂缝长度为 $2a$，则材料发生失稳断裂的临界应力 σ_c 为：

$$\sigma_c = \sqrt{\frac{G_c E}{\pi a}}$$

式中，G_c 为临界断裂能，为材料的常数。理论上来说，线弹性材料的临界断裂能等于所产生裂缝的表面能 γ_s 的 2 倍（开裂后产生 2 个表面），即 $G_c = 2\gamma_s$。对于实际的材料，由于材料存在塑性变形，裂纹扩展时不仅要消耗能量于表面能，还要消耗于裂纹附近的塑性变形功 γ_p，因而断裂能为：$G_c = 2\gamma_s + \gamma_p$。

可见，材料断裂的临界应力（即强度）随临界断裂能 G_c 和弹性模量 E 增大而增大，随内部裂纹（缺陷）长度 a 增大而减小。

对于掺聚合物的水泥基材料，由于橡胶态聚合物模量远低于水泥基材料，通常复合材料的模量是下降的。因此，如果此时复合材料的强度仍然增大，只能是临界断裂能 G_c 增大和内部裂纹长度 a 减小的结果。而临界断裂能 G_c 增大不可能是材料的表面能增大，因为聚合物材料的表面能低于水泥基材料，只能是塑性变形功 γ_p 增大。

对于同一种金属材料，γ_p 大约比 γ_s 高 3 个数量级。对于塑性较好的材料，表面能甚至可以略去不计。这个事实使人们认识到，对于塑性较好的材料而言，裂纹附近的塑性变形功是阻止裂纹扩展的实际抗力。

塑性变形功 γ_p 通常由试验测定。试验时，用荷载-裂纹张开位移（COD）曲线进行测定。试样的荷载 P 与 COD 曲线有几种形式。拉伸裂纹的扩展几乎是没有办法测量的,因此,裂纹扩展的试验都是用带缺口(裂缝)的弯曲试样来进行,各种类型的荷载-裂纹张开位移(COD)曲线如图 8 所示。荷载曲线(实线)与虚线以及横坐标轴所围成的面积就是塑性变形功部分 γ_p。

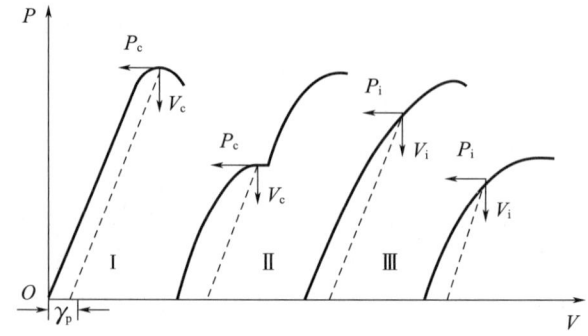

图 8 裂纹张开位移(COD)试验的 3 类荷载位移曲线

在掺橡胶态聚合物的水泥基材料中,虽然说橡胶容易产生较大变形,但当聚合物掺量较低时,塑性变形功所占的比例还是非常少的。例如,图 9 给出了一种苯丙乳液改性砂浆在不同聚灰比时的抗折荷载-位移曲线。聚灰比为 0.05 和 0.1 的时候,几乎不能画出变形功所占的面积;聚灰比为 0.15 时,变形功所占的比例仍然非常小;当聚灰比为 0.20 及以上时,变形功所占比例急剧增大,在聚灰比为 0.25 和 0.3 时,变形功明显大于线弹性变形能(即表面能,虚线与横坐标轴和在虚线与试验曲线交叉处的平行纵坐标轴直线所围三角形的面积,图中用阴影颜色标记了聚灰比为 0.2 和 0.25 的两种情况,后者的面积明显小于塑性变形功部分的面积)。

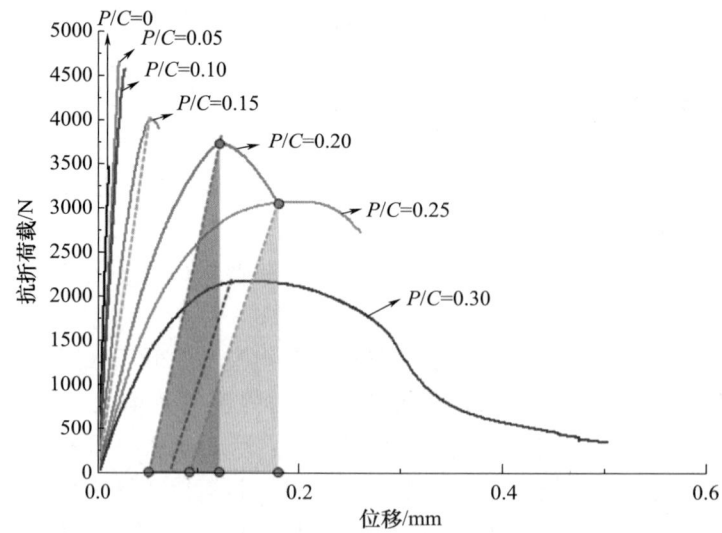

图 9 苯丙 608 乳液性水泥砂浆(水灰比 0.3,砂灰比 0.5)抗折荷载-位移曲线

通过上述分析可以推论,聚合物使水泥基材料抗拉和抗折强度提高的主要原因。在聚灰比很小的情况下(例如图 9 中 0.15 以下)主要归功于聚合物减小了水泥基体内部

缺陷尺寸 a 以及聚合物的泊松比效应，聚合物的变形功提供了较小部分的贡献。在图9中聚灰比为0.2时，改性砂浆的抗折强度仍然高于对比砂浆，此时，变形功的作用占了很大的比例。当聚灰比超过0.25时，由于复合材料的模量大幅度降低，抗折强度低于对比砂浆，模量降低成了决定改性砂浆抗折强度的决定性因素。

根据断裂力学，可以认为，聚合物薄膜的断裂能越大，将对砂浆有更大的增强效果，则改性砂浆能够取得的抗折强度越大。但在图2给出的改性砂浆抗折强度比值中，取得最高抗折强度比值的乳液依次为丁苯1186、苯丙608、丁苯623和苯丙400；而图1给出的乳胶膜强度大小顺序为丁苯623＞丁苯1186＞苯丙608＞苯丙400。

为什么改性砂浆抗折强度最大值次序与聚合物薄膜最大值次序不同？我们猜测可能是水泥砂浆中实际生成的薄膜与试验单独浇铸成型的薄膜性能不同。考虑实际水泥砂浆成型时乳液被水稀释，水泥浆体中的离子可能参与成膜，并且水泥基材料对乳液中一些水溶性组分具有吸附作用，将乳液与水泥浆体过滤液1∶1混合，为了能够顺利浇铸薄膜，掺入聚合物质量2%的纤维素醚8681。浇铸成型的聚合物铂金进行水洗或者水浸泡处理，然后测试其拉伸性能。

将聚合物薄膜用水冲洗后（用水冲刷表面，然后水泡30min，重复3次后自然干燥），薄膜拉伸性能都出现不同程度的上升，改性砂浆中表现最好的丁苯1186薄膜水洗后性能提升最多，强度最高。有意思的是，将薄膜的极限应力与应变乘积作为断裂能指标，则改性砂浆最大抗折强度的顺序与上述薄膜断裂能的顺序一致，即丁苯1186＞苯丙608＞丁苯623（表2）。苯丙400薄膜由于水泡后抗拉强度太低无法准确测出。

表2 不同处理方式聚合物薄膜的拉伸性能

乳胶	处理方式	极限应变/%	极限应力/MPa	弹性模量/MPa	极限应力应变乘积
丁苯1186	无处理	134	4.2	3.2	562.8
	水洗	280	12.4	4.4	3472
	水泡	6	3.8	60.3	22.8
丁苯623	无处理	462	4.5	1	2079
	水洗	363	6.3	1.7	2286.9
	水泡	70	1.3	1.8	91
苯丙608	无处理	1932	2.1	0.1	4057.2
	水洗	1233	2.5	0.2	3082.5
	水泡	1568	2.3	0.1	3606.4
	水泡（10d）	1009	2.2	0.2	2219.8

1.4 聚合物乳液在UHPC中的作用

UHPC即所谓的超高性能混凝土，其材料组成的主要特征是较高体积掺量（一般大于2%）高模量纤维（钢纤维、高模量的聚合物纤维如聚乙烯醇纤维、超高分子量聚乙烯纤维）、高粉料（胶凝材料和活性掺合料）含量、低细骨料含量（无粗骨料）、超低水灰比。其性能的主要特征是拉伸断裂伸长率高达3%左右，表现为韧性断裂特征；断裂伸长率主要来源于拉伸后期产生的多缝开裂，在断裂前，裂缝宽度比较小。产生多缝开裂的机理是基体中产生新裂缝所需要的能量小于已经存在裂缝扩展所需要的能量。这种材料在发展的早期阶段也称 ECC。日本北海道的美原大桥曾使用 ECC 作为桥面铺装，2005 年开通后，大桥左幅左轮迹处桥面相继产生一些破坏，主要表现为唧浆、泛白以及开裂等，通过调查发现铺装内积水，下层的 ECC 有压碎现象。通过室内加载试验，在有水的环境下，由于水压力的影响，ECC 结构的疲劳寿命明显低于干燥状态下的寿命[2]。因此，美原大桥在 2008 年就把此前的 ECC 全部铲除，更换为浇注式沥青铺装。

尽管钢筋混凝土有无害裂缝的说法，但只是从承载能力角度认为宽度小于 0.05mm 的裂缝不影响承载能力，ECC 和 UHPC 的发展很显然是接受无害裂缝概念的。但是，裂缝对于液体侵蚀性介质没有抵抗能力。

因此，我们设想在 UHPC 中加入聚合物，制备无裂缝的高应变水泥基材料。UHPC 线弹性段的拉伸应变一般为 250 微应变[2]，加入胶凝材料质量 2.5％乳液聚合物，线弹性应变降低为 213 微应变；加入 10％聚合物，线弹性应变增大为 295 微应变。值得注意的是，未加聚合物乳液的试样为高应变硬化，具有多缝开裂的特性，但这两种加入聚合物乳液的试样，转变为低应变硬化，而且没有多缝开裂。很多用 PVA 纤维和 UHMWPE 纤维做的 UHPC 试验也都表明，掺入少量聚合物以后，材料就基本上没有多缝开裂现象。因为是单缝开裂，尽管试样开裂后仍然有一定承载能力，并产生一定的变形，但裂缝张开到一定程度后发生突然断裂，与不掺聚合物的普通 UHPC 有很大不同。

这种试验现象表明，聚合物掺入以后，增大了基体开裂的难度，即基体开裂所需要能量大于已经存在的裂缝扩展所需要的能量，与 UHPC 本来的设计理念相矛盾[4-5]。这当然也是最初在 UHPC 中加入聚合物的理由，就是希望在基体不开裂的情况下提供更大的变形能力。从上文提到的试验数据看，掺入 2.5％的聚合物，不仅没有使开裂前的应变（线弹性应变极限）增大，反而有所降低，这与前文聚合物掺量很低，聚合物受到基体强力约束，泊松比效应和环箍效应使得（变形时的）聚合物模量急剧增大，从而提高复合材料模量的分析和试验结果（图 4 中 0.04 聚灰比的情形）是一致的。聚合物掺量达到 10％时，UHPC 的线弹性应变为 295 微应变，比对比 UHPC 的 250 增大了近 20％。由图 9 可知，随着聚合物掺量增大，荷载曲线开始阶段最大荷载（相当于屈服应力或初裂应力）对应的变形持续增大，表明聚合物提供的变形能力（变形功）所占份额持续增大。最后，调整纤维和聚合物的用量，确实可以获得无裂缝的高应变水泥基材料，如图 10 所示。

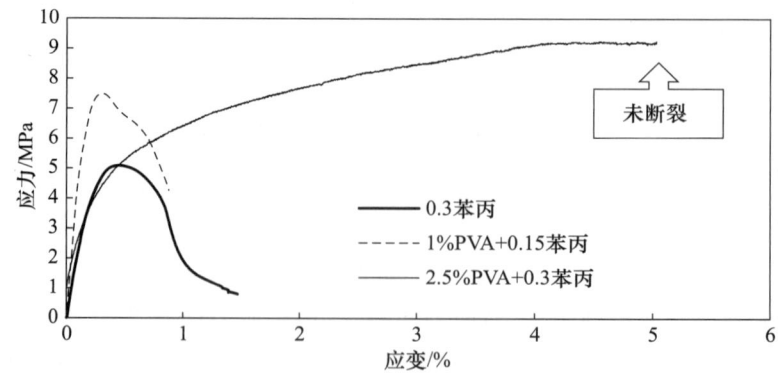

图 10　无裂缝的高应变水泥基材料与另外两种聚合物改性水泥基材料的比较

2 橡胶态聚合物使水泥基材料增韧抗裂的讨论

抗冲击性和抗裂性经常用来表征橡胶态聚合物改性水泥基材料的韧性。

2007 年，李玉海[6]报道了不同纤维素醚与相同乳胶粉搭配改性水泥砂浆的抗冲击性能存在很大差别，但其原理未知。前国际聚合物混凝土国际会议理事会（Board of ICPIC）主席 Czarnecki 教授在文献中抱怨"即使是相同的掺量以及相同品种的聚合物改性水泥混凝土，其性能有时明显表现得难以预测[1]"。这是这个领域的研究人员和应用工程师们可能都遇到过的问题。

要解决这些困惑，需要从材料结构决定材料性能的观点去发现问题。既然相同的掺量以及相同品种的聚合物改性水泥混凝土表现出不同的性能，说明材料的结构出现了明显的不同。可以推测，有可能是所掺加聚合物的聚集体尺寸和分布发生了明显变化。

近年来，用废弃轮胎橡胶粒子（以下简称橡胶粒子）改性水泥基材料的研究很多。因为橡胶粒子的细度规格有很多，这给我们用文献上这类材料改性水泥基材料的抗冲击性能、抗开裂性能的数据分析橡胶粒子尺寸及其分布对冲击性能和抗裂性能的影响提供了方便。

2.1 橡胶粒子增韧水泥基材料的最小粒子尺寸

从橡胶增韧塑料的研究中已经发现，橡胶粒子尺寸太小和太大都没有增韧效果。最小临界尺寸随基体韧性增大而减小，例如 HIPS、ABS 和 PVC 中橡胶粒子的最小临界尺寸分别为 $0.8\mu m$、$0.4\mu m$ 和 $0.2\mu m$。即基质塑料自身的韧性越好，临界尺寸也越小。

图 11 给出了橡胶粒子粒径和橡胶体积含量对圆环开裂时间的影响。从该图看到，橡胶粒径在 0.8～1mm 时才有明显的抗开裂效果（圆环开裂时间在橡胶粒子体积占比 30% 时明显延长）。

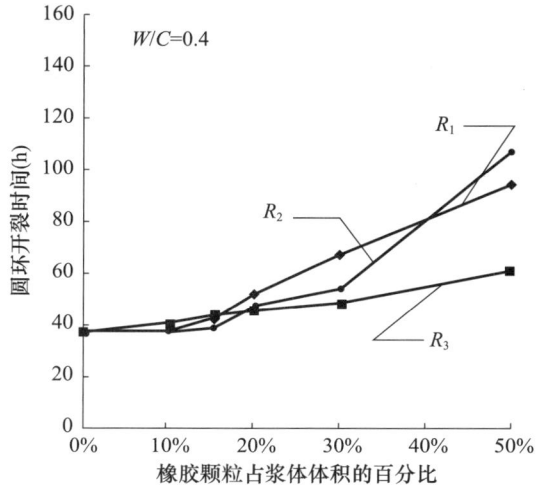

图 11　橡胶粒子粒径和橡胶体积含量对圆环开裂时间的影响
（橡胶粒子粒径：R_1＝1～2mm、R_2＝0.8～1mm、R_3＝0.5～0.8mm）

内蒙古科技大学土木工程学院的闻洋和刘培培[7]使用金摩尔公司 40 目（0.425mm）和 60 目（0.25mm）的橡胶粒子研究了 100mm×100mm×400mm 混凝土梁的抗冲击性能。发现橡胶混凝土在抗冲击试验中初裂冲击次数 N_1、破坏冲击次数 N_2 以及 N_2-N_1（记为 N_{2-1}）与橡胶粒子对砂子体积替换率的关系如图 12 所示。在相同失效概率和同等替换率的条件下，40 目橡胶粉对混凝土抗冲击性能的改善作用优于 60 目橡胶粉。

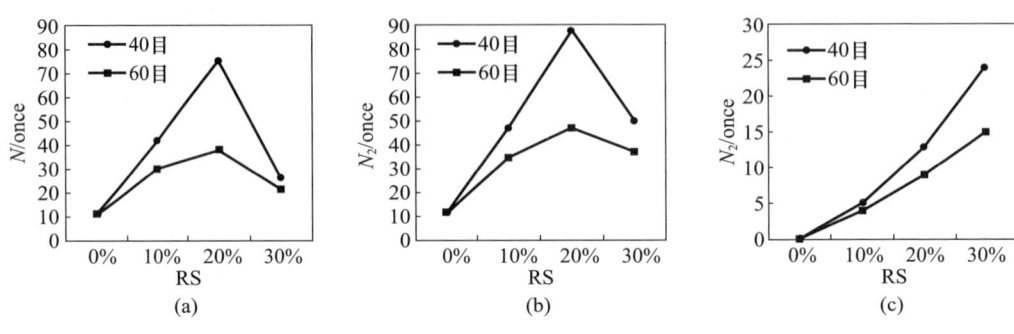

图 12　橡胶粉粒径和掺量对 N_1、N_2 和 N_{2-1} 的影响
(a) N_1-RS；(b) N_2-RS；(c) N_{2-1}-RS

从橡胶增韧塑料的研究中已经发现，基体脆性大，最小橡胶粒子尺寸也大。水泥基材料中，砂子、石子实际上提高了材料的韧性。因此，水泥净浆的脆性是最大的。这也可以理解为什么在水泥净浆圆环开裂试验中，橡胶粒径在 0.8~1mm 时才有明显的抗裂效果，而在混凝土中，0.25mm（60 目）粒径的橡胶粉就有明显增韧效果。

2.2　橡胶粒子增韧水泥基材料的临界间距

交通运输部 2015 年获奖项目"道路桥梁中绿色橡胶集料混凝土开发与应用关键技术"的研究报告中介绍了碾压混凝土的开裂面积随橡胶粒子掺量降低的现象。以所用橡胶粒子平均粒径为 1.5mm，计算混凝土中砂浆部分橡胶粒子的体积分数，进而计算在砂浆部分橡胶粒子的间距。将混凝土试样的开裂面积对橡胶粒子间距作图，结果如图 13 所示。可见，随着橡胶粒子间距减小，试样的开裂面积存在一个突变，在间距为 0.7mm 时（橡胶粉掺量 94.5kg/m³，计算橡胶粉在砂浆中的体积占比为 16.6%），单位面积上的开裂面积较之前大幅降低约 94%。

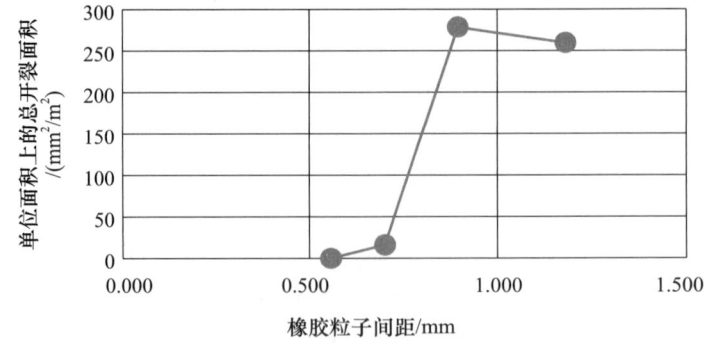

图 13　碾压混凝土试样开裂面积与橡胶粒子间距的关系

亢景付等[8]用具有设定缺口位置的圆环抗裂试验研究了橡胶粉体积含量不同的水泥净浆试样开裂时间。试验所用橡胶粒子平均粒径1.5mm。利用其试验数据，计算试样开裂时间与橡胶粒子间距的关系，结果如图14所示。由该图可见，开裂时间随粒子间距减小存在一个突变范围，即橡胶粒子间距小于0.57mm（对应这种粒径的橡胶体积分数为20%）以后，试样开裂时间急剧增大。

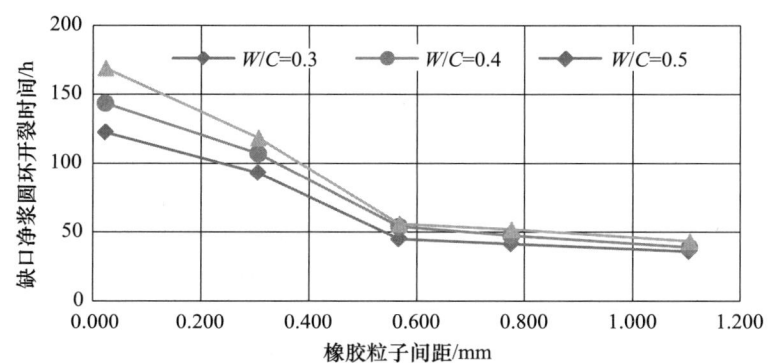

图14　水泥净浆圆环开裂时间与橡胶粒子间距关系

广西大学的一篇硕士论文[9]研究了掺橡胶粉混凝土板模拟路面板部分脱空状态下的落球冲击试验和疲劳。根据其试验配比，计算了其试样的橡胶粒子间距。将振动最大峰值与橡胶粒子间距作图，如图15所示。可见，尽管相关系数不高，混凝土板的最大振动峰值与橡胶粒子间距之间存在一定的相关性。橡胶粒子间距小于0.45mm左右时，最大振动幅度有进一步的明显下降。

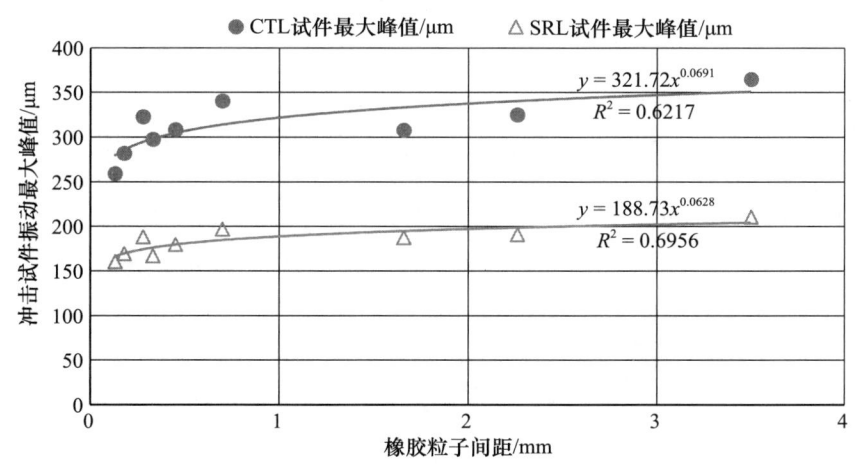

图15　橡胶粉混凝土板落球冲击振动最大峰值与橡胶粒子间距关系
（CTL指板角三角形脱空试样，SRL指板边矩形脱空试样）

将各试样中橡胶粒子的间距与其疲劳次数列表，见表3。不考虑橡胶粒子目数，将试样的疲劳次数与试样中橡胶粒子间距作图，如图16所示。

可见，在橡胶粒子间距约0.5mm时，试样的疲劳寿命急剧增大。

表 3 在 0.5 存活概率下的疲劳次数

试样所用橡胶粒子描述	橡胶粒子间距/mm	0.5 存活概率下疲劳次数
对比试样	—	16511
10 目 10%	3.50	21366
30 目 10%	0.70	21914
30 目 20%	0.45	27691
30 目 30%	0.33	28548
60 目 10%	0.28	25088

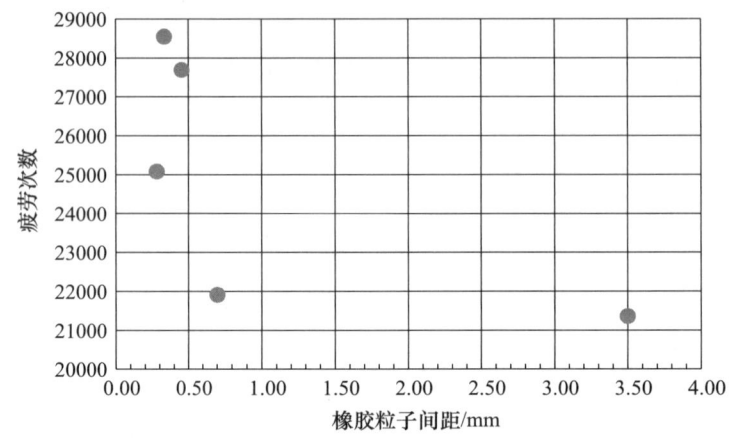

图 16 在 0.5 存活概率下的疲劳次数与橡胶粒子间距的关系

从上面水泥净浆圆环开裂、混凝土板的平板开裂、混凝土板边或角脱空落球冲击振动幅度以及混凝土板的疲劳寿命与橡胶粒子间距的数据看到，产生性能突变的临界橡胶粒子间距都在 0.4～0.5mm 之间。说明橡胶粒子间距也可以作为橡胶态聚合物增韧水泥基材料韧性转变的一个判断依据。

橡胶粒子试验的临界粒子间距数据是否可以用来分析乳液（可再分散乳胶粉）改性水泥基材料的增韧作用，还需要小心求证。因为乳液改性水泥基材料中，乳液干燥生成的似乎是片状薄膜，不像橡胶粒子那样近似球形的粒子。但薄膜平面尺寸大小、厚度和薄膜间距都对复合材料性能有影响。从方法上来说，可以把被水泥吸附的乳胶粒子和未被吸附的乳胶粒子分开来讨论。最初被水泥吸附的乳胶粒子形成的是厚度为 1～2 个乳胶粒子直径大小的薄膜，这样形成的薄膜厚度非常小，受到水泥基材料的强烈约束，对水泥基材料有增强（包括增加刚性）作用。但聚灰比增大超过水泥的饱和吸附量以后，未被吸附的自由乳胶粒子将聚集在水泥粒子堆积的空隙中，形成某种类似球形的粒子。可以根据图 9 应力-应变曲线材料从脆性转变为韧性的聚灰比，计算未被吸附的聚合物量及其在水泥砂浆中的体积含量，进而根据本节提出的橡胶粒子临界间距，计算出未被吸附的聚合物乳胶粒子形成的聚集体尺寸（球形粒子直径）。

3 总结

（1）由于聚合物与水泥基体的泊松比差别很大，泊松比效应使低强度聚合物也能够对水泥基材料有增强作用。增强作用最大的情况是形成厚度最小、面积最大、受水泥基体约束的聚合物薄膜。不考虑水灰比较大时水分蒸发遗留孔隙的影响,这个聚灰比大约与根据水泥比表面积和乳胶粒粒径计算的最大吸附量的1.5倍相当;在较大水灰比时,这个聚灰比会增大,增大的数值与聚合物薄膜拉伸应力最大时对应的应变有关,薄膜最大应力对应应变越大,薄膜体积变形能力越大,则所需的聚灰比越小。

(2) 聚合物乳液能提高水泥基材料基体的韧性和抗裂能力。当聚灰比很低时,其作用机理是泊松比效应和降低水泥基体微缺陷尺寸,从而提高基体的强度和韧性;随聚灰比增大,聚合物变形功在改性水泥基材料中韧性中所占的份额增大;聚灰比过大时,复合材料由于模量降低太多导致强度降低,但变形能力没有降低。改性砂浆可以获得的最大抗折强度与聚合物乳液在水泥浆体条件下所生成薄膜的最大应力及其对应应变的乘积(相当于断裂能)正相关。用适当含量的聚合物乳液和高模量纤维,可以制备具有高达5%变形能力而不发生开裂的水泥基材料。

(3) 根据橡胶粒子增韧抗裂的文献数据,发现橡胶粒子增韧水泥基材料存在最小橡胶粒子尺寸和临界橡胶粒子间距两个参数,临界橡胶粒子间距可能在0.4~0.5mm。橡胶粒子大于最小尺寸才有更好的增韧作用,橡胶粒子间距小于临界值时,改性水泥基材料发生从脆性到韧性的转变。这个概念也有可能用于聚合物乳液增韧水泥基材料的机理分析。

参考文献

[1] CZARNECKI L. From Nanomonitoring to Nanotechnology of Concrete-Polymer Composites; Searching for Synergy [C]. //Yeon. Proceedings of the 12th International Congress on Polymers in Concrete. Chuncheon K-S; 2007; 17-27.
[2] 陈维灯. 钢桥面用高刚性高韧性铺装材料的研究 [D]. 上海: 同济大学, 2016.
[3] 韩冬冬, 陈维灯, 钟世云. 乳胶粒径对聚合物改性水泥基材料性能的影响 [J]. 建筑材料学报, 2017, 20 (6): 943-949.
[4] 辽宁省交通厅科技处. 赴日本钢桥面铺装技术考察报告. 辽宁省交通厅政府信息公开. 000014349/2008-00003.
[5] LI GENG L P, GUO J Y, LIU G P, et al. Direct tensile constitutive law of ultra-high performance concrete without thermal curing [C]. 1st International Conference on UHPC Materials and Structures, Changsha, 2016: 323-331.
[6] 李玉海. 乳胶粉、纤维素醚及养护条件对抹面砂浆抗冲击性能影响的研究 [J]. 中国建材, 2007 (3): 85-87.
[7] 闻洋, 刘培培. 橡胶混凝土抗冲击性能研究 [J]. 硅酸盐通报, 2018, 37 (3): 792-799.
[8] 亢景付, 任海波, 张平祖. 橡胶混凝土的抗裂性能和弯曲变形性能 [J]. 复合材料学报, 2006 (6): 158-162.
[9] 周志刚. 基层脱空状态下橡胶水泥混凝土减振吸能性能及疲劳特性研究 [D]. 桂林: 广西大学, 2016.

作者简介:钟世云:男,博士,教授,研究领域为建筑材料。E-mail: syzhong@tongji.edu.cn。

水泥自流平面层砂浆技术问题探讨

苏新禄　钱佳佳

（苏州市兴邦化学建材有限公司，江苏苏州 215000）

摘　要：本文从产品开发和施工应用的角度探讨了水泥自流平面层砂浆的几个技术问题，如抗压抗折强度、拉伸粘结强度及尺寸稳定性等技术指标的控制要求。然后从CAC-OPC-GS 三元胶凝材料的组成、水化反应等说明水泥自流平面层砂浆的胶凝材料配比组成是实现材料快凝、快硬、快干和尺寸稳定性的技术关键。外加剂的筛选和搭配以及施工组织与控制对于开发高质量水泥自流平面层产品及实现成功交付也极其重要。自流平面层砂浆是配方开发复杂、施工要求高的特种砂浆，需要从材料、施工应用角度深入理解，方能成功开发出高质量水泥自流平面层砂浆产品。

关键词：无机非金属材料；水泥自流平面层；砂浆；尺寸稳定性

Discussion on Technical Issues of Cementitious Self-leveling Overlayment Mortar

Su Xinlu　Qian Jiajia

(Suzhou Sunbo Chemical Building Materials Co., Ltd Suzhou Jiangsu 215000)

Abstract: From views of product development and jobsite application, several technical issues about cementitious self-leveling overlayment mortar are discussed, such as compressive and flexural strength, pull-off tensile strength, dimensional stability et al. Then it is addressed that the composition of binding materials in the ternary phase diagram CAC-OPC-GS and the hydration reaction is the key to realize quick setting, quick hardening, rapid drying and perfect dimensional stability. At the same time, the selection and coordination of chemical additives and construction organization and control on jobsite are also important for the product properties and final successful project delivery. Cementitious self-leveling overlayment mortar is a unique special mortar with complex formula development and high construction requirements, which require in-depth understanding from the perspective of material knowledge and construction application, then it is possible to develop high quality cementitious self-leveling overlayment product.

Keywords：Inorganic & Nonmetallic Material；Cementitious Self-leveling Overlayment, Mortar；Dimensional stability

1 概述

水泥自流平砂浆按应用可以分为面层和垫层两种类型。垫层水泥自流平主要用于地面快速找平，薄层3～6mm，厚层达50mm甚至100mm，在上面铺装饰面材料。面层水泥自流平一般在既有混凝土基层上浇筑施工6～9mm厚，直接作为饰面层，或者在其上涂覆其他饰面材料后使用。面层水泥自流平地面具有高强承载、防滑耐磨、颜色可调、水泥质感、防火不燃等诸多特点，适合地下停车库、展厅、办公室、专卖店等室内地面装饰使用。

面层水泥自流平砂浆被公认为技术门槛最高、配方开发最复杂的干粉砂浆产品类别。主要因为：(1) 面层水泥自流平砂浆的配方构成确实复杂。无论是典型的三元胶凝系统，还是聚合物胶凝材料和功能性外加剂选型和搭配等。(2) 我国预拌干粉砂浆行业经过近40年的快速发展，已经具备生产绝大多数类别高质量产品的技术能力。在水泥自流平砂浆这一细分领域，一些国内企业对垫层水泥自流平产品的研究和推广也已非常出色，但对于面层水泥自流平砂浆主要生产厂家仍然为几家外资公司。(3) 国内一些高校和企业都开展过水泥自流平的相关研究[1-3]，但其主要针对成本低、技术要求相对较低的垫层水泥自流平，距离面层产品的技术标准和实际工程使用要求还有不小差距。(4) 面层水泥自流平砂浆实际工程应用出现开裂、空鼓等问题仍然比较普遍。虽然有文章[4-8]对自流平研究进展、掺合料对性能的影响以及施工应用等方面进行报道，但与工程真正可用的产品开发设计仍有差异。因此，仍然有必要参阅一些国内外研究工作，并结合对面层自流平砂浆配方开发和实际工程应用的实践经验，对面层水泥自流平砂浆的几个典型技术问题进行探讨，作为面层水泥自流平技术工作参考。

2 JC/T 985标准中部分技术指标

2.1 强度等级

JC/T 985—2017《地面用水泥基自流平砂浆》[9]对地面用水泥基自流平砂浆产品物理力学性能、抗压强度和抗折强度的技术要求分别见表1～表3。对于面层产品，抗压强度不能低于25MPa，抗折强度不低于6.0MPa，也即强度等级不能低于C25F6，该等级面层产品一般仅用于轻型载荷以及对耐磨要求不高的地面工程。实际工程一般会选用不低于C30F7的面层材料。对大型地下停车场、会展中心、专卖店等会选用C35F10及其以上等级的产品，以满足承载、粘结、耐磨等方面的使用要求。

表 1　水泥基自流平砂浆的物理力学性能

序号	项目		指标	
			面层	垫层
1	流动度/mm	初始流动度	≥130	
		20min 流动度a	≥130	
2	拉伸粘结强度/MPa		≥1.5	≥1.0
3	尺寸变化率/%		−0.10~+0.10	−0.15~+0.15
4	抗冲击性		无开裂或脱离底板	
5	24h 抗压强度/MPa		≥6.0	
6	24h 抗折强度/MPa		≥2.0	
7	耐磨性/mm³		≤400	≤800b

a 用户若有此要求，由供需双方协商确定。
b 可选项目，由供需双方商定。

表 2　水泥基自流平砂浆的抗压强度等级要求

强度等级		C16	C20	C25	C30	C35	C40	C50
28d 抗压强度/MPa ≥	面层	—	—	25.0	30.0	35.0	40.0	50.0
	垫层	16.0	20.0	25.0	30.0	35.0	40.0	50.0

表 3　水泥基自流平砂浆的抗折强度等级要求

强度等级		F4	F6	F7	F8	F10
28d 抗压强度/MPa ≥	面层	—	6.0	7.0	8.0	10.0
	垫层	4.0	6.0	7.0	8.0	10.0

2.2　拉伸粘结强度

JC/T 985—2017 规定面层自流平砂浆的拉伸粘结强度须不小于 1.5MPa。按照该标准 7.4.4 的说明，将成型框放在混凝土底板成型面上，按 7.1 制备好的试样倒入成型框中抹平，放置 24h 后脱模，10 个试件为一组。该检测使用混凝土底板满足 JC/T 547—2017 附录 A 的要求，对该条说明的理解需要更明确。因为 JC/T 547—2017 中所使用的混凝土底板需要同时满足附录 A 以及 7.5.1 的要求，附录 A 主要说明混凝土板的制作与要求，而 7.5.1 条中明确了混凝土板含水率应小于 3%（质量百分比），4h 表面吸水量控制在 0.5~1.5cm³ 之间等。如仅按附录 A 要求，无法确保吸水量和含水率符合要求。

此处制备拉伸粘结强度试件时，直接将搅拌的自流平砂浆试样倒入成型框，混凝土底板上不涂刷任何界面剂，这一方法与工程上的实际应用不相符。我们知道，水泥自流平砂浆的设计用水量既关系到施工性的满足，也对其水化过程至关重要。工程现场在浇筑自流平砂浆之前必须先涂刷界面剂对基层封闭处理，防止基层气体向上迁移在自流平砂浆表面形成破裂或未破裂的气泡，同时也能防止自流平砂浆中的水被基层吸收，影响砂浆正常水化。既然实际工程必须涂刷界面剂，JC/T 985 标准中的拉伸粘结强度检测试件制备时,也应先对混凝土板涂刷界面剂进行封闭处理,然后再成型拉伸粘结强度检测用试件。界面剂的用法和用量参照厂家的技术推荐即可。

2.3 尺寸变化率

对于面层水泥基自流平砂浆的尺寸变化率,该标准要求-0.10%~+0.10%。根据我们从事产品开发及工程应用的经验,即使对于室内地面工程,施工后能及时按照每4~6m间隔切缝,这种面层水泥自流平砂浆也容易出现开裂问题。如希望降低因为自流平砂浆自身收缩大而在实际工程开裂的风险,面层自流平的尺寸变化率应控制在-0.03%~+0.03%。当然,这个尺寸变化率的要求相对较高,也必然会增加配方开发调整的难度。

对于尺寸变化率,JC/T 985中规定用10mm×40mm×160mm模具成型自流平砂浆的尺寸变化率检测试件。面层自流平砂浆施工后,如图1所示[10],靠近基层一侧实际上受到混凝土约束,自流平砂浆上下两侧的水分挥发速率也存在明显差异,这种情形的尺寸变化与JC/T 985中规定的方法等有较大差异,与JC/T 2326《建筑用找平砂浆》附录A中限制条件下的尺寸变化率的测定方法更接近。我们曾经用JC/T 2326的限制条件下的尺寸变化率的测定方法效果更好。与此同时,JC/T 985中规定成型好的收缩试件在标准试验条件下放置24h后方可脱模。水泥自流平砂浆为快硬早强材料,其24h之内伴随着较大幅度水化过程及尺寸变化,而且材料在工程使用时也是自砂浆浇筑完成后即为初始尺寸,所以自流平砂浆尺寸变化有必要加强早期尺寸变化检测,测试较长养护龄期的尺寸变化率可以采用比24h更短的时间脱模并测试初始尺寸,甚至使用早期收缩检测仪器。现在很多厂家进行自流平水泥砂浆产品开发和生产控制的实际工作中,已经大量使用可行性方法监测早期尺寸变化等,后期对水泥自流平面层尺寸变化率测试方法可以在验证基础上进行更新。

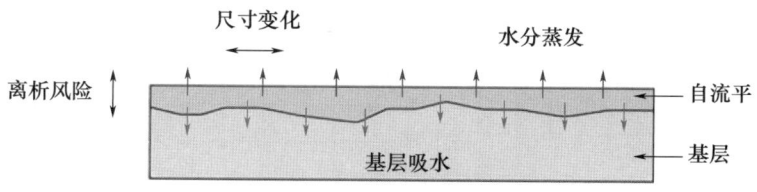

图1 水泥自流平砂浆应用的示意图

3 复合胶凝材料组成

面层水泥自流平砂浆的尺寸变化率必须能得到有效控制,才能避免因为材料收缩或膨胀引起开裂或空鼓等问题。控制材料尺寸变化的本质源于对水化过程的完美控制,特别是水化反应形成钙矾石的数量和形貌。De Gasparo等[10]通过分析自流平砂浆层断面的钙矾石浓度梯度证明,如果硬化动力不够快,自流平砂浆的最上部分可能会在系统开始凝固之前干燥。自流平砂浆表面的性质会受到负面影响。已有文献[11]~[14]探讨了混合胶凝材料水化反应形成钙矾石的基本机理。钙矾石由化学反应:

$$6Ca^{2+} + 2Al(OH)_4^- + 3SO_4^{2-} + 4OH^- + 26H_2O \longrightarrow 3CaO \cdot Al_2O_3 \cdot 3CaSO_4 \cdot 32H_2O$$

水溶液中晶体的成核和生长速率主要取决于过饱和系数 β。$\beta = (\alpha_{Ca^{2+}})^6 \times (\alpha_{Al(OH)_4^-})^2 \times (\alpha_{SO_4^{2-}})^3 \times (\alpha_{OH^-})^4 / K_{ett}$。$\alpha_i$ 为离子活度，K_{ett} 为平衡溶解度积。不同胶凝材料组分的初始配比和在溶液中的相对溶解速率会直接影响到溶液的初始组成，继而影响钙矾石的形成数量和晶体形貌。

高铝水泥（CAC）、硅酸盐水泥（OPC）和石膏（CS）混合而成的典型三元胶凝系统如图2所示，具有凝结时间可调、快硬、快干和收缩补偿等独特性能[13-17]，目前仍为高质量面层水泥自流平砂浆的首选胶凝材料。该图示意的不同区域所对应不同胶凝材料混合物具有不同特点，区域1为OPC占比更高的典型OPC-CAC二元胶凝系统，该区域对应胶凝材料混合物的典型特点是快速凝结。当提高CAC相对于OPC的占比，会导致凝结时间进一步缩短，直至闪凝。图3直观示意了CAC-OPC混合比例变化时，混合胶凝材料的初凝和终凝时间变化规律。如要在快速凝结的基础上实现快硬，则需要在OPC-CAC混合物中加入更多的石膏，水化可以形成更多的钙矾石 [$C_3A \cdot (CS)_3 \cdot 32H$]，从而得到更好的早期强度，对应图2的区域2，该区域对应的混合胶凝材料组成因为更多钙矾石形成而表现出比OPC更好的尺寸稳定性。石膏有不同的类型，在常温下的溶解度按照 β-半水石膏、α-半水石膏、天然石膏及硬石膏的顺序逐渐减小，区域2倾向于无水石膏。区域3代表的混合胶凝材料是以CAC和CS为主要组分，包含少量的OPC，该区域的主要水化反应是钙矾石和 AH_3 的形成：$3CA + 3CS \longrightarrow C_3A \cdot 3CS \cdot 32H + 2AH_3$。区域3的CS倾向于半水石膏，因为它们的溶解速率更高。面层水泥自流平砂浆的CAC-CS-OPC胶凝材料配比通常选用区域3内的组成进行配方调整。该胶凝材料混合物中加入OPC或CH将有助于形成钙矾石，但建议控制这些添加物的比例不超过5%，以免直接影响砂浆的膨胀和长期稳定性。

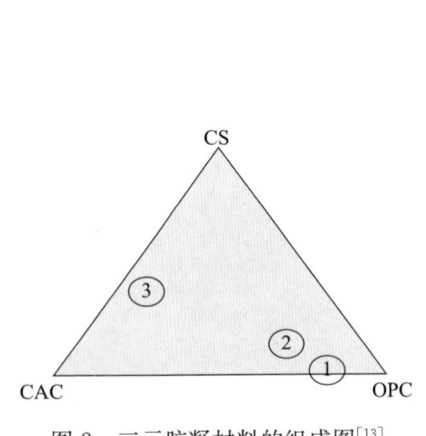

图2 三元胶凝材料的组成图[13]

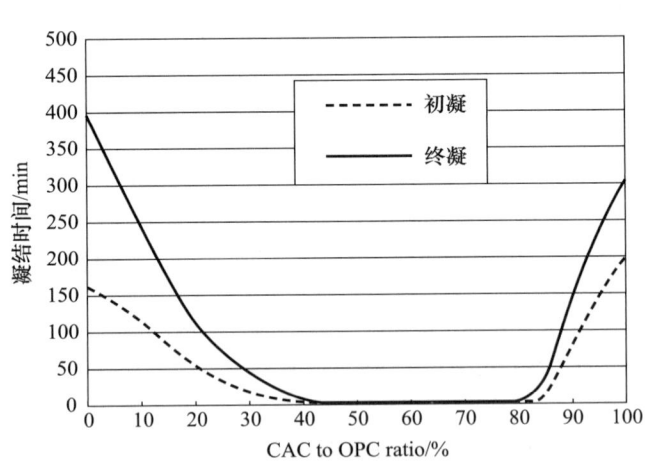

图3 CAC水泥对OPC水泥的促凝作用[12]

表4对图2中标识的3个区域对应胶凝材料混合物的水化反应特点、3种胶凝材料的典型混合比例、石膏的选用以及大致的强度范围进行了简要的归纳总结，可以作为相关技术开发工作的起点。

表 4　不同三元胶凝组分的预期典型性能[13]

项目	快凝	快凝、快硬	快凝、快硬、快干、尺寸稳定
填料，骨料	60%	60%	60%～65%
硅酸盐水泥	30%	25%～30%	<5%
铝酸盐水泥	10%	10%	20%～25%
无水石膏	—	0%～5%	—
半水石膏	—	—	7%～10%
添加剂	是	是	是
凝结时间	1～30min	20～45min	10～60min
早期强度/2～4h	2～5MPa	3～5MPa	5～15MPa
强度/24h	10～15MPa	10～25MPa	20～40MPa

4　功能外加剂

水泥自流平面层材料配方开发除了胶凝材料选择和搭配之外，还需对减水剂、促凝剂、缓凝剂、纤维素醚、消泡剂、聚合物胶粉及其他多种功能性外加剂进行选择验证，以满足材料流动度、抗离析、足够施工时间、致密、表面细腻、颜色均匀等各方面的要求。外加剂选择和搭配也必须以严谨试验验证为基础。下面以减水剂和消泡剂为例进行说明。

水泥基面层自流平一般使用聚羧酸高性能减水剂。不同聚羧酸减水剂对水泥及其他助剂适应性有所差异，因此需要针对具体的水泥自流平配方构成进行减水剂性能测试，主要考虑对初始流动度、流动度保持、引气，以及强度等的影响。图 4 为 3 种聚羧酸减水剂分别在酒石酸和柠檬酸作为缓凝剂的水泥自流平中的初始流动度和 20min 流动度。可以看出，减水剂 A 在两种缓凝剂体系下的初始和 20min 流动度优于减水剂 B 和 C，减水剂 B 在酒石酸体系较优，但在柠檬酸体系流动度明显降低，减水剂 C 在两种缓凝剂体系流动性都较差。

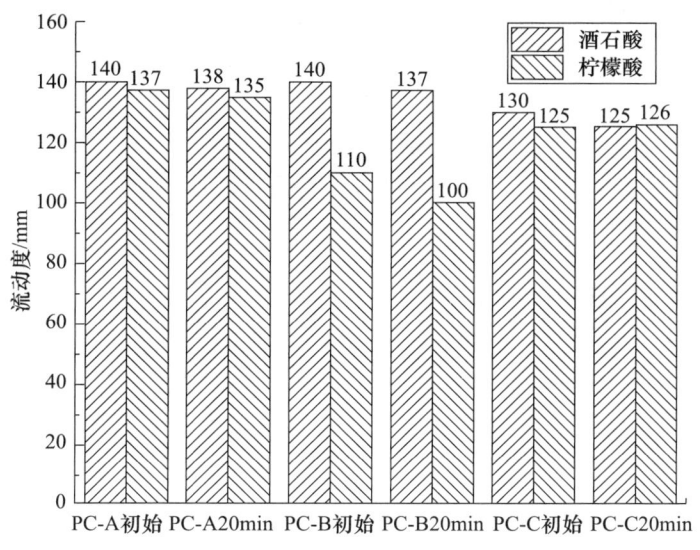

图 4　聚羧酸减水剂与缓凝剂适应性

图 5 为两种减水剂掺量变化时水泥自流平初始流动度及 20min 流动度变化示意图。由图可见，减水剂 2 掺量变化时自流平流动度变化幅度更小且一致性更好，该特性对于水泥自流平生产调节更加方便。

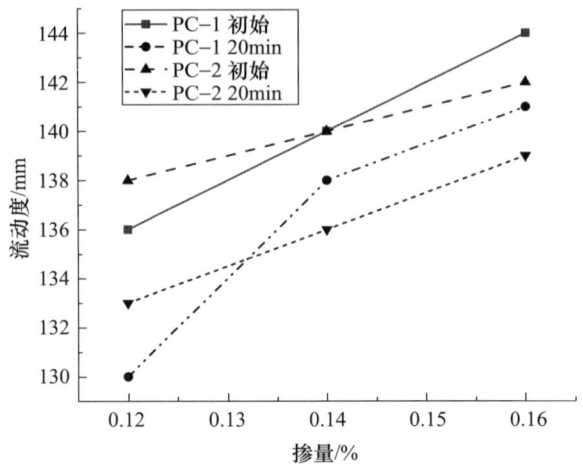

图 5 各减水剂流动度随掺量的变化测试

水泥自流平用消泡剂的选择原则为确保很好的消泡效果和尽量不影响表观。一些消泡剂能快速消泡且消泡率很高，但容易在自流平表面产生水纹、针眼类小孔以及油斑等缺陷，对面层水泥自流平的表观和颜色均匀性影响很大。一些消泡剂的储存稳定性存在问题，储存一段时间后消泡率急剧下降，甚至无法正常消泡。一些消泡剂对温度、浆料黏度以及浆料 pH 值的适应性较差，环境温度或加水量变化时消泡速度和消泡率会发生较显著变化。存在这些问题的消泡剂都不适合用于面层水泥自流平中。图 6 示意了两种消泡剂用于水泥自流平砂浆中，砂浆存放不同时间后再搅拌测试消泡所需时间。其中 DF2 的消泡速度随储存时间变化幅度更小，储存稳定性能较优，同时使用 DF2 消泡剂的水泥自流平表面细腻均匀，如图 7 所示，消泡剂 DF2 更适合用于水泥自流平砂浆中。

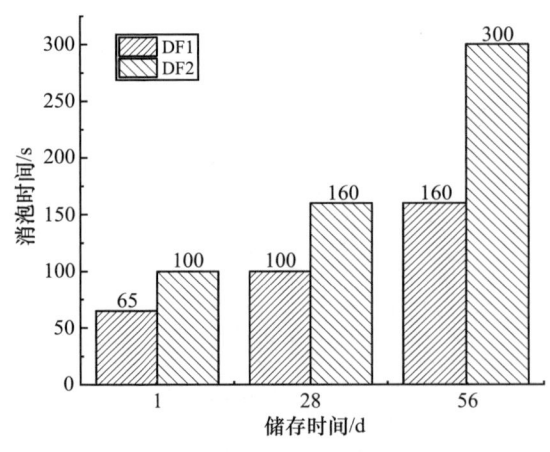

图 6 消泡剂在自流平中储存稳定性对比测试

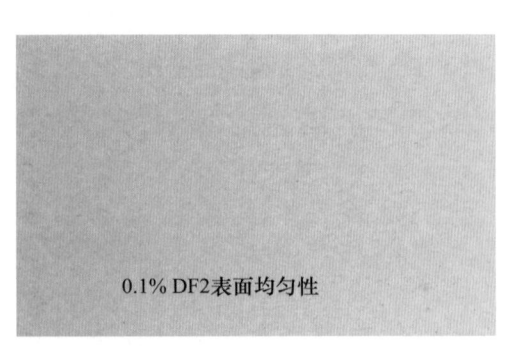

图 7 使用 DF2 消泡剂的水泥自流平表面

5 施工应用

很多砂浆材料都被称为"三分材料、七分施工"。水泥自流平面层砂浆可称为"七分材料、三分施工",该类材料的施工同样非常重要,但材料品质和性能则是重中之重,不然再好的施工手法,也无法实现高质量交付。面层水泥自流平砂浆施工应用必须控制好环境温湿度条件、基层条件及处理措施、界面剂的选择和施工、自流平砂浆施工及完成面保护以及罩面处理这些关键环节。

水泥自流平面层砂浆都为快干快硬型产品,温度对胶凝材料水化反应速度影响很大。JGJ/T 175—2018《自流平地面工程技术标准》[18]规定水泥基自流平地面施工环境温度宜为5~30℃,基层表面温度不宜低于5℃,环境相对湿度不宜大于80%。如果温度过低而勉强施工,材料凝结时间过长,更容易出现颜色不均、表面强度差、材料开裂等各种问题。有经验的技术人员一般会在夏季和冬季使用不同版本的配方,主要依据不同季节的温度条件对材料凝结时间进行适当调整,不会出现在夏天凝结时间过短来不及施工以及在冬天凝结时间过长的问题。

JGJ/T 175—2018中明确规定基层表面不得有起砂、空鼓、起壳、脱皮、疏松、麻面、油脂、灰尘、裂纹等缺陷。水泥基自流平地面基层的平整度不应大于4mm/2m,主要考虑水泥自流平施工厚度一般为6~9mm,如果基层平整度差异大,自流平浇筑后的平整度也较差。施工面层自流平的基层抗压强度不能低于25MPa,基层含水率不应大于8%。当基层抗压强度和表面抗拉强度未达到规定时应采取补强处理或重新施工。基层裂缝修补时,宜先采用机械切割,切割深度宜为基层混凝土厚度的1/2~2/3,宽度宜为10~20mm,然后采用修补材料通过灌注、找平、密封进行加强。当基层的空鼓面积不大于1m^{2}时,可采用灌浆法处理;当基层的空鼓面积大于1m^{2}时,应剔除并重新施工。基层表面有起砂、起壳、脱皮、疏松、麻面、油脂等缺陷时,应采用抛丸、铣刨等方法,必要时应补强处理或重新施工,直至达到施工要求。

基层处理好即可进行界面剂施工。JC/T 2329—2015《水泥基自流平砂浆用界面剂》对界面剂相关指标进行了说明[19-20]。选择合适的乳液并进行适当的配方设计,才能成为性能更好的乳液界面剂产品。好的自流平界面剂乳液具有一定的渗透性和成膜性,封闭性好、与基层和自流平砂浆粘结强、具有一定耐水性等特点,且为环保型聚合物乳液。涂刷界面剂是面层自流平砂浆施工的重要一环。如果界面剂选择或使用不当,容易造成如火山孔、凸出未破的小鼓包等缺陷。界面剂施工后须等待干至完全透明才能浇筑面层自流平砂浆,否则会出现施工问题。对吸收性大的基层,界面剂应涂刷多遍,以确保有好的封闭效果。

水泥自流平面层施工时必须控制加水量的稳定性并搅拌彻底均匀,以控制浆料的流动度,保证材料施工性、操作时间等稳定,材料水化反应时间一致,即施工过程中的"收水"时间一致。水泥自流平面层施工之前必须设计好摊铺路线,使得材料浇筑的宽度等可控。施工完成后进行完成面保护,防止日晒、穿堂风等影响。

如果能确保面层水泥自流平施工完成后的表面细腻稳定、颜色均匀,可选择不同光泽度的透明水性聚氨酯类罩面材料进行罩面，涂刷至少两遍，下一道涂刷与上一遍涂刷方向垂直，以达到均匀的光泽度、更好的密封效果，提升后期耐沾污性能。也有一些项目担心自流平面层砂浆表面的颜色均匀度欠佳、表面细腻程度不够好等缺陷，会设计使用有色的水性聚氨酯罩面，以增加完成面的颜色均匀度等表观美观程度。罩面材料施工前，需要等待水泥自流平砂浆干透。过早施工罩面，水泥自流平砂浆较高含水率容易引起水性聚氨酯罩面表面发花等问题。

6 总结

水泥自流平面层砂浆的配方组成复杂，性能控制精准度要求更高。从产品及应用角度深入理解材料抗压、抗折强度，拉伸粘结强度、耐磨性以及尺寸变化率等技术指标的本质和测试方法是成功开发和应用面层水泥自流平砂浆的前提。三元胶凝材料配比调控是材料具有快凝、快硬、尺寸稳定的基础，也是解决因为材料收缩或膨胀引起开裂或空鼓等问题的必要条件。除无机胶凝材料外，聚合物胶凝材料和各种功能性外加剂的选择和搭配也对水泥自流平面层砂浆最终性能有举足轻重的作用。面层水泥自流平最终能否成功交付也取决于对施工各环节的把控。

参考文献

[1] 从广智. 大面积水泥基自流平砂浆性能及施工工艺研究［D］. 青岛：青岛理工大学，2018.
[2] 应洪浩. 水泥基自流平砂浆制备与力学性能研究［D］. 西安：西安建筑科技大学，2018.
[3] 王广凯，刘梁友，冯恩娟，等. 硫铝酸盐水泥基自流平砂浆性能的研究［J］. 硅酸盐通报，2016，35（6）：1912-1917.
[4] 冯春花，朱晓静，刘航慧，等. 水泥基自流平砂浆研究现状及发展趋势［J］. 科技创新导报，2016，13（6）：24-25.
[5] 黄天勇，章银祥，陈旭峰，等. 水泥基自流平砂浆机理研究综述［J］. 硅酸盐通报，2015，34（10）：2864-2869.
[6] 衡艳阳，张铭铭，赵文杰. 水泥基自流平材料的研究进展［J］. 硅酸盐通报，2015，34（12）：3529-3535.
[7] 李志敏，王艺超，张俊鹏，等. 水泥基自流平地面施工工艺及施工质量控制措施［J］. 建筑技术，2022，53（4）：419-421.
[8] 胡冉，方从启，孙红运，等. 矿物掺和料对水泥基自流平砂浆性能影响研究［J］. 新型建筑材料，2016，43（11）：1-4.
[9] 中华人民共和国工业和信息化部：地面用水泥基自流平砂浆：JC/T 985—2017.［S］. 北京：中国建材工业出版社，2017.
[10] DE GASPARO A，KIGHELMAN J，ZURBRIGGEN R，et al. Self Levelling Flooring Compounds：application，mechanisms and properties. 2006 China International Dry Mortar Production & Applications Techniques Seminar，Beijing，March 1-2，2006.
[11] BAYOUX J P，BONIX A，MARCDARGENT S，et al. Study of the hydration properties of aluminous cement and calcium sulfate mixe. Mangabhai，R. J. Ed.；E&F. N Spon，London，England，

1990，pp 320-334.

[12] AMATHIEU L，BIER，A，SCRIVENER K L. Mechanisms of set acceleration of Portland cement through CAC addition [J]. In proceedings of the International Conference on Calcium Aluminate Cements. Heriot-Watt University，Edinburgh，Scotland，UK，16-19 July 2001.

[13] AMATHIEU L，ESTIENNE F. Impact of the conditions of ettringite formation on the performance of products based on CAC+CS+OPC. In proceedings of 15 International Baustofftagung-Ibausil 2003，24-27 sept. 2003，Weimar，Germany，pp，1-0253-1-0263.

[14] BIER TH A，ESTIENNE F，AMATHIEU L. Shrinkage and shrinkage compensation in binders containing calcium aluminate cement. In Proceedings of the International Conference on Calcium Aluminate Cements. Heriot-Watt University，Edinburgh，Scotland，UK，16-19 July 2001.

[15] STEFFES-TUN W，AMATHIEU L，ESTIENNE F. Use of combinations of Calcium Aluminate Cements and additives to improve the performance of Portland Cement based mortars. Conference on dry mortars. St Peterburg，2002.

[16] WOHRMEYER C，BIER TH. A，AMATHIEU L，et al. The benefits of calcium aluminate cements in self levelling and tile mortars. Conference on dry mortars，St. Petersburg，2000.

[17] BIER TH A，AMATHEIU L. Calcium Aluminate Cement in Building Chemistry formulations. Conchem congress，1997.

[18] 中华人民共和国住房和城乡建设部. 自流平地面工程技术标准：JGJ/T 175—2018 [S]. 北京：中国建筑工业出版社，2018.

[19] 中华人民共和国工业和信息化部. 水泥基自流平砂浆用界面剂：JC/T 2329—2015 [S]. 北京：中国建材工业出版社，2016.

[20] 张丹武，乔亚玲，刘建钊，等. JC/T 2329—2015《水泥基自流平用界面剂》标准解读 [J]. 新型建筑材料，2016，43（1）：7-9，17.

（贝利特）硫铝酸钙系列胶凝材料在特种砂浆中的应用研究

张世杰

（郑州市建文特材科技有限公司，河南新密 450000）

摘　要：本文描述了（贝利特）硫铝酸盐系列胶凝材料的形成和发展历程，并结合了其在特种砂浆中的实际应用；在行业相关专家的指导下，使用与石膏最优配比的技术前提下，该胶凝材料中矿物组成以无水硫铝酸钙以及硅酸二钙为主，水化后的水化产物为钙矾石。该材料具有凝结时间快、碱度低、微膨胀、低干缩率、早期强度高且后期强度随龄期持续增长等特点。对于特种砂浆中所使用外加剂、掺合料等的适应性优于行业内现售的母料产品，此产品对于不同品种的有机或无机掺合料以及外加剂均具有优良的适应性，在保证特种砂浆施工性能的前提下，可提高砂浆的性能指标。

关键词：（贝利特）硫铝酸盐系列胶凝材料；特种砂浆；钙矾石；低干缩率；最优配比

Research on the Application of (Belite) Calcium Sulphoaluminate Cementitious Materials in Special Mortars

Zhang Shijie

(Zhengzhou Jianwen Special Material Technology Co., Ltd., Xinmi, Henan Province 450000)

Abstract: In this paper, the composites and development of (Belite) sulphoaluminate cementitious materials (BSCM) were discussed, and the practical applications of BSCM in special mortar were summarized. Under the supervision of industry experts, with the optimal ratio to the added gypsum, the mineral compositions of BSCM are mainly anhydrous calcium sulphoaluminate and dicalcium silicate, and the hydration product is mainly ettringite. Accordingly, BSCM has the characteristics of fast setting time, low alkalinity, slight expansion, low dry shrinkage, high early strength, and continuous growth of later strength with age. The adaptability of BSCM with mineral admixtures and chemical agents used in special mortar is much better than that of existing products, which is beneficial to improving the performance of cement mortars.

Keywords：(Belite) Sulphoaluminate cementitious materials; special mortar; ettringite; low dry shrinkage; optimal ratio

1 引言

20世纪70年代，中国发明了硫铝酸盐胶凝材料，80年代又首创高铁硫铝酸盐胶凝材料（又称铁铝酸盐胶凝材料）。与硅酸盐胶凝材料和铝酸盐胶凝材料相比，它以无水硫铝酸钙为主，无水硫铝酸钙使胶凝材料具有早强、高强、抗冻、抗渗、耐蚀和低碱度等优良特性。这类胶凝材料是世界建筑材料发展史上新出现的品种，尚处于应用推广时期。

贝利特硫铝酸盐胶凝材料是目前国内外在低碳胶凝材料研究领域的一个重要方向。天津水泥院曾承担了国家"十二五"科技支撑计划项目（2014BAE05B00）"新型低钙水泥的研究及工业化应用"，负责并研发了一种具有自主知识产权（授权专利号ZL201210022401.8）的高贝利特硫铝酸盐胶凝材料，其熟料主要由50%～60%高活性C_2S，30%～40%的$C_4A_3\bar{S}$组成，性能集硅酸盐胶凝材料和硫铝酸盐胶凝材料优点于一体，具有早、中、晚期性能均衡发展的特点。与通用硅酸盐胶凝材料相比，硫铝酸盐胶凝材料综合能耗降低20%以上，二氧化碳排放降低25%以上，并可以采用一些工业废渣作为原料，达到大量吸纳工业固体废渣的目的，废渣综合使用比例可超过60%，是一种节能、低碳、环保的新型胶凝材料品种，对于建筑材料工业可持续发展具有重要作用。针对贝利特硫铝酸盐胶凝材料混凝土基本性能和耐久性的研究表明，贝利特硫铝酸盐胶凝材料和减水剂的适应性良好，混凝土工作性与通用硅酸盐胶凝材料接近；各龄期强度显著高于通用硅酸盐胶凝材料，混凝土主要的耐久性能都优于通用硅酸盐胶凝材料。贝利特硫铝酸盐胶凝材料有效解决了现有硫铝酸盐胶凝材料普遍存在的资源匮乏，制备成本偏高的问题（在拥有满足配料要求的低品位矿石和工业固废的地区，制备成本接近于甚至低于硅酸盐胶凝材料），突破了硫铝酸盐胶凝材料特种化的局限，应用领域和适用范围向硅酸盐胶凝材料靠近，成为一种用途广泛，并带有普遍适用性的新型低碳胶凝材料，应用前景被普遍看好。

（贝利特）硫铝酸盐系列胶凝材料，是在行业相关专家的指导下，由贝利特硫铝酸盐熟料与适当比例的石膏混合粉磨制而成，是适用于现代特种砂浆的理想母料。（贝利特）硫铝酸盐系列胶凝材料性能集硅酸盐胶凝剂和硫铝酸盐胶凝剂的优点为一体，具有早、中、晚期均衡发展的技术特点，且具有凝结时间快、碱度低、微膨胀、干缩率低、早期强度高且后期强度随龄期持续增长等特点。用于特种砂浆的和易性远远高于行业内现售的母料产品，是地坪砂浆、超高强道路修补剂和超高强无收缩灌浆料等产品较为理想的原材料。与硅酸盐胶凝材料相比，贝利特硫铝酸盐胶凝材料二氧化碳排放降低25%以上，对建筑材料的绿色低碳化应用具有重大意义，且具有良好的经济效益和莫大的社会贡献。

2　（贝利特）硫铝酸盐系列胶凝材料产品技术特点

（贝利特）硫铝酸盐熟料的化学成分和矿物相分别如表1和表2所示。（贝利特）硫铝酸盐系列胶凝材料的物理力学性能分别如表3和表4所示。

表1　（贝利特）硫铝酸盐熟料的化学成分（%）

烧失量	Al_2O_3	Fe_2O_3	CaO	MgO	TiO_2	SiO_2	SO_3
0.0～0.8	19.0～24.0	1.0～3.5	40.0～46.0	0.5～3.0	1.0～3.0	10.0～15.0	8.0～12.0

表2　（贝利特）硫铝酸盐熟料矿物相

矿物相	C_4A_3S	C_2S	C_4AF
含量（%）	35.0～50.0	28.0～45.0	3.0～10.0

表3　（贝利特）硫铝酸盐胶凝材料物理性能

比表面积（m²/kg）	凝结时间（min）		抗压强度（MPa）		抗折强度（MPa）	
	初凝	终凝	1d	7d	1d	7d
≥400	8～20	15～40	≥35.0	≥52.5	≥6.0	≥8.0

表4　不同（贝利特）硫铝酸盐胶凝材料种类的物理性能对比

胶凝材料名称	抗压强度（MPa）		抗折强度（MPa）	
	1d	7d	1d	7d
贝利特硫铝酸盐胶凝材料	≥35.0	≥52.5	≥6.0	≥8.0
典型硫铝酸盐胶凝材料	≥35.0	≥42.5	≥6.5	≥7.5

（贝利特）硫铝酸盐系列胶凝材料除了表3和表4中所列物理力学性能特点外，还具有如下特点：

碱度：水化后的pH值低于硅酸盐胶凝材料，可广泛应用于水泥基材料。

体积变化率小：本产品具有微膨胀功能，以膨胀补偿干缩，两者的落差小，尤其是自由状态下的干缩值只有硅酸盐胶凝材料的10%～12.5%。

高和易性：与掺合料的和易性好，养护难度以及养护成本低。

具有良好的抗渗性以及良好的抗硫酸盐腐蚀性。

自由膨胀率：1∶0.5灰砂比，28d自由膨胀率0.00～0.1%。

3 （贝利特）硫铝酸盐系列胶凝材料适用范围

目前（贝利特）硫铝酸盐系列胶凝材料产品的主要适用方向为自流平砂浆、修补砂浆、超高强无收缩灌浆料、防水堵漏材料以及 GRC 装饰制品等，该产品在海洋工程中应用的研究已初步得到试验结果。

由（贝利特）硫铝酸盐系列胶凝材料制成的混凝土具有较好的耐久性能。

抗渗性：加压到 $20kg/cm^2$ 时，C30 贝利特硫铝酸盐水泥混凝土的渗透高度平均值为 32mm，为试件高度（185mm）的 18%，说明贝利特硫铝酸盐水泥混凝土的抗渗透性能良好。贝利特硫铝酸盐水泥混凝土需水量较少，孔隙率低，降低了混凝土内部水分迁移速率。此外，水化产物中大量钙矾石的微膨胀特性增加了贝利特硫铝酸盐水泥混凝土的密实性，减少了水分迁移通道。

抗冻性：C30 贝利特硫铝酸盐水泥混凝土冻融 200 次后质量平均由 2.32kg 降低至 2.31kg，质量损失率为 0.43%；抗压强度值由 39.7MPa 降低至 37.4MPa，强度损失率为 5.8%，上述结果说明混凝土具有良好的抗冻融性能。这很大程度归因于贝利特硫铝酸盐水泥混凝土需水量小，水分散失造成浆体间孔隙率较低，减少了混凝土中可冻孔数量。此外，由于贝利特硫铝酸盐胶凝材料水化速度较快，混凝土内部水分在毛细管中迁移速率加快，降低了毛细管水因冰冻而产生的导致微膨胀和裂缝的压力，提高了贝利特硫铝酸盐水泥混凝土的抗冻性。

抗氯离子渗透性：贝利特硫铝酸盐水泥混凝土 6h 后的电通量为 837C，在 100～1000C 范围内，抗氯离子渗透等级为 Q-IV，说明混凝土具有优异的抗氯离子渗透性能。贝利特硫铝酸盐胶凝材料中无水硫铝酸钙快速水化生成钙矾石，快速填充浆体网络结构内部孔隙、小孔隙以及水化产物与骨料之间的界面；此外，生长在界面之间的钙矾石提高界面之间的机械咬合力，改善混凝土的孔结构和界面结构。

抗硫酸盐侵蚀性能：C30 贝利特硫铝酸盐水泥混凝土在硫酸盐侵蚀和干湿交替循环荷载 50 次的复合因素的作用下，其抗硫酸盐侵蚀系数为 1.04；普通硅酸盐混凝土为 0.94，说明贝利特硫铝酸盐水泥混凝土具有良好的抗硫酸盐侵蚀性能。硫酸盐侵蚀环境下，硫酸根离子进入贝利特硫铝酸盐水泥混凝土与浆体中 $Ca(OH)_2$ 反应，促进钙矾石大量形成，增加浆体致密度；同时溶液中 $Ca(OH)_2$ 的减少加速了 C-S-H 凝胶的形成，增强了水化产物与骨料之间的粘结力，从而改善了混凝土试体内部结构，提高了抗硫酸盐腐蚀性能。

抗碳化性能：C30 贝利特硫铝酸盐水泥混凝土的抗碳化系数为 0.95，而普通硅酸盐水泥混凝土为 0.94，说明贝利特硫铝酸盐具有良好的抗碳化性能，且优于普通硅酸盐水泥混凝土。贝利特硫铝酸盐系列胶凝材料水化形成钙矾石快速进行，导致溶液中易碳化的 $Ca(OH)_2$ 量减少；同时钙矾石形成时伴有的微膨胀增加了试体的致密度，阻碍了 CO_2 向混凝土内部扩散。

抗干缩性能：贝利特硫铝酸盐水泥混凝土 28d 干缩率为 130.67×10^{-6}，低于普通硅酸盐水泥混凝土的 28d 干缩率（317.60×10^{-6}），且整个龄期内干燥收缩增长率较为平缓，均低于普通硅酸盐水泥混凝土，表明贝利特硫铝酸盐水泥混凝土的抗干燥收缩性能优于普通硅酸盐水泥混凝土。这是由于贝利特硫铝酸盐系列胶凝材料中无水硫铝酸钙矿物水化生成的钙矾石具有混凝土收缩补偿特性，能够增加浆体的密实度，减少微裂纹，利于提升贝利特硫铝酸盐水泥混凝土体积稳定性。与C30普通硅酸盐水泥混凝土相比，胶凝材料用量相同的情况下，C30贝利特硫铝酸盐水泥混凝土水胶比为0.47，低于C30普通硅酸盐水泥混凝土的0.50。浆体内毛细孔量大大减少，由水分蒸发而引起的收缩相应减小。

贝利特硫铝酸盐水泥制备的混凝土除具备以上优秀的耐久性能以外，还具有较好的力学性能。

强度：C30贝利特硫铝酸盐水泥混凝土28d强度（39.7MPa）高于同强度等级C30普通硅酸盐水泥混凝土的强度（33.5MPa），且早期抗压强度发展较为迅速。贝利特硫铝酸盐胶凝材料发生水化反应生成的针状钙矾石和C-S-H凝胶及铝胶等交叉连生，增加了混凝土浆体的密实度。此外，各种形貌的胶体水化产物具有较大的表面能，增加了水化产物与骨料之间的粘结力，改善了混凝土内部结构。

劈拉强度和抗折强度性能：贝利特硫铝酸盐水泥混凝土的劈拉强度和抗折强度与普通硅酸盐水泥混凝土抗压强度一样，随龄期的延长而增长，从7d至28d，劈拉强度从3.28MPa发展至4.41MPa，增长率为34%，抗折强度则从3.83MPa发展至5.03MPa，增长率为40%，说明贝利特硫铝酸盐水泥混凝土具有良好的劈拉强度和抗折强度，且具有良好的后期强度增长率。

轴心抗压强度和弹性模量：C30贝利特硫铝酸盐水泥混凝土的28d轴心抗压强度和弹性模量分别为38.4MPa和3.43×10^4MPa，均高于相同强度等级普通硅酸盐水泥混凝土的31.6MPa和3.19×10^4MPa，表明贝利特硫铝酸盐水泥混凝土具有较为良好的抵抗变形能力。

基于贝利特硫铝酸盐水泥在混凝土中有以上优良的力学性能以及耐久性能，故该种胶凝材料是一种非常适用于现代化特种工程砂浆使用的胶凝材料，其应用范围非常广泛，可在如下领域应用。

地坪砂浆，例如水泥基自流平砂浆等。可较为完美地解决水泥基自流平砂浆的尺寸变化以及与基层混凝土粘结性等问题。

机场跑道及公路快速修补砂浆，3h达到正常使用标准，硫铝酸盐胶凝材料掺早强剂配制的道路混凝土，不需特殊养护。同时，硫铝酸盐系列胶凝材料粘结性强、自身膨胀性弱，可有效防止混凝土收缩，较高的抗渗透性能又能防止地表水下渗损坏道路基层，因此硫铝酸盐胶凝材料是理想的道路路面抢修、修补工程用材料。

桥梁与道路伸缩缝修补，及刚性路面孔洞及局部修补。

电线杆及其他木桩的迅速固定，机械设备底座的一、二次灌浆等。

高铁灌浆料产品已成功应用到（武广、京津、京沪）高铁等。

其他土木工程需早凝早强要求的均可满足，硫铝酸盐胶凝材料由于具有早期强度高、抗渗透性强、抗冻融性好、长期稳定性好、耐腐蚀、凝结时间短、碱度低和自由膨胀率低等一系列优异的性能，广泛应用于特种工程领域。

4 （贝利特）硫铝酸盐系列胶凝材料技术特点

4.1 硫铝酸盐系列胶凝材料与（贝利特）硫铝酸盐系列胶凝材料的优点与差别

当采用 BSE-IA 法对典型硫铝酸盐胶凝材料进行分析时，可以观察硫铝酸盐胶凝材料浆体中未水化熟料、水化产物以及孔隙的形状、大小及分布[1]。图 1 是典型硫铝酸盐胶凝材料（常温养护，水化 3d）的 BSE 图像。从中可以看出，就熟料残核而言，内部已有部分溶解，表明水化并非沿原有颗粒轮廓同步推进，这意味着各个熟料矿物的水化程度不尽相同。有的颗粒已无法辨认原有轮廓，仅剩尚未水化的残余部分，表明其发生了很大程度的水化。

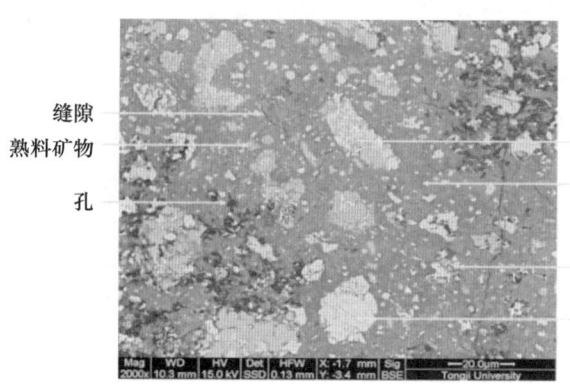

图 1 硫铝酸盐胶凝材料水化后 BSE 图像

图 2 是该胶凝材料在同样的条件下水化 1d 后水化产物分布情况的 BSE 图像。图 3 是该胶凝材料在水化 7d 时的 BSE 图像，早期水化后未进行水化的胶凝材料颗粒之前存在空隙，经过一定龄期的水化以后，未水化的颗粒在原位进行了水化，水化后的水化产物使材料内部的空隙得到填充。综合分析图 1、图 2 和图 3，可以得出，硫铝酸盐胶凝材料早期水化过程速度快，可以为特种砂浆提供较快的凝结速度以及较高的早期强度，且具有较高的密实度，可为特种砂浆提供优良的耐侵蚀性，其原因是矿物组分中不含硅酸三钙，材料中的 $Ca(OH)_2$ 含量相较于硅酸盐胶凝材料较低，在面对硫酸盐侵蚀时的耐侵蚀性较高，且由于水化产物中 AFt 以及 AFm 的存在，增强了胶凝材料的内部密实程度，对砂浆的抗渗以及耐侵蚀性起到了良性影响。

相较于普通硫铝酸盐胶凝材料而言，（贝利特）硫铝酸盐胶凝材料的矿相分析中，硅酸二钙的含量应在 40% 左右（普通硫铝酸盐胶凝材料中硅酸二钙的含量为 8%~37%），硅酸二钙的水化速度较慢，且在水化过程中可以有效减少 AFt 向 AFm 转化过程中造成的体积变化，水化产物 C-S-H 凝胶可以有效填补内部结构中存在的孔隙，增强材料内部结构的致密程度，故这种胶凝材料可有效改善普通硫铝酸盐胶凝材料中存在的后期强度倒缩的问题。

 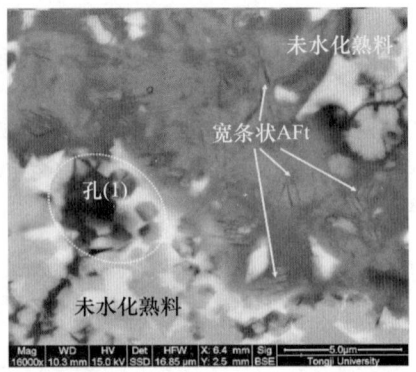

图 2　硫铝酸盐胶凝材料水化物的分布情况

图 3　硫铝酸盐胶凝材料内部水化产物的分布情况

4.2　石膏掺入对胶凝材料的影响

当在（贝利特）硫铝酸盐系列胶凝材料掺入适当比例的石膏时，会促使钙矾石以及凝胶材料的形成并提升无水硫铝酸钙以及硅酸二钙的水化程度，掺入石膏过量的情况下，会影响水化产物的形成且不再加速硅酸二钙的水化程度。图 4 和图 5 分别展示了石膏的掺入对胶凝材料水化的影响。

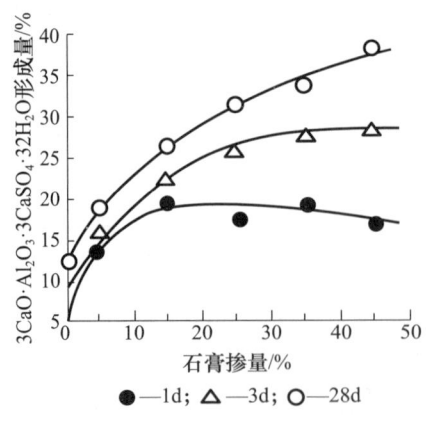 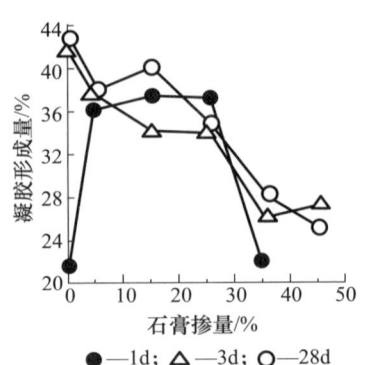

图 4　石膏掺量与水化产物形成量的关系

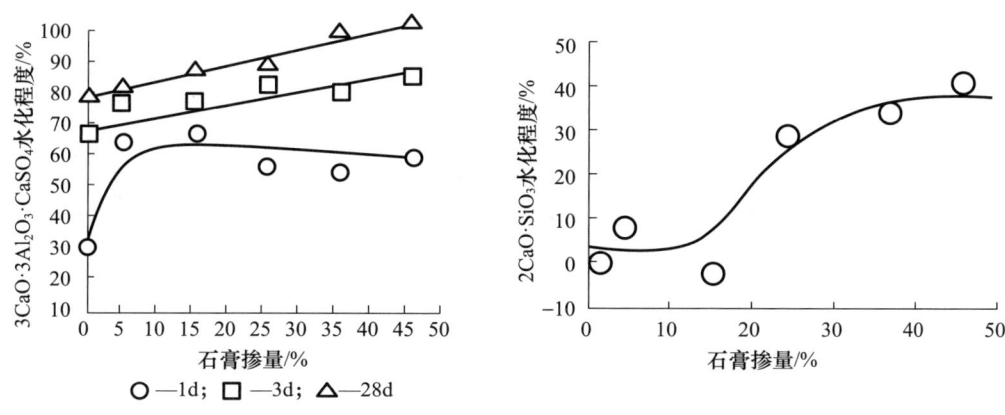

图 5　石膏掺量对水化程度的影响

综上所述，适当比例的石膏能够改善该胶凝材料的性能。由于未有其他种类的外加剂掺入，单掺石膏还有效避免了不同种类外加剂之间相互影响的问题，该胶凝材料可对市面上绝大多数外加剂具有优良的适配性。

5　结语

（贝利特）硫铝酸盐系列胶凝材料具有凝结时间快、碱度低、微膨胀、低干缩率、早期强度高且后期强度随龄期持续增长等特点。

（贝利特）硫铝酸盐系列胶凝材料具有良好的抗渗性、抗冻性、抗氯离子侵蚀性能、抗硫酸盐侵蚀性能、抗干燥收缩性能等耐久性能。

（贝利特）硫铝酸盐系列胶凝材料对特种砂浆中所用外加剂、掺合料等的适应性更优，在保证施工性能的前提下，可提高特种砂浆的综合性能。

参考文献

[1] 李楠. 基于BSE-IA方法的硫铝酸盐水泥熟料-石膏-聚合物体系水化研究 [D]. 上海：同济大学，2018.

高吸水性树脂（SAPs）对砂浆体积稳定性和抗裂性的改善及机理研究

杨敬斌[1,2]　孙振平[1,2]

（1. 同济大学 先进土木工程材料教育部重点实验室，上海 201804；
2. 同济大学 材料科学与工程学院，上海 201804）

摘　要：本文结合文献和作者的研究成果，论述了高吸水性树脂（Superabsorbent polymers，SAPs）作为内养护剂对砂浆体积稳定性和抗裂性的改善及机理。掺入SAPs能够有效地降低砂浆的塑性收缩和自收缩，这是因为SAPs逐渐释出的水分能减缓内部相对湿度的下降并降低毛细管压力，从而减小了收缩的驱动力。SAPs通过吸水后自身体积的膨胀和促进碳化沉淀物的生成两方面的作用，对降低裂缝的透水率和促进裂缝的自愈合也有一定的积极作用。实际应用SAPs时一定要注意，由于SAPs对砂浆液相中离子的敏感性，SAPs的掺入方式对砂浆内养护功效有较大影响。

关键词：砂浆；高吸水性树脂；体积稳定性；抗裂性；吸-释水行为

Study on the Improvement Mechanism of Superabsorbent Polymers (SAPs) on the Volume Stability and Crack Resistance of Cement Mortar

Yang Jingbin　Sun Zhenping

(1. Key Laboratory of Advanced Civil Engineering Materials of Ministry of Education, Tongji University, Shanghai 201804;
2. School of Materials Science and Engineering, Tongji University, Shanghai 201804)

Abstract: In this paper, combined with the literature and the author's research results, the improvement mechanism of superabsorbent polymers (SAPs) as internal curing agents on the volume stability and crack resistance of cement mortar was dicussed. The addition of SAPs can effectively reduce the plastic shrinkage and self-shrinkage of cement mortar, due to that the water gradually released by SAPs can slow down the decrease in internal relative humidity and reduce capillary pressure, thereby reducing the driving force of shrinkage. SAPs have a positive effect on reducing the permeability of cracks and promoting self-healing of cracks by expanding their own volume after absorbing water and promoting the formation of carbide precipitates. When applying SAPs in practice, it is important to note that due to the sensitivity of SAPs to ions in the liquid phase in cement mortar, the mixing method of SAPs has a significant impact on the curing effect in the cement mortar.

Keywords: Cement mortar, Superabsorbent polymers, Volume stability, Crack resistance, Water absorption and release behavior

1 引言

砂浆是土木工程中重要的材料。根据用途，砂浆有低流动性、一般流动性和高流动性之分。对于高流动性砂浆，如自流平地坪砂浆、灌浆材料、注浆材料等，强度要求也很高，掺高效、高性能减水剂大幅度减少用水量（或改善流动性）成为必需的配制措施。然而，当砂浆的水胶比过低时，过高的自收缩及由此产生的开裂风险将会显著增加。对于细、微观结构致密的砂浆来说，外部养护提供的水分很难渗入到砂浆基体内部，无法补偿水泥水化反应所消耗的水分，这意味着传统的养护方法（如洒水和湿麻布覆盖等）不能保证充分的水化并降低自收缩。内养护是指吸收了水的内养护剂向硬化的基体释放水分，以维持内部相对湿度，并减小自收缩的一种养护方法[1]。

多种材料，包括再生骨料、陶粒、稻壳灰、膨润土、沸石、膨胀珍珠岩、膨胀蛭石和高吸水性树脂（Superabsorbent polymers, SAPs）等，均可被用作混凝土内养护剂。这些材料的共同特点是具有吸收和保留水分的能力。其中，SAPs 是一种具有三维网络结构的功能高分子材料，能够吸收和保留其自身质量数百倍的水分[2]。与其他内养护剂相比，SAPs 具有掺量小、吸水快和吸水率高等优点，是目前应用最为广泛的内养护剂。

本文综合运用文献资料与作者研究成果，对 SAPs 在砂浆体积稳定性、抗裂性以及掺入方法等方面的研究进行了全面的探讨和分析。同时，本文也对 SAPs 作为内养护剂在砂浆中的发展前景进行了展望，以期对 SAPs 在砂浆中的应用与发展提供有益的参考。

2 SAPs 的吸-释水特性及 SAPs 的内养护原理

SAPs 中的极性基团具有较强的亲水性，能与水分子形成氢键结合，并且在极性基团电离的作用下,带有同种电荷的基团相互排斥,引起 SAPs 的三维网络结构扩张,并在 SAPs 内部溶液和外部溶液之间形成渗透压。水分子在渗透压的作用以及三维网络结构扩张而产生的毛细管的作用下,向 SAPs 内部进一步渗透和扩散,从而产生吸水现象。图 1 是 SAPs 的吸水膨胀过程示意图。对于水泥砂浆这一复杂的体系来说,其液相中离子种类多,会显著影响 SAPs 的吸-释水特性。SAPs 在去离子水中的吸水倍率可达 1000 倍以上,但在水泥浆液中吸水倍率却仅有几十倍,降低显著。这主要是因为:(1) 液相中离子的存在使 SAPs 结构内外的离子浓度差减小,吸水驱动力也相应降低,从而形成了电荷屏蔽效应;(2) 混凝土液相中的 Ca^{2+} 和 Al^{3+} 可与 SAPs 结构中的磺酸盐基团结合,形成稳定的络合物,从而降低了 SAPs 的吸水量[3-4]。

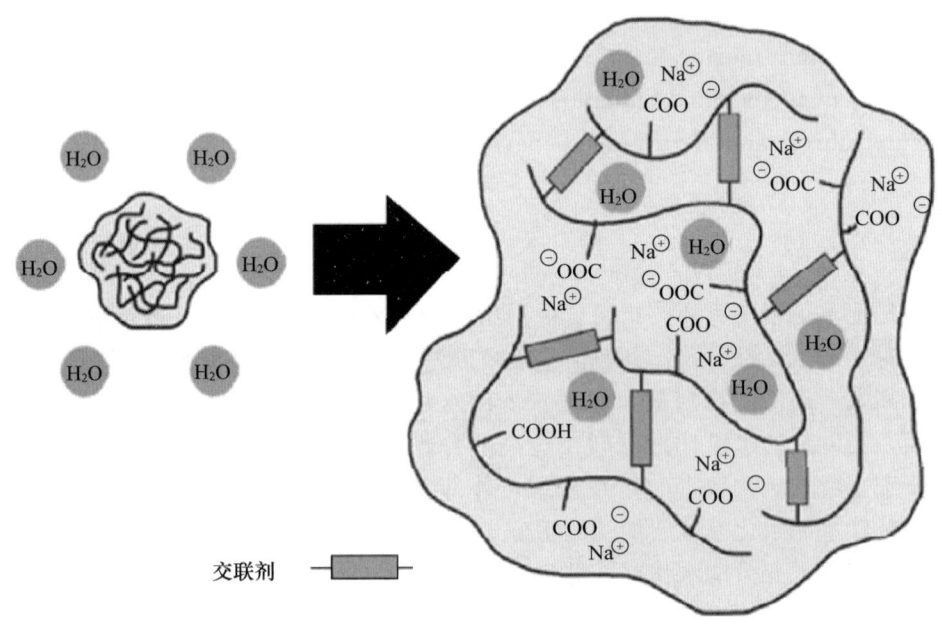

图 1　SAPs 的吸水膨胀过程示意图

随着水泥水化,体系中的水分逐渐消耗,导致砂浆内部相对湿度降低。同时,砂浆孔隙中形成了弯月面,毛细管压力也因此逐渐增加。然而,砂浆在早期阶段的强度通常较低,因此即便是微小的应力作用在浆体骨架上,也可能导致明显的收缩。此时,SAPs 释出水分能够减缓砂浆内部相对湿度的降低,增加孔溶液的弯月面半径,减小毛细管压力,从而降低收缩的驱动力。

如前所述,SAPs 对水的结合主要通过氢键而非简单的物理吸附。因此,SAPs 释水过程中主要的驱动力不仅源于砂浆内部相对湿度的降低,也与其他因素有关。SAPs 在硬化浆体中形成的孔隙一般比浆体基体中的毛细孔大。随着砂浆基体内部的水分消耗和内部相对湿度的降低,一方面,SAPs 中含有的水分会通过相对湿度差的作用释放出来;另一方面,毛细管压力的差异也会促使水分从较大的孔隙(SAPs)向较小的孔隙(砂浆基体)迁移[5]。

图 2 是四组砂浆试样在 0～14d 内的内部相对湿度与自收缩变化情况。可以看出,砂浆内部相对湿度与砂浆自收缩的测试结果之间具有较好的对应关系。SAPs 逐渐释放

水分，补充了因水泥水化而消耗的水分，减小了内部相对湿度的下降，使砂浆体系内部相对湿度保持在较高水平，抑制了自收缩的发展。然而，仅通过增加水胶比（即样品4未掺SAPs）只能在早期阶段略微减小内部相对湿度下降，不能使相对湿度在较长时间内保持在较高的水平，也不能降低自收缩。

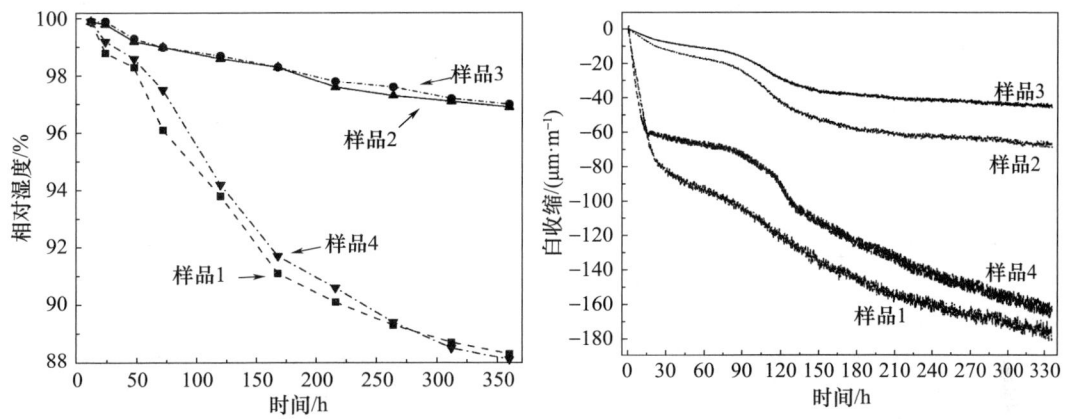

图2 砂浆试样在0~14d内的内部相对湿度与自收缩变化（样品1为不含SAPs的参照试样，水胶比为0.30；样品2和样品3中含有不同的SAPs，SAPs的掺量同为0.3%，水胶比分别为0.33和0.34；样品4不含SAPs，但水胶比为0.34）

3 SAPs赋予砂浆更理想的裂缝自愈合性能

SAPs不仅能用于降低收缩，也可用于提高砂浆裂缝的自愈合性能[5-8]。当液体通过裂缝进入掺有SAPs的砂浆时，SAPs会膨胀并封闭裂缝，以阻止液体进一步侵入，但砂浆的强度不会因此得到恢复，这一过程被称为裂缝的自封闭[9]。自封闭的机理如图3所示，其主要基于SAPs吸水膨胀后的物理封堵效应。对于裂缝的自愈合，水泥基材料本身就具有自动愈合的能力，文献[10]~[12]中将自愈合的机理归结于两个方面。首先，当水进入裂缝时，未水化的水泥颗粒可以进一步水化，形成新的水化产物来使裂缝愈合，特别是在龄期较低时，或水胶比较低时，更容易通过此机理实现裂缝自愈合。随着龄期延长，未水化的水泥逐渐减少，另一种自愈合机理将占主导：当空气中的CO_2溶于水中，与存在于砂浆基体中的Ca^{2+}发生反应，形成$CaCO_3$沉淀来使裂缝愈合[13]，然而，自愈合并不容易实现，因为水的存在是自愈合产物形成的关键[14-15]。SAPs可在环境潮湿时吸收水分，并在环境干燥时缓慢释放水分，从而为水的存在提供了更多的可能性。文献[16]~[18]研究表明，SAPs可以通过释放水分促进胶凝材料进一步水化并形成$CaCO_3$沉淀，从而促进裂缝在高湿度环境中自愈合。文献[17]通过X射线微观成像技术对比了不同愈合条件下有无SAPs的试件中的愈合产物量（图4），结果显示SAPs对促进愈合产物形成的效果十分显著，特别是在干-湿循环的愈合条件下。

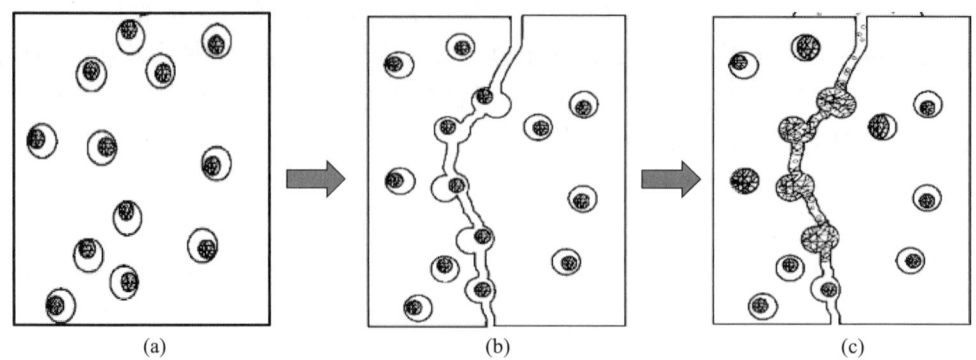

图 3 SAPs 使裂缝自封闭的机理示意图[18]

(a) 分散在浆体中的 SAPs 颗粒；(b) 浆体内部裂缝扩展；(c) 吸水膨胀的 SAPs 颗粒堵塞裂缝

图 4 在不同的愈合条件下，有无 SAPs 的试件的三维图像[17]

(a) 含 SAPs 颗粒，相对湿度 60%；(b) 含 SAPs 颗粒，相对湿度>90%；(c) 含 SAPs 颗粒，干湿循环；
(d) 不含 SAPs 颗粒，相对湿度>90%；(e) 不含 SAPs 颗粒，干湿循环

4 掺入方式对 SAPs 吸-释水行为的影响

目前已有的研究提到了将 SAPs 掺入砂浆的两种方法[19-20]。第一种方法是在掺入之前先使 SAPs 预吸收一定量的水，并通过调整预吸水量来控制 SAPs 的含水量。第二种方法是将干燥状态（即未预吸水）的 SAPs 先与胶凝材料和骨料混合，然后再加入水进行搅拌。然而，目前尚未有研究关注这两种掺入方式对 SAPs 吸-释水行为的影响。作者基于此，利用 ^{1}H low-field NMR 技术，对比分析了 SAPs 的预吸水量和浆体水胶比对吸-释水行为的影响。

图 5 展示了掺有未预吸水的 SAPs（总水胶比为 0.30+0）、预吸水水胶比为 0.03 的 SAPs（总水胶比为 0.30+0.03）和预吸水水胶比为 0.06 的 SAPs（总水胶比为 0.30+0.06）试样的横向弛豫时间（T_2）分布情况。T_2 范围内 1~10ms 和 100~1000ms 的峰分别由浆体基体孔隙中的水和 SAPs 中的水产生[21-23]。在图 5 (a) 中，即使 SAPs 未预吸水，在拌和 5min 后也可以在 100~1000ms 范围内观察到 T_2 峰，随后在 5min~1h 之

间，SAPs 的 T_2 峰强度逐渐增加，表明 SAPs 继续吸收自由水。在 1～3h 之间，SAPs 的 T_2 峰强度保持相对稳定，表明 SAPs 与浆体基体之间未产生剧烈的水分交换，而在图 5（b）和图 5（c）中，尽管 SAPs 在掺入之前预吸收了一定量的去离子水，但在拌和 5min 时的 T_2 峰强度并没有高于图 5（a）中同一时间的 T_2 峰。同时，随着水化时间的增加，SAPs 的 T_2 峰强度逐渐下降。在图 5b 中，拌和后 3h 时仅能观察到一个微小的 SAPs 的 T_2 峰，而在图 5（c）中，SAPs 的 T_2 峰在拌和 2h 后已经基本上消失。这表明，预吸水的 SAPs 在掺入后没有继续吸收拌和水，反而预吸收的水分会逐渐释放到浆体基体中。此外，对比图 5（b）和图 5（c）的结果，可以得知 SAPs 预吸水量越多，在浆体基体中的水分释放越快。

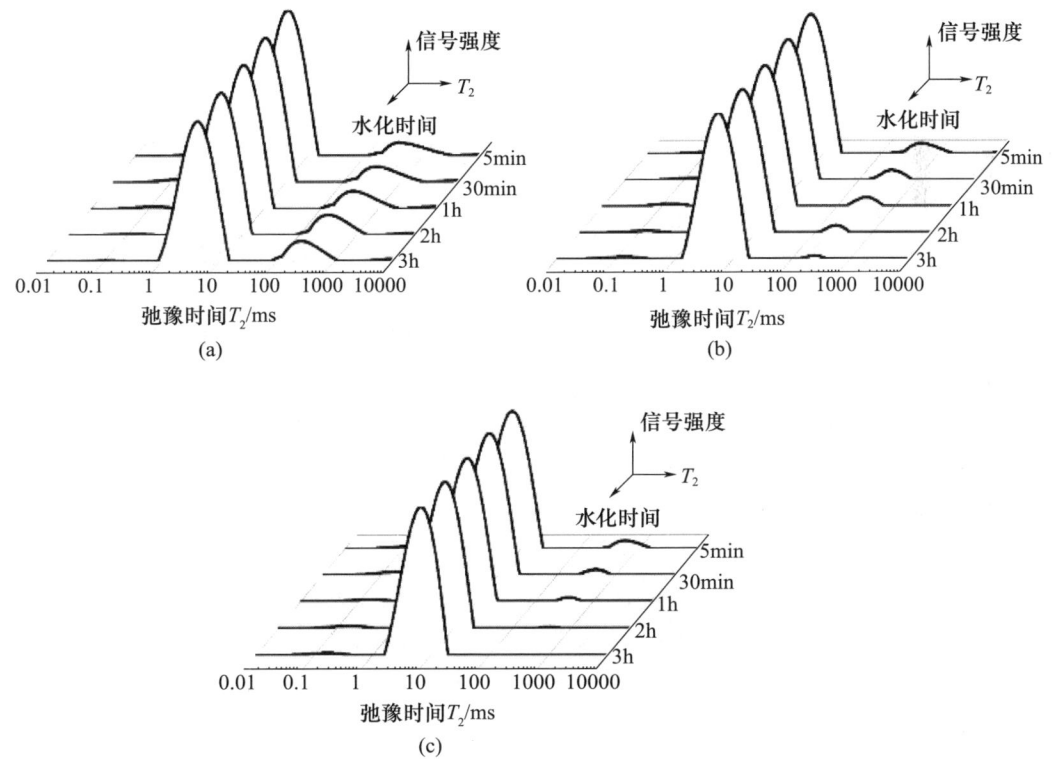

图 5　掺有 SAPs 试样的 T_2 分布
（a：未预吸水的 SAPs；b：预吸水水胶比为 0.03 的 SAPs；c：预吸水水胶比为 0.06 的 SAPs）

图 6 分别显示了掺未预吸水的 SAPs 在水胶比为 0.40（总水胶比为 0.40＋0）和 0.50（总水胶比为 0.50＋0）的试样的 T_2 分布情况。当水胶比为 0.40 时，拌和 5min 后 SAPs 的 T_2 峰强度高于图 5（a）中相同时间的 T_2 峰。随后，SAPs 继续吸水，直到拌和 1h 后 T_2 峰强度开始降低。值得注意的是，图 6（a）中 SAPs 的 T_2 峰在各个时间点都高于图 5（a）中相同时间点的 T_2 峰，这表明水胶比从 0.30 增加到 0.40 的确增加了 SAPs 中的含水量。然而，当水胶比进一步增加到 0.50 时，除了在拌和后 5min 时能观察到微小的 SAPs 的 T_2 峰外，在其他时间都未观察到 SAPs 的 T_2 峰，这表明 SAPs 的吸水受到了严重的抑制。

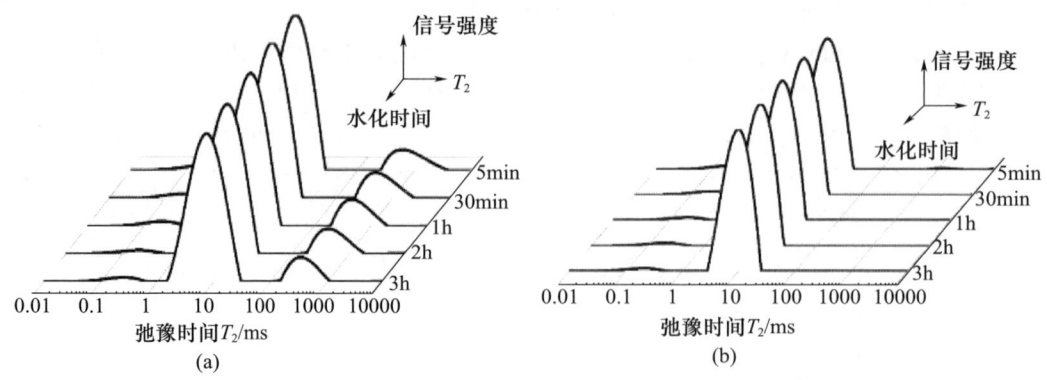

图 6 掺有 SAPs 试样的 T_2 分布
(a) 水胶比为 0.40；(b) 水胶比为 0.50

5 结论

（1）SAPs 是一种高效的砂浆内养护剂，掺入 SAPs 能够显著减缓砂浆内部相对湿度的下降，降低毛细管压力，从而有效地控制砂浆的自收缩。SAPs 的内养护作用主要归功于其良好的吸-释水特性，而砂浆液相中的离子种类和浓度对 SAPs 的吸-释水行为影响较大。

（2）SAPs 的内养护作用并不仅局限于降低砂浆的收缩，而是对于促进砂浆裂缝的自封闭和自愈合也有一定的积极作用。一方面，SAPs 吸水后的体积膨胀可以堵塞和封闭裂缝；另一方面，SAPs 释出的水分也有利于促进愈合产物的形成，从而加速裂缝愈合。

（3）掺入方式会对 SAPs 在新拌砂浆中的吸-释水行为产生重要影响。预吸水的 SAPs 会在拌和后的较短时间内快速将预吸收的水分释放到浆体基体中，无法发挥理想的内养护作用，而掺入未预吸水的 SAPs 可以在拌和过程中吸收水分，但由于 SAPs 对液相中离子的敏感性，SAPs 在新拌砂浆中的吸水量会受到砂浆水胶比的影响。

参考文献

[1] WEISS J, BENTZ D, SCHINDLER A, et al. Internal curing [J]. Structure, 2012, 12 (10): 2-4.
[2] 崔英德，黎新明，尹国强. 绿色高吸水树脂 [M]. 北京：化学工业出版社，2008.
[3] SCHROFL C, SNOECK D, MECHTCHERINE V. A review of characterisation methods for superabsorbent polymer (SAP) samples to be used in cement-based construction materials: report of the RILEM TC 260-RSC [J]. Materials and Structures, 2017, 50 (4): 1-19.
[4] SCHROFL C, MECHTCHERINE V, GORGES M. Relation between the molecular structure and the efficiency of superabsorbent polymers (SAP) as concrete admixture to mitigate autogenous shrinkage [J]. Cement and Concrete Research, 2012, 42 (6): 865-73.
[5] YANG L, SHI C J, LIU J H, et al. Factors affecting the effectiveness of internal curing: A review

[J]. Construction and Building Materials, 2021, 267: 121017.

[6] LEFEVER G, VAN HEMELRIJCK D, AGGELIS D G, et al. Evaluation of self-healing in cementitious materials with superabsorbent polymers through ultrasonic mapping [J]. Construction and Building Materials, 2022, 344: 128272.

[7] SNOECK D, DE SCHRYVER T, DE BELIE N. Enhanced impact energy absorption in self-healing strain-hardening cementitious materials with superabsorbent polymers [J]. Construction and Building Materials, 2018, 191: 13-22.

[8] VAN TITTELBOOM K, WANG J Y, ARAUJO M, et al. Comparison of different approaches for self-healing concrete in a large-scale lab test [J]. Construction and Building Materials, 2016, 107: 125-137.

[9] SNOECK D. Superabsorbent polymers to seal and heal cracks in cementitious materials [J]. RILEM Technical Letters, 2018, 3: 32-38.

[10] GRANGER S, LOUKILI A, PIJAUDIER-CABOT G, et al. Experimental characterization of the self-healing of cracks in an ultra high performance cementitious material: Mechanical tests and acoustic emission analysis [J]. Cement and Concrete Research, 2007, 37 (4): 519-527.

[11] SNOECK D, CRIEL P. Voronoi diagrams and self-healing cementitious materials: a perfect match [J]. Advances in Cement Research, 2019, 31 (6): 261-269.

[12] SNOECK D, DE BELIE N. Autogenous Healing in Strain-Hardening Cementitious Materials With and Without Superabsorbent Polymers: An 8-Year Study [J]. Frontiers in Materials, 2019, 6: 48.

[13] MIGNON A, SNOECK D, DUBRUEL P, et al. Crack mitigation in concrete: superabsorbent polymers as key to success? [J]. Materials, 2017, 10 (3): 237.

[14] SNOECK D, STEUPERAERT S, VAN TITTELBOOM K, et al. Visualization of water penetration in cementitious materials with superabsorbent polymers by means of neutron radiography [J]. Cement and Concrete Research, 2012, 42 (8): 1113-1121.

[15] YANG Y Z, LEPECH M D, YANG E H, et al. Autogenous healing of engineered cementitious composites under wet-dry cycles [J]. Cement and Concrete Research, 2009, 39 (5): 382-390.

[16] SNOECK D, VAN TITTELBOOM K, STEUPERAERT S, et al. Self-healing cementitious materials by the combination of microfibres and superabsorbent polymers [J]. Journal of Intelligent Material Systems and Structures, 2014, 25 (1): 13-24.

[17] SNOECK D, DEWANCKELE J, CNUDDE V, et al. X-ray computed microtomography to study autogenous healing of cementitious materials promoted by superabsorbent polymers [J]. Cement & Concrete Composites, 2016, 65: 83-93.

[18] LEE H X D, WONG H S, BUENFELD N R. Potential of superabsorbent polymer for self-sealing cracks in concrete [J]. Advances in Applied Ceramics, 2010, 109 (5): 296-302.

[19] SNOECK D, JENSEN O M, DE BELIE N. The influence of superabsorbent polymers on the autogenous shrinkage properties of cement pastes with supplementary cementitious materials [J]. Cement and Concrete Research, 2015, 74: 59-67.

[20] KIM M, KANG S H, HONG S G, et al. Influence of effective water-to-cement ratios on internal damage and salt scaling of concrete with superabsorbent polymer [J]. Materials, 2019, 12 (23): 3863.

[21] JI Y L, SUN Z P, YANG X, et al. Assessment and mechanism study of bleeding process in cement paste by H-1 low-field NMR [J]. Construction and Building Materials, 2015, 100: 255-261.

[22] JI Y L, SUN Z P, CHEN C, et al. Setting Characteristics, Mechanical Properties and Microstructure of Cement Pastes Containing Accelerators Mixed with Superabsorbent Polymers (SAPs): An NMR Study Combined with Additional Methods [J]. Materials, 2019, 12 (2): 315.
[23] SNOECK D, PEL L, DE BELIE N. The water kinetics of superabsorbent polymers during cement hydration and internal curing visualized and studied by NMR [J]. Scientific reports, 2017, 7 (1): 1-14.

作者简介：
第一作者： 杨敬斌，男，博士，同济大学博士后，jingbinyang@tongji.edu.cn。
通信作者： 孙振平，男，博士，同济大学教授、博士生导师，grtszhp@163.com。

煤矸石资源化利用及其在水泥中应用的研究进展

张 未[1,2,3] 王 晶[1,2,3] 夏京亮[1,2,3] 宋普涛[1,2,3] 冷发光[1,2,3]

(1. 中国建筑科学研究院,北京 100013;
2. 建筑安全与环境国家重点实验室,北京 100013;
3. 国家建筑工程技术研究中心,北京 100013)

摘 要:煤矸石是煤炭开采和洗选过程中排放的副产物,煤矸石的大量堆存占用土地和污染环境。前人对煤矸石资源化利用做出了贡献,特别是采用煤矸石制备水泥,更有利于实现其规模化利用。近年来,相关学者致力于通过多种手段改善煤矸石水泥的性能。本工作介绍了物理化学特性,广泛综述了活化煤矸石在水泥中应用、煤矸石水泥性能及外加剂对煤矸石水泥性能的影响,总结出煤矸石的活化和外加剂激发存在的问题,限制了煤矸石在水泥中低成本利用。因此,本文提出了煤矸石在水泥中资源化利用的新方法,有利于促进煤矸石制备绿色低碳水泥。

关键词:煤矸石;水泥;绿色;低碳;资源化

Research Progress on the Resource Utilization of Coal Gangue and Its Application in Cement

Zhang Wei[1,2,3]　Wang Jing[1,2,3]　Xia Jingliang[1,2,3]
Song Putao[1,2,3]　Leng Faguang[1,2,3]

(1. China Academy of Building Research, Beijing 100013;
2. State Key Laboratory of Building Safety and Environment, Beijing
100013; 3. National Engineering Research Center of Building
Technology, Beijing 100013)

Abstract: Coal gangue was a by-product discharged in the process of coal mining and washing, which occupies land and pollutes environment. The predecessors made contributions to the resource utilization of coal gangue. In particular, cement was prepared by coal gangue, which was more conducive to realizing its large-scale utilization. In recent years, the performance of coal gangue cement has been improved by various methods. The physical and chemical properties of coal gangue were introduced, and the application of activated coal gangue in cement was widely reviewed. The performance of coal gangue cement and the influence of additives on the performance of coal gangue cement were summarized. The problems with the activation of coal gangue and the activation of coal gangue by additives have been pointed out, and the low-cost utilization of this coal gangue in cement was limited. Therefore, a new method for the resource utilization of coal gangue in cement has been proposed in this article, which contributes to the development of green low-carbon cement based on coal gangue.

Keywords：Coal gangue; Cement; Green; Low-carbon; Resource Utilization

1 引言

煤矸石是煤炭开采和洗选过程中排放的副产物[1]，煤矸石属于大宗工业固体废物，其主要矿物组成是无机硅酸盐、高岭土类矿物。煤矸石直接堆存会浪费资源、侵占土地并造成环境污染[2]。因此，探索煤矸石资源化综合利用，对煤炭行业绿色低碳发展意义重大[3]。我国在 1985—2022 年煤矸石的年排放量和综合利用数据如图 1 所示。可知，自 2016 年以来，随着全国煤炭产量的不断增加，煤矸石的排放量大体呈现出增长趋势。2016 年开始，煤矸石年排放量以 3.5%～5.2% 的速度增长，其综合利用率为 65%～75%，导致每年堆存量高于 1 亿 t[4]。

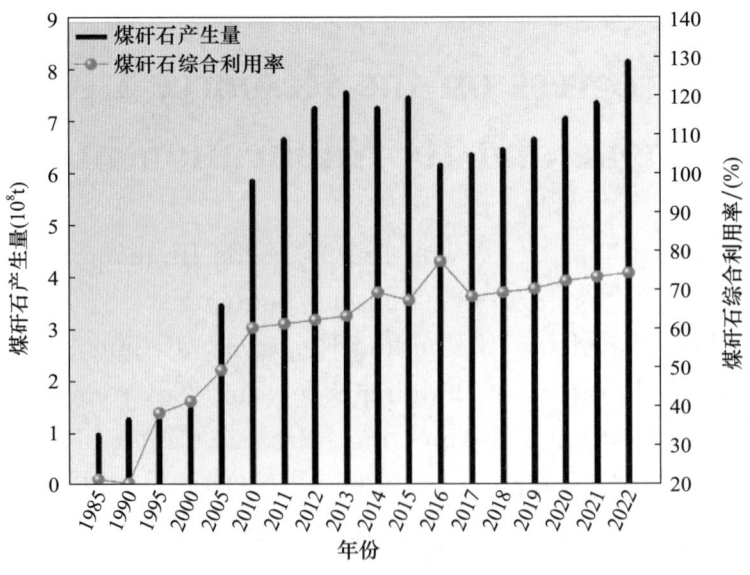

图 1　1985—2022 年我国煤矸石的产生量和综合利用率

为了推动煤矸石的资源化利用进程，前人学者开展了大量研究。比如通过"复合活化-碱熔/酸浸"的方法从煤矸石中提取硅铝等有机元素[5-6]，煤矸石中含有机和无机营养元素，通过化肥、微生物、粪肥、秸秆及污泥中的一种或几种能与煤矸石协同制作肥料[7]。煤矸石本身具有多孔结构的特性，在污染物吸附等环境保护领域具有潜在的应用前景[8-9]。此外，煤矸石还能制备光催化剂，采用水热法能合成煤矸石负载型光催化剂，在最佳优化参数下，煤矸石基复合催化剂对黄药降解率为93%，符合排放标准要求[10]。综上所述，前人学者对于煤矸石在提取有价组分、制作肥料、合成吸附剂和制备光催化剂等方面研究做出了贡献。虽然煤矸石已经在这些领域实现了应用和处理研究，但是煤矸石没有实现大规模利用。

水泥是建筑物中最重要的中间材料之一，是建筑工程中不可或缺的一部分[11]。煤矸石制备水泥是资源化利用的有效途径之一，不仅具备代替部分水泥成分的潜力，还从源头上减少了水泥行业二氧化碳排放，有助于实现我国"双碳"目标。煤矸石的主要成分是硅铝组分，其具有潜在的火山灰活性。在适宜的物理化学作用下，可激发煤矸石中硅铝酸盐矿物生成水化硅酸钙和水化硅铝酸钙等，这些水化产物能提升煤矸石水泥的强度[12]。因此，煤矸石在水泥中的应用得到了广泛研究[13]。

尽管煤矸石在水泥中的应用已经取得了进展，但是关于煤矸石水泥的系统综述尚未报道，在本工作中，我们归纳了煤矸石的物理化学特性，在此基础上，系统总结了煤矸石在水泥中利用现状和作用机理，包括活化煤矸石在水泥中研究、煤矸石水泥性能的研究、外加剂对煤矸石水泥性能影响研究，可为今后的研发提供参考。最后，讨论了煤矸石制备水泥过程存在的问题，并对未来的煤矸石资源化利用提出了建议。

2 煤矸石的物理化学特性

2.1 煤矸石的物理性质

煤矸石与煤系地层共生，是一种低碳坚硬的灰黑色岩石，经过细碎后煤矸石具备塑性，粉碎至250目时其塑性指标可达2.8~3.0，相应含水率为23%~25%[14]。煤矸石属于沉积岩，其风化程度会影响硬度，当煤矸石的硬度在3左右时，随着风化程度增加，其力学性能降低。另外，煤矸石的烧结温度约1050℃，最佳脱炭温度约1000℃，耐火度在1300~1350℃，密度为1.8g/cm^3，黏度约为1.1[15]。

2.2 煤矸石的化学性质

煤矸石的化学成分主要是Fe_2O_3、CaO、MgO、SO_3、K_2O、Na_2O、P_2O_5等无机物以及微量的稀有金属（如Ti、V、Co等）[16]，煤矸石的含碳量越高，其发热量也越大。从矿物组成上看，煤矸石主要是由无机质和少量有机质组成。无机质主要为矿物质和水，且矿物主要是硅铝酸盐。由于煤矸石中SiO_2、Al_2O_3、Fe_2O_3等活性物质含量高，其在一定物理化学作用下会发生火山灰反应，生成水化硅酸钙和水化硅铝酸盐等凝胶产物。

3　煤矸石在水泥中利用现状

煤矸石是放错地方的资源，其资源化利用能有效减轻环境污染，同时也是我国实现可持续发展战略的重要措施。为了明晰煤矸石在水泥中的研究进展，本文系统总结了煤矸石在水泥中利用现状。

3.1　活化煤矸石在水泥中应用

煤矸石经过活化手段可以提高其火山灰活性，比如刘超群等[17]研究了活化煤矸石掺量对水泥胶砂强度的影响，并分析了活化煤矸石对水泥水化产物和微观结构影响机理。结果表明，活化煤矸石含有大量活性硅铝，可促进二次水化反应。二次水化产物中水化硅酸钙和水化硅铝钙凝胶填充水泥中孔隙，提升了水泥基体的强度。何燕教授[18-19]通过 $Ca(OH)_2$ 剩余量和化学结合水量的测定，评价了活化煤矸石-水泥体系的水化程度。结果表明：煅烧温度和时间为 750℃ 和 4h 的热活化煤矸石，其火山灰活性较高。此时，活化煤矸石水泥中 $Ca(OH)_2$ 剩余量较少，化学结合水量较多，主要水化产物是水化硅酸钙和钙矾石。

煤矸石的煅烧活化也是常用的技术方法，比如侯世伟等[20-21]研究石灰石煅烧煤矸石水泥固化镍污染土。结果表明：随着养护龄期的增长，煤矸石水泥强度和镍离子固化率升高。水化硅酸盐和钙矾石是提高煤矸石水泥强度和固化镍主要贡献者。Zhao 等[22]研究不同煅烧制度下活化煤矸石水泥的性能，结果表明，活化煤矸石的最佳煅烧温度时间为 800℃－2h，煤矸石水泥的早期活性最好。因为热活化的煤矸石可降低硬化水泥浆体中有害孔隙（＞100nm）的含量，进而提高其性能。

3.2　煤矸石水泥性能的研究

煤矸石掺入水泥体系会影响水泥各方面的性能，张毅[23]研究煤矸石水泥净浆流动性，结果表明，煤矸石水泥流动度随煤矸石掺量增大而减小，当水泥与煤矸石的比例在 1∶1～1∶2 之间时流动度下降较快。LI 等[24]研究煤矸石砂浆的性能，结果表明，通过热、力学、化学等方法测试煤矸石活性过程复杂，而本文采用 $Ca(OH)_2$ 活化剂可以测试煤矸石活性，操作过程简易，煤矸石水泥砂浆养护 28d 强度可达 18MPa。王栋民等[25]研究煤矸石-水泥复合体系需水性，研究发现，煤矸石颗粒孔隙率大、表面粗糙导致煤矸石水泥需水量大；复掺 30wt.％煤矸石和 5wt.％硅灰可降低煤矸石水泥需水量。高建荣等[26]研究少熟料煤矸石水泥性能，结果表明，当采用 5％磷石膏、3％CaO 和 2％Na_2SO_4 的配比时，煤矸石的掺量可达 50％，水泥净浆试块在 28d 强度可达 48.1MPa。该水泥水化产物除了有水化硅酸钙和钙矾石外，还生成网络状结构的硅铝酸盐凝胶。

3.3　外加剂对煤矸石水泥性能影响

大量的研究发现，外加剂对煤矸石水泥的性能存在一定的影响。例如，刘竞怡等[27]探究了煤矸石及纤维对3D打印水泥砂浆性能的影响。结果表明，煤矸石掺量为30%和纤维用量为0.5%时，相对于不掺纤维，砂浆28d的抗压和抗折强度分别提高10.3%和20%；张晓旭[28]研究石灰对煤矸石水泥砂浆性能影响。结果表明，石灰作为外加剂，煤矸石水泥砂浆28d抗压和抗折强度分别提高了21%和31%；顾炳伟等[29]研究化学激发剂$Ca(OH)_2$、Na_2SO_4和Na_2SiO_3对煤矸石及煤矸石水泥激发作用对比。结果表明，化学激发剂$Ca(OH)_2$和Na_2SO_4与煤矸石水泥相容性优于Na_2SiO_3；郑大鹏等[30]研究矿物掺合料对煤矸石水泥复合体系需水性的影响。结果表明，当复掺5wt.%的矿渣、石灰石和工业硅灰三种矿物掺合料，可明显降低煤矸石-水泥复合体系标准稠度需水量和早期强度，但后期强度有所增强。因此，外加剂对煤矸石水泥的性能具有促进作用。

4 结论和展望

本文详细描述了物理化学特性，煤矸石的主要化学成分是氧化硅和氧化铝，核心反应机理是煤矸石中活性硅铝在水泥中水化反应生成可以提升性能的水化硅酸钙和水化硅铝酸钙凝胶。通过活化煤矸石能提升其在水泥中掺量、水化产物数量及水泥性能；煤矸石可调控水泥砂浆的流动度，降低煤矸石水泥的用水量和水泥熟料的用量；合适的外加剂能激发煤矸石，进一步优化煤矸石水泥性能。

目前，煤矸石在水泥中应用大多处于试验阶段。虽然，煤矸石经过热活化和外加剂激发体内活性硅铝提高煤矸石水泥的性能，但是煤矸石经过前期活化预处理增加了煤矸石水泥的制备成本，外加剂激发煤矸石致使生产工艺步骤复杂化，所以煤矸石在水泥中利用仍然存在一些问题。在前人研究基础上，综合考虑煤矸石在水泥中应用，提出了未来的研究方向。我们认为这些建议对煤矸石在水泥中的应用是有益的，总结如下：

（1）热活化煤矸石明显增加了预处理成本，采用常温的活化手段可以适当降低煤矸石水泥的材料成本，提高经济效益。

（2）当前，前人学者主要研究了煤矸石掺量对水泥的强度、流动性、需水量的影响，水泥是一种长期服役的建筑材料，其耐久性不能忽视，如煤矸石水泥的抗渗性、抗冻性和抗侵蚀性应该符合相应的国标。

（3）外加剂能激发煤矸石，建议采用其他工业固废作为煤矸石的激发剂，制备出煤矸石等固废基绿色低碳水泥，从而达到"以废治废"的效果。

（4）煤矸石属于固废，含有大量的有害元素，应该着重研究煤矸石水泥的环境性能和有害元素的固化机理。

参考文献

[1] 张伟龙，刘刚. 煤矸石资源化利用技术研究新进展 [J]. 陕西煤炭，2022，41（5）：149-152.
[2] 李启辉. 煤矸石的性质及综合利用研究进展 [J]. 应用化工，2023，52（5）：1576-1581.
[3] 张博超，童辉，龙雪颖，等. 煤矸石固废高值化利用研究现状与进展 [J]. 洁净煤技术，2023，

(5)：1-15.

[4] 李欢，杨春明．大宗工业固体废弃物煤矸石的综合利用研究进展［J］．湖南师范大学自然科学学报，2024，(1)：1-9.

[5] 康超，乔金鹏，杨胜超，等．煤矸石中有价关键金属活化提取研究进展［J］．化工学报，2023，74（7）：2783-2799.

[6] 甘胤，禄瑜．利用煤矸石提取有价元素技术的研究进展［J］．煤炭加工与综合利用，2023，(5)：85-91.

[7] 任晓玲，周蕙昕，高明，等．煤矸石肥料的研究进展［J］．中国煤炭，2021，47（1）：103-109.

[8] 刘登科，班渺寒，彭旭，等．煤矸石基吸附材料在水处理中的研究进展［J］．离子交换与吸附，2023，39（4）：285-304.

[9] 李平，田红丽．宁夏矿区煤矸石基吸附剂的制备与应用［J］．化工科技，2019，27（5）：47-50.

[10] 唐双，张雪乔，蒋莉萍，等．煤矸石/$BiVO_4$复合光催化剂的制备及其对黄药废水的降解［J/OL］．复合材料学报：1-18.

[11] 刘江峰，王锐，孟庆彬，等．超细水泥生产工艺、性能及工程应用研究进展［J］．硅酸盐通报，2023，42（5）：1519-1528.

[12] 李振，雪佳，朱张磊，等．煤矸石综合利用研究进展［J］．矿产保护与利用，2021，41（6）：165-178.

[13] 田莉，于晓萌，秦津．煤矸石资源化利用途径研究进展［J］．河北环境工程学院学报，2020，30（5）：31-36.

[14] 李启辉．煤矸石的性质及综合利用研究进展［J］．应用化工，2023，52（5）：1576-1581.

[15] 张华林，滕泽栋，江晓亮，等．废弃煤矸石资源化利用研究进展［J/OL］．环境化学：1-14.

[16] 郭富强，刘昆仑，俞乔，等．煤矸石综合利用途径探讨［J］．煤炭加工与综合利用，2023（8）：89-98.

[17] 刘超群，朱泽文，张友华，等．活化煤矸石水泥水化机理与性能研究［J/OL］．硅酸盐通报：1-14.

[18] 何燕．热活化煤矸石-水泥复合体系水化性能分析［J］．粉煤灰综合利用，2012（2）：14-17.

[19] 郜志海，宋旭艳，韩静云．热活化煤矸石水泥复合体系的水化反应程度分析［J］．混凝土与水泥制品，2011（5）：9-12.

[20] 侯世伟，张飞，张皓，等．石灰石煅烧煤矸石水泥处理镍污染土的固化特性［J］．防灾减灾工程学报，2022，42（5）：986-992.

[21] 侯世伟，张飞，陈昕，等．石灰石煅烧煤矸石水泥固化镍污染土特性研究［J］．沈阳建筑大学学报（自然科学版），2022，38（4）：618-626.

[22] ZHAO H G, JING J X, ZHEN H X, et al. Performance of cement-based materials containing calcined coal gangue with different calcination regimes［J］. Journal of Building Engineering, 2022, 56：104821.

[23] 张毅．煤矸石水泥净浆流动性研究［J］．城市道桥与防洪，2014，(5)：237-239.

[24] LI X W, WANG L D, NIU S J, et al. Preparation of Coal Gangue Cement Mortar［J］. Advanced Materials Research, 2013, 2339：684-684.

[25] 郑大鹏，王栋民，唐官保，等．煤矸石水泥复合体系需水性研究［J］．硅酸盐通报，2015，34（2）：340-344.

[26] 高建荣，芊艳梅，张少明．少熟料煤矸石水泥的试验研究［J］．水泥工程，2011，(1)：9-12.

[27] 刘竞怡，陈华鑫．煤矸石及纤维对3D打印水泥砂浆性能的影响［J］．应用化工，2018，47

(9): 1896-1899.

[28] 张晓旭,刘开平,关博文,等.石灰对煤矸石水泥砂浆性能影响研究[J].应用化工,2009,38(8):1128-1131.

[29] 顾炳伟,王培铭.化学激发剂对煤矸石及煤矸石水泥激发作用的比较研究[J].新型建筑材料,2009,36(5):12-15.

[30] 郑大鹏,王栋民,李端乐,等.矿物掺和料对煤矸石水泥复合体系需水性的影响[J].硅酸盐通报,2015,34(9):2656-2661.

作者简介:张未(1991—),男,博士,北京市北三环东路30号,工程师,从事固废资源化利用研究,联系电话:19800367161。

第二部分
砂浆基本性能和原材料作用

聚合物对 MWCNTs/水泥复合浆体流变性能的影响

刘 科[1,2]　张世伟[1,2]　王 茹[1,2]

（1. 同济大学 先进土木工程材料教育部重点实验室，上海 201804；
2. 同济大学 材料科学与工程学院，上海 201804）

摘　要：本文选取聚丙烯酸酯（PA）和丁苯共聚物（SB）两种聚合物乳液，研究了聚合物种类和掺量对多壁碳纳米管（MWCNTs）/水泥复合浆体流动度和流变性能的影响。结果表明：随着聚合物掺量的增加，PA-MWCNTs/水泥复合浆体的流动度逐渐增大，塑性黏度和屈服应力先增大后减小，当聚灰比为 5% 时，塑性黏度最大，当聚灰比为 15% 时，屈服应力达到最大；而 SB-MWCNTs/水泥复合浆体的流动度先减小后增大，塑性黏度和屈服应力则先增大后减小。其中，当聚灰比为 20%，两种复合浆体的塑性黏度和屈服应力均最低，此时 SB 对 MWCNTs/水泥复合浆体屈服应力的降低较 PA 更为显著。

关键词：复合胶凝材料；水泥；聚丙烯酸酯；丁苯共聚物；多壁碳纳米管；流变性能

Effect of Polymer on Rheological Properties of MWCNTs/Cement Composite Paste

Liu Ke[1,2]　Zhang Shiwei[1,2]　Wang Ru[1,2]

(1. Key Laboratory of Advanced Civil Engineering Materials of Ministry of Education, Tongji University, Shanghai 201804;
2. School of Materials Science and Engineering, Tongji University, Shanghai 201804)

Abstract: Two types of polymer emulsions, polyacrylate (PA) and styrene-butadiene copolymer (SB), were selected to investigate the effects of polymer type and dosage on the fluidity and the rheological properties of multi-wall carbon nanotubes (MWCNTs) / cement composite paste. The results show that with the increase of polymer to cement ratio, the fluidity of PA-MWCNTs/cement composite paste gradually increases, and the plastic viscosity and yield stress first increase and then decrease. The plastic viscosity of the composite paste reaches the maximum when the polymer cement ratio is 5%, and the yield stress reaches the maximum when the polymer cement ratio is 15%. The fluidity of SB-MWCNTs/cement composite paste decreased first and then increased, while the plastic viscosity and yield stress increased first and then decreased. When the cementing ratio is 20%, the plastic viscosity and yield stress of the two types of composite pastes are the lowest, and the reduction of yield stress of MWCNTs/cement composite pastes by SB is more significant than that by PA.

Keywords: Composite cementitious materials; cement; polyacrylate; styrene-butadiene copolymer; multi-walled carbon nanotubes; rheological properties

1 引言

多壁碳纳米管（MWCNTs）作为一维无机纳米材料，因其具有抗拉强度高、弹性模量大、导电性和导热性好等诸多优异的物理力学性能[1-2]，可以实现在极低掺量下改善水泥基材料的宏观性能。一般掺量为水泥质量的0~3‰，掺入后可以提高水泥基材料的强度和韧性[3]，优化水泥浆体内部孔隙结构和界面过渡区，降低水泥基材料的干燥收缩率[4]，进而显著提高其结构耐久性[5]。然而，采用MWCNTs对水泥基材料进行改性时，新拌水泥浆体的工作性会显著变差[6]，需水量显著增加[7]，导致屈服应力和塑性黏度增大[8]。Skripkiunas等[9]研究发现，掺入2.5‰的MWCNTs可使水泥浆体的塑性黏度提高29.6%，屈服应力降低30.7%。Collins等[10]研究表明，当水灰比为0.5时，掺入5‰的MWCNTs使得水泥净浆的坍落扩展度降低了14.5%。

聚合物乳液因其具有优异的减水和引气作用，能够通过降低水灰比来改善水泥浆体的工作性，从而显著降低新拌水泥浆体的屈服应力和塑性黏度[11]。当聚灰比（P/C）为20%时，SB乳液的减水率为36.0%[12]，SA乳液的减水率可达40.0%[13]。Sun等[14]研究表明掺15%的SB乳液，能使得水泥浆体的屈服应力从94.9Pa降低至1.9Pa，滞后面积随SB乳液掺量增加逐渐减小，复合浆体表现出良好的触变性。可见，若将聚合物乳液掺入MWCNTs/水泥复合材料中，存在改善复合浆体工作性能的可能。目前，对于聚合物乳液对MWCNTs/水泥复合浆体工作性能影响规律还尚不明确。

因此，本文选取聚丙烯酸酯（PA）和丁苯共聚物（SB）两种聚合物乳液，研究聚合物种类和掺量对MWCNTs/水泥复合浆体流动度和流变性能的影响，从而为聚合物乳液在MWCNTs/水泥复合材料中的应用提供理论基础。

2 原材料及试验方法

2.1 原材料

试验所用水泥是 P·Ⅱ52.2R 级硅酸盐水泥（PC），比表面积为 $367m^2/kg$，化学组成如表 1 所示，XRD 图谱如图 1 所示，采用激光粒度仪测试了水泥的粒径分布，结果如图 2 所示。纳米材料为多壁碳纳米管（MWCNTs），纯度≥99%，制备方法为化学气相沉积（CVD），外观为黑色粉末，其主要技术指标如表 2 所示。试验选用 APR 968LO 聚丙烯酸酯（PA）和 ECO 7623 丁苯共聚物（SB）两种聚合物乳液，其技术参数如表 3 所示。采用英国 Malvern Zetasizer Nano ZS90 纳米粒度电位仪测试了两种聚合物乳液的粒径分布，结果如图 3 所示，PA 的平均粒径为 238.3nm，SB 的平均粒径为 160.6nm。试验成型用水采用自来水。

表 1 P·Ⅱ52.2R 级硅酸盐水泥的化学组成　　　　　　　　　　　%

CaO	SiO_2	Al_2O_3	SO_3	Fe_2O_3	MgO	K_2O	TiO_2	SrO	Na_2O	SUM
62.60	19.80	4.63	3.87	3.49	1.64	0.97	0.27	0.18	0.17	97.62

表 2 MWCNTs 的技术参数

内径（nm）	外径（nm）	长度（μm）	体积密度（g/cm^3）	比表面积（m^2/g）
3～5	8～15	8～14	0.01	≥250

表 3 聚合物乳液的技术参数

聚合物乳液	平均粒径（nm）	pH 值	最低成膜温度（℃）	固含量（%）	黏度（mPa·s）
PA	238.3	9.3～10.2	11	46±1	5～80
SB	160.6	7.0～9.0	14	51±1	35～150

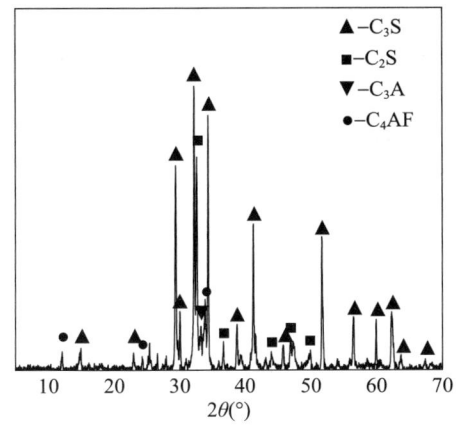

图 1 P·Ⅱ52.2R 级硅酸盐水泥的 XRD 图谱

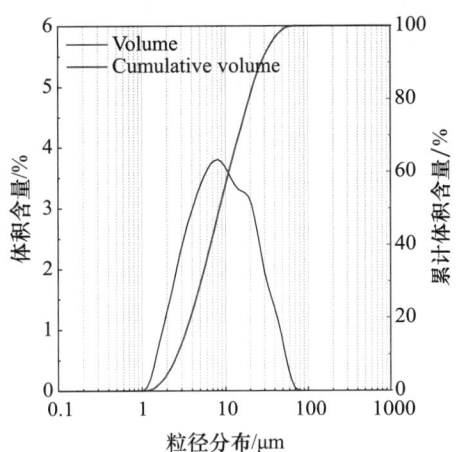

图 2 P·Ⅱ52.2R 级硅酸盐水泥的粒径分布

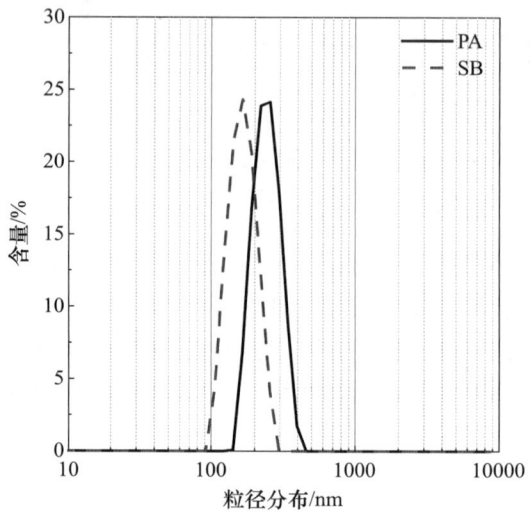

图 3 聚合物乳液的粒径分布

2.2 配合比

固定水灰比（m_w/m_c）为 0.4，纯水泥浆体记为 O，固定 MWCNTs（以 MWCNTs 质量与水泥质量的比计，m_{MWCNTs}/m_c）掺量为 2.25‰时，改变 PA 掺量（以聚合物乳液固含量与水泥质量的比计，m_p/m_c）为 0％、5％、10％、15％和 20％，分别记为 C/P-0、C/P-5、C/P-10、C/P-15 和 C/P-20；改变 SB 掺量（以聚合物乳液固含量与水泥质量的比计，m_s/m_c）为 0％、5％、10％、15％和 20％，分别记为 C/S-0、C/S-5、C/S-10、C/S-15 和 C/S-20。

2.3 试验方法

2.3.1 流动度

将相应掺量的纳米材料和水泥混合均匀，加入提前混合均匀的水和聚合物乳液中，参考 GB/T 1346—2011《水泥标准稠度用水量、凝结时间、安定性检验方法》在搅拌机上慢速搅拌 120s、停拌 15s、快速搅拌 120s 得到新拌浆体[15]。

流动度参考 GB/T 8077—2012《混凝土外加剂匀质性试验方法》进行测试[16]（现有 2023 年版本，此稿当时按 2012 版本），首先将水泥浆体迅速倒入截锥圆模内（上口直径为 36mm，下口直径为 60mm，高度为 60mm），用刮刀刮平上表面，接着将截锥圆模垂直向上提起，让水泥浆体在玻璃板上自由流动，至 30s 时用直尺测量流淌部分在垂直方向上的两个最大直径，取平均值作为流动度，结果保留整数。

2.3.2 流变性能

新拌浆体按照 2.3.1 部分进行拌制，流变性能采用 Brookfield DVNext 流变仪进行测试。该流变仪剪切速率范围为 0～60s^{-1}，动态剪切测试主要分为预拌阶段、剪切速率上升阶段、剪切速率下降阶段 3 个阶段。其中，预拌阶段将持续 20s，前 10s 的剪切速率为 60s^{-1}，使得复合浆体达到均质状态后，静置 10s；接着，进入剪切速率上升阶段，该阶段的剪切速率以 2.5s^{-1} 阶梯式上升，剪切速率达到 60s^{-1} 后；随即进入剪切速率下降阶段，该阶段的剪切速率以 2.5s^{-1} 阶梯式下降，其中每 1 个阶梯剪切速率均持续 2s。动态剪切测试中剪切速率随时间的变化如图 4 所示。

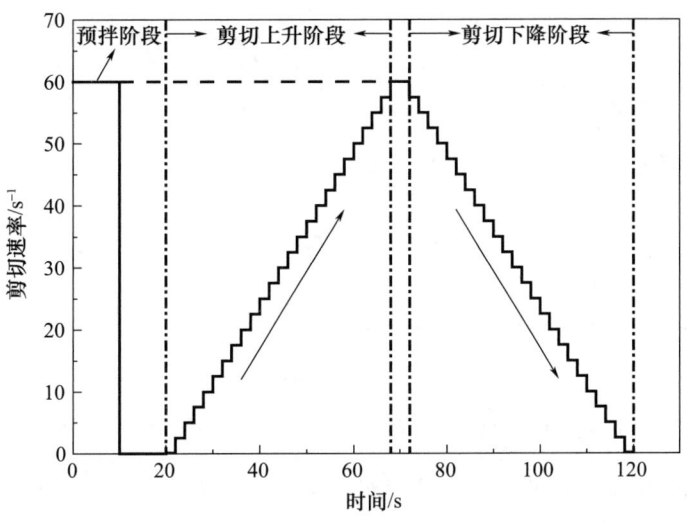

图 4　流变仪的剪切速率变化

新拌浆体的表观黏度根据流变仪默认设置由仪器直接测得，为了能够更加真实地描述新拌浆体的流变性能，选择剪切速率下降阶段的数据，舍弃剪切速率低于 15s^{-1} 的区域[17]，将其余的剪切应力和剪切速率数据代入宾汉姆流变模型中进行线性拟合，可以得出塑性黏度 η 和屈服应力 τ_0。其中，τ_0 是阻碍浆体塑性变形的最大应力，它由组成材料各颗粒之间的相互摩擦力和附着力所引起，用来表征浆体克服内摩擦力，产生塑性流动的阻力大小[18]。而 η 是屈服应力与对应剪切速率的比值，可以用来反映浆体流动变形速度的快慢。

3　结果与讨论

3.1　聚丙烯酸酯掺量的影响

3.1.1　流动度

同一聚合物对水泥基材料流变性能的改善主要受聚灰比的影响，为明确 PA 掺量对 MWCNTs/水泥复合浆体流变性能的影响，首先测试了不同聚灰比下 PA-MWCNTs/水泥复合浆体的流动度，如图 5 所示。纯水泥浆体（空白样）的流动度为 135mm。由图 5 可知，当掺入 2.25% MWCNTs 时，复合浆体的流动度相较于空白样有所降低，为 102mm。可见，掺入 MWCNTs 会降低水泥浆体的流动度，这是由于 MWCNTs 的比表面积大、表面能高，水泥浆体中的自由水易被 MWCNTs 的网状结构所吸收或捕获[19]，当固定水灰比时，就会使得起润滑作用的自由水大幅减少，从而显著降低水泥浆体的流动度。

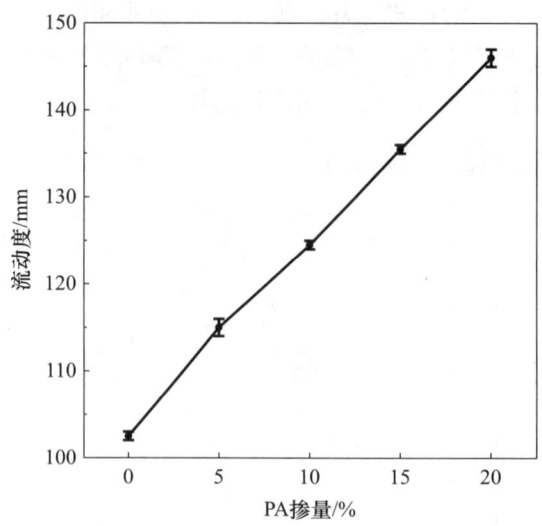

图 5 不同聚灰比下 MWCNTs-PA/水泥复合浆体的流动度

随着聚灰比的增加，MWCNTs-PA/水泥复合浆体的流动度呈现逐渐增大的变化规律。当聚灰比≥15%时，复合浆体的流动度均大于等于空白样，且聚灰比为 20%时，复合浆体的流动度最大，为 146mm。可见，PA 能够改善 MWCNTs/水泥复合浆体的流动度，且随着聚灰比越大，其对流动度的改善效果越明显，这是由于聚灰比越大，PA 乳液的减水作用和引气作用更为明显。

3.1.2 流变性能

为进一步探明 PA 掺量对 MWCNTs/水泥复合浆体流变性能的影响，还测试了不同聚灰比下 MWCNTs-PA/水泥复合浆体的流变曲线，如图 6 所示。由图 6（a）可知，随着剪切速率的增加，空白样的表观黏度逐渐下降，即呈现剪切变稀的状态。这是由于在剪切作用下，水泥浆体中的絮凝结构被破坏，释放更多的自由水，从而使得水泥浆体更容易发生流动。当加入 MWCNTs 后，复合浆体同样呈现剪切变稀的状态，可见掺入 MWCNTs 不会改变水泥浆体的流变状态，但能显著提高水泥浆体的表观黏度。随着聚灰比的增加，MWCNTs-PA/复合浆体的表观黏度呈现先升高再逐渐降低的变化规律。当聚灰比为 5%时，复合浆体的表观黏度最大；当聚灰比为 20%时，复合浆体的表观黏度最小，且低于空白样的表观黏度，可见高掺量 PA 才能降低 MWCNTs/水泥复合浆体的表观黏度。

由图 6（b）可知，不同聚灰比下 CNTs-PA/水泥复合浆体的剪切应力变化趋势同空白样类似，但其大小差异显著。采用宾汉姆流变模型进行线性拟合，得出复合浆体的塑性黏度和屈服应力，结果如表 4 所示。由表 4 可知，空白样的塑性黏度和屈服应力分别为 0.62Pa·s 和 13.19Pa。当掺入 MWCNTs 时，复合浆体的塑性黏度和屈服应力均增大，分别为 0.85Pa·s 和 15.39Pa。这表明 MWCNTs 的掺入会改变水泥浆体的流变参数，进而影响水泥浆体的流动。这主要归结于"吸附效应"和"纠缠效应"，MWCNTs 比表面积大，会吸附水泥浆体中的自由水，使得水泥颗粒之间的距离减小，从而增加了水泥颗粒之间的界面摩擦。同时 MWCNTs 高柔韧性和高长径比，使其之间发生桥接和缠结数量增加，容易形成网状结构，阻碍了单个 MWCNTs 的运动，会显著增加水泥浆体的内应力，从而表现为屈服应力和塑性黏度均增加[19]。

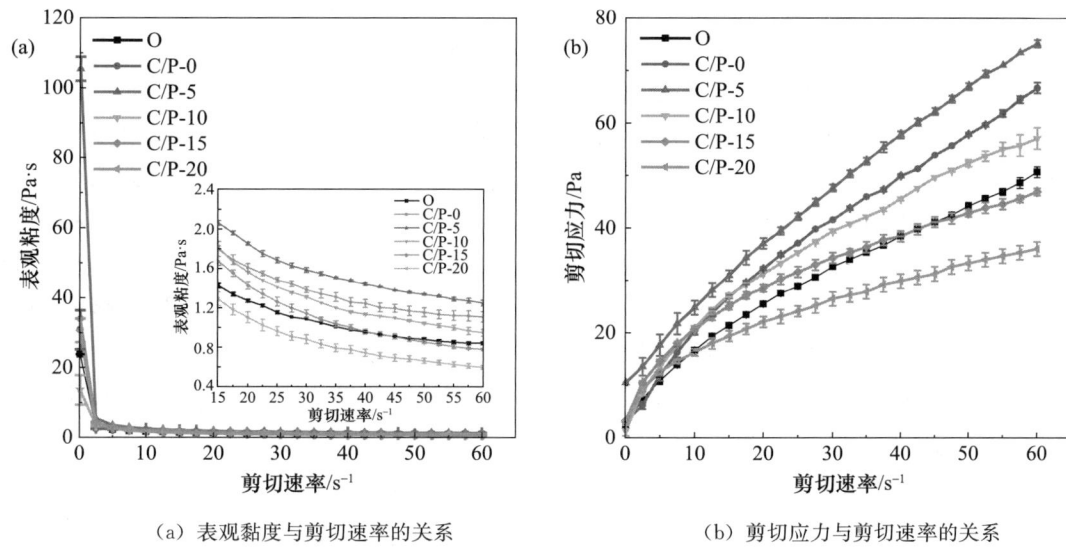

(a) 表观黏度与剪切速率的关系　　　　(b) 剪切应力与剪切速率的关系

图 6　不同聚灰比下 MWCNTs-PA/水泥复合浆体的流变曲线：

随着聚灰比的增加，MWCNTs-PA/水泥复合浆体的塑性黏度呈现先增大后逐渐减小的变化规律。其中，当聚灰比为 5％时，复合浆体的塑性黏度达到最大，为 0.98Pa·s；当聚灰比为 20％时，复合浆体的塑性黏度最小，为 0.36Pa·s。而 MWCNTs-PA/水泥复合浆体的屈服应力则呈现先逐渐增大后减小的变化规律，其中，当聚灰比为 15％时，复合浆体的屈服应力达到最大，为 19.73Pa；当聚灰比为 20％时，复合浆体的屈服应力最小，为 14.93Pa，但仍高于空白样的屈服应力。这是由于 PA 作为一种高分子聚合物，由于大分子的长链结构和大分子运动的时间依赖性，使其本身就具有一定的黏弹性，当聚灰比较低时，掺入后会使得新拌复合浆体发生不可恢复变形的临界应力增加，即表现为复合浆体的塑性黏度和屈服应力有所增加。当聚灰比较大时，PA 的减水和引气作用更为明显，可以释放絮凝结构中包裹的水分，使得水泥浆体中自由水增多的同时，引入的微小气泡具有滚珠效应，能够降低絮凝结构间的摩擦力，从而使得浆体更易流动，即塑性黏度和屈服应力又有所降低（表 4）。

表 4　不同聚灰比下 MWCNTs-PA/水泥复合浆体的屈服应力和塑性黏度

样品号	塑性黏度（Pa·s）	屈服应力（Pa）	宾汉姆模型	R^2
O	0.62	13.19	$Y=0.62X+13.19$	0.997
C/P-0	0.85	15.39	$Y=0.85X+15.39$	0.998
C/P-5	0.98	17.67	$Y=0.98X+17.67$	0.997
C/P-10	0.75	18.36	$Y=0.75X+18.36$	0.999
C/P-15	0.46	19.73	$Y=0.46X+19.73$	0.991
C/P-20	0.36	14.93	$Y=0.36X+14.93$	0.992

3.2 丁苯共聚物掺量的影响

3.2.1 流动度

图 7 为不同聚灰比下 MWCNTs-SB/水泥复合浆体的流动度。由图 7 可知，随着聚灰比的增加，MWCNTs-SB/水泥复合浆体的流动度呈现先减小后逐渐增大的变化规律。当聚灰比为 5% 时，复合浆体的流动度最小，为 66mm。这可能是由于当聚灰比较低时，SB 的减水作用还不显著，而 MWCNTs 吸附浆体中的水分能力较强，因此会减少浆体中的自由水，从而导致流动度进一步降低。当聚灰比≥15% 时，NWCNTs-SB/水泥复合浆体的流动度均大于空白样的流动度，且当聚灰比为 20% 时，复合浆体的流动度最大，为 218mm。可见，高聚灰比下，SB 具有优异的减水作用[12]，其掺入后能够释放大量的自由水，同时聚合物分子链会吸附在水泥颗粒表面，能够减少水泥颗粒间的摩擦力，从而改善 MWCNTs/水泥复合浆体的流动度，且随着聚灰比越大，其对流动度的改善效果越显著。

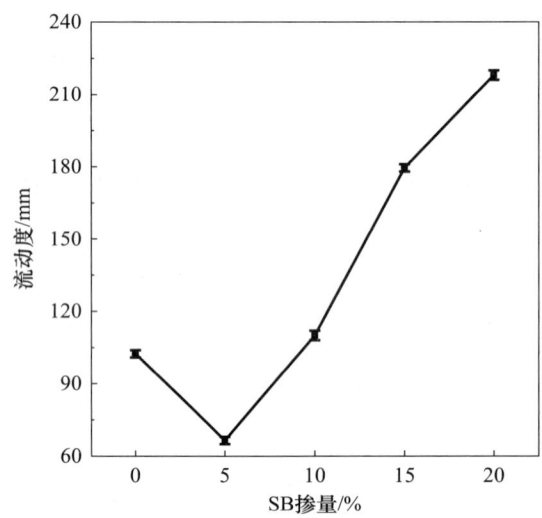

图 7 不同聚灰比下 MWCNTs-SB/水泥复合浆体的流动度

3.2.2 流变性能

图 8 为不同聚灰比下 MWCNTs-SB/水泥复合浆体的流变曲线。由图 8（a）可知，随着剪切速率的增加，MWCNTs-SB/水泥复合浆体的表观黏度均逐渐减小，即呈现剪切变稀的状态。随着聚灰比的增加，复合浆体的表观黏度呈现先增大后逐渐减小的变化规律，且当聚灰比为 5% 时，表观黏度最大，这与流动度的结果一致；当聚灰比为 15% 和 20% 时，复合浆体的表观黏度差异不再显著。

由图 8（b）可知，不同聚灰比下 MWCNTs-SB/水泥复合浆体的剪切应力变化趋势同空白样类似，但其大小差异显著。同样采用宾汉姆流变模型进行线性拟合，得到复合浆体的塑性黏度和屈服应力，结果如表 5 所示。由表 5 可知，随着聚灰比的增加，MWCNTs-SB/水泥复合浆体的塑性黏度和屈服应力均呈现先增加后逐渐减小的变化规律。其中，当聚灰比为 5% 时，复合浆体的塑性黏度和屈服应力均最大，分别为 2.11Pa·s 和 30.34Pa；

当聚灰比为20%时，复合浆体的塑性黏度和屈服应力均最小，分别为0.38Pa·s和2.63Pa。这主要是由于SB同样为聚合物大分子，其链段长在外力作用下，其运动会有一定的滞后，因此当聚灰比较低时，复合浆体的塑性黏度和屈服应力有所增加；当聚灰比较高时，SB的减水效果更为显著，能够释放大量的絮凝水，自由水含量增多，从而有利于复合浆体的流动，表现为塑性黏度和屈服应力均显著降低。

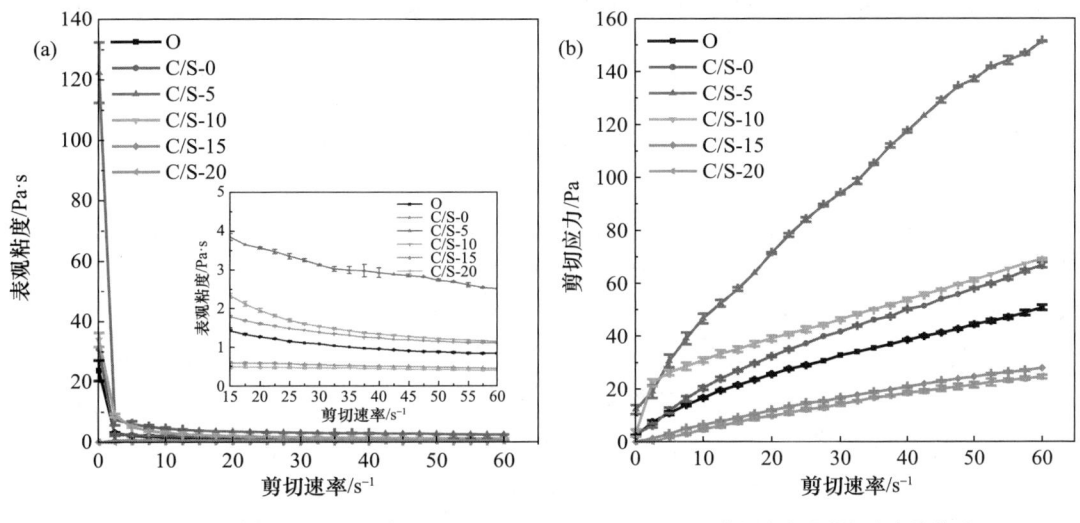

(a) 表观黏度与剪切速率的关系　　(b) 剪切应力与剪切速率的关系

图8　不同聚灰比下 MWCNTs-SB/水泥复合浆体的流变曲线：

表5　不同聚灰比下 MWCNTs-SB/水泥复合浆体的屈服应力和塑性黏度

样品号	塑性黏度（Pa·s）	屈服应力（Pa）	宾汉姆模型	R^2
O	0.62	13.19	$Y=0.62X+13.19$	0.997
C/S-0	0.85	15.39	$Y=0.85X+15.39$	0.998
C/S-5	2.11	30.34	$Y=2.11X+30.34$	0.991
C/S-10	0.75	23.73	$Y=0.75X+23.73$	1.000
C/S-15	0.41	3.97	$Y=0.41X+3.97$	0.993
C/S-20	0.38	2.63	$Y=0.38X+2.63$	0.992

4　分析与讨论

研究结果表明掺入 MWCNTs 会显著降低水泥浆体的流变性能，复掺聚合物乳液后，MWCNTs/水泥复合浆体的流变性能主要受聚合物掺量和种类的影响。当聚灰比较低时，两种聚合物均可以提高 MWCNTs/水泥复合浆体的塑性黏度和屈服应力，其中SB 的提升更为明显；当聚灰比为20%时，两种复合浆体的塑性黏度和屈服应力均最低，而SB 对复合浆体屈服应力的降低较 PA 更为显著。这与先前对聚合物/水泥复合体系研究的结果明显不同，对于单掺聚合物的体系，随着聚灰比的增加，复合浆体的塑性黏度和屈服应力均逐渐减小。这可能是由于以下两点原因：一是聚合物的掺入会促进 MWCNTs

的分散,主要是因为聚合物由于静电力能在 MWCNTs 表面吸附,由于空间位阻效应促进 MWCNTs 的分散进而增大摩擦力[20]。二是当聚合物掺量较低时,聚合物的乳胶颗粒并不能起到主导作用,反而相同体积水泥浆体的固体含量增加,摩擦阻力增大,屈服应力和塑性黏度有所提高[21]。当聚合物掺量进一步提高后,MWCNTs/水泥浆体的屈服应力和塑性黏度降低,一方面由于乳胶颗粒在水泥净浆中的滚珠作用[14],另一方面聚合物还具有引气作用,在浆体搅拌的过程中会向水泥浆体中引入一定的空气,进而改变水泥浆体的流变性能[22]。

5 结论

(1) 随着聚丙烯酸酯(PA)掺量的增加,MWCNTs/水泥复合浆体的流动度逐渐增大,但塑性黏度和屈服应力呈先增大后减小的变化规律。当聚灰比为 5% 时,复合浆体的塑性黏度最大;当聚灰比为 15%,复合浆体的屈服应力最大。

(2) 随着丁苯共聚物(SB)掺量的增加,MWCNTs/水泥复合浆体的流动度呈现先减小后增大的趋势,塑性黏度和屈服应力均先增大后降低。当聚灰比为 5% 时,复合浆体的流动度最小,塑性黏度和屈服应力最大。当聚灰比为 20% 时,复合浆体的塑性黏度和屈服应力均最小,且显著低于纯水泥浆体。

(3) 不同聚合物对 MWCNTs/水泥复合浆体流变性能的影响程度不同,当聚灰比较低时,两种聚合物均可以提高 MWCNTs/水泥复合浆体的塑性黏度和屈服应力,其中 SB 的提升更为明显;当聚灰为 20% 时,两种复合浆体的塑性黏度和屈服应力均最低,而 SB 对复合浆体屈服应力的降低较 PA 更为显著。

参考文献

[1] FALVO M R, CLARY G J, TAYLOR R M, et al. Bending and buckling of carbon nanotubes under large strain [J]. Nature, 1997, 389 (6642): 582-584.

[2] YU M F, LOURIE O, DYER M J, et al. Strength and breaking mechanism of multiwalled carbon nanotubes under tensile load [J]. Science, 2000, 287 (5453): 637-640.

[3] SILVESTRO L, GLEIZE P J P. Effect of carbon nanotubes on compressive, flexural and tensile strengths of Portland cement-based materials: A systematic literature review [J]. Construction and Building Materials, 2020, 264: 120237.

[4] HAWREEN A, BOGAS J A, DIAS A P S. On the mechanical and shrinkage behavior of cement mortars reinforced with carbon nanotubes [J]. Construction and Building Materials, 2018, 168: 459-470.

[5] CAO R, YANG J, LI G, et al. Durability performance of multi-walled carbon nanotube reinforced ordinary Portland/calcium sulfoaluminate cement composites to sulfuric acid attack at early stage [J]. Materials Today Communications, 2023, 35: 105748.

[6] 陈林茂. 纳米水泥基复合材料性能研究 [D]. 哈尔滨:哈尔滨工业大学, 2018.

[7] 赵晋津, 任书霞, 杜彦良, 等. 碳纳米管对硅酸盐水泥力学性能的影响研究 [J]. 硅酸盐通报,

2013，32（07）：1361-1366＋1370.

[8] KOSTRZANOWSKA S A. Statistical methods for determining rheological parameters of mortars modified with multi-walled carbon nanotubes [J]. Construction and Building Materials，2020，253：119213.

[9] SKRIPKIUNAS G，KARPOVA E，BARAUSKAS I，et al. Rheological properties of cement pastes with multiwalled carbon nanotubes [J]. Advances in Materials Science and Engineering. 2018：8963542.

[10] COLLINS F，LAMBERT J，DUAN W H. The influences of admixtures on the dispersion，workability，and strength of carbon nanotube-OPC paste mixtures [J]. Cement and Concrete Composites，2012，34（2）：201-207.

[11] XU F，ZHOU M，CHEN J. Research on the rheology of polymer latex modified cement paste containing mineral admixtures [J]. Key Engineering Materials，2012，501：544-548.

[12] 何如，徐方，蒉建峰. 不同聚合物乳液对水泥砂浆特性影响及作用机理 [J]. 人民长江，2012，43（15）：54-58.

[13] WANG R，WANG P. Function of styrene-acrylic ester copolymer latex in cement mortar [J]. Materials and Structures，2010，43（4）：443-451.

[14] SUN K，WANG S，ZENG L，et al. Effect of styrene-butadiene rubber latex on the rheological behavior and pore structure of cement paste [J]. Composites Part B：Engineering，2019，163：282-289.

[15] 中华人民共和国国家质量监督检验检疫总局，中国国家标准化管理委员会. 水泥标准稠度用水量、凝结时间、安定性检验方法：GB/T 1346—2011 [S]. 北京：中国标准出版社，2011.

[16] 中华人民共和国国家质量监督检验检疫总局，中国国家标准化管理委员会. 混凝土外加剂匀质性试验方法：GB/T 8077—2012 [S]. 北京：中国标准出版社，2012.

[17] 钟翼进，何倍，任强，等. 不同因素对建筑渣土泥浆流变性能的影响 [J]. 建筑材料学报，2022，Vol. 25（08）：814-822.

[18] 许世达. 微纳尺度石粉对水泥基材料性能的影响研究 [D]. 广州：广州大学，2021.

[19] LI H，LI Z，QIU L，et al. Rheological behaviors and viscosity prediction model of cementitious composites with various carbon nanotubes [J]. Construction and Building Materials，2023，379：131214.

[20] BAHMANYAR M，SEDAGHAT S，RAMAZANI S A，et al. Preparation of ethylene vinyl acetate copolymer/graphene oxide nanocomposite films via solution casting method and determination of the mechanical properties [J]. Polymer-Plastics Technology and Engineering，2015，54：218-222.

[21] 元强，谢宗霖，姚灏，等. 高掺量丁苯乳液改性硫铝酸盐水泥的早期性能 [J]. 建筑材料学报，2023，26（09）：1023-1030＋1038.

[22] KIM H K，JEON J H，LEE H K. Workability，and mechanical，acoustic and thermal properties of lightweight aggregate concrete with a high volume of entrained air [J]. Construction and Building Materials，2012，29：193-200.

基金项目：同济大学学科交叉联合攻关项目（2022-3-YB-17）；国家自然科学基金（51872203）。

通信作者：王茹，女，博士生导师，教授，主要从事聚合物水泥基复合材料、辅助胶凝材料方面的研究。邮箱：ruwang@tongji.edu.cn。

可再分散乳胶粉与纤维素醚共同作用对硅酸盐水泥性能的影响

康 旺　黄天勇　张 莹　赵宇翔　李 扬

（北京建筑材料科学研究总院有限公司，固废资源化利用与节能建材国家重点实验室，北京 100043）

摘　要：在砂浆工程中往往通过复配实现外加剂的多功能化，从而满足砂浆对各种性能的需求。本文选择常用的乙烯-醋酸乙烯酯可再分散乳胶粉与羟丙基甲基纤维素，研究二者共同作用下硅酸盐水泥流变性能、早期水化进程以及力学性能变化规律，结果发现通过合适的复配可以产生"叠加效应"：相较于单一外加剂，由于不同聚合物网络结构的相互交联，可再分散乳胶粉与纤维素醚复掺下水泥浆体屈服应力与塑性黏度显著增加，水泥水化诱导期也进一步延长；可再分散乳胶粉还可以在一定程度上弥补纤维素醚造成的强度损失，为砂浆外加剂的多能化设计提供了方向。

关键词：无机非金属材料；可再分散乳胶粉；纤维素醚；硅酸盐水泥

Effect of Redispersible Emulsion Powder and Cellulose Ether on Properties of Portland Cement

Kang Wang　Huang Tianyong　Zhang Ying　Zhao Yuxiang　Li Yang

(Beijing Building Materials Academy of Sciences Research, State Key Laboratory of Solid Waste Reuse for Building Materials, Beijing 100043)

Abstract: The multi-function of admixtures is often realized through compounding in mortar engineering, so as to meet the needs of various properties. The commonly used ethylene-vinyl acetate redispersible emulsion powder and hydroxypropyl methylcellulose were used in this paper to study the rheological properties, early hydration process and mechanical properties of Portland cement under the combined action of the two polymers. It was found that the superposition effect could be produced by suitable compounding: compared with single admixture, due to the cross-linking of different polymer network structures, the yield stress and plastic viscosity of cement paste with the addition of redispersible emulsion powder and cellulose ether increased significantly, and the hydration induction period of cement was further prolonged. The redispersible emulsion powder could also make up for the strength loss caused by cellulose ether to some extent, which provides a direction for the multi-functional design of mortar admixtures.

Keywords: inorganic non-metallic materials; redispersible emulsion powder; cellulose ether; Portland cement

1 引言

可再分散乳胶粉是将聚合物乳液经喷雾干燥（以及适当的添加剂）形成的粉末状聚合物，与聚合物乳液相比，乳胶粉性能稳定、抗冻、易储存和运输。乳胶粉为"核-壳"结构，核心为多元共聚的热塑性树脂，如乙烯-醋酸乙烯酯、苯乙烯-丙烯酸酯、丁二烯-苯乙烯乳胶等，壳为亲水的保护胶体，多为聚乙烯醇[1]。乳胶粉内通常还含有抗结块剂、增塑剂等添加剂。乳胶粉遇水后快速形成稳定、与原乳液性能相同的聚合物乳液，随着水泥水化进程，聚合物乳液逐渐失水成膜，作为增强材料分布于整个砂浆体系中，从而增加体系内聚力，提高砂浆粘结强度与柔韧性，被广泛应用于内外墙腻子粉、瓷砖粘结剂、瓷砖勾缝剂等多种砂浆中[2-4]。在实际应用中，自流平砂浆、防水砂浆等塑性砂浆极易由于水分散失而导致和易性严重下降，可操作时间显著缩短。抗裂砂浆、粘结砂浆等砂浆的水分很容易被基体吸走，使得局部水化不充分，影响砂浆抗裂性和粘结性。纤维素醚是纤维素高分子中羟基的氢被烃基取代的生成物，根据取代基的不同，可分为甲基纤维素、羟乙基纤维素、羟乙基甲基纤维素和羟丙基甲基纤维素。少量纤维素醚即可显著提高砂浆保水性，纤维素醚已成为重要的砂浆外加剂[5-6]。

随着特种砂浆的发展，单一外加剂已不再能完全满足施工要求，外加剂逐渐向着高效能、多功能的方向发展。外加剂复配是为了同时满足砂浆对各种性能的需要，发挥各复配成分之间的共同作用而产生"叠加效应"。目前关于乳胶粉和纤维素醚共同作用对硅酸盐水泥性能影响的研究较少，因此本文选用乙烯-醋酸乙烯酯可再分散乳胶粉（EVA）与羟丙基甲基纤维素（HPMC），研究可再分散乳胶粉与纤维素醚复合作用下水泥浆体流变性、水化进程、砂浆抗折和抗压强度等物理力学性能，为砂浆外加剂的复配与多功能化提供方向。

2 原材料及试验方法

2.1 原材料

试验用水泥为 P·I 42.5 硅酸盐基准水泥，化学组成和烧失量如表1所示，物理力学性能如表2所示。试验用 HPMC 和 EVA 的理化性质分别如表3、表4所示。砂为 ISO 标准中级砂，水为自来水。水灰比为0.5，胶砂比为1∶3。不含外加剂、含0.2% HPMC、5% EVA、8% EVA、0.2% HPMC+5% EVA、0.2% HPMC+8% EVA 的样品编号分别为 JZ、H2、E5、E8、HE5 和 HE8。

表1 水泥的化学组成与烧失量　　　　　　　　　　　　　　%

CaO	SiO_2	Al_2O_3	Fe_2O_3	SO_3	MgO	K_2O	TiO_2	MnO	Cl	Loss
64.67	18.09	6.11	3.53	2.12	1.93	0.44	0.36	0.28	0.13	1.72

表2 水泥的物理力学性能

标准稠度需水量/%	凝结时间/min		抗折强度/MPa		抗压强度/MPa	
	初凝	终凝	7d	28d	7d	8d
25.7	135	215	6.7	8.2	30.7	55.2

表3 HPMC 的理化性质

	黏度/mPa·s	凝胶温度/℃	灰分含量/%	含湿量/%
HPMC	40700	72	1.5	4.2

表4 EVA 的理化性质

	凝胶温度/℃	灰分含量/%	最低成膜温度/℃
EVA	−3	10.2	0

2.2 试验方法

采用 RST-SST 流变仪测试新拌水泥浆体的流变性能。测试流程分为4个阶段：预剪切阶段，剪切速率 $50s^{-1}$ 持续 10s；停滞阶段 10s；加速阶段，每 15s 增加 $10s^{-1}$ 直至剪切速率升到 $200s^{-1}$；减速阶段，每 15s 降低 $10s^{-1}$ 直至剪切速率降到 $0s^{-1}$，如图1所示。测试结果用修正的 Bingham（MB）模型[7]进行拟合，见式（1），得到浆体屈服应力和塑性黏度。

$$\tau = \tau_0 + \eta_p + c \times \gamma \tag{1}$$

式中　τ——剪切应力（Pa）；

　　　η_p——塑性黏度（Pa·s）；

　　　γ——剪切速率（s^{-1}）；

τ_0——屈服应力（Pa）；

c——常数。

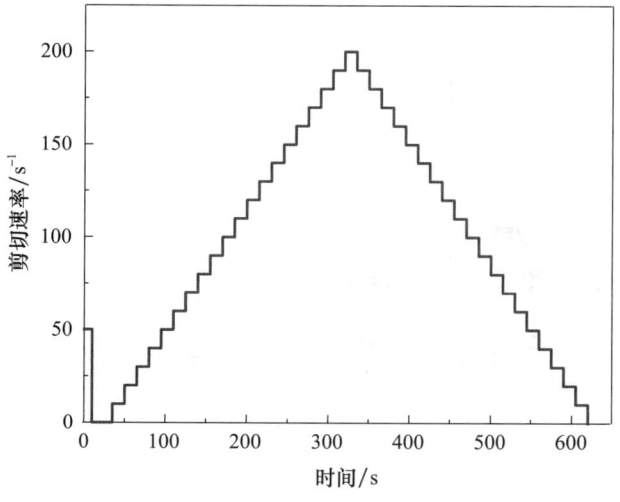

图 1　流变测试流程

采用 TAM-air 八通道热活性监测仪进行试验，称取 4.00g 基准水泥及相应掺量的外加剂放入样品瓶中，在注射器中称取 2.00g 去离子水。开始测试后，将去离子水注入样品瓶中，搅拌 60s，测定水泥水化放热。

水泥水化 8h 后终止水化，采用 T SDT Q600 热重/差示扫描联用仪进行热重分析，通过 TG-DCS 曲线获得不同吸热峰对应的质量损失，将 420～470℃ 的质量损失定为 $Ca(OH)_2$ 的脱水，650～740℃ 的质量损失定为 $CaCO_3$ 的分解，为了更精确地计算水化产物中 CH 的实际生成量，进行碳化校正即同时考虑 $Ca(OH)_2$ 和 $CaCO_3$ 的质量损失。

水泥胶砂强度参照 GB/T 17671—2021《水泥胶砂强度检验方法（ISO 法）》进行测试。

3 结果与讨论

3.1 流变性能

不同水泥浆体的屈服应力和塑性黏度如图 2 所示。流变性能是用来描述材料在外力作用下的变形和流动行为，屈服应力表示水泥浆体达到初始流动所需的最小剪切应力，屈服应力越大，砂浆流动度越小[8]。显然，瓷砖粘结剂需要较高的屈服应力才能抵抗下垂，而需要在重力作用下自流的自流平和自密实砂浆则倾向于较低的屈服应力。塑性黏度表示剪切应力随剪切速率增长的速率，反映了水泥砂浆内各组分的黏聚性。EVA 遇水后重新均匀地分散到水泥浆体内而再次乳化，由于乳胶粉中的保护胶体以及抗结块剂等可吸附在水泥颗粒表面，减少水泥颗粒团聚，从而降低了浆体屈服应力与塑性黏度，而且 EVA 掺量越大，浆体屈服应力与塑性黏度越小[9]。HPMC 大分子链在水泥浆体中相互纠结缠绕，阻碍水分子迁移，增大孔溶液黏度，从而导致浆体屈服应力与塑性黏度显著增大[10-11]。

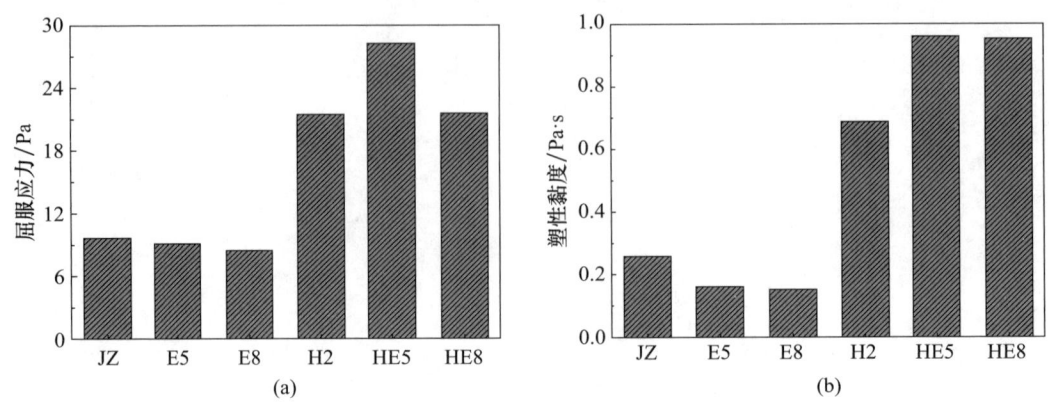

图 2　不同水泥浆体的屈服应力与塑性黏度
（a）屈服应力　（b）塑性黏度

可以看出，EVA 与 HMPC 对水泥浆体屈服应力与塑性黏度的作用效果相反，但在二者共同作用下，浆体屈服应力与塑性黏度仍显著提升（甚至无论屈服应力还是塑性黏度，HE5 都远大于 H2），这表明，EVA 与 HMPC 的复合作用并不是二者简单的加减，EVA 与 HPMC 共同作用于水泥浆体时，纤维素醚分子链与乳液相互交联，形成更大、更复杂的三维网络结构，新的网络结构增稠效果更明显，可以抵消 EVA 本身对浆体流动性的影响，从而显著增加浆体屈服应力与塑性黏度。

3.2　水化放热

不同水泥浆体的水化放热速率如图 3 所示。进一步地，不同水泥浆体水化 8h 时水化产物 CH 生成量如图 4 所示。硅酸盐水泥早期水化过程可分为初始期、诱导期、加速期、减速期和稳定期 5 个阶段[12]。值得指出的，与乳液不同，可再分散乳胶粉是一种"复合"的聚合物，保护胶体（聚乙烯醇）、添加剂本身就可以改变水泥浆体性能。可以看出，EVA 延长了水化诱导期，降低了加速期放热速率，而且掺量越大，放热速率越小，CH 生成量越低。这主要是由于核聚合物（乙烯-醋酸乙烯酯）中的—COOH 与 Ca^{2+} 之间存在化学反应，抑制了水化产物的生长[13]。随着水化进程，乳液逐渐失水成膜，阻碍了未水化水泥颗粒与水的接触，水分需穿过聚合物膜与水泥颗粒反应，使得第二放热峰出现多个峰尖。同时释放的水可以有效地提高浆体在减速期和稳定期的水化程度，使得放热速率增大。HPMC 同样可以延长水泥水化诱导期，降低加速期热速率和 CH 生成量，这是因为 HPMC 大分子链在水泥颗粒及水化产物上的吸附作用不仅可以减少未水化水泥颗粒与水的接触，还抑制水化产物的生长[14]。EVA 和 HPMC 共同作用于水泥浆体时，相较于单一外加剂，水化诱导期显著延长，这同样由于 EVA 和 HPMC 形成的新的三维网络结构。

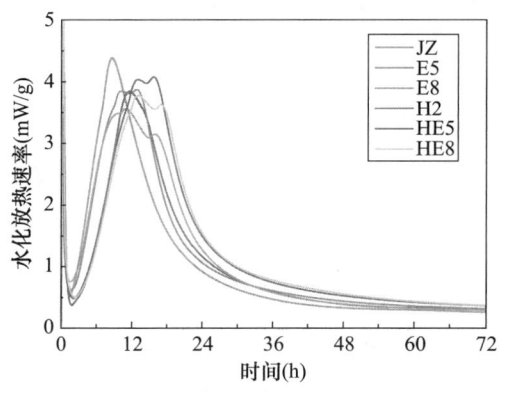

图 3 不同水泥浆体水化放热速率

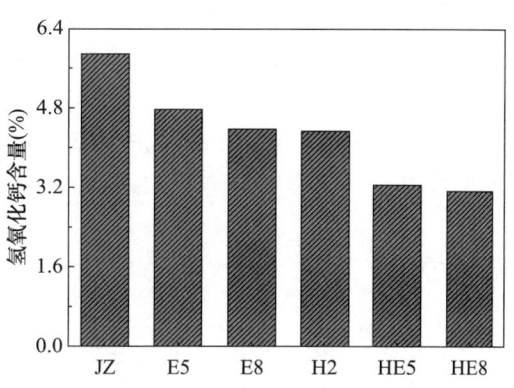

图 4 不同水泥浆体的 CH 生成量

3.3 力学性能

不同砂浆的 7d、28d 抗折强度和抗压强度如图 5 所示。无论龄期如何，EVA 会降低砂浆抗折强度与抗压强度，这是由于乳胶粉增大了砂浆的总孔隙率和平均孔直径[15]。但是 E8 抗折强度大于 E5，这说明 EVA 形成的聚合物膜结构可以改善砂浆的柔韧性，部分研究中可再分散乳胶粉甚至可以提高砂浆抗折强度[16]。HPMC 具有显著的引气作用，因此会大幅降低砂浆强度[17]。EVA 和 HPMC 共同作用下，相较于单掺 HPMC，砂浆 28d 抗折/抗压强度明显提升，说明乳胶粉形成的聚合物膜结构可以抵消部分由于纤维素醚引气作用带来的强度下降。

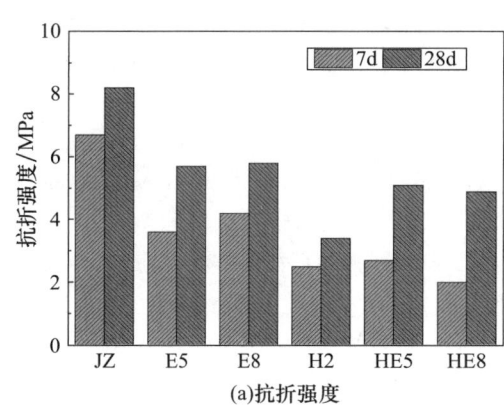
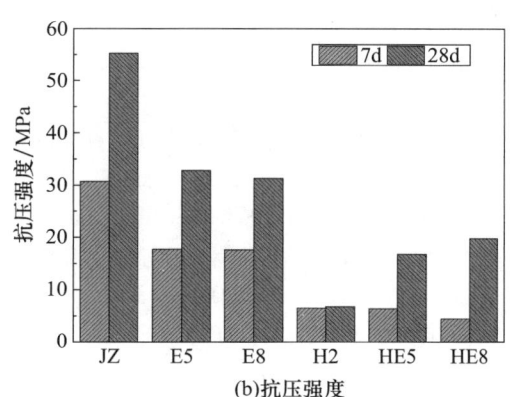

图 5 不同水泥砂浆的力学性能

4 结论

（1）由于保护胶体以及抗结块剂等，EVA 掺量越大，水泥浆体屈服应力与塑性黏度越小；EVA 可以延长水泥水化诱导期，减小加速期放热速率，降低砂浆强度，而且掺量越大，放热速率越小。

（2）掺入 HPMC 使得水泥浆体屈服应力与塑性黏度显著增大，水泥水化诱导期延长，加速期热速率减小，砂浆强度损失明显。

（3）相较于单一外加剂，EVA 与 HMPC 共同作用下聚合物在水泥浆体中形成更大、更复杂的三维网络结构，屈服应力与塑性黏度显著增大，水化诱导期进一步延长。EVA 可以在一定程度上弥补 HPMC 造成的强度损失。

参考文献

[1] 王培铭, 赵国荣, 张国防. 可再分散乳胶粉在水泥砂浆中的作用机理 [J]. 硅酸盐学报, 2018, 46 (2): 256-262.

[2] 陈东平, 刘芳, 齐艳涛. 可再分散乳胶粉对硫铁矿尾砂自流平砂浆性能的影响 [J]. 材料导报, 2015, 29 (16): 115-119.

[3] 杨超, 陈贞幸, 李俊豪, 等. EVA 聚合物乳液对蒸养水泥砂浆抗渗性能的影响 [J]. 混凝土, 2021, (3): 99-102.

[4] 付廷波. 乳胶粉对水泥砂浆性能影响的研究 [J]. 铁道建筑技术, 2019, (12): 17-20.

[5] 王培铭, 赵国荣, 张国防. 纤维素醚在新拌砂浆中保水增稠作用及其机理 [J]. 硅酸盐学报, 2017, 45 (8): 1190-1196.

[6] 欧志华, 马保国, 蹇守卫, 等. 纤维素醚分子参数对水泥浆力学性能的影响 [J]. 硅酸盐通报, 2016, 35 (8): 2371-2377.

[7] YAHIA A, KHAYAT K H. Analytical models for estimating yield stress of high-performance pseudoplastic grout [J]. Cement and Concrete Research, 2001, 31 (5): 731-738.

[8] BÜLICHEN D, KAINZ J, Plank J. Working mechanism of methyl hydroxyethyl cellulose (MHEC) as water retention agent [J]. Cement and Concrete Research, 2012, 42 (7): 953-959.

[9] 石鑫, 徐玲玲, 冯涛, 等. 水分散聚合物乳液改性水泥砂浆的研究进展 [J]. 硅酸盐通报, 2021, 40 (8): 2497-2507.

[10] ZHANG S, WANG R, XU L, et al. Property comparison of steel slag cement mortar with hydroxyethyl methyl cellulose having different degrees of substitution and PAAm modification [J]. Journal of Adhesion Science and Technology, 2021: 1-15.

[11] 吴凯, 康旺, 徐玲琳, 等. 羟乙基甲基纤维素对硫铝酸盐水泥早期水化的影响 [J]. 硅酸盐学报, 2020, (5): 615-621.

[12] BETIOLI A M, GLEIZE P, SILVA D A, et al. Effect of HMEC on the consolidation of cement pastes: Isothermal calorimetry versus oscillatory rheometry [J]. Cement and Concrete Research, 2009, 39 (5): 440-445.

[13] 侯云芬, 张莹, 黄天勇. 可再分散乳胶粉对干混砂浆性能的影响 [J]. 北京建筑大学学报, 2021, 37 (4): 1-8.

[14] SINGH N K, MISHRA P C, SINGH V K, et al. Effects of hydroxyethyl cellulose and oxalic acid on the properties of cement [J]. Cement and Concrete Research, 2003, 33 (9): 1319-1329.

[15] 张国防, 王培铭. E/VC/VL 三元共聚物对水泥砂浆孔结构和性能的影响 [J]. 建筑材料学报, 2013, 16 (1): 111-114.

[16] 王春华, 叶正茂, 程新. 聚合物胶粉对 PC 和 SAC 水泥砂浆的改性研究 [J]. 水泥工程, 2009,

(1): 86-89.

[17] 张绍康,王茹,徐玲琳,等. 羟乙基甲基纤维素改性水泥砂浆的物理力学性能和孔隙率 [J]. 材料导报,2020,34(S2):1607-1611.

作者简介: 康旺,男,1994 年生,硕士,研究方向为固废建材化利用与高性能混凝土,E-mail:15221623137@163.com。

聚合物掺量梯度变化对水泥砂浆性能的影响

潘晔[1,2] 卢子臣[1,2]

（1. 同济大学 先进土木工程材料教育部重点实验室，上海 201084；
2. 同济大学 材料科学与工程学院，上海 201084）

摘　要：本文通过在同一水泥砂浆样品不同层深设计不同聚合物掺量，研究了聚合物掺量梯度变化对水泥砂浆的抗压强度、抗折强度、粘结强度和抗冻性能的影响。结果表明，在乳液总掺量相同的情况下，相较于普通聚合物改性水泥砂浆，水泥砂浆中聚合物梯度变化可显著提高砂浆整体的抗压、抗折和粘结强度，水泥砂浆弹性模量的变化规律与抗压强度相同。在抗冻性方面，水泥砂浆的质量损失率、强度损失率和吸水率随聚合物掺量提高而降低，聚合物掺量梯度变化使其抗冻性稍高于同掺量下普通聚合物乳液改性水泥砂浆。

关键词：土木工程材料；梯度变化；水泥砂浆；性能评价

The Influence of Gradient Change in Polymer Content on the Properties of Cement Mortar

Pan Ye[1,2]　Lu Zichen[1,2]

(1. Key Laboratory of Advanced Civil Engineering Materials of Ministry of Education, Tongji University, Shanghai 201804;
2. School of Materials Science and Engineering, Tongji University, Shanghai 201804)

Abstract: In this article, the influence of gradient changes in polymer content on the compressive strength, flexural strength, bonding strength, and frost resistance of cement mortar was investigated by designing different polymer dosages at different depths of the same cement mortar sample. The results show that when the total content of latex is the same, compared with ordinary polymer modified cement mortar, the change of polymer gradient in cement mortar can significantly improve the compressive strength, flexural strength and bonding strength of mortar as a whole. the change rule of elastic modulus of cement mortar is the same as that of compressive strength. In terms of frost resistance, the mass loss rate, strength loss rate and water absorption rate of cement mortar decrease with the increase of polymer content. The gradient change of polymer content makes its frost resistance slightly higher than that of ordinary polymer lotion modified cement mortar at the same content.

Keywords: civil engineering materials; gradient design; polymer cement mortar; performance evaluation

1 引言

水泥基材料因其力学性能优异、价格低廉而成为世界上应用最广泛的建筑材料之一。聚合物乳液作为一种常用的水泥外加剂，常被用于提高水泥砂浆的抗折强度、粘结强度和抗冻性能，被广泛应用于混凝土裂缝修补、聚合物修补砂浆等领域[1-2]。

目前，对于聚合物乳液改性砂浆，国内外专家学者主要聚焦于乳液的种类和掺量对于水泥砂浆力学和耐久性能的影响及其作用机理。李建等人研究了丁苯乳液对水泥砂浆的力学性能和体积密度的影响，结果表明，丁苯乳液降低了水泥砂浆的抗压强度、体积密度和动弹性模量，但提高了其韧性[3]；王培铭等人指出，苯丙乳胶粉降低了水泥砂浆的抗压强度，但明显提高了水泥砂浆的抗折和粘结抗拉强度[4]；王晓林等人认为可以显著提高砂浆的抗折强度、粘结强度，韧性和抗冻性，（醋酸乙烯-乙烯共聚物）VAE乳胶粉改性水泥砂浆配合比的最佳掺量为10%（质量分数）[5]；贺晓宇等人对比研究了氯丁乳液和苯丙乳液在不同掺量下对水泥砂浆7d和28d抗压、抗折以及抗冻性的影响，结果表明，苯丙乳液提高了砂浆的抗折强度，降低了其抗压强度，综合力学性能指标增加，对砂浆的改性效果明显优于氯丁乳液[6]；王茹等人研究了丁苯橡胶、苯乙烯丙烯酸酯和聚丙烯酸酯对硫铝酸盐水泥（CSA）的影响，结果表明，聚合物乳液对CSA水泥砂浆具有良好的减水效果和缓凝性能，SBR胶乳改性砂浆在强度、失重、吸水性、抗渗性等方面表现最好[7]。一般认为，聚合物乳液会在水泥砂浆内成膜，形成有机-无机互穿网络结构，填充了砂浆内部的孔隙，进而改善水泥砂浆的韧性和耐久性[8-9]。

综合国内外研究来看，有关梯度结构设计对聚合物乳液改性水泥砂浆的研究较少，由于传统的制备工艺乳液掺量大，成本较高，因此本文聚焦于结构设计，通过在水泥砂浆不同层深处设计不同聚合物掺量，研究聚合物掺量梯度变化对水泥砂浆的抗压强度、抗折强度、粘结强度和抗冻性能的影响，以期能够在保证性能的同时降低掺量，提高效益，为聚合物乳液改性砂浆结构设计方面的研发提供理论指导。

2 原材料及试验方法

2.1 原材料与配合比

水泥采用曲阜中联水泥有限公司产 P·I 42.5 硅酸盐水泥，主要成分见表 1。聚合物乳液选用苯丙乳液（SA），由巴斯夫股份公司提供，固含量为 50%，Zeta 电位为 $-26.2 mV$，粒径为 189.2 nm（由马尔文 Zetasizer Nano ZS 测得）。为一定程度上避免 SA 乳液在水泥浆体中的引气作用，采用 AF6203 消泡剂，掺量为 0.1%。试验水灰比为 0.45，砂灰比为 3（标准砂），非梯度乳液掺量分别为 0%（Ref）、4%、8% 和 12%。本试验将砂浆分为上层、中层和下层三个部分，并采用三分和六分两种梯度设计方法，具体聚合物掺量梯度示意详见图 1。其中，三分相对应的聚合物掺量为 8%，六分相对应的聚合物掺量为 4%。

表 1 水泥主要化学成分（wt. %）

化学成分	SiO_2	Al_2O_3	Fe_2O_3	CaO	MgO	TiO_2	SO_3	K_2O	MnO	P_2O_5
水泥	20.64	5.15	3.76	60.24	1.61	0.43	3.38	0.67	0.27	0.31

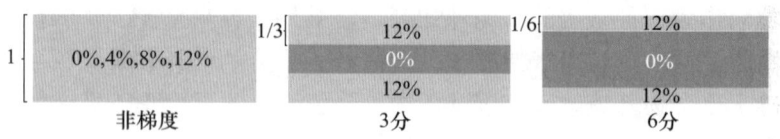

图 1 聚合物掺量梯度示意图

本试验设置 6 组样品，具体配合比见表 2。

表 2 梯度聚合物改性水泥砂浆配合比

样品	水泥/g	砂/g	水/g	乳液/g	消泡剂/g
Ref	450	1350	202.5	0	0.45
SA-04	450	1350	184.5	18	0.45
SA-08	450	1350	166.5	36	0.45
SA-12	450	1350	148.5	54	0.45
SA-3分	450	1350	166.5	36	0.45
SA-6分	450	1350	184.5	18	0.45

2.2 试验方法

样品制备：本试验采用 JJ-7 型行星式水泥砂浆搅拌机。在搅拌锅中分别依次加入水泥、乳液、水和消泡剂后搅拌机自动完成一次低速 30s、再低速 30s 同时自动加砂结束、高速 30s、停 90s、高速 60s 后停止转动的工作程序以混匀浆体。搅拌完毕后于模具中（40mm×40mm×160mm）浇注成型，其中三分样品与六分样品采用分层浇注，每浇注一层振动 30 次继续浇注。样品成型 24h 后脱模，在标准养护室中养护 3d、7d、28d 后取出。

力学强度测试：通过 WHY-300 压力机，根据 GB/T 17671—1999《水泥胶砂强度检验方法（ISO 法）》测定水泥砂浆强度，其中加载速度为 2.4kN/s。

拉伸粘结强度测试：通过 SLD-5000 拉拔试验机，采用根据 JGJ/T 70—2009《建筑砂浆基本性能试验方法标准》测定水泥砂浆拉伸粘结强度，其中加载速度为 10mm/min。

弹性模量测试：参考 JGJ/T 70—2009《建筑砂浆基本性能试验方法标准》，进行水泥砂浆弹性模量试验，试件使用 160mm×40mm×40mm，程序设定为 3MPa 到 $1/3P_{max}$ MPa 循环三次，取最后一次形变为结果。

抗冻性测试：参考 JGJ/T 70—2009《建筑砂浆基本性能试验方法标准》，进行水泥砂浆抗冻性试验。

吸水率测试：在烘箱 40℃干燥至恒重，放入水中至规定时间，取出后擦去表面浮水，测其质量，得到吸水率。

3 结果与分析

3.1 力学强度

图 2（a）和图 2（b）分别为不同 SA 乳液掺量对水泥砂浆抗折强度和抗压强度的影响。由图可知，随着乳液的掺量增加，砂浆的抗折强度和抗压强度均有不同程度的下降。关于这一点，不同研究人员有着不同的观点。有的学者认为苯丙乳液和丁苯乳液改性水泥砂浆均会造成其力学强度的降低[3,10,11]，而孟博旭则发现苯丙乳液和 VAE 乳液提高了水泥砂浆的抗折强度[12]。一般认为，乳液对水泥砂浆抗折强度的提高源自于其在水泥中形成了具有一定强度和低模量的膜，形成了互穿网络结构[13]，而 SA 乳液对砂浆力学性能造成的不利影响主要是由于乳液阻碍了水泥的水化且粗化了水泥砂浆的孔隙，显著增加了硬化砂浆的孔隙率[3]。

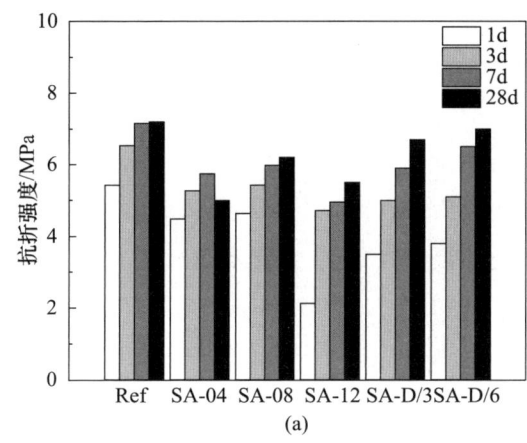 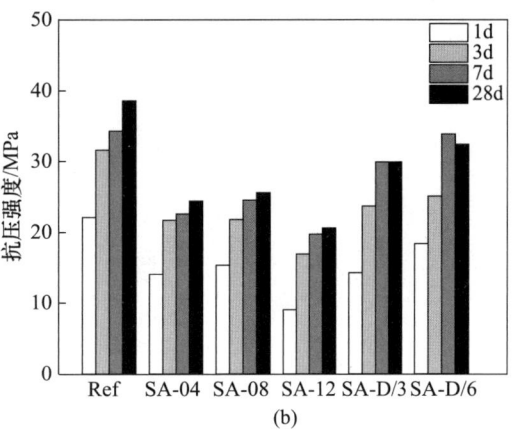

图 2 梯度聚合物改性砂浆的力学性能
（a）抗折强度；（b）抗压强度

在相同的总聚合物掺量下，SA-3分（8%）和SA-6分（4%）的抗折和抗压强度均显著高于非梯度样品，这可能是由于乳液掺量的减少，梯度改性砂浆的中间层水化较为彻底，结构更为密实，因而起到了支撑整体强度的作用。

梯度聚合物改性砂浆的弹性模量如图3所示，弹性模量变化的规律与抗压强度类似，首先乳液的加入迅速降低了水泥的弹性模量，这是由于聚合物膜本身的低模量所致[14]，而SA-08的提高则可能与其形成了较多的互穿网络结构，填充了孔隙。当聚合物掺量增加到12%时，水泥的水化被严重抑制，因而整体的弹性模量降低，这说明乳液可显著提高水泥砂浆的韧性[13]。

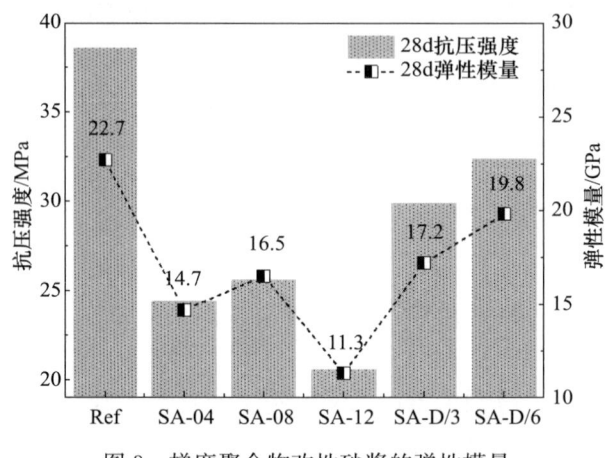

图3 梯度聚合物改性砂浆的弹性模量

3.2 粘结强度

图4是梯度聚合物对水泥砂浆拉伸粘结强度的影响。首先，SA乳液能显著提高水泥砂浆的粘结强度，且随着聚合物掺量的提高而提高，但增加的幅度则较为减缓。乳液对粘结强度的提高主要归因于两点：一是乳液本身能在水泥产物之间形成桥接，二是乳液本身具有较好的黏附性[15]。

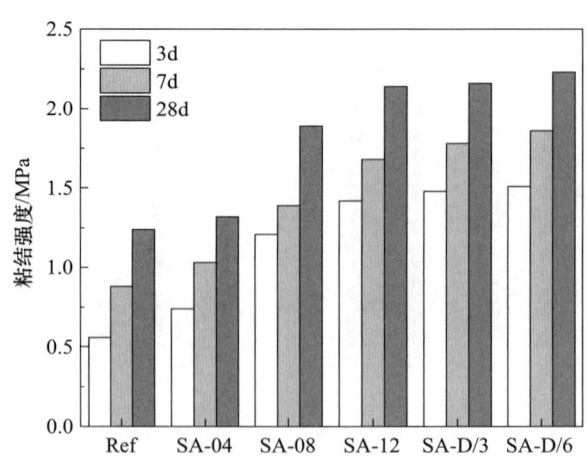

图4 梯度聚合物改性砂浆的拉伸粘结强度

梯度掺量的设计几乎不会对粘结强度产生负面的影响，SA-三分和SA-六分与SA-12的粘结强度相当，且显著高于同掺量下的SA-08和SA-04。这是由于经过梯度聚合物掺量的设计，聚合物主要富集在上层和下层中，这是决定粘结强度的核心部分，而较为薄弱的中间层几乎成为断裂面，因此，梯度掺量不会降低砂浆的粘结强度。

3.3 抗冻性

图5是梯度聚合物对水泥砂浆抗冻性的影响。由图可知，SA乳液显著提高了水泥砂浆在冻融循环后的强度损失率和质量损失率，且砂浆的抗冻性与砂浆中乳液的总掺量呈正相关。图6是梯度聚合物对水泥砂浆吸水率的影响，其规律与强度损失率的变化规律相符。

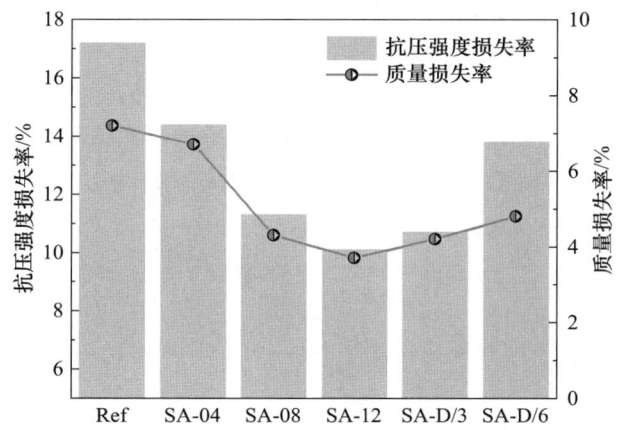

图5 梯度聚合物改性砂浆的强度/质量损失率

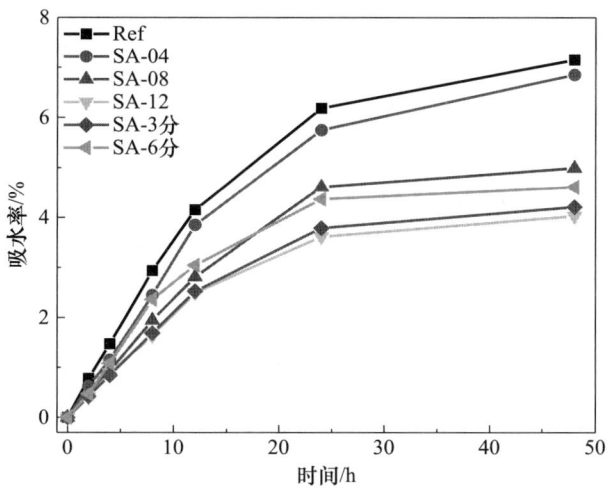

图6 梯度聚合物改性砂浆的吸水率

乳液对于抗冻性的提高可以从3个方面解释：首先，乳液粒子的填充作用使得砂浆更密实，从而减小了砂浆孔隙可容纳的水分，结冰膨胀也随之减小，砂浆抗冻性提高；其次，乳液粒子的填充作用阻碍了水分的迁移，砂浆具有更好的耐水性；最后，互穿网络结构增加了乳液的密实性[5,16]。

当总掺量相同时，SA-3 分和 SA-6 分的抗冻性稍强于对应未梯度改性砂浆的抗冻性，吸水率则相反，这可能与梯度结构设计引起的不同层孔径分布有关，具体原因需要进一步研究。

4　结论

（1）SA 乳液对水泥砂浆的力学强度有不利的影响，砂浆的弹性模量与抗压强度均随乳液掺量的提高而降低。在相同的掺量下，梯度掺量聚合物改性砂浆的力学性能高于未梯度改性的砂浆。在乳液总掺量减少的情况下，砂浆的拉伸粘结强度并未出现下降，这是由于梯度聚合物掺量的设计使得乳液在基体界面处富集。

（2）水泥砂浆的抗冻性和吸水率则主要与乳液的总掺量相关，梯度设计后的聚合物改性砂浆，其抗冻性稍强于对应未梯度改性砂浆的抗冻性。

（3）聚合物掺量的梯度设计能够在保证性能的条件下有效地减少聚合物的用量，为聚合物改性砂浆的低成本高效能应用提供了一种解决方案。

参考文献

[1] 蔡胜华，唐丽芳．聚合物水泥砂浆在混凝土修补中的应用研究［J］．长江科学院院报，2007（01）：44-46+60．

[2] 郭浩，杭鑫坤．适于喷射的聚合物修补砂浆研究［J］．新型建筑材料，2016，43（8）：70-73．

[3] 李建，王培铭，王茹．丁苯乳液改性水泥砂浆的力学性能与体积密度［J］．建筑材料学报，2005，（6）：705-709．

[4] 王培铭，刘恩贵．苯丙共聚乳胶粉水泥砂浆的性能研究［J］．建筑材料学报，2009，12（3）：253-258+265．

[5] 王晓林，冯红春，周凯．VAE 乳胶粉改性水泥砂浆的配合比优化及抗冻性研究［J］．硅酸盐通报，2023，42（10）：3462-3469．

[6] 贺晓宇．氯丁乳液与苯丙乳液掺量对水泥砂浆性能的影响研究［J］．路基工程，2017，（4）：136-140．

[7] LI L, WANG R, LU Q. Influence of polymer latex on the setting time, mechanical properties and durability of calcium sulfoaluminate cement mortar［J］. Construction and Building Materials, 2018, 169.

[8] 王培铭，赵国荣，张国防．聚合物水泥混凝土的微观结构的研究进展［J］．硅酸盐学报，2014，42（5）：653-660．

[9] 张娜，董文乔，王婉申，等．聚合物粉末对水泥砂浆抗冻性能的影响研究［J］．混凝土世界，2023，（7）：32-39．

[10] 姜博，郑璐．不同掺量的苯丙乳液对砂浆力学性能影响［J］．北方建筑，2018，3（4）：68-70．

[11] 许绮，王培铭．桥面用丁苯乳液改性水泥砂浆物理性能的研究［J］．建筑材料学报，2001，（2）：143-147．

[12] 孟博旭，许金余，顾超，等．苯丙乳液和 VAE 乳液改性水泥砂浆力学性能的试验研究［J］．建筑科学，2019，35（1）：88-94．

[13] 衡艳阳，赵文杰．苯丙乳液改性水泥基材料性能及机理研究进展［J］．硅酸盐通报，2014，33

(06): 1431-1438.
[14] 王培铭,许绮,J. Stark. 桥面用丁苯乳液改性水泥砂浆的力学性能 [J]. 建筑材料学报,2001, (01): 1-6.
[15] 张水,于洋,宁超,等. 苯丙乳液改性水泥砂浆的性能研究 [J]. 混凝土与水泥制品,2010, (02): 9-12.
[16] 李悦,何赫. 聚合物改性水泥砂浆的研究进展 [J]. 功能材料,2016,47 (07): 7038-7045.

作者简介:卢子臣,男,副教授,E-mail:luzc@tongji. ed. cn。
潘晔,男,硕士生,E-mail:2130616@tongji. edu. cn。

生物胶对新拌水泥浆体流变性能的影响

左彦峰[1,2]　易玥彤[2]　张艺劼[3]　李崇智[3]

（1. 中国地震局建筑物破坏机理与防御重点实验室，河北廊坊 065201；
2. 防灾科技学院 土木工程学院，河北廊坊 065201；
3. 北京建筑大学 土木工程学院，北京 102600）

摘　要：本研究旨在探讨高分子增稠剂对新拌水泥浆体的流变性能的影响，重点考察了生物胶种类、高分子增稠剂掺量、水化时间、水灰比、环境温度以及触变性等因素。通过系统的试验研究得出了以下结论：首先，生物胶种类对流变性能产生显著影响。相较于黄原胶和HPMC，温轮胶在混凝土中更容易增加浆体的稠度，有助于改善混凝土的黏聚性和保水性能。其次，随着高分子增稠剂掺量的增加，新拌水泥浆体的屈服应力和塑性黏度上升，与高分子增稠剂对流变性的影响趋势一致。第三，水化时间的增加对新拌水泥浆体的流变性能也有显著影响，其中掺有温轮胶的新拌水泥浆体剪切应力增长最为显著。第四，在高水灰比条件下，温轮胶能够以小掺量提升新拌水泥浆体的抗泌水能力，同时提升屈服应力，适用于高流态混凝土。最后，研究发现环境温度升高会导致高分子增稠剂掺入的新拌水泥浆体的屈服应力和塑性黏度上升。此外，高分子增稠剂的掺入改善了新拌水泥浆体的触变性，具体表现为增强了剪切应力和改善了回滞圈面积。综合以上结论，本研究深入研究了高分子增稠剂对新拌水泥浆体的流变性能的多个方面影响，为混凝土工程中高分子增稠剂的选择和应用提供了有力的理论支持。

关键词：工学；黄原胶；HPMC；温轮胶

Effect of Bioglue on Rheological Properties of Freshly Mixed Cement Slurry

Zuo Yanfeng[1,2]　Yi Yuetong[2]　Zhang Yijie[3]　Li Chongzhi[3]

(1. Key Laboratory of Building Collapse Mechanism and Disaster Prevention,
China Earthquake Administration, Hebei, Langfang 065201;

2. School of Civil Engineering, Institute of Disaster Prevention, Hebei, Langfang 065201;
3. School of Civil and Transportation Engineering, Beijing University of Civil and Architecture, Beijing 102600)

Abstract: The purpose of this study was to investigate the effect of polymer thickener on the rheological properties of fresh cement slurry, focusing on the types of bio-adhesive, polymer thickener content, hydration time, water-cement ratio, ambient temperature and thixotropy. Through systematic experimental research, the following conclusions are drawn: First of all, the type of bioglue has a significant effect on the rheological properties. Compared with xanthan gum and HPMC, it is easier to increase the consistency of the slurry in concrete, which helps to improve the cohesion and water retention properties of concrete. Secondly, with the increase of polymer thickener content, the yield stress and plastic viscosity of the fresh cement slurry increased, which was consistent with the influence trend of polymer thickener on rheology. Thirdly, the increase of hydration time also has a significant effect on the rheological properties of the freshly mixed cement slurry, and the shear stress of the freshly mixed cement slurry mixed with warm wheel glue increases the most significantly. In addition, under the condition of high water-cement ratio, the warm wheel adhesive can improve the water leakage resistance of the fresh cement slurry with a small amount and increase the yield stress, which is suitable for high-flow concrete. Finally, it is found that the increase of ambient temperature will lead to an increase in the yield stress and plastic viscosity of the fresh cement slurry incorporated with polymer thickener. In addition, the incorporation of polymer thickener improves the thixotropy of the fresh cement slurry, which is manifested in the enhanced shear stress and the area of the hysteresis circle. Based on the above conclusions, this study deeply studied the influence of polymer thickener on the rheological properties of fresh cement slurry, and provided strong theoretical support for the selection and application of polymer thickener in concrete engineering.

Keywords: engineering; xanthogum; hypromellose; welangum

1 引言

现代混凝土技术要求混凝土要具有较高的工作性能以满足混凝土的施工要求,特别是自密实混凝土(Self-compacting concrete,简称 SCC)尤为重要,而新拌水泥浆体的流变性能直接影响混凝土的工作性能[1-4]。在工程中,常使用掺入增稠剂的方法以满足混凝土拌和物的保水性和黏聚性的要求[5]。水泥浆体的流变性能对于确保混凝土和砂浆在施工和使用过程中的性能至关重要[1-4]。随着社会的不断进步和对可持续发展的日益强烈追求，工程材料的创新与改进变得尤为重要。生物胶作为一种天然来源的黏结剂其在各种工程应用中的潜在价值逐渐受到重视。

黄原胶（Xanthogum，简称 Xc）是一种天然多糖，常用于药物、食品和工业应用中。它具有黏性和胶凝性质。在混凝土中，黄原胶可以作为一种黏结剂和增粘剂，有助于提高混凝土的黏度和流动性，同时改善其工作性能。它还可以用于改善混凝土的抗裂性能和耐久性[5-8]。

温轮胶（Welangum）是一种多糖类物质，常来源于海藻等自然资源。它具有黏性和黏合性质。在混凝土中，温轮胶常用作增粘剂和黏结剂。它可以改善混凝土的流动性，增加黏度，提高施工性能以及增强混凝土的抗渗性和耐久性。温轮胶还有助于减少混凝土的开裂[5,6,8]。

羟丙基甲基纤维素醚（Hypromellose，简称 HPMC）是合成的纤维素衍生物，具有可溶性和高度分子质量。HPMC 在混凝土中通常用作一种外加剂，用于改善混凝土的黏性、流动性和黏结性。不同分子质量的 HPMC 可在混凝土中实现不同的效果，例如提高工作性能、减少开裂和增加抗渗性[5]。

本文的目的是探讨生物胶对新拌水泥浆体流变性能的影响。我们将深入研究不同类型生物胶的来源和特性以及它们对水泥浆体的流变性、黏度和触变性等关键流变性能的影响。在本研究中，我们将首先介绍试验原材料和试验方法，然后深入探讨其与水泥浆体流变性能的关系，最后，总结研究结果。

2 原材料与试验方法

2.1 原材料

水泥：水泥采用抚顺水泥股份有限公司生产的混凝土外加剂性能检测专用基准水泥，其化学组成和矿物组成见表1，水泥物理性能见表2。

表1 水泥熟料化学组成与矿物组成

SiO_2	Fe_2O_3	Al_2O_3	SO_3	MgO	CaO	Na_2O	f-CaO	Cl^-	C_3S	C_2S	C_4AF	C_3A
21.56	2.78	4.44	3.14	2.32	62.83	0.60	0.79	0.007	46.00	27.14	8.45	7.05

表2 基准水泥物理性能

80μm筛余/%	比表面积/($m^2 \cdot kg^{-1}$)	密度/($g \cdot cm^{-3}$)	标准稠度/%	平均粒径/μm
0.4	350	3.14	24.40	22.0

外加剂：黄原胶、温轮胶、相对分子质量分别为3万、10万及15万的羟丙基甲基纤维素醚。将以上增稠剂配制浓度为5g/L的水溶液以备用。本文中掺量均为液体掺量。

水：洁净自来水。

2.2 试验方法

2.2.1 新拌水泥浆体的制备

根据 GB 8077—2012《混凝土外加剂匀质性试验方法》的方法制备新拌水泥浆体。环境温度（20±2）℃，环境湿度 30%～45%。

2.2.2 流变性能

采用美国 Brookfield 公司的 RST-SST 流变仪对新拌水泥浆体进行流变性能测试及触变性测试。从水泥净浆搅拌锅中倒出 60mL 新拌水泥浆体于烧杯中，再从烧杯中倒入 FTK-RST 样品杯中，使用 CC3-40 转子对新拌水泥浆体进行流变测试。测试结束后，基于宾汉姆（Bingham）模型使用 Rheo3000 软件（美国 Brookfield 公司，版本 1.2.1395.1）对新拌水泥浆体的流变曲线进行拟合，得到屈服应力及塑性黏度，并使用 Matlab 软件中的 plot 函数对回滞圈曲线的上行曲线、下行曲线进行拟合，通过积分得到回滞圈面积，使用回滞圈面积对新拌水泥浆体触变性进行表征。

3 结果与讨论

3.1 生物胶种类对流变性能的影响

生物胶及 HMPC 种类对新拌水泥浆体的流变性能的影响见图 1、图 2 和表 3。掺量均为 0.1%，W/C 为 0.50。

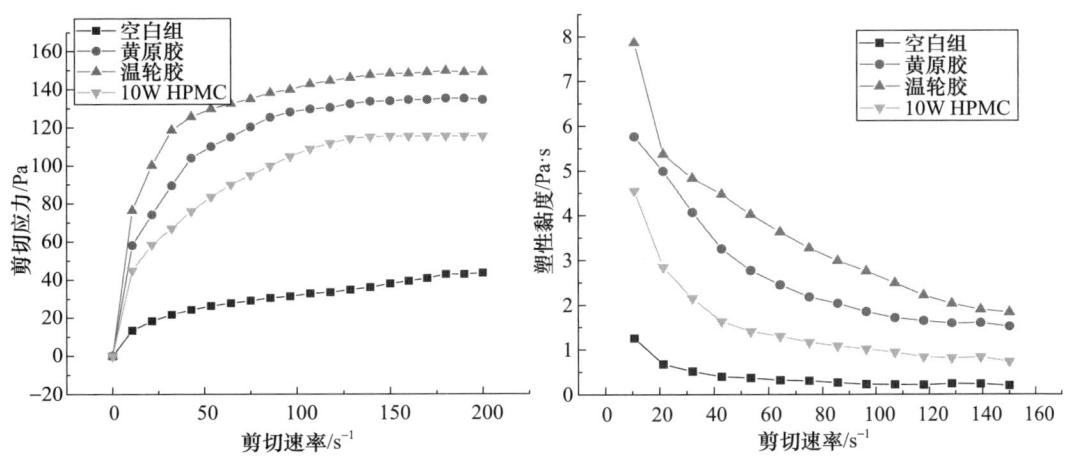

图 1 不同种类高分子增稠剂对新拌水泥浆体剪切应力的影响

图 2 不同种类高分子增稠剂对新拌水泥浆体表观黏度的影响

表 3 高分子增稠剂种类对新拌水泥浆体流变参数的影响

组别	屈服应力/Pa	塑性黏度/Pa·s
空白	10.3	0.21

续表

组别	屈服应力/Pa	塑性黏度/Pa·s
温轮胶	57.98	1.57
黄原胶	48.87	1.33
10W HPMC	42.66	0.79

从图 1 可以分析出,在相同掺量条件下,各个增稠剂对新拌水泥浆体剪切应力均有较大提升,各个试样剪切应力由高到低顺序为:温轮胶＞黄原胶＞10W HPMC＞空白。

从图 2 可以看出,空白组及掺有高分子增稠剂的新拌水泥浆体表观黏度均随剪切速率的增加而降低,具有明显的剪切变稀的现象。但掺增稠剂试样塑性黏度均高于空白试样,其由高到低的顺序为:温轮胶＞黄原胶＞10W HPMC＞空白。

从表 3 中可以得知,各个试样的屈服应力和塑性黏度的由高到低的顺序均为:温轮胶＞黄原胶＞10W HPMC＞空白。

这表明,相较于黄原胶和 HMPC,温轮胶更容易增加浆体的稠度,从而可以更加有效地提高混凝土的黏聚性和保水性能,这可能与高分子增稠剂的分子量及增稠剂分子结构的侧边支链所带基团有关。黄原胶及温轮胶分子结构侧链具有更多负离子基团如羟基、羧基,更易附着于水泥颗粒表面,提升新拌水泥浆体的黏度。

3.2 掺量对新拌水泥浆体流变性能的影响

为研究在不同掺量条件下高分子增稠剂对新拌水泥浆体流变性能的影响,将不同高分子增稠剂以不同掺量,掺入 $W/C=0.5$ 的新拌水泥浆体中,测定水化时间为 5min 时新拌水泥浆体的流变性能(图 3～图 5)。

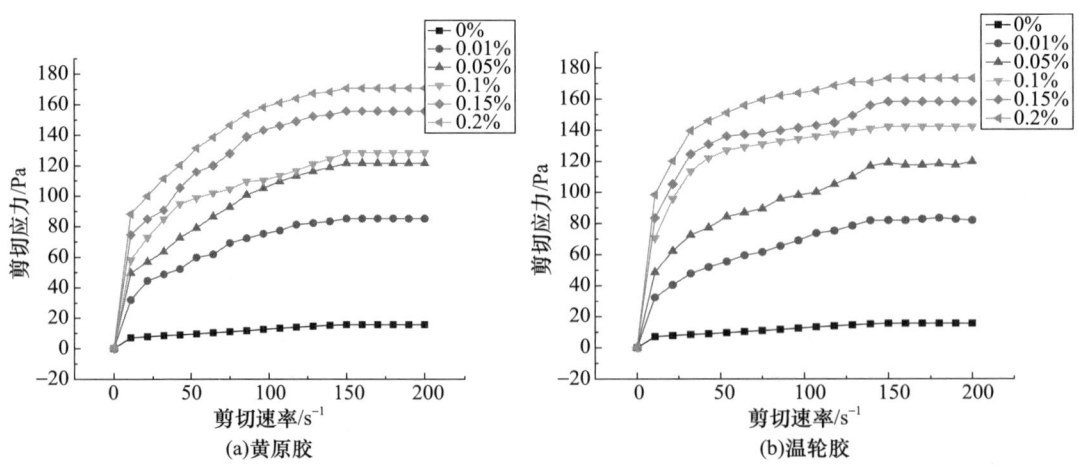

(a) 黄原胶　　(b) 温轮胶

(c)10W HPMC

(d)黄原胶

(e)温轮胶

(f)10W HPMC

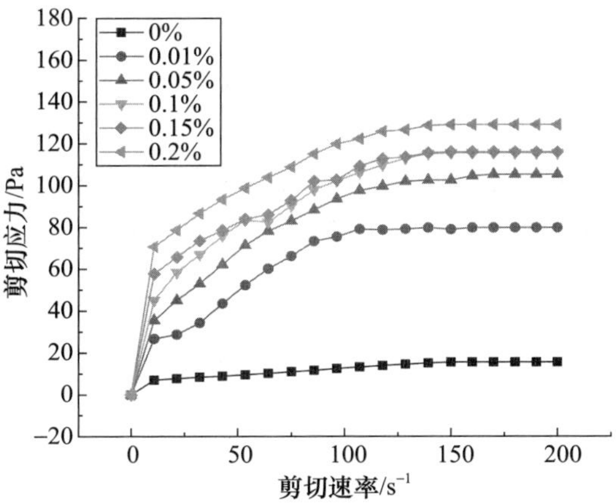

图 3　不同高分子增稠剂掺量对新拌水泥浆体表观黏度的影响（纵坐标到 10）

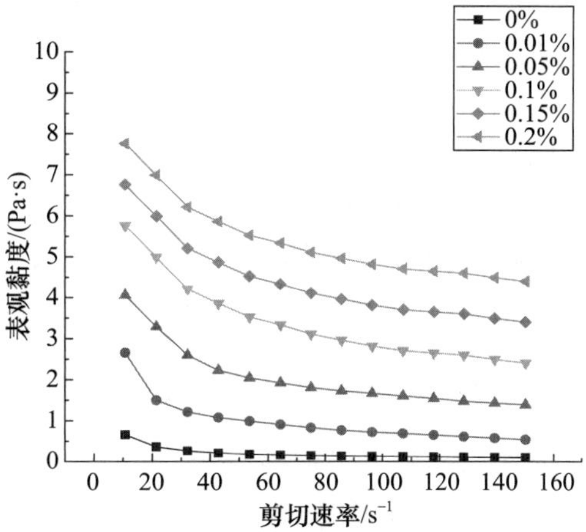

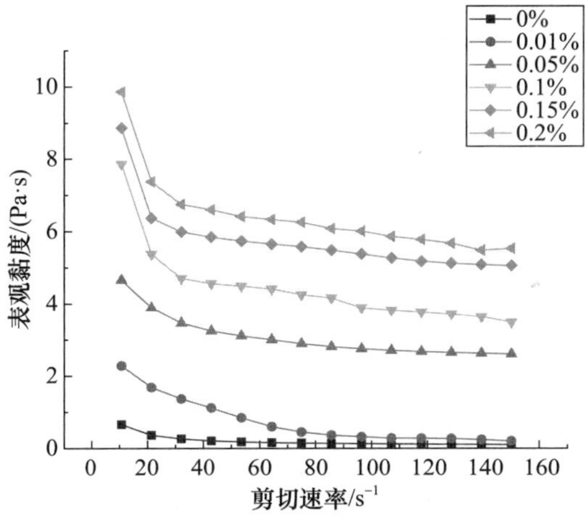

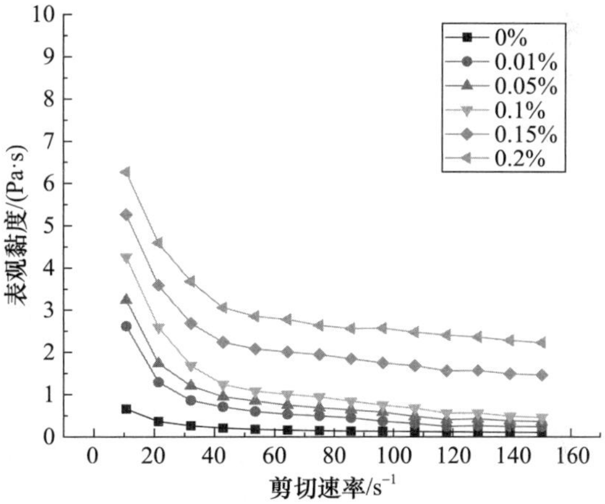

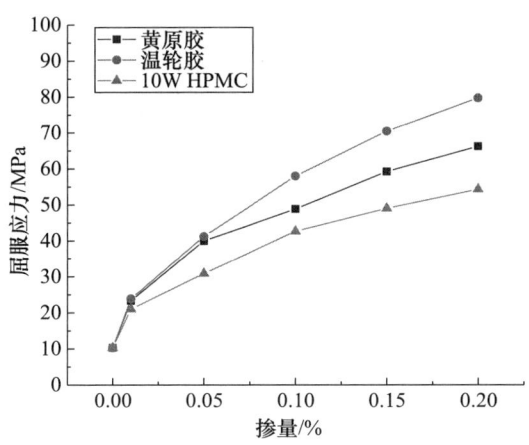

图 4　不同掺量高分子增稠剂对新拌水泥浆体屈服应力的影响

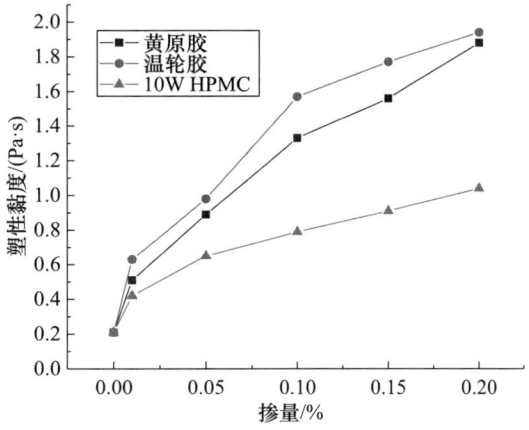

图 5　不同掺量高分子增稠剂对新拌水泥浆体塑性黏度的影响

从图 4 及图 5 的分析中发现，随着高分子增稠剂掺量的增加，新拌水泥浆体的屈服应力及塑性黏度均提升，该增长趋势与高分子增稠剂对新拌水泥浆体流动度的影响结果一致。在不同掺量条件下，五种高分子增稠剂的增稠效果排序相同，依次为：温轮胶＞黄原胶＞10W HPMC。其中，掺 HPMC 新拌水泥浆体随 HMPC 分子量的增加其增稠效果逐渐增强。新拌水泥浆体的屈服应力及塑性黏度的变化趋势与流动度进行对比发现，随新拌水泥浆体屈服应力的增大，塑性黏度也增大，而新拌水泥浆体的流动度降低。

3.3 水化时间对流变性能的影响

选用高分子增稠剂掺量 0.1％，$W/C=0.5$ 的新拌水泥浆体进行流变性能测试，水化时间为 5min、30min、1h 及 2h，如图 6 和图 7 所示。

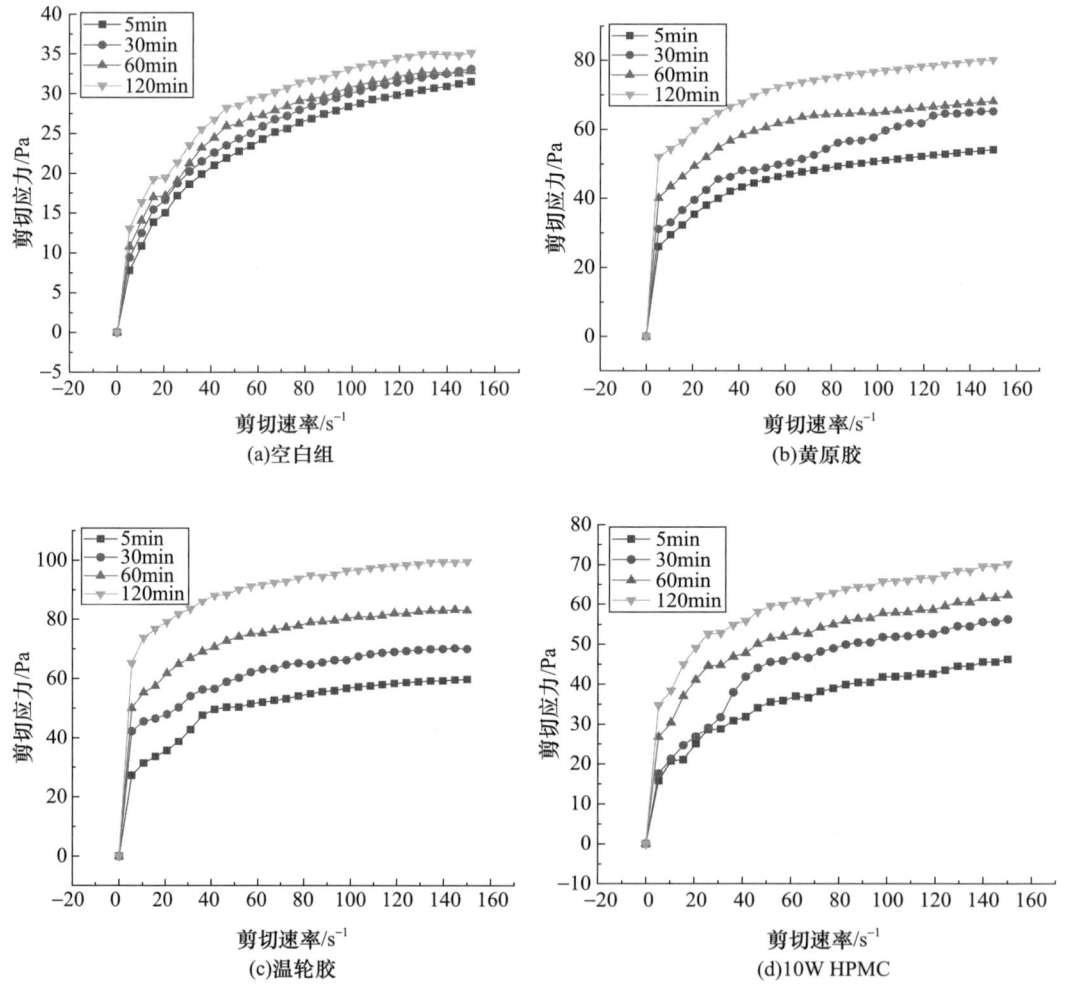

图 6　不同水化时间对掺高分子增稠剂新拌水泥浆体剪切应力的影响

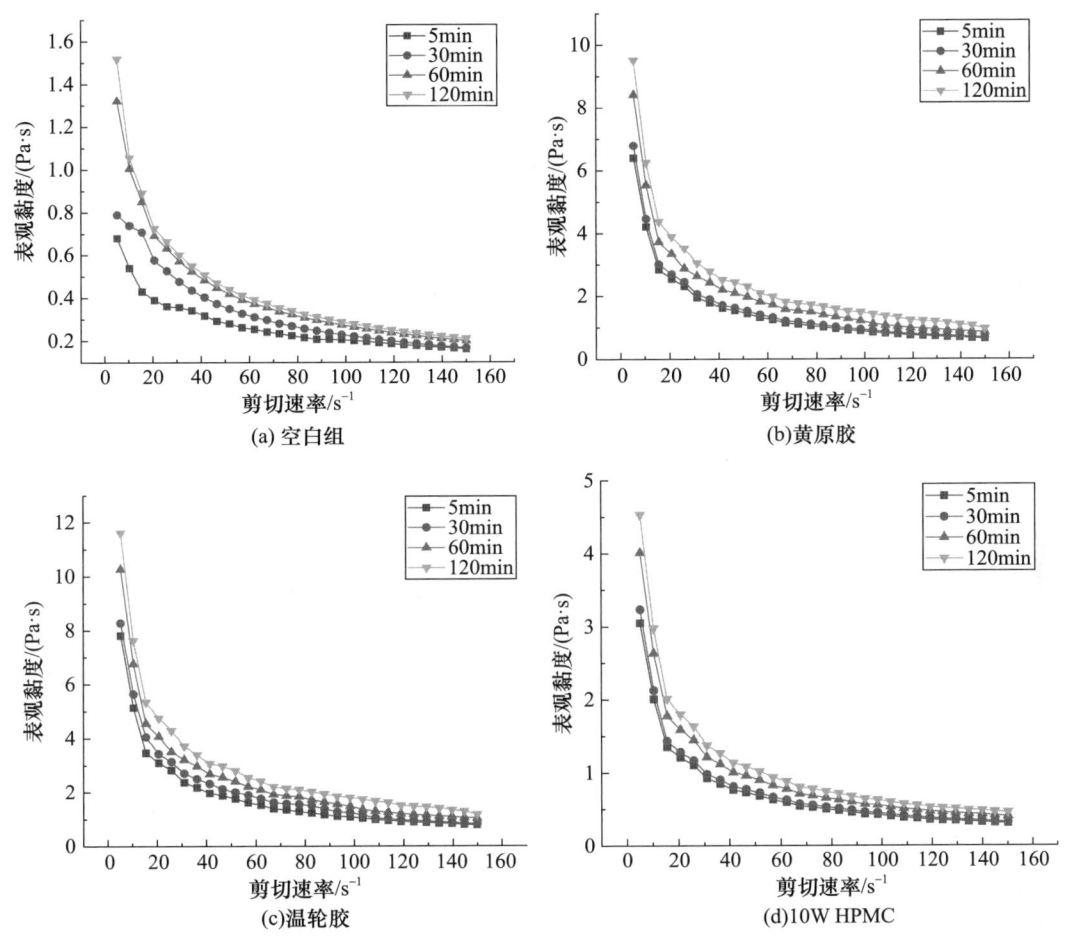

图 7　不同水化时间对掺高分子增稠剂新拌水泥浆体表观黏度的影响

通过图 6 及图 7 的对比发现，掺有温轮胶的新拌水泥浆体剪切应力增长最多。随水化时间的增长，五种高分子增稠剂对新拌水泥浆体屈服应力及塑性黏度提升排序为：温轮胶＞黄原胶＞15W HPMC＞10W HPMC＞3W HPMC。

3.4　水灰比对流变性能的影响

水灰比对新拌水泥浆体的流变性能有很大的影响，为研究不同水灰比对掺高分子增稠剂新拌水泥浆体流变性能的影响，对新拌水泥浆体进行流变测试。选取 $W/C=0.4$、0.6、0.8、1.0 的不掺有高分子增稠剂的空白组新拌水泥浆体及掺有 0.1% 掺高分子增稠剂的新拌水泥浆体。

观察图 8 及图 9 发现，在任何水灰比条件下，掺有高分子增稠剂的新拌水泥浆体屈服应力及塑性黏度均强于空白组。结合前图观察发现，在高水灰比条件下，温轮胶能够以小掺量提升新拌水泥浆体的抗泌水能力，同时，可以提升新拌水泥浆体的屈服应力。由此可知，掺温轮胶新拌水泥浆体适用于流动度大、易泌水离析的高流态混凝土中。

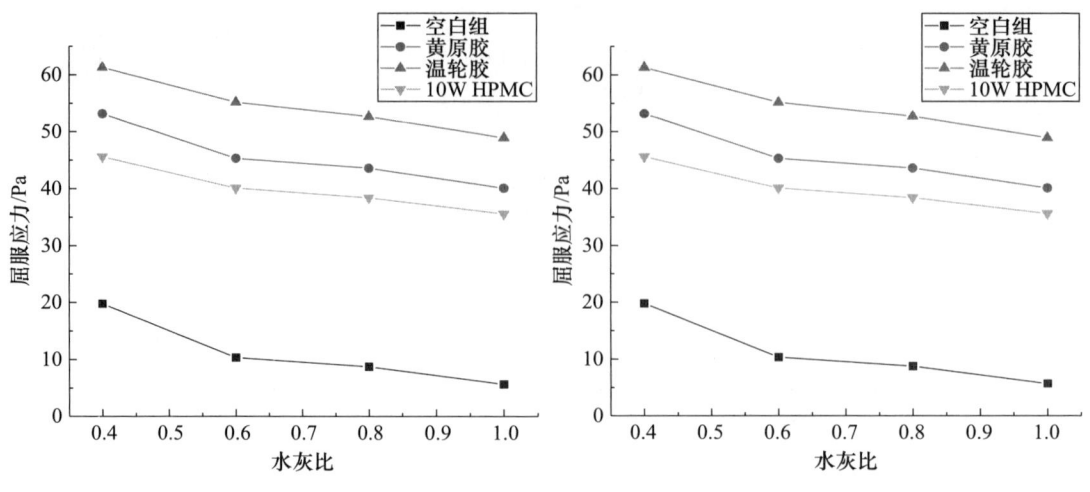

图 8　水灰比对掺高分子增稠剂新拌水泥　　图 9　水灰比对掺高分子增稠剂新拌水泥浆
　　　　浆体屈服应力的影响　　　　　　　　　　　　　　　体塑性黏度的影响

表 4 为屈服应力及塑性黏度在水灰比为 0.4、1 时的变化率。通过表 4 可以看出，掺温轮胶的新拌水泥浆体的流变性能受水灰比的影响最小，温轮胶对新拌水泥浆体具有良好的稠度保持效果。五种高分子增稠剂对新拌水泥浆体增稠效果受水灰比影响排序：温轮胶＜黄原胶＜10W HPMC。

表 4　屈服应力及塑性黏度变化率（%）

组别	空白组	黄原胶	温轮胶	10W HPMC
屈服应力/Pa	62.23	21.46	15.05	31.48
塑性黏度/（Pa·s）	60.24	28.16	20.61	37.67

3.5　环境温度对流变性能的影响

黄原胶及温轮胶为多糖生物胶类增稠剂，这两种高分子增稠剂具有良好的耐温能力。为研究在不同温度条件下五种高分子增稠剂对新拌水泥浆体流变性能的影响，对掺高分子增稠剂，掺量 0.1% 的新拌水泥浆体进行不同温度（5℃、20℃、50℃）条件下的流变测试（图 10 和图 11）。

通过图 10 及图 11 可知，随温度的增高，掺高分子增稠剂的新拌水泥浆体屈服应力及塑性黏度均会升高，掺黄原胶、温轮胶的新拌水泥浆体的屈服应力及塑性黏度在 5℃、20℃、50℃条件下均高于掺 HPMC 的新拌水泥浆体，温轮胶在任何温度条件下，对新拌水泥浆体的屈服应力及塑性黏度提升最大。随温度的增高，新拌水泥浆体内部的水化进程加快，浆体中的水化产物数量增大，浆体的凝结硬化速度也加快。新拌水泥浆体凝结硬化速度加快，会降低新拌水泥浆体的流动性，故破坏水泥浆体中的絮凝结构所需外力增大，屈服应力增大，塑性黏度增大。

3.6　高分子增稠剂对触变性的影响

触变性可以有效地反映新拌水泥浆体在外部剪切应力的作用下，从胶凝状态剪切变稀，再从流动度较大的溶胶状态恢复为胶凝状态的能力强弱。本文使用回滞圈法对新拌水泥浆体的触变性进行测试，通过对回滞圈面积的计算，得出不同高分子增稠剂在不同掺量条件下对新拌水泥浆体触变性的影响大小（图12和表5）。

图10　温度对掺高分子增稠剂新拌水泥浆体屈服应力的影响

图11　温度对高分子增稠剂新拌水泥浆体塑性黏度的影响

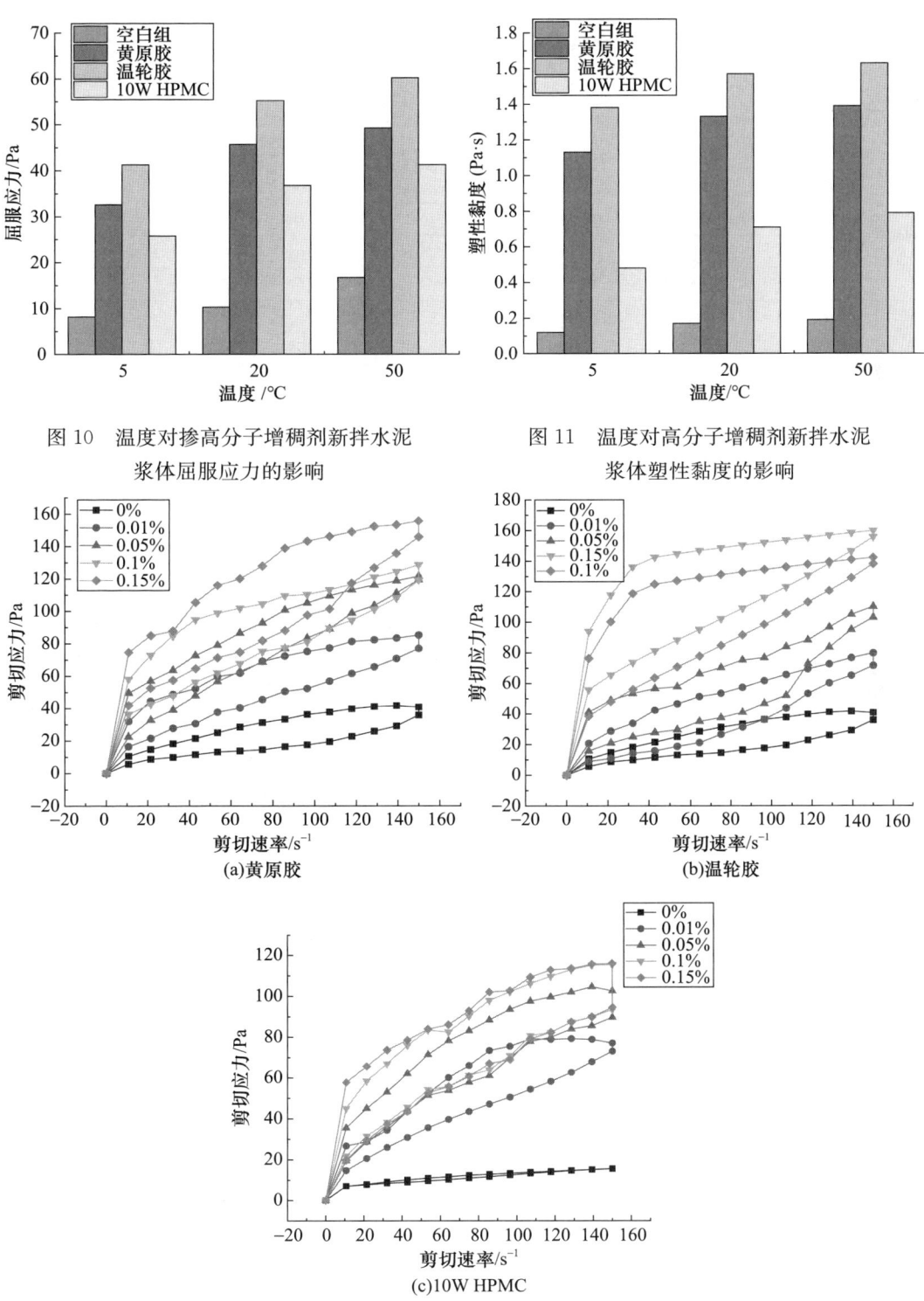

(a)黄原胶

(b)温轮胶

(c)10W HPMC

图12　不同高分子增稠剂在不同掺量条件下对新拌水泥浆体触变性的影响

表5 不同高分子增稠剂对新拌水泥浆体回滞圈面积的影响

高分子增稠剂	掺量/%	上行曲线方程	下行曲线方程	回滞圈面积 $S/(Pa \cdot s)$
空白	0	$1.09+0.47x-0.009x^2+8.27e^{-5}x^3-2.46e^{-7}x^4$	$1.00+0.48x-0.008x^2+6.73e^{-5}x^3-1.90e^{-7}x^4$	1867.7
黄原胶	0.01	$4.06+2.48x-0.04x^2+3.40e^{-4}x^3-9.85e^{-7}x^4$	$1.97+1.17x-0.014x^2+1.03e^{-4}x^3-2.53e^{-7}x^4$	2838.8
	0.05	$7.57+3.20x-0.05x^2+4.46e^{-4}x^3-1.31e^{-7}x^4$	$2.22+1.76x-0.02x^2+1.69e^{-4}x^3-4.55e^{-7}x^4$	2899.7
	0.1	$6.11+4.59x-0.08x^2+6.26e^{-4}x^3-1.68e^{-4}x^4$	$5.25+2.37x-0.04x^2+2.82e^{-4}x^3-7.22e^{-7}x^4$	3994.5
	0.15	$11.85+4.67x-0.08x^2+6.47e^{-4}x^3-1.88e^{-6}x^4$	$4.79+3.25x-0.06x^2+5.43e^{-4}x^3-1.55e^{-6}x^4$	5258.5
温轮胶	0.01	$1.73+1.69x-0.02x^2+1.83e^{-4}x^3-4.94e^{-7}x^4$	$0.65+0.79x-0.02x^2+1.92e^{-4}x^3-6.17e^{-7}x^4$	2983.5
	0.05	$5.93+2.92x-0.06x^2+4.76e^{-4}x^3-1.34e^{-6}x^4$	$0.22+1.65x-0.04x^2+3.50e^{-4}x^3-10.00e^{-7}x^4$	3654.4
	0.1	$6.93+6.56x-0.12x^2+9.63e^{-4}x^3-2.63e^{-6}x^4$	$4.85+2.77x-0.04x^2+3.68e^{-4}x^3-1.02e^{-6}x^4$	5721.7
	0.15	$9.94+7.65x-0.15x^2+0.001x^3-3.23e^{-6}x^4$	$7.87+3.86x-0.07x^2+5.75e^{-4}x^3-1.62e^{-6}x^4$	6103.6
10W HPMC	0.01	$4.84+1.30x-0.01x^2+6.97e^{-5}x^3-2.51e^{-7}x^4$	$1.38+1.14x-0.014x^2+9.61e^{-5}x^3-2.27e^{-7}x^4$	2438.6
	0.05	$4.26+2.54x-0.04x^2+2.89e^{-4}x^3-8.50e^{-7}x^4$	$1.01+1.77x-0.026x^2+2.22e^{-4}x^3-6.65e^{-7}x^4$	2915.0
	0.1	$4.85+3.59x-0.06x^2+5.27e^{-4}x^3-1.54e^{-6}x^4$	$1.39+1.94x-0.03x^2+2.55e^{-4}x^3-7.52e^{-7}x^4$	3587.1
	0.15	$8.33+4.00x-0.08x^2+6.68e^{-4}x^3-1.99e^{-6}x^4$	$1.22+1.74x-0.024x^2+1.92e^{-4}x^3-5.49e^{-7}x^4$	3993.4

通过图12的观察，我们可以发现不同高分子增稠剂在不同掺量条件下对新拌水泥浆体的触变性产生显著影响。具体来说：

在图12（a）中，我们可以看到随着黄原胶高分子增稠剂的掺量增加，剪切应力显著增大，最高可达155Pa左右，并且掺有黄原胶高分子增稠剂含量越多的水泥浆体，剪切应力在前10s内增长更迅速。

图12（b）显示，温轮胶高分子增稠剂的掺量在0.01%左右时，与不掺入增稠剂相比，剪切应力差异不大。但随着掺量的增加，剪切应力显著增加，尤其是在0.15%的掺量下，剪切应力最高可达160Pa左右。此外，温轮胶高分子增稠剂掺量大于0.05%时，剪切应力在前10s内急剧增加，且掺量越多，增长速度越快。

从图12（c）可见，掺入10W HPMC高分子增稠剂的剪切应力远高于不掺入增稠剂的情况。特别是在0.15%掺量下，剪切应力最高可达110Pa左右，并且水泥浆体在前10s内的剪切应力急剧上升，且掺入得越多，上升得越快。

总体而言，高分子增稠剂的掺入显著提高了新拌水泥浆体的剪切应力，但不同高分子增稠剂的影响程度有所不同。在0.15%和0.1%的掺量下，剪切应力的增加排序为：温轮胶＞黄原胶＞10W HPMC；在0.05%和0.01%的掺量下，增加排序为：黄原胶＞温轮胶＞10W HPMC。

此外，通过表5的数据我们可以看到，不同高分子增稠剂的掺入明显影响了新拌水泥浆体的回滞圈面积，所有含有高分子增稠剂的水泥浆体的回滞圈面积明显高于不含增稠剂的情况。具体而言，在0.15%温轮胶高分子增稠剂掺入时，回滞圈面积最大，可达6103.6S/（Pa·s）。在相同掺量条件下，温轮胶的回滞圈面积通常最大，10W HPMC的回滞圈面积最小，黄原胶的回滞圈面积处于两者之间。

总结而言，高分子增稠剂对触变性的影响程度由大到小排列为：温轮胶＞黄原胶＞10W HPMC。

4 结论

（1）生物胶种类对流变性能的影响　温轮胶相对于黄原胶和 HPMC 在混凝土中更容易增加浆体的稠度，这有助于改善混凝土的黏聚性和保水性能，部分原因是由于温轮胶的分子结构具有更多负离子基团，这使其更容易与水泥颗粒发生相互作用并提高浆体的黏性。

（2）掺量对新拌水泥浆体流变性能的影响　随着高分子增稠剂掺量增加，新拌水泥浆体的屈服应力和塑性黏度上升，与高分子增稠剂对流动度的影响趋势一致。五种高分子增稠剂在不同掺量条件下的增稠效果排序相同，即温轮胶＞黄原胶＞10W HPMC。此外，随着 HPMC 分子量的增加，掺 HPMC 的新拌水泥浆体的增稠效果逐渐增强。对比新拌水泥浆体的屈服应力和塑性黏度变化与流动度，发现随着新拌水泥浆体的屈服应力增加，塑性黏度增加，同时流动度降低。

（3）水化时间对流变性能的影响　掺有温轮胶的新拌水泥浆体剪切应力增长最多。随水化时间的增长，五种高分子增稠剂对新拌水泥浆体屈服应力及塑性黏度提升排序为：温轮胶＞黄原胶＞15W HPMC＞10W HPMC＞3W HPMC。

（4）水灰比对流变性能的影响　在高水灰比条件下，温轮胶能够以小掺量提升新拌水泥浆体的抗泌水能力，同时，可以提升新拌水泥浆体的屈服应力。由此可知，掺温轮胶新拌水泥浆体适用于流动度大，易泌水离析的高流态混凝土中。

此外，温轮胶对新拌水泥浆体的流变性能受水灰比的影响最小，具有良好的稠度保持效果。五种高分子增稠剂在不同水灰比条件下的增稠效果排序为：温轮胶＜黄原胶＜10W HPMC。

（5）环境温度对流变性能的影响　随着温度升高，高分子增稠剂掺入的新拌水泥浆体的屈服应力和塑性黏度上升。黄原胶和温轮胶掺入的新拌水泥浆体在 5℃、20℃ 和 50℃ 下的屈服应力和塑性黏度均高于掺 HPMC 的情况，其中温轮胶在各温度条件下的提升效果最显著。

（6）高分子增稠剂对触变性的影响　高分子增稠剂明显增强了新拌水泥浆体的剪切应力，其中在 0.15% 和 0.1% 掺量下，增加效果排序为：温轮胶＞黄原胶＞10W HPMC；在 0.05% 和 0.01% 掺量下，增加效果排序为：黄原胶＞温轮胶＞10W HPMC。

此外，高分子增稠剂的掺入明显改善了新拌水泥浆体的回滞圈面积，其中在相同掺量条件下，温轮胶的回滞圈面积通常最大，10W HPMC 的最小，黄原胶的介于两者之间。

综合而言，高分子增稠剂对触变性的影响程度排列为：温轮胶＞黄原胶＞10W HPMC。

参考文献

[1] 袁润章. 胶凝材料学 [M]. 武汉：武汉工业大学出版社，1989.
[2] MEHTA P K, MONTEIRO P J M. Concrete [M]. 北京：中国电力出版社，2008.

[3] 悉尼·明德斯, J·弗朗西斯·扬. 混凝土 [M]. 北京: 中国建筑工业出版社, 1989.

[4] 吴中伟, 廉慧珍. 高性能混凝土 [M]. 北京: 中国铁道出版社, 1999.

[5] 张艺劼. 高分子增稠剂对新拌水泥浆体性能的影响及机理研究 [D]. 北京: 北京建筑大学, 2022, 1-63.

[6] 苏胜. 掺生物胶自密实混凝土强度的试验研究 [J]. 混凝土, 2009, 31 (7): 15-16.

[7] 陈诚. 基于高分子质量生物胶的自密实混凝土流变性能优化 [J]. 新型建筑材料, 2020, 47 (11): 14-18.

[8] 苏胜. 掺生物胶自密实混凝土流动性的试验研究 [J]. 混凝土, 2008, 30 (3): 75-76.

作者简介 左彦峰, 男, 博士, 教授, 全国技术能手称号获得者, 任中国混凝土与水泥制品协会外加剂应用技术分会副理事长兼副秘书长, 中国土木工程学会混凝土外加剂专业委员会副秘书长, 中国混凝土与水泥制品协会充填材料应用技术分会副秘书长, 《混凝土世界》杂志编委。

单位地址: 河北三河市燕郊防灾科技学院土木系 E-mail: 444148715@qq.com

$C_{12}A_7$ 与轻质碳酸钙复合体系的水化行为研究

郑亚林 王 冲 周 帅 熊光启

(重庆大学材料科学与工程学院,重庆 400045)

摘 要：水化碳铝酸钙是硅酸盐水泥中铝酸三钙与碳酸钙反应生成的一种水化产物,常被认为其反应速度很慢,但也有研究证明可加快其水化反应速度,从而有望制备一种新的以水化碳铝酸钙为主要水化产物的新的胶凝材料。本研究采用多种方法,包括原位 XRD、X 射线衍射、热重 (DTG) 分析、等温线量热法和抗压强度,试验研究了 $C_{12}A_7$ (TEP) 与不同掺量的轻质碳酸钙 (PCC) 复合后的水化行为。结果表明,水化 5h 时即有水化碳铝酸钙生成,水化时 C_2AH_8 随着 $C_{12}A_7$ 快速溶解而析出,然后 C_2AH_8 参与反应,生成单碳水化碳铝酸钙和半碳水化碳铝酸钙。研究显示复合体系中不同掺量 PCC 的水化反应都很快,水化放热主要在前 24h 释放。随着 PCC 含量的增加,单碳型水化碳铝酸钙会在产物中占主导地位,复合体系的强度主要来源于水化碳铝酸钙。

关键词：$C_{12}A_7$；轻质碳酸钙；单碳型水化碳铝酸钙；水化行为

Study on theHydration Behavior of $C_{12}A_7$-Light Calcium Carbonate Composite System

Zheng Yalin Wang Chong Zhou Shuai Xiong Guangqi

(School of Materials Science and Engineering, Chongqing University, Chongqing 400045)

Abstract: Hydrated calcium carbonate aluminate is a hydration product generated by the reaction of tricalcium aluminate and calcium carbonate in Portland cement. It is often considered to have a slow reaction rate, but some literature reported that its hydration reaction rate can be accelerated, which is expected to prepare a new cementitious material with hydrated calcium carbonate as the main hydration product. In this study, in-situ XRD diffraction, thermogravimetric (DTG) analysis, isothermal calorimetry and compressive strength test were used to investigate the hydration behavior of the composite system with $C_{12}A_7$ and light calcium carbonate (PCC). The results showed that hydrated calcium carbonate aluminate was generated after 5 h of hydration. During the hydration process, C_2AH_8 precipitated with the rapid $C_{12}A_7$ dissolution. And then, C_2AH_8 participated in the reaction, to generate hemicarboaluminate and monocarboaluminate. It is obvious that the hydration reaction of the composite system with different PCC dosages is fast, and the hydration heat is mainly released in the first 24 hours. With the increase of PCC content, monocarboaluminate will be the main hydration product, and the strength of the composite system mainly comes from carboaluminate.

Keywords: $C_{12}A_7$, Light calcium carbonate, Monocarboaluminate, Hydration behavior

1 引言

由于抗压强度的不稳定性，以水化铝酸钙为主要反应产物的铝酸盐水泥被禁止用于承重结构[1]。铝酸盐水泥水化过程中形成亚稳态低密度 C_2AH_8 和 CAH_{10}，这些水化产物可以转化为 C_3AH_6，导致硬化基体中的孔隙率增加，并使抗压强度降低[2-4]。为了避免结晶相的转化过程，许多研究人员用石灰石、石膏和富硅材料等添加剂掺入铝酸盐水泥中，以抑制亚稳态水化产物的形成[1,2,5-13]。在掺加石灰石的情况下形成水化碳铝酸，可抑制亚稳相 CAH_{10} 和 C_2AH_8 的形成/转化，因此抗压强度的损失有望抑制[1,12,14]。用碳酸盐石灰石和硅质石灰石骨料制成的铝酸盐水泥混凝土与硅质骨料体系相比，转化后的强度降低明显较小[3]。CAH_{10} 和 C_2AH_8 从 CA 的溶解中沉淀，然后水化碳铝酸钙以 C_2AH_8 为代价沉淀[15]。此外，据报道，水化碳铝酸钙产物的形成需要钙离子和碳酸钙溶解产生的碳酸盐，而高可溶性碳酸盐对它不利[16]。铝酸盐水泥和石灰石混合物的水化过程和水化相转化研究较多，而碳铝酸盐水化产物的强度发展关注较少。

目前已发现水化碳铝酸钙有 3 种，即单碳型水化碳铝酸钙（C_4AcH_{11}）、半碳型水化碳铝酸钙（$C_4Ac_{0.5}H_{12}$）和三碳型水化碳铝酸钙（C_6AcH_{32}）[17]。三碳型水化碳铝酸钙是三种碳铝酸盐中最不稳定的，在水泥基材料中很少观察到；单碳型水化碳铝酸钙是热力学中最稳定的一种；半碳型水化碳铝酸钙不如单碳型水化碳铝酸钙稳定，在方解石或二氧化碳气氛中会转化为单碳型水化碳铝酸钙[17]。研究表明，在含有硅酸盐水泥体系和铝酸盐水泥体系的石灰石中，半碳型水化碳铝酸钙在早期水化过程中形成，并随着时间的推移以不同的速度转化为单碳型水化碳铝酸钙[15,18]。在固化 4 年的膏体中存在大量的单碳型水化碳铝酸钙，证明了共混水泥中单碳型水化碳铝酸钙的长期稳定存在[19]。在铝酸盐水泥和方解石混合物中，单碳型水化碳铝酸钙在长期固化期间也是稳定的[1,8]。

硅酸盐水泥和铝酸盐水泥有四种铝酸钙矿物，即C_3A、$C_{12}A_7$、CA 和 CA_2。这些相关 CA 相的水化反应性随着钙铝比比值的增加而增加[20]。硅酸盐水泥熟料含C_3A，铝酸盐水泥主要含有少量的 CA、CA_2。铝酸钙骨水泥中只有少量的 $C_{12}A_7$。铝酸盐水泥中只有极少量的 $C_{12}A_7$。根据化学式，铝酸钙矿物中较高的钙铝比比将有助于形成更多的单碳型水化碳铝酸钙和更少的氢氧化铝。因此，为了获得单碳型水化碳铝酸钙为主的水泥体系，本研究使用了一种主要含有 $C_{12}A_7$ 的商业 $C_{12}A_7$ 基水泥。$C_{12}A_7$ 水化的化学计量学有利于 C_2AH_8 的形成，而不是 CAH_{10}，除非定形水化物外，仅在 20℃ 及以上结晶 C_2AH_8 形成[21]。初始产物 C_2AH_8 随着时间的推移转化为 C_3AH_6，并且随着温度的升高转化速度更快[21]。$C_{12}A_7$ 的结晶度也影响其水化作用，与晶体 $C_{12}A_7$ 相比，玻璃相时的初始动力学水化反应更快[22]，而由不同工艺合成的 $C_{12}A_7$ 样品表现出不同的水化行为[23]。此外，当卤素元素侵入纯 $C_{12}A_7$ 的晶体结构时，$C_{12}A_7$ 的晶体结构也会影响水化作用[24]。现有研究显示 $C_{12}A_7$ 的水化研究虽较多，但 $C_{12}A_7$ 在与碳酸钙复合体系中的水化研究尚不够系统，水化碳铝酸钙是否具有工程应用价值也未有涉及。

本文的主要目的是研究 $C_{12}A_7$ 型铝酸盐矿物在不同含量的轻质碳酸钙复合体系中的水化动力学、相形成和抗压强度的发展，以期探究以铝酸盐矿物和碳酸钙复合制备以水化碳铝酸钙为主要产物的胶凝材料可行性。

2 原材料与试验方法

$C_{12}A_7$（Ternal EP，简称 TEP）和轻质碳酸钙（PCC），分别由 Imerys 铝酸盐公司和上海元江化学有限公司提供。用 X 射线荧光（XRF）光谱法得到 TEP 和 PCC 的化学成分组成，见表 1。利用 XRD 分析测定了 TEP 和 PCC 的矿物组成，如图 1 所示，显示 TEP 主要由 $C_{12}A_7$ 和 C_4AF 组成，PCC 主要含有方解石和水镁石为主。采用激光粒度分析仪（Malvern Mastersizer 2000）测定了这些材料的粒度分布，如图 2 所示。

研究了四种含 0%、12%、22% 和 32% PCC 的复合体系，分别用 P0、P12、P22 和 P32 表示，复合体系的比例见表 2。基于 TEP 的氧化物组成，通过热力学模拟软件 GEMS 的辅助计算表明，当碳酸钙含量约为 22% 时，所研究复合体系中形成的单碳型水化碳铝酸钙量达到最大值。因此，P22 被设计为最大数量的单碳型水化碳铝酸钙的形成。设计了 P12 和 P32，研究了不同 PCC 含量对复合体系的影响。

表 1 XRF 氧化物组成（以 wt. % 表示）

	CaO	SiO_2	Al_2O_3	Fe_2O_3	MgO	NaO_2	K_2O	SO_3	TiO_2	P_2O_5	CO_2
TEP	50.4	3.4	35.4	7.3	0.6	0.1	0.3	0.2	1.7	0.1	—
PCC	54.1	0.2	0.1	0.1	2.7	0.0	0.0	0.0	0.0	0.1	42.5

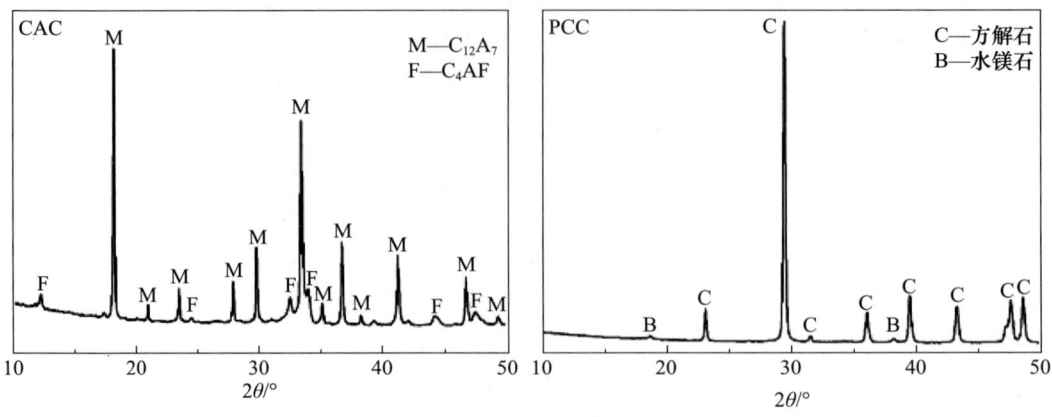

图 1　TEP 和 PCC 的 XRD 分析

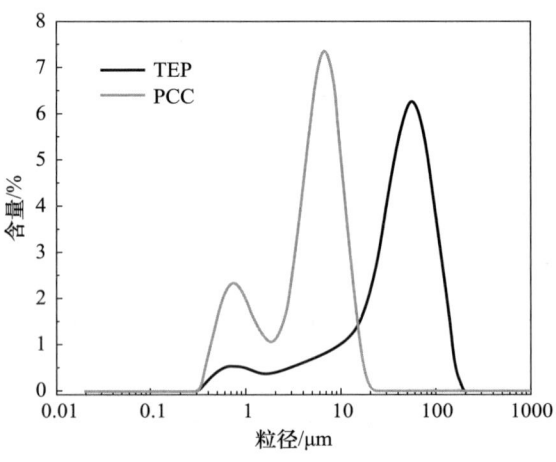

图 2　粒度分布

表 2　XRF 氧化物组成（以 wt.%表示）

组别	TEP（%）	PCC（%）	水灰比
P0	100	0	0.50
P12	88	12	0.50
P22	78	22	0.50
P32	68	32	0.50

按表 2 配比将原材料和水在行星式搅拌机中搅拌、浇筑，试件尺寸为 40mm×40mm×40mm。成型 6h 脱模后将试样移至高湿度环境（相对 90%）中养护。在水化作用的第 1、7、28 和 91 天进行强度测试。

水化热测试所用试样配比也按照表 2 进行，利用美国 Time air 公司生产的微量热仪进行测试。

从压碎的立方体中收集小块样品,用乙醇脱水后用于进行扫描电镜分析,并被磨成细粉(<75μm),用于 XRD 和 TGA 分析。

3 结果与讨论

3.1 早期水化反应的原位 XRD 研究

图 3 显示了 P22 体系中水灰比为 0.50 时衍射最强峰的强度随时间的变化而变化。为了减少非晶相和卡普顿薄膜对不同相衍射峰强度的影响,以相同的方式减去背景强度的数据。某相最强峰强度的变化可以在一定程度上大致反映其含量的变化。

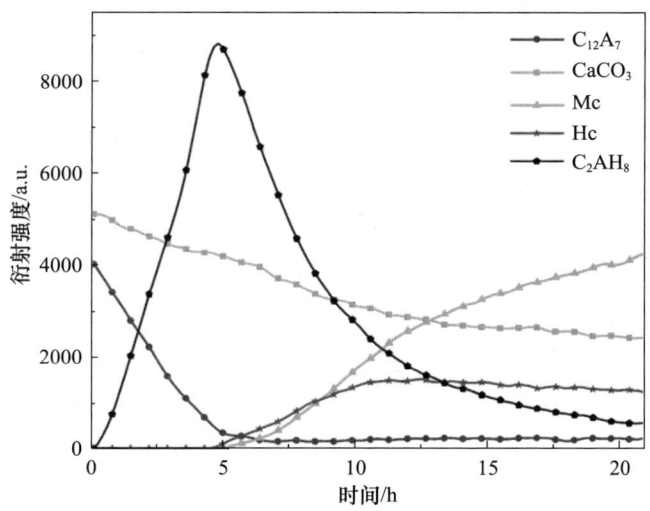

图 3 P22 体系中主要物相最强峰的强度随时间变化,水灰比为 0.50

$C_{12}A_7$ 与水混合后立即溶解并迅速下降,残留的 $C_{12}A_7$ 在 5h 左右达到平台期。C_2AH_8 沉淀迅速,其最强峰值强度在 5h 左右达到最大含量,然后下降。单碳型水化碳铝酸钙和半碳型水化碳铝酸钙在 C_2AH_8 最大峰的最大强度时间点附近开始出现,而这三个关键时间几乎相同。残留的 $C_{12}A_7$ 可能被生成的 C_2AH_8 包围,随后产生单碳型水化碳铝酸钙和半碳型水化碳铝酸钙,并与游离水绝缘。碳铝酸盐沉淀前方解石主峰强度的变化可归因于矿物学的快速变化和水的消耗。结果表明,在该体系中,$C_{12}A_7$ 与水反应生成 C_2AH_8,而碳铝酸盐的生成是 C_2AH_8 与方解石的反应。这可能是由于 $C_{12}A_7$ 的快速溶解释放了大量的 Ca^{2+} 到溶液中,导致方解石的溶解被抑制所致[25]。由此推断,当 $C_{12}A_7$ 溶解释放的 Ca^{2+} 被 C_2AH_8 的形成所耗尽时,方解石溶解,水化碳铝酸钙开始形成。有类似的现象报道,在与方解石和 C_2AH_8 混合的 CA 水泥中,以 C_2AH_8 为代价形成的单碳型水化碳铝酸钙被认为是水化碳铝酸钙的前驱体[15]。半碳型水化碳铝酸钙的生成时间略早于单碳型水化碳铝酸钙,但在水化 11h 后,半碳型水化碳铝酸钙最强峰的强度持续略有下降。这可能是由于半碳型水化碳铝酸钙转化为单碳型水化碳铝酸钙。据此,我们认为 $C_{12}A_7$ 与方解石(Cc)的一般水化反应如下:

$$C_{12}A_7 + 4Cc + 53H \longrightarrow 4C_4AcH_{11} + 3AH_3 \tag{1}$$

根据上述结果，该反应分两步进行。这两步反应如下：

Step 1: $$C_{12}A_7 + 51H \longrightarrow 6C_2AH_8 + AH_3 \tag{2}$$

Step 2: $$3C_2AH_8 + 2Cc + H \longrightarrow 2C_4AcH_{11} + AH_3 \tag{3}$$

3.2 水化动力学

不同碳酸钙含量的四种体系的水化放热如图 4 所示。图 4（a）和图 4（b）分别显示了相对于每克水泥在复合体系中的放热速率和累积放热量。观察到持续水化的诱导期为 4h，这一时期的热流远远大于波特兰水泥系统。纯 TEP 体系在感应期间的放热速度明显高于复合体系。四个系统出现单峰的时间几乎相同。根据 3.1 节的结果，所有体系中 C_2AH_8 和非晶氢氧化铝的 $C_{12}A_7$ 溶解和沉淀。由于 TEP 含量的不同，系统 P0 峰值最高，而 P32 峰值最低。与纯 TEP 体系相比，单碳型水化碳铝酸钙和半碳型水化碳铝酸钙的形成在水化 8h 后释放了更高的热量。水化 3d 后，系统 P0 的累积热量高于 P12 组和 P32 组，而 P22 的累积热量最高，因为预计会析出更多的碳铝酸盐。P12 组的碳酸盐来源有限，而 P32 组的铝源不足。需要注意的是，所有系统水化 24h 后的累积热量均高于 72h 后的 90%。这意味着所有体系的水化反应都非常快，热量主要在前 24 小时释放。

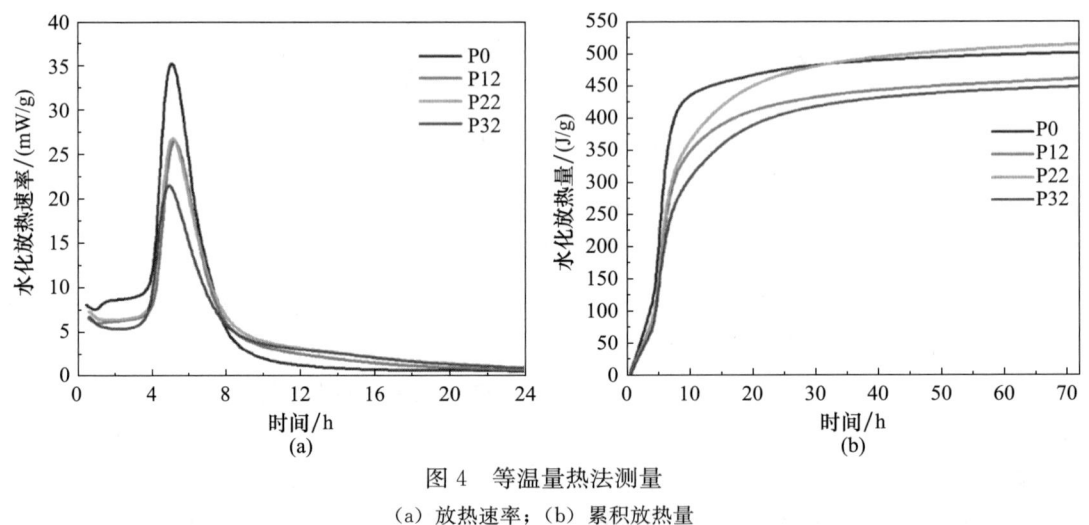

图 4　等温量热法测量
（a）放热速率；（b）累积放热量

特别需要注意的是，当体系中碳酸钙含量为 22% 时总的放热量超过了 P0 组的不掺任何碳酸钙的试样，其水化放热增加值应该来源于水化碳铝酸钙的水化生成。

3.3 XRD 分析

试验样品的 XRD 图谱如图 5 所示。从图 5（a）可以看出，C_2AH_8 是 $C_{12}A_7$ 水化反应的主要产物。Edmonds 等人也报道了类似的结果，$C_{12}A_7$ 在 20℃ 下的水化作用只产生结晶 C_2AH_8 作为 C-A-H 水化产物[21]。在第 28 天，晶体 P0 和 P12 系统不再存在于 C_2AH_8 中，而 P22 和 P32 体系中晶体 C_2AH_8 的 XRD 峰分别在 7d 和 3d 时消失。在 P0

体系中，C_2AH_8 的溶解是由于其转化为稳定的 C_3AH_6，这在所有龄期段中都可以检测到。当加入方解石时，C_2AH_8 的溶解速度加快，溶解速率随着方解石含量的增加而增加。C_2AH_8 与方解石反应形成稳定的水化产物。结果表明，C_2AH_8 转化为稳定的 C_3AH_6 的过程被抑制。然而，在 P12 系统中，由于方解石掺入不足，C_3AH_6 的 XRD 峰在后期也明显地被观察到，如图 5（b）所示。此外，在所有 XRD 模式中均未检测到半碳型水化碳铝酸钙，在早期水化过程中形成的半碳型水化碳铝酸钙很可能转化为单碳型水化碳铝酸钙。在所有体系中 P12 和 $C_{12}A_7$ 体系中检测到的方解石在 91d 仍未反应，很可能是由于分散性差和水化层涂层抑制了进一步的水化。

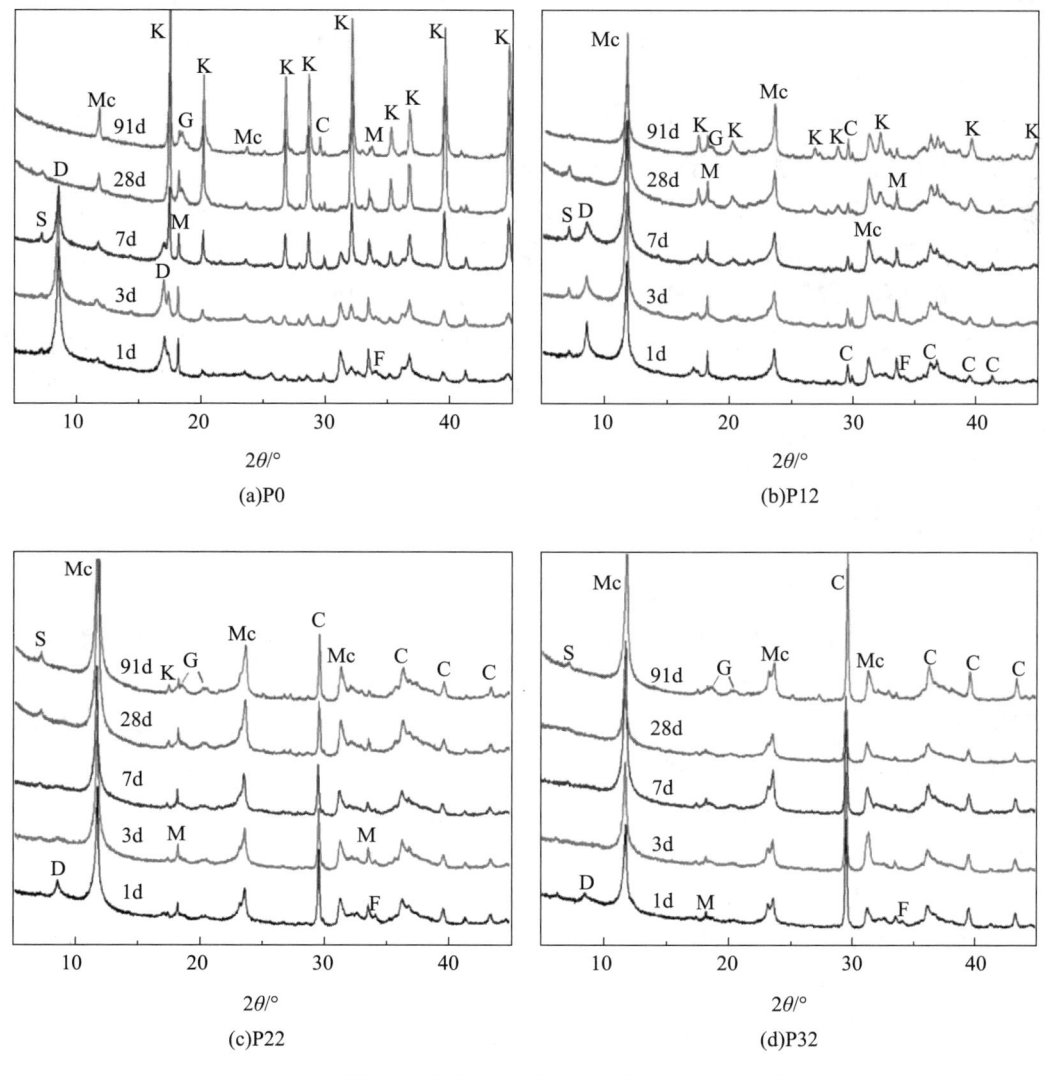

图 5 不同体系水化膏在不同水化龄期的 X 射线衍射图

M—$C_{12}A_7$；C—方解石；F—C_4AF；Mc—单碳酸；D—C_2AH_8；
K—C_3AH_6；S—C_2ASH_8；G—AH_3

AH_3 分别与 C_2AH_8、C_3AH_6 和单碳型水化碳铝酸钙一起生成。最初,几乎无定形的 AH_3 生成,随着时间的推移转变为更"微晶"的 AH_3,在 18.3、20.3 和 20.5℃ 2θ 的宽峰中可见;峰与赤晶的反射位置相同,但宽得多[26]。在 C_2AH_8 与方解石反应得到的复合体系中,单碳型水化碳铝酸钙作为主要水化产物生成,而在 P0 体系中,单碳型水化碳铝酸钙的 XRD 峰逐渐增加。在 P0 系统中,在后期也检测到少量具有显著 XRD 峰的方解石。这显然是由于浆体暴露在高湿度的空气中的碳酸化。据报道,CAH_{10}、C_2AH_8 和 C_3AH_6 在碳酸化过程中生成碳酸钙和氢氧化铝[27-28],通过大气二氧化碳对铝酸钙溶液的作用制备单碳型水化碳铝酸钙[29]。P0 体系中生成的碳酸钙与 C_2AH_8 或 C_3AH_6 和水分反应,得到单碳型水化碳铝酸钙和 AH_3。方解石在后期仍然没有反应,这可能是由于反应条件有限,因为单碳型水化碳铝酸钙和 AH_3 的形成可能会切断 C_3AH_6 与方解石之间的接触。

此外,C_4AF 溶解缓慢,在所有系统中的第 28 天内都无法检测到。然而,用本研究中使用的标准技术很难鉴定含铁相产物[30]。有趣的是,在 P0 和 P12 体系中,C_2ASH_8 在水化的前 28d 形成,在 91d 后完全或部分解体。在这两种体系中,考虑到热力学稳定性,混合铁-铝硅质石榴石[C3(A,F)S0.84H4.32]可能在后期以 C_2ASH_8 为代价沉淀[30-32]。在这种情况下,C_2ASH_8 在早期的形成可能是因为一个更快的动力学。类似的结果报道,在三氧化二铁含量高、二氧化硅含量低的铝酸盐水泥水化过程中,除非加入足够的高活性二氧化硅含量的添加剂,否则没有 C_2ASH_8 产生[6,33]。不同的是,P22 和 P32 系统中 C_2ASH_8 存在稳定。这表明,足够的方解石可以稳定 C_2ASH_8,而忽略了含铁相的存在。

3.4 热分析

样品的 DTG 值如图 6 所示。

从图 6(a)可以看出,P0 组在 100℃、170℃和 280℃左右有 3 个显著的峰,分别属于 C_2AH_8 的分解过程。C_2AH_8 的脱水是一个吸热过程,在三个温度区下分三个主要步骤进行[34]。在第 7 天,DTG 在 100℃和 170℃左右的峰强度降低,在 300℃左右与 C_3AH_6 形成相关的右移峰。在第 91 天,C_3AH_6 在 300℃左右有高强度的分解峰,在 150℃和 700℃左右有明显的分解峰,分别是单碳型水化碳铝酸钙和方解石的分解。在 P0 体系中,单碳型水化碳铝酸钙和方解石的形成是由于第 3.3 节中分析的碳酸化。

复合体系的 DTG 曲线相似。单碳型水化碳铝酸钙在 60~300℃之间两步脱水,有两个分解峰;AH_3 在 270℃左右失去水;方解石在 600~800℃之间分解[35]。在所有的复合体系中,在早期均可观察到 C_2AH_8 的脱水峰。由于 AH_3 的含量有限,且分解峰与单碳型水化碳铝酸钙和 C_3AH_6 的重叠,很难区分 AH_3 的分解峰。在 P12 体系中,在第 91 天时检测到 C_3AH_6 的分解峰和方解石的分解峰较高。方解石含量的增加也可能是由于碳酸化作用。

此外,与水化产物脱水相关的质量损失可以从 TGA 测试结果中读取。TEP 主要含有 $C_{12}A_7$,$C_{12}A_7$ 与方解石之间的水化作用仅产生单碳型水化碳铝酸钙和 AH_3,并有一定的定量关系,如式(1)所示。结合 XRD 分析,TGA 试验中与脱水相关的质量损失主要来自 P22 和 P32 系统在水化 7d 后的单碳型水化碳铝酸钙和 AH_3 的脱水。根据单碳型水化碳铝酸钙和 AH_3 的定量关系，很明显，单碳型水化碳铝酸钙约占与脱水相关的质量损失的 83%。因此，根据质量损失，可以粗略地计算出 P22 和 P32 体系在水化 7d 后的单碳型水化碳铝酸钙含量。本研究读取了 60~400℃ 之间的质量损失。经计算可知，P22 系统 7d 为 57.5%，91d 为 58.4%；P32 系统 7d 为 53.5%，91d 为 55.5%。鉴于 C_2ASH_8 和其他可能的水化产物的存在，P22 和 P32 在这些龄期段含有约 50% 的单碳型水化碳铝酸钙。这表明，单碳型水化碳铝酸钙在 P22 和 P32 体系水化浆体的性能开发中发挥了主导作用。

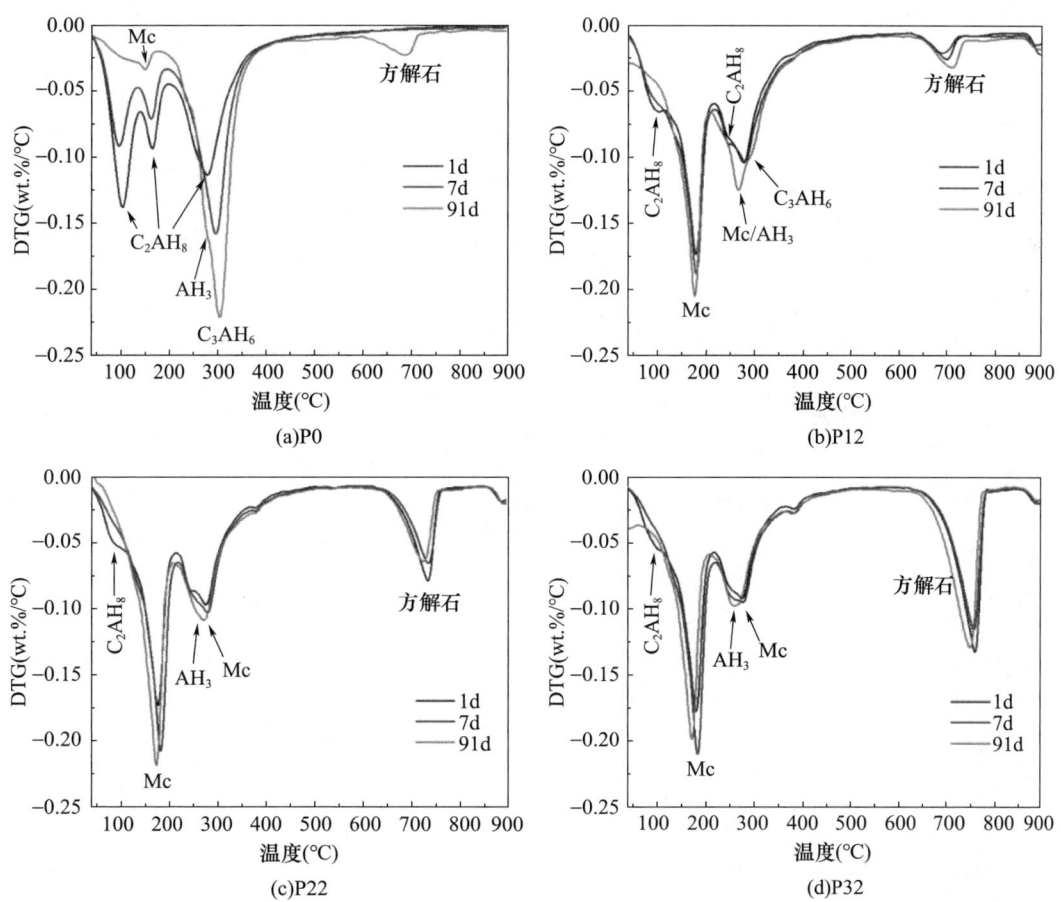

图 6　不同体系在不同水化龄期的水化膏体的 DTG 曲线

3.5　SEM 微观结构

图 7 显示了四组试样在水化 28d 的扫描电镜结果。可见 P0 体系 P0 浆结构松散，有颗粒团簇，有大量孔隙。XRD 分析结果表明，该聚类主要由 C_3AH_6 组成。孔隙主要是由于 C_2AH_8 转化为 C_3AH_6，在该过程中释放了水，固相体积减小（C_2AH_8 的密度：1950kg/m³，C_3AH_6 的密度：2530kg/m³）[36]。不同的是，系统 P22 结构密集，富含许多紧密堆叠的板状晶体。作为 P22 系统的主要水化产物和主要的六角形板状晶体，该晶

体为单碳酸酸盐。单碳型水化碳铝酸钙的密度为 $2175kg/m^3$，远低于 C_3AH_6[36]。在 P12 体系中，由于 PCC 的含量不足以抑制所有的转化反应，也观察到孔隙。P32 系统的微观结构似乎较致密，但密度低于 P22。这主要是因为过量 PCC 的掺入降低了系统 P32 对完全水化的水需求，而额外的游离水含量使其形成了微观结构。

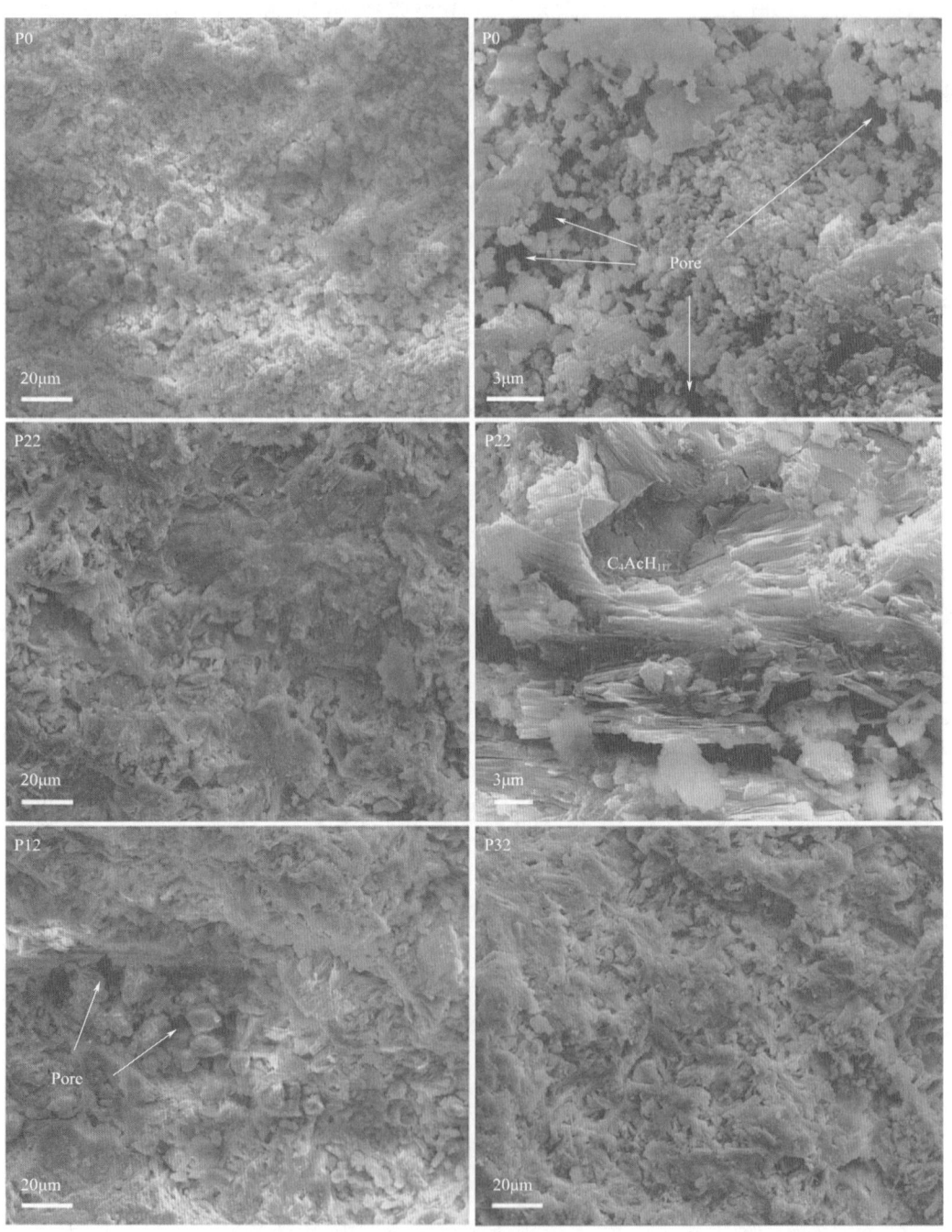

图 7 试样水化 28d 时的 SEM 图像

3.6 抗压强度

图 8 显示了各试样抗压强度的测试结果。P0 在第 1 天的抗压强度主要由结晶 C_2AH_8 支撑，但随着龄期的增加，由于 C_2AH_8 转化为 C_3AH_6，留下了多孔结构。P0 在 91 天的抗压强度的轻微增加可以用 P0 的碳化来解释。P12 在单碳型水化碳铝酸钙和结晶 C_2AH_8 的作用下，第 1 天的抗压强度最高，而 P12 的抗压强度仅增加了 7d，然后随着时间的推移而降低，P22 和 P32 的抗压强度随时间稳步增加，主要是由单碳型水化碳铝酸钙的形成驱动，形成了更密集的结构。P22 和 P32 在第 91 天的抗压强度分别为 53.4MPa 和 46.5MPa。P22 系统的力量发育最好，早期发育快，后期发育稳定。P22 的强度在第 1 天高于 30MPa，在第 7 天高于 40MPa。抗压强度的变化与水化产物组合和微观结构的变化很好，说明了单碳型水化碳铝酸钙的胶凝材料潜力。

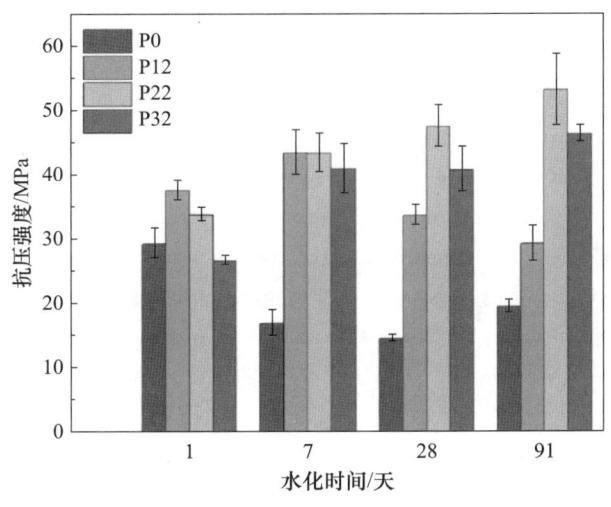

图 8　四种体系在不同水化龄期时的抗压强度

结合前文 XRD 结果显示，当体系中掺入碳酸钙后，特别是掺量为 22% 时水化水化 28d 的水化产物主要以水化碳铝酸钙为主，而水化铝酸钙很少，此时体系的强度主要来源于水化碳铝酸钙，显示出碳酸钙与铝酸盐水泥复合后制备的复合体系具有良好的胶凝性能。

4　结论与讨论

本文研究了 $C_{12}A_7$ 与轻质碳酸钙复合体系中的水化作用。根据所给出的结果，可以得出以下结论：

（1）揭示了 $C_{12}A_7$ 和轻质碳酸钙复合后早期水化作用的反应过程。首先，$C_{12}A_7$ 快速溶解，C_2AH_8 结晶沉淀。当 $C_{12}A_7$ 几乎耗尽时，单碳型水化碳铝酸钙和半碳型水化碳铝酸钙以 C_2AH_8 为代价沉淀。早期水化过程中形成的半碳型水化碳铝酸钙随着时间的推移转化为单碳型水化碳铝酸钙。

（2）轻质碳酸钙的掺入对水化峰的发生时间几乎没有影响。碳酸钙掺量为22％的P22组，在水化72h后的累积热量最高。各体系的水化反应均较快，热量主要在前24h释放。

（3）在添加足够轻质碳酸钙的复合体系中，产物以单碳型水化碳铝酸钙为主，C_2AH_8 的形成和转化反应受到抑制。在P22和P32组中，水化浆体中单碳型水化碳铝酸钙的含量约为50％。与纯碳酸钙浆体相比，单碳型水化碳铝酸钙的形成导致了更密实的微观结构。

（4）碳酸钙掺入后水化后期水化产物主要以水化碳铝酸钙为主，此时试样的强度远较不掺碳酸钙时高，表明碳酸钙与铝酸盐矿物复合，生成以水化碳铝酸钙为主要产物的胶凝材料原理可行。

参考文献

[1] KUZEL H J, BAIER H. Hydration of calcium aluminate cements in the presence of calcium carbonate [J]. European Journal of Mineralogy, 1996, 8 (1): 129-141.

[2] SON H M, PARK S, KIM H Y, et al. Effect of $CaSO_4$ on hydration and phase conversion of calcium aluminate cement [J]. Construction and Building Materials, 2019, 224: 40-47.

[3] ADAMS M P, IDEKER J H. Influence of aggregate type on conversion and strength in calcium aluminate cement concrete [J]. Cement & Concrete Research, 2017, 100: 284-296.

[4] PACEWSKA B, NOWACKA M. Studies of conversion progress of calcium aluminate cement hydrates by thermal analysis method [J]. Journal of Thermal Analysis & Calorimetry, 2014, 117 (2): 653-660.

[5] K WU, H HAN, C RÖLER, et al. Rice hush ash as supplementary cementitious material for calcium aluminate cement-Effects on strength and hydration [J]. Construction and Building Materials, 2021, 302: 124198.

[6] ŞENGÜL K, ERDOĞAN S T. Influence of ground perlite on the hydration and strength development of calcium aluminate cement mortars [J]. Construction and Building Materials, 2021, 266: 120943.

[7] IDREES M, EKINCIOGLU O, SONYAL M S. Hydration behavior of calcium aluminate cement mortars with mineral admixtures at different curing temperatures [J]. Construction and Building Materials, 2021, 285: 122839.

[8] GOERGENS J, GOETZ-NEUNHOEFFER F. Temperature-dependent late hydration of calcium aluminate cement in a mix with calcite-Potential of G-factor quantification combined with GEMS-predicted phase content [J]. Cement 5, 2021: 100011.

[9] LI H, XU C, LI L, et al. Insight into the influences of β-hemihydrate and dihydrate gypsum on the properties and phase conversion of white calcium aluminate cement [J]. Construction and Building Materials, 2020, 263: 120106.

[10] SON H M, PARK S M, JANG J G, et al. Effect of nano-silica on hydration and conversion of calcium aluminate cement [J]. Construction and Building Materials, 2018, 169: 819-825.

[11] SAOÛT G L, LOTHENBACH B, TAQUET P, et al. Hydration of calcium aluminate cement

blended with anhydrite [J]. Advances in Cement Research, 2018, 30 (1): 24-36.

[12] LUZ A P, PANDOLFELLI V C. CaCO$_3$ addition effect on the hydration and mechanical strength evolution of calcium aluminate cement for endodontic applications [J]. Ceramics International, 2012, 38 (2): 1417-1425.

[13] COLLEPARDI M, MONOSI S, PICCIOLI P. The influence of pozzolanic materials on the mechanical stability of aluminous cement [J]. Cement & Concrete Research, 1995, 25 (5): 961-968.

[14] EL HAFIANE Y, SMITH A, ABOULIATIM Y, et al. Substitution of aluminous cement by calcium carbonates in presence of carboxylic acid [J]. Construction and Building Materials, 2017, 154: 711-720.

[15] GOERGENS J, MANNINGER T, GOETZ-NEUNHOEFFER F. In-situ XRD study of the temperature-dependent early hydration of calcium aluminate cement in a mix with calcite [J]. Cement and Concrete Research, 2020, 136: 106160.

[16] PUERTA-FALLA G, BALONIS M, LE SAOUT G, et al. The influence of slightly and highly soluble carbonate salts on phase relations in hydrated calcium aluminate cements [J]. Journal of Materials Science, 2016, 51 (12): 6062-6074.

[17] MATSCHEI T, LOTHENBACH B, GLASSER F P. Thermodynamic properties of Portland cement hydrates in the system CaO-Al$_2$O$_3$-SiO$_2$-CaSO$_4$-CaCO$_3$-H$_2$O [J]. Cement & Concrete Research, 2007, 37 (10): 1379-1410.

[18] IPAVEC A, GABROVŠEK R, VUK T, et al. Carboaluminate phases formation during the hydration of calcite-containing portland cement [J]. Journal of the American Ceramic Society, 2011, 94 (4): 1238-1242.

[19] DHANDAPANI Y, SANTHANAM M. Investigation on the microstructure-related characteristics to elucidate performance of composite cement with limestone-calcined clay combination [J]. Cement and Concrete Research, 2020, 129: 105959.

[20] POLLMANN H. Calcium Aluminate cements-raw materials, differences, hydration and properties [J]. Reviews in Mineral & Geochemistry, 2012, 74 (1): 1-82.

[21] Edmonds R N, Majumdar A J. The hydration of 12CaO. 7Al$_2$O$_3$ at different temperatures [J]. Cement & Concrete Research, 1988, 18 (3): 473-478.

[22] YOU K-S, AHN J-W, LEE K-H, et al. Effects of crystallinity and silica content on the hydration kinetics of 12CaO • 7Al2O3 [J]. Cement & Concrete Composites, 2006, 28 (2): 119-123.

[23] RAAB B, POELLMANN H. Heat flow calorimetry and SEM investigations tocharacterize the hydration at different temperatures of different 12CaO • 7Al$_2$O$_3$ (C12A7) samples synthesized by solid state reaction, polymer precursor process and glycine nitrate process [J]. Thermochimica Acta, 2011, 513 (1): 106-111.

[24] PARK C K. Characteristics and hydration of C$_{12-x}$A$_7$ • x (CaF$_2$) (x = 0 ~ 1.5) minerals [J]. Cement and Concrete Research, 1998, 28 (10): 1357-1362.

[25] MAACH N, GEORGIN J F, BERGER S, et al. Chemical mechanisms and kinetic modeling of calcium aluminate cements hydration in diluted systems: Role of aluminium hydroxide formation [J]. Cement and Concrete Research, 2021, 143: 106380.

[26] LOTHENBACH B, PELLETIER-CHAIGNAT L, WINNEFELD F. Stability in the system CaO-Al$_2$O$_3$-H$_2$O [J]. Cement and Concrete Research, 2012, 42 (12): 1621-1634.

[27] PARK S M, JANG J G, SON H M, et al. Stable conversion of metastable hydrates in calcium alu-

minate cement by early carbonation curing [J]. Journal of CO_2 Utilization, 2017, 21: 224-226.

[28] FERN'ANDEZ-CARRASCO L, RIUS J, MIRAVITLLES C. Supercritical carbonation of calcium aluminate cement [J]. Cement and Concrete Research, 2008, 38 (8): 1033-1037.

[29] CARLSON E T, BERMAN H A. Some observations on the calcium aluminate carbonate hydrates [J]. Journal of Research National Bureau of Standards, 1960, 64 (4): 333-341.

[30] DILNESA B Z, WIELAND E, LOTHENBACH B, et al. Fe-containing phases in hydrated cements [J]. Cement & Concrete Research, 2014, 58: 45-55.

[31] LOTHENBACH B, KULIK D A, MATSCHEI T, et al. Cemdata18: A chemical thermodynamic database for hydrated Portland cements and alkali-activated materials [J]. Cement and Concrete Research, 2019, 115: 472-506.

[32] VESPA M, WIELAND E, DÄHN R, et al. Identification of the thermodynamically stable Fe-containing phase in aged cement pastes [J]. Journal of the American Ceramic Society, 2015, 98 (7): 2286-2294.

[33] KIRCAÖ, ÖZGÜR YAMAN İ, TOKYAY M. Compressive strength development of calcium aluminate cement-GGBFS blends [J]. Cement & Concrete Composites, 2013, 35 (1): 163-170.

[34] UKRAINCZYK N, MATUSINOVIC T, KURAJICA S, et al. Dehydration of a layered double hydroxide—C_2AH_8 [J]. Thermochimica Acta, 2007, 464 (1): 7-15.

[35] SCRIVENER K, SNELLINGS R, LOTHENBACH B. A practical guide to microstructural analysis of cementitious materials [M]. CRC Press, 2016.

[36] BALONIS M, GLASSER F P. The density of cement phases [J]. Cement & Concrete Research, 2009, 39 (9): 733-739.

偏高岭土和石灰石对低热微膨胀水泥强度的影响

丁旭鹏[1]　施小龙[1]　张建平[1]　武双磊[2]
(1. 杭州临安正翔建材有限公司，杭州 311300；
2. 浙江大学材料科学与工程学院，杭州 310027)

摘　要：以偏高岭土和石灰石单独或复合取代矿粉，研究其对低热微膨胀水泥(LHEC)强度的影响规律，通过 XRD、SEM 等方法分析了水化产物及形貌，并对相关机理进行了探讨。结果表明：偏高岭土取代矿粉，取代量增加，水泥的强度先升后降，取代量为 8% 时强度最高；石灰石取代矿粉，取代量较小时，早期强度略有增加，但取代量超过 2% 后各龄期强度均下降；两者复合取代矿粉，水泥强度均有所增加，偏高岭土为 8%、石灰石为 4% 时，各龄期强度最高。以偏高岭土和石灰石的复合取代矿粉，不仅发挥灰山灰反应，而且能生成单碳型(Mc)和半碳型(Hc)水化碳铝酸盐，阻止 AFt 向 AFm 转化，从而有效地提高了 LHEC 的强度。

关键词：低热微膨胀水泥；偏高岭土；石灰石；强度

Effect of Metakaolin and Limestone on the Strength of Low Heat Expansive Cement

Ding Xupeng[1]　Shi Xiaolong[1]　Zhang Jianping[1]　Wu Shuanglei[2]
(1. Hangzhou Lin'an Zhengxiang Building Materials Co. Hangzhou 312000；
2. School of Materials Science and Engineering, Zhejiang University, Hangzhou 310027)

Abstract: The influence of metakaolin and limestone on the strength of low-heat micro-expansion cement (LHEC) was investigated, the related mechanism was discussed based on the analysis of hydration products and morphologies by XRD and SEM. The results show that：Mtakaolin replaces slag alone, the replacement amount increases, the strength of cement first increases and then decreases, and is the highest when the amount is 8%；Limestone replaces slag, the strength increases slightly in the early stage at small replacement amount, but decreases in each age when the amount exceeds 2%；Metakaolin and limestone composite replace slag, the strength of cement increases with the replacement amount at different ages, and is the highest when metakaolin is 8% and limestone is 4%. The composite substitution of metakaolin and limestone not only exert the pozzolanic reaction, but also generates single carbon (Mc) and half carbon (Hc) hydrated carboaluminate, and prevents AFt from converting to AFm, thus improve effectively the strength of LHEC.

Keywords：low heat expansive cement；metakaolin；limestone；strength

0 引言

低热微膨胀水泥[1]（LHEC）是以粒化高炉矿渣为主要成分，加入适量硅酸盐水泥熟料和石膏，磨细制成的胶凝材料。与传统的硅酸盐水泥相比，LHEC的水化产物除了C-S-H、CH外，还有大量的AFt存在，并具有低水化热和微膨胀性能，多用于大坝等大体积混凝土。浙江大学、长江水电科研究院所等相关单位对LHEC进行了大量的研究[2-6]。低热微膨胀水泥由于其硅酸盐水泥熟料用量较低，因而也是一种低碳型水泥。

石灰石和偏高岭土是常见的两种水泥混合材。其中偏高岭土是一种通过将高岭土在700～850℃范围的高温炉内煅烧获得的热活化铝硅酸盐材料。它通常含有50%～55%的SiO_2和40%～45%的Al_2O_3，相对于矿渣含有更多的铝，具有很高的反应活性[7]。大量的研究表明石灰石能为C-S-H提供成核的生长位点[8]，促进C-S-H凝胶的形核、改变颗粒粒度分布，从而促进了水泥的水化[9]。将偏高岭土与石灰石复掺入水泥中，能促使水泥中形成新的水化产物——碳铝酸钙[10]，碳铝酸钙不仅能增加产物中固相的体积，从而降低水泥的孔隙率，而且还可以抑制钙矾石向单硫型产物转化，从而间接稳定钙矾石[11-12]。钙矾石也是LHEC的主要水化产物之一，偏高岭土与石灰石复掺形成的碳铝酸钙是否对LHEC的强度也能产生有利影响，相关研究较少。

本文将偏高岭土和石灰石掺入LHEC中，研究了偏高岭土和石灰石掺量对体系强度的影响规律，并分析了相关机制，旨在为LHEC进行改进和拓宽其原料来源提供指导或参考。

1 试验

1.1 原材料

试验所用的原材料有熟料粉、矿渣微粉、石膏、偏高岭土、石灰石和标准砂。其中熟料粉来自浙江某水泥厂，比表面积为 360m²/g；矿渣微粉取自上海宝山钢铁股份有限公司，为 S95 级，比表面积 415m²/g；石膏为脱硫石膏，取自浙江新都水泥有限公司；偏高岭土市购，细度为 500 目；石灰石取自杭州富阳某公司，细度为 325 目。部分原材料的化学成分见表 1。

表1 部分原材料的化学成分/%

原材料	烧失量	SiO_2	Al_2O_3	Fe_2O_3	CaO	MgO	Na_2Oeq	SO_3
熟料粉	—	22.04	4.51	3.30	64.66	2.90	0.60	0.46
矿渣微粉	—	34.44	15.60	1.35	39.48	6.76	—	0.21
石膏	22.71	2.18	0.91	0.49	30.07	0.25	—	42.38
偏高岭土	0.05	46.12	51.15	0.90	0.02	0.11	—	0.11
石灰石	41.90	3.10	1.05	0.16	53.29	0.35	0.06	0.03

1.2 配合比

利用熟料粉、矿渣微粉、脱硫石膏、偏高岭土和石灰石配制各组 LHEC 样品备用，配合比见表 2。

表2 水泥的配合比/%

编号	熟料粉	脱硫石膏	矿渣微粉	偏高岭土	石灰石
S0	40	10	50	0	0
A1	40	10	48	2	0
A2	40	10	46	4	0
A3	40	10	44	6	0
A4	40	10	42	8	0
A5	40	10	40	10	0
B1	40	10	49	0	1
B2	40	10	48	0	2
B3	40	10	47	0	3
B4	40	10	46	0	4
B5	40	10	45	0	5
C1	40	10	47	2	1
C2	40	10	44	4	2
C3	40	10	41	6	3
C4	40	10	38	8	4
C5	40	10	35	10	5

表中 S0 为对照组，A1～A5 掺入了偏高岭土，掺量依次为：2%、4%、6%、8% 和 10%；B1～B5 掺入了石灰石，掺量依次为 1%、2%、3%、4% 和 5%；C1～C5 分别复掺了偏高岭土和石灰石，复掺比例为 2∶1。

1.3 强度测试

参照 GB/T 17671—1999《水泥胶砂强度检验方法（ISO 法）》进行试块的制备、养护和强度测试。强度的测试龄期分为 3d、7d 和 28d。

1.4 微观分析

取适量各组 LHEC 样品，按水灰比 0.5 加水搅拌均匀，制成饼状样品，硬化后与强度试块一起养护，养护至 3d、7d 和 28d 分别取样，放入无水乙醇中终止水化，制样并进行 XRD 和 SEM 分析。

2 结果与分析

2.1 偏高岭土取代矿粉对水泥强度的影响

图 1 为偏高岭土单独取代矿粉时不同取代量下，LHEC 试块的 3d、7d 和 28d 强度。

从图 1 中 LHEC 的抗折强度可以看出，随着偏高岭土取代量的增加，不同龄期的水泥抗折强度总体都呈现上升趋势。其中，3d 抗折强度在偏高岭土取代量为 10% 时达到最高，对应的强度为 5.6MPa；7d 和 28d 时各组水泥的抗折强度随偏高岭土取代量的增加而变化不大，其中 7d 时水泥的抗折强度在 8.0MPa 左右，28d 时为 12.0MPa 左右。

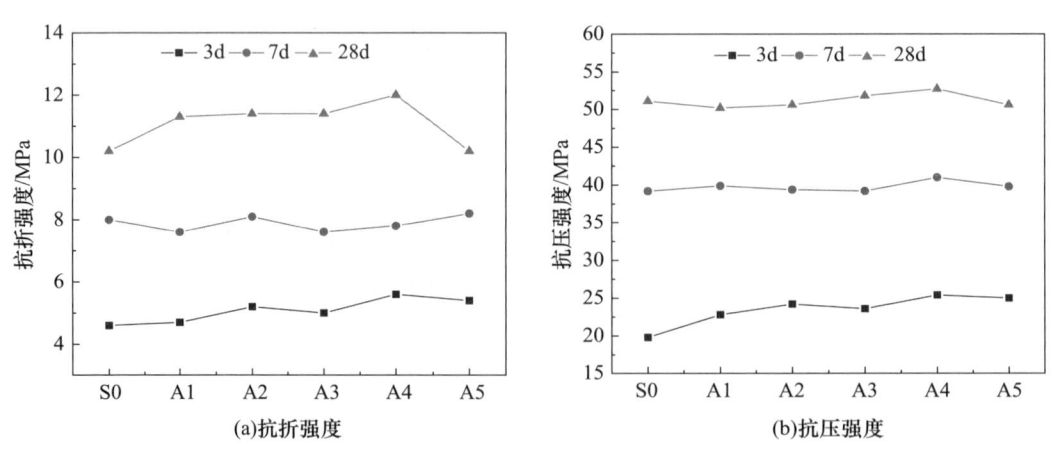

图 1　偏高岭土取代矿粉时 LHEC 的强度

从图 1 中 LHEC 的抗压强度可以看出，随着偏高岭土取代量的增加，LHEC 的抗压强度先升高后降低。其中偏高岭土取代量为 8% 时，LHEC 的 3d、7d 和 28d 抗压强度均最高，达到了 25.4MPa、41.0MPa 和 52.7MPa，与空白组相比涨幅分别达到了 28.3%、4.6% 和 3.1%。总体来说，偏高岭土的掺加可以提升 LHEC 的强度，特别是早期强度较为适宜的取代量为 8%。

2.2 石灰石取代矿粉对水泥强度的影响

图 2 为石灰石单独取代矿粉时不同取代量下，LHEC 试块的 3d、7d 和 28d 强度。

从图 2 可知，石灰石取代矿粉量从 0℃～3％时，无论是 LHEC 的抗折强度还是抗压强度均未发生明显变化，大体随着石灰石掺量的增加而略有增加，这是因为石灰石的掺加，由于其粒形貌效应和成核效应能够促进水泥的水化，从而发挥出对强度的有利作用。而当石灰石掺量超过 3％后，LHEC 的强度随着石灰石掺量的增加而降低，这则主要是因为随着取代量的上升，矿粉量降低，致使水泥的强度略有下降。

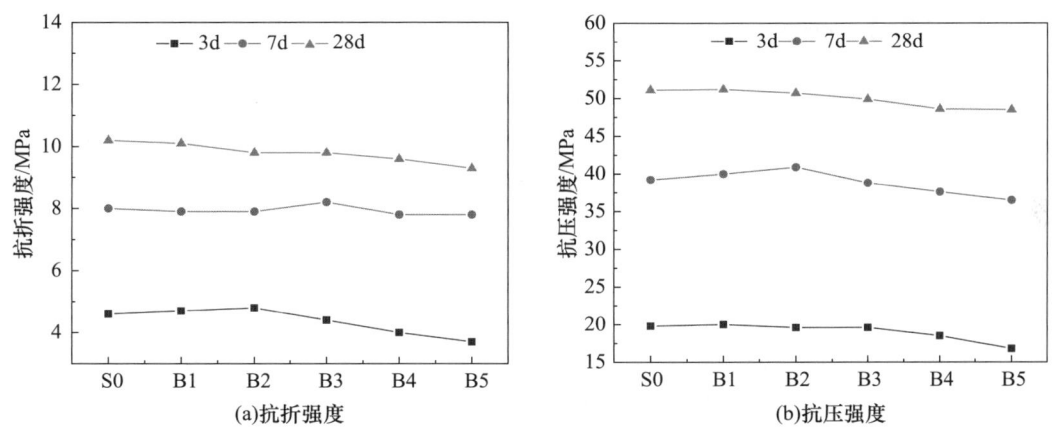

图 2　石灰石取代矿粉时 LHEC 的强度

2.3 偏高岭土和石灰石复合取代矿粉对水泥强度的影响

图 3 为偏高岭土和石灰石复合取代矿粉时不同取代量下，LHEC 试块的 3d、7d 和 28d 强度。

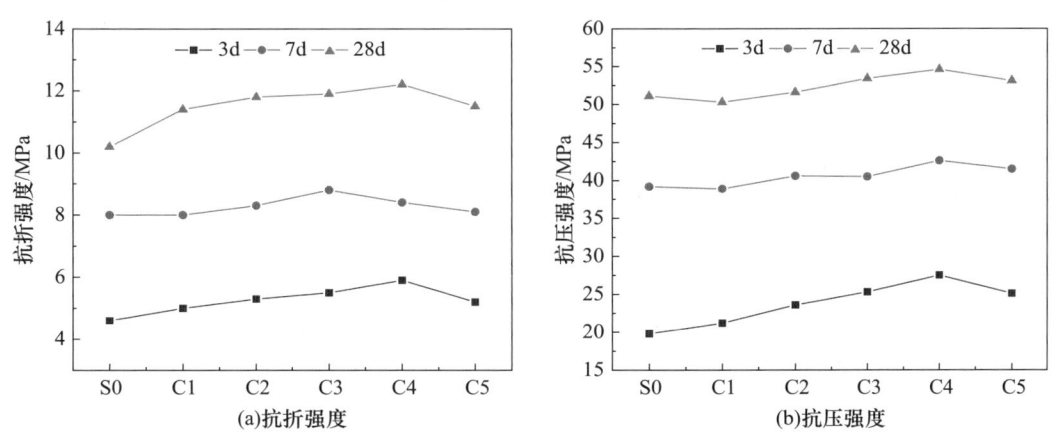

图 3　偏高岭土和石灰石复合取代矿粉时 LHEC 的强度

对比图 3 中各组水泥的抗折强度可知：3d 时水泥的抗折强度在偏高岭土和石灰石复合取代量为 8％和 4％时达到最高，对应的抗折强度为 5.9MPa，与 S0 组相比提升了

28.3%；7d 时抗折强度最高涨幅可至 10%，对应的偏高岭土和石灰石复合取代量为 6% 和 3%，此时的抗折强度为 8.8MPa；28d 时抗折强度最高涨幅可至 19.6%，对应的偏高岭土和石灰石复合取代量为 8% 和 4%，强度为 12.2MPa。

从图 3 中各组水泥的抗压强度可知：各组水泥的抗压强度随着复合取代量的增加而呈现先升后降的趋势，在偏高岭土和石灰石复合取代量分别为 8% 和 4% 时，LHEC 各龄期的强度均最高，其中 3d 时抗压强度为 27.5MPa，7d 时为 42.6MPa，28d 时为 54.6MPa，与 S0 组相比涨幅分别为 38.9%、8.7% 和 6.8%。与偏高岭土单独取代 8% 矿粉的 A4 组相比，复合 4% 石灰石后 LHEC 的强度更高。

2.4 XRD 分析

分别测试了 S0（对照组）、A1（2% 偏高岭土单独取代）、A4（8% 偏高岭土单独取代）、B1（1% 石灰石单独取代）、B4（4% 石灰石单独取代）、C1（2% 偏高岭土和 1% 石灰石复合取代）和 C4（8% 偏高岭土和 4% 石灰石复合取代）在各养护温度下养护 3d 和 28d 时的物相，XRD 谱如图 4 所示。

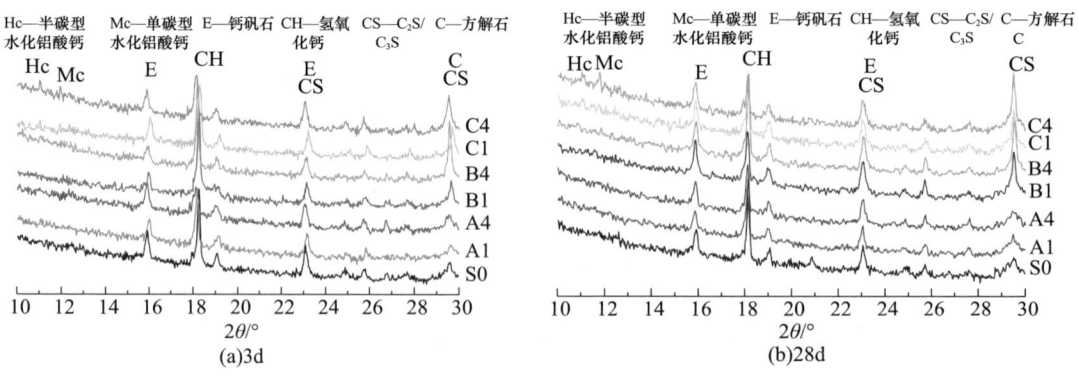

图 4 LHEC 的 XRD 谱

从图 4 中可以看出：各组 LHEC 中的物相主要以钙矾石（Ettringite，AFt）、氢氧化钙（Portlandite，CH）以及水泥矿相 C_3S 和 C_2S 等为主；掺加石灰石时出现了较为明显的碳酸钙（Calcite）峰；偏高岭土和石灰石复合取代时，除了碳酸钙峰外，出现了碳铝酸盐相（CO_3-AFm）的特征峰，包括半碳型水化铝酸钙（Hemicarboaluminate，缩写为 Hc）和单碳型水化铝酸钙（Monocarboaluminate，缩写为 Mc）[13-14]。龄期从 3d 延长至 28d 主要表现为各相峰强的变化，未出现新的物相特征峰。

在水化早期，由于偏高岭土具有较好的火山灰活性，易与氢氧化钙发生反应，生成水化硅酸钙、水化铝酸钙或水化硫铝酸钙等反应产物。因此掺有偏高岭土的组别中 CH 峰强明显降低，且 8% 偏高岭土单独取代的 A4 组较 2% 取代量的 A1 组 CH 峰强降低更为明显，也印证了这一点。3d 时，体系中的 C_3A 水化生成钙矾石 AFt，由于偏高岭土引入了活性较高的铝相，因此掺有偏高岭土组别的 AFt 衍射峰强略有增加。28d 时各组中仍有明显的 AFt 峰，并且也未出现单硫型硫铝酸钙峰（AFm），表明 AFt 能够稳定存在且未向 AFm 转变。

值得注意的是，偏高岭土和石灰石复合取代的 C1 和 C4 组在 3d 和 28d 时具有明显的 Hc 和 Mc 特征峰，说明 CO_3^{2-} 与铝酸盐发生反应。这也证明了偏高岭土和碳酸钙的复合取代能够起到协同作用，促使 LHEC 中生成新的碳铝酸盐相，从而对强度提升有利。同时从图 4 中也可以看到，复合取代量越高，Hc 和 Mc 的特征峰越明显，相应的生成量越高，对应的强度越好。

2.5 SEM 分析

图 5 为 3d 时 S0 组和 C4 组 3000 倍和 6000 倍下的 SEM 形貌图。从图中可以看出，不掺偏高岭土和石灰石时，LHEC 在 3d 龄期下产生的 AFt 量较少，且多呈现出细小的短针状，同时也观察到了较多的方形晶体 $Ca(OH)_2$，说明此时矿粉对 C-H 的消耗相对较慢，因此对应的强度也会相对较低；而加入了偏高岭土和石灰石后［图 5（c）和图 5（d）］在 3d 时可以明显看到较多的长杆状晶体钙矾石，这说明偏高岭土和石灰石的掺加加速了水泥早期的水化过程，促进了水泥的水化。同时从图 5（d）还可以看出 Hc 和 Mc 与其他水化产物交织形成了针棒状的纤维结构。这样的结构可以提升水泥体系的力学性能，这也是复合取代组抗折和抗压强度均增长的原因。

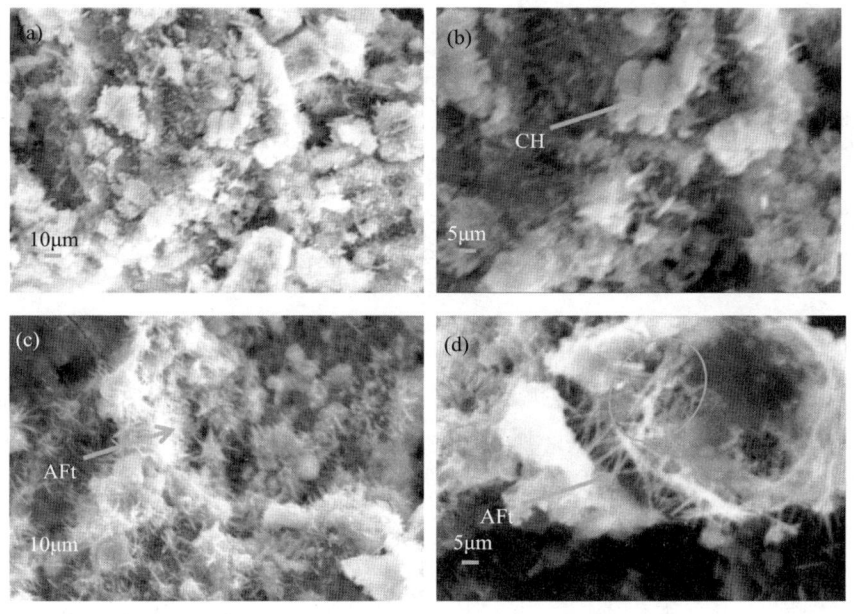

(a)S0；×3000；(b)S0，×6000；(c)C4，×3000；(d)C4，×6000。

图 5 3d 时 LHEC 的微观形貌

图 6 为 28d 时 S0 组和 C4 组 3000 倍和 6000 倍下的 SEM 形貌图。从图中可以看出，在 28d 时，无论是对照组还是复合取代组的水泥净浆试样都基本上完成了水化，形成了较致密的层块状结构。从图 6（c）和图（d）中可以看到存在板状的晶体单碳型水化碳铝酸钙（Mc），这是由于复合取代组中添加的偏高岭土与熟料中的硅酸二钙、硅酸三钙水化后产生的氢氧化钙反应产生的，Mc 与 C-S-H 凝胶类似，都能提升水泥强度。

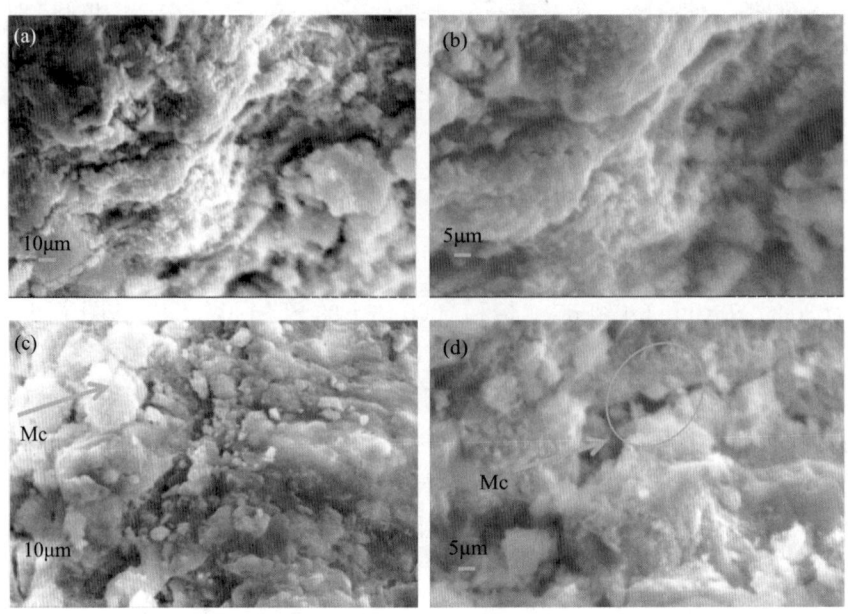

(a)S0，×3000；(b)S0，×6000；(c)C4，×3000；(d)C4，×6000

图 6　28d 时 LHEC 的微观形貌

3　结论

本文主要探究了偏高岭土和石灰石单独或复合取代矿粉时，不同取代量下 LHEC 的强度发展规律；并结合 XRD、SEM 测试手段对相关机理进行了分析。主要结论如下：

（1）偏高岭土单独取代矿粉可以提升 LHEC 的抗折、抗压强度，提升幅度随取代量升高而先升后降，掺量为 8% 时抗压强度可提升 13.9%；石灰石取代矿粉，少量取代时水泥早期强度略有增加，取代量超过 2% 后各龄期强度均下降；两者复合取代矿粉，水泥的强度均有所增加，复合取代矿粉量为偏高岭土 8%、石灰石 4% 时，各龄期强度最高。

（2）偏高岭土和石灰石的复合取代矿粉，不仅产生火山灰反应，而且生成了单碳型（Mc）和半碳型（Hc）水化碳铝酸盐，阻止了体系内的 AFt 向 AFm 转化，从而有效地提高了 LHEC 的强度。

参考文献

[1] 中华人民共和国国家质量监督检验检疫总局，中国国家标准化管理委员会. 低热微膨胀水泥：GB 2938—2008 [S]. 北京：中国标准出版社，2008.

[2] 陈胡星，叶青，楼宗汉. 钙矾石膨胀和氧化镁膨胀在大坝水泥中的应用研究 [J]. 水泥，2000（06）：4-7.

[3] 杨志强，楼宗汉，胡国君. 低热水泥中石膏的作用机理研究 [J]. 山东矿业学院学报, 1996 (02): 158-163.

[4] 张锡祥. 低热微膨胀水泥应用实测资料分析 [J]. 长江科学院院报, 1993 (02): 9-15.

[5] 刘崇熙. 低热微膨胀水泥研究中若干哲学问题 [J]. 长江科学院院报, 1988 (02): 20-30.

[6] 彭家惠，楼宗汉. 钙矾石形成机理的研究 [J]. 硅酸盐学报, 2000 (06): 511-515.

[7] POON C S, LAM L, KOU S C. Rate of pozzolanic reaction of metakaolin in high-performance cement pastes [J]. Cement and Concrete Research, 2001, 31 (9): 301-1306.

[8] WANG H, HOU P K, LI Q F. Synergistic effects of supplementary cementitious materials in limestone and calcined clay-replaced slag cement [J]. Construction and Building Materials, 2021 (282): 122648.

[9] 郝成伟，罗毅，姜蕾. 辅助性胶凝材料在水泥工业中的应用研究 [J]. 皖西学院学报, 2013, 29 (02): 63-67.

[10] HRICI M, ENAI S, MANSOUR M S. Mechanical properties and durability of mortar and concrete containing natural pozzolana and limestone blended cements [J]. Cement and Concrete Composites, 2007, 29: 542-549.

[11] WANG D, SHI C, FARZADNIA N A. Review on use of limestone powder in cement-based materials: Mechanism, hydration and microstructures [J]. Construction and Building Materials, 2018, 181: 659-672.

[12] 卢都友，张少华，徐江涛，等. 石灰石微粉与偏高岭土复合对水泥强度和水化产物的影响 [J]. 硅酸盐学报, 2017, 45 (05): 662-667.

[13] VAASUDEVAA B V, DHANDAPANI Y, SANTHANAM M. Performance evaluation of limestone-calcined clay (LC2) combination as a cement substitute in concrete systems subjected to short-term heat curing [J]. Construction and Building Materials, 2021, 302: 124121.

[14] HUANG H, LI X, AVET F, et al. Strength-promoting mechanism of alkanolamines on limestone-calcined clay cement and the role of sulfate [J]. Cement and Concrete Research, 2021, 147: 106527.

作者简介

第一作者：丁旭鹏，男，主要从事特种砂浆研发。E-mail：2104453014@qq.com。

通信作者：武双磊，男，高工，主要从事绿色高性能水泥基材料研发。E-mail：wushuanglei@zju.edu.cn。

激发剂对赤泥-黄金尾矿-碱矿渣体系性能的影响研究

崔皓楠[1] 程海丽[1] 黄天勇[2] 杨飞华[2]

(1. 北方工业大学 土木工程学院,北京 100144;
2. 北京建筑材料科学研究总院有限公司固废资源化利用与节能建材国家重点实验室,北京 100041)

摘 要:为提高危险固体废弃物的综合利用水平,依据赤泥、黄金尾矿以及矿渣三种固体废弃物的特性,研究 NaOH、KOH 和 Na_2SiO_3 三种激发剂对赤泥-黄金尾矿-碱矿渣体系的性能影响,并在此基础上通过 XRD、FT-IR、TGA/DSC 和 SEM 等表征手段明晰其微观反应机理。结果表明,当 Na_2SiO_3 作为激发剂时,复合胶凝材料体系的激发效果最好,标养 3d 的胶砂试件抗折强度和抗压强度达到 5.5MPa 和 23.5MPa;标养 28d 的胶砂试件抗折强度和抗压强度为 8.8MPa 和 43.21MPa。可达到 P·Ⅰ 42.5 水泥强度指标。通过微观分析得知试件的主要强度来源物质为钙矾石和水化硅铝酸钙凝胶,力学性能高的材料其微观结构更为密实,碱激发水化产物数量更多。

关键词:赤泥;黄金尾矿;碱矿渣体系;力学性能;微观机理

Influence of Activator on Properties of Red Mud-Gold Tailings-Alkali Slag System

Cui Haonan[1] Cheng Haili[1] Huang Tianyong[2] Yang Feihua[2]

(1. School of Civil Engineering, North China University of Technology, Beijing 100144; 2. State Key Laboratory of Solid Waste Resource Utilization and Energy-Saving Building Materials, Beijing General Research Institute of Building Materials Co., Ltd., Beijing 100041)

Abstract: In order to explore the combined utilization of hazardous solid waste, red mud-gold tailings-slag based alkali-activated cementitious materials were prepared with red mud, gold tailings and slag from bayer process as active materials and NaOH, KOH and Na_2SiO_3 as activators respectively. Its mechanical properties were tested, and microscopic mechanism was analyzed by XRD, FT-IR, TGA/DSC and SEM. The experimental results showed that different kinds of activators had great influence on the mechanical properties of the system. When Na_2SiO_3 was used as activator, the excitation effect of the system was the best, and the flexural strength and compressive strength of the standard mortar specimen at 3 days were 5.5MPa and 23.5MPa. The flexural strength and compressive strength of 28d standard mortar specimens were 8.8MPa and 43.21MPa. It can reach the cement strength index of P·Ⅰ42.5. Through microscopic analysis, it was known that the main strength sources of the specimens were ettringite and hydrated calcium aluminosilicate gel, and the materials with high mechanical properties had more dense microstructure and more alkali-stimulated hydration products.

Keywords: Red mud; Gold tailings; Alkali excitation; Mechanical properties; Microscopic analysis

引言

2020年，我国大宗固体废弃物产生量约为37.87亿t，其中危险固体废弃物生产约为31亿t，利用率仅为48.67%。提高危险固体废弃物的综合利用水平对于实现我国无废城市建设、再生资源的循环利用具有重要意义。

赤泥是铝土矿提炼金属铝过程中产生的主要固体废弃物之一。生产1t氧化铝大约产生1~1.5t赤泥，全球每年产生约2.5亿t赤泥[1]。2020年我国赤泥生产量1.06亿t，综合利用率仅为7.05%[2]。远低于世界平均水平。全球90%的电解铝行业生产的赤泥都是拜耳法赤泥。拜耳法赤泥的碱度更高，重金属含量更多，这也是拜耳法赤泥资源化利用率低的原因之一。因此，我国急需对赤泥进行绿色开发利用以减少赤泥粗犷处理对土壤和地下水的污染。

在黄金生产加工过程中会产生大量的被称为黄金尾矿的工业副产品。2020年我国生产1.88亿t黄金尾矿，综合利用率低于20%。其主要原因在于氰化后的黄金尾矿中会残留有害物质（氰化物），露天堆积会使黄金尾矿中的有害物质侵入到土壤中，改变土壤的pH值，使植物生长的环境遭到破坏[3]。因此，为了避免露天堆积对环境造成破坏，需要寻找一种新的处理黄金尾矿的方法。矿渣是另一种废渣，是高炉炼铁产生的副产品，其存在严重的污染问题，随着社会的发展，人们提出了绿色发展，节能减碳的目标。开发矿渣的新用途是必要的，不仅有助于减少环境污染，还有助于提高矿渣的综合利用率。另一方面，赤泥、黄金尾矿和矿渣中具有较高含量的铝硅酸盐是生产硅酸盐水泥良好的原材料，可用于替代传统硅酸盐水泥胶凝材料生产混凝土，不仅减少了天然矿物的开采，同时实现了水泥行业零碳排放。

碱激发产品可以作为传统胶结材料的一种可行的替代品。制备碱激发产品所需要的材料包括前体（硅铝酸盐的原材料）和活化剂（碱金属氢氧化物硅酸盐）[4]。

Ghalehnovi等[5]研究赤泥作为矿物掺合料替代水泥生产混凝土对其性能的影响规律，结果表明，当赤泥的掺入量为10wt.%时对混凝土的力学性能影响不大，赤泥的掺入反而可以提高混凝土的抗硫酸盐侵蚀能力；Senff等[6]探究了赤泥对混凝土工作性能和力学性能的影响，结果表明，赤泥的加入并不影响水化过程。但当赤泥含量超过20wt.%时，力学强度降低；Rachman等[7]研究了黄金尾矿替代普通硅酸盐水泥（OPC）的效果，结果发现GT-OPC混合物满足道路应用所需的最低抗压强度要求；安强等[8]使用NaOH和Na_2SiO_3溶液激发赤泥，制备了碱激发赤泥-粉煤灰复合材料。研究了其力学性能，结果表明：掺40%赤泥的复合材料在28d龄期的抗压强度最高达到20.1MPa，致密C-A-H的形成及赤泥颗粒的物理结合是复合材料强度增长的主要原因；党海笑等[9]研究了不同模数的水玻璃溶液对赤泥的激发作用，试验表明，水玻璃模数对材料性能有较大的影响，水玻璃模数为0.96时，对赤泥的激发效果最好，28d抗压强度能够达到10.21MPa。试件的主要强度来源为凝胶状的水化硅酸钙。

现有研究工作利用赤泥制备混凝土已取得了较为显著的效果，并做了大量的研究，但利用赤泥和黄金尾矿制备复合胶凝材料研究尚不足形成系统性的认识。在黄金尾矿中添加赤泥不仅有助于减轻环境污染，而且可以降低建筑生产成本，具有良好的经济效益。同时，赤泥具有类似烧结红砖的颜色，可以作为颜料制备赤泥彩色砖、彩色路面和彩色混凝土等装饰产品。制备的产品不需要添加颜料或二次着色，直接符合建筑美学的要求。本研究的目的是研究使用不同的激发剂对赤泥-黄金尾矿-矿渣三元复合体系的力学、水化产物和微观结构的影响，选出最佳种类的激发剂。

1 试验概况

1.1 原材料

拜耳法赤泥，购置于中国山东省烟台市某家铝厂；矿渣，由中国北京的一家钢厂提供；黄金尾矿由中国烟台的一个黄金开采厂提供；建筑石膏是从市场上购买；激发剂购于北京市通广精细化工公司，所用试剂均为分析纯，分别为NaOH、KOH和细粒状Na_2SiO_3（Na_2SiO_3模数为1）。采用X射线荧光光谱仪（XRF）测定赤泥、矿渣和黄金尾矿的主要化学组成，结果见表1。采用MS2000激光粒度仪测定赤泥、黄金尾矿和矿渣的粒度分布，如图1所示。

表1 原材料化学组成（wt%）

原材料	SiO_2	Fe_2O_3	Al_2O_3	CaO	Na_2O	TiO_2	K_2O	SO_3	MgO	其他
赤泥	22.91	22.13	18.15	3.64	9.39	3.50	0.96	0.84	0.83	0.68
矿渣	28.02	0.78	16.42	37.37	—	2.51	0.50	1.80	10.04	3.76
黄金尾矿	61.44	2.44	18.33	2.47	2.85	0.25	5.31	1.31	0.85	0.56

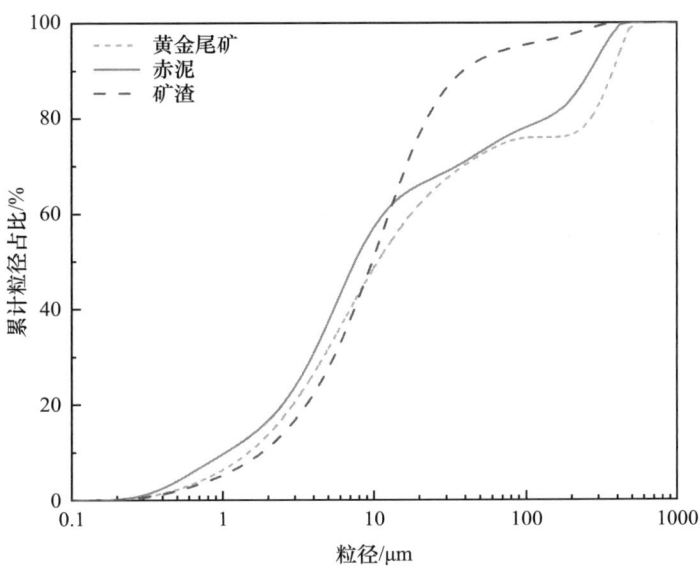

图 1 黄金尾矿、赤泥和矿渣的粒径分布

1.2 试验方法

胶凝材料的各原材料基础比例为赤泥（10%）、黄金尾矿（40%）、矿渣（45%）及建筑石膏（5%）混合而成。在此配合比的基础上，研究不同激发剂（NaOH、KOH 和 Na_2SiO_3）对赤泥-黄金尾矿-矿渣三元复合体系各种性能的影响。激发剂的掺入量固定为 2wt.%，水灰比为 0.5，配合比设计如表 2 所示。试验全程在室温下进行。

表 2 样品配合比（wt.%）

样品名称	赤泥	黄金尾矿	矿渣	石膏	NaOH	KOH	Na_2SiO_3
NaOH 组	10	40	45	5	2	—	—
KOH 组	10	40	45	5	—	2	—
Na_2SiO_3 组	10	40	45	5	—	—	2

参照 GB/T 17671—2020《水泥胶砂强度检验方法（ISO 法）》中介绍水泥胶砂制备方法制作 40mm×40mm×160mm 的碱激发胶砂试样，将制备好的试件放置于标准水化养护箱恒温（20±1）℃水中养护。测试其 3d、7d 和 28d 抗折强度和抗压强度。同时制作一批 20mm×20mm×20mm 的净浆试块，与胶砂试块同时同环境养护。龄期分别达到 3d、7d 和 28d 时取出，使用无水乙醇终止水化，留做微观试验。

1.3 测试方法

采用日本理学公司 Ultima IV 型 X 射线衍射仪进行矿物组成分析。使用 S-3400N 型场发射扫描电子显微镜对水化产物的微观形貌进行观察。使用 SDT Q600 进行热重分析，温度范围为 30～1200℃，升温速率为 20℃/min，整个试验过程在氮气环境下进行。使用 NICOLET 公司制造的 IS10 红外光谱仪进行红外分析。红外配置光谱范围：7800～350cm^{-1}。

2 结果与分析

2.1 不同激发剂条件下赤泥-黄金尾矿-碱矿渣体系强度的影响

不同激发剂条件下赤泥-黄金尾矿-矿粉胶凝材料标准胶砂试件的抗折强度和抗压强度如图 2 所示。由图 2 可知,在碱激发反应各个龄期中,添加 Na_2SiO_3 的一组激发效果最好,28d 抗折强度为 8.8MPa,抗压强度为 45.9MPa;NaOH 的激发效果最差,28d 抗折强度只有 Na_2SiO_3 激发的 70%,抗压强度只有 51.9%。

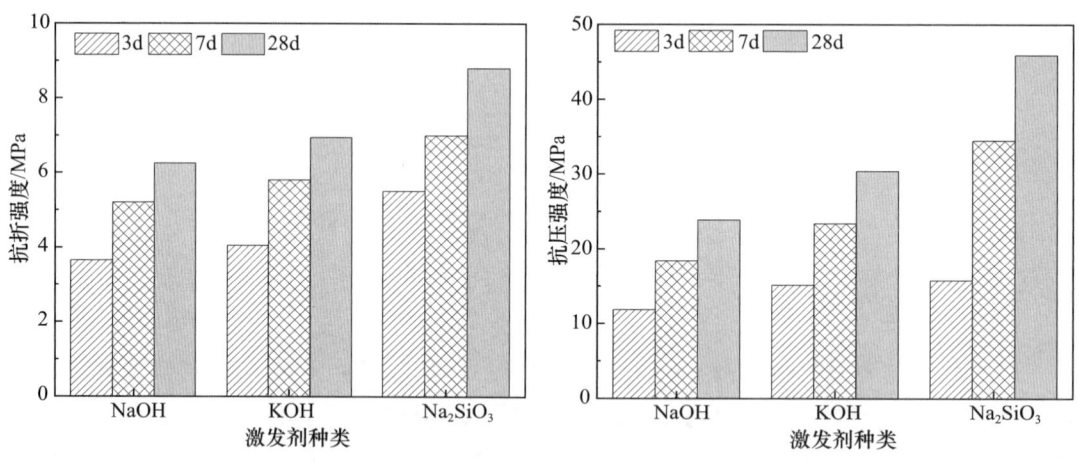

图 2 不同激发剂条件下胶砂试件 3d、7d 和 28d 的抗折强度和抗压强度
(a) 抗折强度;(b) 抗压强度

这些结果表明,使用 NaOH 和 KOH 激发的试验组试样的强度明显不如 Na_2SiO_3 激发的效果好,这是因为赤泥-黄金尾矿-矿粉本身就是碱性,OH^- 的加入使其内部碱性过高,活性玻璃体的溶蚀被过多的水化产物包裹,反而抑制了水化反应的进行。Na_2SiO_3 的碱性弱于 NaOH,这没有使活性玻璃体的溶蚀得到抑制,水化过程能够正常进行。添加 Na_2SiO_3 的一组试块在早期看不出强度的增加,但随着养护龄期的增加,抗压强度有所提高,7d 时,抗压强度比 NaOH 的高出 46.5%,达到 34.43MPa。这表明被 Na_2SiO_3 激发的样品具有优于其他样品的力学性能。而且 Na_2SiO_3 本身就具有粘结性能,能够在早期提高样品的强度[10]。

2.2 不同激发剂条件下赤泥-黄金尾矿-碱矿渣体系 XRD 图谱分析

不同激发剂掺入赤泥-黄金尾矿-矿渣胶凝体系后水化 28d 的 XRD 图谱如图 3 所示。从图 3 可以看出,水化 28d 后,主要衍射峰出现在 $2\theta=10°\sim40°$。在 10°、15° 和 30° 附近的衍射峰代表的产物为钙矾石（$3CaO·Al_2O_3·3CaSO_4·32H_2O$）;15°~30° 之间的衍射峰所代表的产物为红柱石和钙铝黄长石（$2CaO·Al_2O_3·SiO_2$）。钙矾石是由水化产物铝酸三钙（$3CaO·Al_2O_3$,简称 C_3A）和 SO_4^{2-} 结合而产生的。这表明在赤泥-黄金尾矿-矿渣胶凝体系中存在类似水泥水化的反应,能够产生类似水泥的胶凝材料。这是赤泥-黄金尾矿-矿渣胶凝体系的主要强度来源。这也证明了使用赤泥-黄金尾矿-矿渣胶凝体系作为胶凝材料的可行性。红柱石的主要成分为铝硅酸盐矿物，与水泥水化后的成分相似。在 26°的位置上还观察到了一些二氧化硅的衍射峰，二氧化硅的存在可以充当骨架，对提高强度有积极作用。XRD 结果说明，在碱性溶液作用下，赤泥-黄金尾矿-矿渣具有类似普通硅酸盐水泥的作用机理，都可以把无定形的玻璃相二氧化硅转化为水化硅酸钙（C-S-H）或水化硅铝酸钙（C-A-S-H），胶凝材料的水化过程为原材料中的活性二氧化硅在碱性环境中解聚形成［SiO_4］和［AlO_4］，然后［SiO_4］和［AlO_4］之间互相结合，生成新的水化产物。水化硅铝酸钙是由［SiO_4］和［AlO_4］之间结合并发生缩聚反应而生成[11]，而这两者也是胶凝材料产生强度的主要原因。

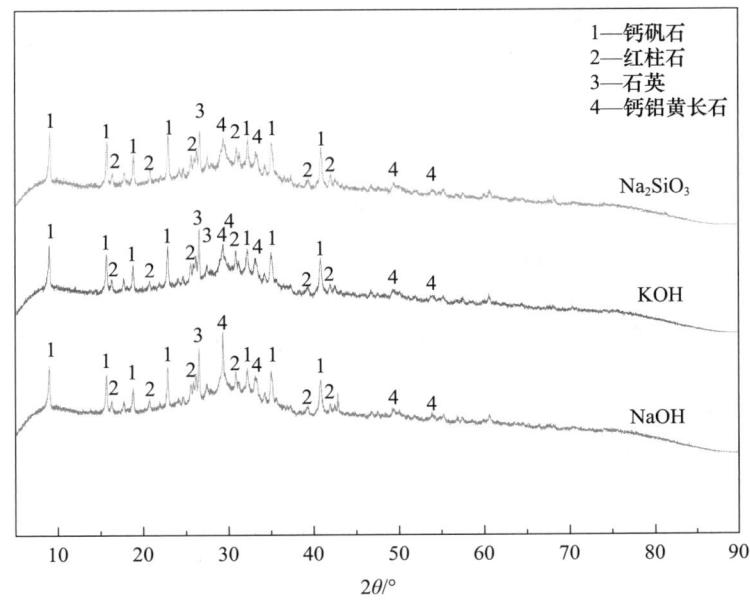

图 3　不同激发剂条件下水化 28d 的 XRD 图谱

2.3　不同激发剂条件下赤泥-黄金尾矿-碱矿渣体系红外图谱分析

3200～3700cm^{-1} 波长范围内吸收峰表示 O—H 连接的伸缩振动。O—H 键的弯曲振动与 1300～1600cm^{-1} 范围之间的峰值有关。由图 4 所示，可以看出 3435cm^{-1} 处存在明显的吸收峰，这表明存在化学键与地质聚合物的水合过程有水以及羟基官能团的存在。这些水可能是矿物中结晶水或结合水。在图 4 的光谱中，在 1440cm^{-1}、876cm^{-1}、712cm^{-1} 处产生方解石型的多晶型 CC 峰，分别是 CO_2 中的 C=C 双键转换成 C—C 单键反对称伸缩振动峰、CO_3^{2-} 的面外变形振动峰以及 C—O 面内变形振动峰，这表明产物中有碳酸钙的生成。这可能是材料中 CaO 与水反应生成 $Ca(OH)_2$，而后 $Ca(OH)_2$ 与空气中的 CO_2 发生反应生成 $CaCO_3$。这就是碳化的过程。吸收峰位于 900 和 1100cm^{-1} 之间还存在一个吸收峰，这与 Si—O—Al 和 Si—O—Si 键的拉伸和角弯曲振动有关。这表明地质聚合物结构中存在硅铝酸盐基团或类似水泥水化过程中形成的 C-A-S-H。

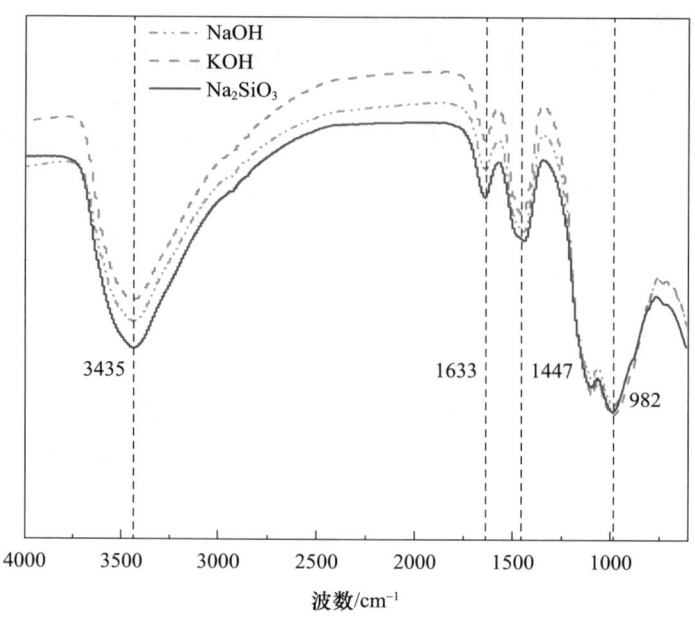

图 4　不同激发剂条件下水化 28d 的红外光谱图

2.4　不同激发剂条件下赤泥-黄金尾矿-碱矿渣体系热重分析

不同激发剂条件下材料 28d 的热重分析结果如图 5 所示。由图 5 可以看出，使用三种不同激发剂激发后胶凝材料的 DTG 曲线上均在对应 100℃和 800℃左右处出现了 2 个不同程度的吸热峰。在 100℃时的吸热峰主要是由于层间水分蒸发和 C-A-S-H 脱水。800℃附近的吸热峰是因为结晶度差的 C-A-S 向着高结晶度的 C-A-S 转化[12]。根据图 4 红外图谱分析结果可知，水化产物中含有 $CaCO_3$，$CaCO_3$ 在碱激发反应中显惰性，碱激发反应不会生成 $CaCO_3$。这一部分 $CaCO_3$ 是 $Ca(OH)_2$ 与空气中的 CO_2 反应生成的，所以，可以通过 800℃的吸热峰的大小来判断生成 $CaCO_3$ 的多少，也能间接反映碱激发反应生成 $Ca(OH)_2$ 的浓度。由图 5 可知，当使用 Na_2SiO_3 进行激发时，其 100℃时的吸热峰最大，说明生成的 C-A-S-H 凝胶最多。在 800℃时，使用 Na_2SiO_3 激发的胶凝材料吸热峰的高度最小，说明碳化生成的 $CaCO_3$ 最少，这可能是因为其中的 OH^- 大部分都转化为 C-A-S-H 凝胶。故当使用 Na_2SiO_3 作为激发剂时生成的 C-A-S-H 凝胶最多，因此材料的力学性能最强。

2.5　SEM 分析

不同激发剂条件下胶凝材料 28d 水化产物微观形貌如图 6 所示。由图 6 可知，在三种激发剂条件下，都产生了针棒状的钙矾石和凝胶状的 C-A-S-H，但相互之间又有区别：使用 NaOH 和 KOH 激发的胶凝材料，其生成的钙矾石纤细且相互之间的孔隙较大，水化产物之间连接松散，钙矾石之间的孔隙没有得到水化胶凝材料填充，两者没有很好地形成网格状，这是造成使用 NaOH 和 KOH 激发强度偏低的原因。反观使用 Na_2SiO_3 激发的胶凝材料，生成的钙矾石粗壮且插入到生成的凝胶之中，钙矾石被 C-A-

S-H 凝胶紧紧包裹住，类似混凝土中骨料与胶凝材料的粘结[13]。根据扫描电镜结果可知，材料的微观形貌与其宏观力学性能联系密切，宏观强度高的材料，其对应的水化产物之间联系密实，相互作用；反观强度低的材料，其围观形貌松散，孔隙大，水化产物之间联系不密切。所以使用 Na_2SiO_3 作为激发剂要优于 NaOH 和 KOH。

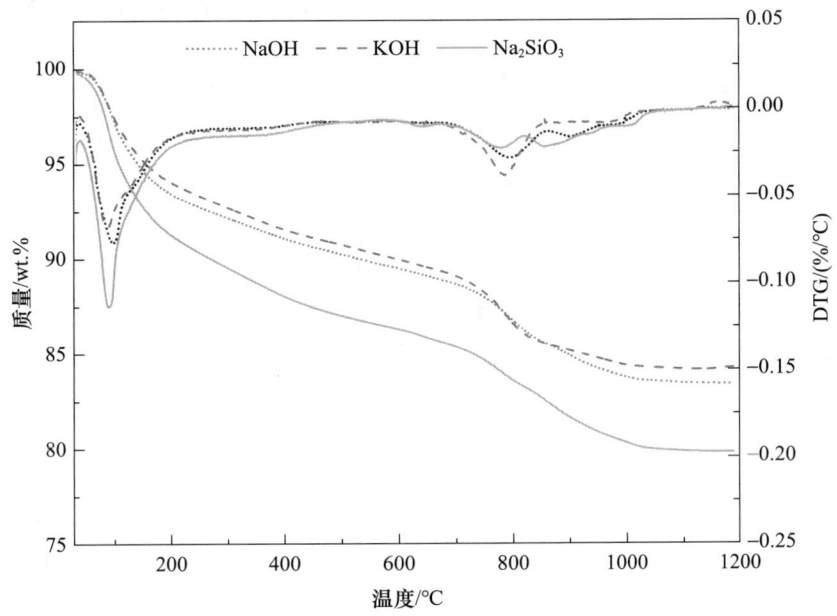

图 5 不同激发剂条件下水化 28d 的 TG/DTG 曲线

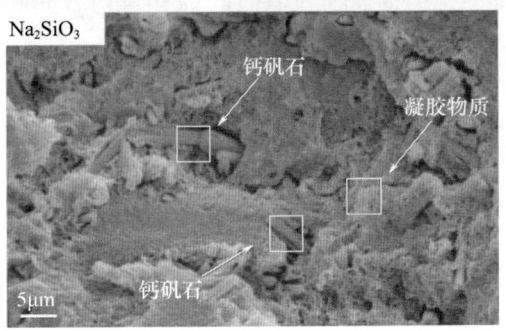

图 6 不同激发剂条件下胶凝材料 28d 的碱激发产物微观形貌

3 结论

(1) 利用不同类型的激发剂对赤泥-黄金尾矿-矿渣复合材料进行激发，均可以形成一定强度的胶凝材料，这说明赤泥-黄金尾矿-矿渣三元复合胶凝材料具有用于制备胶凝材料的可能性。

(2) 不同类型的激发剂对赤泥-黄金尾矿-矿渣复合材料的力学性能有着非常明显的影响效果，使用 OH^- 进行激发的效果远不如 Na_2SiO_3，当使用 Na_2SiO_3（模数＝1）进行激发时，其28d试件抗压强度为45.9MPa，同条件下NaOH激发28d后的强度仅为23.1MPa。Na_2SiO_3 对赤泥-黄金尾矿-矿渣复合材料的激发效果远高于NaOH。

(3) 碱激发赤泥-黄金尾矿-矿渣复合胶凝材料的强度主要来源物质为钙矾石和水化硅铝酸钙凝胶，通过对比发现，强度越高的材料碱激发反应生成的凝胶类物质数量更多，其微观形貌更为致密，钙矾石和水化硅铝酸钙的结合程度更加紧密。

参考文献

[1] BORRA C R, BLANPAIN B, PONTIKES Y, et al. Recovery of Rare Earths and Other Valuable Metals From Bauxite Residue (Red Mud): A Review [J]. Journal of Sustainable Metallurgy, 2016, 2 (4): 365-86.

[2] 李洪达，乐红志，朱建平，等. 拜耳法赤泥脱碱技术的研究现状 [J]. 山东理工大学学报（自然科学版），2021, 35 (03): 65-9.

[3] MAROUSEK J, STEHEL V, VOCHOZKA M, et al. Ferrous sludge from water clarification: Changes in waste management practices advisable [J]. Journal of Cleaner Production, 2019, 218: 459-64.

[4] PROVIS J L, VAN DEVENTER J S J. Introduction to geopolymers [M]. Geopolymers. 2009: 1-11.

[5] GHALEHNOVI M, SHAMSABADI E A, KHODABAKHSHIAN A, et al. Self-compacting architectural concrete production using red mud [J]. Construction and Building Materials, 2019, 226: 418-27.

[6] SENFF L, HOTZA D, LABRINCHA J A. Effect of red mud addition on the rheological behaviour and on hardened state characteristics of cement mortars [J]. Construction and Building Materials, 2011, 25 (1): 163-70.

[7] RACHMAN R M, BAHRI A S, TRIHADININGRUM Y. Stabilization and solidification of tailings from a traditional gold mine using Portland cement [J]. Environmentntal Engineering Research, 2018, 23 (2): 189-94.

[8] 安强，潘慧敏，赵庆新，等. 碱激发赤泥-粉煤灰-电石渣复合材料性能研究 [J]. 建筑材料学报，2023 (1): 1-10.

[9] 党海笑，张金喜，王建刚. 水玻璃模数对碱激发赤泥胶凝材料性能影响研究 [J]. 有色金属（冶炼部分），2020 (09): 115-9+26.

[10] 刘俊霞，杨艳蒙，王帅旗，等. 激发剂对赤泥地聚物砂浆力学性能的影响 [J]. 无机盐工业，2020, 52 (06): 72-5.

[11] 史迪,叶家元,张鹏,等.蒸汽养护对赤泥基碱激发胶凝材料性能及微观结构的影响[J].混凝土,2017(10):87-9+92.

[12] 洪景南,孙俊民,许学斌,等.活性硅酸钙高温相变历程研究[J].硅酸盐通报,2016,35(03):736-42+47.

[13] 侯双明,高嵩,李秋义,等.赤泥基碱激发胶凝材料的制备及机理研究[J].混凝土,2020(01):27-31.

作者简介:崔皓楠,1996年生,男,汉族,山东省青岛市黄岛区,研究生在读,15689713762。

三种铜矿渣作为辅助性胶凝材料用于砂浆的性能及减碳效应研究

闫珠华[1,2] 孙振平[1,2]* 罗琼[3] 李志林[4] 杨春云[4] 马跃飞[5] 王志立[6]

(1. 同济大学 先进土木工程材料教育部重点实验室,上海 200092;
2. 同济大学 材料科学与工程学院,上海 200092;
3. 宁波砼程技术服务有限公司,浙江宁波 315100;
4. 云南氟业环保科技股份有限公司,云南昆明 313000;
5. 乌兰浩特市圣益商砼有限公司,内蒙古乌兰浩特 137400;
6. 泰州夏北新型绿色建材科技有限公司,江苏泰州 225500)

摘　要：铜矿渣(CS)是炼铜工业的副产物,每生产 1t 铜大约产生 2.2tCS。CS 的堆存,不仅占用了大量的土地,其含有的重金属成分对水源和土壤也会造成严重污染。如何实现 CS 的资源化利用,是一个备受各界关注的问题。将铜矿渣粉(CSP)作为辅助性胶凝材料用于制备砂浆,则不仅可以资源化利用 CS,还可以减少水泥用量,降低砂浆中胶凝材料的 CO_2 排放量。可见,砂浆行业中资源化利用铜矿渣,对冶铜工业和建材行业的可持续发展均具有重要意义。本文研究了比利时和中国的 3 种不同化学组成的 CS 磨细制成的 CSP 对砂浆性能的影响,并评估了 3 种 CSP 的减碳效应,希望能够推动 CSP 在砂浆中的资源化利用步伐。

关键词：铜矿渣；砂浆；抗压强度；活性激发；CO_2 排放量

Study on the Performance and Carbon Reduction Effect of Three Copper Slags as Supplementary Cementitious Materials for Cement Mortar

Yan Zhuhua[1,2]　Sun Zhenping[1,2]　Luo Qiong[3], Li Zhilin[4]
Yang Chunyun[4]　Ma Yuefei[5]　Wang Zhili[6]

(1. Key Laboratory of Advanced Civil Engineering Materials of Ministry

of Education, Tongji University, Shanghai 201804;
2. School of Materials Science and Engineering, Tongji University, Shanghai 201804;
3. Ningbo Tongcheng Technology Service Co., Ltd, Ningbo 315048;
4. Yunnan Fluorine Industry Environmental Protection Technology Co., Ltd., Kunming 313000;
5. Ulanhot Shengyi Commercial Concrete Co., Ltd., Ulanhot 137400;
6. Taizhou Xiabei New Green Building Materials Technology Co., Ltd., Taizhou 225500)

Abstract: Copper slag (CS) is a byproduct of the copper refining industry, with approximately 2.2 tons of CS produced for every 1 ton of copper. The storage of CS not only occupies a large amount of land, but also contains heavy metal components that can cause serious pollution to water sources and soil. How to achieve the resource utilization of CS is a highly concerned issue. Using copper slag powder (CSP) as a supplementary cementitious material (SCM) for the preparation of cement mortar not only enables the resource utilization of CS, but also reduces the cement consumption and decreases the CO_2 emissions. It can be seen that the resource utilization of copper slag in the cement mortar industry is of great significance for the sustainable development of the copper refining industry and building materials industry. This article investigates the effects of different chemical compositions of three CSPs from Belgium and China on cement mortar properties, and evaluates the carbon reduction effect of these three CSPs, aiming to promote the resource utilization of CSP in cement mortar.

Keywords: Copper slag, Cement mortar, Compressive strength, Activation stimulation, CO_2 emissions

1 概述

铜矿渣（copper slag，CS）是冶炼金属铜过程中产生的工业副产物，每生产 1t 铜大约产生 2.2t CS[1]。据统计，仅 2018 年，我国精炼铜产量约为 903 万 t，而由此产生的 CS 达 2000 万 t。CS 的堆存，不仅占用了大量的土地，其含有的重金属成分对水源、土壤也会造成严重污染[2-3]。如何实现 CS 的资源化安全利用，有效削减 CS 的堆存，减少其对环境产生的危害，备受各界关注。CS 中除 Fe_2O_3 和 FeO 含量较高以外，其余化学组成如 SiO_2、CaO、Al_2O_3 等与矿渣粉、粉煤灰等硅铝质材料一致。将 CS 磨细成铜矿渣粉（copper slag powder，CSP）后用作辅助性胶凝材料用于制备复合砂浆，不仅可资源化利用 CS，并减少水泥用量，降低胶凝材料的 CO_2 排放量，还可以缓解水泥基材料对矿渣粉和粉煤灰等常用矿物掺合料过分依赖而产生的供求矛盾,可谓一举多得[4-5]。本文研究了比利时和中国的 3 种不同化学组成的 CS 磨细制成的 CSP 对砂浆性能的影响,并评估了 3 种 CSP 的减碳效应,以推动 CSP 在砂浆中的资源化利用。

2 试验材料与方法

试验所用材料包括:符合 GB 8076—2008《混凝土外加剂》规定的基准水泥;中国云南省昆明市东川区和比利时的 3 种水淬 CS;ISO 标准砂和自来水。经粉磨后,3 种 CSP 分别命名为 CS-CN1、CS-CN2 和 CS-BE,其比表面积均为 (520±10) m^2/kg,外观形貌如图 1 所示。3 种 CS 中 FeO、SiO_2 和 CaO 的总含量高达 76%~83%。三种 CS 在 CaO-SiO_2-FeO 体系中的三元图如 2 所示。根据 FeO 和 CaO 的相对含量,可将 3 种 CS 分类,其中,CS-BE 是高铁低钙 CS,CS-CN1 为高铁高钙 CS,而 CS-CN2 为低铁高钙 CS。

图 1　3 种 CSP(CS-BE、CS-CN1 和 CS-CN2)的外观形貌

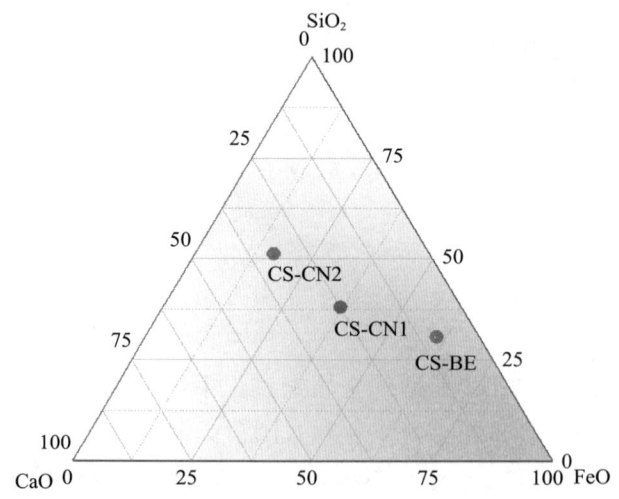

图 2　3 种 CSP(CS-BE、CS-CN1 和 CS-CN2)在 CaO-SiO_2-FeO 体系中的三元图

分别由 CS-BE、CS-CN1 和 CS-CN2 制备的砂浆依次命名为 BE-C、CN1-C 和 CN2-C。其中,CSP 和 PC 的掺量分别为 30% 和 70%,水胶比(W/B)为 0.5。参照 GB/T 17671—1999《水泥胶砂强度检验方法(ISO 法)》进行抗压强度测试。

3 试验结果与分析

3.1 砂浆的抗压强度及 3 种 CSP 的强度活性指数

采用强度活性指数法（strength activity index/ratio，SAI 或 SAR），又称抗压强度比法，评估 CSP 的活性与复合砂浆的力学性能。该方法是将火山灰质材料与硅酸盐水泥（或石灰）按一定比例加水搅拌均匀并制备成砂浆试件（试验组），以特定龄期试验组的强度与对照组（不掺加火山灰质材料的纯水泥砂浆）的强度的比值作为评价火山灰活性的指标。我国标准《用于水泥中的火山灰质混合材料》（GB/T 2847—2022）要求按照标准《用于水泥混合材的工业废渣活性试验方法》（GB/T 12957—2005）测试火山灰质材料的 28d 抗压强度比。具体规定如下：将 70%（质量比）的硅酸盐水泥与 30%（质量比）的工业废渣混合；依照标准《水泥胶砂强度检验方法（ISO 法）》（GB/T 17671—1999）所给定的配合比和成型方法制备试验组与对照组砂浆并成型试件；将试件在标准养护室中养护 28d。

纯水泥胶砂（M-Reference）以及掺加了 CSP 的胶砂（BE-C、CN1-C 和 CN2-C）的 28d 抗压强度如图 3 所示，分别为 42.5MPa、26.1MPa、36.1MPa 和 43.5MPa。

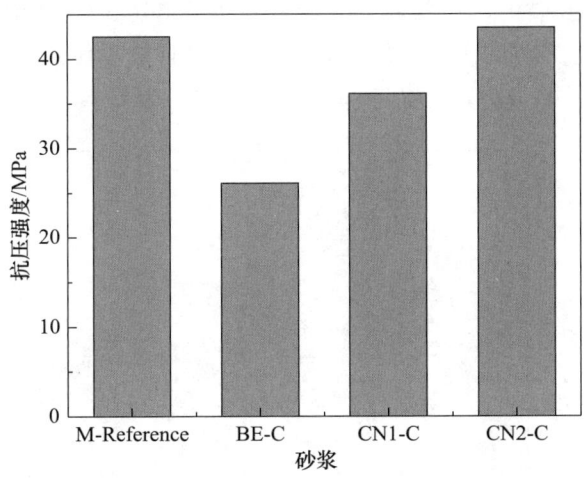

图 3 BE-C、CN1-C 和 CN2-C 的抗压强度

掺加工业废渣的试验组砂浆的 28d 抗压强度（R_1）与对照组砂浆 28d 抗压强度（R_2）的比值即为衡量工业废渣活性的指标——抗压强度比（K），如式（1）所示。强度活性指数越大，表明火山灰质材料的活性越高。

$$K = \frac{R_1}{R_2} \times 100\% \tag{1}$$

BE-C、CN1-C 和 CN2-C 的强度活性指数如图 4 所示。BE-C、CN1-C 和 CN2-C 的强度活性指数分别为 60%、85% 和 102%，表明该研究中所采用的 BE-C 的活性低于火山灰的活性（75%），而 CN1-C 和 CN2-C 的活性较高。

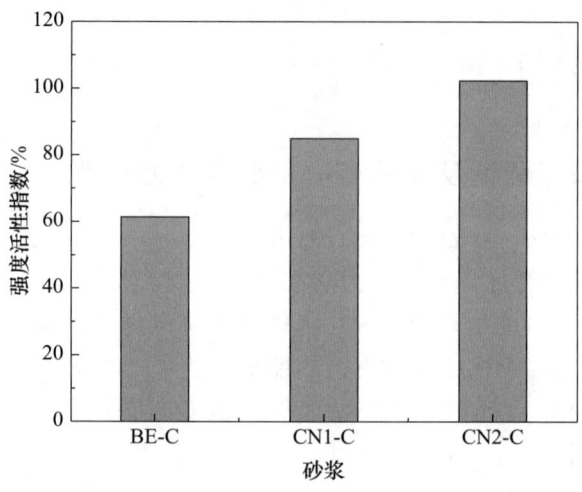

图 4　BE-C、CN1-C 和 CN2-C 的强度活性指数

3.2　CSP 的减碳效应

砂浆的 CO_2 排放量与强度的比值即为单位强度 CO_2 排放量（$kgCO_2/MPa$）。水泥胶砂和 CSP-C 胶砂（BE-C、CN1-C 和 CN2-C）在养护龄期为 28d 时的单位强度 CO_2 排放量如图 5 所示。水泥胶砂的单位强度 CO_2 排放量为 $5.36kgCO_2/MPa$。与之相比，BE-C 的单位强度 CO_2 排放量增加 21%，而 CN1-C 和 CN2-C 的单位强度 CO_2 排放量分别降低 11% 和 26%。结果表明，CN1-C 和 CN2-C 的减碳效应显著。

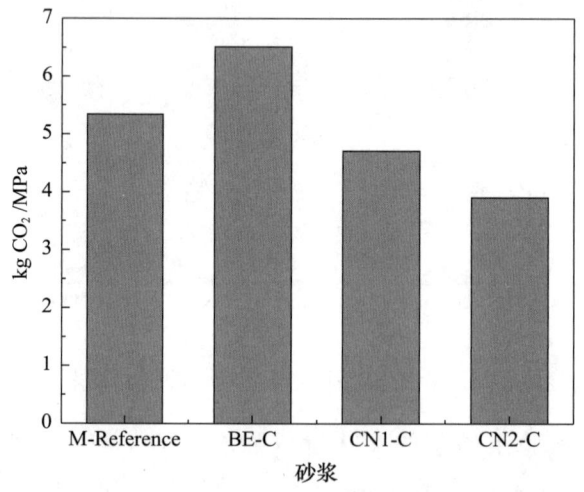

图 5　水泥胶砂和复合胶砂养护 28d 的单位强度 CO_2 排放量

4　结论

（1）根据 FeO 和 CaO 的相对含量，可将三种 CS 分类，其中，CS-BE 是高铁低钙 CS，CS-CN1 为高铁高钙 CS，而 CS-CN2 为低铁高钙 CS。

(2) BE-C、CN1-C 和 CN2-C 的强度活性指数分别为 60%、85% 和 102%，表明该研究中所采用的 BE-C 的活性低于火山灰的活性，而 CN1-C 和 CN2-C 的活性较高。

(3) 与水泥胶砂相比，BE-C 的单位强度 CO_2 排放量增加 21%，而 CN1-C 和 CN2-C 的单位强度 CO_2 排放量分别降低 11% 和 26%，表明 CN1-C 和 CN2-C 减碳效应显著。

参考文献

[1] GORAI B, JANA R K, PREMCHAND. Characteristics and utilisation of copper slag-a review. Resources Conservation and Recycling, 2003, 39 (4): 299-313

[2] LIM T T, CHU J. Assessment of the use of spent copper slag for land reclamation. Waste Management & Research, 2006, 24 (1): 67-73

[3] JAROSIKOVA A, ETTLER V, MIHALJEVIC M, et al. The pH-dependent leaching behavior of slags from various stages of a copper smelting process: Environmental implications. Journal of Environmental Management, 2017, 187: 178-186

[4] HALLET V, PEDERSEN M T, LOTHENBACH B, et al. Hydration of blended cement with high volume iron rich slag from non-ferrous metallurgy. Cement and Concrete Research, 2022, 151: 106624

[5] HALLET V, DE BELIE N, PONTIKES Y. The impact of slag fineness on the reactivity of blended cements with high-volume non-ferrous metallurgy slag. Construction and Building Materials, 2020, 257: 119400

硅藻土/聚丙烯酸钠复合材料的调湿性能

王 旭[1] 付建鹏[1] 朱 斌[1] 邓 妮[2] 武双磊[2]

(1. 桐庐宏基源混凝土有限公司,杭州 311502;
2. 浙江大学 材料科学与工程学院,杭州 310027)

摘 要:通过反相悬浮聚合的方法制备了硅藻土/聚丙烯酸钠复合调湿材料,对比了几种硅藻土含量、分散剂和中和度对调试材料的吸、放湿速度以及吸、放湿容量的影响。硅藻土/聚丙烯酸钠复合材料结合了前者吸、放湿速率较快和后者湿容量较大的特点,具有较好的调湿性能。较佳的复合材料的配方为硅藻土40wt.%、司班15wt.%、中和度90%,其在相对湿度为75%的环境下的吸湿平衡量为46.0%,在相对湿度为33%的环境下的放湿平衡量为25.5%。XRD、SEM 及 IR 等测试分析结果表明硅藻土表面存在凹坑状并覆盖有高分子聚合物,经复合后的矿物材料晶体结构并没有被破坏,官能团的变化表明有机高分子的确与多孔矿物发生了聚合反应。聚合物包裹下的矿物材料起到了水蒸气通道的作用,有利于水分子的进出,提高了调湿容量和吸放湿速率。

关键词:调湿材料;硅藻土;聚丙烯酸钠;吸、放湿速度;湿容量

Moisturizing Properties of Diatomaceous/Sodium Polyacrylate Composites

Wang Xu[1] Fu Jianpeng[1] Zhu Bin[1] Deng Ni[2] Wu Shuanglei[2]

(1. Tonglu Hongjiyuan Concrete Co., Ltd. Hangzhou 311502;
2. School of Materials Science and Engineering, Zhejiang University, Hangzhou 310027)

Abstract: Diatomaceous/sodium polyacrylate composite moisture-regulating materials were prepared by reversed-phase suspension polymerization, and the effects of variable factors such as diatomaceous content, dispersant, and degree of neutralization on the product's rate of moisture adsorption and release, as well as its capacity to absorb and release moisture, were investigated. The diatomaceous earth/sodium polyacrylate composite is of better humidity control performance, with the characteristics of faster moisture absorption and discharge rate of the former and larger wet capacity of the latter. The optimal formulation of the composite was obtained as 40w.t％ diatomaceous earth, 15w.t％ Span, and 90％ neutralization, which had a moisture absorption equilibrium of 46.0％ at a relative humidity of 75％ and a moisture release equilibrium of 25.5％ at a relative humidity of 33％. The results of XRD, SEM and IR tests and analyses show that the surface of diatomaceous earth exists in the form of pits and is covered with polymers, and the crystal structure of the composite mineral material is not destroyed, and the changes in the functional groups indicate that the organic polymers do polymerize with the porous minerals. The mineral material under the polymer package plays the role of the water vapor channel, which is conducive to the entry and exit of the water molecules, and improves the capacity of moisture regulation and the rate of moisture absorption and release.

Keywords：Moisturizing materials；Diatomaceous；Sodium polyacrylate；Absorption/Release speed；Wet capacity

0 引言

多孔矿物内部微孔多、比表面积大，吸、放湿速度较快，有着较好的放湿能力，但缺点是湿容量较小。而有机高分子材料，由于在吸水后原有的网络状结构发生溶胀，且分子链上的活性基团较多，从而有较大的湿容量，但其对水分子的吸附能力较强，使得其脱附能力很弱。将多孔矿物如硅藻土、沸石、海泡石与有机高分子材料通过反相悬浮聚合的方法进行复合，可充分地发挥每一组分的优点，以便制备出具有高湿容量，高吸、放湿速度的新型复合调湿材料[1-2]。

近些年，通过无机/有机复合提升材料调湿性能的研究很多[3-5]。王吉会[6-7]等用反相悬浮聚合法制备出凹凸棒黏土/聚丙烯酸复合材料和沸石/聚丙烯酸钠复合材料；封禄田[8]等将蒙脱土和聚丙烯酸铵进行复合制备出调湿材料；万涛[9]等采用反相悬浮聚合法合成出膨润土复合聚丙烯酸钠-丙烯酰胺高吸水性复合树脂；李志宏[10]等采用悬浮聚合法制得硅藻土/聚乙烯醇高吸水性树脂；唐祥虎[11]等以丙烯酸钠、辉沸石为主要原料采用水溶液聚合法合成辉沸石/聚丙烯酸钠高吸水性保水性复合材料；潘亚平[12]等以丙烯酸和硅藻土矿物为主要原料采用水溶液聚合法制备出硅藻土/聚丙烯酸钠高吸水性复合材料。

本文采用反相悬浮聚合的方法合成了硅藻土/聚丙烯酸钠复合材料。通过固定交联剂和引发剂用量，研究了硅藻土含量、分散剂含量和中和度对复合材料调湿性能的影响，并最终确定了具有最佳调湿性能的材料配比。借助 SEM、IR 和 XRD 等测试方法研究了多孔矿物材料在复合前后形貌、官能团及晶相的改变，讨论分析了相关机制，旨在为调试材料的研发提供参考。

1 试验

1.1 原材料

试验所用的原材料主要有硅藻土、丙烯酸钠、司班 60、十六烷基三甲基溴化铵、硫酸、氢氧化钠等，其中硅藻土由浙江某厂家提供，其主要化学组成见表 1，其他均为分析纯化学试剂。

表 1 硅藻土原料的主要化学组成（wt.%）

烧失量	SiO_2	Al_2O_3	Fe_2O_3	CaO	MgO	总量
0.7	91.26	2.46	1.17	0.98	0.24	96.81

1.2 样品制备

1.2.1 硅藻土的预处理

硅藻土在浓度 60% 的硫酸中按固液比 1∶4 的比例，恒温 90℃磁力搅拌 90min 后烘干备用。将十六烷基三甲基溴化铵（HDTMABr）溶于无水乙醇中控制浓度为 2%，把干燥好的活化硅藻土加入到 HDTMABr 溶液中，控制水浴温度为 60℃，磁力搅拌 3h。

1.2.2 复合材料的制备

固定丙烯酸用量为 15mL，约为 15g；水油比为 1∶5，水的质量以保证氢氧化钠浓度不高于 25% 为宜。结合前人的工作成果及对试验的前期探索，固定交联剂和引发剂的添加量为 1%（质量百分数均为相对单体的质量）。所设计的硅藻土/聚丙烯酸钠复合材料配比见表 2。

表 2 硅藻土/聚丙烯酸钠复合材料配比

编号	硅藻土	司班 60	中和度
G1	20wt.%	10wt.%	80%
G2	40wt.%	10wt.%	80%
G3	60wt.%	10wt.%	80%
G4	40wt.%	10wt.%	90%
G5	40wt.%	15wt.%	90%
G6	40wt.%	15wt.%	80%

具体制备方法如下：

（1）根据试验的组分设计配比，称取对应质量的氢氧化钠溶于去离子水中，冰水浴磁力搅拌至完全溶解。

(2) 将氢氧化钠溶液缓慢滴入丙烯酸中，保持冰水浴持续搅拌。

(3) 将计量改性矿材加入到部分中和的丙烯酸溶液中，超声振荡，乳化40min。

(4) 在乳化好的液相中加入适量交联剂NNMBA，充分搅拌。

(5) 将计量的分散剂司班60溶解在适量的环己烷中，恒温35℃充分磁力搅拌。

(6) 将(4)、(5)步骤得到的液体倒入三口烧瓶中充分搅拌。

(7) 用少量去离子水溶解引发剂过硫酸钾，用滴管逐滴加入到三口烧瓶中。

(8) 停止搅拌，通氮气20min排出三口烧瓶中的氧气。

(9) 停止通气，开始搅拌，升温制度为：35℃，30min；45℃，30min；55℃，30min；60℃，60min；70℃，3h；75℃，30min。此时反应体系的黏度达到稳定，停止搅拌和加热结束反应。

(10) 从三口烧瓶中取出复合产物，放入干燥箱中80℃干燥，粉碎后装袋备用。

1.3 调湿性能测试

采用不同相对湿度条件下，复合材料的质量变化率来反映其调湿性能。

1.3.1 试验条件设置

在干燥器内盛入氯化镁或氯化钠的饱和盐溶液，使干燥器内维持所需的相对湿度，饱和盐溶液上的密闭空间所对应的相对湿度见表3。干燥器分为上、下两隔层，中间由一带孔的陶瓷隔板隔开，被测试样置于隔层上方，下层放置所需的盐溶液，上、下隔层通过小孔连通以保证干燥器内相对湿度一致。由于温度、湿度都是水分迁移的驱动力，为减小温度对平衡含湿量的影响，将相对湿度发生器（干燥器）置于(23±0.5)℃的恒温环境中，保证试验的恒温条件。

表3 23℃时不同饱和盐溶液对应的相对湿度

化学名称	分子式	相对湿度/%
氯化镁	$MgCl_2$	32.9±0.17
氯化钠	$NaCl$	75.36±0.13

1.3.2 吸、放湿试验

1. 吸湿试验

吸湿试验具体的操作步骤如下：

(1) 称量有封盖不吸湿的ϕ6cm的塑料培养皿的干重，记为M_0。将一定量的样品放入培养皿中，移至干燥箱中烘干至恒重，干燥箱温度设定为80℃，烘干时间为12h。

(2) 将烘干至恒重的样品随培养皿从干燥箱中拿出后，盖上封盖放在电子天平上称重，记为M_1。

(3) 迅速将培养皿连同样品放入ϕ30cm的干燥器内，干燥器底部装有不同的饱和盐溶液来创造不同的相对湿度环境。干燥器置于恒温室内，室内温度恒定为23℃，使干燥器内温度恒定。

(4)每隔一段时间把样品取出进行称量,称重记为 M_n($n=1$,2,3…),然后迅速放回干燥器内继续让其吸湿至饱和,直至样品的质量不再变化为止,此时称重记为 M_{max}。则材料在一定时间吸湿率 η_1 的计算公式为:

$$\eta_1 = \frac{M_n - M_1}{M_1 - M_0} \times 100\% \tag{1}$$

材料的最大平衡含湿量 η_{max} 即饱和吸湿率的计算公式为:

$$\eta_{max} = \frac{M_{max} - M_1}{M_1 - M_0} \times 100\% \tag{2}$$

(5)以吸湿时间为横坐标,吸湿率为纵坐标,将在不同干燥器测得数据绘制成图,即可得到 23℃时不同相对湿度条件下的吸湿动力学曲线。以相对湿度为横坐标,饱和吸湿率为纵坐标绘制得到样品的最大平衡含湿量曲线。

2. 放湿试验

放湿试验具体的操作步骤如下:

(1)将样品放入相对湿度较高的环境中进行吸湿,待吸湿饱和后称重记为 W_{max}。

(2)将样品放入较低相对湿度环境($RH = 33\%$)的干燥器中进行放湿,干燥器保持恒温 23℃。

(3)每隔一段时间,将样品取出进行精确称重记为 W_t($t=1$,2,3…),然后迅速放回干燥器中让其放湿,直至样品的质量不再变化为止,即达到该湿度环境下的放湿平衡。调湿材料在一定时间的放湿率 η_2 的计算公式为:

$$\eta_2 = \frac{W_{max} - W_t}{W_{max} - M_0} \times 100\% \tag{3}$$

(4)以吸湿时间为横坐标,放湿率为纵坐标,将在 23℃,$RH = 33\%$ 湿度环境下测得的放湿数据绘制成图,得到该条件下的放湿动力学曲线。

1.4 微观测试

采用日本 Hatchi 的 S-4800 扫描电子显微镜(FESEM)观察样品形貌特征和颗粒尺寸。采用荷兰 PANalytical B. V. 的 Empyrean 200895 变温 X 射线衍射仪对样品进行物相分析,判断粉末样品的物相组成和晶体结构。采用德国 Vector 22 傅里叶变换红外光谱仪对样品进行红外测试。

2 结果与分析

2.1 各组复合材料样品的调湿性能

材料的最大平衡含湿量的大小可以表征材料的调湿能力及湿容量,而材料的吸、放湿速度表征了材料调湿的快慢。吸、放湿速度的快慢即表明了调湿材料的应答能力,由吸、放湿动力学曲线确定。绘制了各组复合材料样品的吸湿曲线和放湿曲线,如图 1 所示。

G1、G2 和 G3 组中硅藻土的含量分别为 20%、40% 和 60%,对比图 1(a)中 G1、

G2 和 G3 三组样品的吸湿曲线可知：在相对湿度为 75% 的环境中，一开始三组样品的吸湿速率都较快，而且吸湿量也都比较接近；2d 后三组样品的吸湿速率逐渐降低，其中以 G3 组降低最为明显，相应的湿容量（吸湿平衡量）也最低，约为 36.0%，而 G1 和 G2 组的吸湿速率相近，其中 G2 的湿容量最大，为 48.0%，G1 组次之，约为 42.0%。与 G3 组相比，G1 组吸湿平衡量提高了 33.3%。

而从图 1（b）三个样品的放湿曲线可知：在整个放湿过程中，放湿速度及放湿平衡量的大小顺序均是 G2＞G1＞G3，其中 G1 组的放湿平衡量达到了 29.0%，而 G3 组仅为 20.5%，相比之下 G1 组的放湿平衡量提高了 41.5%。综合吸、放湿曲线可以看出 G2 的调湿性能最优，在硅藻土含量不大于 60% 的范围内，硅藻土含量为 40% 时复合材料具有最优的吸、放湿性能。

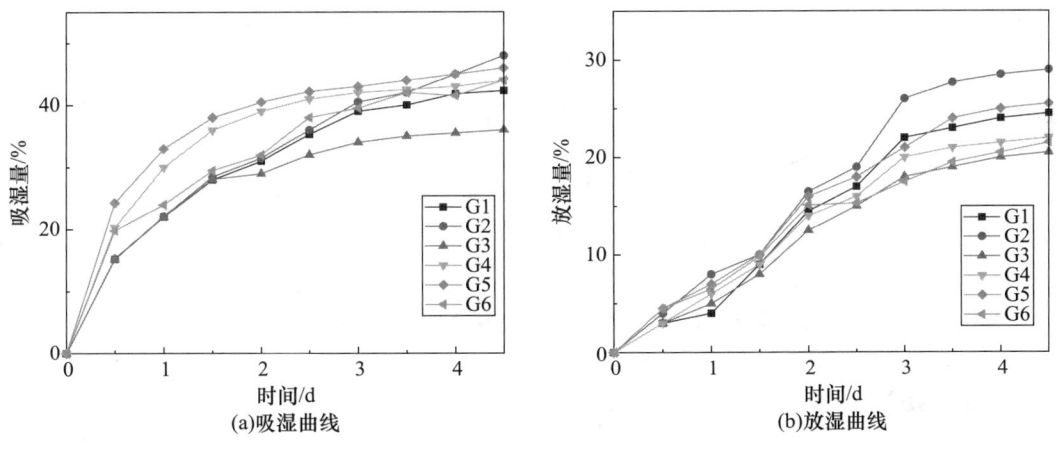

图 1　硅藻土/聚丙烯酸钠复合材料的调湿曲线

G4 和 G5 组样品中硅藻土含量均为 40%，中和度均为 90%，不同的是两组中司班 60 浓度分别为 10% 和 15%。对比 G4 和 G5 两组样品的吸、放湿曲线可知：在吸、放湿过程中 G5 的吸、放湿速度和最终的平衡含湿量均优于 G4，其中 G4 组的吸湿平衡量和放湿平衡量分别为 44.0% 和 22.0%，而 G5 组的分别为 46.0% 和 25.5%，相比之下 G5 组的吸、放湿平衡量分别提高了 4.5% 和 15.9%，这说明司班浓度为 15% 时复合材料能获得更优的调湿性能。

G5 和 G6 组样品中硅藻土含量均为 40%，司班 60 浓度均为 15%，不同的是两组的中和度分别为 80% 和 90%。而从 G5 和 G6 的对比中可知：在吸、放湿过程中 G5 的吸、放湿速度和最终的平衡含湿量均优于 G6，其中 G6 组的吸湿平衡量和放湿平衡量分别为 44.0% 和 21.5%，相比之下 G5 组的吸、放湿平衡量分别提高了 4.5% 和 18.6%，这说明中和度为 90% 时复合材料能获得更优的调湿性能。

综上所述，当硅藻土 40wt.%，司班 15wt.%，中和度 90% 时，硅藻土/聚丙烯酸钠复合材料的吸、放湿率达到最大值。

2.2　XRD 分析

图 2 为硅藻土、硅藻土/聚丙烯酸钠复合材料的 X 射线衍射图谱。

如图 2 所示，硅藻土典型衍射峰位于 $2\theta=21.9°$、$27.5°$、$31.6°$ 和 $36.1°$，分别对应 (101) 晶面、(111) 晶面、(102) 晶面和 (200) 晶面，这与硅藻土的方石英结构一致。当硅藻土与丙烯酸聚合后，复合材料的衍射峰十分接近硅藻土原矿，没有明显的 PAA 的漫散射峰出现，两个 XRD 图谱中主峰的位置没有发生变化，表面经过 PAA 复合改性的硅藻土没有发生晶型的改变，硅藻土的晶体结构并没有被破坏。

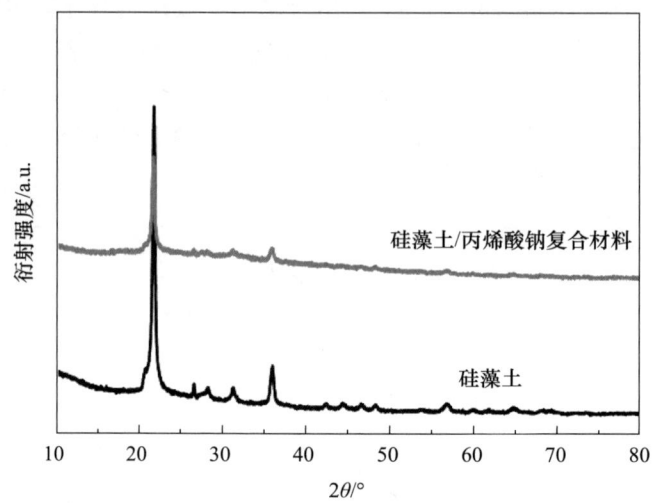

图 2　硅藻土、硅藻土/聚丙烯酸钠复合材料的 X 射线衍射图谱

2.3　SEM 分析

改性硅藻土与硅藻土/聚丙烯酸钠复合材料的表面形貌如图 3 所示。

图 3 中 (a) 和图 3 (b) 为改性前不同倍数下的硅藻土，图 3 (c) 和图 3 (d) 为改性后的硅藻土。可以看出，经过处理后表面杂质基本清除干净，呈多孔的圆盘状结构，孔径范围为 10~200nm。

图 3 (e) 与图 3 (f) 为硅藻土与丙烯酸聚合之后的样品形貌，复合材料变成表面光滑大小不一的块状，表面观察不到孔洞。这一形貌印证了，丙烯酸单体成功地进入到原始孔洞中，并覆盖在硅藻土表面，完成了硅藻土和丙烯酸的键合。

2.4　IR 分析

图 4 为硅藻土和硅藻土/聚丙烯酸钠复合材料的红外吸收光谱。

如图 4 所示，在硅藻土中，位于 3448cm^{-1} 和 793cm^{-1} 处的峰为 Si—OH 键的伸缩和弯曲振动峰，位于 1091cm^{-1} 和 472cm^{-1} 处的吸收峰代表了 Si—O 键的振动。

与丙烯酸聚合后，硅藻土中的上述吸收峰仍然存在于复合材料中且位置不变，1562cm^{-1}、1406cm^{-1} 处新的吸收峰代表着—COO—中 C=O 振动，同时在 2918cm^{-1} 和 1455cm^{-1} 处出现了丙烯酸中 CH$_2$ 基团的振动峰。这些特点表明，在聚合过程中，丙烯酸单体产生了化学反应并进入到孔洞中，这个结论也得到了其他文章的证实[13]。

第二部分 砂浆基本性能和原材料作用

(a) 改性前(×2k) 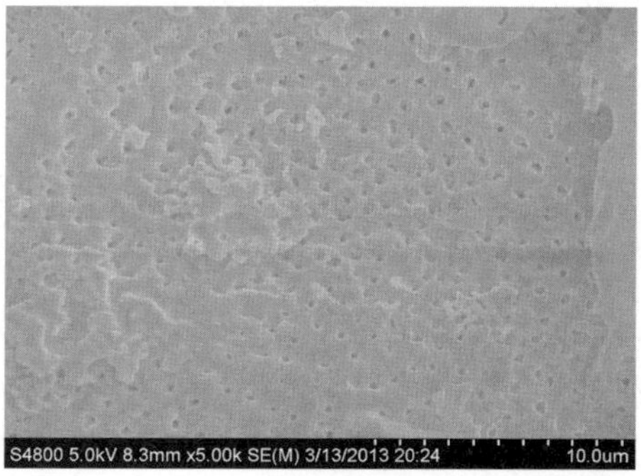　　　　　　　　　(b) 改性前(×5k)

(c) 改性硅藻土(×2k) 　　　　　　　(d) 改性硅藻土(×5k)

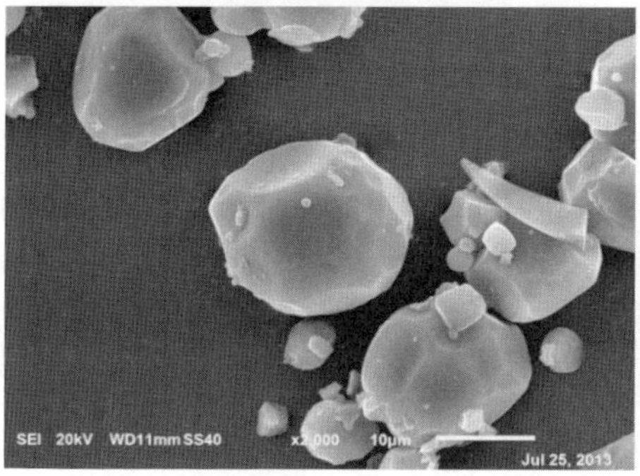

(e) 复合材料(×2k) 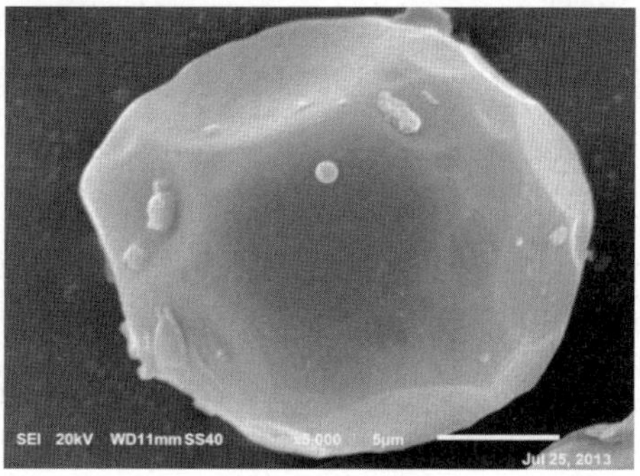　　　　　　　　(f) 复合材料(×5k)

图 3　改性硅藻土与硅藻土/聚丙烯酸钠复合材料的显微结构

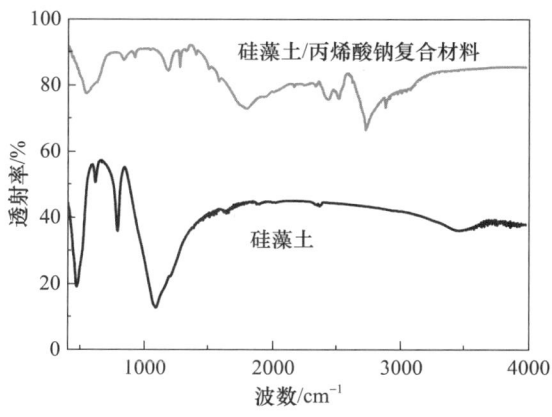

图 4　硅藻土与硅藻土/聚丙烯酸钠复合材料红外图谱

2.5 机理探讨

高吸水性树脂从化学结构看，其主链或接枝侧链上含有亲水性集团如羧基、酰胺基等；从物理结构看，高吸水性树脂是一个低交联度的三维网络，其吸湿后的最大体积可达到原体积的数倍，因此具有较理想的湿容量。

高吸水性树脂是一种含有强亲水集团并且有一定交联度的功能性高分子聚电解材料，能吸收自身重量几百倍乃至上千倍的水；吸水后的凝胶具有优异的吸水和保水能力。它是由三维空间网络构成的聚合物，它的吸水既有物理吸附，又有化学吸附。吸水前，高分子网络是固态网束，亲水集团未电离成离子对。当高分子遇水时，亲水基与水分子的水合作用使高分子网束扩张，同时因电离作用产生网内外离子浓度差，造成网络结构内外产生渗透压，水分子就向网络结构内渗透，因而能吸收大量的水分[14-15]。

聚丙烯酸钠高吸水性树脂的吸水过程很复杂。在结构上，它是轻度交联的高分子空间网络，具有许多离解基（COONa），其网络结构是由化学交联和大分子链间的相互缠绕的物理交联构成。聚丙烯酸钠高吸水性树脂未接触水时呈固态网，当与水接触后，亲水基（COONa、COOH）与水作用使水渗入树脂内部。

天然多孔材料的主要特点是内部微孔多、比表面积大，其孔道结构为吸附和释放水蒸气提供了很好的通道。由于主要依靠物理吸附来进行湿度调节，因此速度较快，容易达到饱和吸湿，并且在外界湿度降低的时候，随着环境蒸汽压的变化，有着较好的放湿能力。但缺点是湿容量较小。

无机矿物类调湿材料其层间、孔内能够吸附和释放水蒸气，但其湿容量较小；而有机高分子材料的湿容量高，但其放湿性能较差。将无机矿物材料与有机高分子材料通过一定的方式进行复合，可充分发挥每一组分的优点，克服各自的缺陷。试验表明，无机矿物与有机高分子材料进行复合后，有机高分子单体经聚合反应引入到无机矿物的层间或孔内，使无机矿物材料的层间距或孔径增大，使其具有较高的湿容量和较快的调湿速度。此外，试验还发现无机矿物/有机高分子复合材料的表面常存在较大的孔隙、结构疏松，加大了材料与空气的接触面积，从而增强了材料的调湿能力[16]。

通过反相悬浮法制备硅藻土/聚丙烯酸钠复合材料，结合 XRD、SEM 及 IR 等测试分析可知，多孔矿物材料表面存在凹坑状并覆盖有高分子聚合物，经过复合矿物材料的晶体结构没有被破坏，官能团的变化表明有机高分子与多孔矿物发生了聚合反应，由于结构上的变化从而带来了多孔矿物调湿性能的提高。

3 结论

硅藻土和聚丙烯酸钠都具有较好的调湿性能，两者复合后效果更为显著。通过反相悬浮聚合的方法制备了硅藻土/聚丙烯酸钠复合调湿材料，对比了几种硅藻土含量、分散剂和中和度对调试材料的吸、放湿速度以及吸、放湿容量的影响，主要得到以下结论：

(1) 较佳的复合材料的配方为硅藻土 40wt.%、司班 15wt.%、中和度 90%，其在相对湿度为 75% 的环境下的吸湿平衡量为 46.0%，在相对湿度为 33% 的环境下的放湿平衡量为 25.5%。

(2) 结合 XRD 衍射图谱、SEM 图像及 IR 等测试分析结果可知，硅藻土表面存在凹坑状并覆盖有高分子聚合物，经复合后的矿物材料晶体结构并没有被破坏，官能团的变化表明有机高分子的确与多孔矿物发生了聚合反应。

(3) 硅藻土和聚丙烯酸钠的复合结合了多孔矿物优良的放湿性能和有机高分子聚丙烯树脂的高吸湿性能，聚合物包裹下的矿物材料起到了水蒸气通道的作用，有利于水分子的进出，提高了调湿容量和吸、放湿速率。

参考文献

[1] 岳扬皓. 硅藻土基相变复合调湿材料热湿传递性能试验研究 [D]. 阜新：辽宁工程技术大学，2022.

[2] 张苏丹. 硅藻土基麦秸秆复合材料的调湿性能研究 [D]. 西安：西安建筑科技大学，2022.

[3] 杨家旺. 发泡水泥基复合相变材料的制备及其调湿控温性能研究 [D]. 苏州：苏州科技大学，2022.

[4] 黄鹏程，谢华慧，梁伟聪. 多种材料应用于复合调湿砂浆的研究 [J]. 节能，2022，41（01）：44-46.

[5] 田维. 无机硅基介孔调湿材料的制备、机理与应用研究 [D]. 广州：华南理工大学，2022.

[6] 王吉会，李燕，张子洋. 凹凸棒黏土/聚丙烯酸复合材料的制备与调湿性能 [J]. 材料研究学报，2010（002）：113-117.

[7] 王吉会，任曙凭，韩彩. 沸石/聚丙烯酸（钠）复合材料的制备与调湿性能 [J]. 化学工业与工程，2011，28（1）：1-6.

[8] 封禄田，田一光. 蒙脱土/聚丙烯酰胺复合材料的制备和性能研究 [J]. 沈阳化工学院学报，1999，13（1）：1-5.

[9] 万涛，何文琼，蒽全寿，等. 反相悬浮聚合膨润土复合聚丙烯酸钠-丙烯酰胺高吸水性树脂的研究 [J]. 弹性体，2003，13（2）：8-12.

[10] 李志宏，武继民，关静，等. 硅藻土-聚乙烯醇高吸水性树脂的合成及性能研究 [J]. 化工新型材料，2008，36（9）：93-95.

[11] 唐祥虎，范力仁，沈上越，等. 辉沸石/聚丙烯酸（钠）高吸水保水性复合材料合成研究 [J]. 非金属矿，2006，29（1）：20-23.

[12] 潘亚平，范力仁，沈上越，等. 硅藻土高吸水性复合材料的制备及性能研究 [J]. 化工矿物与加工，2006，18（5）：13.

[13] KHRAISHEH M, AL-GHOUTI M, ALLEN S, M. Ahmad. Effect of OH and silanol groups in the removal of dyes from aqueous solution using diatomite [J]. Water Research, 2005, 39 (5): 922-932.

[14] SIYAM T, YOUSSEF H. Cationic resins prepared by radiation-induced graft copolymerization [J]. Radiation Physics and Chemistry, 1999, 55 (4): 447-450.

[15] BAKASS M, MOKHLISSE A, LALLEMANT M. Absorption and desorption of liquid water by a superabsorbent polymer: Effect of polymer in the drying of the soil and the quality of certain plants

[J]. Journal of applied polymer science, 2002, 83 (2): 234-243.

[16] LAN T, KAVIRATNA P D, T. J. Pinnavaia. Mechanism of clay tactoid exfoliation in epoxy-clay nanocomposites [J]. Chemistry of Materials, 1995, 7 (11): 2144-2150.

作者简介

第一作者： 王旭，男，工程师，主要从事砂浆与混凝土技术开发。E-mail：451345339@qq.com。

通信作者： 武双磊，男，高工，主要从事新型水泥基材料研发。E-mail：wushuanglei@zju.edu.cn。

白色锆硅微粉在高强度砂浆中的性能表现及优势

武海龙[1]　刘　涛[1]　刘　晓[1]　石俊花[2]　韩晓佳[1]

[1. 凯诺斯中国铝酸盐技术有限公司，天津 300457；
2. 英格瓷电熔矿产（营口）有限公司，营口 115000]

摘　要：本文针对高强度砂浆/混凝土中的活性硅灰微粉，研究了两种硅灰及不同掺量对高强度砂浆的性能影响及优势分析，试验中硅灰添加量为胶凝材料总量的 3%、6%、9%，通过测试流动度、凝结时间、强度和收缩分析性能表现，同时针对高强度砂浆的低水灰比特点，测试两类硅灰在搅拌时的分散效率对比。通过试验可以得出，锆硅微粉在 9% 取代量时，分散时间相比空白组降低 56%，比 920U 硅灰降低 50%，抗折强度和抗压强度比 920U 提高 10%，白色锆硅微粉是作为白色 UHPC 应用非常优秀的活性掺合料微粉。

关键词：白色 UHPC；套筒灌浆；白硅灰；分散效率；低水灰比；高强度砂浆

Performance and Advantages of White Zirconium Silicon Fume in High-strength Mortar

Wu Hailong　Liu Tao　Liu Xiao　Shi Junhua　Han Xiaojia

(1. Kerneos (China) Aluminate Technologies Co., Ltd. Tianjin 300457;
2. Yingge Porcelain Electric Melting Mineral Resources (Yingkou) Co., Ltd. Yingkou 115000)

Abstract: This paper investigates the performance impact and advantages of two types of silica fume, as active admixtures in high-strength mortar and concrete. The study explores different substitution of silica fume, ranging from 3% to 9% of the total binder content. Performance analysis was conducted through workability, setting time, strength, and shrinkage. With low water-cement ratio in high-strength mortar, the dispersion efficiency of the two types of silica fume during mixing was evaluated. Experimental results indicate that, as 9% substitution rate, zircon-silica micro-powder exhibited a 56% reduction in dispersion time compared to the control group and a 50% decrease compared to 920U silica fume. Moreover, 10% increase in both flexural and compressive strengths compared to 920U silica fume. White zircon-silica micro-powder as an active admixture micro-powder is suitable for white UHPC.

Keyword: white UHPC; sleeve grout; white silica fume; dispersion efficiency; low water-cement ratio; high strength mortar

1 引言

高强度砂浆/混凝土近年来伴随材料，性能的优化，越来越多地在工程项目上使用，尤其是超高性能混凝土（ultra high performance concrete，UHPC），是一种具有优异力学性能与耐久性能的纤维增强水泥基复合材料，可以用在桥面铺装、桥面湿接缝、结构加固与修复、预制梁、墩柱及功能制件等结构工程领域[1]，同时超高性能混凝土（UHPC）作为一种创新性结构装饰一体化材料应用于现代建筑幕墙，耐久性优异，拉伸强度高，韧性好[2]。本文针对白色锆硅微粉在高强度砂浆中的应用做出初步性研究。

白色锆硅微粉是电熔法工艺生产氧化锆过程中的伴生物，电熔法工艺是以锆英砂（化学成分为 $ZrSiO_4$ 或 $ZrO_2·SiO_2$）为原料生产氧化锆，生产中加入碳（C）作为还原剂，通过电弧炉的高温作用使锆英砂高温时分解为 ZrO_2 和 SiO_2，其中的 SiO_2 被 C 还原为 SiO 气体溢出，进而获得氧化锆主产物，SiO 气体在排出过程中遇冷空气被氧化为非晶态 SiO_2，通过收尘系统收集伴生物锆硅微粉。因此白色锆硅微粉是生产氧化锆过程中的伴生物，通过在生产设备的收集系统中经过收集、混合均化、颗粒筛选、细粉包装获得的近白色的非晶态微粉。

2 试验介绍

2.1 试验原材料

硅酸盐水泥，P·Ⅱ 52.5，南京小野田生产，见表1；920U 硅灰，市售产品；白色锆硅微粉 SIF-A：英格瓷电熔矿产（营口）有限公司，化学成分见表2，其他指标见表3；石英砂：水洗级，市售产品；聚羧酸减水剂：540P，西卡有限公司生产；抗沉降剂，生物多糖胶；消泡剂：50PE，凯诺斯铝酸盐技术有限公司生产。

表 1 P·Ⅱ 52.5 水泥指标

产品	主要矿物相	比表面积/($m^2·kg^{-1}$)	颜色
P·Ⅱ 52.5 硅酸盐水泥	C_3S、C_2S	360	浅灰色

表 2 SIF 的化学成分

产品	Al_2O_3	ZrO_2	SiO_2	P_2O_5	Fe_2O_3
锆硅微粉 SIF-A	0.4	4.5	94.0	2.8	0.19

表 3　SIF 的其他指标

指标	%
白度	92
细度指标 D50	1.5μm
pH 值	2.7

2.2　高强度砂浆配比

砂浆原材料配比见表 4。

表 4　砂浆原材料配比

原材料配比	%
P.Ⅱ52.5 硅酸盐水泥	49.5
火山灰质材料	1.5～4.5
40～70 目石英砂	50.2
聚羧酸减水剂	0.25
抗沉降剂	0.002
消泡剂	0.05
水量	11.5

试验对比两种不同的火山灰质材料，分别为 920U 和锆硅微粉，火山灰质材料取代硅酸盐水泥量分别为 3%、6%、9%，同时设置空白组，即不添加火山灰质材料。

2.3　试验及测试仪器

胶砂搅拌机，型号 JJ-5，无锡建议公司，按照 GB/T 1346—2001《水泥标准稠度用水量、凝结时间、安定性检验方法》。

比长仪，型号 BC-300，按照 JC/T 603—2004《水泥胶砂干缩试验方法》测试。

XRD（X 射线衍射分析），德国布鲁克公司生产，采用步进扫描模式，工作电压 40kV，工作电流 100mA。

XRF（X 射线荧光光谱仪），德国布鲁克公司生产，S8 TIGER，波长色散型。

3　试验结果与讨论

本节针对测试结果及数据分析。

3.1　搅拌分散时间测试结果

搅拌分散时间测试是在使用实验室搅拌机搅拌材料时，从加水后开始计时，然后观察什么时间砂浆可以达到均匀分散的程度，表示材料和添加剂的充分润湿，砂浆成为均一的整体，性能可以充分发挥，试验结果如图 1 所示。从结果来看，920U 加入量增高后，尤其是达到 9% 时，分散用的时间最长，即打开需要的时间最久，锆硅微粉表现最好。伴随添加量的增加,打开所需要的时间越来越短,即加入锆硅微粉对砂浆的搅拌分散有帮助,当加入 9%时,可以缩短近 50%的时间,比 920U 缩短近 56%,大大提高了砂浆的分散性能。

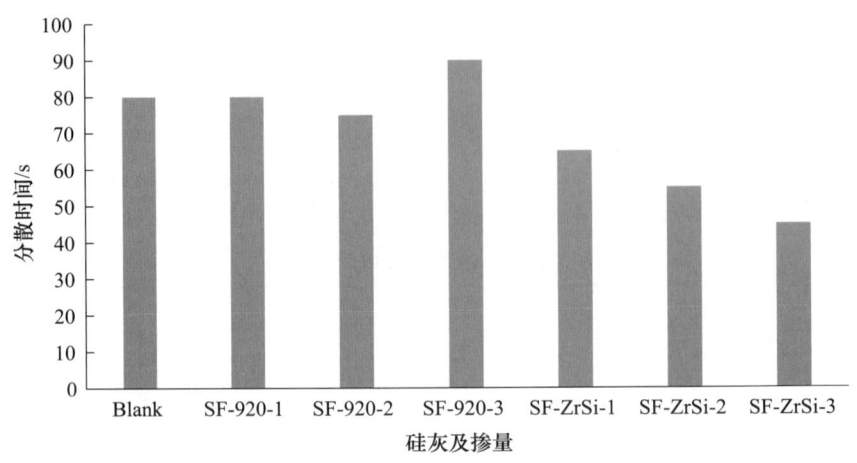

图 1　搅拌分散时间测试结果

3.2　流动度测试结果

砂浆的流动度测试结果如图 2 所示,从结果看,920U 比锆硅微粉的流动度小,随着920U 的掺量增加,流动度越来越小,流动性砂浆越来越黏,不易有很好的自流效果,可能是硅灰的掺量太大,引起与添加剂,尤其是减水剂的吸附作用更加明显,进而带来流动度变小。而锆硅微粉对流动度的影响随着掺量的增加影响很小,说明锆硅微粉的加入对流动度没有负面的效应,分析原因,可能是本试验所用锆硅微粉的 pH 值为 2.7,属于酸性特点,这个对于砂浆的搅拌分散和流动度影响较小,进而会带来更好的流动度结果和搅拌分散效果,这个试验结果在其他文献中也有同样的规律,是一致性比较强的结果[3]。

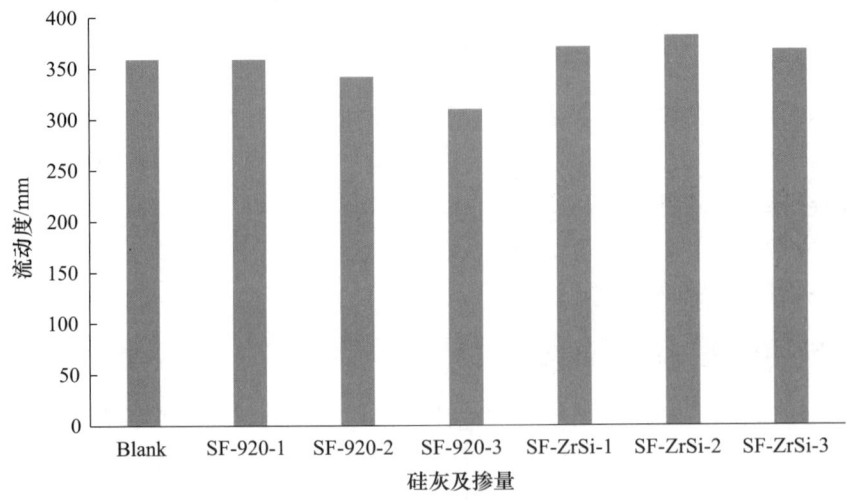

图 2　流动度测试结果

3.3 抗折强度测试结果

砂浆的抗折强度测试结果如图 3 所示,从抗折强度结果来看,空白组和 920U 测试组保持一致的规律,即在 1d 和 3d 抗折强度变化比较小,没有明显的增长,抗折强度最大的变化来自 3d 到 28d 的增长。而在锆硅微粉加入后,伴随着加入量的提升,1d 和 3d 抗折强度降低,尤其是 3d 抗折强度 9%掺量比 3%掺量降低大约 15%。但 3d 的抗折强度比 920U 硅灰提高了近 50%(3%掺量),这个对于中期养护时间下的强度帮助非常大。同样,到了 28d 后,强度增加也比较明显,尤其是 3%掺量下,28d 强度在本组试验中达到最高。

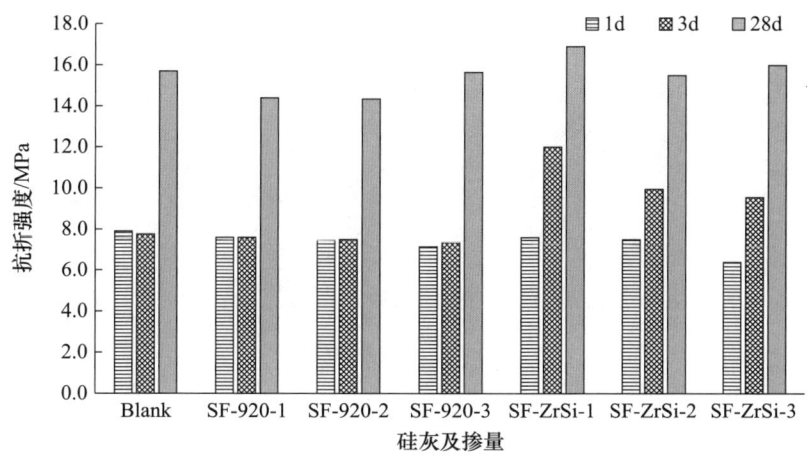

图 3 抗折强度测试结果

抗折强度的影响因素比较多,笔者最近几年在持续关注 28d 抗折强度,尤其是针对特种水泥应用领域里面带来的抗折强度变化思考很多,在硅灰体系和特种水泥体系影响因素比较少,但从本组试验来看,因为活性掺合料带来的抗折强度变化是明显的,这个对于 UHPC 类材料,尤其是没有纤维影响的条件下带来的变化还需要更多的试验来摸索规律。

3.4 抗压强度测试结果

砂浆的抗压强度测试结果如图 4 所示。本试验中抗压强度和抗折强度一样,分别测试了 1d,3d 和 28d 抗压强度,从抗压强度测试结果看,空白组的抗压强度在各个龄期都保持了比较高的水平,不同种类的硅灰添加都接近或者低于空白组的强度表现。

对比两种不同的硅灰来看,920U 硅灰在添加量提高的情况下,早期 1d 的抗压强度有所降低,3d 抗压强度延续了 1d 强度伴随掺入量降低而降低的特点,但到了 28d 后的强度已经追赶到了空白组的同等水平,可能是因为活性掺合料的作用时间是伴随着龄期的增加而达到取代水泥材料的特点。锆硅微粉和 920U 也有同样的特点,随着掺量增加,早期 1d 强度降低,并且锆硅微粉降低的幅度比 920U 更大,养护龄期到了 3d 后,强度增加比 920U 硅灰更高,后期随着龄期的延长,强度的增加明显,伴随着掺量的增加,强度的增加越来越高。综合抗折强度和抗压强度的表现,锆硅微粉的适宜掺量在 6%~9%,在这个掺量下,抗折强度提升明显,抗压强度虽然早期 1d 强度有一些降低,但是 28d 强度增加明显，对于后期强度的帮助比较大。这个可能一是因为硅灰本身颗粒很细而产生的微填充效应，硅灰颗粒填充在孔隙及较大的水泥颗粒间，减少了基体的大孔数量，优化了胶凝材料级配，加强了体系密实度；二是硅灰的火山灰效应，改变了 UHPC 胶凝组分的水化进程，减少了强度薄弱的 Ca(OH)$_2$，使生成的 C-S-H 凝胶物质含量得到显著提高[4]。同时，在耐久性方面，掺硅灰的水泥浆体中起始水化被核晶效应所加速，促进 Ca(OH)$_2$ 的生成，生长不完善且很小，彼此之间比较孤立，不易和外部孔隙相连，所以提高了耐久性[5]。

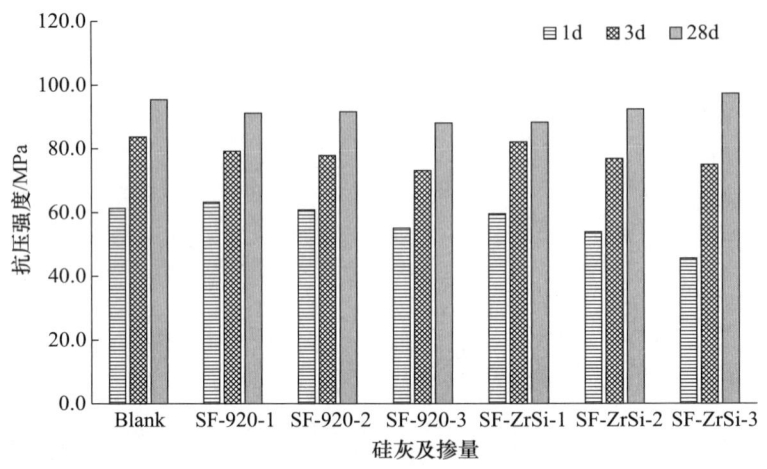

图 4 抗压强度测试结果

3.5 干燥收缩测试结果

砂浆的干燥收缩测试结果如图 5 所示。从测试结果分析，干燥收缩下的试件尺寸变化中，由于硅灰掺量变化带来的尺寸变化在本试验中波动为 0.025%，尺寸变化比较小，其中空白组，即不添加硅灰的测试数据较好，仅为 0.04%，比较统一的规律是加入 920U 的收缩比硅锆微粉的收缩略高 0.01%，在本组测试中规律性比较强，但是否变化配方或者收缩测试方法的变化同样带来一致的规律，可以继续更多的试验探索分析。

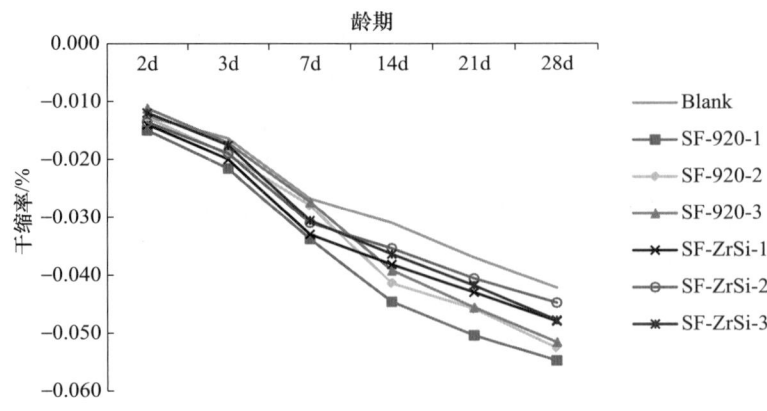

图 5 干燥收缩测试结果

4 结论

1. 锆硅微粉是白色的活性掺合料，是电熔生产氧化锆的伴生物，在高强度砂浆/混凝土的应用中可以提高性能，SIF-A 的锆硅微粉，白度可以达到 88 以上，是做装饰型 UHPC 的优秀的活性掺合料。

2. 锆硅微粉与 920 级别的硅灰相比，在分散时间方面可以缩短 56%，比纯水泥体系可以缩短 50%，分散时间的缩短大大帮助了施工加水后搅拌的时间，可以更快地确定加水量，工作性判断定型，更加有助于低水灰比材料的使用。

3. 锆硅微粉加入后，提高强度方面最主要的是可以帮助提高 3d 抗折强度，比不加硅灰和加入 920 硅灰均提高了 50% 左右。

本试验对不同的硅灰及不同掺量进行了对比测试，对各个材料的特点和性能有了初步的评估，鉴于超高强度的砂浆/混凝土应用越来越多，关注的使用性能指标会更加广泛，比如吸水率、碱渗出率、热稳定性等，后期将更多关注性能和材料对终端应用的影响。

参考文献

[1] 班鹏辉. 高性能聚甲醛纤维增强装饰用 UHPC 的性能及应用 [J]. 混凝土, 2023 (8)：182-186.
[2] 廖娟. 白色超高性能混凝土饰面性能影响因素分析 [J]. 新型建筑材料, 2021 (2)：74-77.
[3] 黄政宇, 等. 材料组成对常温养护 UHPC 基体性能的影响 [J]. 公路工程, 2019 (2)：51-56.
[4] 杨坪, 彭振斌. 硅粉在混凝土中的应用探讨 [J]. 混凝土, 2002 (1)：11-14.
[5] 黄成毅. 高活性混合材-硅灰 [J]. 硅酸盐通报, 1987 (6)：39-45.

作者简介：武海龙：男，高级工程师，从事特种水泥及干混砂浆等特殊应用领域的研究，联系方式：13752010395。

磷铝酸盐水泥对海砂包覆以及抗氯离子性能的研究

张 露 毕海峰 王守德 赵丕琪

(济南大学 山东省建筑材料制备与测试技术重点实验室，山东济南 250000)

摘 要：海砂指受海水侵蚀而没有经过淡化处理的砂，多来自海水和河流交界的地方。由于海砂中含有氯离子成分，这个成分如果超标的话，在经混凝土搅拌后用在工程建设中会对钢筋有严重的腐蚀作用。本文对骨料和海砂粒径以及骨料的包覆进行分析，为进行骨料包覆海砂固化氯离子创造前提条件。还论述了富铁PAC硬化浆体对氯离子的封堵能力以及固化结合能力，其中将固化结合能力与OPC和SAC进行对比，进一步讨论富铁PAC对氯离子的吸附与结合规律，为明确富铁PAC抗氯离子性能做基础理论研究。

关键词：无机非金属材料；骨料包覆；固化氯离子；磷铝酸盐水泥

Properties of Phosphoaluminate Cement Coating Sea Sand and Chloride Ions Resistance

Zhang Lu Bi Haifeng Wang Shoude Zhao Piqi

(University of Jinan, Shandong Provincial Key Laboratory of Preparation and Measurement of Building Materials, Jinan, Shandong Province, 250000)

Abstract: Sea sand refers to sand that has been eroded by seawater and not been desalinated, mostly from places where seawater and rivers meet. As the sea sand contains chloride ions, after the concrete mixing used in the construction of the project will have a serious corrosion effect on the steel reinforcement if they're exceeded. This paper analyzes aggregate and sea sand particle size as well as aggregate encapsulation to create prerequisites for performing aggregate encapsulation of sea sand for curing chloride ions. The ability of iron-rich PAC hardened paste to block and solidify bound chloride ions are also discussed, in which the solidify bound ability is compared with that of OPC and SAC, to further discuss the adsorption and binding law of iron-rich PAC to chloride ions, and to do the basic theoretical research for clarifying the anti-chloride ion performance of iron-rich PAC.

Keywords: inorganic nonmetallic materials; aggregate coating; solidified chloride ion; aluminophosphates cement

1 引言

海洋、盐湖和盐碱地等高氯盐环境中,混凝土内部的钢筋寿命往往达不到预期,特别是海洋工程中,海水更是强腐蚀性的天然电解质,其中以氯离子为主的腐蚀性离子是造成混凝土内部钢筋锈蚀的主要原因。评估氯离子侵蚀[1]需要考虑两个因素:一个是水泥混凝土结构本身对氯离子渗透的扩散阻碍能力;另一个是水泥混凝土材料对氯离子的物理或化学固化性能。像未淡化的海砂氯离子含量较高,且其中含有各种海洋生物,未处理前不能直接应用于海工设施建设,普通水泥混凝土材料不能兼顾抗氯离子渗透与固化。

为能够延长高氯环境下混凝土内部钢筋的寿命,满足海工工程的耐久性需求,需要进一步研究水泥材料对氯离子的固化能力、自由氯离子与结合氯离子之间的联系,并探讨化学结合与物理吸附两种固化方式的作用机理。

2 原材料和试验方法

2.1 原材料

试验中所用普通硅酸盐水泥为山东水泥集团有限公司的产品,硫铝酸盐水泥为山东淄博中联水泥有限公司生产的产品,磷铝酸盐水泥为实验室自制水泥。所用减水剂为聚羧酸高效减水剂,矿物掺合料为粉煤灰(FA)和纳米二氧化硅(NS),所用的细骨料为标准砂、海砂、清水淡化海砂和预包覆海砂,粗骨料为碎石和预包覆碎石。

2.2 试验方法

根据 GB/T 50082—2009《普通混凝土长期性能和耐久性能试验方法标准》,使用电通量法及 RCM 对混凝土进行氯离子渗透性试验测试。

3 骨料包覆特征

中华人民共和国住房和城乡建设部出台了《关于严格建筑用海砂管理的意见》,意见中提到，海砂的开采、除盐处理、混凝土拌制等过程都有严格的规定，而且建筑工程中采用的海砂必须经过专门的淡化处理。实验室中为了确保试验海砂粒度一致，采用人工海砂进行试验。按照表1配制人工海水2L。取三袋每袋500g的标准砂泡入配制好的海水中，浸泡一夜后烘干，装入袋子备用（表1）。

表1 人工海水配方（g/L 蒸馏水）

NaCl	$MgCl_2$	$MgSO_4$	$CaCl_2$	$NaHCO_3$	KCl
26.726	2.260	3.248	1.153	0.198	0.721
NaBr	H_3BO_3	Na_2SiO_3	$Na_2Si_4O_9$	H_3PO_4	
0.058	0.058	0.0024	0.0015	0.002	

海砂细骨料采用磷铝酸盐水泥基包覆浆体进行包覆，其中该包覆浆体组成为：水胶比0.42，胶凝材料组成为：磷铝酸盐水泥75%～85%，辅助胶凝15%～25%，纳米颗粒0.1%～0.5%，减水剂0.030%～0.06%。粗骨料采用硫铝酸盐水泥基包覆浆体进行包覆，其中该包覆浆体组成为：水胶比0.43%～0.48，胶凝材料组成为：硫铝酸盐水泥75%～85%，辅助胶凝15%～25%，纳米颗粒0.2%～0.5%，减水剂0.02%～0.07%。

目前适合粗骨料进行裹浆操作的方法大致分为三种[2-3]。一是浸泡法，二是浇淋法，三是搅拌法，基于以上三种方法，试验发现将三种方法进行优化，提出一种新的包覆工艺。首先将骨料放入浆体中浸泡10min，其间多次振动，确保骨料中的空气尽可能地排尽；之后将骨料放入另一个容器内，通过搅拌机进行搅拌裹浆操作，使浆体在骨料上尽可能地分布均匀，其间用浇淋方式，往裹浆效果不佳的骨料上补充浆液，保证大部分骨料能满足要求。通过试验提出的新的包覆工艺，保证了浆体在骨料上均匀分布，同时保证了包覆层的合适厚度，达到了节约包覆浆体，保证骨料内空气在最佳时间内排出，同时浸泡浆液还可循环利用的效果。

3.1 骨料粒径分析方法

表观粒径不能准确地反映粒径的变化，试验采用平均粒径的方法来统计海砂粒径，其中筛分法是一种最传统的粒度测试方法，它使颗粒通过不同尺寸的筛孔来测试粒度。假定所有颗粒的密度相等（多数情况下这是合理的假设），重均直径 D_w 的定义为具有此直径1个颗粒的质量，正好等于所有颗粒的质量的平均值，有：

$$\frac{\pi}{6}D_w^3 \rho \sum_{t=1}^{k} n_t = \sum_{t=1}^{k} n_t \frac{\pi}{6} D_w^3 \rho \quad (3\text{-}1)$$

$$D_w = D(3,0) = D_v \quad (3\text{-}2)$$

式中 D_w ——骨料重均直径

ρ ——骨料密度

D_v ——体积直径

n_t ——具有直径 D_w 的颗粒数量

分别按照公式将其面积以及长宽求算出来，用面积公式或者对其长宽求平均值即得到平均粒径。

3.2 海砂粒径分析

试验中包覆浆体组成为：水胶比 0.4～0.5；胶凝材料组成为：磷铝酸盐水泥 79.7%，粉煤灰 20%，纳米 SiO_2 0.3%；外加剂：聚羧酸减水剂 0.050%。

以水灰比为 0.40 为例制备包覆浆液，海砂包覆养护后进行粒径分析，取上述胶凝组成的胶凝材料 300g，海砂 900g，水 120g，放入搅拌机，搅拌 30s 后取出放置于太阳光下晒干。等完全干燥之后，取 1000g 海砂，利用分级筛对其进行分级，分别记录四层筛中海砂的质量，由此得到分级后的海砂：第一层为 25.03g，第二层为 769.64g，第三层为 177.42g，第四层为 25.39g。对海砂包覆前后进行显微镜观察，或者如果变化较大，直接肉眼观察并对变化前后进行拍照。图 1 为海砂包覆前，图 2 为海砂包覆后，显然包覆后平均粒径增大。

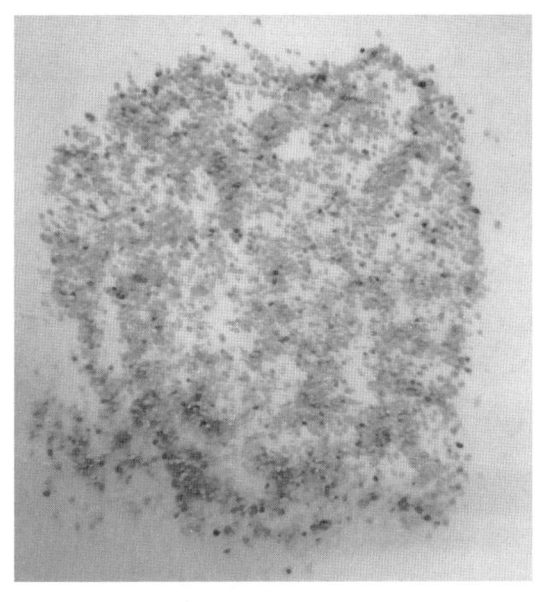
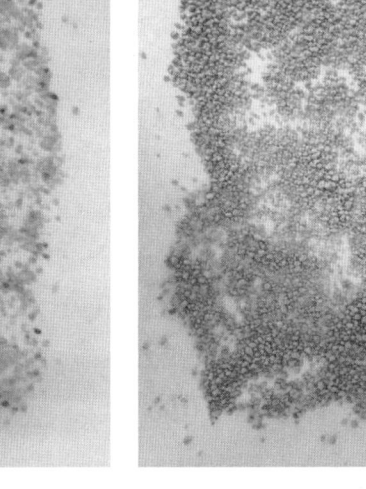

图 1　海砂包覆前　　　　　　　图 2　海砂包覆后

采用平均粒径方法统计的海砂包覆前后粒径，普通海砂的粒径范围是 0.81～5.74mm，平均粒径为 2.54mm；裹浆海砂的粒径范围是 1.00～6.56mm，平均粒径为 2.92mm。两者平均粒径对比相差 0.38mm，相差甚小，可认为磷铝酸盐水泥基包覆浆体对海砂的包覆性较好。

3.3 粗骨料包覆厚度

采用水灰比为 0.4～0.5 的硫铝酸盐水泥基包覆浆体对 5～20mm 的粗骨料进行处理，处理后对应的裹浆厚度值见表 2。根据表 2 绘制裹浆厚度与水泥水灰比之间的回归直线，如图 3 所示。结果表明，裹浆厚度与包覆浆体水灰比的相关性较高，可以把抽象的包覆浆体水灰比这一参数用形象的厚度这一参数来表征。

表 2 包覆浆体水灰比对粗骨料裹浆厚度的影响

浆体厚度 t/mm	水灰比 W/C	实际增加质量 m/g	回归直线质量 m/g
0.85	0.40	98.0	85.63
0.77	0.41	89.5	77.35
0.71	0.42	80.3	71.54
0.63	0.43	71.8	63.21
0.57	0.44	62.6	57.82
0.50	0.45	53.5	50.49
0.44	0.46	44.9	44.53
0.36	0.47	35.4	36.98
0.30	0.48	26.8	29.81
0.20	0.49	17.6	19.82
0.08	0.50	9.4	9.98

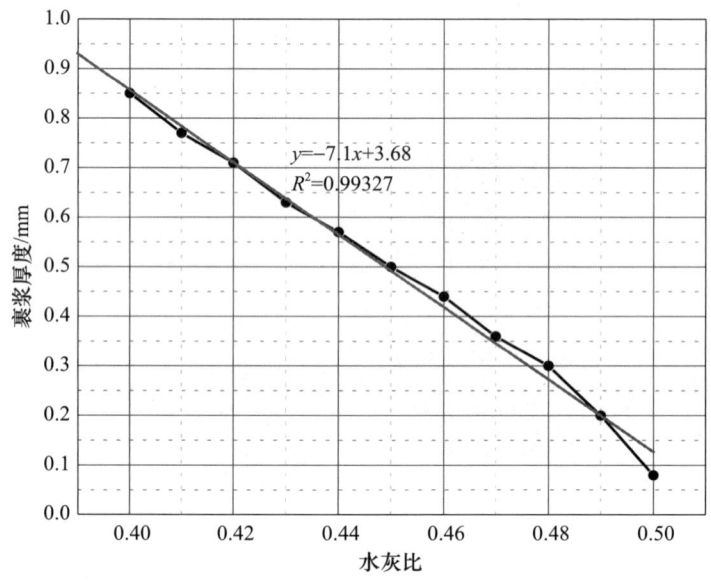

图 3 裹浆厚度与浆体水灰比的回归直线

4 海砂封固氯特性

国内外众学者研究发现，侵入混凝土的氯离子在混凝土内部传输的过程[4-5]中会与混凝土发生作用，有一部分氯离子会被水泥混凝土材料固化，即结合氯离子，这部分结合氯离子按照吸附机理的不同可以分为两类，一类是与水泥水化产物或一些辅助胶凝材料发生化学反应的化学结合氯离子，另一类是水泥混凝土结构微孔隙吸附的物理吸附氯离子，而会使钢筋表面钝化膜破坏造成钢筋锈蚀的只是混凝土结构内部孔隙溶液中游离的自由氯离子。

Tritthart 等人[6]通过试验研究发现，将水泥浸入不同 pH 值的含氯溶液中，氯离子的结合能力会随 pH 值的减小而上升，Cl^- 与 OH^- 在水泥基材料的表面吸附存在竞争关系，外部环境中的 OH^- 含量会严重影响水泥基材料的氯离子固化能力。

4.1 封氯结果分析

试验中包覆浆体组成为：水胶比 0.4～0.5；胶凝材料组成为：磷铝酸盐水泥 79.7%，粉煤灰 20%，纳米 SiO_2 0.3%；外加剂：聚羧酸减水剂 0.050%。改变包覆浆体水灰比，按上述材料组成配制包覆浆液，对海砂包覆后测定其蒸馏水养护后上层清液氯离子浓度，并对滴定结果进行整理。氯离子滴定前后试验过程如图 4 所示。

(a)包覆海砂

(b)普通海砂

(c)包覆海砂滴定起点

(d)普通海砂滴定起点

(e)包覆海砂上清液最终结果

(f)普通海砂上清液最终结果

图 4　氯离子滴定前后试验过程

图 5 为不同水灰比的包覆浆液制备海砂上层清液中性氯离子浓度，由图可知，随着水灰比不断升高，海砂表面氯离子含量也不断上升，但氯离子含量限定在每克 0.0009%～0.0298% 之间。参考 JGJ 206—2010《海砂混凝土应用技术规范》可知，标准混凝土砂子中氯离子的限制含量是每克 0.03%，30g 海砂中氯离子的含量上限是

0.9%,因此试验中包覆海砂浸泡后表面氯离子的含量均符合标准,其中水灰比为 0.4 的海砂外表面氯离子含量最少,所以水灰比为 0.4 的配制成分对海工混凝土中氯离子的固化屏蔽最为有效。

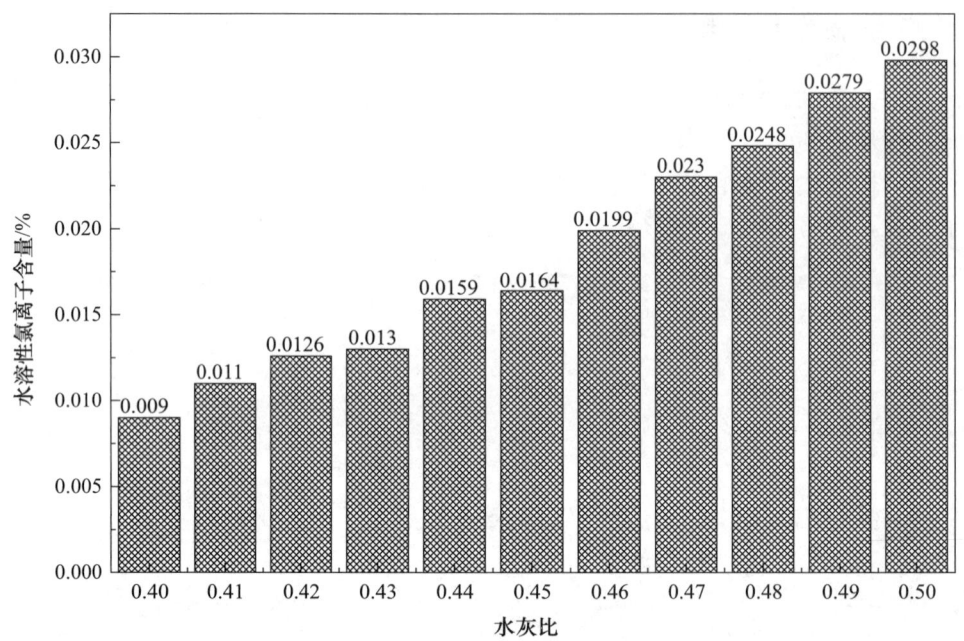

图 5　不同水胶比包覆海砂表层水溶性氯离子含量

最终试验表明,普通海砂上清液氯离子浓度为 31.654×10^{-3} mol/L。裹浆后的海砂上清液氯离子浓度为 2.1315×10^{-3} mol/L。经计算,普通海砂的水溶性氯离子含量为 0.25%,裹浆后海砂的水溶性氯离子含量为 0.017%,符合海砂应用的质量要求,说明裹浆后去氯离子的效果显著。这是因为磷铝酸盐水泥水化产物中的水化铝酸钙可以与氯离子反应生成 Friedel 盐,起到固化氯离子的作用[7]。通过物理包覆与化学包覆相结合,使海砂、混凝土拌和物及混凝土孔溶液的水溶性氯离子含量急剧下降,从而满足海洋工程应用的要求。

4.2　固化条件

图 6 表征了不同 Cl^- 内掺含量富铁 PAC 的固化性能,对于 4 种不同质量分数氯化钠溶液内掺的富铁 PAC 样品,不同水化龄期的试样氯离子固化率也存在较大差异,富铁 PAC 浆体对氯离子的固化率随内掺氯离子含量的增大而增大。随着水化程度的增加而增加,增加速率减小,Cl^- 内掺含量由 0.8 增加到 1.0 后,富铁 PAC 的 Cl^- 固化率无显著增加;内掺 0.4%、0.6%、0.8% 和 1.0% 氯离子含量的富铁 PAC 水化 28d 后的氯离子固化率分别为 19.65%、23.75%、27.69% 和 27.94%。富铁 PAC 的水化反应速率较快,浆体连通孔数量较少,氯离子会分散在孔隙溶液中,内掺氯离子的浓度越高,孔隙溶液浓度越大,水泥的氯离子固化能力越强[8]。内掺氯离子质量分数浓度越小,不同水化程度所引起的差异越大;随着水化程度的增加,结合氯离子量增加率下降。

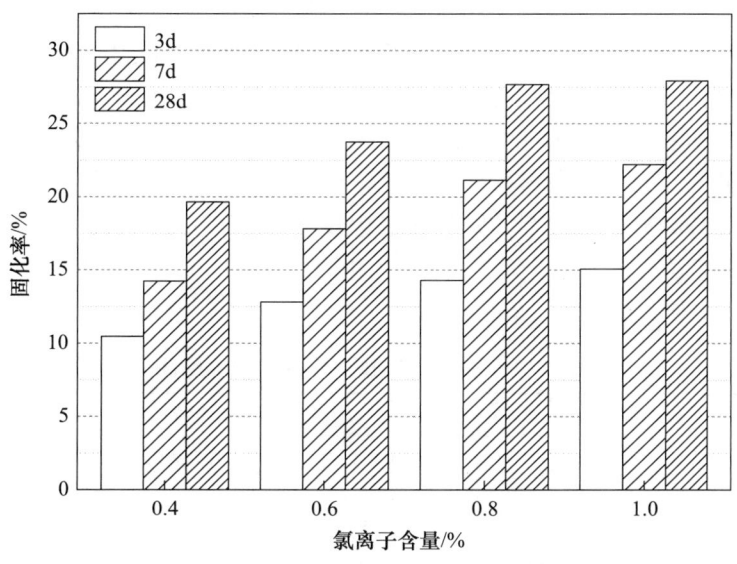

图6 富铁PAC固化氯离子性能

图7为富铁PAC内掺不同Cl^-含量28d的XRD衍射图谱。从图中可以看出，内掺氯离子的水泥水化产物中明显地出现了Friedel盐的衍射峰，这是由于富铁PAC熟料矿物中有一定量的铝酸钙、磷铝酸钙和铁铝酸四钙，其水化产物可与氯离子反应生成含氯元素的Friedel盐[9]。

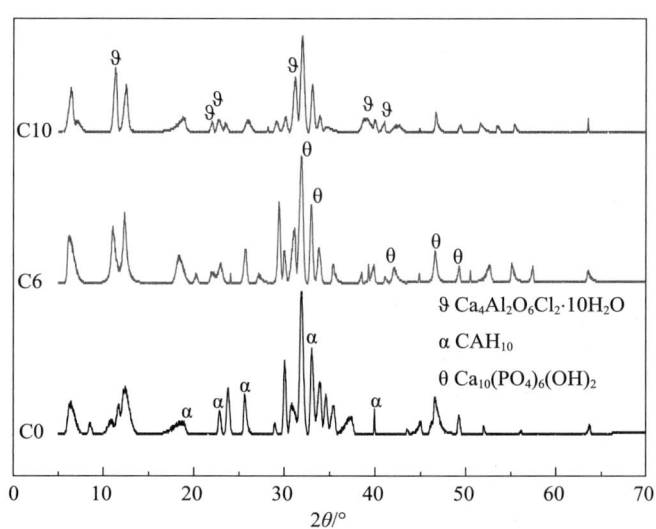

图7 富铁PAC内掺Cl^- 28d的XRD衍射图谱

4.3 水泥种类

内掺0.8%（水泥浆体质量百分数）的NaCl溶液时，不同水化龄期OPC、SAC和富铁PAC的Cl^-固化性能试验数据如表3所示。可以看出，随着龄期的延长，三种水泥的试件中的自由氯离子含量不断减少，这说明三种水泥对氯离子都有着固化作用，固化态氯离子的含量增多,水泥的氯离子固化率不断增加。同时从表3可以看出,三种水泥水化90d的Cl^-固化率相比于28d提高不大,说明水化28d后的硬化浆体内部的自由氯离子含量较少,基本以结合态存在;通过计算比较氯离子固化率P_B可知,OPC有着较高的氯离子固化性能,水化龄期3d、7d、28d和90d的氯离子固化率分别为10.37%、17.53%、21.92%和23.11%;同时SAC对氯离子的固化效果最差,其水化90d后P_B仅为21.07%,而富铁PAC有着远高于OPC和SAC的氯离子的固化效果,其水化3d、7d和28d的氯离子固化率P_B为11.59%、20.15%和26.32%,90d后的固化率P_B更是高达28.98%。

表3 不同水化龄期的水泥Cl^-固化性能

项目	侵蚀龄期/d	ω_T(%)	ω_F(%)	P_B(%)
OPC	3	0.727	0.664	10.37
	7	0.741	0.611	17.53
	28	0.733	0.572	21.92
	90	0.74	0.569	23.11
SAC	3	0.723	0.662	8.42
	7	0.740	0.624	15.73
	28	0.727	0.583	19.85
	90	0.731	0.577	21.07
PAC	3	0.732	0.647	11.59
	7	0.726	0.580	20.15
	28	0.733	0.547	26.32
	90	0.735	0.522	28.98

4.4 固化类型

水泥固化Cl^-主要分为两种形式[10]:一种为水泥水化凝胶,例如C-S-H凝胶或铝胶,对Cl^-的物理吸附固化;另一种为水泥组分与Cl^-化学固化为含氯盐类。相比而言,物理吸附固化稳定性相对差[11],在环境变化条件下易脱附失掉Cl^-,而化学结合形成的含氯盐类更为稳定,目前已知的形式[12]有Friedel盐($3CaO \cdot Al_2O_3 \cdot CaCl_2 \cdot 10H_2O$),类Friedel盐($3CaO \cdot Fe_2O_3 \cdot CaCl_2 \cdot 10H_2O$)和Kuzel's盐($3CaO \cdot Al_2O_3 \cdot 1/2CaCl_2 \cdot 1/2CaSO_4 \cdot 11H_2O$)。此外,还有氯磷灰石[$Ca_5(PO_4)_3Cl$],来自d-Hap型羟基磷灰石与$Cl^-$的反应产物[13-14]。

图8和图9分别为三种水泥硬化浆体内部以物理吸附和化学键合两种方式固化的氯离子占总氯离子结合率的百分比;从图8和9可以看出,富铁PAC等三种水泥的固化方式均以物理吸附为主。三种水泥随水化龄期的增加,以化学键合形式的氯离子结合率不断下降,这是因为随着水泥水化程度的不断增加,胶凝材料水化生成的凝胶不断增多,会吸附更多像这种氯离子带电离子或者离子团,提高其物理吸附氯离子的能力,使得以物理吸附方式固化的结合氯离子占比增多。

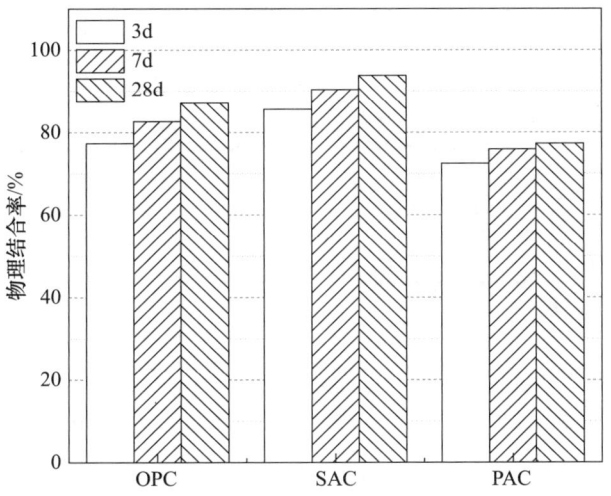

图 8　不同水化龄期的水泥 Cl^- 物理固化性能

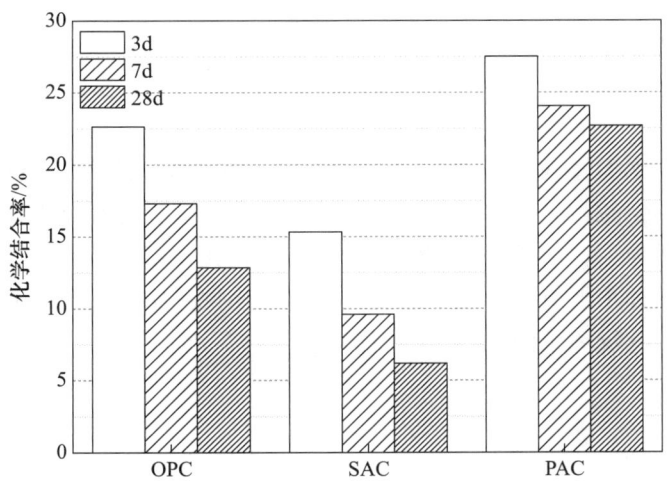

图 9　不同水化龄期的水泥 Cl^- 化学固化性能

PAC 熟料矿相中 CA、磷铝酸钙和 C_4AF 均为含铝矿相；在海水环境中，CA 和磷铝酸钙与 Cl^- 反应有望形成 Friedel 盐和 Kuzel's 盐，C_4AF 有望形成类 Friedel 盐；同时磷铝酸盐中的磷酸钙可水化反应形成 d-Hap 型羟基磷灰石，进而有望形成氯磷灰石；磷铝酸钙中的磷组分也有望形成氯磷灰石。计算表明，PAC 中铝的含量高出 SAC 熟料约 12%，且磷酸钙和磷铝酸钙还可形成氯磷灰石，这赋予 PAC 突出的化学固化 Cl^- 的能力。因此，富铁 PAC 有望大量高效化学固化 Cl^-，有效地隔绝 Cl^- 对钢筋的直接侵蚀[15]。

图 10 为 OPC、SAC 和富铁 PAC 内掺氯离子 28d 的 XRD 衍射图谱，可以看出，OPC 与富铁 PAC 的水化产物中出现了明显的 Friedel 盐的衍射峰，这是因为 OPC 的熟料矿物中存在一定量 C_3A；富铁 PAC 熟料矿物中含有 CA、磷铝酸钙和 C_4AF，它们的水化产物均可以与氯离子反应形成 Friedel 盐，且富铁 PAC 熟料矿物中也存在一定量的 CP，磷酸钙也可以起到固化氯离子的作用，它可以与氯离子反应生成 $Ca_5(PO_4)_3Cl$[16]。

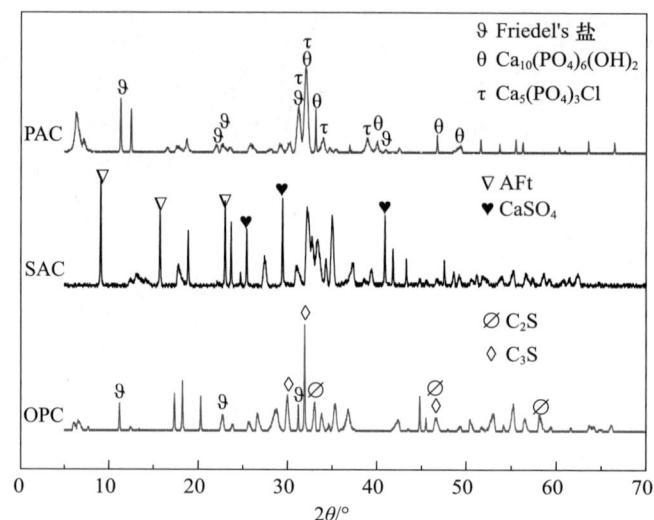

图 10　三种水泥内掺氯离子 28d 的 XRD 衍射图谱

5　结论

海砂包覆后其水溶性氯离子含量为 0.017％，符合海砂应用的质量要求。硅酸盐、硫铝酸盐和富铁磷铝酸盐三种水泥对有害氯离子均有物理吸附和化学固化作用，且固化作用均以物理吸附为主；与硅酸盐和硫铝酸盐水泥相比，富铁磷铝酸盐水泥的总体氯离子固化率最高；三种水泥氯离子化学固化占总体固化比例中富铁磷铝酸盐水泥的化学固化比例最高，显示其氯离子固化稳定性突出。

参考文献

[1] 张禛庆. 氯离子侵蚀下钢纤维混凝土性能演变及机理研究 [D]. 郑州：郑州大学，2022.

[2] 李东洋. 再生骨料裹浆处理技术研究 [D]. 咸阳：西北农林科技大学，2016.

[3] 杨利香，等. 基于再生粗骨料裹浆厚度的含砂透水混凝土配合比设计方法 [J]. 材料导报，2022，36（04）：115-121.

[4] QIANG F, ZHAORUI Z, DITAO N. Understanding the acceleration impact of load and flowing water on the chloride ion transport properties of fly ash-based geopolymer concrete [J]. Cement and Concrete Composites，2023：141.

[5] JIN X, et al. Experimental and numerical study on the microstructure and chloride ion transport behavior of concrete-to-concrete interface [J]. Construction and Building Materials，2023：367.

[6] TRITTHART J. Chloride binding in cement Ⅱ. The influence of the hydroxide concentration in the pore solution of hardened cement paste on chloride binding [J]. Cement and Concrete Research，1989. 19（5）：683-691.

[7] 柳俊哲，等. 海砂混凝土中氯离子固化的影响因素研究 [J]. 材料导报，2013，27（20）：129-132.

[8] 张文龙. 富铁磷铝酸盐水泥的抗侵蚀及冲磨性能研究 [D]. 济南：济南大学, 2019.

[9] SHAFIKHANI M, CHIDIAC S E. A holistic model for cement paste and concrete chloride diffusion coefficient [J]. Cement and Concrete Research, 2020. 133.

[10] 梁文杰, 谭洪波, 吕周岭. 混凝土内源氯离子固化的研究进展 [J]. 硅酸盐通报, 2023, 42 (08)：2667-2682.

[11] 陈刚, 等. 氯盐侵蚀钢渣水泥固化淤泥土力学特性及氯离子运移规律研究 [J]. 公路交通科技, 2023.40 (01)：48-58.

[12] 张高隆. 氯盐环境下水泥基材料中 Friedel 盐的生成及稳定性研究 [D]. 焦作：河南理工大学, 2022.

[13] 李明明, 等. 养护期电化学除氯提高含氯盐混凝土耐久性的探索与试验 [J]. 混凝土, 2018 (01)：12-14.

[14] HONGFANG S, et al. Behaviour of cement binder exposed to semi-immersion in chloride-rich salt solutions and seawater with different RH levels [J]. Cement and Concrete Composites, 2022：131.

[15] LI S, et al. Variation in the sulfate attack resistance of iron rich-phosphoaluminate cement with mineral admixtures subjected to a Na_2SO_4 solution [J]. Construction and Building Materials, 2020：230.

[16] ZHIJIAN C., Y HAILONG. Understanding the impact of main seawater ions and leaching on the chloride transport in alkali-activated slag and Portland cement [J]. Cement and Concrete Research, 2023：164.

作者简介 张露, 女, 济南大学硕士研究生, 主要研究改性磷铝酸盐水泥固化氯离子。E-mail：zl18832236823@163.com。

养护温度对聚合物改性砂浆瓷砖粘结剂收缩及粘结强度的影响

刘志伟[1,2]　卢子臣[1,2]

（1. 同济大学 先进土木工程材料教育部重点实验室，上海 201084；
2. 同济大学 材料科学与工程学院，上海 201084）

摘　要：针对瓷砖大板薄贴工艺面临的空鼓脱落问题，本研究连续监测了聚合物改性砂浆瓷砖粘结剂（CTA）在不同养护温度、施胶厚度及位置等变量下的内部应变发展变化规律。结果表明，CTA施胶厚度的增加会增大硬化瓷砖胶收缩率、降低其粘结强度。此外，沿瓷砖对角线方向向内，瓷砖胶收缩率逐渐降低而粘结强度则逐渐增加。与恒温养护相比，循环变温养护会增加CTA收缩应变，进而降低其粘结强度下降。随着CTA施胶厚度的降低，其粘结强度对温度变化愈加敏感。

关键词：材料学；聚合物改性砂浆；收缩应变；粘结强度

Influence of Thermal Condition on the Shrinkage and Bond Strength of Polymer-modified Ceramic Tile Adhesive

Liu Zhiwei[1,2]　Lu Zichen[1,2]

(1. Key Laboratory of Advanced Civil Engineering Materials of Ministry of Education, Tongji University, Shanghai 201804;
2. School of Materials Science and Engineering, Tongji University, Shanghai 201804)

Abstract: In order to solve the problem of hollowing and falling off of large-size ceramic tiles when using the thin-bed tilling method, the deformation of polymer modified ceramic tile adhesive (CTA) under different influencing variables, including thermal conditions, thickness, and locations of CTA was continuously monitored and its correlation to the bond strength was investigated. It is found that the increased thickness of CTA leads to a higher shrinkage and a lower bond strength. Besides, a decreased shrinkage and increased bond strength were observed along with the diagonal direction to the center of the tile. Compared to the condition with a constant temperature, the cyclical variation of temperature causes a huge fluctuation in the measured deformation of the applied adhesive, and the measured bond strength was decreased. The applied CTA with a decreased thickness is more sensitive to the varied temperature.

Keywords: materials science; polymer modified cement mortar; shrinkage; bond strength

1 引言

墙地砖在室内外建筑装饰中被广泛应用，但是，随着陶瓷砖的瓷化程度越来越高，对胶粘材料的性能要求也越来越高。而传统的普通水泥砂浆，黏附能力不够强，容易在瓷砖和砂浆的界面出现空鼓剥离现象，导致瓷砖脱落[1]。针对传统水泥砂浆所存在的问题，采用聚合物改性的瓷砖粘结剂受到了广泛关注。聚合物改性砂浆瓷砖粘结剂（CTA）既保留了水泥砂浆稳定的物化性能，又具有优异的黏附性、施工性、保水性、抗热耐冻等性能[2]。

尽管目前已有大量学者致力于提高CTA的粘结强度，但瓷砖空鼓、脱落现象目前依然普遍存在，墙砖脱落有时还会酿成人员伤亡的严重后果，因空鼓与脱落造成的返工带来的经济损失和浪费往往也是巨大的。普遍认为，瓷砖粘结失效的原因为：粘结体系中CTA、瓷砖或混凝土基板的形变及位移，这可能导致CTA与瓷砖或基板分离或在CTA内部产生微裂缝。然而，造成粘结体系形变的因素有许多，如使用的原材料、环境条件的变化、瓷砖铺贴工艺等[3-5]。

大量的研究表明，环境条件对于CTA服役性能具有至关重要的作用。与在温湿度频繁变化的环境中服役相比，在恒温、恒湿下服役的粘结体系，CTA始终表现出更高的粘结强度[6]。关于温度对CTA服役性能的影响，有研究表明，相较于25℃的服役条件，在40℃及10℃下服役的CTA，其粘结强度分别降低10%与47%，因此，过高或过低的温度均不利于CTA粘结强度的发展[7]。而关于湿度对CTA服役性能的影响，Jenni[8]发现，随着在水中养护龄期的延长，CTA的粘结强度降低，这可能是与CTA中水泥的水化作用、CTA体积的变化以及聚合物可逆膨胀等复杂过程有关。此外，无论在潮湿或干燥的条件下，CTA的粘结强度总是呈现出沿着瓷砖对角线向外递减的现象，这与瓷砖外源区域的CTA更易失水收缩及吸水膨胀有关。

近年来，薄贴工艺因其粘结强度高、施工速度快等优点逐渐成为主流的瓷砖铺贴方法[9]。此外，目前几乎所有的研究中采用的瓷砖最大尺寸为30cm×30cm，而近年来，60cm×60cm或80cm×80cm的大尺寸瓷砖已被广泛应用。显然施胶厚度及瓷砖尺寸的改变均会导致 CTA 服役时内部应力的变化，进而增加瓷砖粘结失效的可能性[10]。

针对瓷砖大板薄贴工艺在复杂环境条件下面临的空鼓脱落问题，本研究通过在 60cm×60cm 的瓷砖上涂抹 5mm、8mm 及 12mm 的 CTA，并连续监测其在不同养护温度、施胶厚度及位置等变量下的内部应变发展变化规律，同时研究了 CTA 变形量与粘结强度之间的相关性。本研究一方面对影响 CTA 收缩应变及粘结强度的各种参数进行了系统评估；另一方面，可以指导性能更好、价格更低的大尺寸瓷砖的实际应用。

2 原材料及试验方法

2.1 原材料与配合比

聚合物改性砂浆瓷砖粘结剂：选用阁美仕（广东）建材有限公司生产的 CP100。CTA 的组成如表 1 所示。试验所用水灰比为 0.25，水为饮用自来水。

表 1 所用瓷砖粘结剂的组成

组分	水泥	砂	碳酸钙	纤维素醚	聚合物
含量/%	35.64	55.78	6.58	0.50	1.50

陶瓷砖：选用广东佛山君达陶瓷有限公司生产的 AⅠa 类挤压陶瓷砖，其尺寸为 60cm×60cm，厚度为 5mm，其性能符合 GB/T 4100—2015《陶瓷砖》的要求。

混凝土板：本试验采用尺寸为 1300mm×1300mm×120mm 的混凝土板作为瓷砖粘结的基材，在其表面铺贴陶瓷砖。在同一基板上采集应变，可以避免因基板自身形变产生的误差。混凝土板的强度等级为 C30。新拌混凝土浇筑在上述尺寸的木模中，并抹平表面。在标准试验条件下养护 24h 后进行 6d 的湿养护，然后在空气中养护约 2 个月，以确保体积稳定性。瓷砖铺贴前将基板四周的木模去除，并根据 GB 50209—2010《建筑地面工程施工质量验收规范》对混凝土基板表面进行打磨，使其表面 1m 内的平整度偏差小于 2mm。

2.2 试验方法

在 25℃下将水和 CTA 快速搅拌直至拌制的浆体均匀，将拌制好的 CTA 浆体，用直边抹刀涂刷在陶瓷砖背面，用齿形抹刀梳理成 6mm×6mm（中心距 12mm）的齿形刻痕，同时将中航电测 BQ120-20AA-P300 型应变片沿瓷砖的对角线，选取 5 个点放置在 CTA 中，应变片分布位置如图 1（a）所示。采用东华测试 DH3816N 静态应变测试系统对 CTA 内部应变进行连续监测。采用上海砼瑞 WGD/SJ710 复杂环境试验箱对铺贴陶瓷砖的混凝土板进行循环变温养护。从陶瓷砖铺贴结束至 28d，对铺贴陶瓷砖的混凝土板采用两种程序进行循环变温养护，具体程序参数如表 2 所示。温度循环程序及其在 1d 内测试结果如图 2 所示。测试结果养护到一定龄期（7d、14d、21d 和 28d）后，通过钻孔机在瓷砖表面钻孔，直至深入混凝土基材约 3mm，后用适宜的高强胶粘剂将拉拔接头粘在瓷砖上，通过狄夫斯高 PosiTest ATA50C 测定不同位置［图 1（b）］的 CTA 粘结强度。

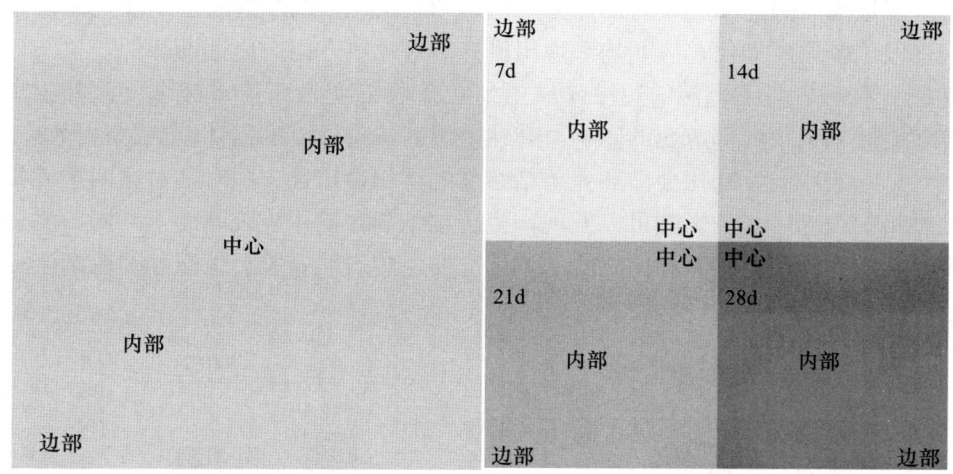

(a) 应变片位置分布　　　　　　　(b) 粘结强度取点位置

图 1　试验铺贴的瓷砖中应变采集及粘结强度测试取点示意图

表 2　粘结体系从贴砖结束至 28d 所用的两种养护程序

养护龄期	程序 1	程序 2
0~7d	14 个变温循环	30℃恒温养护
7~14d	30℃恒温养护	14 个变温循环
14~21d	14 个变温循环	30℃恒温养护
21~28d	30℃恒温养护	14 个变温循环

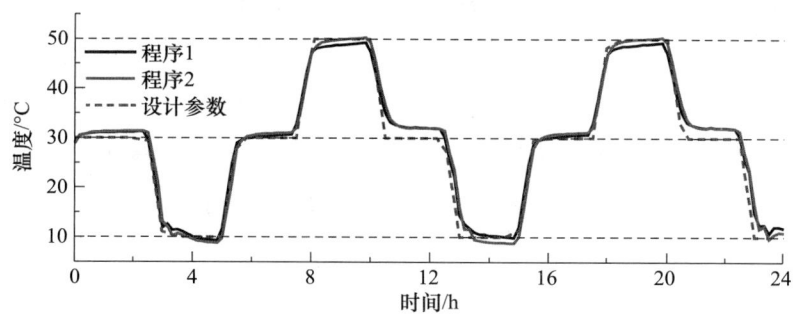

图 2　温度循环程序及其在 1d 内测试结果

3　结果与分析

3.1　收缩应变

图 3（a）和图 3（b）分别为具有不同施胶厚度的粘结体系在程序 1、2 养护下，在各养护龄期所采集的不同位置的 CTA 内部收缩应变。其中由于本试验仅在瓷砖中心位置设置了一个应变片测试点，如图 1（a）所示，导致部分试验未能成功测得所有样品

的中心应变数据（因此图 3 中有两点为空白）。根据测得的数据可以发现，无论采用的养护程序及施胶厚度如何，应变均呈现出沿瓷砖对角线方向向内逐渐降低，这与许多研究的现象一致[11]，说明瓷砖的边缘区域更易大量收缩变形而造成破坏。此外，对比养护温度对瓷砖粘结剂内部应变的影响，其在变温养护条件下的累计应变总是远高于恒温养护条件，这表明温度变化会破坏瓷砖粘结剂的体积稳定性。同时，对比两个养护程序对瓷砖粘结剂内部应变的影响可以发现，瓷砖粘结剂在同一施胶厚度下，同一测试位置的应变总是经程序 2 养护表现出更低的累计应变，这表明施胶后恒温养护更利于瓷砖粘结剂具有更好的体积稳定性。

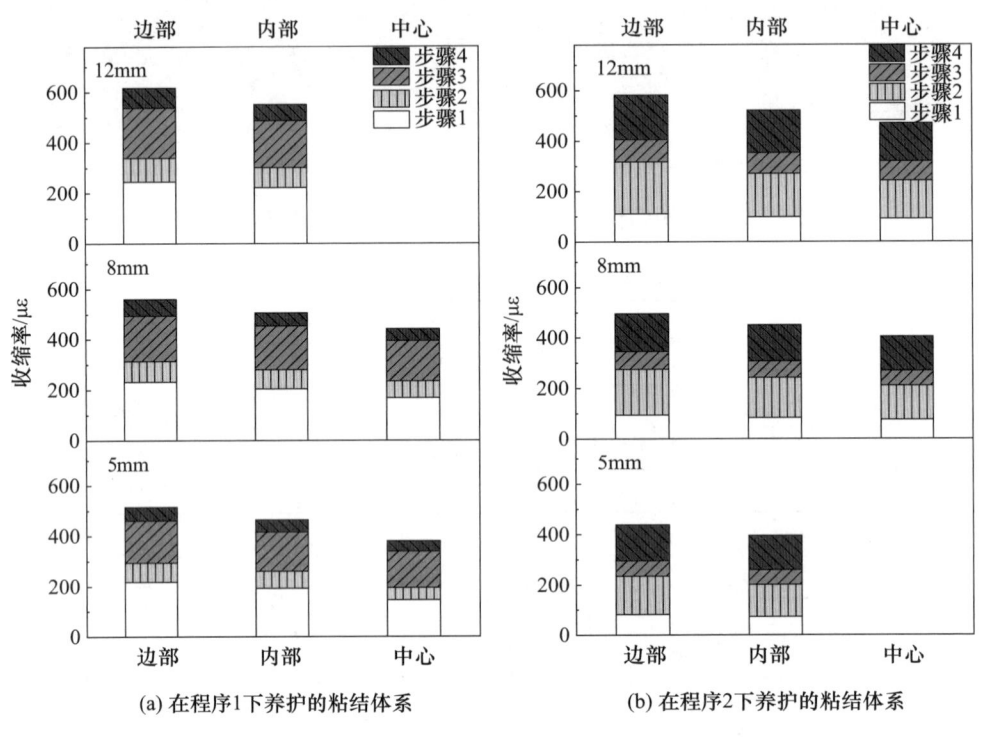

图 3 不同施胶厚度的 CTA 在不同位置测得的收缩应变

3.2 粘结强度

图 4（a）和图 4（b）分别为具有不同施胶厚度的粘结体系在程序 1、2 养护下在各养护龄期不同位置的 CTA 粘结强度。显然，无论瓷砖粘结剂的施胶厚度如何，随着养护龄期的增加，其粘结强度亦相应增加，这与瓷砖粘结剂中胶凝材料水化程度的增加有关。此外，对比瓷砖粘结剂在不同位置的粘结强度可以发现中心位置的粘结强度最高，同时粘结强度沿瓷砖对角线方向向外递减，这与许多其他研究人员的研究结果一致[12-13]。此外，在相同位置下，对比不同施胶厚度的瓷砖粘结剂粘结强度，可以发现施胶厚度为 5mm 的样品具有最高的粘结强度，其次是 8mm 和 12mm 的样品，这与应变测试结果具有很好的相关性。这表明瓷砖粘结剂的收缩率越高，粘结强度越低。同时，与应变数据一致，相同条件下，瓷砖粘结剂经程序 2 的养护后总是表现出更高的粘结强度。

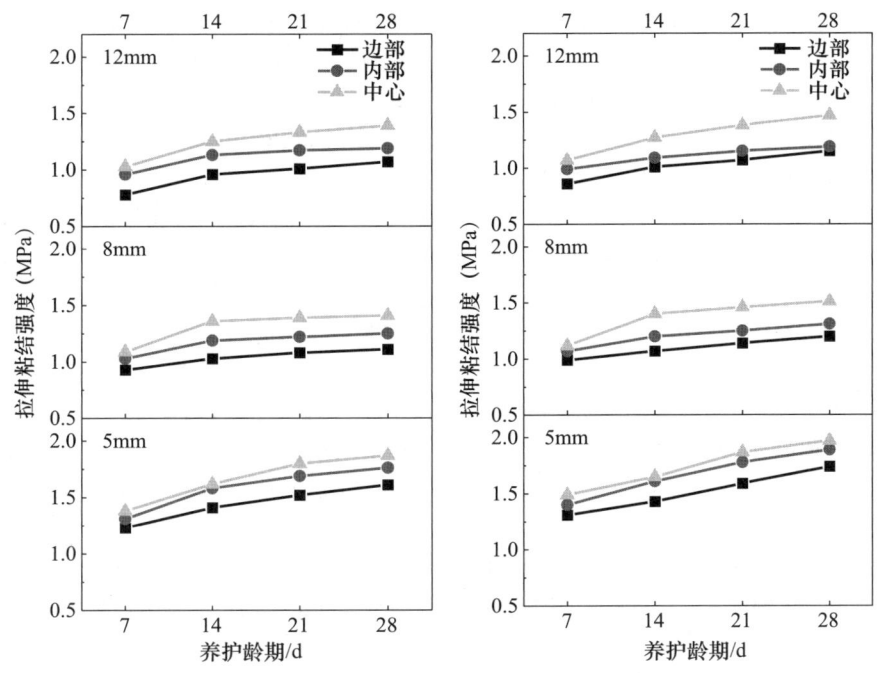

图 4　不同施胶厚度的 CTA 在不同位置测得的粘结强度
(b) 在程序 2 下养护的粘结体系　(a) 在程序 1 下养护的粘结体系

4　结论

本文研究了 CTA 在不同养护温度、施胶厚度及位置等变量下的收缩应变及粘结强度，结论如下：

（1）CTA 施胶厚度的增加对 CTA 的体积稳定性有害。因此，与 8mm 和 12mm 相比，具有 5mm 厚度的 CTA 的粘结系统始终表现出最低的收缩率和最高的粘结强度。沿着瓷砖中心的对角线方向观察到收缩率降低和粘结强度增加。

（2）与恒温条件相比，温度变化总是会导致收缩率显著增加和粘结强度略有下降。CTA 厚度的减小增加了其对温度变化的敏感性。

参考文献

[1] 黄雨辰，张永明．乳液复配对瓷砖粘结体系中聚合物水泥防水涂膜的影响 [J]．材料导报，2022，36（S1）：572-577.
[2] 寿梦婕，王培铭．温湿度对聚合物改性水泥砂浆与不同基底粘结强度的影响 [J]．第七届全国商品砂浆学术交流会（7th NCCM）论文集，2017.
[3] 钟世云，徐林祥．聚合物改性砂浆瓷砖粘结剂的应用性能分析 [J]．新型建筑材料，2003（12）：41-44.
[4] 吴楷，张艳荣，孔祥明，等．基于疲劳内聚力模型的瓷砖-砂浆界面温度疲劳特性分析 [J]．建筑材料学报，2023，26（04）：403-411.

[5] 刘晓钟. 瓷砖铺贴空鼓问题探讨 [J]. 建筑科技, 2022, 6 (06): 65-67.

[6] HE D. Effect of curing regime on bonding strength of EVA modified mortar to tile [J]. Journal of Wuhan University of Technology-Mater. Sci. Ed., 2010, 25: 346-348.

[7] CHEW M Y L. Factors affecting ceramic tile adhesion for external cladding [J]. Construction and Building Materials, 1999, 13 (5): 293-296.

[8] JENNI A, ZURBRIGGEN R, HOLZER L, et al. Changes in microstructures and physical properties of polymer-modified mortars during wet storage [J]. Cement and concrete research, 2006, 36 (1): 79-90.

[9] 艾心荧, 戴远彬, 彭圳涛, 等. 装配式建筑用墙砖薄贴施工关键技术研究与应用 [J]. 建设科技, 2022 (02): 33-37.

[10] 陈静, 唐文. 浅析陶瓷薄板地面薄贴法施工技术 [J]. 建筑安全, 2023, 38 (07): 26-28.

[11] WINNEFELD F, KAUFMANN J, HACK E, et al. Moisture induced length changes of tile adhesive mortars and their impact on adhesion strength [J]. Construction and Building Materials, 2012, 30: 426-438.

[12] 石亚文. 基于刚性防水层瓷砖粘结特性研究 [D]. 上海: 上海交通大学, 2020.

[13] 方圆. 基于柔韧型水泥基防水层的瓷砖粘结体系研究 [D]. 上海: 上海交通大学, 2020.

作者简介　卢子臣, 男, 副教授, Email: luzc@tongji.edu.cn。
　　　　　　刘志伟, 男, 硕士生, Email: 2132875@tongji.edu.cn。

养护温湿度对聚合物水泥砂浆粘贴瓷砖拉伸粘结强度的影响

胡莹莹[1] 杭法付[1] 雷蕾[2] 叶勇[1] 范树景[1] 王培铭[3]

(1. 临海市忠信新型建材有限公司杭州研发分公司，杭州 310052，
2. 浙江省散装水泥与预拌砂浆发展研究会，杭州 310052，
3. 同济大学 材料科学与工程学院，上海 201804)

摘 要：本文主要研究了 20℃/95%RH、40℃/95%RH、70℃/95%RH、23℃/50%RH（基准）、23℃/100%RH（浸水）和 70℃/1%RH（热老化）六种养护条件对聚合物水泥砂浆粘贴瓷砖时拉伸粘结强度的影响。结果表明：聚合物水泥砂浆的拉伸粘结强度对温度和相对湿度的敏感性较强，特别是在干燥环境下有利于砂浆拉伸粘结强度的提高。常温（20℃/23℃）时，随着养护湿度的增加，砂浆的拉伸粘结强度呈下降趋势，尤其在高湿时，VAE 掺量越高，其下降程度越大；高温（70℃）时，高湿时砂浆的拉伸粘结强度高于低湿时，但高湿/低湿的增长率随乳胶粉掺量增多呈现下降趋势。95%RH 时，在掺 VAE 后，砂浆的拉伸粘结强度则表现为随着温度的升高呈递增的趋势，但在三个相同的温度下，随着 VAE 掺量的增大而下降，只有 70℃&95%RH 时例外仍保持高效的改性效果。聚合物水泥砂浆/瓷砖的拉伸粘结强度与其有效粘结面积仅在 23℃/100%RH 时表现一定的正相关性，其他条件下关联性不高。

关键词：聚合物水泥砂浆；VAE；HPMC；温度；湿度；瓷砖；拉伸粘结强度

Influence of Temperature and Relative Humidity on the Adhesives Strength of Polymer Modified Cement Mortar

Hu Yingying[1]　Hang Fafu[1]　Lei Lei[2]　Ye Yong[1]　Fan Shujing[1]
Wang Peiming[1]

(1. Hangzhou R&D Branch, Zhejiang Zhongxin New Building Materials Company Ltd, Hangzhou, 310052, China, 2. Zhejiang Province Bulk Cement And Ready Mixed Mortar Development Research Association, Hangzhou, 310052, China, 3. School of Material Science and Engineering, Tongji University, Shanghai, 201804, China)

Abstract: In this paper, the influence of six curing conditions of 20℃/95%RH, 40℃/95%RH, 70℃/95%RH, 23℃/50%RH, 23℃/100%RH and 70℃/1%RH on the adhesive strength of polymer modified cement mortar was studied. The results show that the influence of VAE on the adhesive strength of polymer cement mortar is characterized by strong sensitivity to temperature and relative humidity, especially in dry environment, it is beneficial to improve the adhesive strength of polymer modified cement mortar. At room temperature (20℃/23℃), the adhesive strength of polymer modified cement mortar decreases with the increase of curing relative humidity. Especially at high relative humidity, the higher the VAE content, the greater the decline degree. At high temperature (70℃), the adhesive strength of polymer modified cement mortar at high relative humidity is higher than that at low relative humidity, but the growth rate of high relative humidity/low relative humidity shows a decreasing trend with the increase of emulsion powder content. At 95%RH, the adhesive strength of polymer modified cement mortar increases with the increase of VAE, but decreases with the increase of VAE content at the three same temperatures, except at 70℃&95%RH, the effective modification effect is still maintained. The adhesive strength of polymer cement mortar/ceramic tile and its effective bond area only show a certain positive correlation at 23℃/100%RH, lower correlation under other conditions.

Keywords: polymer modified cement mortar; VAE; HPMC; temperature; relative humidity; ceramic tile; adhesive strength

0 引言

拉伸粘结强度是衡量瓷砖粘结材料性能好坏的最重要技术指标之一,而瓷砖粘结材料的强度、基底的基础状态、施工方式和养护条件共同决定了瓷砖粘结材料拉伸粘结强度的高低。其中养护环境的温度和湿度是影响砂浆中胶凝材料水化程度和聚合物成膜效果的关键因素,同时也是最不可控的因素。目前关于养护温度或湿度单因素对瓷砖粘结材料拉伸粘结强度的影响较多。徐海源等[1]、王娟等[2]的研究结果都表明砂浆在标准养护条件下的拉伸粘结强度明显高于热老化养护条件下的拉伸粘结强度,可再分散乳胶粉掺量增加可有效提高瓷砖粘结剂热老化后的拉伸粘结强度。李玉海等[3]研究了热老化养护时间对瓷砖粘结剂拉伸粘结强度的影响,结果表明热养护时间的变化对强度的影响差别较大,只有当使用合适的乳胶粉并有适当的掺量时,这种影响较小。黎凡[4]研究表明高温[(70±2)℃]养护条件下瓷砖粘结剂的粘结强度下降明显,原因在于高温使水泥水化停止和聚合物膜老化使水泥石的机械锚固力、聚合物膜的化学和物理粘结力均下降。还有研究指出,随着养护湿度的升高,粘结砂浆的拉伸粘结强度呈先增大后减小的趋势,高养护湿度会使聚合物溶胀变软,降低粘结砂浆与瓷砖之间的粘结效果[5-7]。

近年来养护湿度,特别是其和养护温度双因素的变化对瓷砖胶粘剂粘结强度的影响越来越引起人们的重视,相应的研究逐渐增多,且大多以聚合物水泥砂浆起步。例如:笔者之一和寿梦婕[8-9]研究了两种温度(40℃、80℃),三种相对湿度(30%、55%和80%)条件对羟乙基甲基纤维素醚(HEMC)和乙烯-醋酸乙烯共聚物(VAE)改性水泥砂浆在瓷砖基底材料上28d拉伸粘结强度的影响。结果表明,在养护温度80℃、三种养护湿度条件下,单掺HEMC的水泥砂浆的拉伸粘结强度几乎都小于0.10MPa;单掺VAE改性水泥砂浆的拉伸粘结强度随养护湿度呈先增大后减小的趋势;相同温度条件下增加养护湿度或者相同湿度条件下增加养护温度都会降低砂浆与瓷砖之间的拉伸粘结强度,而复掺HEMC和VAE可以减缓这种趋势。这些研究都表明高温高湿养护条件下砂浆与瓷砖之间的拉伸粘结强度基本都低于1.0MPa,甚至低于0.5MPa。但这些研究的试件制备基于JGJ/T 70—2009《建筑砂浆基本性能试验方法标准》,与瓷砖粘结剂实际使用中的粘结情况是有区别的。因此,本文按照JC/T 547—2017《陶瓷砖胶粘剂》中的试件成型方法制备试件,并面向特种瓷砖胶粘剂的开发,采用更多的养护条件,如20℃/95%RH、40℃/95%RH、70℃/95%RH、23℃/50%RH(标准)、23℃/100%RH(浸水)和70℃/1%RH(热老化),研究温湿度对聚合物水泥砂浆拉伸粘结强度的影响。

1 试验

1.1 原材料

P·O 42.5水泥;Ⅱ型粉煤灰;石英砂(粒径小于1.25mm的淡化砂);黏度为100000Pa·s的羟丙基甲基纤维素(HPMC);乙烯-醋酸乙烯共聚物(VAE乳胶粉),最低成膜温度为4℃,玻璃化转变温度为16℃;符合GB/T 4100—2015《陶瓷砖》附录G要求的BⅠa类干压陶瓷砖,吸水率为0.5%;符合JC/T 547—2017《陶瓷砖胶粘剂》附录A的混凝土板,吸水率为5.3%;自来水。

VAE掺量为水泥质量的0%、5%、10%和15%,灰砂比(m_c/m_s)随乳胶粉掺量增加依次为20:30、20:29、20:28和20:27,水料比为0.22。

1.2 试件成型

将水加入到混合均匀的粉料中,先慢速搅拌1min,再快速搅拌1min,然后1min内刮下搅拌叶和锅壁上的砂浆,熟化5min后再快速搅拌1min,最后按照JC/T 547—2017《陶瓷砖胶粘剂》中7.8.4的规定制备相应试件。

1.3 养护制度与测试方法

制备好的试件按照表 1 中的养护制度养护至龄期。

养护室：温度为（25±2）℃，相对湿度为（50±5）%。

将养护至龄期的试件用高强度黏合剂将拉拔头粘在陶瓷砖上，6h 后测定拉伸粘结强度。

表 1 养护制度

养护温度湿度表达方式	养护制度
23℃/50%RH	试样在养护室中放置 24h，然后在 T：（23±2）℃、RH：（50±3）%条件下养护至 28d
23℃/100%RH	试样在养护室中放置 24h，然后在 T：（23±2）℃、RH：（50±3）%条件下养护 6d，最后在 T：（23±2）℃的水中养护至 28d
70℃/1%RH	试样在养护室中放置 24h，然后在 T：（23±2）℃、RH：（50±3）%条件下养护 13d，最后在 T：（70±2）℃的烘箱中养护至 28d
20℃/95%RH	试样在养护室中放置 24h，然后在 T：（20±2）℃、RH：（95±3）%条件下养护至 28d
40℃/95%RH	试样在养护室中放置 24h，然后在 T：（40±2）℃、RH：（95±3）%条件下养护至 28d
70℃/95%RH	试样在养护室中放置 24h，然后在 T：（70±2）℃、RH：（95±3）%条件下养护至 28d

2 结果与讨论

2.1 拉伸粘结强度

图 1 为聚合物水泥砂浆在六种养护条件下的拉伸粘结强度随 VAE 掺量变化的关系。

由图 1 (a) 可知，不掺乳胶粉时，聚合物水泥砂浆试样在 23℃/50%RH 养护条件下的拉伸粘结强度最高，约为 1.0MPa，在 23℃/100%RH 和 70℃/1%RH 养护条件下皆小于 0.5MPa；当掺入 VAE 后，随着 VAE 掺量的增加，23℃/50%RH 和 70℃/1%RH 养护条件下试样的拉伸粘结强度呈明显的递增趋势，这与徐海源[1]和王娟[2]得出的标准和热老化养护条件下聚合物水泥砂浆的拉伸粘结强度变化规律一致，这说明热老化养护时高掺 VAE 更利于拉伸粘结强度的提高。23℃/100%RH 养护条件下，聚合物水泥砂浆的拉伸粘结强度在掺入 VAE 后提高明显，但随着 VAE 掺量的增加逐渐减小，这与笔者之一[10]在浸水养护条件下得出的改性水泥砂浆随着 VAE 掺量增加先增大后有所下降的变化规律相似，即常温浸水养护不利于拉伸粘结强度的提高。

由图 1 (b) 可知，在 95%相对湿度条件下，不管是 20℃、40℃还是 70℃，聚合物水泥砂浆的拉伸粘结强度远超过 0.5MPa，甚至出现大于 1.0MPa 的情况。当不掺 VAE 时，随着温度的升高，聚合物水泥砂浆的拉伸粘结强度呈现先增大后略有降低的趋势，尤其是在 40℃&95%RH 养护条件下，拉伸粘结强度甚至达到 2.0MPa；当掺 VAE 时，则表现为随着温度的升高拉伸粘结强度呈逐渐增大的趋势，当 VAE 掺量为 15%时，

20℃时砂浆的拉伸粘结强度相对偏低，为 0.8MPa，40℃和 70℃时砂浆的拉伸粘结强度增幅明显，分别为 1.3MPa 和 1.8MPa。可见在 95%相对湿度时，无论聚合物水泥砂浆是否经过 VAE 改性，提高养护温度都有利于其粘结强度的提高。还可发现，仅在 70℃/95%RH 时，VAE 的掺加对拉伸粘结强度的发展有促进作用，而在 20℃/95%RH 和 40℃/95%RH 时 VAE 的掺加反而不利于拉伸粘结强度的增长。

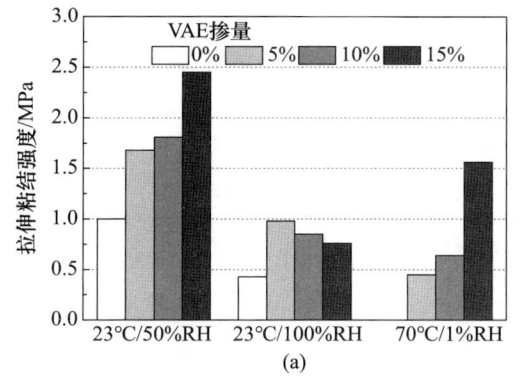 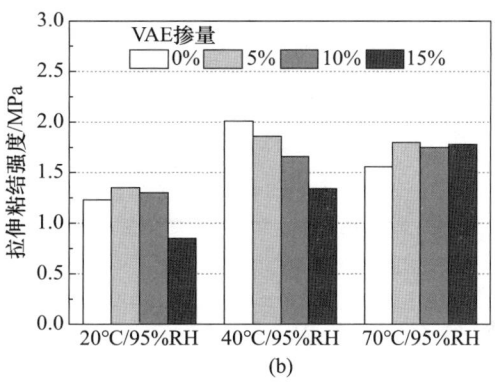

图 1 六种养护条件下聚合物水泥砂浆拉伸粘结强度随 VAE 掺量的变化

2.2 拉伸粘结强度增长率

表 2 为 23℃/100%RH（浸水）、20℃/95%RH、40℃/95%RH、70℃/95%RH 和 70℃/1%RH（热老化）分别比 23℃/50%RH（基准）养护条件下的聚合物水泥砂浆在 VAE 同掺量时拉伸粘结强度的增长率。表 3 为 70℃/95%RH 养护条件下聚合物水泥砂浆的拉伸粘结强度在 VAE 同掺量时分别比 70℃/1%RH（热老化）、20℃/95%RH 和 40℃/95%RH 养护条件下拉伸粘结强度的增长率。

由表 2 可知，在不掺 VAE 时，23℃/100%RH 和 70℃/1%RH 比 23℃/50%RH 养护条件下的增长率都为负值，其他三种养护条件下的增长率都为正值，且 40℃/95%RH、70℃/95%RH 分别比 23℃/50%RH 养护条件下的增长率分别为 101%和 56%。当掺入 VAE 后，相比于 23℃/50%RH 养护，23℃/100%RH、20℃/95%RH、40℃/95%RH、70℃/95%RH 四种养护条件下的增长率随着 VAE 掺量的增加呈下降趋势，但 VAE 同掺时的增长率随着养护温度的提高呈现上升趋势。虽然 70℃/1%RH 养护条件下的增长率随着 VAE 掺量增加呈上升趋势，但都小于 70℃/95%RH 养护条件下的增长率，即高温时高湿养护更利于聚合物水泥砂浆拉伸粘结强度的发展。

由图 1（a）、图 1（b）结合表 2 还可知，当掺入 VAE 后，常温（20℃/23℃）时随着养护湿度的提高，聚合物水泥砂浆的拉伸粘结强度和增长率都随着 VAE 掺量提高而下降，下降比率最高达到 69%。相同条件下，这与文献[5]中 65%RH 养护最有利于水泥砂浆与玻璃之间拉伸粘结强度的发展，90%RH 显著限制了聚合物的作用效果的结论相似。可能是因为，随着养护湿度的增加聚合物水泥砂浆中乳胶膜溶胀的程度增加，VAE 掺量越高，拉伸粘结强度下降程度也随之变大。

表 2　不同温湿度条件下聚合物水泥砂浆拉伸粘结强度的增长率　　　　%

VAE 掺量	23℃/100%RH 比 23℃/50%RH	20℃/95%RH 比 23℃/50%RH	40℃/95%RH 比 23℃/50%RH	70℃/95%RH 比 23℃/50%RH	70℃/1%RH 比 23℃/50%RH
0%	−57	23	101	56	−100
5%	−43	−20	11	7	−73
10%	−56	−28	−8	−3	−65
15%	−69	−65	−45	−27	−36

注："−"为负增长率，即下降率。

表 3　70℃&95%RH 条件下聚合物水泥砂浆拉伸粘结强度的增长率　　　　%

VAE 掺量	70℃/95%RH 比 70℃/1%RH	70℃/95%RH 比 20℃/95%RH	70℃/95%RH 比 40℃/95%RH
0%	/	27	−22
5%	300	33	−3
10%	173	35	5
15%	14	109	33

注："−"为负增长率，即下降率；"/"表示分母为零，不可除。

由表 3 可知，70℃/95%RH 比 70℃/1%RH 情况下的聚合物水泥砂浆拉伸粘结强度的增长率皆为正值，但随着 VAE 掺量增加呈下降趋势；结合图 1（a）、图 1（b）可知，聚合物水泥砂浆的拉伸粘结强度从 70℃/1%RH 养护时的 0.0MPa 到 70℃/95%RH 养护时的 1.56MPa，提高了 1.56MPa，增长率为本文中最高。70℃/95%RH 比 20℃/95%RH 和 70℃/95%RH 比 40℃/95%RH 情况下的聚合物水泥砂浆拉伸粘结强度的增长率都随着 VAE 掺量增加呈上升趋势，且当 VAE 掺量为 15% 时，其增长率最高可大于 100%。

由图 1（a）、图 1（b）结合表 3 可知，在 95% 相对湿度时，70℃比 20℃养护和 70℃比 40℃养护条件下聚合物水泥砂浆拉伸粘结强度的增长率随着 VAE 掺量增加而上升，以上结果与文献[8]～[9]中以混凝土板为基底的水泥砂浆在单掺 HEMC 或复掺 HEMC 和 VAE 时拉伸粘结强度的变化规律基本一致，但与文献[8]～[9]中以瓷砖为基底时高温高湿条件不利于水泥砂浆拉伸粘结强度提高的结果不一致。造成这种不一致的原因是养护时样品所处的环境不同造成的。本文聚合物水泥砂浆处于混凝土板和瓷砖之间，在养护期间聚合物水泥砂浆的水分流失方式如图 2（a）所示；而文献[8]～[9]中砂浆上表面和四个侧面都直接与空气接触[图 2（b）]，给流失水分提供更多的条件，不利于水泥的水化；采用养护温度为 70℃，相对湿度为 95% 贴近蒸汽养护，文献[11]指出蒸汽养护使砂浆强度增长更快、更高，增加了砂浆与瓷砖间的机械锚固力，文献[12]提出蒸汽养护条件下，增加 VAE 掺量提高了水泥砂浆的密实度，降低了水泥基材料的孔隙率，使拉伸粘结强度得以提高。

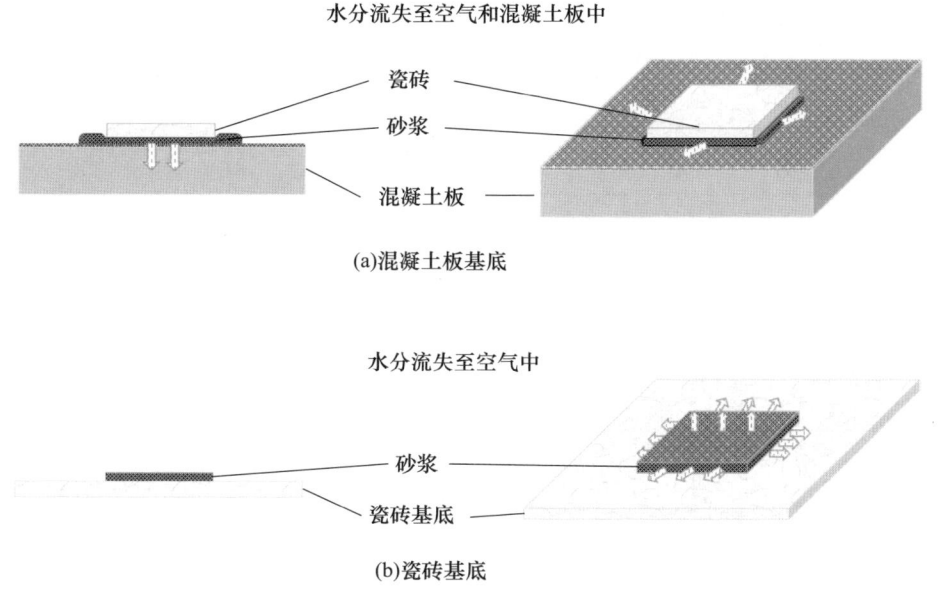

图 2 聚合物水泥砂浆水分流失示意图

2.3 有效粘结面积

六种养护条件下聚合物水泥砂浆/瓷砖的有效粘结面积见表 4。有效粘结面积是指试件在拉伸粘结强度试验后砂浆黏着在瓷砖上的面积占比,即砂浆内聚破坏的面积占测试面积的百分比。聚合物水泥砂浆与混凝土板之间的有效粘结面积都为 100%,在此不作论述。

由表 4 可见,六种养护条件下聚合物水泥砂浆与瓷砖之间的有效粘结面积基本不小于 80%,除了 70℃/1%RH 养护条件下在不掺 VAE 时聚合物水泥砂浆/瓷砖的有效粘结面积为 0%。结合图 1 和表 4 可知,在 70℃/1%RH 养护条件下,在不掺 VAE 时,砂浆/瓷砖的有效粘结面积为 0%,拉伸粘结强度为 0.0MPa,在掺入 VAE 后,有效粘结面积都为 100%,拉伸粘结强度随着 VAE 掺量增加而增大,这可能是因为环境和砂浆中的水分含量极低,水泥砂浆与瓷砖的热膨胀率不同、干缩率不同等原因导致砂浆和瓷砖之间的机械锚固连接遭到破坏,使两者间几乎没有机械锚固力,有效粘结面积也几乎忽略不计,在掺入 VAE 后,砂浆与瓷砖以及砂浆内部存在的乳胶膜起到了连接和支撑的作用,提高了砂浆的粘结性能,有效粘结面积也随之增大。

尽管所述的除了 70℃/1%RH 养护条件下砂浆与瓷砖之间的有效粘结面积不小于 80%,甚至达到 100%,但相对应的拉伸粘结强度差别较大,由此可见聚合物水泥砂浆与瓷砖之间的拉伸粘结强度与其有效粘结面积关联性不高,仅在 23℃/100%RH 时两者表现一定的正相关,也即随着 VAE 掺量增多,有效粘结面积降低,拉伸粘结强度也略有降低。

表 4　聚合物水泥砂浆/瓷砖的有效粘结面积　　　　　　　　　　　　　　　%

m_v/m_c	23℃ 50%RH	20℃ 95%RH	23℃ 100%RH	40℃ 95%RH	70℃ 95%RH	70℃ 1%RH
0%	100	100	100	100	100	0
5%	100	100	90	100	100	100
10%	100	100	80	100	100	100
15%	100	90	80	100	100	100

4　结论

（1）聚合物水泥砂浆粘结瓷砖的拉伸粘结强度对温度和相对湿度的依赖性非常强，VAE 特别有利于提高干燥环境下的砂浆粘结强度。

（2）常温（20℃/23℃）时，聚合物水泥砂浆的拉伸粘结强度在 50%RH 条件下随着 VAE 掺量的增加呈明显的递增趋势，在 95%RH/100%RH 条件下掺入 VAE 提高明显，但随着 VAE 掺量的增加逐渐减小。即高湿度养护不利于 VAE 大掺量时拉伸粘结强度的发展。

（3）高温（70℃）时，聚合物水泥砂浆在 95%RH 下的拉伸粘结强度高于 1%RH 的，两种养护湿度条件下，其拉伸粘结强度都随着 VAE 掺量增加呈上升趋势，但增长率区别较大。

（4）95%RH 时，在掺入 VAE 后，聚合物水泥砂浆的拉伸粘结强度则表现为随着温度的升高呈递增的趋势。但在三个相同的温度下，随着乳胶粉掺量的增大而下降，只有 70℃&95%RH 时例外仍保持高效的改性效果。

（5）在 23℃/100%RH 时，聚合物水泥砂浆与瓷砖之间的拉伸粘结强度与其有效粘结面积表现一定的正相关，其他条件下关联性不高。

参考文献

[1] 徐海源，沙建芳，刘建忠，等．水泥基瓷砖粘结剂耐热老化性能影响因素研究［J］．新型建筑材料，2016（03）：29-32.

[2] 王娟，寇玉德，陈宁．不同胶粉及水泥用量的瓷砖胶耐久性影响因素研究［J］．新型建筑材料，2018（05）：30-33.

[3] 李玉海，王娟．养护条件及乳胶粉玻璃化温度对瓷砖胶拉拔强度影响的研究［J］．化学建材，2007，23（4）：36-38.

[4] 黎凡．养护条件对水泥基陶瓷砖粘结性能的影响及其机理［J］．广东建材，2011（11）：97-99.

[5] 夏凡，王培铭，张国防．养护湿度对聚合物水泥砂浆与玻璃粘结强度的影响［J］．墙材革新与建筑节能，2015（2）：63-66.

[6] THOMAS L，RENÉ D，HANSPETER W，等．湿强度与耐久性——外墙瓷砖应用的两个关键性能［C］//2008 年第三届中国国际建筑干混砂浆生产应用技术研讨会论文集．北京：中国建材工业出版社，2008，257-262.

[7] 冉东升. 环境因素对瓷砖胶粘结性能的影响 [J]. 陶瓷，2020 (10)：50-53.

[8] 王培铭，寿梦婕. 高温条件下不同养护湿度对聚合物改性水泥砂浆拉伸粘结强度的影响 [J]. 新型建筑材料，2018 (1)：54-58.

[9] 寿梦婕，王培铭. 温湿度对聚合物改性水泥砂浆与不同基底粘结强度的影响 [C] //王培铭等编. 第七届全国商品砂浆学术交流会论文集. 北京：中国建材工业出版社，2017，59-66.

[10] 王培铭，张国防，吴建国，等. 不同养护条件下聚合物干粉对水泥砂浆粘结强度的影响 [J]. 墙材革新与建筑节能，2004 (12)：37-39.

[11] 李清海，姚燕，孙蓓，等. 高温对水泥砂浆强度的影响及机理分析 [J]. 建筑材料学报，2008，11 (06)：699-703.

[12] 杨超，陈贞幸，李俊豪，等. EVA聚合物乳液对蒸养水泥砂浆抗渗性能的影响 [J]. 混凝土，2021 (03)：99-102.

作者简介 胡莹莹 (1989.12—)，女，本科，助理工程师。主要从事干混砂浆的研究。联系地址：浙江省杭州市滨江区长河路590号东忠科技园，E-mail：yiwaihaishui2007@163.com。

碱处理对聚合物改性水泥砂浆力学性能的影响

安艳菲　杭法付　张心怡　范树景

(临海市忠信新型建材有限公司杭州研发分公司，杭州 310052)

摘　要：通过用水和 $Ca(OH)_2$ 溶液对聚合物改性水泥砂浆分别进行 1d、3d、7d 和 14d 的处理，研究了碱处理对不同乳胶粉掺量的水泥砂浆力学性能的影响。研究发现处理时长为 1d 和 3d 时，经过 $Ca(OH)_2$ 溶液处理的聚合物改性水泥砂浆的拉伸粘结强度低于浸水处理后的，但当处理时间延长到 7d 时，结果则相反。相对浸水处理来说，$Ca(OH)_2$ 溶液处理时长为 7d 内时，对聚合物改性水泥砂浆的抗折、抗压强度有一定的增强作用，随着 EVA 掺量的增加，水泥砂浆经过不同时长的浸水处理和碱处理后的抗折、抗压强度随着 EVA 掺量的增加而逐渐降低，处理时长为 7d 时，碱处理下抗折强度的降低幅度较大，但抗压强度的降低幅度较小。EVA 掺量较低时，经过 $Ca(OH)_2$ 溶液处理的聚合物改性水泥砂浆的膨胀幅度高于浸水处理的，EVA 掺量增加时则相反。在浸水处理和碱处理下，水泥砂浆在 14d 内的质量增长率均随着 EVA 掺量的增加呈现先增后减的规律，碱处理下砂浆的质量增长率随 EVA 掺量的增加而增长的幅度较大。

关键词：无机非金属材料；聚合物改性水泥砂浆；碱处理；力学性能

Effect of Alkali Treatment on Mechanical Properties of Polymer Modified Cement Mortar

An Yanfei　Hang Fafu　Zhang Xinyi　Fan Shujing

(Hangzhou R&D Branch, Linhaishi Zhongxin New Building Materials Co. Ltd., Hangzhou 310052)

Abstract: The effects of alkali treatment on the mechanical properties of polymer modified cement mortars were studied by using water and Ca(OH)$_2$ solution for 1d, 3d, 7d and 14d, respectively. It was found that the tensile bond strength of polymer-modified cement mortar treated with Ca(OH)$_2$ solution was lower than that after soaking for 1d and 3d, but the result was opposite when the treatment time was extended to 7d. Compared with water immersion treatment, when Ca(OH)$_2$ solution is treated for less than 7 days, it has a certain effect on the flexion and compressive strength of polymer modified cement mortar. With the increase of EVA content, the flexion and compressive strength of cement mortar after water immersion and alkali treatment for different periods of time gradually decreases with the increase of EVA content. The bending strength decreased greatly under alkali treatment, but the compressive strength decreased less. When the content of EVA is low, the expansion range of polymer-modified cement mortar treated with Ca(OH)$_2$ solution is higher than that of immersed water treatment, and the opposite is true when the content of EVA is increased. Under water immersion treatment and alkali treatment, the mass growth rate of cement mortar within 14 days showed a law of first increasing and then decreasing with the increase of EVA content. Under alkali treatment, the mass growth rate of mortar increased with the increase of EVA content.

Keywords: inorganic non-metallic materials; polymer modified cement mortar; alkali treatment; mechanical properties

0 引言

聚合物改性水泥砂浆因其优异的特性被广泛应用于建筑材料中，其中较为突出的是它的耐久性。因为聚合物的掺入，使得水泥砂浆硬化后内部形成聚合物膜，而聚合物膜会包裹在砂浆内部颗粒表面，使砂浆内部粘结性提高，有文献表明[1]，聚合物膜在十年之后仍然存在于砂浆之中，说明了聚合物膜对砂浆的作用效果持续时间较长，能够有效提高水泥砂浆的使用年限。但水泥基材料使用场合较广，恶劣复杂的应用环境仍会对聚合物改性水泥砂浆造成不同程度的负面影响，因此很多学者就聚合物改性水泥砂浆的耐久性方面做了进一步的研究，如抗冻性[2]、抗渗透性[3-7]、抗碳化性[8-9]、抗硫酸盐腐蚀性[10-12]性能以及不同温湿度下聚合物改性水泥砂浆性能的表现[13-15]等，通过这些专业及系统的研究，使得聚合物改性水泥砂浆在实际工程中得到了更好的应用。但在这些研究中，在碱处理对聚合物改性水泥砂浆的影响方面涉猎较少，本文通过对聚合物改性水泥砂浆进行不同时长的碱溶液浸泡的老化处理方式，对比浸水处理，观察砂浆的力学性能变化规律，为聚合物改性水泥砂浆的耐久性能的研究提供一定的理论依据。

1 试验

1.1 原材料

水泥：P·O 42.5 普通硅酸盐水泥；砂：80～120 目的石英砂；羟丙基甲基纤维素

(HPMC)：黏度为 10000mPa·s；乙烯-醋酸乙烯酯共聚物（EVA 乳胶粉）：最低成膜温度为 4℃；拉伸粘结强度试验基底：采用 304 不锈钢板为试验基材，尺寸为 400mm×400mm×5mm。

1.2 试验方法

1.2.1 试样成型与测试

成型条件为 (23±2)℃，(50±5)%RH。

(1) 拉伸粘结强度：参照标准 GB/T 29756—2013《干混砂浆物理性能试验方法》执行，试样厚度 5mm；

(2) 抗折、抗压强度：参照标准 GB/T 17671—2021《水泥胶砂强度检验方法 (ISO 法)》执行，72h 后拆模；

(3) 收缩率：参照标准 GB/T 29756—2013《干混砂浆物理性能试验方法》执行，72h 后拆模；

(4) 质量增长率：成型方式同抗折、抗压强度试样，7d 标准养护测定其处理前的质量 W_0，经过不同处理时长后将试样取出并擦干表面水分并测定试样质量 W_t。按照公式 (1) 计算砂浆质量增长率，取三个试样的质量增长率的算术平均值作为测试结果。

$$W=\frac{W_t-W_0}{W_0}\times 100\% \tag{1}$$

式中 W——试样的质量增长率，%；

W_0——试样处理前的质量，g；

W_t——试样不同处理时长后的质量，g。

1.2.2 试样处理

按照表 1 的养护制度对试样进行处理，试样在 7d 的标准养护后，拉伸粘结强度及抗折、抗压强度试样分别用规定的水和碱溶液处理 1d、3d、7d，收缩率及质量增长率试样处理 1d、3d、7d、14d。

表 1 试样的处理方式

处理方式		浸水	碱溶液
处理时长/d	7	(23±2)℃，(50±5)%RH	(23±2)℃，(50±5)%RH
	t	(23±2)℃浸水	饱和 Ca(OH)$_2$ 溶液

1.2.3 试验配合比

试验中 EVA 掺量为水泥用量的 5%、15% 和 25%（质量比），拌合水用量根据稠度确定，砂浆稠度根据 JGJ/T 70—2009《建筑砂浆基本性能试验方法标准》控制在 (115±5)mm。具体配合比如表 2 所示。

表 2 试验配合比　　　　　　　　　　　　　　　　　　　g

试样编号	水泥	石英砂	HPMC	EVA	水
V05	400	600	2	20	257
V15	400	600	2	60	253
V25	400	600	2	100	240

2 结果与分析

2.1 拉伸粘结强度

图 1 为浸水处理和碱处理对聚合物改性砂浆在钢板上的拉伸粘结强度的影响，处理时长分别为 1d、3d 和 7d，以浸水处理作为对比组，研究了碱处理对 EVA 掺量分别为 5%、15% 和 25%（试样 V05、V15 和 V25）的聚合物改性水泥砂浆与钢板之间拉伸粘结强度的影响。由图 1 可知，在浸水处理和碱处理后水泥砂浆的拉伸粘结强度均随着 EVA 掺量增加有很明显的增长，EVA 掺量为 5% 时，浸水处理下砂浆拉伸粘结强度在 7d 内随着处理时间的延长表现为先增加后减小，而碱处理下的砂浆拉伸粘结强度与处理时长之间的关系不大，均集中在 0.4MPa 左右。EVA 掺量增加时，浸水处理时长对砂浆拉伸粘结强度的影响规律保持不变，碱处理下砂浆的拉伸粘结强度随着 EVA 掺量增加而增长的速率加快，尤其处理时长为 7d 的砂浆在 EVA 掺量为 25% 时，相比 EVA 掺量 15% 的试样增长了 85%，而浸水处理后的试样仅增长了 46%。在处理时长为 1d 和 3d 时，浸水处理后水泥砂浆的拉伸粘结强度高于碱处理后的，但当处理时间延长到 7d 时，结果则相反，浸水处理后的砂浆拉伸粘结强度较低。

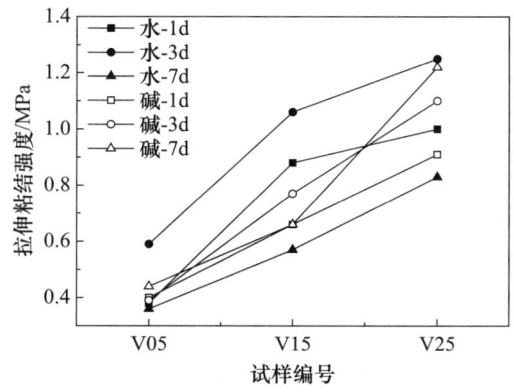

图 1 碱处理对聚合物改性水泥砂浆拉伸粘结强度的影响

2.2 抗折、抗压强度

图 2（a）、图 2（b）分别为浸水处理和碱处理对聚合物改性水泥砂浆的抗折、抗压强度的影响，处理时长分别为 1d、3d 和 7d。观察图 2（a）可知，浸水处理和碱处理下聚合物改性水泥砂浆的抗折强度在 7d 内均随着处理时间的延长而提高，对比 EVA 掺量相同的试样发现，碱处理后的水泥砂浆在不同处理时长下的抗折强度都高于浸水处理下的抗折强度。水泥砂浆在浸水处理和碱处理后的抗折强度随着 EVA 掺量的增加而逐渐降低，其中处理 1d 和 3d 时，浸水处理下的砂浆抗折强度降低幅度较大，7d 时碱处理的降低幅度较大。观察图 2（b）可知，浸水处理和碱处理后的抗压强度也是在 7d 内随着处理时间的延长而逐渐提高，相同 EVA 掺量下，水泥砂浆在碱处理后的抗压强度高

于浸水处理后的。砂浆抗压强度也随着 EVA 掺量的增加而逐渐降低，其中处理时长 7d 时浸水处理的降低幅度较大。由图 2 可知，相对浸水处理来说，碱处理对聚合物改性水泥砂浆的抗折、抗压强度有一定的增强作用，但随着 EVA 掺量的增加，水泥砂浆在不同时长的浸水处理和碱处理后的抗折、抗压强度随着 EVA 掺量的增加而逐渐降低，处理时长为 7d 时，碱处理下抗折强度的降低幅度较大，但抗压强度的降低幅度较小。

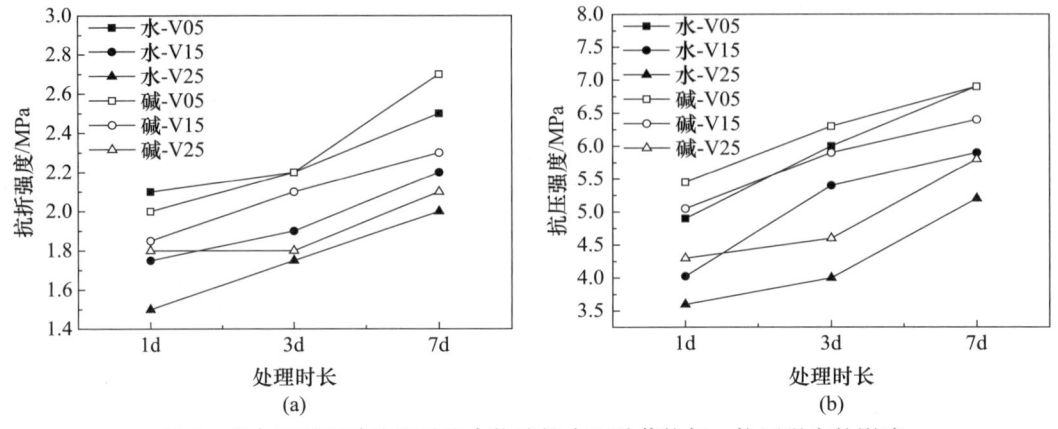

图 2 浸水处理和碱处理对聚合物改性水泥砂浆抗折、抗压强度的影响

2.3 收缩率和质量增长率

图 3（a）、图 3（b）分别为浸水处理和碱处理对聚合物改性水泥砂浆的收缩率和质量增长率的影响，处理时长分别为 1d、3d、7d 和 14d。观察图 3（a）可知，聚合物改性水泥砂浆在浸水处理和碱处理下的收缩率表现为负值，即两种处理方式下砂浆在本次试验的处理时长中均呈现膨胀状态，且在 14d 内随着处理时间的延长逐渐增长。EVA 掺量为 5% 时，浸水处理和碱处理下的砂浆在 3d 后膨胀速率明显降低，浸水处理后的试样甚至不再继续膨胀，且碱处理下的砂浆膨胀高于浸水处理。EVA 掺量为 15% 和 25% 时，处理时长超过 7d 时，两种处理方式下的砂浆继续膨胀，且 EVA 掺量越高，膨胀速率越快，但碱处理下的砂浆膨胀低于浸水处理。观察图 3（b）可知，聚合物改性水泥砂浆在浸水处理和碱处理状态下的质量增长率在 14d 内均随着处理时间的延长而呈现出直线增长的规律。EVA 掺量为 5% 时，两种处理方式下的水泥砂浆在不同处理时长下的质量增长率差距较小，EVA 掺量增加后，碱处理下的砂浆质量增长高于浸水处理下的砂浆，EVA 掺量为 15% 时，碱处理下的砂浆在 1d、3d、7d 和 14d 的处理时长下比浸水处理下的砂浆分别高了 15%、13%、11% 和 6%，EVA 掺量为 25% 时，分别高了 5%、4%、3% 和 0%。在浸水处理和碱处理下，水泥砂浆在不同处理时长下的质量增长率均随着 EVA 掺量的增加呈现先增后减的规律，碱处理 1d、3d、7d 和 14d 时，EVA 掺量为 15% 的试样的质量增长率相比 5% 的试样增长幅度分别为 72%、63%、57% 和 59%，浸水处理下的增长幅度分别为 50%、49%、41% 和 46%，说明碱处理下的砂浆的质量增长率随 EVA 掺量增加而增长的幅度较大。这是因为乳胶粉掺量较高时，水泥砂浆中的闭口孔隙率会大幅增加，开口孔隙率大幅度降低[16]，导致了乳胶粉掺量较高时，水泥砂浆吸水率下降，造成了 EVA 掺量为 25% 时，水泥砂浆的质量增长减小。

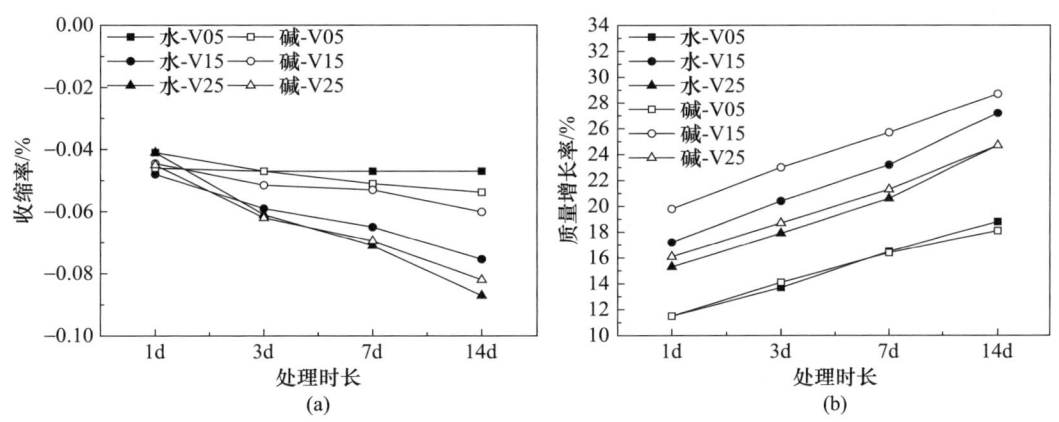

图 3 浸水处理和碱处理对聚合物改性水泥砂浆收缩率和质量增长率的影响

3 讨论

可再分散乳胶粉在生产过程中加入了一定量的保护性胶体或表面活性剂，使乳胶粉具有较强的亲水性和对碱的敏感性[17]，这就导致了它在应用过程中较弱的耐水性，而在碱性环境中的表现来说，SILVA 和 WANG 等人[18-19]研究发现水泥水化会造成高碱环境，乳胶粉中的酯基团水解后会释放羧基，羧基与 $Ca(OH)_2$ 发生反应形成交联的网状结构。文献[18]～[19]也表明，羧基与 Ca^{2+} 发生化学反应时会生成甲酸钙或乙酸钙，固相氢氧化钙与聚合物颗粒之间也存在化学反应，$Ca(OH)_2$ 中的 Ca^{2+} 可与羧基反应形成交联的网状结构。将聚合物改性水泥砂浆浸泡在碱溶液 1d 和 3d 时，由于聚合物薄膜对砂浆颗粒的包裹作用和其中羧基与 Ca^{2+} 发生反应生成不稳定的络合物，控制了水泥水化初期的 Ca^{2+} 浓度，延缓了水化进程，因此其拉伸粘结强度较低，但 $Ca(OH)_2$ 溶液处理 7d 后，Ca^{2+} 进入砂浆内部，促进了聚合物的水解，和羧基反应生成网状结构，这在一定程度上可能增强了砂浆的粘结性，提高了砂浆在碱处理后的拉伸粘结强度。王茹等人通过研究发现，乳胶粉会使 $Ca(OH)_2$ 的生成量减少，C-S-H 凝胶的形成延缓[20]，而在 $Ca(OH)_2$ 溶液处理后，补充了 $Ca(OH)_2$ 的量，促进了水泥水化，同时充足的水分会抑制水化乙酸钙的分解，二水乙酸钙在后期会逐渐分解转变成碳酸钙[21]，而 $Ca(OH)_2$ 溶液处理会促进乙酸钙的生成，这可能是聚合物水泥砂浆在碱溶液处理后抗折、抗压强度高于浸水处理的原因，这也解释了图 3 中砂浆在碱处理下的膨胀较小但其质量增长率却较大的原因。

4 结论

（1）处理时长为 1d 和 3d 时，经过 $Ca(OH)_2$ 溶液处理的聚合物改性水泥砂浆的拉伸粘结强度低于浸水处理后的，但当处理时间延长到 7d 时，结果则相反；

（2）相对浸水处理来说，$Ca(OH)_2$ 溶液处理时长为 7d 内时，对聚合物改性水泥砂浆的抗折、抗压强度有一定的增强作用；

（3）在14d的处理时长内，EVA掺量较低的聚合物改性水泥砂浆在Ca(OH)$_2$溶液处理的膨胀幅度高于浸水处理的，EVA掺量增加时则相反。

参考文献

[1] 约翰·舒尔茨. 可再分散乳胶粉在砂浆中的主要作用 [C] //首届全国商品砂浆学术会议. 北京：机械工业出版社，2005：320-331.

[2] 丁向群，张冷庆，冀言亮，等. 聚合物改性粘结砂浆的性能研究 [J]. 硅酸盐通报，2014，33（05）：1040-1044.

[3] YANG Z, SHI X, CREIGHTON A T, et al. Effect of styrene-butadiene rubber latex on the chloride permeability and microstructure of Portland cement mortar [J]. Construction & Building Materials, 2009, 23 (6): 2283-2290.

[4] LOHAUS L, WEICKEN H. Polymer-modified mortars for corrosion protection at offshore wind energy converters [J]. Key Engineering Materials, 2011, 1 (466): 151-157.

[5] ROBAYASHI K, IIZUKA T, KURACHI H, et al. Corrosion protection performance of high performance fiber reinforced cement composites as a repair material [J]. Cement & Concrete Composites, 2010, 32 (6): 411-420.

[6] 兰明章，李文秀. 聚合物水泥砂浆抗氯离子渗透性能研究 [J]. 商品混凝土，2009 (4)：38-40.

[7] 王兴培，杨帆，李荣鑫，等. 新型改性水泥砂浆抗渗和耐磨性能试验研究 [J]. 中外公路，2012，32（04）：259-262.

[8] 刘大智，储洪强，蒋林华. 聚合物水泥砂浆的耐久性能试验 [J]. 水利水电科技进展，2010，30（06）：39-42+70.

[9] 宁镱彭，许金余，王志航，等. VAE乳胶粉改性砂浆耐久性能研究 [J]. 空军工程大学学报，2022，23（02）：106-111.

[10] 黄从运，张明飞，蔡肖，等. 聚合物改性硫铝酸盐水泥修补砂浆的耐硫酸盐腐蚀性研究 [J]. 化学建材，2007，23（3）：27-29.

[11] 张晏清. 聚合物水泥砂浆的耐酸腐蚀性能 [J]. 建筑材料学报，2008，11（5）：505-509.

[12] 张国防，王培铭，吴建国，等. 聚合物干粉对水泥砂浆耐久性能的影响 [J]. 中国水泥，2004（11）：108-111.

[13] 王培铭，寿梦婕. 高温条件下不同养护湿度对聚合物改性水泥砂浆拉伸粘结强度的影响 [J]. 新型建筑材料，2018，45（01）：54-58.

[14] PIQUE T M, BAUEREGGER S, PLANK J. Influence of temperature and moisture on the shelf-life of cement admixed with redispersible polymer powder [J]. Construction & Building Materials, 2016, 115: 36-344.

[15] 邹希文. 不同养护环境对聚合物改性水泥基修补砂浆性能影响及其机理分析 [D]. 西安：西安建筑科技大学，2020.

[16] 梅迎军，王培铭，梁乃兴，等. 丁苯乳液对水泥砂浆吸水率和碳化深度的影响及其机理 [J]. 建筑材料学报，2007，10（03）：276-281.

[17] 马文石，黄胜，姜素琴，等. 可再分散聚合物乳胶粉疏水/耐水性研究 [J]. 绿色建筑，2006，22（01）：33-35.

[18] SILVA D A, MONTEIRO P J M. Hydration evolution of C$_3$S-EVA composites analyzed by soft

X-ray microscopy [J]. Cem Concr Res, 2005, 35 (2): 351-357.

[19] WANG M, WANG R M, ZHENG S R, et al. Research on the chemical mechanism in the polyacrylate latex modified cement system [J]. Cem Concr Res, 2015, 76: 62-69.

[20] 王茹, 王培铭. 丁苯乳液和乳胶粉对水泥水化产物形成的影响 [J]. 硅酸盐学报, 2008, 36 (07): 912-919+926.

[21] 张美香, 司政凯, 田崇霏, 等. EVA乳液改性岩棉-砂浆界面及其耐碱侵蚀性研究 [J]. 新型建筑材料, 2022, 49 (02): 104-108.

作者简介：安艳菲（1997—），女，助理工程师，主要从事干混砂浆的研究，E-mail：18768147764@163.com。

第三部分
砂浆的产品研发

磷建筑石膏基自流平砂浆改性与应用技术研究

马保国　陈　偏　戚华辉　杨　琪

（武汉理工大学硅酸盐建筑材料国家重点实验室，湖北武汉 430070）

摘　要：本文研究了三种改性材料［磷基高强石膏（α-PHH）、水硬性胶凝材料（PC）、早强型矿物（CAS）］、无机填料（重钙粉）以及可再分散乳胶粉对磷建筑石膏（HPG）基自流平砂浆的影响。测试了砂浆材料30min流动度损失、抗折抗压强度以及拉伸粘结强度等性能指标。结果表明：α-PHH 和 CAS 对 HPG 基自流平砂浆的增强效果较好；重钙粉的加入优化了填充骨料级配，使硬化体更致密，但掺量过高反而对强度存在负面影响，粗细骨料比例控制为 7∶3 效果较好；乳胶粉能够提升 HPG 基自流平砂浆的拉伸粘结强度，但对绝干抗压强度存在负面影响，当其掺量分别为 0.1% 和 0.3% 时，α-PHH-HPG、CAS-HPG 自流平砂浆的绝干拉伸强度满足要求。

关键词：材料学；磷建筑石膏；自流平砂浆；强度

Research on Modification and Application Technology of Phosphogypsum Based Self-leveling Mortar

Ma Baoguo　Chen Pian　Qi Huahui　Yang Qi

(State Key Laboratory of Silicate Materials for Architectures, Wuhan University of Technology, Wuhan 430070, Hubei Province)

Abstract: In this paper, the effects of three modified materials [high-strength phosphogypsum (α-PHH), hydraulic cementitious material (PC), high early-strength mineral material (CAS)], inorganic filler (heavy calcium powder), and redispersible polymer powder (RPP) on phosphogypsum based self-leveling mortar (HPG). Properties including 30-minute flowability loss, flexural and compressive strengths, and tensile bond strength of HPG were tested. The results indicate that α-PHH and CAS have a good improvement effect on properties of HPG. The addition of heavy calcium powder optimizes the grading of the aggregate, to bring the denser hardened HPG, but may have a negative impact on the strength at higher dosage. The ratio of coarse and fine aggregates being 7∶3 yields better properties. RPP can enhance the tensile bond strength of HPG, but has a negative impact on the dry compressive strength. However, the dry tensile strength of α-PHH-HPG and CAS-HPG self-leveling mortar meets with the requirements at the RPP dosages of 0.1% and 0.3% respectively.

Keywords：Materials Science, Phosphogypsum, Self-leveling mortar, Strength

1 引言

近十年来，石膏基自流平材料成为研究热点，大量研究者[1-4]主要是以硬石膏、β-建筑石膏以及α-高强石膏为原料，向其中加入骨料、矿物掺合料以及多种外加剂混合制成[5]。戴浩等[6]研究了脱硫石膏、水泥、矿渣以及氢氧化钙多元复合对石膏基自流平砂浆的影响，发现二元体系中，试样强度随着水泥掺量的增加呈现出先增大后减小的趋势，当水泥掺量为10%时，强度达到最大值；黄天勇等[7]分别向高强石膏和脱硫石膏中掺入普通硅酸盐水泥，研究普通硅酸盐水泥对两种石膏基自流平砂浆各种性能的影响，发现普通硅酸盐水泥可以提高石膏基自流平砂浆的抗折抗压强度、拉伸粘结强度以及耐水性能；冯洋等[8]采用无水磷石膏，结合α-高强石膏、石英砂、外加剂制备出满足国家标准JC/T 1023—2007《石膏基自流平砂浆》的石膏基自流平砂浆材料。虽然我国磷石膏利用途径呈现多元化发展，但是尚未形成用量大、附加值高的资源化利用途径，主要问题在于磷石膏含有大量杂质，对其产品性能造成了严重的负面影响，限制了磷石膏在建筑领域的应用。石膏基自流平砂浆多以高强石膏以及脱硫建筑石膏为原料，而磷石膏由于材料自身性质缺陷，难以达到自流平砂浆所需的高流态及强度要求，导致磷石膏在自流平砂浆材料的应用较少。因此，本文采取多种方法结合对磷建筑石膏进行改性，并以磷建筑石膏为主体胶凝材料制备石膏基自流平砂浆材料，拓宽磷石膏在建筑领域的应用，为磷石膏大规模应用以及高附加值产品的研发作出贡献。

2 试验

2.1 原材料

本文所用磷建筑石膏（HPG）由湖北宜化集团提供，灰色粉末；磷基高强石膏

(α-PHH）是以原状磷石膏为原材料，在实验室通过常压水热法自制；水硬性胶凝材料（简称PC）由湖北武汉亚东水泥有限公司提供，表观密度为3160kg/m³；早强型矿物（$C_4A_3\bar{S}$，简写CAS）由河北唐山北极熊建材有限公司提供。采用特细砂和重钙粉两种骨料，特细砂由湖北仙桃市某采砂厂生产，细度模数为1.0，烘干后过50目筛；重钙粉主要成分为碳酸钙，白色粉末，产自河南某新材料有限公司，骨料均以内掺法加入胶凝材料。

2.2 试验方法

参照标准 GB/T 17669.4—1999《建筑石膏 净浆物理性能的测定》中的试验方法对试样的流动度进行测试，试验使用的稠度仪（塑料圆筒）内径为（50±0.1）mm，外径为60mm，高为（100±0.1）mm，测试板（平板玻璃）尺寸为400mm×400mm；试块采用40mm×40mm×160mm的模具进行成型，测试抗折强度和抗压强度；按照标准 JC/T 1023—2021《石膏基自流平砂浆》中要求的试验方法对试样的拉伸粘结强度进行测试，拉伸粘结强度的计算公式如式（2-1）所示：

$$P=F/S \qquad 式（2-1）$$

式中 P——拉升粘结强度，MPa；

F——最大破坏荷载，N；

S——粘结面积，等于2500mm²。

3 结果与讨论

3.1 α-PHH、PC、CAS 对 HPG 基自流平砂浆性能影响

通过改变α-PHH、PC和CAS的掺量，研究三种改性材料对HPG基自流平砂浆的初始流动度及其用水量、30min流动度损失、24h抗折抗压强度的影响，从而确定三种辅助胶凝材料能否用于HPG基自流平砂浆及其达到基本指标的掺量。

表1、表2、表3为具体试验配合比，三种胶凝材料掺量分别设置为10%、20%、30%、40%和50%五个等级。

表1 α-PHH-HPG 自流平砂浆配合比

HPG/g	α-PHH/g	特细砂/g	用水量/%	初始流动度/mm	30min /mm
72	8	20	35.7	148	145
64	16	20	33.7	144	141
56	24	20	32.2	145	143
48	32	20	29.7	147	143
40	40	20	27.2	143	141

表 2 PC-HPG 自流平砂浆配合比

HPG/g	PC/g	特细砂/g	用水量/%	初始流动度/mm	30min /mm
72	8	20	41.2	146	129
64	16	20	39.7	149	130
56	24	20	36.2	143	121
48	32	20	34.7	146	122
40	40	20	33.2	144	117

表 3 CAS-HPG 自流平砂浆配合比

HPG/g	CAS/g	特细砂/g	用水量/%	初始流动度/mm	30min /mm
72	8	20	51.7	146	107
64	16	20	48.2	147	105
56	24	20	45.7	145	98
48	32	20	42.7	148	98
40	40	20	41.2	144	90

从表1、表2、表3中可以看到，随着辅助胶凝材料对HPG的取代量增大，复合体系的初始流动度用水量逐渐变小。此外，α-PHH-HPG复合体系的30min流动度经时损失随着α-PHH掺量的变化几乎保持不变，始终稳定在2～4mm之间，而PC-HPG、CAS-HPG复合体系的30min流动度经时损失较大，且随着水泥掺量的增加，经时损失逐渐变大。当PC和CAS掺量都为10%时，30min经时损失分别为17mm和39mm，当两者掺量都增大至40%时，30min经时损失分别增大至24mm和50mm，与JC/T 1023—2021《石膏基自流平砂浆》标准中所要求的小于等于3mm相差较大。

测试试样规定龄期抗折抗压强度，图1为三组复合体系的抗折抗压强度，图中虚线为JC/T 1023—2021《石膏基自流平砂浆》标准中24h抗折抗压强度的最低要求。从图中可以看到三种复合体系硬化体强度均随着改性胶凝材料掺量的增加而逐渐增大，其中PC-HPG复合体系随着PC掺量的增加，硬化体24h抗折抗压强度增加幅度很小，当水硬性胶凝材料掺量为50%时，24h抗折抗压强度分别为1.4MPa和2.3MPa，与标准中要求的24h抗折抗压强度仍相差甚远。

在α-PHH-HPG复合体系中，当α-PHH掺量增大至40%时，其硬化体24h抗折抗压强度提升至3.5MPa和6.2MPa，从图1中可以明显地观察到此掺量下硬化体24h抗折抗压强度已经达到《石膏基自流平砂浆》（JC/T 1023—2021）标准中所要求的性能指标。而对于CAS-HPG复合体系而言，其中CAS含有大量的无水硫铝酸钙，对硬化体早期强度的贡献很大，是一种早强型水泥，从图1中可以看到，当其掺量为40%时，硬化体24h抗折抗压强度分别达到3.4MPa和7.3MPa，符合标准中所要求的性能指标。综上所述，α-PHH和CAS均适用于HPG基自流平砂浆的应用，且初步确定其掺量均为40%。

3.2 无机填料对HPG基自流平砂浆性能影响

本节采用重钙粉作为无机填料，结合特细砂，优化复合体系的颗粒级配，从而达到提升硬化体强度的效果[9-10]。表4、表5为本节试验的配合比，通过测试复合体系的初始流动度及其硬化体强度，研究重钙粉对两种复合体系各种性能的影响。

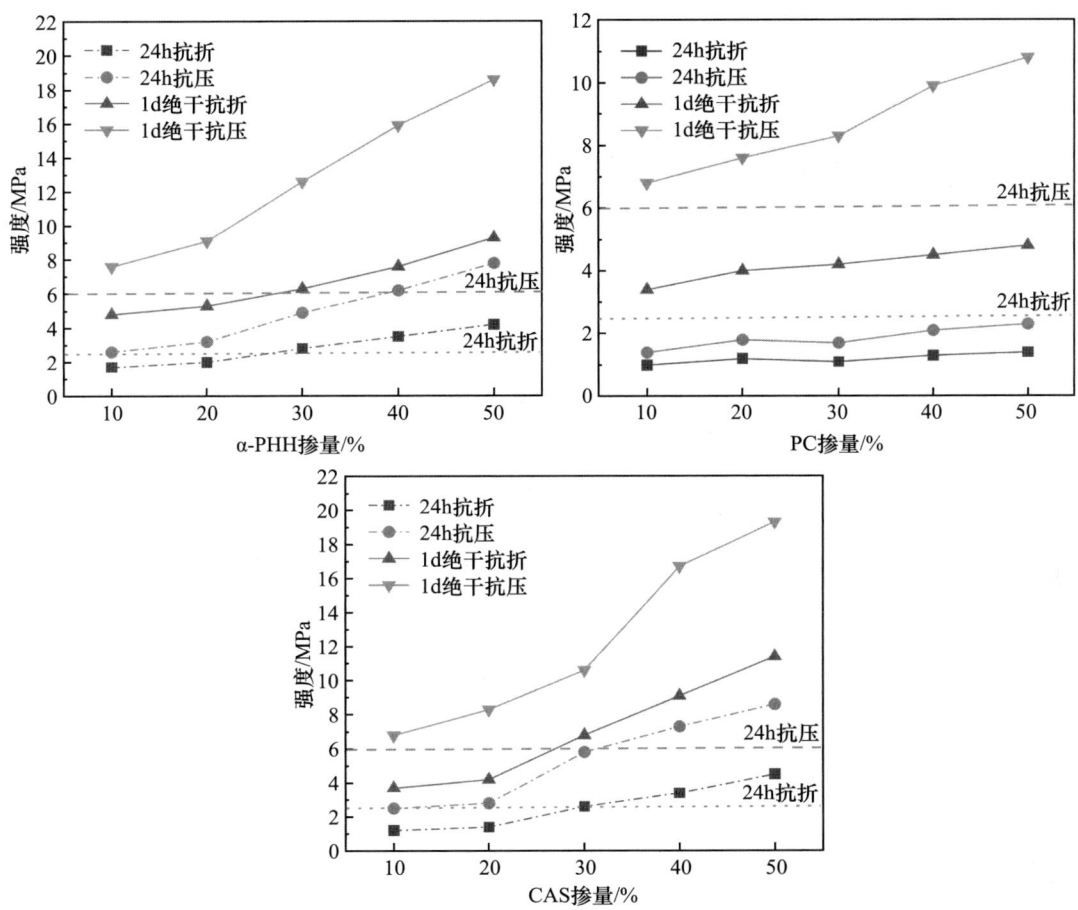

图 1 不同胶凝材料配比对复合体系强度的影响

表 4 α-PHH-HPG 自流平砂浆配合比

HPG/g	α-HH/g	特细砂/g	重钙粉/g	用水量/%	初始流动度/mm	30min/mm
48	32	18	2	29.7	149	148
48	32	16	4	29.5	145	143
48	32	14	6	29.2	147	140
48	32	12	8	29.0	148	137
48	32	10	10	28.7	143	130

表 5 CAS-HPG 自流平砂浆配合比

HPG/g	CAS/g	特细砂/g	重钙粉/g	用水量/%	初始流动度/mm	30min/mm
42	28	27	3	41.4	148	125
42	28	24	6	40.6	146	119
42	28	21	9	39.5	143	108
42	28	18	12	40.8	146	94
42	28	15	15	41.2	145	89

从表4、表5中发现，随着重钙粉掺量的增加，α-PHH-HPG复合体系的初始流动度用水量逐渐降低，而CAS-HPG复合体系的初始流动度用水量呈现出先增大后减小的趋势。此外，重钙粉对两种复合体系初始流动度用水量的降低幅度很小。对于α-PHH-HPG复合体系而言，重钙粉掺量从10%增至50%，复合体系用水量仅从29.7%降低至28.7%，而对于CAS-HPG复合体系，当重钙粉掺量为30%时，初始流动度用水量降至最低值39.5%，相比于掺量为10%时，仅降低了4.6%。另外，重钙粉对两个复合体系的30min流动度损失影响规律也基本一致，均随着重钙粉掺量的增加，复合体系的30min流动度损失会逐渐变大。对于α-PHH-HPG复合体系而言，当掺量增大至30%时，流动度损失增大至7mm，而对于CAS-HPG复合体系，重钙粉对其30min流动度损失影响较大，从掺量为10%时的23mm增大至掺量为50%时的56mm，达不到标准中所要求的流动度损失指标。

图2为不同掺量下重钙粉对复合体系强度的影响，图中虚线为JC/T 1023—2021《石膏基自流平砂浆》标准中试样的1d绝干抗折抗压强度的最低要求，从图中可以看到，重钙粉的掺入对两个复合体系强度的影响规律基本一致，都是随着其掺量的增加，复合体系强度呈现出先增大后减小的趋势，当重钙粉掺量为30%时，两个复合体系强度增大至最大值，此时，α-PHH-HPG复合体系的1d绝干抗折抗压强度分别为10.5MPa和22.4MPa，CAS-HPG复合体系的1d绝干抗折抗压强度分别为10.1MPa和23.2MPa，之后随着重钙粉掺量的增加，复合体系强度逐渐降低，因此，从重钙粉对复合体系强度的影响规律可以确定，重钙粉的最佳掺量为30%，此时其对两个复合体系强度的提升效果最好。重钙粉作为一种无机填料掺入复合体系中，与特细砂结合，能够优化复合体系的颗粒级配，充分填充二水石膏晶架中的孔隙，降低硬化体的孔隙率，从而增大复合体系的强度，当重钙粉掺量继续增大，硬化体强度呈现减小的趋势，说明合适的骨料级配能够增大复合体系的强度。

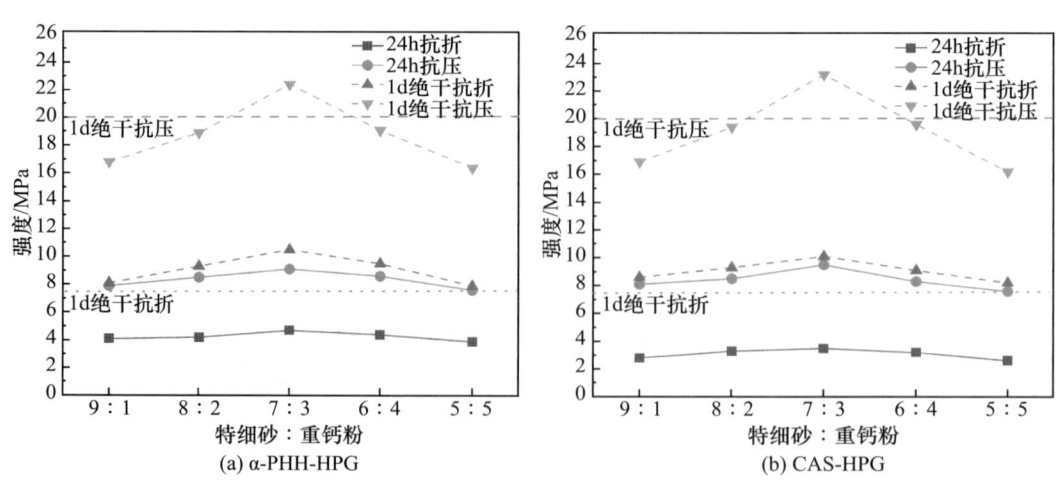

图2 重钙粉对复合体系强度的影响

3.3 可再分散性乳胶粉对 HPG 基自流平砂浆性能影响

可再分散乳胶粉是乙烯-醋酸乙烯酯等高分子共聚物乳液通过高温高压、喷雾干燥等工艺形成的一种白色粉末,溶于水后会恢复至原始的聚合物乳液状态,并保持作为有机粘结剂的各种性质与功能,水分蒸发后,聚合物离子之间相互聚集,形成聚合物薄膜,从而发挥粘结剂的作用[11-12]。本节通过向复合体系中加入可再分散乳胶粉,从而增加其拉伸粘结强度,防止自流平砂浆在工程应用中因变形而引起的各种应力作用下发生开裂、脱落等现象。

图 3 为不同掺量乳胶粉作用于自流平砂浆的 30min 流动度损失。从图中可以看到 α-PHH-HPG 复合体系的 30min 流动度损失随着乳胶粉掺量的增加而逐渐减小,当乳胶粉掺量为 0.1% 时,α-PHH-HPG 复合体系的流动度损失减小至 3mm,已满足 JC/T 1023—2021 的要求。CAS-HPG 复合体系的 30min 流动度损失随着乳胶粉掺量的增加而减小,当乳胶粉掺量增大至 0.4% 时,30min 流动度损失仍有 15mm,不满足 JC/T 1023—2021 的要求。乳胶粉可以降低复合体系的流动度损失,主要原因是浆体凝结前,乳胶粉在水中形成的胶凝状物质会吸附部分游离水,浆体初拌 30min 后,在浆体搅拌过程中被吸附的游离水得到释放,导致复合体系的 30min 流动度增大,其流动度损失会随之减小。

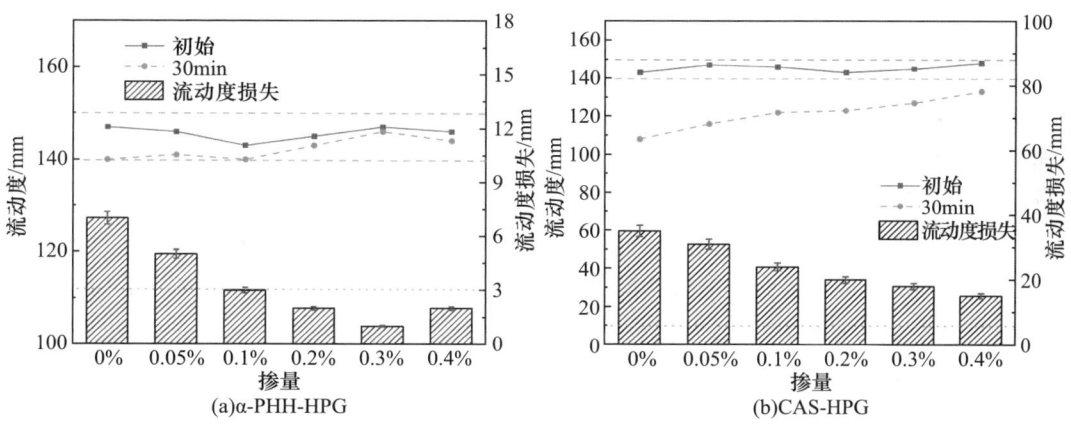

图 3 乳胶粉对自流平砂浆 30min 流动度损失的影响

表 6 和表 7 分别为不同掺量乳胶粉对 α-PHH-HPG、CAS-HPG 自流平砂浆的抗折抗压强度以及拉伸粘结强度的影响。从表中可以看到,复合体系的 24h 抗折抗压强度、1d 绝干抗压强度会随着乳胶粉掺量的增加而逐渐减小,1d 绝干抗折强度和拉伸粘结强度都会随着乳胶粉掺量的增加而增大。不同点在于,对于 α-PHH-HPG 复合体系,当乳胶粉掺量为 0.2% 时,其 1d 绝干抗折强度增大至最大值,而对于 CAS-HPG 复合体系,当乳胶粉掺量为 0.3% 时,其 1d 绝干抗折强度增大至最大值。此外,当乳胶粉掺量分别为 0.1% 和 0.3% 时,α-PHH-HPG、CAS-HPG 复合体系的绝干拉伸粘结强度均大于 1MPa,且此掺量下其抗折抗压强度都满足 JC/T 1023—2021 要求。

表 6 α-PHH-HPG 自流平砂浆的性能指标

可再分散乳胶粉/%	24h抗折/MPa	24h抗压/MPa	1d绝干抗折/MPa	1d绝干抗压/MPa	绝干拉伸粘结/MPa
0	4.7	9.1	10.5	22.4	0.79
0.05	4.5	9.2	10.9	21.8	0.87
0.1	4.6	8.7	11.4	21.2	1.04
0.2	4.3	8.5	11.6	20.3	1.15
0.3	4.2	8.2	10.7	18.7	1.21
0.4	3.9	7.8	9.3	17.2	1.36

表 7 CAS-HPG 自流平砂浆的性能指标

可再分散乳胶粉/%	24h抗折/MPa	24h抗压/MPa	1d绝干抗折/MPa	1d绝干抗压/MPa	绝干拉伸粘结/MPa
0	3.5	9.5	10.1	23.2	0.57
0.05	3.3	9.1	10.5	22.7	0.63
0.1	3.2	8.9	10.8	22.4	0.72
0.2	3.2	8.8	11.3	21.5	0.89
0.3	3.0	8.5	11.5	20.9	1.06
0.4	2.8	8.3	10.7	18.7	1.24

乳胶粉掺入复合体系后会在硬化体内部聚集成膜包裹石膏晶体，但是水化早期聚合膜中含有部分游离水，并不能提供强度，导致硬化体内部存在聚合膜的部分产生缺陷，从而导致硬化体 24h 抗折抗压强度降低，而聚合膜在绝干试样中因水分蒸发能够粘结在石膏晶体表面，当石膏晶体受到横向应力时，聚合膜能够提供一个反向的拉应力，从而增大了硬化体的绝干抗折强度和拉伸粘结强度。

由试验确定 HPG 基自流平砂浆的配合比，α-PHH-HPG 配合比：HPG∶α-PHH∶特细砂∶重钙粉＝48∶32∶14∶6，初始流动度用水量为 31.2%，PCEs、CaO、HPMC、SC、早强剂、乳胶粉掺量分别为 0.4%、0.3%、0.03%、0.35%、0.1%、0.1%，均为胶凝材料总质量的百分比，消泡剂掺量为 0.2%，按 PCEs 掺加质量的百分比计算。CAS-HPG 配合比：HPG∶CAS∶特细砂∶重钙粉＝42∶28∶21∶9，初始流动度用水量为 43.5%，PCEs、CaO、HPMC、CA、早强剂、乳胶粉掺量分别为 0.4%、0.15%、0.03%、0.35%、0.1%、0.3%，均为胶凝材料总质量的百分比，消泡剂掺量为 0.2%，按 PCEs 掺加质量的百分比计算。按以上配比制备的两种 HPG 基自流平砂浆的基本性能如表 8 所示，α-PHH-HPG 自流平砂浆的各种性能都符合 JC/T 1023—2021 的要求，而 CAS-HPG 自流平砂浆的 30min 流动度损失偏大，其他性能满足 JC/T 1023—2021 的要求。

表 8 HPG 基自流平砂浆的性能指标

性能指标	标准要求	α-PHH-HPG	CAS-HPG
初始流动度/mm	145±5	143	145
30min 流动度损失/mm	≤3	2	18

续表

性能指标		标准要求	α-PHH-HPG	CAS-HPG
凝结时间/min	初凝时间	≥60	72	83
	终凝时间	≤360	95	124
强度/MPa	24h抗折	≥2.5	4.6	3
	24h抗压	≥6	8.7	8.6
	1d绝干抗折	≥7.5	11.4	11.5
	1d绝干抗压	≥20	21.2	20.9
	绝干拉伸粘结	≥1	1.04	1.06

4 结论

本文对HPG基自流平砂浆进行了研究，主要通过改变三种改性材料、填充骨料以及可再分散乳胶粉的掺量，研究其对复合体系30min流动度损失、抗折抗压强度以及拉伸粘结强度等性能的影响，通过对比分析，最终确定自流平砂浆的配比，可以得到如下结果：

（1）α-PHH、PC和CAS都能增强HPG基自流平砂浆的强度，其中PC-HPG复合体系的强度受特细砂的影响十分严重，当PC掺量为30%时，其24h抗压强度只有1.7MPa，且随着PC掺量增加，其强度增加幅度很小；当掺量增加至50%，24h抗压强度为2.3MPa，仍达不到石膏基自流平砂浆应用的要求，而α-PHH和CAS对HPG基自流平砂浆的增强效果较好。因此，对HPG基自流平砂浆的讨论只选择α-PHH-HPG和CAS-HPG两个复合体系，且α-PHH和CAS的掺量均为40%。

（2）重钙粉对HPG基自流平砂浆的初始流动度用水量的影响不大，但增大了试样的30min流动度损失，且随着掺量的增加，流动损失逐渐增大。重钙粉的加入优化了填充骨料级配，使硬化体更致密，但是掺量过高，反而对强度存在负面影响，因此选择合适的骨料比例利于强度的提升，试验得到两个复合体系的粗细骨料比例均为7∶3。乳胶粉能够提升HPG基自流平砂浆的拉伸粘结强度，但对绝干抗压强度存在负面影响，当其掺量分别为0.1%和0.3%时，α-PHH-HPG、CAS-HPG自流平砂浆的绝干拉伸强度满足标准JC/T 1023—2021。

（3）制备出两种满足强度要求的HPG基自流平砂浆，其中α-PHH-HPG自流平砂浆24h抗折抗压强度分别达到4.6MPa和8.7MPa，1d绝干抗折抗压强度达到11.4MPa和21.2MPa，30 min流动损失为2mm。CAS-HPG自流平砂浆的24h抗折抗压强度分别达到3MPa和8.6MPa，1d绝干抗折抗压强度达到11.5MPa和20.9MPa，30 min流动损失为18mm。

参考文献

[1] 杨奇玮，杨新亚，王义恒，等．复合型石膏在净浆和自流平砂浆中的性能研究[J]．新型建筑材料，2020，47（08）：82-85．

[2] 宋涛，杨杰，赵松海，等．石膏基自流平砂浆耐磨性能研究［J］．材料导报，2019，33（S2）：239-241．

[3] 李静静．硅灰对石膏基自流平砂浆性能的影响研究［J］．混凝土与水泥制品，2020（05）：80-82．

[4] WANG Q，JIA R. A novel gypsum-based self-leveling mortar produced by phosphorus building gypsum［J］. Construction and Building Materials，2019，226（C）：11-20．

[5] 冯洋，杨林，曹建新，等．磷石膏煅烧改性制备自流平砂浆的研究［J］．硅酸盐通报，2020，39（09）：2891-2897．

[6] 戴浩，张超，王辉．石膏-水泥-碱-矿渣复合胶凝体系对石膏基自流平砂浆性能的影响［J］．中国建材科技，2020，29（06）：40-43．

[7] 黄天勇，章银祥，张文才，等．普通硅酸盐水泥对石膏基自流平砂浆性能的影响［J］．硅酸盐通报，2016，35（10）：3106-3111+3118．

[8] 冯洋，杨林，曹建新，等．磷石膏煅烧改性制备自流平砂浆的研究［J］．硅酸盐通报，2020，39（09）：2891-2897．

[9] 陈国权．镍渣制备水泥基耐磨地坪砂浆的试验研究［J］．江西建材，2023（07）：5-8．

[10] 周聪聪，郑宝春，祝志雄，等．原材料对水泥基高流态砂浆性能的影响研究［J］．新型建筑材料，2019，46（11）：112-114．

[11] 姚江龙，扈惠敏，韩风．可再分散乳胶粉对水泥稳定碎石材料性能影响的试验研究［J］．科学技术与工程，2023，23（27）：11816-11827．

[12] 宁镱彭，许金余，王志航，等．VAE乳胶粉改性砂浆耐久性能研究［J］．空军工程大学学报：自然科学版，2022，23（2）：106-111．

作者简介：陈偏，女，博士研究生，主要从事新型绿色建筑材料研究。E-mail：chenpjob@163.com。

缓凝剂对石膏砂浆性能的影响

苏新禄 郑媛媛 钱佳佳 时磊

(苏州市兴邦化学建材有限公司,江苏苏州 215000)

摘 要:利用一种典型的脱硫建筑石膏,研究了三种缓凝剂对石膏净浆、含普通硅酸盐水泥的石膏自流平,以及不同灰钙掺量的石膏抹灰材料的凝结时间、流动度及强度等性能的影响。研究表明,缓凝剂在这三种材料体系中的性能表现有显著差异。石膏自流平中加入的聚羧酸减水剂对石膏有缓凝作用,导致缓凝剂用量相比石膏净浆更低,但当水泥掺量由 2.5% 提高至 5.0%,会导致缓凝剂的用量明显增加。在石膏抹灰中,灰钙较低掺量对缓凝剂缓凝效能无明显影响,提高灰钙掺量同样导致缓凝剂用量明显增加。总体而言,无论在石膏净浆还是石膏自流平或石膏抹灰体系中,SG-AA 的缓凝效能更高,耐碱性更好。该工作的结果可作为脱硫石膏砂浆缓凝剂选型的参考依据。

关键词:材料试验;石膏缓凝剂;石膏砂浆;凝结时间

Effects of Retarders on the Performances of Gypsum-based Mortars

Su Xinlu Zheng Yuanyuan Qian Jiajia Shi Lei

(Suzhou Sunbo Chemical Building Materials Co., Ltd
Suzhou Jiangsu 215000)

Abstract: Make use of a typical calcined gypsum from flue gas desulfurization, the effects of three gypsum retarders on the setting time, flowability and strength of pure gypsum slurry, gypsum based self-levelling mortars contained OPC, and gypsum plasters with different hydrated lime amount were studied. The results indicated that the performance of different retarders is significantly different. The addition of polycarboxylic acid water reducing agent in gypsum based self-leveling mortar leads to decrease of retarder needed, but as the cement dosage is increased from 2.5% to 5.0%, the amount of retarder increased. In gypsum plaster, when the hydrated lime amount is low, there is no obvious negative effect on the performance of the retarder, when the amount of hydrated lime increased, it needs more retarder to get similar setting time. Overall, SG-AA has higher performance and better alkali resistance compared with the other 2 retarders. The results of this work can be used as reference for retarder selection in desulfurization gypsum-based mortars.

Keywords：material experiment；gypsum retarder；gypsum-based mortar；setting time

1 概述

石膏有天然石膏和以工业副产石膏为主的化学石膏之分。虽然我国已探明的各类天然石膏储量超 700 亿 t[1]，位居世界首位，但资源分布过于集中，加之累计堆存各类工业副产石膏超 11 亿 t，每年产生量超过 2.7 亿 t，为保护环境及促进工业副产石膏回收利用，基本限制天然石膏矿开采。2020 年我国天然石膏开采量仅 1600 万 t[2]，而 2020 年我国工业副产石膏总消耗量近 1.2 亿 t，其中超过 8000 万 t 用于水泥生产，约有 3900 万 t 用于石膏建材生产，其他领域的使用较少。自 2020 年 9 月中国在联合国大会提出将提高国家自主贡献力度，采取更加有力的政策和措施，二氧化碳排放力争于 2030 年前达到峰值，2060 年前实现碳中和，也就是常说的 30、60 双碳目标，同时产生工业副产石膏行业可持续发展的迫切需求，工业副产石膏经过煅烧用于生产石膏自流平和石膏抹灰等建筑材料的应用量快速增长。

无论使用 α-半水石膏还是 β-半水石膏制备石膏自流平或石膏抹灰等石膏基建材，为获得足够长的施工操作时间，缓凝剂是必不可少的添加剂。石膏缓凝剂先后经历有机酸及其可溶盐，碱性磷酸盐，水解蛋白质类以及改性氨基酸类几个发展阶段。国外关于有机酸及可溶性盐等类型石膏缓凝剂的研究报道可以追溯到 1923 年[3]，关于水解蛋白类缓凝剂的研究早在 1966 年就有报道[4]。国内虽然起步晚，但最近几年的关注度却非常高。邱聪[5]研究认为柠檬酸、三聚磷酸钠、六偏磷酸钠和乙二胺四乙酸二钠等 4 种缓凝剂以合适比例复配时，既能明显延缓磷石膏的凝结时间，对磷石膏硬化体强度影响也相对较小，是磷石膏较理想的复合缓凝剂；吴开胜等[6]通过采用酸溶液水解蛋白原料得到酸解蛋白溶液，经过喷雾干燥制备成水解蛋白石膏缓凝剂。经过对比确定水解蛋白石膏缓凝剂、ATMP、苹果酸按 7∶1∶2 的质量比进行复配时，制备的石膏缓凝剂具备缓凝效率高、对石膏强度负面影响小、适应性广等特点；张劲等[7]研究了柠檬酸、苹果酸、三聚磷酸钠、六偏磷酸钠、丙三醇和蔗糖等单掺及不同方式复配对脱硫建筑石膏凝结时间及强度的影响。研究认为复合缓凝剂对脱硫建筑石膏的综合效果较好；王嘉昊等[8]研究认为柠檬酸、酒石酸、骨胶、葡萄糖酸钠及三聚磷酸钠这五种缓凝剂都可以在不同程度上延长半水磷石膏的初凝时间、终凝时间，减少半水磷石膏的标准稠度用水量；在 0.1% 的低掺量情况下，缓凝效果最好的是酒石酸和葡萄糖酸钠，初凝时间、终凝时间都达到了未加入缓凝剂的空白试样的六倍以上，且 3d、7d 龄期下强度损失率均在 20%～30% 之内，其中葡萄糖酸钠可使峰值放热速率降低 22.1%，峰值速率出现时间延长一倍以上；张伶俐等[9]在天然石膏和脱硫石膏煅烧而成的β-半水石膏中对比了不同缓凝剂的性能差异。结论认为无机类缓凝剂适宜用于天然石膏，蛋白类缓凝剂在脱硫石膏中表现更优，二者复合类缓凝剂则2种石膏都能适应。缓凝剂对不同石膏的凝结时间、强度影响都不相同。

以上研究主要是在石膏净浆中完成，无论是用脱硫石膏还是磷石膏煅烧而成的β-半水石膏，大多数情况下其pH值都呈偏酸性。JC/T 1023—2021《石膏基自流平砂浆》和GB/T 28627—2023《抹灰石膏》两个标准中都明确要求材料的pH值不小于7，实际配方开发时为了获得更好的施工性能及更好的外加剂使用效果，往往会在石膏中加入少量的水泥或灰钙将材料调整至弱碱性。考虑到石膏基砂浆的实际使用情况，对于缓凝剂的研究，除了在石膏净浆中，还应将其放入含有水泥或灰钙的石膏自流平砂浆及抹灰石膏中进行性能测试，从而更全面地了解缓凝剂的性能。本文在这方面进行了探索研究。

2 试验

2.1 原材料

本工作使用的原材料有脱硫石膏（山东产）、P·O 42.5普通硅酸盐水泥（海螺）、硅砂40～70目（江西产），重钙325目（浙江产）、灰钙（浙江产）、聚羧酸减水剂PC-1050（兴邦）、消泡剂A-406（兴邦）、悬浮稳定剂ST-1002（兴邦）、石膏缓凝剂SG-AA（兴邦）、石膏缓凝剂GR-P（进口产品）、石膏缓凝剂GR-E（进口产品）。P·O 42.5普通硅酸盐水泥的指标见表1。脱硫石膏的技术指标见表2，脱硫石膏的粒径分布如图1所示。

表1 普通硅酸盐水泥的主要指标

指标	SO_3/%	Cl^-/%	比表面积/（$m^2 \cdot kg^{-1}$）	烧失量/%	初凝/min	终凝/min
数值	2.55	0.021	355	3.70	182	243

表2 脱硫石膏的主要指标

指标	吸附水/%	半水石膏/%	二水石膏/%
数值	1.37	89.61	0.89

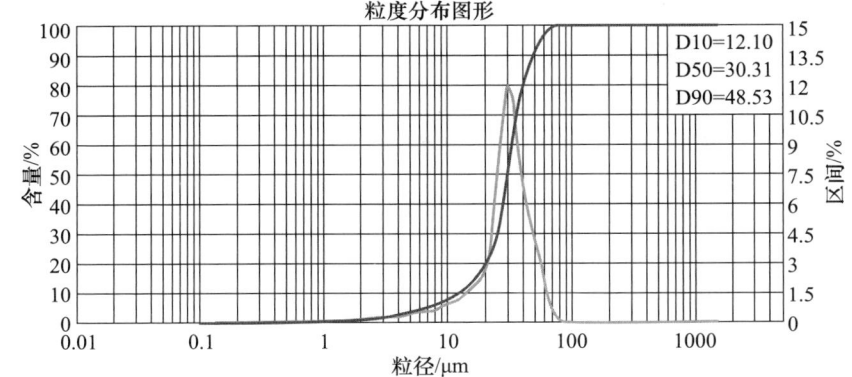

图1 脱硫石膏的粒径分布

2.2 配合比

测定脱硫石膏净浆凝结时间所用配合比见表 3。其中 GS-00 用于测试石膏本身的凝结时间和 1d 强度，GS-011～GS-013 测试缓凝剂 SG-AA 不同掺量时石膏净浆的凝结时间和 1d 强度，GS-021～GS-023 测试缓凝剂 GR-P 不同掺量的石膏净浆凝结时间，GS-031～GS-033 测试缓凝剂 GR-E 不同掺量的石膏净浆凝结时间。

表 3 脱硫石膏净浆凝结时间测试用配合比

原料	GS-00	GS-011	GS-012	GS-013	GS-021	GS-022	GS-023	GS-031	GS-032	GS-033
脱硫石膏/g	1000.00	999.90	999.88	999.84	999.88	999.84	999.80	999.70	999.60	999.40
石膏缓凝剂 SG-AA/g		0.10	0.12	0.16						
石膏缓凝剂 GR-P/g					0.12	0.16	0.20			
石膏缓凝剂 GR-E/g								0.30	0.40	0.60
总量/kg	1000.00	1000.00	1000.00	1000.00	1000.00	1000.00	1000.00	1000.00	1000.00	1000.00

测试脱硫石膏自流平性能所用配合比见表 4。GSL-11～GSL-13 的普通硅酸盐水泥掺量为 2.5%，GSL-21～GSL-23 的普通硅酸盐水泥掺量为 5.0%。测试固定加水量 50%，考察不同缓凝剂对石膏自流平凝结时间、流动度及 24h 强度的影响。

表 4 脱硫石膏自流平测试用配合比

原料	GSL-11	GSL-12	GSL-13	GSL-21	GSL-22	GSL-23
脱硫石膏/g	970.34	970.21	970.08	945.30	945.11	944.92
普通硅酸盐水泥 42.5/g	25.00	25.00	25.00	50.00	50.00	50.00
聚羧酸减水剂 PC-1050/g	3.00	3.00	3.00	3.00	3.00	3.00
消泡剂 A-406/g	0.80	0.80	0.80	0.80	0.80	0.80
悬浮稳定剂 ST-1002/g	0.80	0.80	0.80	0.80	0.80	0.80
石膏缓凝剂 SG-AA/g	0.06			0.10		
石膏缓凝剂 GR-P/g		0.19			0.29	
石膏缓凝剂 GR-E/g			0.32			0.48
总量/g	1000.00	1000.00	1000.00	1000.00	1000.00	1000.00

对于石膏抹灰，考察灰钙掺量分别为 0、0.5% 和 2.0% 这三种情况下，三种缓凝剂对凝结时间和绝干强度的影响。详细的配合比方案见表 5。

表 5 脱硫石膏抹灰测试用配合比

原料	GP-11	GP-12	GP-13	GP-21	GP-22	GP-23	GP-31	GP-32	GP-33
脱硫石膏/g	400.00	400.00	400.00	400.00	400.00	400.00	400.00	400.00	400.00
硅砂 40～70 目/g	548.42	548.34	548.10	543.42	543.34	543.10	528.38	528.18	527.90
重钙粉 325 目/g	50.00	50.00	50.00	50.00	50.00	50.00	50.00	50.00	50.00
HPMC 10 万黏度/g	1.50	1.50	1.50	1.50	1.50	1.50	1.50	1.50	1.50
灰钙/g	0.00	0.00	0.00	5.00	5.00	5.00	20.00	20.00	20.00

续表

原料	GP-11	GP-12	GP-13	GP-21	GP-22	GP-23	GP-31	GP-32	GP-33
石膏缓凝剂 SG-AA/g	0.08			0.08			0.12		
石膏缓凝剂 GR-P/g		0.16			0.16			0.32	
石膏缓凝剂 GR-E/g			0.40			0.40			0.60
总量/g	1000.00	1000.00	1000.00	1000.00	1000.00	1000.00	1000.00	1000.00	1000.00

2.3 试验方法

试验在满足 GB/T 17669.1—1999《建筑石膏 一般试验条件》的实验室完成。强度测试按 GB/T 17669.3—1999《建筑石膏 力学性能的测定》完成；标准稠度用水量和凝结时间按 GB/T 17669.4—1999《建筑石膏 净浆物理性能的测定》完成；石膏自流平测试按 JC/T 1023—2021《石膏基自流平砂浆》完成；石膏抹灰测试按 GB/T 28627—2023《抹灰石膏》完成。

本文在测试石膏标准稠度需水量和凝结时间的基础上首先测试脱硫石膏净浆的性能，然后再测试石膏自流平和石膏抹灰，并进行对比分析。

3 结果与分析

3.1 缓凝剂对石膏性能的影响

添加不同缓凝剂的石膏净浆凝结时间和 1d 强度见表 6。对于该脱硫石膏净浆，所选三种缓凝剂都具有很强的缓凝效能，将石膏的凝结时间由 8min 延长到约 120min，缓凝剂的掺量都小于 0.5‰。比较而言，SG-AA 的缓凝效能最强，GR-E 的缓凝效能最弱。以石膏凝结时间 110min 为例，每吨石膏仅需 0.12kg 的 SG-AA，而 GR-P 的掺量为 SG-AA 的 1.3 倍，GR-E 的掺量为 SG-AA 的 3.3 倍。三种缓凝剂对石膏 1d 强度都有所影响，但对抗折强度和抗压强度影响有所不同。加入缓凝剂后抗压强度都降低，缓凝剂掺量越高，抗压强度下降幅度越大。缓凝剂掺量较低时，石膏的抗折强度反而有所提升，掺量增加后石膏的抗折强度下降明显。SG-AA 对石膏强度影响更小，而 GR-E 对石膏的强度影响更大。朱效甲等[10]的研究表明两种复合缓凝剂对脱硫石膏的抗折强度皆有明显影响，随缓凝剂掺量的增加强度皆呈下降趋势，但小掺量时对脱硫石膏抗压强度却有小幅度提高，该研究所得结论与本工作不一致，可能与缓凝剂的材料类型有关；党军[11]的研究得出添加缓凝剂会造成脱硫石膏强度降低，且添加量越大，强度降低越明显，缓凝剂造成石膏晶体由网状变成交错排列减少、结构松弛的短柱状变化的趋势，而且添加量越大，变化越明显。他的工作主要基于石膏试样更长凝结时间条件下得到规律，而本工作最高缓凝剂掺量对应的凝结时间都小于 200min，二者差异明显。石膏的宏观力学性能与微观显微结构直接相关，后期需要从微观角度分析较低缓凝剂掺量造成抗折强度有所提升的原因。

表 6 添加不同缓凝剂的石膏净浆凝结时间和 1d 强度

测试项目	GS-00	GS-011	GS-012	GS-013	GS-021	GS-022	GS-023	GS-031	GS-032	GS-033
用水量/%	58	58	58	58	58	58	58	58	58	58
凝结时间/min	8	112	123	188	92	110	147	97	110	182
1d 抗折强度/MPa	2.3	2.8	2.7	2.1	2.9	2.6	2.2	2.6	2.2	1.6
1d 抗压强度/MPa	9.2	8.0	7.4	6.8	8.4	7.7	6.7	8.5	6.8	5.1

3.2 缓凝剂对石膏自流平性能的影响

添加不同缓凝剂的石膏自流平凝结时间和 24h 强度见表 7。与石膏净浆相比，OPC42.5 掺量为 2.5%的脱硫石膏自流平浆料凝结时间达到约 120min 所需缓凝剂量明显减少，试样 GSL-11 凝结时间 142min 所需 SG-AA 掺量为 0.06g，而石膏净浆 GS-011 中 SG-AA 掺量为 0.10g。这是因为石膏自流平中聚羧酸减水剂的加入，作为表面活性剂促进了石膏的分散，石膏中含有的 Ca^{2+} 会与聚羧酸减水剂中的羧基形成络合作用，降低半水石膏的溶解速度和溶解度，导致石膏凝结的溶液过饱和度降低，从而延长凝结时间[12]。还有研究[13]也认为聚羧酸减水剂对石膏浆体初凝时间均有延长作用，掺量<0.24%时，减水剂对于石膏材料初凝时间的延长效果不明显，当掺量>0.24%时，石膏浆体的初凝时间明显延长，本工作结论与他们基本一致。

表 7 添加不同缓凝剂的石膏自流平凝结时间和 24h 强度

测试项目		GSL-11	GSL-12	GSL-13	GSL-21	GSL-22	GSL-23
用水量/%		50	50	50	50	50	50
流动度/mm	初始	160	169	168	162	159	162
	30min	157	158	158	149	143	149
凝结时间/min		142	140	120	122	128	120
24h 强度/MPa	抗折	2.8	2.6	2.8	2.6	2.3	2.3
	抗压	10.3	10.6	11.1	11.3	10.3	10.9

在脱硫石膏自流平中，OPC42.5 掺量由 2.5%提高至 5.0%时，使浆料凝结时间达到约 120min 所需缓凝剂量都增加约 50%。对比 GSL-11 到 GSL-23 的初始流动度与 30min 流动度差值，OPC42.5 掺量 5.0%相比掺量 2.5%时的 30min 流动度损失都有所增大。这可能因为水泥水化初期也会产生 Ca^{2+} 对石膏溶解析晶过程产生影响，当水泥掺量提高后，Ca^{2+} 增多加速了石膏水化过程，这一影响超过了聚羧酸减水剂对石膏水化的延迟作用。这一结论与黄天勇[14]等的研究结果不一致，他们研究认为普通硅酸盐水泥的掺入显著提高了石膏基自流平砂浆的流动度，同时普通硅酸盐水泥的掺入缩短了高强石膏基自流平砂浆的凝结时间，延长了脱硫石膏基自流平砂浆的凝结时间，这可能与采用的石膏、水泥和外加剂不同，原料与外加剂之间的适应性差异有关。因为加入减水剂，50%的用水量即能让石膏自流平搅拌后 30min 流动度大于 140mm，用水量的降低使得所有石膏自流平试样的强度高于石膏净浆的强度。

3.3 缓凝剂对石膏抹灰性能的影响

添加不同缓凝剂的石膏抹灰凝结时间和绝干强度见表8。与石膏净浆测试结果相比，无灰钙的石膏抹灰 GP-11~GP-13 的石膏用量仅为40%，凝结时间达到130min 左右所需缓凝剂掺量与石膏净浆中近似持平，可能是因为石膏抹灰中的纤维素醚影响石膏缓凝剂在石膏表面的吸附以及对 Ca^{2+} 的络合。加入 0.5% 灰钙时，三种石膏缓凝剂的缓凝效能都未受到明显影响，将灰钙掺量提高到 2.0%，石膏抹灰要达到约 120min 凝结时间所需缓凝剂量都明显增加，同样说明 Ca^{2+} 增多会加速石膏的水化。SG-AA 掺量相对于无灰钙时 0.008% 提高达到 0.012%，石膏抹灰的凝结时间能保持在 130min 左右。缓凝剂 GR-P 和 GR-E 的掺量提高 50%，石膏抹灰的凝结时间仍然不能达到 120min，说明 SG-AA 的耐碱性优于另外两个缓凝剂。总体来看，SG-AA 在石膏抹灰的缓凝效能更高。

表8 添加不同缓凝剂的石膏抹灰凝结时间和绝干强度

测试项目	GP-11	GP-12	GP-13	GP-21	GP-22	GP-23	GP-31	GP-32	GP-33
用水量/%	26	26	26	26	26	26	26	26	26
凝结时间/min	135	130	138	125	108	170	130	98	91
绝干抗折强度/MPa	4.3	3.3	3.3	2.8	2.8	2.8	3.8	3.8	2.6
绝干抗压强度/MPa	11.3	9.9	9.6	10.4	9.3	9.1	13.1	12.7	9.7

掺入不同缓凝剂的石膏抹灰绝干强度有所差异，可能是因为缓凝剂影响到石膏水化过程的晶粒成核和生长过程，微观结构的差异带来宏观力学性能的不同，需要进一步分析。

4 结论

（1）对于该脱硫石膏净浆，三种缓凝剂都表现出很强的缓凝效能，SG-AA 的缓凝效能明显优于另外两种缓凝剂，且对石膏 1d 强度影响更小。

（2）该脱硫石膏自流平，加入 2.5% 的 P·O 42.5 水泥时，达到约 120min 凝结时间所需缓凝剂量比石膏净浆所需缓凝剂量明显降低，因为自流平中加入的聚羧酸减水剂促进浆料分散的同时，所含羧基能络合溶液中的 Ca^{2+}，对石膏水化过程有所延迟。当水泥掺量提高至 5%，相对于水泥掺量 2.5% 时所需缓凝剂量明显增加。

（3）石膏抹灰中 SG-AA 的缓凝效能更高，耐碱性也优于另外两种缓凝剂。抹灰中加入 0.5% 灰钙对缓凝剂的缓凝效能无明显影响，但当灰钙掺量提高到 2% 时，达到同样凝结时间所需缓凝剂掺量显著增加。

参考文献

[1] 纪罗军，赵红林. 从循环经济角度看工业副产石膏的资源化利用 [J]. 硫酸工业，2021，(9)：1-8.

[2] 杨再银. 中国工业副产石膏利用现状及"十四五"展望 [J]. 硫酸工业, 2021 (7): 1-4, 23.

[3] WELC F C. Effects of Accelerators and Retarders on Calcined Gypsum [J]. Journal of American Ceramic Socilty, 1923, (6): 1197.

[4] KUNTZE R A. Retardation of the Crystallization of Calcium Sulphate Dihydrate [J]. Nature, 1966, 211: 406.

[5] 邱聪. 磷石膏缓凝剂的研究 [J]. 新型建筑材料, 2014, 41 (01): 76-79.

[6] 吴开胜, 王沁芳, 季亚军. 水解蛋白石膏缓凝剂的制备与复配研究 [J]. 新型建筑材料, 2023, 50 (05): 82-84.

[7] 张劲, 王雪, 马娇丽, 等. 脱硫建筑石膏缓凝剂的研究 [J]. 新型建筑材料, 2017, 44 (10): 143-145.

[8] 王嘉昊, 沈玉, 刘娟红, 等. 不同种类缓凝剂对半水磷石膏凝结时间和硬化性能的影响 [J]. 材料导报, 2022, 36 (S1): 262-266.

[9] 张伶俐, 罗慧, 夏伟军. 缓凝剂对不同种类石膏性能的影响 [J]. 新型建筑材料, 2016, 43 (09): 18-21.

[10] 朱效甲, 朱倩倩, 朱玉杰, 等. 缓凝剂对脱硫石膏性能的影响 [J]. 江苏建材, 2020 (04): 28-32.

[11] 党军, 张玉涛. 缓凝剂对脱硫建筑石膏性能影响 [J]. 墙材革新与建筑节能, 2019 (10): 66-70.

[12] 徐忠洲. 纸面石膏板专用聚羧酸减水剂的合成及性能研究 [J]. 新型建筑材料, 2021, 48 (7): 147-150.

[13] 赵筱茜, 胥桂萍. 聚羧酸减水剂在石膏材料生产中的应用研究 [J]. 化学工程与装备, 2021 (10): 3-4, 24.

[14] 黄天勇, 章银祥, 张文才, 等. 普通硅酸盐水泥对石膏基自流平砂浆性能的影响 [J]. 硅酸盐通报, 2016, 35 (10): 3106-3111, 3118.

作者简介: 苏新禄, 男, 高级工程师, 博士, 主要从事化学建材技术研发工作。电话: 0512-66702366, E-mail: xinlu.su@szsunbo.com。

聚丙烯酸钠在石膏砂浆中的可行性研究

沈学鹏[1] 丁 浩[1] 李东旭[1] 陈 浩[2]

(1. 南京工业大学,江苏南京 211800;
2. 江苏开磷瑞阳化工股份有限公司,江苏常州 213000)

摘 要:聚丙烯酸钠(PAAS)作为一种精细化工产品,大多由丙烯酸和氢氧化钠为原料通过聚合得到。根据聚合条件的不同,分子量可至几百至千万不等,且根据分子量的不同有着不同的用途,可广泛应用于日用化学工业、农业、石油工业、工业循环水系统、矿业、涂料、造纸、纺织、建筑和医药卫生等行业。目前聚丙烯酸钠在石膏砂浆中的研究尚且较少,本文以江苏开磷瑞阳化工股份有限公司生产的低分子量副产聚丙烯酸钠为目标,以探究其在石膏砂浆中的应用前景。

关键词:无机非金属材料;抹灰石膏;石膏自流平;副产聚丙烯酸钠

Study on the Application Feasibility of Sodium Polyacrylate in Gypsum Mortar

Shen Xuepeng[1] Ding Hao[1] Li Dongxu[1] Chen Hao[2]

(1. Nanjing Tech University, Jiangsu Nanjing 211800;
2. Jiangsu Kaifu Ruiyang Chemical Co. Ltd. , Jiangsu Changzhou 213000)

Abstract: Sodium polyacrylate (PAAS) is a fine chemical product, mostly obtained by polymerization of acrylic acid and sodium hydroxide as raw materials. According to the different polymerization conditions, the molecular weight can range from several hundred to ten million, and according to the different molecular weights, it has different uses, and it can be widely used in daily-use chemical industry, agriculture, petroleum industry, industrial circulating water system, mining, coating, papermaking, textile, construction and medical and health industries. At present, the research of sodium polyacrylate in gypsum mortar is still less, this paper takes the low molecular weight by-product of sodium polyacrylate produced by Jiangsu Kai-Phosphorus Rui-Yang Chemical Industry Co., Ltd. as the target to explore the application prospect of it in gypsum mortar.

Keywords: inorganic non-metallic materials; plastering gypsum; gypsum self-leveling; by-production of sodium polyacrylate

1 引言

石膏砂浆作为一种新型绿色建筑材料,是由建筑石膏或者无水石膏、细集料、填料、外加剂组成的粉体材料,粉料按规定比例在专用生产线经精确计量、搅拌、包装陈化,在施工前添加适当比例的水搅拌均匀后使用。目前石膏砂浆主要的种类有墙面用抹灰砂浆、地坪石膏基自流平砂浆、防水砂浆、防火砂浆、防水砂浆等[1]。

随着国家"十四五"规划以及相关优惠政策的实施和推进,越来越多的企业积极响应政策,工业固废材料在建筑工程中也得到更多应用。工业副产石膏制备石膏抹灰砂浆缓解了工业废石膏的堆存问题,使工业废石膏得到了高价值利用,已经取得了较好成果[2-5]。

聚丙烯酸钠大多是以丙烯酸和氢氧化钠为原料,通过聚合得到的一种共聚物。根据聚合条件的不同,分子量可至几百至千万不等,且根据分子量的不同,有着不同的用途。低分子量的聚丙烯酸钠（1000~5000）主要起分散作用[6-8],高分子量的聚丙烯酸钠（$10^4 \sim 10^7$）主要用作增稠剂和絮凝剂[9],超高分子量的聚丙烯酸钠（$>10^7$）不再溶于水,在水中发生溶胀形成水溶胶,用作吸水剂[10]。

近几十年来,国内化学工作者在聚丙烯酸钠的合成与制备上做出了大量的研究工作,但仍然存在些许不足。目前,我国对聚丙烯酸钠的研究逐渐深入,不仅前端科研具有一定成果,实际生产也已经形成了一定的规模,已经成为混凝土外加剂市场中应用量最大的外加剂之一。因此本报告探究副产聚丙烯酸钠在以工业副产石膏为主要胶凝材料制备得到的石膏砂浆的应用,如果聚丙烯酸钠能够代替部分的外加剂,一方面可以有效地综合利用副产聚丙烯酸钠和工业副产石膏;另一方面则可以有效地降低石膏砂浆的成本,具有极大的社会意义和经济效益。

2 试验材料和方法

2.1 原材料

本试验所用脱硫石膏来自宜兴市子贤环保科技有限公司,呈黄色,表1为脱硫石膏粉的性能指标;水泥购自安徽海螺水泥股份有限公司生产的P·C42.5水泥;副产聚丙烯酸钠为江苏开磷瑞阳化工股份有限公司自产,其中聚丙烯酸钠含量在80%以上,其余为丙烯酸酯类杂质，表 2 为副产聚丙烯酸钠的分子量。减水剂为聚羧酸类减水剂（PCE）；消泡剂为有机硅类消泡剂；纤维素醚为羟丙基甲基纤维素；缓凝剂为蛋白类缓凝剂。

表 1　脱硫建筑石膏粉的性能指标

初凝时间/min	终凝时间/min	2h 抗折强度/MPa	2h 抗压强度/MPa	体积密度/(kg·m^{-3})	标稠/%
12.3	20.8	3.2	6.5	879	60

表 2　副产聚丙烯酸钠分子量

Mp	Mn	Mw	Mz	Mz+1	Mv	PD	%Area
1190	1149	3951	18153	29794	2949	3.43864	100

2.2　试验制备

2.2.1　石膏基自流平

石膏自流平中采用磷石膏或脱硫石膏为主要胶凝材料，加入少量的水泥调节体系的 pH 值。其中石膏质量分数为 95%，水泥质量分数为 5%。外加剂掺量以干粉质量为基数，其中减水剂：0.2%，缓凝剂：0.02%，消泡剂：0.1%，纤维素醚：0.03%，水和干粉量的比例为 0.41。表 3 为具体的配比。

表 3　石膏基自流平配比

No.	石膏（wt%）	水泥（wt%）	PAAS（wt%）
Z0	95	5	0
Z1	95	5	0.01
Z2	95	5	0.02
Z3	95	5	0.03
Z4	95	5	0.04
Z5	95	5	0.05
Z6	95	5	0.06

2.2.2　抹灰石膏

抹灰石膏中采用脱硫石膏为主要胶凝材料，掺入部分河砂用作填充骨料。其中石膏质量分数为 40%，水泥质量分数为 60%。外加剂掺量以干粉质量为基数，其中缓凝剂：0.01%，纤维素醚：0.2%，水和干粉量的比例为 0.245。表 4 为具体的配比。

表 4　抹灰石膏配比

No.	石膏（wt%）	河砂（wt%）	PAAS（wt%）
M0	40	60	0
M1	40	60	0.05
M2	40	60	0.1
M3	40	60	0.15

2.3 测试方法

2.3.1 石膏基自流平流动度

试样的初始流动度以及 30min 流动度根据建材行业标准 JC/T 1023—2021《石膏基自流平砂浆》进行测试,将流动度试模水平放置在测试板中央,浆料搅拌均匀后倒入,刮去试模上口多余浆料,2s 内将试模垂直向上提升 50～100mm,保持 10～15s,浆料自由流动 4min 后,测量料饼两个垂直方向的直径,取算术平均值,精确至 1mm,所得到的即为初始流动度。将上述浆料在搅拌碗内静置 30min,搅拌 30s,倒入两个流动度试模,分别测其流动度,30min 流动度即为上述两个流动度的算术平均数。

2.3.2 抹灰石膏扩散度

试样的标准扩散度根据国家标准 GB/T 28627—2023《抹灰石膏》进行测试,将均匀搅拌的石膏浆迅速分两层装入截锥圆模内,第一层装至模高 2/3 处,用圆柱状捣棒自边缘至中心均匀捣压 15 次,捣压深度至浆体高度的 1/2 处;紧接着倒入第二层石膏浆,装到高出截锥圆模约 20mm,再用圆柱状捣棒自边缘至中心均匀捣压 10 次。捣压完毕,取下模套刮去高出模具的浆体并抹平,然后垂直向上轻轻提起截锥圆模,圆模内壁粘住的石膏浆体,用刮刀刮去放在跳桌上浆体的中间。启动跳桌,以每秒一次的速度跳动 15 次。

跳动结束,测量试饼两个垂直方向的直径,取算术平均值,精确至 1mm,所得到的即为抹灰石膏扩展度。

2.3.3 凝结时间和强度

试样的凝结时间根据国家标准 GB/T 17669.4—1999《建筑石膏 净化物理性能的测定》进行测试。试样的强度根据 GB/T 17669.3—1999《建筑石膏 力学性能的测定》进行测试,将试样养护到一定龄期后,在 40℃ 的烘箱中烘干至恒重,在 2.4kN/s 的加载速率下,使用自动抗压强度测试仪进行抗折强度和抗压强度测试。测定样品的抗折抗压强度。

2.3.4 保水率

试样的保水率根据国家标准 GB/T 28627—2023《抹灰石膏》进行测试。先将定性滤纸铺在布氏漏斗底部,用水浸湿。将布氏漏斗放到抽滤瓶上,启动真空泵,抽滤 1min,取下漏斗,擦干下口残余水后称重(G_1)。将抹灰石膏浆料放入称量后的布氏漏斗内,用 T 形刮板在漏斗中垂直旋转刮平,使浆料厚度保持在 (10 ± 0.5)mm 范围内。擦净布氏漏斗内壁上的残余石膏浆体,称重(G_2)。

将称重后的布氏漏斗放在抽滤瓶上,启动真空泵,抽滤 20min,取下漏斗,擦净下口残余水,称重(G_3)。

按公式(1)计算抹灰石膏浆料的保水率(R),以百分数表示,精确到 1%。

$$R=\left[1-\frac{(G_2-G_3)(K+1)}{(G_2-G_1)K}\right]\times 100\% \tag{1}$$

式中 R——抹灰石膏浆料的保水率;

G_1——布氏漏斗与滤纸质量,单位为克(g);

G_2——布氏漏斗装入浆料后质量，单位为克（g）；

G_3——布氏漏斗装入浆料抽滤后质量，单位为克（g）；

K——石膏浆的标准扩散用水量，%。

2.3.5 粘结强度

试样的粘结强度根据 JGJ/T 70—2009《建筑砂浆基本性能试验方法标准》规定的方法进行测定。配制抹灰石膏浆料成型试件 10 个，成型 24h 后脱模。在实验室条件下养护 7d±2h，然后放置电热鼓风干燥箱中干燥至恒重，在试样表面涂上适量的 AB 胶，粘上拉拔头，室温下放置 24h，之后进行拉伸粘结强度的测定。去掉两个最大值和两个最小值后其余 6 个试件测定的算术平均值作为试验结果。

3 结果和讨论

3.1 副产聚丙烯酸钠对石膏自流平流动度的影响

图 1 为副产聚丙烯酸钠对石膏自流平流动度的影响趋势图。从图中可以看出，副产聚丙烯酸钠在掺量在 0.02%～0.04% 时能够提升石膏自流平的初始流动度，且不会影响 30min 流动度，当掺量在 0.04% 时，此时对石膏自流平的初始流动度提升是最明显的，为 144mm，继续增大掺量，则这种减水效果就消失了。低掺量的副产聚丙烯酸钠加入石膏自流平后有减水效果，这是由于聚丙烯酸钠本身带有电荷，加入到石膏砂浆体系后，附着在石膏表面，相同电荷互相排斥，因而对石膏体系具有分散作用，但由于丙烯酸酯乳液中含有大量羟基，亲水性较强，将部分用来使料浆产生流动性的水吸附了过去，因此对石膏自流平流动度的提升并不明显，继续增大副产聚丙烯酸钠以后，此时丙烯酸酯含量也在增加，有着更强的对水的吸附性，抵消了此时聚丙烯酸钠的分散效果，所以继续增大掺量，对流动度无明显提升。

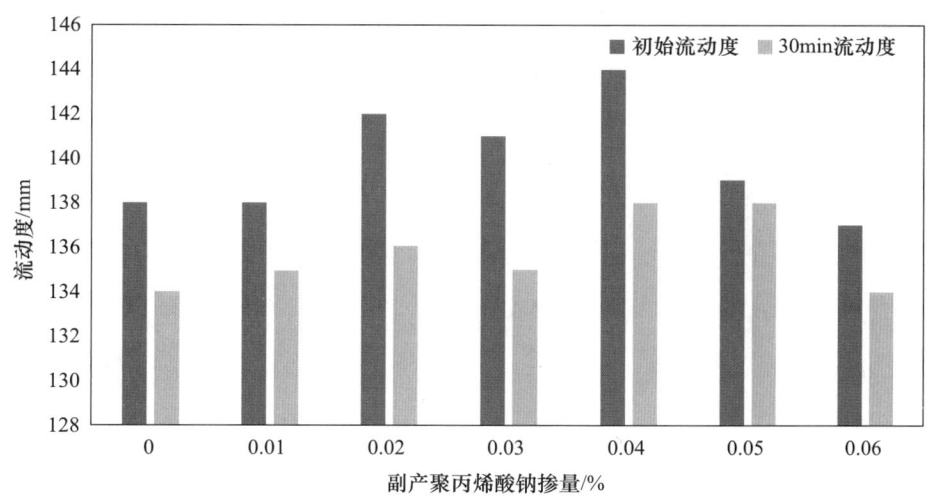

图 1 副产聚丙烯酸钠对石膏自流平流动度的影响

3.2 副产聚丙烯酸钠对石膏自流平强度的影响

图 2 为副产聚丙烯酸钠对石膏自流平强度影响的趋势图。从图中可以看出在掺量为 0.01%~0.02%时对抗压强度有点提升,可能是由于加入的丙烯酸酯杂质填充在石膏内部,减少了孔隙,使整个石膏体系更加密实,从而提高了强度。继续增大掺量以后,试块的强度出现了不同程度的下降,可能是过多的丙烯酸酯会阻碍部分二水石膏的结晶,使石膏晶体接触点减少,从而降低了抗折和抗压强度。

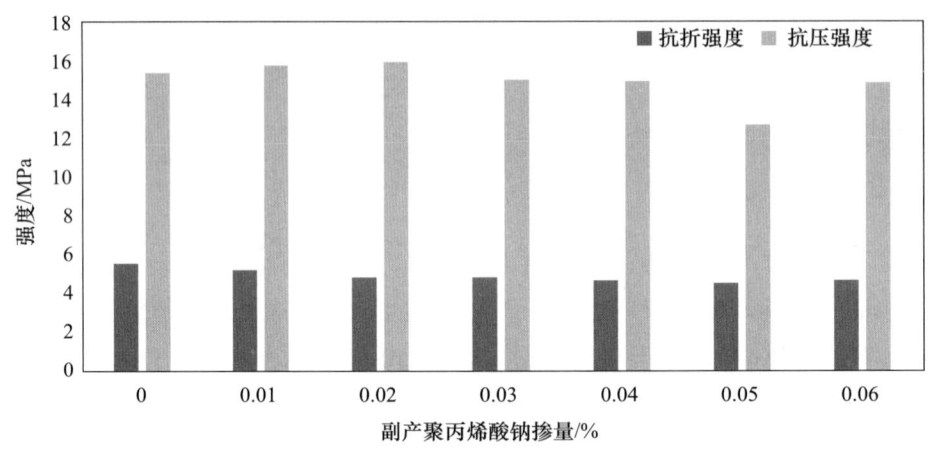

图 2　副产聚丙烯酸钠对石膏自流平强度的影响

3.3 副产聚丙烯酸钠对抹灰石膏凝结时间的影响

图 3 为副产聚丙烯酸钠对抹灰石膏凝结时间影响的趋势图。从图中可以看出,随着副产聚丙烯酸钠的不断增加,抹灰石膏的凝结时间不断提前,在掺量为 0.15%时,凝结时间只有 50min,已远远小于初始的 134min。这可能是由于附带的丙烯酸酯杂质对水具有较强的吸附性,导致用于半水石膏水化的水变少,缩短了产生二水石膏过饱和溶液的时间,使二水石膏晶体析出的时间减少,从而使终凝时间缩短。

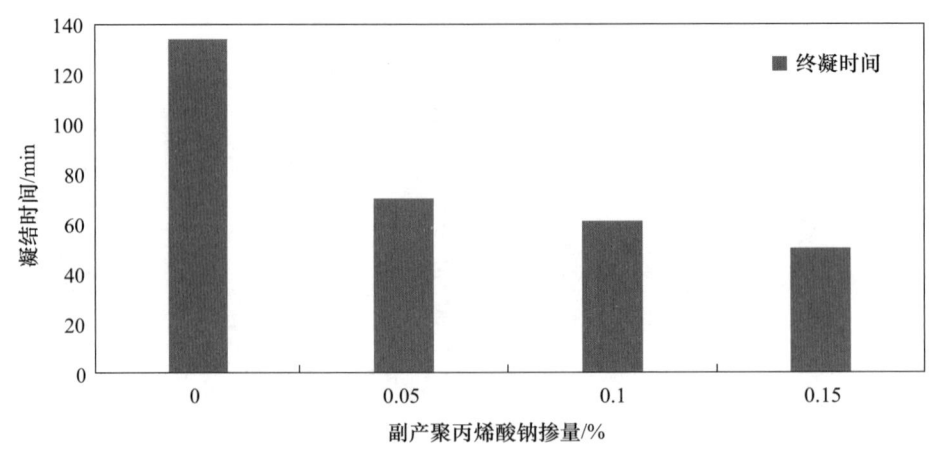

图 3　副产聚丙烯酸钠对抹灰石膏凝结时间的影响

3.4 副产聚丙烯酸钠对抹灰石膏强度的影响

图 4 为副产聚丙烯酸钠对抹灰石膏凝结时间影响的趋势图。从图中可以看出，当掺入 0.05% 的副产聚丙烯酸钠时，对强度的提升最明显，其中抗折强度提升了 21.05%，抗压强度提升了 26.44%，这可能是由于加入的副产聚丙烯酸钠填充在石膏内部，减小了孔隙率，提高了强度，继续增加聚丙烯酸钠的掺量，强度则会有所下降，可能是过多的丙烯酸酯会阻碍部分二水石膏的结晶，使石膏晶体接触点减少，从而降低抗折和抗压强度。

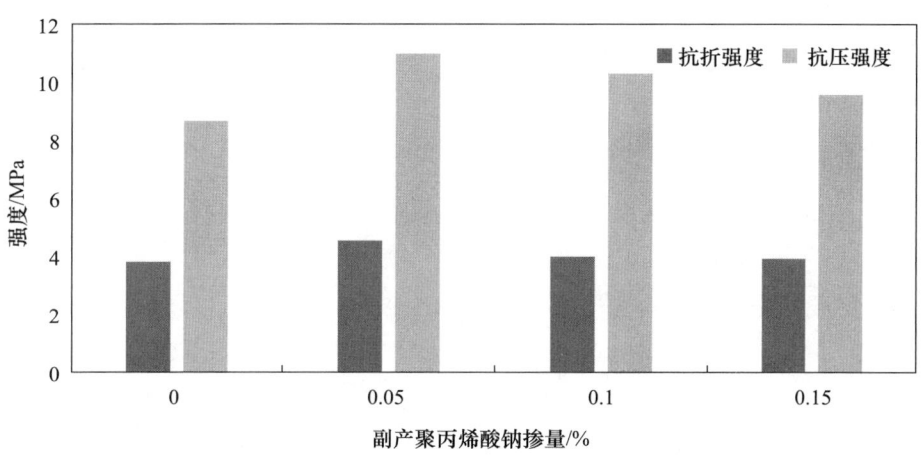

图 4　副产聚丙烯酸钠对抹灰石膏强度的影响

4　结论

（1）副产聚丙烯酸钠加入到石膏基自流平中，在掺量 0.02%～0.04% 时能够提高初始流动度，即有一定的减水效果，继续增大掺量，由于丙烯酸酯杂质含量也随之提升，会吸附本用于流动的水，减水效果消失。在掺量 0.01%～0.02% 时会提升强度，增大掺量则会不同程度降低强度。

（2）副产聚丙烯酸钠加入到抹灰石膏中会有比较明显的促凝效果。在低掺量时能够提升强度，随着掺量增加，提升的幅度会变小。

参考文献

[1] 封培然，宋利丽. 浅谈石膏基砂浆的质量控制 [J]. 水泥工程，2023（01）：80-86.
[2] 唐江昱. 轻质抹灰石膏的制备及性能研究 [D]. 重庆：重庆大学，2019.
[3] 张帅，杨国良，杨翔，等. 脱硫石膏制备底层抹灰石膏砂浆的研究 [J]. 砖瓦，2019，（01）：59-60.
[4] 李志博，田胜力，章银祥，等. 轻质抹灰石膏砂浆的研究 [J]. 新型建筑材料，2019，46（04）：28-30.

[5] 王兰英,朱伟中,窦正平,等.脱硫石膏在内墙抹灰石膏中的资源综合利用[J].砖瓦,2017,(01):28-29.

[6] 黄良仙,安秋凤,张西亚,等.聚丙烯酸钠分散剂的制备及应用性能研究[J].山西大学学报(自然科学版),2005,28(4):388-391.

[7] 胡飞,文思逸,付梦乾,等.低分子聚丙烯酸钠的制备研究及其在陶瓷泥浆解胶的应用[J].广东建材,2013,29(10):10-12.

[8] 李国豪.高强混凝土用聚丙烯酸钠黏度调节剂的合成与应用[D].济南:山东建筑大学,2020.

[9] 张会宜.聚丙烯酸钠应用状况[J].化工之友,2007(9):41.

[10] 王颖.高分子量聚丙烯酸钠的合成及应用[J].贵州化工,2004(02):6-7.

作者简介 沈学鹏,男,硕士研究生,主要从事石膏基材料方面的研究。E-mail:202161103080@njtech.edu.cn。

通信作者:李东旭,男,博士生导师。E-mail:dongxuli@njtech.edu.cn。

灰钙对脱硫抹灰石膏性能影响初探

王颖 张乐 陈建国

（上海尚南新材料有限公司，上海 200233）

摘 要：抹灰石膏在实际生产应用中往往加入灰钙以改善抗裂性，而灰钙的加入不可避免地会对抹灰石膏的基本性能产生影响。本文探究了加入不同量灰钙时脱硫抹灰石膏的基本性能。结果表明，随着灰钙掺量的增加，抹灰石膏的需水量、涂布率总体呈现先提高后降低的趋势；抹灰石膏的强度、保水率则相反，总体先降低后提高。灰钙能改善抹灰石膏的抗流挂性，同时影响缓凝剂的缓凝效果。含有灰钙的抹灰石膏，宜使用凝结时间与掺量呈现良好线性关系的缓凝剂。

关键词：抹灰石膏；灰钙；需水量；凝结时间

Preliminary Study of the Influences of Hydrated Lime on the Properties of Desulfurization Gypsum Plaster

Wang Ying Zhang Le Chen Jianguo

(Shanghai GreenChem New Materials Co., Ltd., Shanghai 200233)

Abstract: Hydrated lime is usually added to gypsum plaster to improve its crack resistance, and the addition of hydrated lime inevitably affects the basic properties of gypsum plaster. In this paper, the basic properties of desulfurization gypsum plaster added with different amounts of hydrated lime were studied. The results showed that the water demand and coating rate of gypsum plaster generally showed a tendency of first increasing and then decreasing with the increase of hydrated lime; In contrary, the strength and water retention rate of gypsum plaster were decreasing first and then increasing. Hydrated lime was able to improve the sagging resistance of gypsum plaster, and influence the retarding effect of retarders. For gypsum plaster containing hydrated lime, it is advisable to use a retarder with a good linear relationship between setting time and dosage.

Keywords: gypsum plaster; hydrated lime; water demand; setting time

1　引言

相对于传统的水泥基抹灰砂浆，抹灰石膏以其密度小、节能环保、不易收缩、保温隔声效果好等优点，日益广泛地应用于内墙装修。大量实践表明，抹灰石膏中加入少量灰钙，可以减少后期开裂，并在一定程度上改善施工性，因此实际生产中多数厂家会在抹灰石膏中掺加灰钙。作为组分复杂的特种砂浆体系，灰钙的加入势必会对抹灰石膏的其他性能产生影响。

近年来，关于抹灰石膏的技术研究日趋活跃。杨剑[1]系统对比了轻质抹灰石膏与重质抹灰石膏、水泥基抹灰砂浆的优势，探讨了应用中的常见问题；刘洁等[2]比较了高引气剂-低轻集料掺量与无引气剂-高轻集料掺量对轻质抹灰石膏性能的影响，认为引气剂可大幅减少玻化微珠掺量，达到绿色环保节能。但迄今为止，灰钙对抹灰石膏性能影响的系统研究暂属空白。目前，由电厂脱硫石膏煅烧得到的脱硫建筑石膏是抹灰石膏最常使用的石膏原料，本文选用脱硫建筑石膏为胶凝材料，初步探讨了不同掺量灰钙对抹灰石膏基本性能的影响，以期为抹灰石膏生产单位提供一定参考。

2　原材料与试验方法

2.1　原材料

（1）脱硫建筑石膏：山东晨鸣集团生产，细度200目，标稠需水量58%，初凝9min，终凝13min，2h抗折强度3.1MPa，2h抗压强度9.3MPa。

（2）轻集料：50～70目气炉玻化微珠，信阳光友矿业有限公司，松散堆积密度120.9g/L。

（3）重钙粉：细度325目，河北科旭建材有限公司。

（4）纤维素醚：迈姆凯 SN 3116，上海尚南新材料有限公司。

（5）淀粉醚：EXCELCON A850，泰国斯美思（SMS）集团。

（6）引气剂：RN 6068，美国亚什兰（Ashland）集团。

（7）无机触变剂：Min-U-Gel FG，美国艾狄孚国际矿业（AMI）有限公司。

（8）缓凝剂：迈姆凯 2090P，上海尚南新材料有限公司；氨基酸类复合缓凝剂1，市售；蛋白类缓凝剂2，市售。

（9）灰钙：纯度≥95%氢氧化钙，细度400目，无锡市亚泰联合化工有限公司。

2.2 试验配比

脱硫建筑石膏720,玻化微珠80,重钙配平至1000,纤维素醚1.9,淀粉醚0.5,引气剂0.1,无机触变剂2,灰钙掺量按0、5‰、10‰、15‰、20‰梯度逐次增加,重钙则按相应量逐次减少。缓凝剂对比以外的试验,缓凝剂均用2090P,每组掺量均调节至抹灰石膏初凝时间为(120±10)min。

2.3 试验方法

(1) 需水量(标准扩散度用水量)、强度、保水率、凝结时间、pH值均按GB/T 28627—2023《抹灰石膏》规定测试。

(2) 涂布率为每1t抹灰石膏粉料,批刮厚度为1cm时抹灰浆体所能批刮的面积(m^2),计算公式为100×(1+需水量)/浆体质量(g)。

(3) 抗流挂性按文献方法[3]使用半圆柱形试模测试,抹灰浆体流挂距离越短则抗流挂性越好。

3 结果与讨论

3.1 灰钙对抹灰石膏需水量的影响

从图1可以看出,随着灰钙掺量的增加,抹灰石膏的标准扩散度需水量呈先增加后减少的趋势,灰钙掺量在5‰~10‰时需水量较大,掺量达到20‰时需水量与掺量为0时基本相同。一般来说,砂浆颗粒越细,比表面积越大,则需水量越高。试验所用灰钙细度在400目以上,高于石膏粉、玻化微珠和重钙,加入体系后使粉料整体变细,需水量提高。但随着灰钙掺量的增加,加水初始阶段水中钙离子由灰钙贡献的占比增多,同离子效应导致石膏的溶解、水化变慢,该现象占主导时,需水量降低。

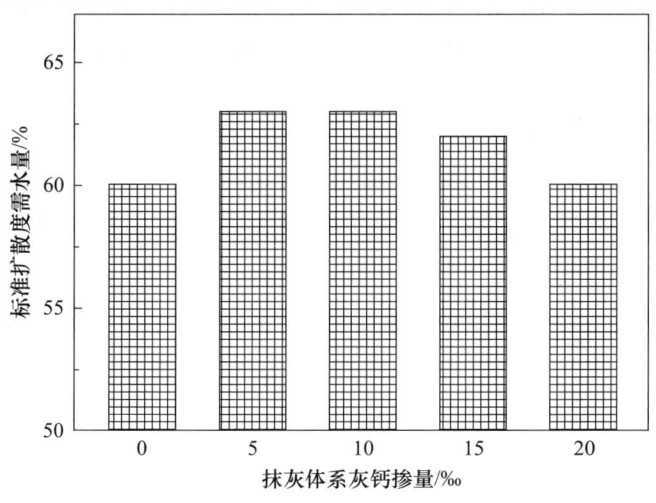

图1 不同灰钙掺量下抹灰石膏的标准扩散度需水量

3.2 灰钙对抹灰石膏涂布率的影响

图 2 表明，灰钙掺量从 0 增加到 20‰，抹灰石膏浆体涂布率总体呈先提高后降低的趋势，与需水量变化大体一致。需水量提高意味着同样质量的抹灰粉体加水后浆体体积增加，从而使涂布率提高。唯一例外的是灰钙掺量在 5‰ 左右，涂布率比灰钙掺量为 0 时略低。灰钙并不直接发生水化反应，在初始阶段更多地起到集料的作用。掺量在 5‰ 左右时，灰钙颗粒可能正好填充了集料孔隙，与玻珠、重钙形成了较为紧密的级配，增加了浆体的密实度，相对于灰钙掺量为 0 的体系，即使需水量有所提高，涂布率仍然降低。

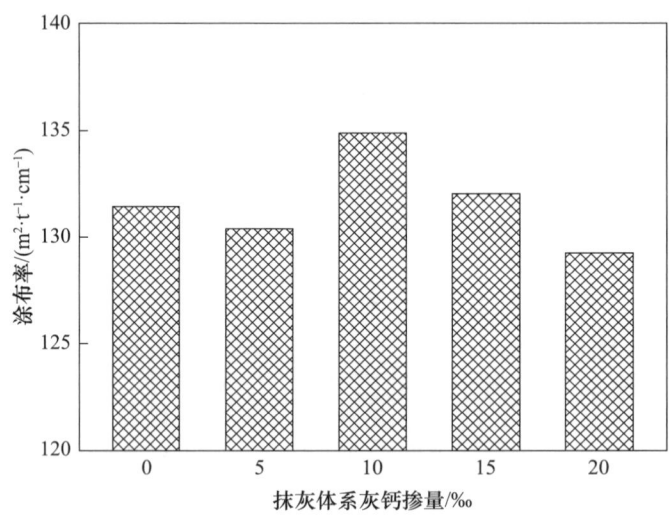

图 2 不同灰钙掺量下抹灰石膏的涂布率

3.3 灰钙对抹灰石膏强度的影响

图 3 显示，随着灰钙掺量的增加，抹灰石膏的绝干抗压、抗折强度均为先降低后提高，灰钙掺量在 10‰ 左右时达到最低，与需水量变化趋势大体相反。需水量的提高意味着水膏比增加，初始材料含水量增加，水分挥发后在材料内部留下的孔隙相应增多[4]，使得抗折、抗压强度降低，可以认为灰钙对需水量的改变是导致抹灰石膏强度变化的重要因素。值得注意的是，抹灰石膏的压折比在 2.8 上下波动，未观察到显著的提高或降低，说明当需水量变化时，抹灰材料的抗折、抗压强度的变化幅度基本相同，不会发生显著的变韧或变脆。

3.4 灰钙对抹灰石膏保水率的影响

图 4 表明，随着灰钙掺量的增加，抹灰石膏的保水率先降低后提高，同样与需水量变化趋势大体相反。需水量提高时，相同环境中浆体水分的散失往往更为显著，导致保水率降低。在基本配合比不变的前提下，所有加入灰钙的抹灰石膏，保水率均未达到 GB/T 28627—2023 所规定的 70%。因此在抹灰石膏的实际生产中，当使用了灰钙或者

改变了灰钙掺量之后，宜调整抹灰的基本配合比，使用高性能保水剂，以便保水率达到标准。

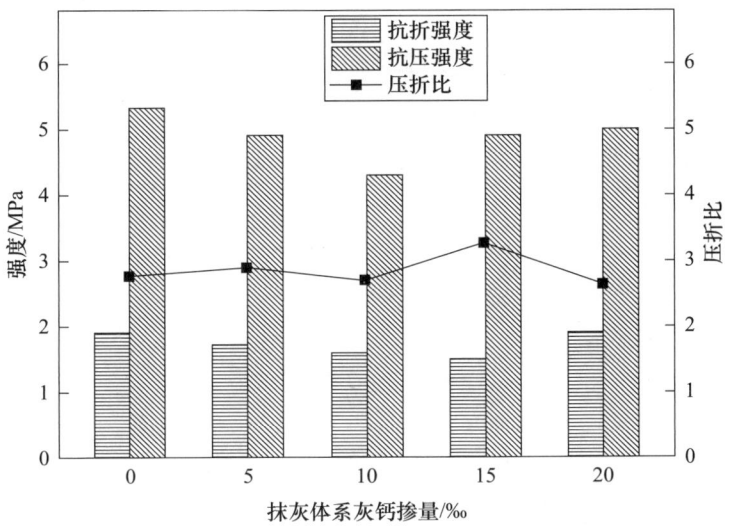

图 3　不同灰钙掺量下抹灰石膏的抗折、抗压强度

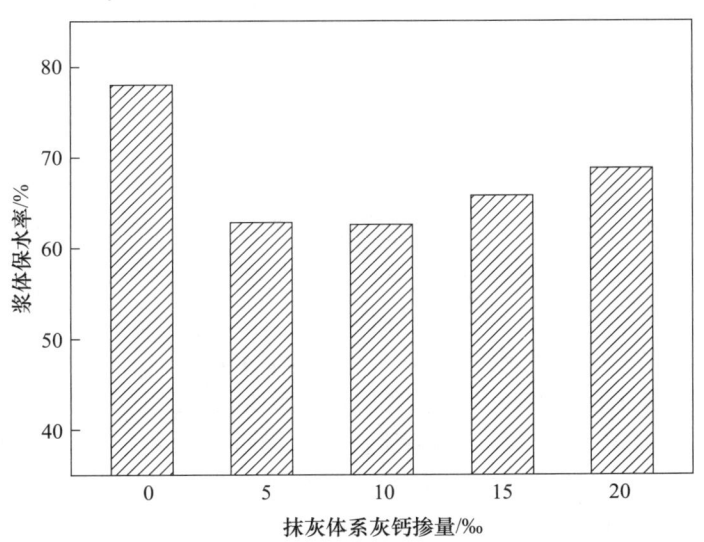

图 4　不同灰钙掺量下抹灰石膏的保水率

3.5　灰钙对抹灰石膏抗流挂性的影响

在抹灰石膏的实际施工中，工人为了方便搅拌，往往会加入过量的拌和水，导致浆体上墙后流挂。经初步试验，本文所用灰钙掺量为 0 的抹灰石膏，在跳桌扩散度≥200mm 时可能出现流挂现象。为此，各组抹灰加水量均调节至跳桌扩散度为（205±5）mm，见表 1。

表1 掺加不同量灰钙的抹灰石膏，扩散度达到（205±5）mm 时各体系的需水量和 pH 值

灰钙掺量/‰	0	5	10	15	20
需水量/%	67	72	69	69	68
pH 值	7.7	8.8	10.8	11.4	11.8

从表1可以看出，达到相同的扩散度（205±5）mm，随着灰钙掺量的增加，加水量也和标准扩散度需水量类似，呈现先提高后降低的趋势。各组抹灰按表1加水量调成浆体后测试抗流挂性，如图5所示。

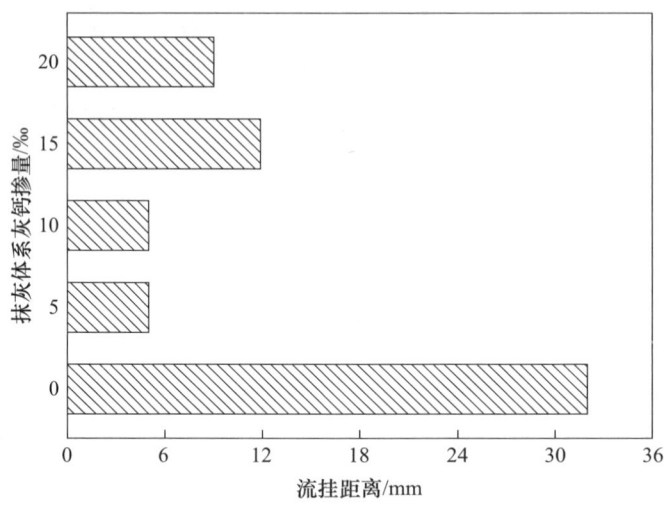

图5 不同灰钙掺量下抹灰石膏的流挂距离

图5显示，灰钙能显著缩短抹灰石膏浆体的流挂距离，提高抗流挂性。一般来说，砂浆浆体颗粒之间微观上具备一定的联结，宏观上具有一定的屈服应力，才能表现出抗流挂性，砂浆中实现该功能的一般是淀粉醚或黏土类触变剂，灰钙本身并不具备这样的功能。在碱性环境中，淀粉醚发生电离，分子内部形成一定量的阴离子，负电荷同性相斥，使得淀粉醚分子能充分伸展开来，在砂浆颗粒之间产生良好的桥接效果[5]。表1显示，掺加灰钙后，抹灰石膏浆体 pH 值有所提高，灰钙为浆体提供了碱性环境，从而使淀粉醚能更充分地发挥抗流挂效果。当 pH 值＞11 时，浆体抗流挂性反而有所减弱，可能与碱性较强时淀粉醚分子间的静电斥力增强，对砂浆颗粒起到了一定的分散效果有关。

3.6 灰钙对抹灰石膏凝结时间的影响

由于各组抹灰石膏初凝时间与终凝时间相差不大，均在10～20min，因此用初凝时间表征凝结时间。从图6可以看出，无论灰钙掺量高低，添加 2090P 和市售1缓凝剂的抹灰石膏，其初凝时间与掺量均呈良好的线性关系，而添加市售2缓凝剂的抹灰石膏，初凝时间随掺量的增加存在猛增猛跳现象。随着灰钙掺量逐步提高，2090P 和市售1缓凝剂的缓凝效果呈减弱趋势，而市售2缓凝剂对凝结时间的猛增猛跳效应则越发显著。一般认为，不同类型的缓凝剂分别有各自的最适 pH 值，缓凝剂在最适 pH 值附近能发挥最佳缓凝效果[6]。灰钙通过改变抹灰石膏浆体的 pH 值，改变了缓凝剂的效果。

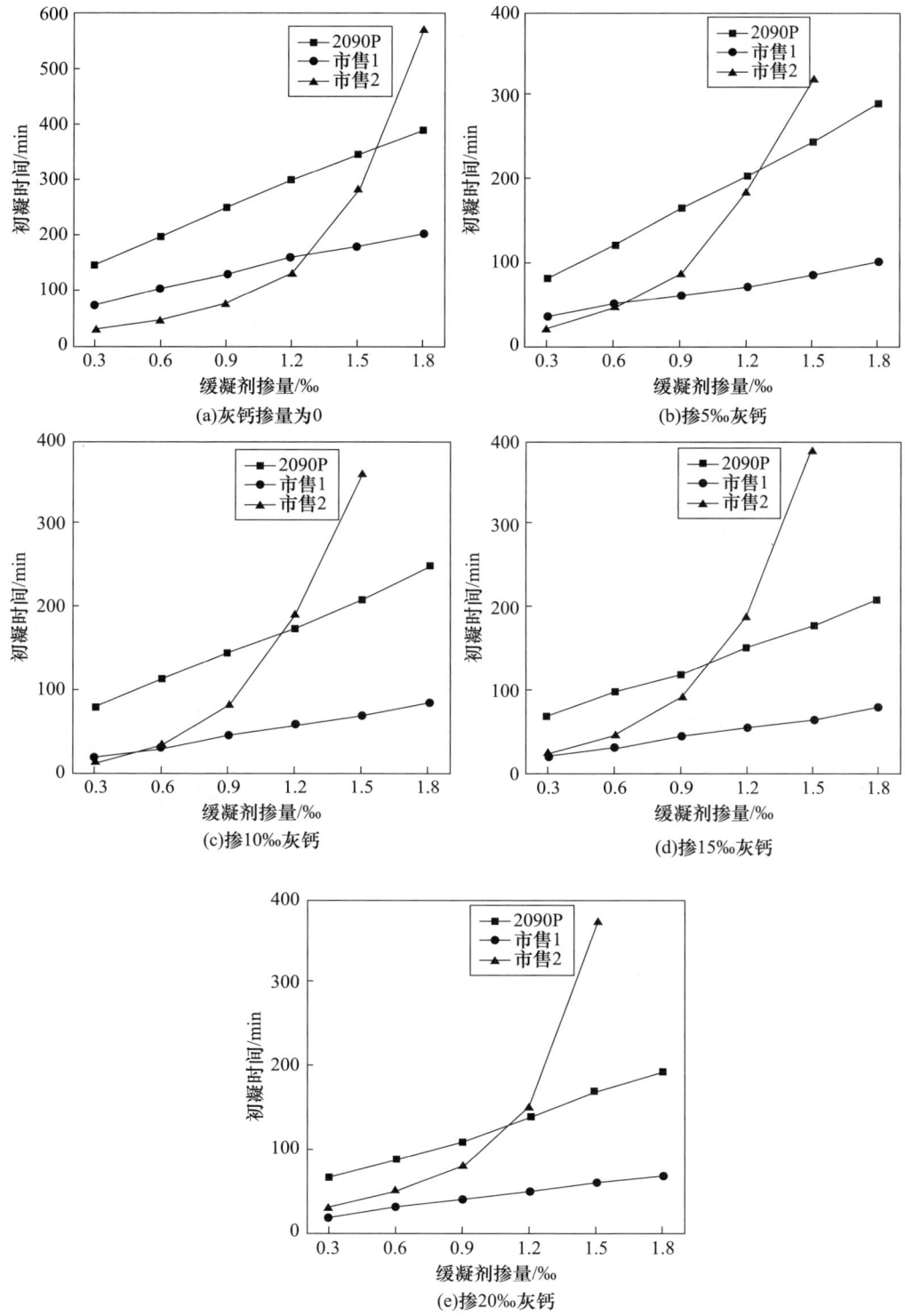

图 6 不同灰钙掺量下抹灰石膏的初凝时间

在施工实践中，一般要求抹灰石膏的初凝时间控制在 120min 左右，凝结时间过短则可操作时间不足，凝结时间过长则容易产生开裂、起粉等问题。调节三种缓凝剂至抹灰石膏初凝时间为（120±10）min，具体掺量见表 2。

表 2　添加不同量灰钙的抹灰石膏，初凝时间达到（120±10）min 时各缓凝剂的掺量（‰）

灰钙掺量/‰	0	5	10	15	20
2090P	0.25	0.60	0.65	0.90	0.95
市售 1	0.80	2.10	2.60	2.70	2.85
市售 2	1.15	1.05	1.05	1.00	1.05

表 2 显示，要使抹灰石膏初凝时间达到 120min 左右，市售 1 缓凝剂在无灰钙抹灰石膏中掺量较低，但在掺加灰钙的抹灰石膏中掺量较高；市售 2 缓凝剂总体掺量稳定在 1.05‰左右，但对照图 6（b）~（e）可知，对于掺加灰钙的抹灰石膏，该掺量均已越过了凝结时间猛增猛跳的临界点，掺量稍有改变或石膏组分稍有变化，凝结时间变化幅度会相当大，在实际生产中会成为抹灰品质的不稳定因素；随着灰钙掺量的提高，2090P 掺量也呈提高趋势，但灰钙掺量达到 20‰时，2090P 掺量也仅为 0.95‰，低于市售 1 和市售 2 缓凝剂。由此可见，2090P 凝结时间无猛增猛跳现象，便于通过调节掺量来相对精准地调控凝结时间，且达到目标凝结时间的掺量不会过高，节约了使用成本，具备优良的性能。

4　结论

在抹灰石膏基本配合比不变的前提下，灰钙通过影响抹灰石膏的需水量，可进一步影响到抹灰石膏的涂布率、强度、保水率。此外，灰钙通过影响抹灰石膏浆体的 pH 值，还可影响到抹灰石膏的抗流挂性和凝结时间。掺加灰钙的抹灰石膏，宜采取合适的方法提高保水率，并使用凝结时间与掺量呈良好线性关系、掺量合理的缓凝剂，以便综合性能达到最优。

参考文献

[1] 杨剑. 轻质抹灰石膏优势对比及应用中常见问题分析 [J]. 石材，2022，(10)：58-64.
[2] 刘洁，张永明. 引气剂对轻质抹灰石膏砂浆性能的影响 [J]. 建筑材料学报，2024，27（3）：259-266.
[3] 黄莉红，孙广荣，孙振平. 改性淀粉醚对新拌砂浆相关性能的影响 [J]. 新型建筑材料，2014，41（5）：26-29.
[4] 李丹. 浅议水膏比对石膏材料强度的影响 [J]. 建筑，2012，(5)：75-76.
[5] GLATTHOR A. Performance of Starch Ethers in Drymix Mortars [C] // XVIII International Scientific Conference "Modern technologies of dry mixtures in construction"，Moscow：2016.
[6] 曹晓梅，牟晓芳，钱中秋，等. 建筑石膏缓凝剂的研究进展 [J]. 材料导报，2013，27（S2）：298-301.

作者简介　王颖，男，技术经理，主要从事干粉砂浆添加剂相关研究，E-mail：wangying@greenchem.cn。

酒石酸对聚合物水泥基防水涂料性能的影响研究

陆小培[1]　郑薇[1]　张国防[2]

（1. 上海伟星新材料科技有限公司，上海 201401；
2. 同济大学材料科学与工程学院，上海 201804）

摘　要：针对聚合物水泥基防水涂料厚涂泛碱，特别是低温高湿环境下泛碱发花的问题，探讨了酒石酸对聚合物水泥基防水涂料性能的影响。本文研究了酒石酸对聚合物水泥基防水涂料泛白、黏度、拉伸性能、粘结强度和耐水等性能的影响。结果显示随着酒石酸掺量的增加，防水涂料泛白现象逐渐改善甚至消失，黏度降低，质量吸水率增加；当酒石酸掺量为粉料的 0.05% 时，防水涂料的拉伸强度和粘结强度最高。聚合物水泥基防水涂料的泛白不是氢氧化钙所致，应该与过多乳液颗粒在表面的聚集后未完全成膜有关。酒石酸在早龄期一定程度优化了聚合物成膜过程，使其乳液成膜均匀连续，同时延迟水泥水化，降低早期的氢氧化钙生成量，是其能够改善聚合物水泥防水涂料泛白现象的主要原因。

关键词：聚合物水泥基防水涂料；酒石酸；厚涂抗碱；粘结强度

Study on the Effect of Tartaric Acid on the Performance of Polymer Cementitious Waterproof Coatings

Lu Xiaopei[1]　Zheng Wei[1]　Zhang Guofang[2]

（1. Shanghai Weixing New Building Materials Technology Co., Ltd.,
Shanghai 201401; 2. School of Materials Science and Engineer,
Tongji University, Shanghai 201804）

Abstract: Polymer cementitious waterproofing coatings are widely used due to inherhent advantages. However, polymer cementitious waterproofing coatings still have a certain degree of efflorescence in some harsh construction environments, especially low temperature and high humidity. In this paper, the whitening phenomenon, viscosity, tensile properties, bond strength and water resistance of tartaric acid (TA) modified polymer cementitious waterproofing coatings were studied. The results show, with the increase of TA content, the whitening of waterproof coating was gradually weakened or even disappear, viscosity decreased and mass water absorption was increased. The waterproof coating shows the best performance when TA dosage is about 0.05% of the powder. The whitening substance of polymer cementitious waterproof coating is not calcium hydroxide, it should be related with too many emulsion particles on the surface of the aggregation of incomplete film formation. TA optimises the polymer film-forming process at an early age, making the emulsion film uniform and continuous, while delaying the hydration of cement and reducing the early generation of calcium hydroxide, which is the main reason for improving the whitening phenomenon of polymer cement-based waterproofing coatings.

Keywords: polymer cementitious waterproof coatings; tartaric acid; whitening; adhesive strength

1 引言

聚合物水泥基防水涂料是由聚合物乳液及各种添加剂优化组合而成的液料和配套的粉料复合而成的双组分防水涂料，又称JS防水涂料[1]。聚合物水泥基防水涂料由于不含可挥发性有机溶剂、低VOC、环保性能好、施工性能优异，是一种绿色新型环保防水材料，越来越受到市场的肯定，应用量逐步增加。

JS防水涂料广泛用于地下室、卫浴间、厨房、阳台等工程的防水、防渗和防潮。水泥是JS防水涂料中的重要成分，水泥与水发生反应的过程不仅能生成含水的硅酸钙，也能产生大量的氢氧化钙[2]。当防水涂膜较厚时，大面积涂刷的干燥时间较长，涂膜内部反应生成的氢氧化钙就会逐渐随着水蒸发慢慢向表面迁移，迁移出的氢氧化钙迅速地吸收空气中的二氧化碳，发生化学反应生成不易溶于水的白色碳酸钙，残留在防水涂膜的表面。当防水涂膜干燥后，残留在防水涂膜表面的氢氧化钙和碳酸钙物质就会导致涂膜表面的颜色不均，造成涂膜表面出现严重的泛碱现象[3]。这种泛碱现象会严重影响防水涂膜的外观，限制了其广泛推广应用。因此，解决厚涂泛碱的问题，提高防水涂料对施工环境的适用性成为关键。本研究探讨了酒石酸对JS防水涂料厚涂抗泛碱、延伸性能、粘结强度及耐水性等性能的影响，并分析其对JS防水涂料抗泛白的微观机理，为实际防水涂料抗泛白提供理论和技术参考。

2 试验

2.1 原材料

液料：苯丙乳液，陶氏建筑用化学品，性能参数见表1；市售增稠剂；市售矿物油消泡剂；市售高效杀菌剂；市售非离子型表面活性剂。

粉料：P·O 42.5普通硅酸盐水泥，海螺水泥有限公司，物理性能见表2；100～200目石英砂，凤阳县兴龙石英砂有限公司；325目碳酸钙粉末，广福建材（蕉岭）精化有限公司；酒石酸（TA），南京斯泰宝科技有限公司。

表1　苯丙乳液的主要技术指标

项目	指标
外观	乳白色液体
黏度（Brook field，mPa·s）	<1000
固体含量/%	56.0
pH值	5.5
玻璃转化温度/℃	<0

表2　普通硅酸盐水泥的物理性能

密度/ (g·cm^{-3})	80μm筛筛余 /%	比表面积 /(m^2·kg^{-1})	标准稠度 /%	凝结时间/min		抗折强度/MPa		抗压强度/MPa	
				初凝	终凝	3d	28d	3d	28d
3.02	4.5	354	27	207	291	5.7	8.2	28.6	50.3

2.2　试验方法

2.2.1　试验配合比

配料比：JS防水涂料固定液料质量100份，其中苯丙乳液80份、增稠剂0.02份、消泡剂0.5份、润湿剂0.05份、杀菌剂0.15份、水19.28份。粉料固定组分为水泥45份、100～200目石英砂20份、325目钙粉35份。通过改变酒石酸用量来调整酒石酸在粉料组分中的占比。液料组分：粉料组分＝1∶1.5。具体试验配方见表3。

表3　试验配方

编号	液料质量/g	粉料质量/g	酒石酸质量/g
TA-0	100	150	0
TA-0.02	100	150	0.03
TA-0.05	100	150	0.075
TA-0.08	100	150	0.12
TA-0.12	100	150	0.18

2.2.2　测试方法

泛白：按配合比调配好涂料，在70mm×70mm的砂浆块上涂膜；用涂布器刮涂厚1.5mm左右的漆膜；将200mm×400mm的混凝土块垂直放置，模拟阴阳角，在阴阳角处厚涂。分别将砂浆块、漆膜放在标准养护室养护24h，阴阳角混凝土块在5℃、RH90%的环境下养护24h，观察表面情况并拍照片。

黏度：按配合比调配好涂料，用布氏黏度仪测试黏度，转子转速30r/min，单位mPa·s。

拉伸性能：按GB/T 23445—2009《聚合物水泥防水涂料》中7.4的规定制样，依据GB/T 16777—2008《建筑防水涂料试验方法》中9.2的规定进行拉伸性能试验。

粘结强度：依据GB/T 23445—2009《聚合物水泥防水涂料》中7.6的规定进行制

样测试。

质量吸水率：按 GB/T 23445—2009《聚合物水泥防水涂料》中 7.4.2 的规定制样，40℃干燥箱养护后将涂层裁成 50mm×50mm 的试样，采用电子天平称重，将试样浸泡在水中，放置 168h，测试试样浸泡前后的质量变化，计算其吸水率。

TG-DSC：样品测试使用 NETZSCH STA 449C 综合热分析仪来测量试样在不同温度下的质量损失（TG）和吸放热的流量（DSC）。

SEM：用 FEI 公司生产的 Quanta 200 FEG 场发射环境扫描电子显微镜（environmental scanning electron microscope，ESEM）对 JS 防水涂料试样进行断面和内部形貌观察。

3 试验结果

3.1 泛白

在相同拍照条件下，对不同酒石酸掺量养护在 2 种条件下的样品进行泛白测试，结果如图 1 所示。由图 1 可见，养护温度升高，湿度降低有利于泛白现象的缓解。这主要是由于 JS 防水涂料的固化机理是水泥凝结水化与聚合物乳液水分挥发成膜相互协同的作用，低温（<5℃）、高湿（相对湿度>80%）、封闭的环境导致水分挥发变慢，水泥水化速度降低，聚合物乳液失水成膜变慢，碱性物质随着水分迁移至表面的时间延长，泛碱严重[4]。由图 1（c）可以看出，随着酒石酸掺量的增加，JS 防水涂料阴阳角厚堆抗泛白效果明显。当酒石酸掺量大于 0.05% 时发白已有明显减少，0.08% 的酒石酸掺量已完全无泛白情况。通过以上观察可知，酒石酸掺量在 0.05% 以上时对于聚合物水泥基防水涂料表面泛白现象有较好的改善作用。

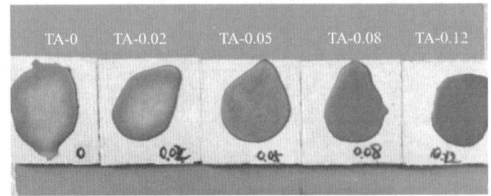

(a)防水涂料涂覆在70mm×70mm的水泥砂浆块的表面[T：(23±2)℃、RH(50±10)%]

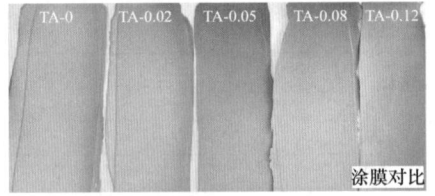

(b)涂布器刮涂两遍后制样的涂膜[T：(23±2)℃、RH(50±10)%]

(c)阴阳角刷涂、混凝土板上第一遍薄涂第二遍堆厚涂刷
（T：5℃、RH90%）

图 1　JS 防水涂料在不同养护条件下泛白情况

3.2 黏度

由于酒石酸本身的缓凝作用，通过黏度测试研究酒石酸对 JS 防水涂料初始黏度的影响。图 2 为空白样与掺量为 0.02%、0.05%、0.08% 和 0.12% 酒石酸的防水涂料初始黏度数值。可见，随着酒石酸掺量的增加，JS 防水涂料初始黏度逐渐降低。当酒石酸掺量为 0.05% 时，黏度大幅降低，其初始黏度为 1050mPa·s，相比空白样降低了 14%。酒石酸分子结构中含有可发生络合反应的羟基和羧基。一方面，羟基在水泥水化产物的碱性介质中可以与游离的 Ca^{2+} 生成不稳定的络合物，在水化初期控制了液相中的 Ca^{2+} 的浓度，产生缓凝作用；酒石酸极性较强的二元羧基，遇 $Ca(OH)_2$ 后即形成溶解度较低的酒石酸钙，沉淀在水泥的颗粒表面，从而延缓了水泥的水化速度；另一方面，羟基、羧基均易与水分子通过氢键缔合，使水泥颗粒表面形成一层稳定的防水膜，阻止水泥颗粒的直接接触，阻碍水化进行[5-7]。所以，随着酒石酸掺量的增加，表现出初始黏度逐渐降低的趋势。

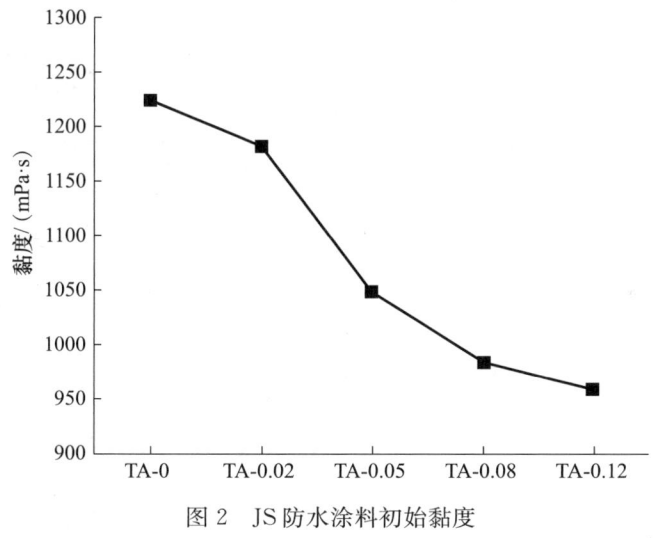

图 2 JS 防水涂料初始黏度

3.3 拉伸性能

图 3 为掺加酒石酸的 JS 防水涂料延伸性能图。从图中可以看出，掺入酒石酸后，4 种处理的拉伸强度先增加后降低，在掺量为 0.05% 时，拉伸强度均达到最大值。延伸率无明显规律，但均能满足 GB/T 23445—2009《聚合物水泥防水涂料》JS Ⅱ型的性能要求。

3.4 粘结强度

由于较高乳液掺量，JS 防水涂料粘结强度一般均较高。图 4 为掺酒石酸的 JS 防水涂料粘结强度图。从图中可以看出，JS 防水涂料粘结强度随酒石酸掺量的增加，先增加后降低，当酒石酸掺量为 0.05% 时，粘结强度达到最高。由此可以看出，酒石酸有利于提高 JS 防水涂料的 4 种处理条件下的粘结强度，且存在最佳掺量范围 0.05%～0.08%。防水涂料的粘结性能主要由水泥和聚合物共同提供，而水泥水化与聚合物成膜同时进行，形成水泥浆与聚合物膜互相交织在一起的互穿网络结构，具有可反应的基团与固体氢氧化钙表面或基层表面的硅酸盐发生反应，形成统一的整体；酒石酸在初期减慢了水泥水化，从而使水泥水化更充分，也在初期降低了初始黏度，提高了涂料的流动性，可以使涂料与基层有更多的接触，渗透到基层空隙及内部，两种不同的机理相互作用[8-9]，从而使酒石酸可以提高防水涂料的粘结强度，且随着酒石酸掺量的变化，两种机理相互作用主导地位变化导致酒石酸具有最佳掺量范围。

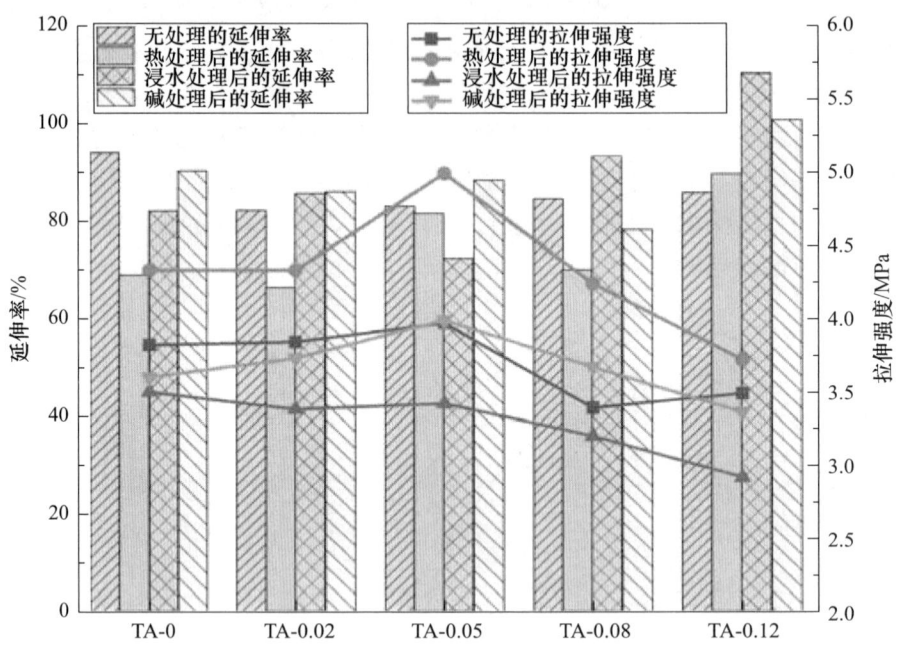

图3 酒石酸对JS防水涂料延伸性能的影响

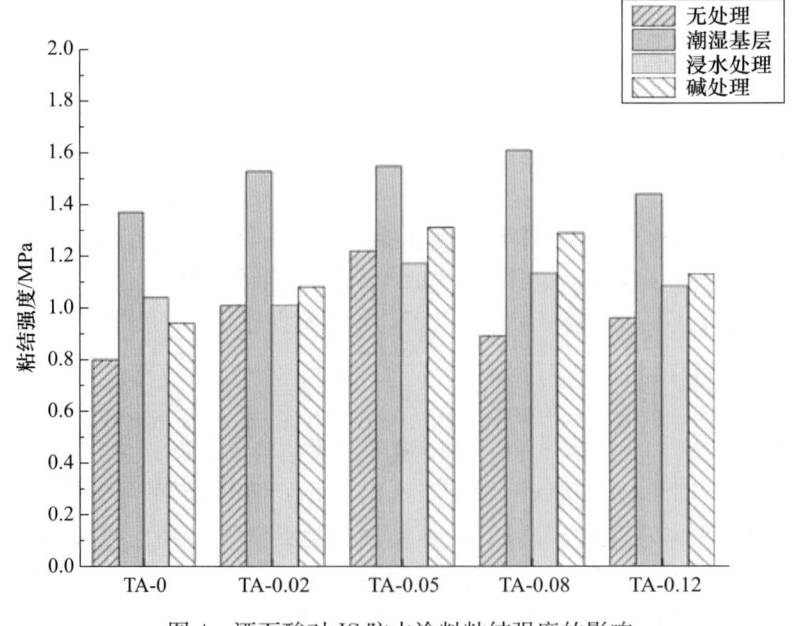

图4 酒石酸对JS防水涂料粘结强度的影响

3.5 质量吸水率

质量吸水率是评定憎水性的指标之一，吸水率越低，憎水性越好。图 5 为掺加酒石酸的 JS 防水涂料浸水 7d 后的质量吸水率图。从图中可以看出，JS 防水涂料的质量吸水率随酒石酸掺量的增加先略有降低后明显增加。当酒石酸掺量为 0.12% 时，对比空白样质量吸水率增加了 61%。这可能是由于酒石酸的缓凝作用，使得水泥水化不充分，开口孔隙增多，使得水分进入水泥与聚合物的间隙中，降低了涂料的耐水性。

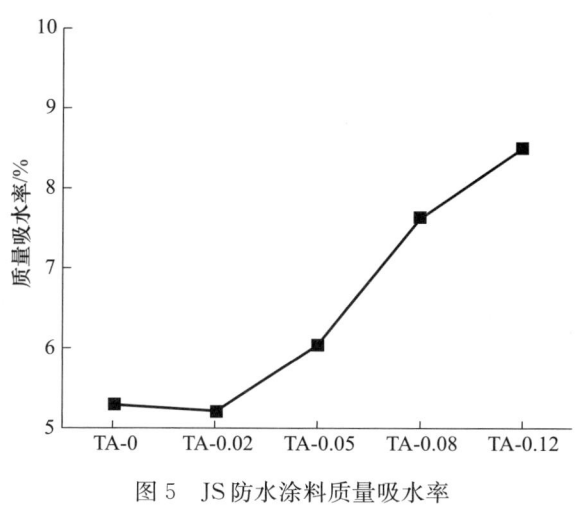

图 5　JS 防水涂料质量吸水率

4　讨论

4.1　TG-DSC 分析

将粉料中的砂子剔除，砂子的质量换成水泥，液粉比、配合比不变，制备样品测试 TG-DSC 和 SEM 进行微观分析。图 6 为空白样（1 号）、0.05%（2 号）和 0.12%（3 号）酒石酸掺量的样品养护 3d 的 TG-DSC 曲线。图 7 为样品养护 28d 的 TG-DSC 曲线。从图 6 和图 7 可以看出，1 号～3 号样品中有 3 个相同的衍射峰，分别是 70～130℃、350～420℃ 和 650～820℃。其中，70～130℃ 属于水分蒸发、钙矾石和 CSH 凝胶的分解放热峰，350～420℃ 为乳液热分解吸热峰，650～820℃ 为碳酸钙热分解吸热峰。

从图 6 的 3 个放热曲线可以看出，70～130℃ 和 650～820℃ 这两个吸热峰 1 号～3 号样品基本相同，而 2 号和 3 号样品在 350～420℃ 峰明显不同于 1 号样品。这表明，酒石酸的掺入影响到了 JS 防水涂料早龄期乳液的成膜与热分解。1 号空白样品在 440～465℃ 存在一个较小的吸热峰，为水化产物氢氧化钙的热分解峰，而 2 号和 3 号样品则无该吸热峰。这表明，酒石酸延迟了氢氧化钙生成。

图 7 的 3 个放热曲线规律与图 6 一致：70～130℃ 和 650～820℃ 这两个吸热峰基本相同，而 2 号和 3 号样品在 350～420℃ 峰明显不同于 1 号样品，但 1 号空白样品更为宽泛，结合 3d 的 TG-DSC，该吸热峰包含了乳液的热分解峰和氢氧化钙的热分解峰，而

在掺入酒石酸后，主要为氢氧化钙的热分解峰。综合以上分析表明，酒石酸的掺入不仅影响到了乳液的成膜与热分解，还影响到氢氧化钙的生成。3d时，酒石酸延迟了氢氧化钙的生成，而28d时，酒石酸有利于促进氢氧化钙的生成。

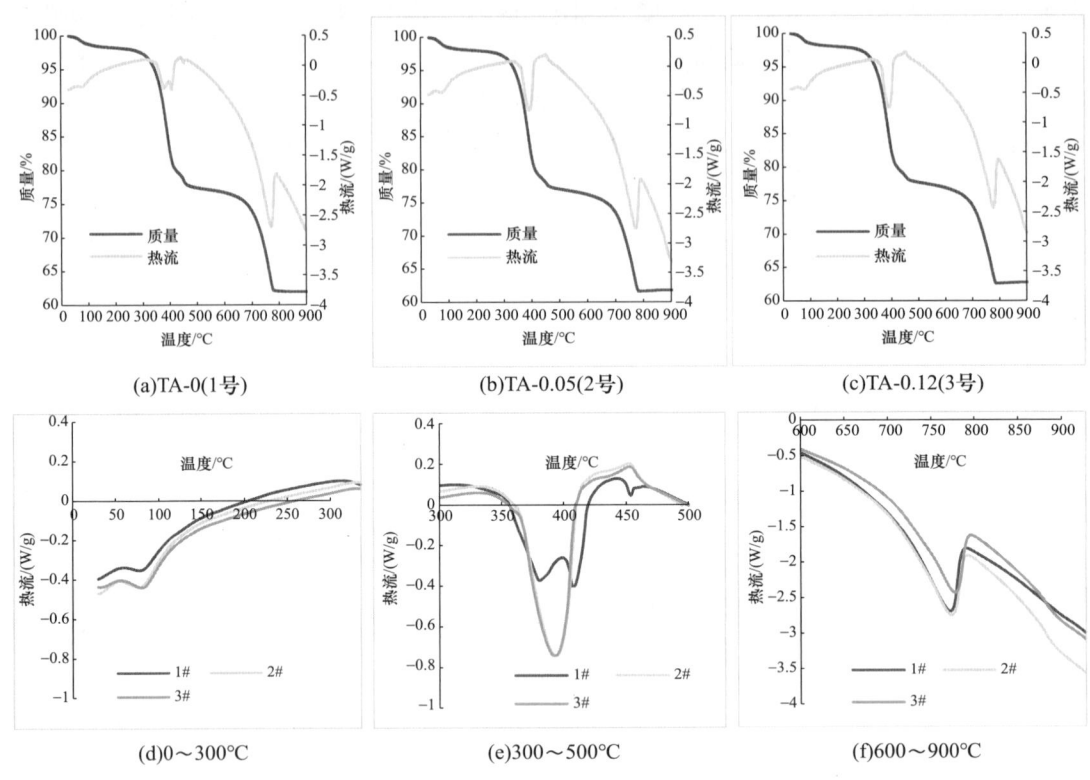

图6 JS防水涂料3d养护龄期TG-DSC曲线

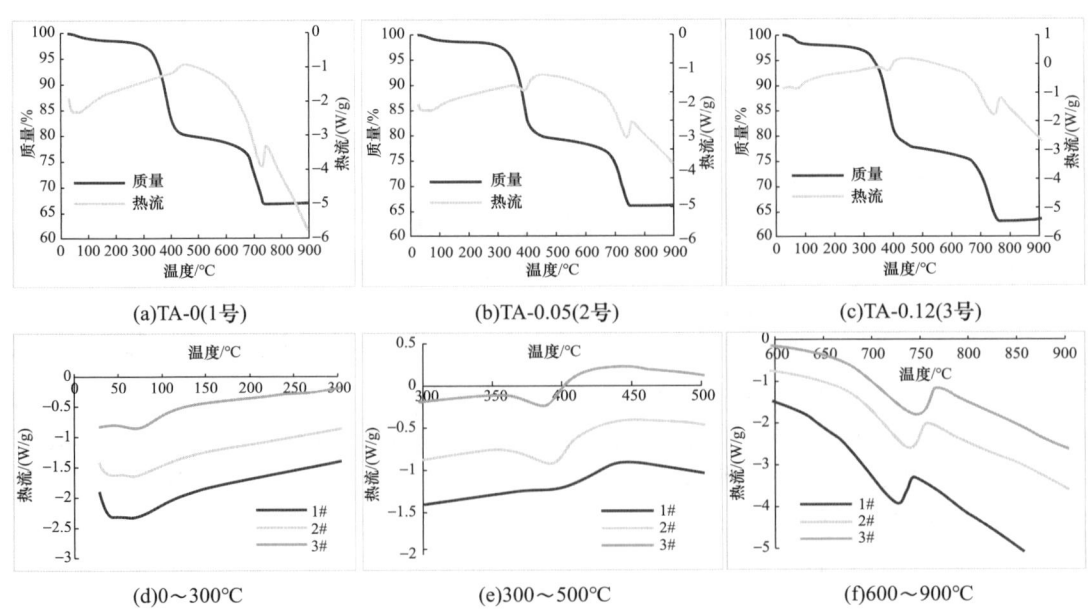

图7 JS防水涂料28d养护龄期TG-DSC曲线

4.2 SEM 分析

由图 1（c）可以看出，肉眼可见的是 1 号和 2 号样品在 24h 干燥固化后表面均有一定的泛白现象，而 3 号基本无该现象。图 8 是 JS 材料的内部与其成型上表面的界面处微观形貌，可以看出该界面处和上表面在 3d 和 28d 养护龄期均未有氢氧化钙存在，说明泛白不是氢氧化钙所致，应该是与过多乳液颗粒在表面的聚集后未完全成膜有关。

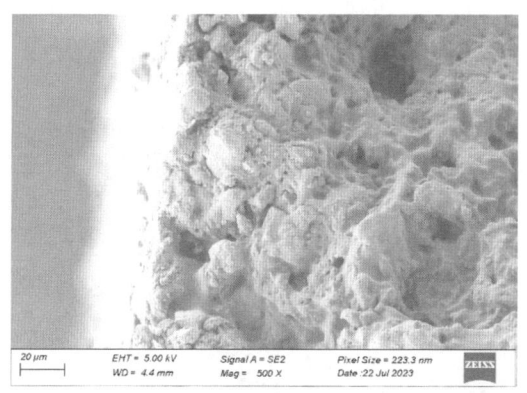
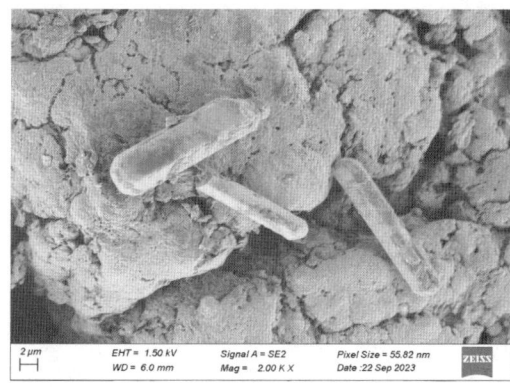

(a)TA-0 (左3d；右28d)

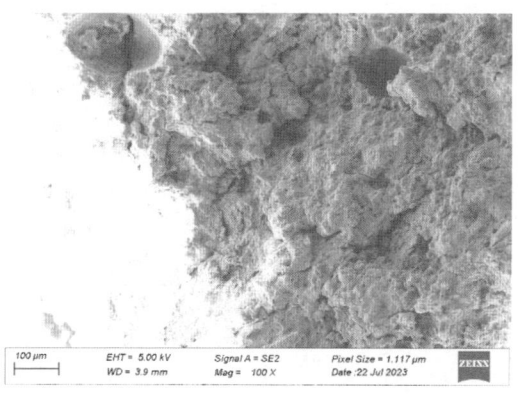
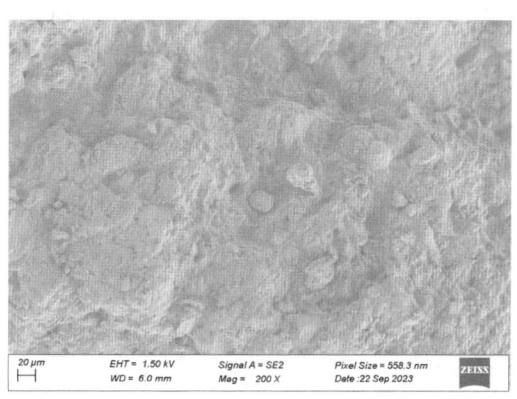

(b)TA-0.05 (左3d；右28d)

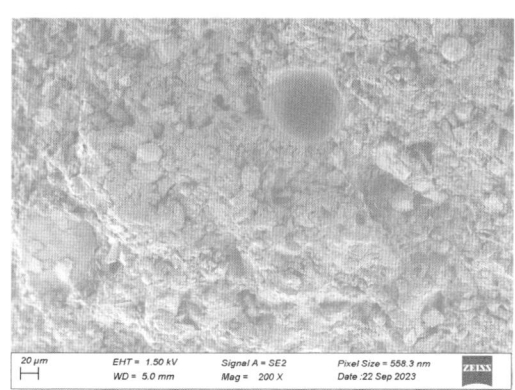

(c)TA-0.12 (左3d；右28d)

图 8　内部与成型表面的界面处微观形貌

图 9 为 1 号～3 号样品不同养护龄期内部微观形貌图。从图 9 可以看出，养护 3d 时，1 号～3 号样品内部的水化产物均较少，聚合物成膜较为完整，这表明样品在 3d 的水化程度均较低。1 号样品的聚合物膜表面存在一些微细孔隙，可能是失水所致，而 2 号和 3 号样品的聚合物膜则无该现象。相比于 1 号和 2 号、3 号样品中的聚合物膜在跨越颗粒时存在粘连，且有较多未成膜的聚合物颗粒存在。这表明，酒石酸一定程度上优化了乳液的聚合物成膜过程。养护 28d 后，1 号和 2 号、3 号样品中的聚合物膜均较为完整，但仍有少量未成膜的聚合物颗粒存在。1 号中少见网络状聚合物膜，但 2 号和 3 号中的聚合物膜以网络状结构为主。

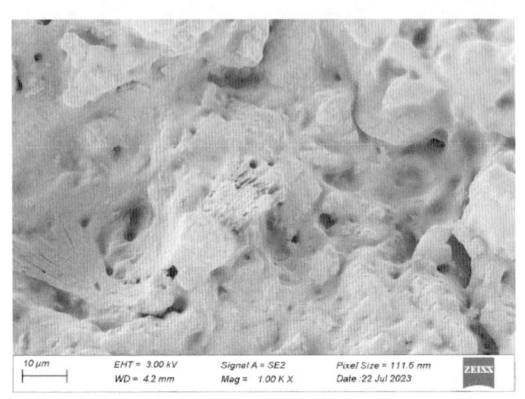
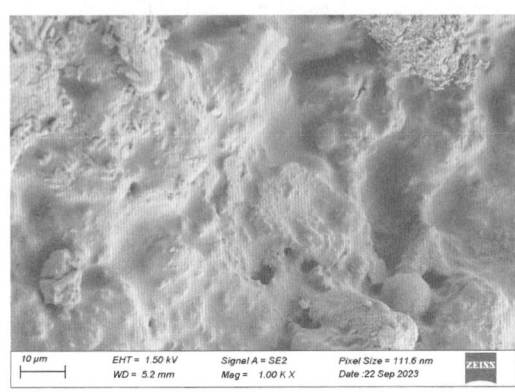

(a)TA-0 (左3d；右28d)

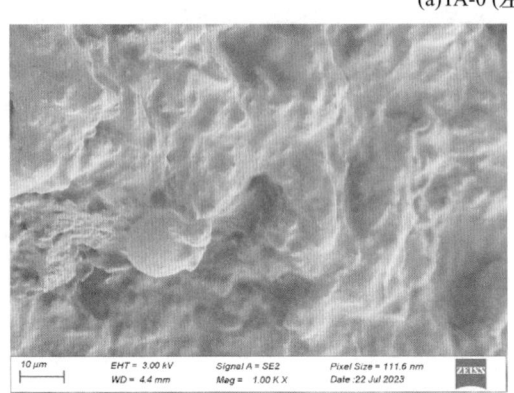
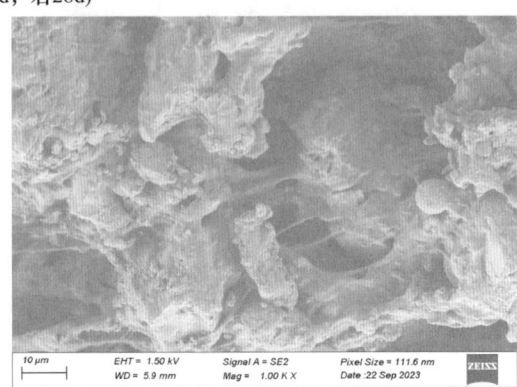

(b)TA-0.05(左3d；右28d)

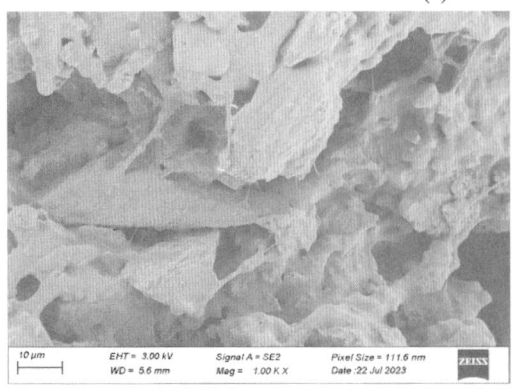
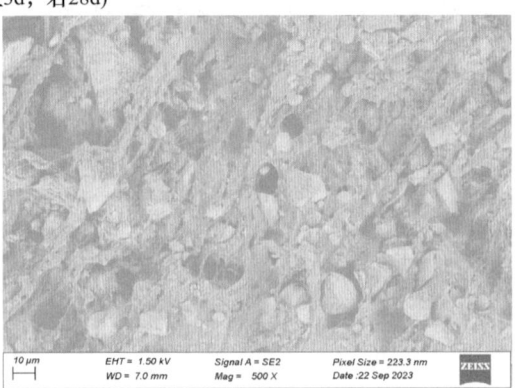

(c)TA-0.12 (左3d；右28d)

图 9　内部微观形貌

综上所述，在早龄期，酒石酸一定程度上优化了聚合物乳液成膜过程，延迟水泥水化，降低早期的氢氧化钙生成量，应该是其能够改善 JS 材料泛白现象的主要原因，而在中后龄期，酒石酸对 JS 材料的聚合物膜影响较小，有利于聚合物形成网络结构的聚合物膜，且有利于促进氢氧化钙的生成。

5 结论

本文研究了不同酒石酸掺量对 JS 防水涂料抗泛碱性能的影响，同时也测试了酒石酸对 JS 防水涂料黏度、延伸性能、粘结强度、耐水性等各项性能的影响，主要结论如下：

（1）酒石酸能够明显地改善 JS 防水涂料的泛碱问题。当酒石酸掺量为粉料的 0.05% 时，已经能够明显地改善 JS 防水涂料的阴阳角厚涂发白的问题；当酒石酸掺量达到 0.08% 时，阴阳角厚涂已经完全没有发白的现象。

（2）酒石酸对 JS 防水涂料有缓凝作用。JS 防水涂料的初始黏度随着酒石酸掺量的增加而逐渐降低，酒石酸掺量为 0.12% 时，JS 防水涂料的初始黏度为 960mPa·s，相比不空白样降低了 22%。

（3）酒石酸对延伸率无明显规律；JS 防水涂料的拉伸强度随酒石酸掺量增加先增加后降低，在掺量为 0.05% 时，拉伸强度达到最大值。

（4）酒石酸有利于提高 JS 防水涂料不同处理条件的粘结强度，且存在最佳掺量范围，其范围为 0.05%~0.08%。

（5）JS 防水涂料浸水 7d 后的质量吸水率随酒石酸掺量的增加先降低后增加。

（6）JS 防水涂料泛白不是氢氧化钙所致，应该是与过多乳液颗粒在表面的聚集后未完全成膜有关。酒石酸的引入在早龄期一定程度上优化了聚合物乳液成膜过程，延迟水泥水化，降低早期的氢氧化钙生成量，是其能够改善 JS 材料泛白现象的主要原因。而在中后龄期，酒石酸对 JS 材料的聚合物膜影响较小，有利于聚合物形成网络结构的聚合物膜，且有利于促进氢氧化钙的生成。

参考文献

[1] 沈春林. 聚合物水泥防水砂浆 [M]. 北京：化学工业出版社，2007.
[2] 王培铭，张灵，朱绘美，等. 胶凝材料影响水泥基饰面砂浆泛碱的研究进展 [J]. 材料导报，2011，25（S1）：464-466.
[3] 徐瑞锋. 水泥基彩色装饰砂浆的制备及泛碱抑制技术研究 [D]. 江西：南昌大学，2014.
[4] 杨冲，万赟，孙德文，等. JS 防水涂料在低温、高湿、封闭环境下的快速固化性能研究 [J]. 中国建筑防水，2015，(5)：21-23.
[5] 钱荷雯，尹成东，刘昌和，等. 酒石酸和 CMC 对水泥单矿物水化凝结过程的作用 [J]. 硅酸盐学报，1966，(2)：33-45+104-105.
[6] 马保国，许永和，董荣珍. 糖类及其衍生物对硅酸盐水泥水化历程的影响 [J]. 硅酸盐通报，2005，24（4）：45-48.

[7] 吴建国，王培铭. 蔗糖对硅酸盐水泥调凝机理研究 [J]. 硅酸盐学报，1998，26（2）：164-170.
[8] 赵建成. 缓凝剂对聚合物水泥防水浆料性能的影响 [J]. 中国建筑防水，2018，(4)：6-9.
[9] 白建飞. 羟基羧酸盐对水泥水化历程的影响 [J]. 建材世界，2009，30（2）：163-166.

通信作者：陆小培，女，硕士，研发工程师。主要研究方向为聚合物水泥防水材料，E-mail：luxp262014@163.com。

有关单组分防水涂料耐水性的研究

陈孝鹏　王纯利　胡　乾　张英杰　狄　旭

[雷帝（中国）建筑材料有限公司，上海201600]

摘　要：通过对现阶段防水涂料的研究，提出一种有关单组分防水涂料长期耐水性的研究方案。本项目的重点是探究树脂、助剂以及填料等因素对防水涂膜耐水性的影响。具体方案是将涂膜耐水性量化成涂膜吸水率变化和水处理拉伸性能两种指标，来判断不同因素下的单组分防水涂料的长期耐水性优劣，从而筛选出符合市场需求的单组分防水涂膜，确保基层下的防水涂膜在水的侵蚀下依然有防水的效果，进一步延长混凝土的使用寿命。
关键词：单组分防水涂料；吸水率；耐水性；拉伸性能

Research on the Water-tolerant of Single Component Waterproofing Coatings

Chen Xiaopeng　Wang Chunli　Hu Qian　Zhang Yingjie　Di Xu

[Laticrete (China) Building Materials Co., Ltd., Shanghai 201600]

Abstract: Through the research on waterproof coatings, a research plan on the long-term water resistance of single component waterproof coatings is proposed. The focus of this project is to explore the effects of factors such as resins, additives, and fillers on the water resistance of waterproof coatings. The specific plan is to quantify the water resistance of the coating film into two indicators: the change in water absorption rate of the coating film and the tensile performance of water treatment, in order to determine the long-term water resistance of a single component waterproof coating under different factors, and select a single component waterproof coating film that meets market demand, ensuring that the waterproof coating under the base layer still has a good waterproof ability.
Keywords: single component waterproof coating, water adsorption, water resistance, tensile performance

0 引言

通常而言，防水涂料耐水性受限于其材料本身，现阶段的水性防水涂料主要分为两大类，一类是以水泥基的 JS 防水为代表的防水涂料；另一类是以单组分水性胶乳体系为代表的防水涂料。水泥基产品对建筑物粘接性强、适应性佳，但其延伸率低，抵御基层变形的能力弱，对一些容易变形和震动的部位无法适应其形变。与此同时，单组分防水的延展性高，适应基层变形能力强，针对桥梁涵洞等震动部位适应性更好。

随着 GB 55030 强制标准的实施，对中国建筑中防水工程的设计工作年限提出了更高的要求，按照规定：地下工程防水设计工作年限不应低于工程结构设计工作年限；屋面工程防水设计工作年限不应低于 20 年；室内工程防水设计工作年限不应低于 25 年；桥梁工程桥面防水设计工作年限不应低于桥面铺装设计工作年限。对防水企业而言这无疑是一项挑战。为了应对日益严格的防水使用寿命要求，本次试验目标主要是探究影响单组分防水涂料的长期耐水性的因素。

防水涂料的耐水性能可以分为两个方面：一是抗渗水性能；二是抗浸泡性能。前者指涂膜对渗水的阻拦作用能力，后者指涂膜对水的侵蚀、破坏作用的抵抗能力[1]。本次试验主要是分析不同的树脂、助剂、填料以及改性剂对单组分防水涂膜抵抗浸泡性能的影响。

本次测试中挑选了市面上常见的水性丙烯酸、水性聚氨酯、水性丁苯乳液，按照相同的配方进行样品配置，横向对比树脂对防水涂膜抗浸泡性能的影响。

1 试验部分

1.1 主要原材料

丙烯酸乳液：市售丙烯酸乳液，Tg-25℃。水性聚氨酯乳液：市售水性聚氨酯，Tg-40℃。市售丁苯胶乳，Tg-7℃；成膜助剂；氧化锌；抗老剂；杀菌剂；分散剂；pH值调节剂；增稠剂；连接助剂。填料：硫酸钡、碳酸钙、高岭土（表1）。

表 1 基础配方

原料	1 号	2 号	3 号
水性聚氨酯分散体	550	—	—
水性丙烯酸乳液	—	550	—
水性丁苯胶乳	—	—	550
碳酸钙	350	350	350
增稠剂	适量	适量	适量
水	补齐	补齐	补齐

1.2 试验方案

将上述配方配制完成后，按照 JG/T 375 规定方法制备涂膜，多道刮覆保证最终涂膜厚度为（1.0±0.2）mm。

制备的涂膜在标准试验条件下养护96h后脱膜，继续在（40±2）℃电热鼓风干燥箱中养护48h，取出后放在标准试验条件下放置4h，先测得无处理条件下的拉伸性能。

防水涂膜抗浸泡性能的测试方法主要按照JG/T 375中6.6.4进行浸水处理，分别在1d、3d、7d、15d、30d取出测试其涂膜吸水率；按照JG/T 375中6.6.10试验方法，浸水168h后将涂膜取出，用干布擦干，放入60℃干燥箱中放6h，然后在标准环境放18h，最后进行拉伸性能测试，根据涂膜的吸水率的变化值来表征涂膜耐长期浸泡的能力，涂膜在浸泡一定时间后测其拉伸性能，对比浸水前后的拉伸性能可以衡量涂膜在浸水后抵御变形的能力。

1.2.1 不同的树脂对防水涂料吸水率的影响

对比三种树脂制成的涂料不同周期的吸水率，通过对防水涂膜吸水量的对比如图1所示，测试1d、3d、7d、14d、30d的三种涂膜的吸水率，另外根据标准JC/T 375测试防水涂膜浸水前后拉伸性能的变化，如图2所示。

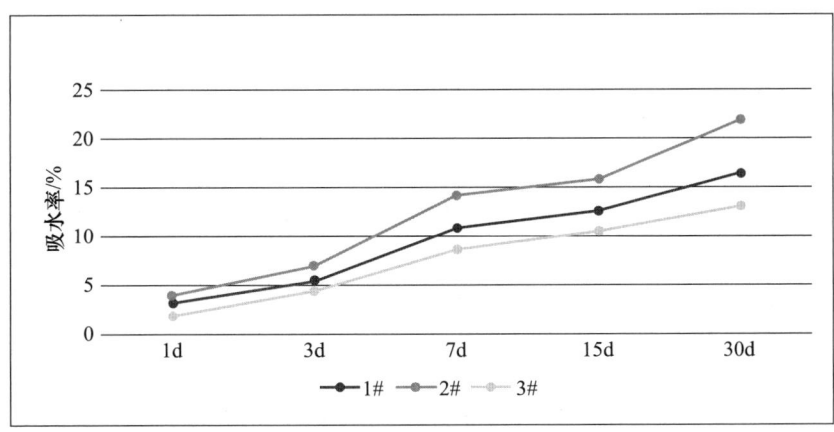

图1 三种涂膜吸水率随时间的变化图

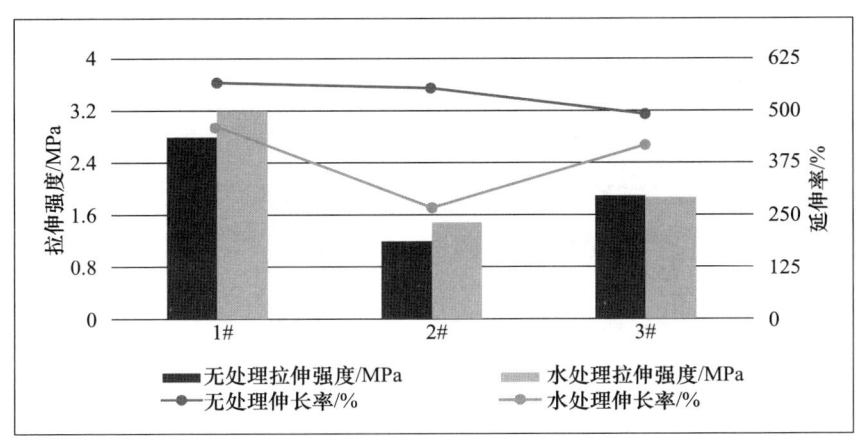

图2 三种涂膜水处理前后拉伸性能的对比图

通过测试三种涂料的吸水率（图3），结果表明，3号丁苯胶乳制成的涂膜其短期以及长期吸水率最低；对图3分析可知，2号丙烯酸乳液制得的涂膜水处理后的延伸率较1号和3号下降明显。综上分析可知：丁苯胶乳防水涂膜在水侵蚀下能保持较好的物理性能[2]和较低的吸水率，耐水性能优秀。

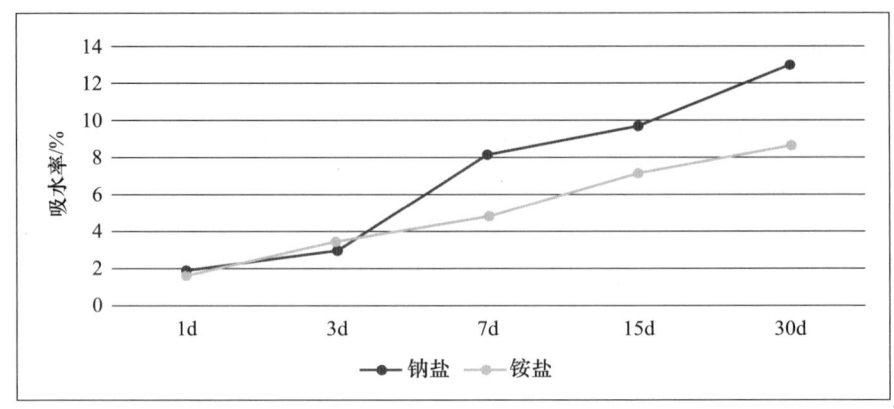

图3 两种分散剂下防水涂料吸水率随时间的变化图

1.2.2 不同的分散剂对防水涂料吸水率的影响

分散剂是一种表面活性剂，以极少的加量便可以帮助填料更好地被研磨分散均匀，涂料的整体性能会得到较大的改善，但是分散体的不同也会对防水涂膜的物理性能和使用状态有不同的影响[3]。

结论：钠盐分散剂分散效果好，涂料的整体均匀程度高，故涂膜的早期吸水率较低，但随着浸泡时间的持续，3~7d的吸水速率变大。铵盐分散剂对涂膜吸水率的影响：加入铵盐分散剂能减少涂膜长期浸水下的吸水率。

如图4可知，钠盐分散剂的无处理拉伸性能优于铵盐分散剂，但是钠盐在经过水处理后其拉伸强度和延伸率都比铵盐分散剂的涂料低，表示钠盐分散剂加入防水涂膜中会加重水对防水涂膜的侵蚀，导致水处理后的拉伸性能损失较大，故选择铵盐分散剂能有效帮助单组分涂膜提升水中抗浸泡能力，即提升长期耐水性。

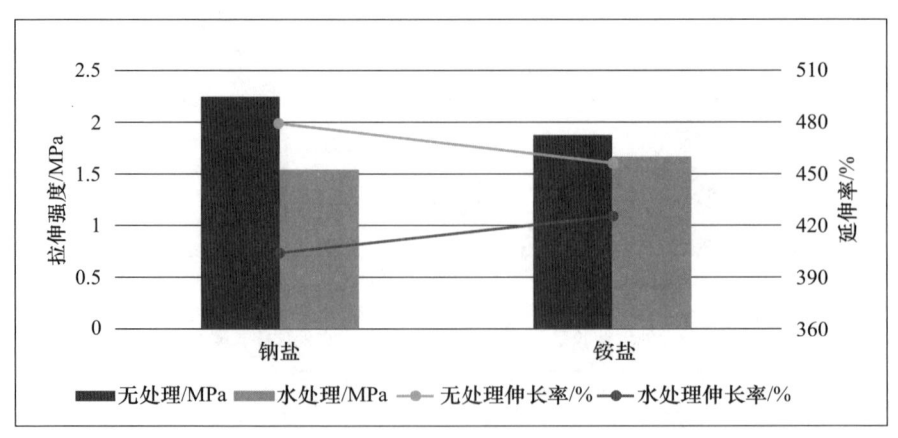

图4 不同分散剂对防水涂料水处理前后拉伸性能的对比图

1.2.3 不同的填料对改善单组分防水涂膜吸水率的影响

填料是涂料的骨架,为涂料提供支撑和一定的物理性能,不同的填料在涂料中的表现也会不同。本次是将常见的填料(碳酸钙、沉淀硫酸钡、高岭土)加入到防水产品中来观察不同的填料对防水涂料在耐久性中的表现,优选可以将产品的物理性能发挥至最大的填料。

结论:如图 5 所示,硫酸钡相比碳酸钙和高岭土能降低涂膜吸水率,尤其是在 0~15d 时段吸水率随时间增长的趋势较缓,吸水率也最低,与此同时,从图 6 中可以看出,沉淀硫酸钡的涂膜的延伸率高于碳酸钙和高岭土,但是硫酸钡的拉伸强度较弱,碳酸钙和高岭土作为经济型填料,其涂膜的吸水率和水处理后的拉伸性能都十分接近。

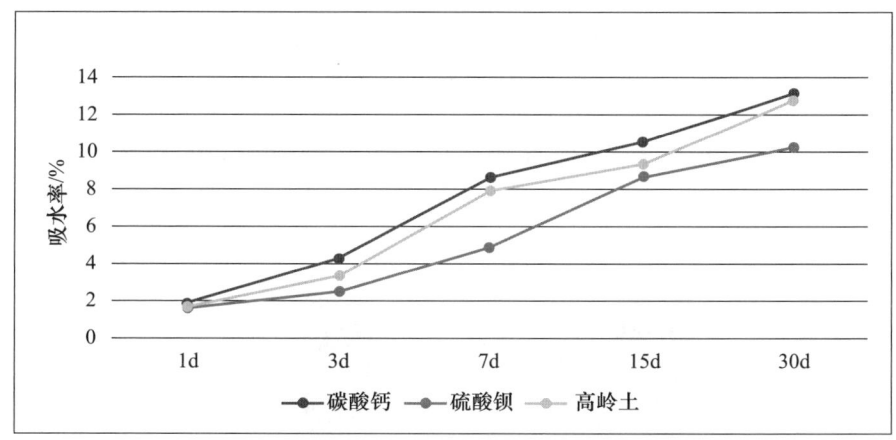

图 5　不同填料下防水涂料吸水率随时间的变化图

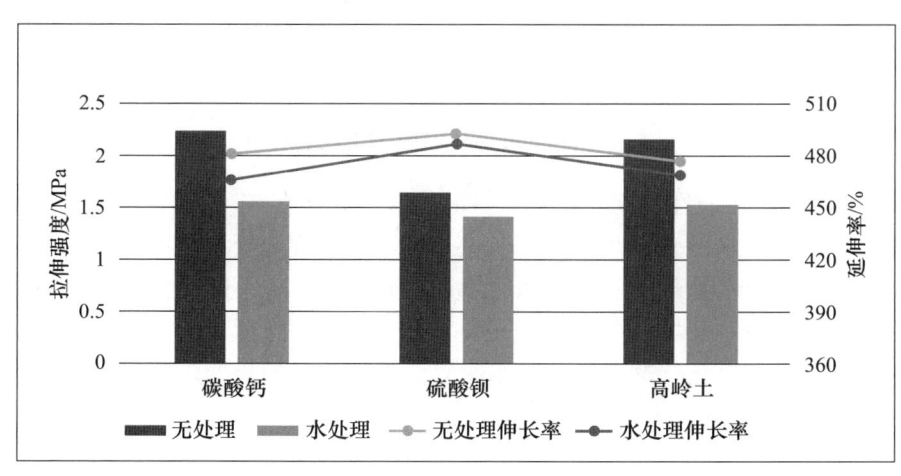

图 6　不同填料对防水涂料浸水前后拉伸性能的对比图

1.2.4　功能性助剂

1) 氧化锌是一种碱性化合物,它能与少量游离脂肪酸反应形成锌皂,氧化锌折射率高,能吸收紫外光,着色力强,遮盖力强,具有良好的耐光性和耐热性,能与涂料中的羧酸根离子形成配位化合物,降低涂料中水的敏感性,从而改善防水涂膜的吸水率[4]。现按照氧化锌的推荐用量（1%～3%）加入2%，进一步测试氧化锌对防水涂膜耐水性的影响，结果如图7、图8所示。

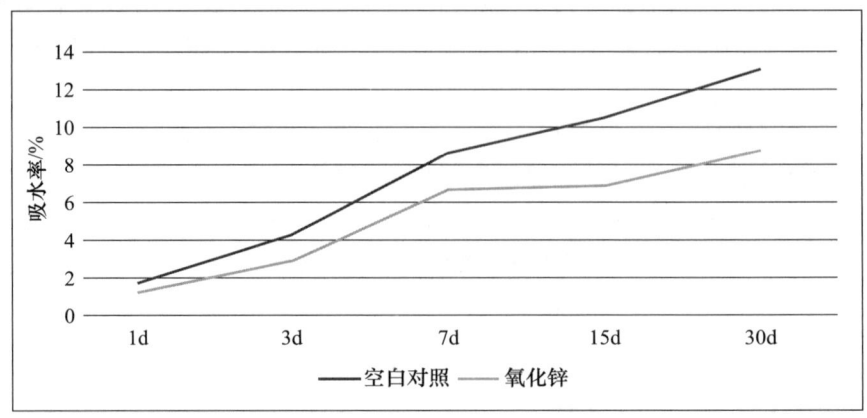

图 7　有无氧化锌时防水涂膜吸水率随时间变化图

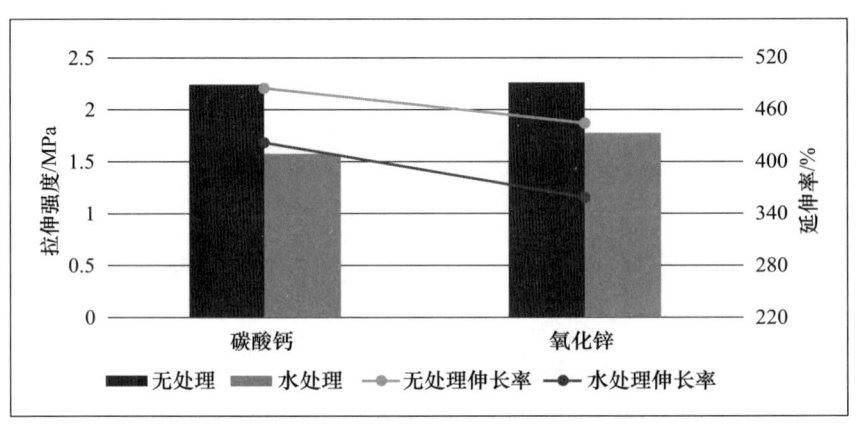

图 8　有无氧化锌防水涂料浸水前后拉伸性能的对比图

如图7和图8，功能性助剂——氧化锌的加入的确能在0～30d整个测试周期中降低涂膜的吸水率，降低水敏感性，能提升长期浸水环境下的防水涂膜的使用寿命。同时，氧化锌的加入会导致水处理后的拉伸强度增加，延伸率出现下降的情况，延伸率的降低会导致涂膜在长期浸水环境后涂膜的抗开裂和抗变形能力降低，所以在长期浸水且基层坚固的地方使用含有氧化锌的单组分防水涂膜能延长涂膜的长期耐水性。

2　结论

隐蔽工程下的防水涂膜，在一次成型后很难二次铺设，所以防水的长期稳定性显得尤为重要。在研究不同树脂、填料、助剂和功能性助剂对防水涂膜耐水性影响的课题后，我们可以得到以下结论：丁苯胶乳在长期耐水中具有优势，能在长达1个月的浸水环境下其吸水率低于丙烯酸涂膜和水性聚氨酯涂膜。另外，通过加入铵盐分散剂、适量氧化锌能较大程度上减少防水涂膜对水的敏感性，降低吸水率，延长单组分防水涂膜的使用寿命[5]。最后，沉淀硫酸钡能将树脂更好地包裹，提升涂膜的致密性，进一步提升涂膜的延伸率和涂膜长期耐水性。

参考文献

[1] 徐峰，陈彦岭，刘兰. 涂膜防水材料与应用 [M]. 北京：化学工业出版社，2007.
[2] 文庆珍，朱金华，余超，等. 丁苯橡胶老化表观活化能的试验研究 [J]. 弹性体，2009，19（2）：31-34.
[3] 吕仕铭. 浅析亲水性颜料分散助剂对乳胶漆耐水性及颜色变化的影响 [J]. 现代涂料与涂装，2003，(6)：56-58.
[4] 马继龙，刘玲，陶栋梁，等. 纳米氧化锌对水性丙烯酸涂料性能的影响 [J]. 涂料工业，2015，45（5）：43-46.
[5] 陈炳强，陈炳耀，陈明毅. 高性能弹性外墙涂料配方设计及其影响因素 [J]. 绿色建筑，2008，24（2）：7-10.

作者简介：陈孝鹏，男，学士学位，从事建筑防水行业工作。主要工作内容为防水涂料、防水砂浆、界面剂等建筑家装领域的防水产品的开发和维护。

减缩剂对聚合物水泥防水砂浆性能的影响研究

王振兴　赵　伦　严兴李　伍艳峰　邢巨元

(东方雨虹砂粉科技集团有限公司，北京 100176)

摘　要：研究了减缩剂对聚合物水泥防水砂浆物理性能的影响。结果表明，减缩剂能够有效地降低砂浆的收缩率，尤其对于早期（14d）收缩率有显著的降低作用；减缩剂对砂浆抗压强度、抗折强度和拉伸粘结强度均有一定负面作用，掺量越多，对强度降低作用越明显；掺入减缩剂后砂浆的吸水率明显增加，掺量越多，吸水率越高；不同厂家的减缩剂在降低砂浆收缩率方面存在明显差异。

关键词：防水砂浆；减缩剂；收缩率；吸水率

The Effect of Shrinkage-reducing Admixtures on the Performance of Polymer Modified Cement Mortar for Waterproof

Wang Zhenxing　Zhao Lun　Yan Xingli　Wu Yanfeng　Xing Juyuan

(Oriental Yuhong Mortar & Powder Technology Group Co. Ltd., Beijing 100176)

Abstract：The effects of shrinkage-reducing admixtures on performance of polymer modified cement mortar for waterproof was studied. The study shows that the shrinkage-reducing admixtures can significantly reduce the shrinkage of mortar especially for the early shrinkage (14d). The shrinkage-reducing admixtures has negative effects on flexural strength, compressive strength and bond strength of mortar. The more the dosage, the more obvious the effect on strength reduction; the water absorption of mortar increased significantly after adding shrinkage-reducing admixtures. The higher the dosage, the higher the water absorption. The different shrinkage-reducing admixtures from different manufacturers have different effect on shrinkage of mortar.

Keywords: waterproof mortar; shrinkage-reducing admixtures; shrinkage; water absorption

国家强制性通用规范《建筑与市政工程防水通用规范》（GB 55030—2022）（以下简称"通用规范"）于2023年4月1日正式实施，其中通用规范要求：防水等级为一级的框架填充或砌体结构外墙，应设置2道及以上防水层。防水等级为二级的框架填充或砌体结构外墙，应设置1道及以上防水层。当采用2道防水时，应设置1道防水砂浆及1道防水涂料或其他防水材料。[1]随着通用规范的执行，市场对防水砂浆的需求将会呈现爆发式的增长。

聚合物水泥防水砂浆主要是由无机胶凝材料、骨料、有机胶凝材料、减水剂、消泡剂、纤维素醚等原材料组成，其构成较为复杂，每种原材料对防水砂浆物理性能的影响各不相同，有些原材料之间可形成良好的协同效应，而有的则会产生相互冲突，这导致防水砂浆技术开发难度较大，尤其是吸水率、收缩率等性能。减缩剂在控制水泥材料收缩方面有明显的改进作用，国内外在减缩剂对混凝土和普通砂浆性能的影响方面已经有了较多研究[2-4]，但减缩剂对聚合物改性砂浆的研究相对较少。本文研究了减缩剂掺量对聚合物水泥防水砂浆收缩性能、抗压抗折强度、拉伸粘结强度及吸水率的影响，同时对比了不同厂家减缩剂对砂浆收缩率的作用效果。

1 试验部分

1.1 原材料

水泥：海螺P·O 42.5水泥，基本物理力学性能见表1。

表1 水泥的物理力学性能

凝结时间/min		抗折强度/MPa		抗压强度/MPa		密度/（g·cm^{-3}）	安定性
初凝	终凝	3d	28d	3d	28d		
133	191	5.6	7.7	35.4	52.3	3.14	合格

砂：40～70目和70～140目砂，华砂砂浆有限责任公司。
可再分散乳胶粉（VINNAPAS 8034H）：瓦克化学（中国）有限公司。
纤维素醚（40Z）：上海惠广精细化工有限公司。
减水剂（CR-P818）：岳阳东方雨虹防水技术有限公司。
消泡剂（P803）：德国明凌化学。
减缩剂：由外资公司生产的SRA1、SRA2和由国内公司生产的SRA3，其性能参数见表2。

表2 不同厂家减缩剂参数对比

名称	状态	活性物	有效含量
SRA1	白色粉末	多元醇与一种无机载体的混合物	45%～55%
SRA2	白色粉末	分散在无机材料载体上的有机醇类	
SRA3	白色粉末	分散在无机材料载体上的有机醇类	

1.2 试验方法

本试验所有成型、养护及测试方法均按照 JC/T 984—2011《聚合物水泥防水砂浆》中的有关规定进行。其中，收缩率测试龄期为7d、14d、28d、60d、120d；抗压强度、抗折强度、拉伸粘结强度测试龄期为7d、28d；吸水率测试龄期为28d。

1.3 试验配方

本试验在标准配方的基础上分别添加0%、0.3%、0.6%、0.9%的SRA1，对比不同减缩剂掺量对聚合物水泥防水砂浆物理性能的影响，同时对比了不同减缩剂对砂浆收缩率的影响，具体试验方案见表3。

表3 试验方案

编号	1号（空白）	2号	3号	4号	5号	6号
普通硅酸盐水泥 P·O 42.5	450	450	450	450	450	450
40～70目砂	400	400	400	400	400	400
70～140目砂	120	120	120	120	120	120
纤维素醚 40Z	1	1	1	1	1	1
减水剂 CR-P818	1	1	1	1	1	1
VINNAPAS 8034H	30	30	30	30	30	30
消泡剂 P803	0.7	0.7	0.7	0.7	0.7	0.7
SRA1		3	6	9		
SRA2					6	
SRA3						6
合计	1002.3	1005.3	1008.3	1011.3	1008.3	1008.3
加水量	19%	19%	19%	19%	19%	19%

2 结果与讨论

2.1 减缩剂对聚合物水泥防水砂浆收缩率的影响

根据毛细管张力学说，收缩是由于存在于水泥毛细孔和凝胶孔隙中的水分散失产生毛细管张力造成的，而毛细管张力又与溶液表面张力呈正比关系。根据相关研究[5-6]，减缩剂可以有效地降低水泥基材料孔溶液的表面张力，从而降低水泥石毛细孔中弯曲液体表面下的附加压力，从而减小收缩。

图 1 为在相同加水量的条件下减缩剂掺量对聚合物水泥防水砂浆收缩性能的影响。由图 1 可知：减缩剂对不同龄期聚合物水泥防水砂浆的收缩率均有明显的降低作用，且对早期收缩降低效果明显高于后期。当减缩剂掺量分别为 0.3%、0.6%、0.9%时，聚合物水泥防水砂浆 7d 和 14d 收缩率较空白样分别下降了 24%、42%、45%和 18%、29%、32%。随着聚合物水泥防水砂浆龄期的增加，减缩剂对砂浆收缩降低率的作用逐渐减弱，60d 和 120d 收缩率较空白样分别下降了 14%、20%、25%和 12%、16%、19%。

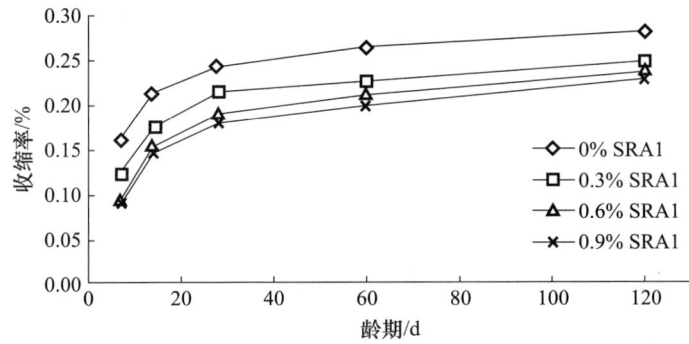

图 1　不同掺量减缩剂对聚合物水泥砂浆收缩性能的影响

图 2 是不同龄期区间内单位收缩率变化率的对比。从对比结果可以看出：砂浆的收缩主要发生在早期，尤其是在 14d 以内。0～7d 龄期区间内单位收缩率变化最大，减缩剂掺量在 0%～0.9%时，单位收缩率分别为 0.023%/d、0.018%/d、0.014%/d、0.013%/d，随着龄期的增加，聚合物水泥防水砂浆收缩率的增加幅度趋于平缓，在 60～120d 龄期区间内单位收缩率分别为 3×10^{-4}%/d、3.5×10^{-4}%/d、4.5×10^{-4}%/d、5×10^{-4}%/d。由此也可以看出，在开发聚合物水泥防水砂浆时需重点控制砂浆早期的收缩率。

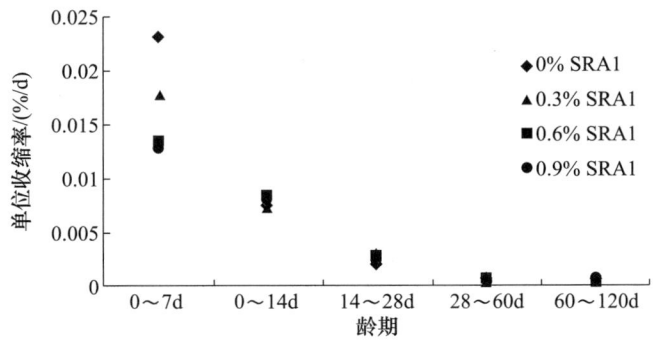

图 2　不同龄期区间砂浆单位收缩率对比

2.2　减缩剂对聚合物水泥防水砂浆抗压/抗折强度的影响

有研究表明，减缩剂在降低水泥基材料收缩率的同时会对水泥基材料强度带来不利影响。Ribeiro[7]研究发现掺入减缩剂后会降低砂浆强度，且掺量越多，下降趋势越明显；乔墩[8]研究发现，减缩剂对水泥基材料抗压/抗折强度的影响与水胶比有一定关系，当水胶比为 0.3 时，减缩剂对抗折强度影响较大，对抗压强度的影响则较小。水胶比为

0.5时,当减缩剂用量提高时,砂浆抗压强度受减缩剂的影响较大;陈美祝[9]、张志宾[10]等研究发现,减缩剂可以影响水泥水化产物的生成,从而降低砂浆的抗压/抗折强度。

图3为在相同加水量条件下,减缩剂掺量对聚合物水泥防水砂浆抗压、抗折强度的影响。从结果可以看出,当减缩剂掺量较低时(<0.3%),对砂浆的抗压、抗折强度影响不大,但当减缩剂掺量继续增加时,砂浆抗压、抗折强度影响发生了明显下降。相对于空白砂浆,当减缩剂掺量为0.3%时,砂浆7d和28d抗折强度分别下降2.4%和3%,抗压强度分别下降4.4%和1.8%;当掺量提高到0.6%和0.9%时,砂浆7d和28d抗折强度分别下降11%、10%和13.4%、11.2%,抗压强度分别下降8.8%、7.4%和11.2%、10.6%。

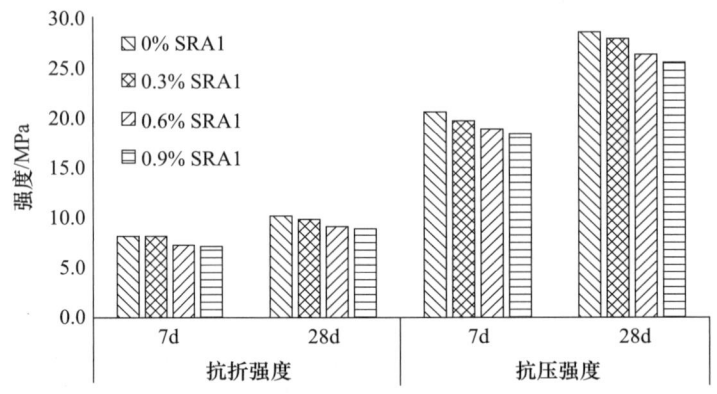

图3 减缩剂对聚合物水泥防水砂浆抗压/抗折强度影响

2.3 减缩剂对聚合物水泥防水砂浆吸水率的影响

图4为减缩剂掺量对聚合物水泥防水砂浆吸水率的影响。从测试结果可以看出,减缩剂的掺入对砂浆的吸水率有一定的负面作用,且随减缩剂掺量增加,砂浆吸水率逐渐增加,当减缩剂添加量从0.3%增加到0.9%时,砂浆吸水率相对于空白样分别增加了13%、16%和35%。主要原因可能是:(1)减缩剂的加入改变了砂浆的孔结构,增加了较大孔的数量,从而导致吸水率增加[5-6];(2)减缩剂为多元醇类物质,其本身具有一定的亲水性能,也会导致吸水率增加。

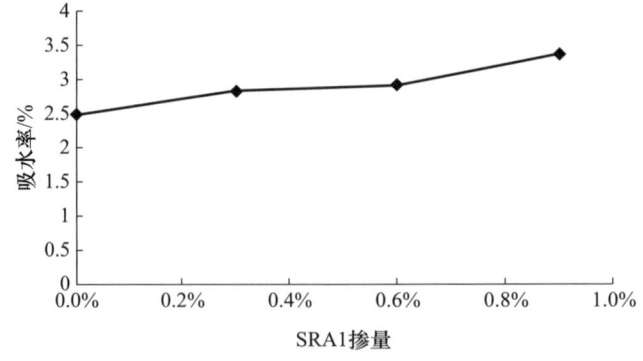

图4 减缩剂掺量对聚合物水泥防水砂浆吸水率的影响

2.4 减缩剂对聚合物水泥防水砂浆拉伸粘结强度的影响

图 5 为 SRA1 掺量与聚合物水泥防水砂浆拉伸粘结强度的关系。从测试结果可以看出：减缩剂对砂浆的拉伸粘结强度有不利影响，随减缩剂掺量的增加，7d 和 28d 拉伸粘结强度均呈下降趋势，且减缩剂对砂浆早期（7d）拉伸粘结强度的降低幅度明显高于后期（28d），减缩剂掺量从 0.3% 增加到 0.9%，7d 和 28d 拉伸粘结强度分别下降了 9.5%、29.5%、36% 和 7.2%、18.2%、25%。减缩剂对砂浆拉伸粘结强度的降低作用可能是由于减缩剂对水泥水化的延缓造成的。

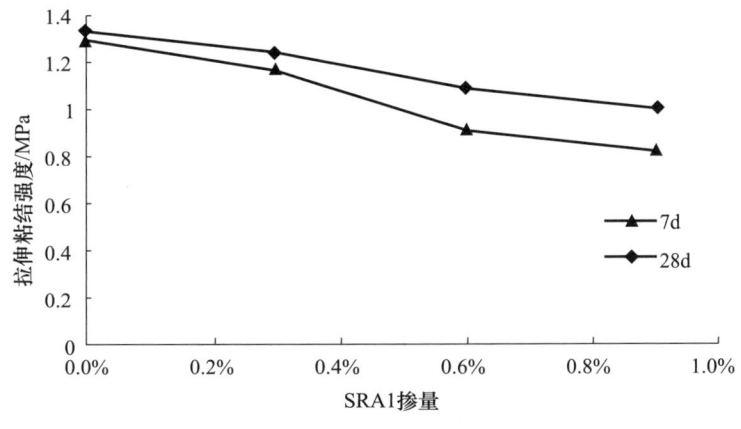

图 5　SRA1 掺量与拉伸粘结强度的关系

2.5 不同厂家减缩剂对聚合物水泥防水砂浆收缩性能的影响

图 6 为不同厂家减缩剂对聚合物水泥砂浆收缩性能的影响。从测试结果来看，不同厂家的减缩剂在降低砂浆收缩方面存在明显差异，SRA2 减缩剂对砂浆收缩率的降低作用最明显。其次为减缩剂 SRA3。另外，SRA2 和 SRA3 对砂浆收缩性能的影响规律同 SRA1 一致，即减缩剂对不同龄期聚合物水泥防水砂浆的收缩率均有明显的降低作用，且对早期收缩降低效果明显高于后期。

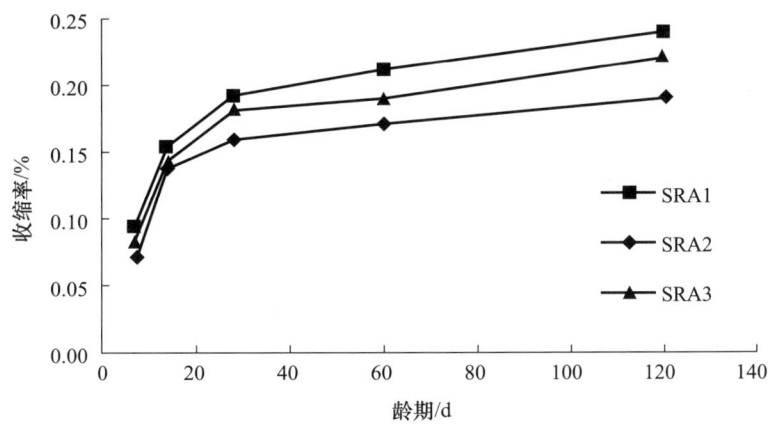

图 6　不同厂家减缩剂对收缩性能的影响

3　结论

（1）减缩剂对不同龄期聚合物水泥防水砂浆的收缩率均有明显的降低作用，且对早期收缩降低效果明显高于后期。

（2）当减缩剂掺量较低时（<0.3%），减缩剂对砂浆的抗压/抗折强度影响不大，但当减缩剂掺量继续增加时，砂浆抗压/抗折强度影响发生了明显下降。

（3）减缩剂的掺入对砂浆的吸水率有一定负面作用，且随减缩剂掺量增加，砂浆吸水率逐渐增加。

（4）减缩剂对砂浆的抗压/抗折强度有不利影响，随减缩剂掺量的增加，7d 和 28d 拉伸粘结强度均呈下降趋势，且减缩剂对砂浆早期（7d）拉伸粘结强度的降低幅度明显高于后期（28d）。

（5）不同厂家的减缩剂在降低砂浆收缩方面存在明显差异。

参考文献

[1] 中华人民共和国住房和城乡建设部．建筑与市政工程防水通用规范：GB 55030—2022 [S]．北京：中国建筑工业出版社，2022．

[2] 方庆伟，赖俊英，钱晓倩，等．减缩剂对砂浆早期干缩和强度的影响 [J]．新型建筑材料，2015，(8)：9-13．

[3] 杨进，王发洲，黄劲，等．不同类型减缩剂减缩效果比较分析 [J]．建筑材料学报，2016，(2)：53-58．

[4] BENTZ D P, GIKER, HANSEN K K. Shrinkage-reducing admixtures and early-age desiccation in cement pastes and mortars [J]. Cement and Concrete Research, 2001, 31 (7)：1075-1085.

[5] 钱春香，耿飞，李丽．减缩剂的作用及其机理 [J]．功能材料，2006，2 (37)：287-291．

[6] 徐宝华．水泥及混凝土减缩剂的性能评价及机理研究 [D]．北京：北京工业大学，2006．

[7] RIBEIRO A B, CARRAJOLA A, GONCALVES A. Behavior of Mortars with Different Dosages of Shrinkage Reducing [C]. 8th CanMET/ACI International Conference on Superplasticizers and other Chemical in Concrete, 2006, 239：77-90.

[8] 乔墩．减缩剂对水泥基材料收缩抑制作用及机理研究 [D]．重庆：重庆大学，2010．

[9] 陈美祝，周明凯，吴少鹏，等．减缩剂对水泥基材料早期水化及收缩变形性能的影响 [J]．武汉大学学报：工学版，2007，(1)：78-82．

[10] 张志宾，徐玲玲，唐明述．减缩剂对水泥基材料水化和孔结构的影响 [J]．硅酸盐学报，2009，37 (7)：1244-1248．

作者简介：

王振兴（1986—），男，硕士研究生，主要从事建筑材料研发工作。E-mail：zxwang@aliyun.com。联系电话：15216707217。

聚合物水泥防水砂浆的性能测试研究

黄业盛 张伶俐 罗 慧

(广东龙湖科技股份有限公司,湖北武汉 430040)

摘 要:研究了矿粉、粉煤灰、偏高岭土等掺合料的不同配比及不同类型的憎水剂、胶粉对防水砂浆性能的影响。结果表明,矿粉的掺入使得砂浆的抗折、抗压强度和防水性能整体提高,但是随着掺量的增加,砂浆的力学强度会略微降低。偏高岭土掺量为1%时防水砂浆性能最佳。掺入粉煤灰会使砂浆的抗折、抗压强度降低,但能提高砂浆的抗渗性;掺入憎水型胶粉与普通胶粉相比,砂浆的防水性能提高,力学强度降低。综合来看,憎水性胶粉8034H对防水砂浆的性能改善效果最为显著;不同憎水剂的憎水效果差异很大,憎水剂掺量影响砂浆的力学强度、抗渗、吸水率。其中有机硅Powder D对防水砂浆的性能改善效果最好。

关键词:聚合物水泥防水砂浆;压折比;防渗;粘结强度

Experimental Study on Performance of Polymer-modified Cement Waterproof Mortar

Huang Yesheng Zhang Lingli Luo Hui

(Guangdong LonghuSci. & Tech. Co., Ltd., Wuhan, 430000)

Abstract: The effects of different proportions of admixtures such as mineral powder, fly ash, metakaolin and different types of hydrophobic agent and redispersible polymer powder on the properties of waterproof mortar were studied. The results show that the flexural strength, compressive strength and waterproofing property of the mortar are improved by the addition of mineral powder, but the mechanical strength of the mortar decreases slightly with the increase of dosage. When the dosage of metakaolin is 1%, the performance of waterproof mortar is the best. The addition of fly ash reduces the bending and compressive strengths of mortar, but improves the impermeability of mortar. Compared with ordinary redispersible polymer powders, a hydrophobic redispersible polymer powder can improve the waterproofing property and decrease the mechanical strength of the mortar. In summary, hydrophobic redispersible polymer powder 8034H has the most significant improvement effect on the performance of waterproof mortar. The hydrophobic effects of different hydrophobic agents are quite different, and the dosage of hydrophobic agents affects the mechanical strength, impermeability and water absorption of mortar. Among them, silicone Powder D has the best improvement effect on the performance of waterproof mortar.

Keywords: polymer-modified cement waterproof mortar; compression flexural ratio; seepage prevention; bonding strength.

0 引言

建筑结构渗漏对建筑物带来的损坏一直是建筑技术的一项难题。为了解决这一问题，出现了许多性能优异的防水产品。其中，聚合物水泥防水砂浆因其优异的性能与出色的耐久性，作为新型的防水材料在全世界建筑防水领域得到了广泛的认同与应用[1-2]。聚合物水泥防水砂浆是以水泥、细骨料为主要材料制作的。可用于地下、屋面、外墙等防水工程[3-4]。但在工程应用中发现这类刚性防水砂浆产品存在抗渗能力差、吸水率和干缩率大及易开裂等一些问题。为了解决这些问题，改善防水砂浆的使用性能，研究开发性能更优的防水砂浆是非常有必要的。鉴于此，本文在防水砂浆中掺入常用的聚合物胶粉、偏高岭土、粉煤灰、憎水剂等材料[5-9]，研究外加剂、掺合料对防水砂浆性能的影响，为防水砂浆在工程中的使用提供参考和技术支持。

1 原材料及主要性能指标测试方法

1.1 原材料

（1）水泥：华新水泥生产的 P·O 42.5 水泥（表1）。

表1 水泥的主要化学成分 %

Al_2O_3	CaO	SiO_2	MgO	SO_3	Fe_2O_3	Loss
6.77	63.54	23.55	3.02	2.28	2.25	2.79

（2）砂：天然砂，粒径为 40~70 目及 70~140 目。
（3）矿粉：市售。
（4）偏高岭土：巴斯夫提供。
（5）粉煤灰：Ⅱ级粉煤灰，市售。
（6）胶粉：8034H 和 4115N，瓦克提供，堆积密度分别为 400~550kg/m³ 和 490~

590kg/m³。市售胶粉 A。

（7）憎水剂：有机硅 Powder D 憎水剂，瓦克提供。堆积密度：220～340kg/m³。硬脂酸钙。市售憎水剂 B。

（8）水：自来水。

1.2 砂浆配合比

本试验的砂浆配合比见表 2。

表 2　砂浆配合比　　　　　　　　　　　　　　　　　%

水泥	粗砂	细砂	矿粉	偏高岭土	粉煤灰	胶粉	纤维素醚	PP 纤维	憎水剂
38～45	27.5	27.5	0～7	0～1.5	0～7	0～2.5	0.1	0.1	0～0.4

1.3 主要性能指标测试方法

（1）采用行星式水泥胶砂搅拌机拌制砂浆。在水泥胶砂试件成型振实台振实。按照 JC/T 984—2011《聚合物水泥防水砂浆》制备试块。

（2）将养护龄期为 7d 和 28d 的试块采用 LBY-Ⅵ 拉拔试验机测试粘结强度。

（3）将养护龄期为 28d 的试块采用 DY-208JFZ 全自动压力试验机测试抗折、抗压强度。

（4）将养护龄期为 28d 的试块放入 80℃烘箱烘 2d，称重，然后取出放入水中养护 2d，再称重，之后计算其吸水率。

（5）将养护龄期为 7d 的砂浆试块，采用 BSJS-1.5 普通型砂浆抗渗仪测试抗渗压力。

2 结果与讨论

2.1 矿物掺合料对防水砂浆性能的影响

由图 1、图 2 可知，矿物掺合料对砂浆的吸水率及抗渗压力有很大影响。随着矿粉掺入量的增加，砂浆的吸水率逐渐降低，抗渗压力逐渐升高。掺入偏高岭土后能够明显地提高砂浆的抗渗压力，使砂浆的吸水率先降低后升高。掺入粉煤灰后，砂浆的吸水率降低，抗渗压力提高。综合来看，掺入 1% 偏高岭土时砂浆的性能最佳。

由图 3 可以看出，这三种不同的矿物掺合料，偏高岭土对砂浆的力学强度的提升最大，其次是矿粉，加入粉煤灰反而会降低砂浆的力学强度，可能与标准要求的养护以及粉煤灰的活性差异有关。掺入矿粉后，砂浆的抗折强度、抗压强度升高，但随着矿粉掺量的增加，砂浆的力学强度略微降低。当矿粉的掺量在 3%～7% 范围内时，掺量为 3% 的砂浆力学强度最高；掺入偏高岭土后，砂浆的抗折、抗压强度先升高后降低，掺量为 1% 时防水砂浆的强度最高；掺入粉煤灰后，砂浆的抗折、抗压强度降低。

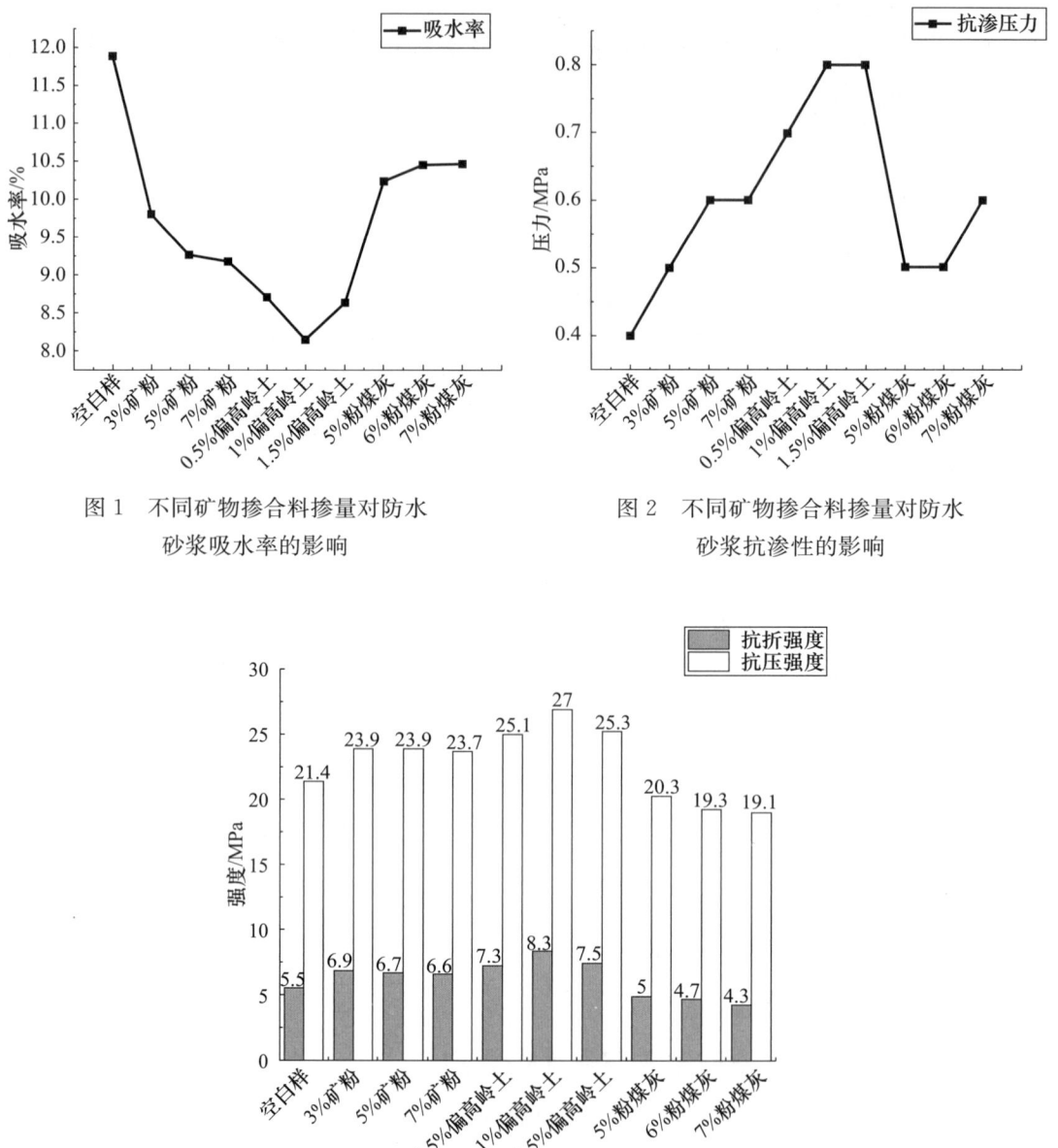

图 1　不同矿物掺合料掺量对防水
砂浆吸水率的影响

图 2　不同矿物掺合料掺量对防水
砂浆抗渗性的影响

图 3　不同矿物掺合料掺量对防水砂浆抗折、抗压强度的影响

偏高岭土是一种具有超强火山灰效应的矿物掺合料，偏高岭土中含有大量的无定型的非晶态 SiO_2 和 Al_2O_3，这些活性物质能够大量地参与二次水化反应，其二次水化反应能够消耗水泥水化过程中产生的氢氧化钙，生成新的 C-S-H 凝胶，增加砂浆的密实性，偏高岭土的填隙密实作用是造成水泥砂浆前期抗压强度和抗渗压力高的主要原因。与矿粉还有粉煤灰相比，偏高岭土的粒径更小，比表面积更大，活性更高，因此能够更加充分地与水泥发生水化反应，填充水泥石中的孔隙，提高浆体内部的颗粒密度，提高砂浆的力学性能和抗渗性能。

2.2 不同胶粉对防水砂浆性能的影响

在掺入1%偏高岭土的砂浆体系中,按不同掺量加入8034H、4115N、市售A胶粉,对比其对砂浆性能的影响。

由图4、图5可知,不同类型可再分散乳胶粉的掺入对砂浆的防水性能有很大影响。憎水型胶粉8034H吸水率明显最低,而4115N和市售A胶粉则吸水率相对较高。抗渗压力随着胶粉掺量的增加,抗渗压力略有升高,但变化不明显,8034H胶粉抗渗压力最高,4115N及市售A则抗渗压力区别不大。这说明憎水型胶粉对砂浆吸水率的改善具有明显效果。这是因为憎水型胶粉主要是通过改善聚合物水泥防水砂浆内部微观孔道的表面极性来降低吸水率的[5],且胶粉在砂浆水化过程中形成了大量的聚合物网膜,增加了砂浆的密实性,特别是憎水型胶粉使这些聚合物膜具有非常好的憎水性,可阻止水分的侵入。

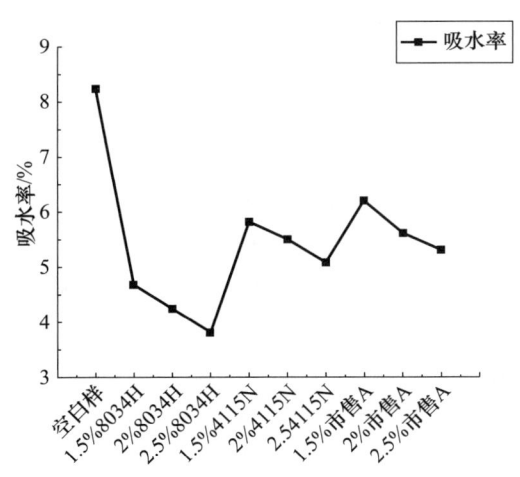 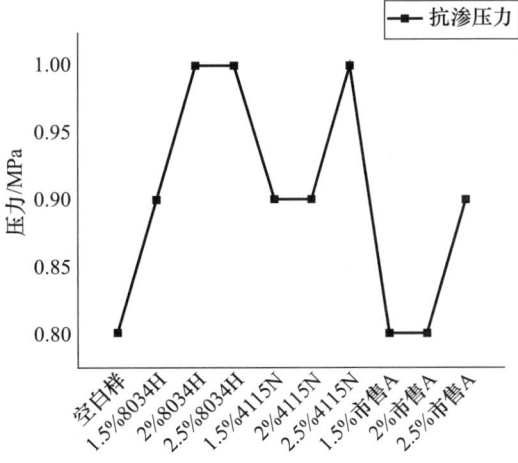

图4 不同胶粉对防水砂浆吸水率的影响　　图5 不同胶粉对防水砂浆抗渗性的影响

由图6、图7可以看出,掺入不同种类可再分散乳胶粉对砂浆的力学强度影响很大。掺入胶粉后,随着胶粉掺量的增加,粘结强度升高,抗折强度升高,但抗压强度降低。其中掺入4115N胶粉后,粘结强度最高,8034H胶粉次之,市售A胶粉最差。掺入8034H胶粉抗折强度最高,4115N胶粉抗折强度次之,市售A胶粉最差。综合来看,三种胶粉中,8034H抗折强度最高,砂浆柔韧性最好,添加量在2.5%时,整体性能表现最好。这是因为在聚合物水泥防水砂浆养护28d后,三种胶粉成膜程度基本一致,但是4115N的玻璃化温度更高,聚合物水泥防水砂浆刚性更强,表现为其粘结强度更高,而8034H的玻璃化温度更低,聚合物水泥防水砂浆柔性更强,因此抗折强度更高。

2.3 不同憎水剂对防水砂浆性能的影响

采用掺入1%偏高岭土和2%4115N胶粉的砂浆体系,按不同掺量分别加入有机硅Powder D、硬脂酸钙、市售B憎水剂,对比其对砂浆性能的影响。

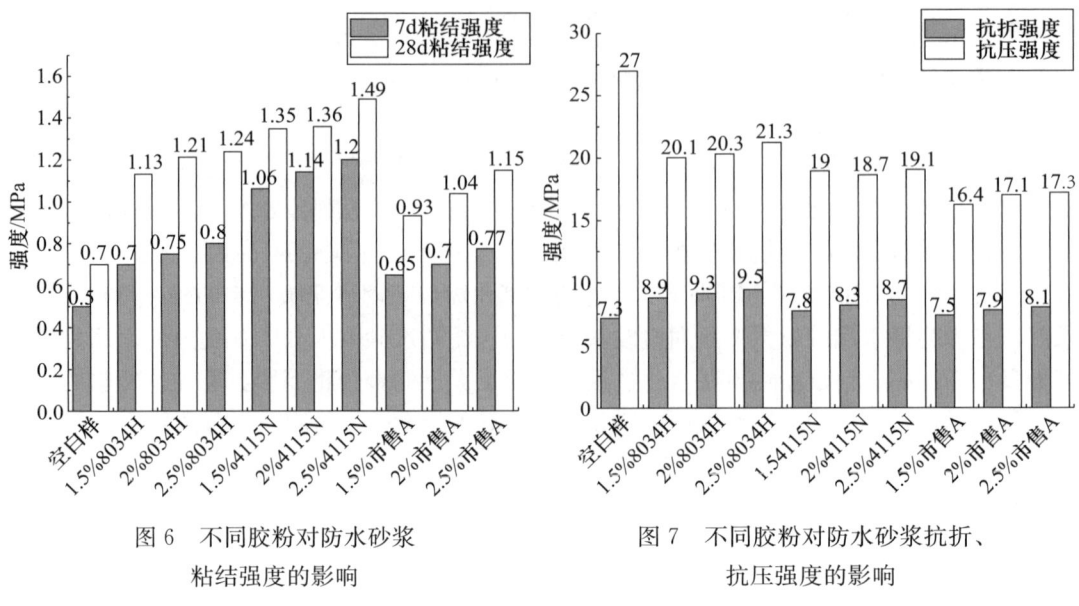

图 6 不同胶粉对防水砂浆粘结强度的影响

图 7 不同胶粉对防水砂浆抗折、抗压强度的影响

由图 8、图 9 可知，憎水剂对砂浆的吸水率及抗渗压力有很大影响。随着有机硅 Powder D 掺量的增加，砂浆的吸水率逐渐降低，抗渗压力逐渐升高。防水砂浆掺入硬脂酸钙，吸水率降低，抗渗压力升高。当硬脂酸钙的掺量在 0.2%～0.4% 范围内时，掺入 0.4% 硬脂酸钙时砂浆的防水性能最佳。掺入市售 B 憎水剂也会提高砂浆的抗渗压力，降低砂浆的吸水率，但效果不如有机硅 Powder D。

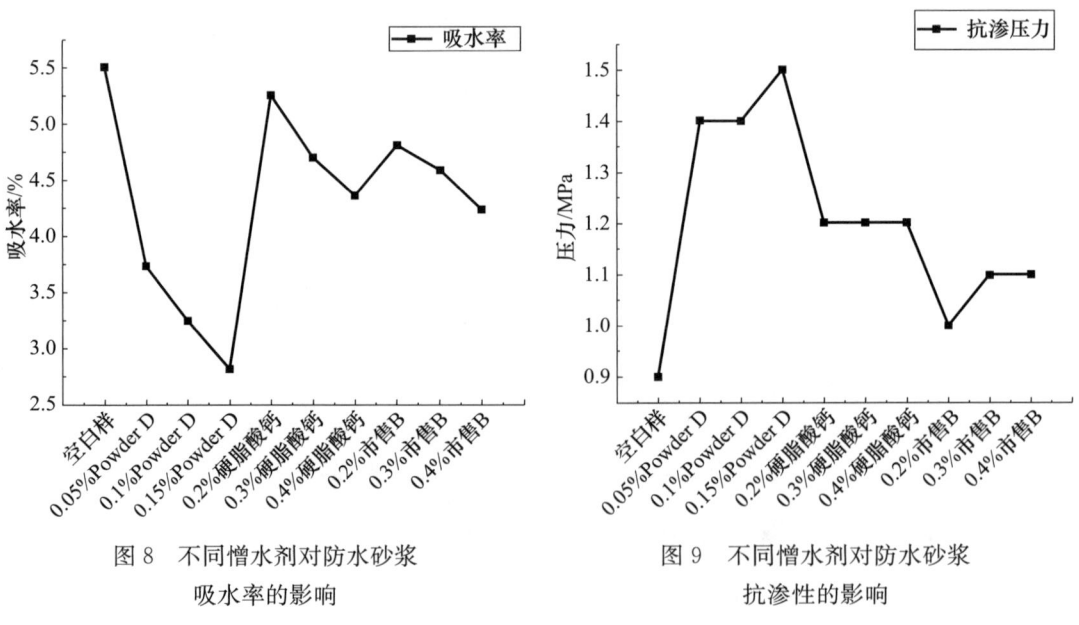

图 8 不同憎水剂对防水砂浆吸水率的影响

图 9 不同憎水剂对防水砂浆抗渗性的影响

由图 10、图 11 可以看出，随着有机硅 Powder D 含量的增加，砂浆的粘结强度降低，抗折、抗压强度略有增大；加入硬脂酸钙后，砂浆的力学强度略有降低。掺入市售

B憎水剂后，砂浆的粘结、抗折、抗压强度均存在轻微降低。可以看出，这三种憎水剂，对防水砂浆性能改善效果最好的是有机硅 Powder D。

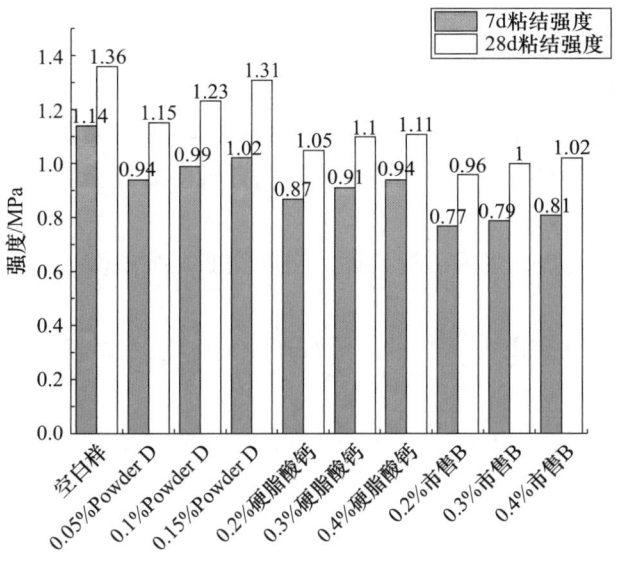

图 10　不同憎水剂对防水砂浆粘结强度的影响

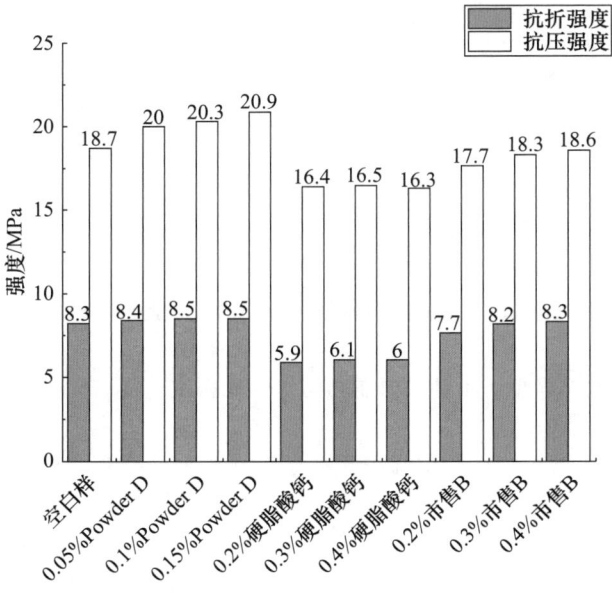

图 11　不同憎水剂对防水砂浆抗折、抗压强度的影响

这是因为有机硅 Powder D 的硅烷醇基团经过聚乙烯醇保护胶体包覆，能够将活性成分稳定保存在粉体中，并在加水后能适时释放，与水接触反应后脱醇并形成与砂浆中无机成分化学键合的有机硅树脂网络，从而提高防水砂浆整体的疏水性，降低其吸水率[6]。而硬脂酸钙亲水性差，在水中不易分散，大大降低了硬脂酸钙的实际作用效率。因此，硬脂酸钙的吸水性和抗渗性均不如有机硅 Powder D。

3 结论

(1) 矿粉的掺入使得砂浆的抗折、抗压强度和防水性能整体提高,但随着矿粉掺量的增加,力学强度略有下降。

(2) 偏高岭土的掺入也明显地提高砂浆的抗折、抗压强度和防水性能,但随着偏高岭土含量的增加,砂浆的物理强度和防水性能先升高后降低。综合考虑,偏高岭土掺量为1％时砂浆的性能最好。

(3) 掺入粉煤灰会使砂浆的抗折、抗压强度降低,抗渗性能有所提高,吸水量也随之降低。

(4) 相比于4115N和市售A胶粉,添加了8034H胶粉的防水砂浆防水性能明显升高,但力学性能略有不足。

(5) 相比于硬脂酸钙和市售B憎水剂,添加了有机硅Powder D的防水砂浆强度更高,防水性能更好。

参考文献

[1] 李玉海. 聚合物在防水砂浆中的应用 [J]. 建筑节能, 2008, (4): 54-57.
[2] 周光明, 张圣菊. 防水砂浆的研制及性能测试研究 [J]. 新型建筑材料, 2014, (4): 66-67.
[3] 路国忠. 浅析聚合物水泥防水砂浆的研制 [J]. 水泥工程, 2010, (1): 16-18.
[4] 陈虬生, 张银宝. 聚合物防水砂浆的发展与应用 [J]. 建筑技术开放, 2003, (2): 108-110.
[5] 韩朝辉, 赵伦, 史淑兰. 胶粉型号对聚合物水泥防水砂浆性能的影响 [J]. 中国建筑防水, 2017, (9): 21-24.
[6] 周天正, 蔡良飞, 徐鹏, 等. 硬脂酸钙和有机硅烷类粉末憎水剂对水泥基填缝剂性能的影响 [J]. 新型建筑材料, 2022, 49 (11): 11-1329.
[7] 郭兵, 程冠吉, 胡涛, 等. 矿粉对脱硫石膏基自流平砂浆性能的影响研究 [J]. 新材料·新装饰, 2023, 5 (15): 1-3.
[8] 闫孝伟. 水泥基渗透结晶型防水砂浆研制与防水性能研究 [J]. 铁道建筑技术, 2022, (10): 16-20.
[9] 刘兴平, 丁华柱, 都增延, 等. 偏高岭土砂浆耐久性研究 [J]. 重庆建筑, 2017, 16 (9): 55-58.

作者简介:黄业盛,男,2001年生,本科,联系地址:湖北省武汉市东西湖区慈惠街道盈创动力产业园1栋3单元1楼,邮编:430040,E-mail:hys@longhu.biz,电话:18727323988。

高性能聚合物水泥防水砂浆的研究

张 洁[1,3,4] 鲁统卫[2,3,4] 蔡贵生[2,3,4] 王林茂[1,3,4] 杜 义[1,3,4]

(1. 山东建科建筑材料有限公司,山东济南 251600;
2. 山东省建筑科学研究院有限公司,山东济南 250031;
3. 高性能土木工程材料济南市工程研究中心,山东济南 251600;
4. 济南市混凝土外加剂重点实验室,山东济南 251600)

摘 要:本文利用聚合物成膜理论,采用以防水和提高粘结强度为主的不同功能的聚合物对水泥防水砂浆进行改性,同时掺加多组分复合掺合料,并添加辅助小料,研制出了高性能的聚合物水泥防水砂浆。当每吨聚合物防水砂浆中聚合物的掺加量为 70kg 时,可使具有半柔性性质的聚合物水泥防水砂浆具有较好的韧性,其 7d 和 28d 的压折比均为 3.0 左右。28d 龄期砂浆,48h 吸水率为 2.68%,防水性能良好。此外,研制的高性能聚合物水泥防水砂浆具有良好的粘结强度和耐久性能。

关键词:聚合物;水泥防水砂浆;压折比;吸水率

Research on High-performance Polymer Cement Waterproofing Mortar

Zhang Jie [1,3,4]　Lu Tongwei [2,3,4]　Cai Guisheng [2,3,4]　Wang Linmao[1,3,4]　Du Yi[1,3,4]

(1. Shandong Jianke Building Materials Co. Ltd, Ji'nan 251600;
2. Shandong Academy of Building Research Co. Ltd, Ji'nan 250031;
3. Jinan Engineering Research Center for High Performance Civil Engineering Materials, Ji'nan 251600; 4. Jinan Key Laboratory of Concrete Admixtures, Ji'nan 251600)

Abstract: In this paper, high-performance polymer cement waterproofing mortar is prepared sucessfully through utilizing the polymer film theory. It is developed by using polymers with different functions of waterproofing and improving bond strength, while mixing multi-component composite dopants and adding auxiliary small materials. When 70kg of polymer is added into one ton of polymer waterproofing mortar, the semi-flexible polymer cement waterproofing mortar can be made, with good toughness, whose ratio of compressive strength to flexural strength for 7d and 28d is both about 3.0. The 48h water absorption rate of mortar cured for 28d is 2.68%, indicating good waterproofing performance. Besides, the developed high-performance polymer cement waterproofing mortar has good bonding strength and durability.

Keywords: polymer; cement waterproofing mortar; ratio of compressive strength to flexural strength; water absorption rate

1 引言

随着我国现代建筑业的高速推进,建筑材料不断更迭,而水泥砂浆作为传统建筑材料,其利用率一直保持较高的稳定态势,仍然是当今社会不可或缺的建筑材料[1]。但是普通水泥砂浆收缩性较大,水分在静水压力和引力效应下在砂浆内的微小空隙自由移动,且直接穿透砂浆表面,易出现严重的建筑结构渗漏等问题[2-4]。其对建筑结构的安全性会产生严重的负面效应,影响着建筑物的结构安全、使用功能和使用寿命[5-6]。

随着高分子材料的发展,越来越多的聚合物被应用到防治建筑渗漏。主要是将水泥砂浆中引入一定量的聚合物改性剂,利用无机材料与有机材料的合理复合。聚合物水泥防水砂浆应运而生,它是由水泥、骨料、聚合物以及稳定剂、消泡剂等助剂经搅拌混合均匀配制而成的新型防水抗渗材料,具有良好的抗渗性、抗裂性及耐久性能,比普通的防水砂浆性能可靠得多,近年来被广泛应用于工业与民用建筑防水、地下工程防水等各类工程中[4,7]。

聚合物水泥防水砂浆属于偏刚性防水材料,相比柔性防水材料,其不仅同样具有高抗渗性、高粘结力等特点,还具有耐高温、耐久、耐穿刺、高密实性、可承受压力、可以在潮湿基面施工、可长期作用于水下等优点,能应用于地下工程施工,成为研究的热点[4,8]。本文利用聚合物成膜理论,通过对不同聚合物及密实组分的协同作用研究,研发了高性能聚合物水泥防水砂浆。

2 原材料和试验

2.1 原材料

(1) 水泥:
山东某水泥厂生产的P·O 42.5水泥。
(2) 掺合料
由粉煤灰、重钙、硅粉及微膨胀组分按照一定比例混合而成。

(3) 石英砂

采用 20～40 目的中砂和 40～70 目的细砂复合使用。

(4) 聚合物

选用三种可再分散胶粉。

1) Dehydro™6855：一种高性能丙烯酸可再分散乳胶粉，白色粉末状，堆积密度为 375～475g/L，pH 值（10%水溶液）为 6.0～8.0。

2) MD-5018：一种基于乙烯与醋酸乙烯共聚乳液，经过喷雾干燥形成的可再分散胶粉。堆积密度为 400～600g/L，平均粒径≤100μm，pH 值为 5～8，玻璃化温度－3℃，最低成膜温度为 0℃。

3) HL-8013：可再分散性丁苯胶粉 HL-8013 是以丁二烯和苯乙烯合成的大分子共聚乳液，采用独特的保护胶体，经喷雾干燥形成。外观：白色或淡黄色粉末，不挥发物含量 99%±1%，灰分 15%±2%，堆积密度为 400～600g/L，平均粒径≤100μm，pH 值为 8～10，玻璃化温度 8℃，最低成膜温度 5℃。

(5) 纤维

长度 6～9mm 聚丙烯纤维。

(6) 助剂

淀粉醚、预糊化淀粉、羟丙基纤维素、消泡剂、聚羧酸高性能减水剂 NC-J 等。

2.2 试验方法

(1) 粘结强度试验：参照《聚合物水泥防水砂浆》(JC/T 984—2011) 进行样品制备，但养护是湿养护，即混凝土标准养护室养护。

将成型框放在制备好的 70mm×70mm×20mm 水泥砂浆试块的成型面上，将制备好的聚合物水泥砂浆倒入成型框中，用捣棒均匀插捣 15 次，人工颠实 5 次，再转 90°，再颠实 5 次，然后用刮刀以 45°方向抹平砂浆表面，成型 24h 后脱模，在温度（23±2）℃、相对湿度 55%～65%的环境中养护至 28d，每一个试样至少要制备 5 个试件。在试件表面涂上环氧树脂等高强度黏合剂，然后将上夹具对正位置放在黏合剂上，并确保上夹具不歪斜，继续养护 24h 后测定拉伸粘结强度，示意图如图 1 所示。

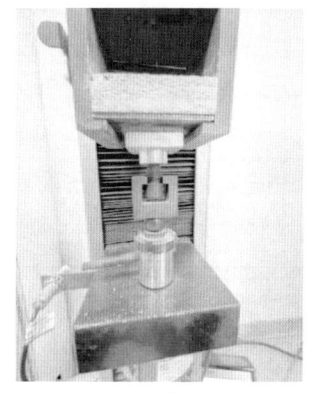 

图 1　砂浆粘结力试验示意图

(2) 抗渗试验：采用聚合物砂浆试件抗渗试验，抗渗试件拆模后放入混凝土标准养护室中养护（不泡水）至 7d 和 28d 龄期，测试抗渗最大压力。

(3) 吸水率试验：按照《聚合物改性水泥砂浆试验规程》（DL/T 5126—2021）试验方法进行。

(4) 电通量试验：按照《普通混凝土长期性能和耐久性能试验方法标准》（GB/T 50082—2009）中抗氯离子渗透试验方法中的电通量法。

(5) 收缩率试验：参照《水泥胶砂干缩试验方法》（JC/T 603—2004）的试验方法，成型试模为 25mm×25mm×280mm 的三联模，在混凝土标准养护室带模养护（塑料膜覆盖），达到拆模强度后拆模，拆模后再继续养护 2d（不泡水），然后放入干缩室。

(6) 耐碱性试验：将聚合物砂浆刮涂在 70mm×70mm×20mm 的水泥砂浆块上，刮涂层厚度为 5～6mm，放在实验室干养护 7d 后，放到饱和 $Ca(OH)_2$ 溶液中浸泡 168h 后，取出试件观察有无开裂、剥离。

(7) 耐热性试验：将聚合物砂浆刮涂在 70mm×70mm×20mm 的水泥砂浆块上，刮涂层厚度为 5～6mm，放在实验室干养护 7d 后，置于蒸煮箱中煮 5h 后，取出试件观察有无开裂、剥离。

2.3 试验方案

聚合物水泥防水砂浆的基本配方是经过大量的试验研究确定的。本文重点研究聚合物对其性能的影响，试验中的助剂为淀粉醚、预糊化淀粉、羟丙基纤维素、减水剂和消泡剂等混合小料。聚合物水泥防水砂浆的配合比见表 1。

表 1 聚合物水泥防水砂浆配合比 kg

编号	石英砂	胶凝材料		可再分散胶粉			纤维	助剂	水
		水泥	掺合料	Dehydro™6855	MD-5018	HL-8013			
F1	600	270	100	20	10		1	1	140
F2	600	270	100	20		10	1	1	140
F3	600	270	100	10	10	10	1	1	140
F4	600	270	100	15	15		1	1	140
F5	600	260	100	20	20		1	1	140
F6	600	250	100	25	25		1	1	140
F7	600	240	100	30	30		1	1	140
F8	600	230	100	35	35		1	1	140
F9	600	260	100	20	20		2	1	140
F10	600	260	100	20	20		4	1	140

3 聚合物水泥防水砂浆性能

聚合物水泥防水砂浆稠度与强度性能试验结果见表 2。

表 2　聚合物水泥防水砂浆稠度与强度性能

编号	稠度/cm	抗压强度/抗折强度/MPa			压折比		粘结强度/MPa
		3d	7d	28d	7d	28d	28d
F1	8.2	4.9/20.7	28.8/6.0	37.7/8.2	4.80	4.60	—
F2	8.6	4.7/19.7	24.3/5.5	30.9/7.7	4.42	4.01	—
F3	8.5	4.3/17.2	26.5/6.2	36.2/8.4	4.27	4.31	/
F4	8.4	4.6/19.6	25.5/6.0	34.7/8.1	4.25	4.28	1.28
F5	8.3	—	23.7/6.5	32.2/8.8	3.65	3.70	1.43
F6	8.7	—	19.8/5.8	30.1/8.6	3.41	3.50	1.63
F7	8.4	—	17.8/5.6	28.1/8.9	3.18	3.16	1.71
F8	8.9	—	16.9/5.6	26.4/8.8	3.02	3.00	2.05
F9	7.8	—	20.7/6.3	32.8/8.9	3.29	3.69	1.48
F10	6.8	—	19.5/5.8	32.0/9.1	3.36	3.52	1.55

3.1　施工性能

由表 2 可见，聚合物改性水泥防水砂浆的稠度为 6.8～9.0cm，没有泌水现象。其他不变的情况下，对比编号 F5-F9-F10，随着纤维的掺加量增多，稠度变小。

由刮涂试验可知，除了掺加 HL-8013 胶粉的砂浆出现下垂外，其他在一次性涂抹 5mm 内具有很好的易抹施工性能，不下垂。掺加 HL-8013 的抹灰容易出现下垂现象，该类胶粉价格较贵，实际生产产品不再使用。

3.2　强度性能

3.2.1　抗压强度和抗折强度

图 2 给出了不同胶粉掺加量的聚合物水泥防水砂浆压折比的结果。结合表 2 可以看出：28d 龄期，抗压强度都大于 24MPa，抗折强度大于 8.0MPa。随着胶粉掺加量增加，砂浆抗压强度逐渐降低，对抗折强度影响较小，压折比呈现逐渐减小的趋势。这说明随着胶粉掺加量增加，防水砂浆的韧性增大，有很好的抗裂防水能力。在每吨砂浆中胶粉掺加 70kg 时，压折比为 3.0；掺加量小于 70kg，压折比都大于 3.0。说明要想使砂浆具有更好的韧性，在本配方中胶粉的掺加量要大于 70kg。作为刚性外防水砂浆，除了考虑砂浆的柔韧性外，还要考虑聚合物改性水泥砂浆的使用寿命。此外，在其他条件不变的情况下，对比编号 F5-F9-F10，随着纤维的掺加量增多，28d 压折比稍有降低，有利于砂浆抗裂。

砂浆抗压强度降低的原因分析：

（1）乳胶粉对空气有诱导效应，使砂浆具有引气性，另外，乳胶粉加入后，砂浆的黏度增大，砂浆中气泡更难溢出，从而导致砂浆强度降低。

（2）乳胶粉与砂、胶凝材料、水均匀拌和后，由于乳胶粉的阻水性以及对水泥的包裹作用，一定程度上减缓了水泥的水化、凝结，且随着水泥水化的进行，乳胶粉颗粒也逐渐絮凝成膜，形成的聚合物薄膜包裹了一部分水以及未水化的水泥颗粒，进一步阻断了水泥的水化，导致水泥水化不完全，进而导致砂浆强度下降。

（3）设计胶粉用量是替代水泥的量，随着胶粉用量增多，水泥用量减少，影响砂浆的抗压强度。

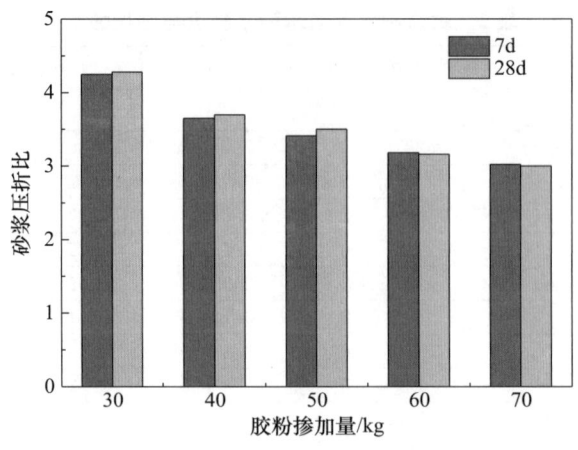

图 2　胶粉对聚合物水泥防水砂浆压折比的影响

（4）本次试验采用的养护方式为混凝土标准养护室养护。此养护条件下，优先考虑了水泥的水化，未考虑乳胶粉成膜的养护要求，有可能导致乳胶粉多以离散状态存在，致使乳胶粉提升抗折强度的作用体现不充分。

3.2.2　粘结强度

掺加不同量胶粉的聚合物水泥防水砂浆的粘结强度试验结果如图 3 和表 2 所示。可以得出，28d 龄期测试粘结强度都大于 1.2MPa，总的趋势是随着胶粉掺加量增多，砂浆的粘结强度是增大的。纤维掺加量对粘结强度影响不大。但有粘结力的试验误差较大的问题，粘结强度没有很好的规律性。

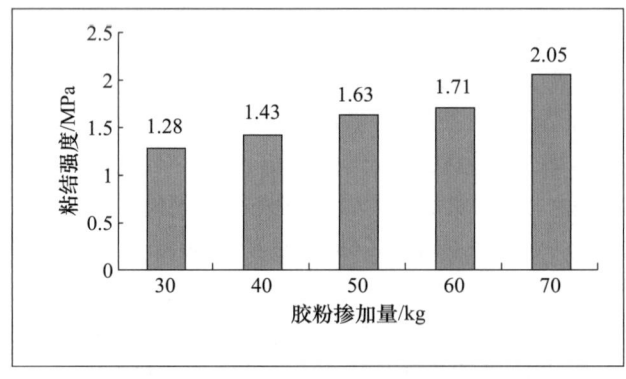

图 3　胶粉对聚合物水泥防水砂浆粘结强度的影响

3.3　防水性能

聚合物水泥防水砂浆的防水性能通过吸水率和抗水渗来表征。将 F5 和 F6 试件拆模后放入混凝土标准养护室中养护（不泡水）至 7d，测试其最大抗渗压力可达 1.2MPa，F5、F6、F7 和 F8 试件 28d 龄期的抗渗最大压力可达 1.5MPa 以上，说明聚合物水泥砂浆在可再分散胶粉掺加量在 30kg/t 以上，具有较好的抗水渗性能。

掺加不同量胶粉的聚合物水泥防水砂浆的吸水率试验结果如图 4 所示。砂浆 7d 龄期的吸水率小于 6.0%，28d 吸水率小于 4.0%。随着胶粉掺量增加，砂浆的吸水率逐渐降低。当胶粉掺量在50kg/t以上，28d龄期砂浆吸水率小于3.0%，掺量为70kg时，砂浆吸水率最小。以上说明研发的聚合物水泥防水砂浆具有良好的防水性能。

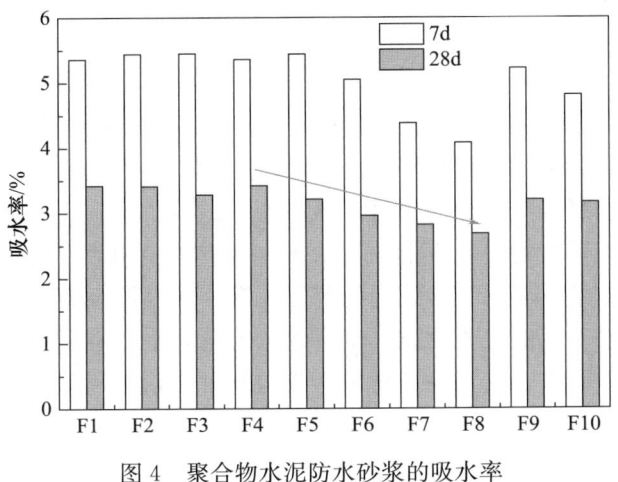

图4　聚合物水泥防水砂浆的吸水率

3.4　抗氯离子渗透性能

将可再分散胶粉掺加量在50kg/t、60kg/t和70kg/t时，即F6、F7和F8聚合物水泥防水砂浆56d龄期的氯离子电通量进行了试验研究。结果显示，其56d龄期的氯离子电通量非常低，电通量分别为875.0C、859.1C和665.2C，这一抗氯离子渗透性能相当于高强混凝土水平，说明聚合物水泥防水砂浆具有很高的抗氯离子渗透能力。

3.5　收缩变形

掺加不同聚合物水泥砂浆的收缩率试验结果如图5所示。可以看出，随着聚合物掺加量的增多，收缩率是逐渐减小的，收缩率均小于0.1%，说明聚合物水泥防水砂浆的干缩变形较小。这主要是因为聚丙烯纤维使砂浆内部材料之间结合得更紧密，起到了一定的锚固作用，能传递部分集中应力和吸收部分应力并能限制微裂缝的发展，从而使砂浆内部裂缝的出现概率降低，出现的时间得到了延迟，相当于增加了材料的韧性。其中聚合物掺量为70kg/t时，收缩率最小。

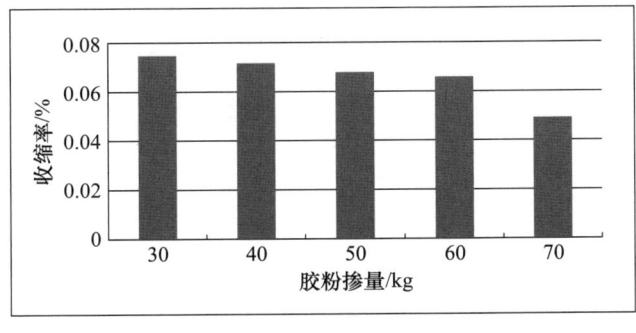

图5　胶粉对聚合物水泥防水砂浆收缩率的影响

3.6 耐碱、耐热性能

将试件聚合物掺加量分别为40%、50%、60%和70%的聚合物水泥砂浆进行耐碱耐热性能研究。将聚合物水泥砂浆刮涂到70mm×70mm×20mm的水泥砂浆块上，涂层厚度为5～6mm，干养护，放入干缩室或温度（23±2）℃、相对湿度（50±10）%的养护箱养护，至7d。放入饱和氢氧化钙溶液中浸泡168h（7d）进行耐碱试验，取出观察没有出现开裂、剥落现象；蒸煮箱中煮5h，取出观察没有出现开裂、剥落现象，说明聚合物水泥防水砂浆具有很好的耐碱、耐热能力。

综上所述，由于聚合物与砂浆形成互穿网络结构，在孔隙中形成连续的聚合物膜，加强了集料之间的粘结，堵塞了砂浆内的部分孔隙。通过控制聚合物的掺量，很好地改善了聚合物水泥防水砂浆的主要性能：聚合物水泥基防水砂浆压折比得到降低，柔韧性高，抗变形能力增强；聚合物水泥基防水砂浆与基材的粘结强度有了大幅度提高；聚合物水泥基防水砂浆防水抗渗压力增大；赋予水泥砂浆较好的柔韧性及抗拉伸粘结强度，以抵抗和延缓水泥砂浆裂缝的产生。

4 作用机理分析

可再分散乳胶粉机理示意图，如图6所示。

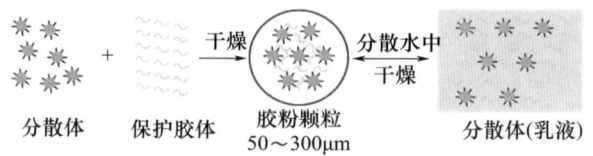

图6 可再分散乳胶粉可再分散机理

聚合物乳胶粉在聚合物改善性质的砂浆里形成膜的步骤如图7所示，聚合物乳胶粉均匀地散布在干混砂浆中，在加水重新搅拌的过程中聚合物粉末会二次乳化，经过水泥的水化、液体蒸发或基层的吸收造成内部的水分不断向外界流失，促进乳胶颗粒表面形成形态不一的膜，这种膜是由于乳液中某种相同特性的分散物质聚集在一起而形成的。

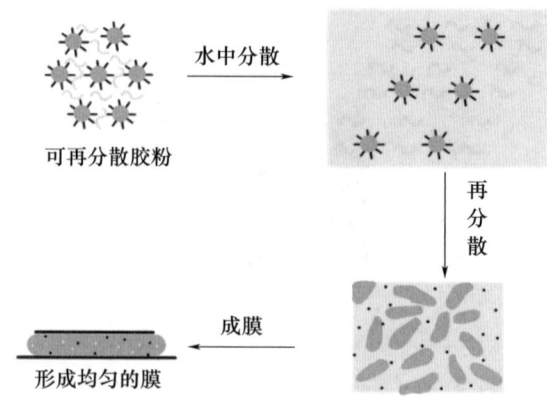

图7 可再分散乳胶粉成膜示意图

5 结论

（1）采用以防水和提高粘结强度为主的不同功能的聚合物对水泥防水砂浆进行改性，同时掺加多组分复合掺合料，并添加辅助小料，制备出高性能的聚合物水泥防水砂浆。

（2）配方中每吨聚合物防水砂浆中胶粉的掺加量为 70kg，聚合物水泥防水砂浆 28d 龄期的压折比为 3.0，具有较好的韧性。

（3）聚合物水泥防水砂浆具有良好的防水性能、粘结强度、抗氯离子渗透性能以及耐碱和耐热性能。

（4）研制的聚合物水泥防水砂浆的主要技术性能：①抗压强度≥24MPa；②抗折强度≥8.0MPa；③粘结强度≥1.2MPa；④抗渗压力≥1.5MPa；⑤28d 龄期砂浆，48h 吸水率≤3.0%。

参考文献

[1] 衡艳阳, 赵文杰. 聚合物改性水泥基材料的研究进展 [J]. 硅酸盐通报, 2014, 33 (02)：365-37.
[2] 刘丕润, 董文. 聚合物水泥防水砂浆在瓷砖饰面外墙渗漏治理中的应用 [J]. 中国建筑防水, 2017, (21)：39-43.
[3] TAN B, THOMAS N L. A review of the water barrier properties of polymer/clayand polymer/graphene nanocomposites [J]. Journal of Membrane Science, 2016, 514：595-612.
[4] 迟玉萌. 聚合物水泥防水砂浆的改性研究 [D]. 吉林：吉林建筑大学, 2023.
[5] 王青华. 建筑屋面渗漏率高达 95.33% [J]. 中国建材, 2014 (07)：34-35.
[6] 柳颖. 建筑防水工程渗漏质量通病与防治 [D]. 武汉：湖北工业大学, 2017.
[7] LEE S, JANG S Y, et al. Effects of Redispersible Polymer Powder on Mechanical and Durability Properties of Preplaced Aggregate Concrete with Recycled Railway Ballast [J]. International Journal of Concrete Structures and Materials, 2018, 12：69.
[8] 韩冬冬, 陈维灯, 钟世云. 乳胶粒径对聚合物改性水泥基材料性能的影响 [J]. 建筑材料学报, 2017, 20 (06)：943-949.

作者简介：张洁，女，硕士研究生，工程师，主要从事混凝土外加剂新产品、新材料的研发以及砂浆和高性能混凝土应用技术、免蒸养早强混凝土的研究。地址：济南市天桥区无影山路 29 号，邮编：250031，电话：0531-85595179。

全疏水砂浆的制备及其耐久性的研究

苏延俐　梁　辰　赵丕琪　芦令超

(济南大学，山东省建筑材料制备与测试技术重点实验室，
山东济南 250022)

摘　要：对水泥基材料进行整体疏水改性可以提高其耐久性，这对于延长其在恶劣环境下的服役寿命具有重要意义。本研究主要以聚二甲基硅氧烷（PDMS）和纳米二氧化硅（SiO_2）为主要原料制备复合疏水乳液，并掺入水泥胶砂中制备了整体疏水改性的砂浆。结果表明，自制疏水乳液能均匀地分散在砂浆基体中，疏水乳液的羟基可与水泥水化产物表面羟基结合形成氢键，其低表面能物质的接枝赋予了砂浆整体疏水性，水接触角可达 132°。相较于空白组，经整体疏水改性的砂浆吸水率降低了 82%，200 次冻融循环后的强度损失减少了 48.7%，抗氯离子渗透能力提高了 84.2%。

关键词：建筑材料；改性砂浆；疏水性；耐久性

Preparation and Durability of Bulk Hydrophobic Mortar

Su Yanli　Liang Chen　Zhao Piqi　Lu Lingchao

(University of Jinan, Shandong Provincial Key Laboratory of Preparation
and Measurement of Building Materials, Ji'nan 250022)

Abstract: Bulk hydrophobic modification of cement-based materials can enhance their durability, which is of significant importance for prolonging their service life under harsh environments. This study primarily utilizes polydimethylsiloxane (PDMS) and nano silica (SiO_2) to prepare a composite hydrophobic emulsion, which is then incorporated into cement mortar to produce a bulk hydrophobically modified mortar. The results indicate that the self-made hydrophobic emulsion can be evenly dispersed throughout the mortar matrix. The hydroxyl groups in the emulsion can form hydrogen bonds with the hydroxyl groups on the surface of cement hydration products. The grafting of substances with low surface energy endows the mortar with comprehensive hydrophobic properties, achieving a water contact angle of up to 132°. Compared to the control group, the water absorption rate of the hydrophobically modified mortar decreased by 82%, the strength loss after 200 freeze-thaw cycles reduced by 48.7%, and the resistance to chloride ion penetration improved by 84.2%.

Keywords: building materials; modified mortar; hydrophobicity; durability

1 引言

水泥基材料作为当前最为广泛应用的建筑材料,其在多种环境中的耐久性却受到了严峻的考验[1-2]。特别是在严寒地区和海水环境中,由于冻融循环和海水中的有害离子（如 Cl^-、Mg^{2+}、SO_4^{2-}）的侵蚀[3-4],水泥基建筑设施的耐久性经常受到威胁,甚至导致其无法正常工作。这主要是由于水泥基材料的多孔结构为水分和有害离子创造了侵入通道[5];加之持续的荷载作用,促使裂缝的产生,进一步加剧了水分和有害离子的侵入[6]。过去的研究已经提出了两种提高水泥基材料耐久性的主要方法。一种是通过优化水泥的颗粒级配来增强其致密性,从而减少有害孔道的形成[7];另一种则是对水泥基材料进行疏水改性,如在水泥表面涂布疏水材料,以阻断有害离子的传输路径[8]。但这两种方法都有其局限性,优化颗粒级配虽然可以提高密实性,但提升的幅度有限[9];而表面疏水改性方法在水泥表面受到机械损伤后,其防护效果会大打折扣,需要频繁地进行维护和修复[10]。因此,寻找更为高效和持久的解决方案,以增强水泥基材料的耐久性,仍然是当前研究的重要课题。

为了克服上述问题,研究者们开始探索更为高效和持久的方法,以增强水泥基材料的耐久性,其中,整体疏水改性混凝土逐渐成为研究重点[11-12]。本文通过利用聚二甲基硅氧烷（PDMS）与纳米 SiO_2 的复合疏水乳液,成功地制备了全疏水砂浆。本文系统地探讨了这种全疏水砂浆制备技术在耐久性上的表现潜力。经过接触角、冻融循环以及抗氯离子渗透的试验验证,本研究有效地证实了整体疏水改性砂浆在耐久性上的显著优势。

2 试验

2.1 试验材料

水泥:快硬硫铝酸盐水泥,其化学组分和粒度分布见表1和图1。细骨料选用Ⅱ区中普通河砂作为试验的细骨料,河砂质量进行检验,结果见表2。对河砂进行筛分,选取筛分后的部分颗粒级配进行试验,颗粒级配比例见表3。减水剂:聚羧酸高效减水剂，本试验使用的减水剂为山东省建筑科学研究院所提供的聚羧酸高效减水剂（PCE）。疏水乳液：由实验室自制而成，基本物理指标见表 4。

表 1 硫铝酸盐水泥的化学成分（wt. %）

组分	SiO_2	Al_2O_3	K_2O	Fe_2O_3	CaO	MgO	TiO_2	SO_3	Na_2O	其他	LOI
含量	14.54	23.47	0.19	1.13	42.3	1.94	0.67	10.45	0.17	0.25	4.89

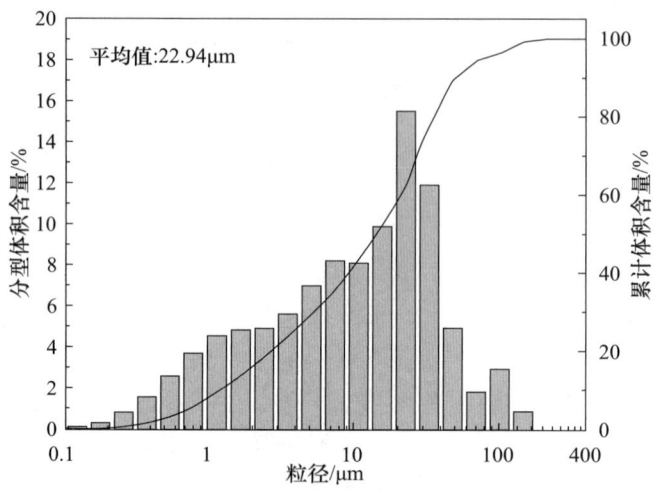

图 1 硫铝酸盐水泥的颗粒尺寸分布

表 2 细骨料物理性能参数

物理性能	参数
含泥量/%	1.64
表观密度/（kg·m^{-3}）	1823
堆积密度/（kg·m^{-3}）	1435
坚固性（压碎指标）	II
石粉含量/%	1.96
饱和面干吸水率/%	0.99

表 3 筛分后选取河砂的颗粒级配

筛孔尺寸/mm	1.18	0.63	0.315	0.16
含量/%	25	40	85	100

表 4 疏水乳液的基本物理指标

固含量/%	pH 值	黏度/mPa·s, 23℃	粒径/μm	外观
30～35	7～8	7.5～10	7.2～8.3	乳白色

2.2 试验配比

水泥、细骨料和水的质量比为 1∶3∶0.5，疏水乳液（HE）掺量（以乳液油相含量计）为水泥质量的 0%、0.5%、1% 以及 2%，每组分别记作（Control、05HE、1HE、2HE）。减水剂按照水泥质量的 1% 加入，计算用水量时考虑扣除乳液中的水，拌和时先将聚合物乳液与水混匀，然后加入砂浆搅拌均匀，具体搅拌流程参照《水泥胶砂强度检验方法（ISO 法）》（GB/T 17671—1999）。

2.3 试验方法

2.3.1 接触角及鲁棒性测试

试块表面的接触角测试，使用 4μL 大小的水滴并选取了样品表面的五个不同测量位置。随后，采用量高法对试样进行分析，取这些测量结果的平均值作为试样的接触角。鲁棒性测试，将砂浆试块放置于 240 目砂纸上，并在试块上方放置一个 5kg 的砝码，进行拖拽。在经过一定数量的拖拽次数后，测量磨损后试块的接触角。

2.3.2 耐久性测试

冻融循环参考标准 GB/T 50082—2009《普通混凝土长期性能和耐久性能试验方法标准》，使用 NJW-HDK-9 型微机全自动混凝土快速冻融试验机进行测试。测试 50 次、100 次以及 200 次冻融循环后试块的质量与强度损失。

冻融循环强度损失测试，抗压强度参照《水泥胶砂强度检验方法（ISO 法）》（GB/T 17671—1999）进行测定。抗压强度损失按照下式进行计算：

$$\Delta f_m = \frac{f_{m1} - f_{m2}}{f_{m1}} \times 100\%$$

式中 Δf_m——n 次冻融循环后的砂浆强度损失率，%；

f_{m1}——对比试块的抗压强度平均值，MPa；

f_{m2}——经过 n 次冻融循环后的试块抗压强度平均值，MPa。

冻融循环质量损失测试按照下式进行计算：

$$\Delta m_m = \frac{(m_0 - m_n)}{m_0} \times 100\%$$

式中 Δm_m——n 次冻融循环后的砂浆质量损失率，%；

m_0——冻融循环前的试块质量，g；

m_n——n 次冻融循环后的试块质量，g。

冻融循环后吸水率测定，将冻融循环后的砂浆试块放入烘箱中，在 60℃下烘 24h 至绝干状态，然后取出称其浸泡前的初始质量，之后将试块浸泡于水中，水面高出试块（20±2）mm，之后记录不同时刻试块质量变化。试块的吸水率按照公式计算：

$$W = \frac{(m_t - m_0)}{m_0} \times 100\%$$

式中 W——试块的吸水率，%；

m_0——试块的初始质量，g；

m_t——浸泡一段时间后试块的质量，g。

氯离子渗透系数测试参考标准《普通混凝土长期性能和耐久性能试验方法标准》(GB/T 50082—2009) 进行测试，制备直径为 (100±1) mm，高度为 (50±2) mm 的圆柱形试块，将试块养护 28d 后进行测试，测试前需要进行 24h 的真空保水处理并将试块用砂纸打磨光滑。

电通量测试参考标准《普通混凝土长期性能和耐久性能试验方法标准》(GB/T 50082—2009)，制备直径为 (100±1) mm，高度为 (50±2) mm 的圆柱形试块，将试块养护 28d 后进行测试，测试前需要进行 24h 的真空保水处理并将试块用砂纸打磨光滑。

2.3.3 FTIR 测试

利用 KBr 压片法制样，使用德国布鲁克公司生产的 Tiger S8 型红外光谱分析仪对疏水砂浆试样进行 FTIR 光谱分析。

3 结果与讨论

3.1 疏水性能

图 2 (a) 展示了疏水乳液掺量对砂浆试块接触角的影响，由于水泥砂浆的多孔性和亲水性，砂浆在未掺疏水乳液时整体呈亲水状态[13]，Control 组接触角为 0°。随着乳液掺量的增加，砂浆已经呈现出疏水状态，尤其当乳液掺量大于 1%，即 1HE 组已经展现出 (>120°) 过疏水状态，已经展现出耐久性提升的潜力。图 2 (b) 展现了 2HE 组的疏水鲁棒性，可以看到虽然全疏水砂浆接触角随着磨损次数的增加呈现出不规则变化，但是接触角的波动范围在 128°~138°之间，始终处于过疏水状态。这证明了砂浆的全疏水性，即砂浆断面均处于疏水状态，反映该水性的疏水乳液能够很好地分散在砂浆当中，赋予砂浆良好的疏水性。

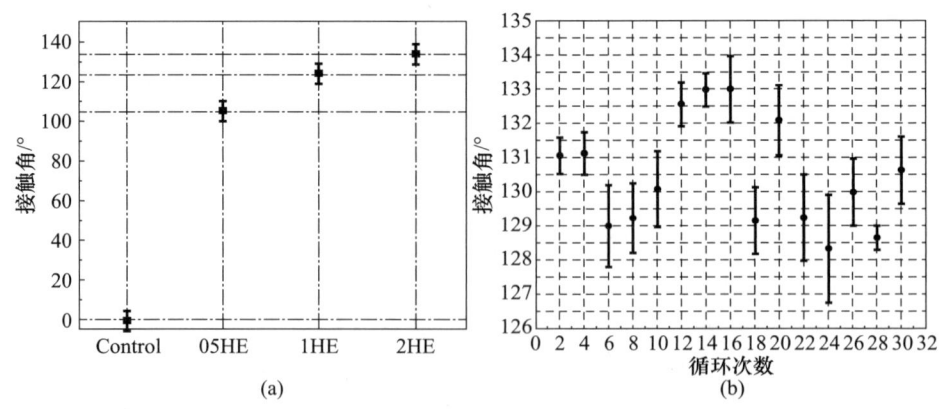

图 2 疏水乳液对砂浆试块接触角的影响及鲁棒性

3.2 耐久性能

3.2.1 冻融循环表观损伤变化

图 3 展示了硫铝酸盐水泥砂浆在不同冻融循环次数后的表观形貌变化。从图 3 (a)

可见,无论是空白对照组还是掺入疏水乳液的试验组,在50次冻融循环前后的表观变化均不显著。然而,如图3(b)所示,空白对照组在100次冻融循环后的表观变化较为明显,而掺入疏水乳液的试验组变化不大。图3(c)显示,在200次冻融循环后,空白对照组及掺入0.5%疏水乳液的硫铝酸盐水泥砂浆试块表观形貌变化显著,多处受损。相比之下,掺入1%和2%疏水乳液表观形貌变化相对较轻。试验结果表明,掺入疏水乳液能有效减轻硫铝酸盐水泥砂浆的冻融损伤。这是因为随着冻融循环时间延长,硫铝酸盐水泥砂浆试块内部水分的结冰与融化过程破坏了孔隙结构,导致表面层物质经长期冻融循环后破损脱落[14-15]。由于疏水乳液的加入提供了疏水性,全疏水硫铝酸盐水泥砂浆试块损伤程度显著降低。

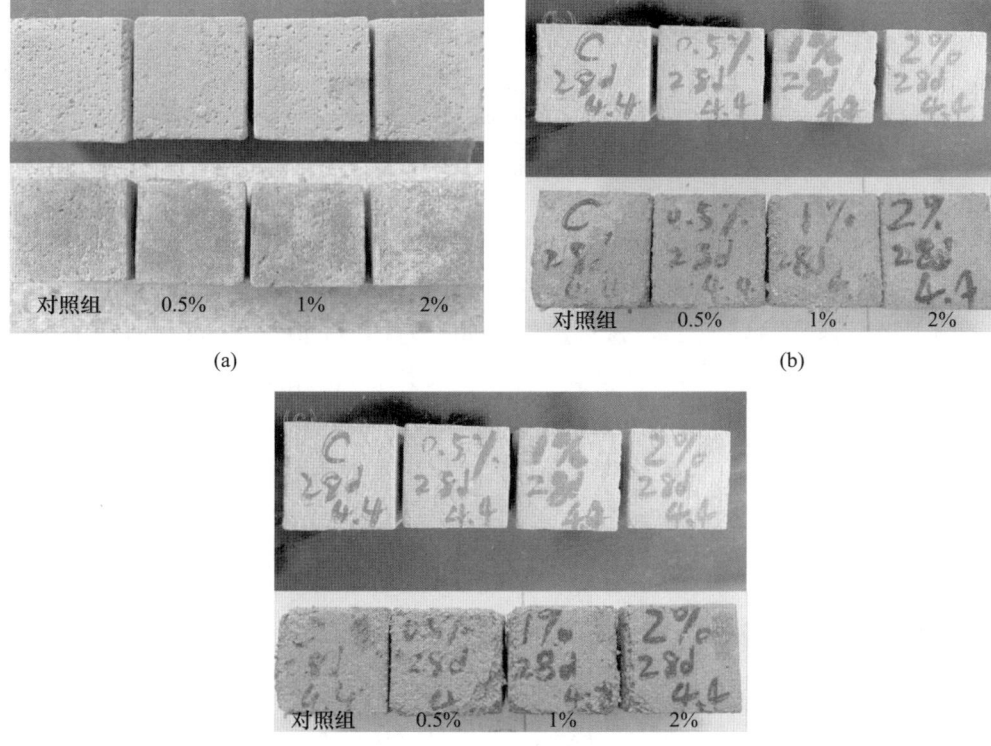

图3 冻融循环后硫铝酸盐水泥砂浆的表观变化
(a) 50次冻融;(b) 100次冻融;(c) 200次冻融

3.2.2 冻融循环质量损失与强度损失

为了更直观地展示水泥基材料在冻融循环中的耐久性,水泥基材料的质量损失程度与强度损失程度是评价其抗冻性能的重要参数[16]。图4展示了硫铝酸盐水泥砂浆在不同冻融循环次数后的质量和强度损失情况。在50次冻融循环后,随着疏水乳液掺量的增加,硫铝酸盐水泥砂浆的质量损失率和强度损失率明显下降。与空白对照组相比,2%疏水乳液掺量的砂浆质量损失率从1.33%降至0.68%,降低了0.65%。这是因为随着冻融循环次数的增加,水在硫铝酸盐水泥砂浆内部结冰膨胀并融化,破坏了砂浆的内部结构。掺入疏水乳液的砂浆由于其疏水性,减少了水分的侵入,从而降低了质量损失率。在 100 次和 200 次冻融循环后，随着疏水乳液掺量的增加，砂浆的质量损失率继续减小。与空白对照组相比，2%疏水乳液掺量的砂浆在 100 次冻融循环后质量损失率从 2.69%降至 1.07%，降低了 1.62%；在 200 次冻融循环后，从 4.18%降至 1.67%，降低了 2.51%。这表明疏水乳液能有效提高砂浆的抗冻性能。从强度损失率的角度来看，50 次冻融循环后，随着疏水乳液掺量的增加，砂浆的强度损失率逐渐下降。与空白对照组相比，掺入疏水乳液的砂浆强度损失率分别降低了 17.9%、52.9%和 56.5%。在 100 次和 200 次冻融循环后，这一趋势持续，表明掺入疏水乳液的砂浆在冻融环境下的损伤程度低于空白对照组。试验结果表明，在硫铝酸盐水泥砂浆中掺入疏水乳液可以有效提高其抗冻性能，降低其在冻融环境下的损伤情况。

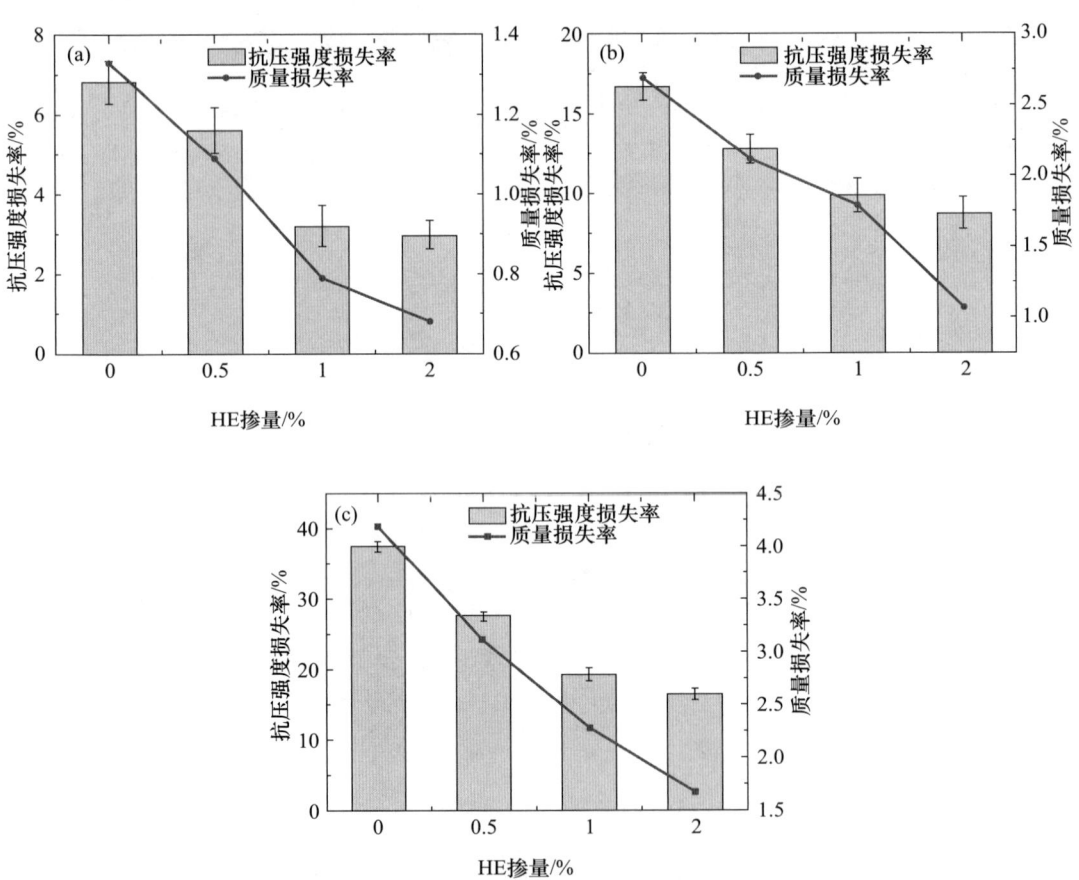

图 4　不同冻融循环次数后硫铝酸盐水泥砂浆的质量损失及强度损失
（a）50 次冻融；（b）100 次冻融；（c）200 次冻融

3.2.3　冻融循环吸水率

图 5 展示了硫铝酸盐水泥砂浆在不同冻融循环次数后的吸水率变化情况。经过 50 次冻融循环，300min 的试验时间内，空白对照组及 0.5%、1%、2%疏水乳液掺量的砂浆吸水率分别为 5.53%、2.25%、1.37%、0.98%。100 次冻融循环后，这些数值分别上升至 5.84%、2.50%、1.45%、1.04%。而在 200 次冻融循环后，吸水率进一步增加至 7.06%、3.06%、1.88%、1.63%。试验初期，砂浆样品的吸水率迅速上升，随

后增长速度放缓,最终趋于稳定。与空白对照组相比,掺入疏水乳液的砂浆吸水率显著降低。出现这一现象的原因在于,冻融循环测试后,砂浆的结构已遭受损害,表面出现裂纹和破损,内部孔隙增多,导致水分更易渗透至砂浆内部。掺入疏水乳液的砂浆,尽管基体结构也遭受损害,内部裂缝增多,且冻融后疏水性下降,其吸水率随着冻融次数增加而逐渐升高。由于疏水乳液在砂浆当中构建起了疏水屏障,减少了水分的渗透和吸收,因此冻融循环后的吸水率仍低于空白对照组。综上所述,冻融循环会破坏砂浆的结构,提高其吸水率,随着冻融循环次数的增加,砂浆的吸水率逐渐升高。在砂浆中掺入疏水乳液能有效地提高其疏水效果,且随着疏水乳液掺量的增加,砂浆的疏水效果越显著。

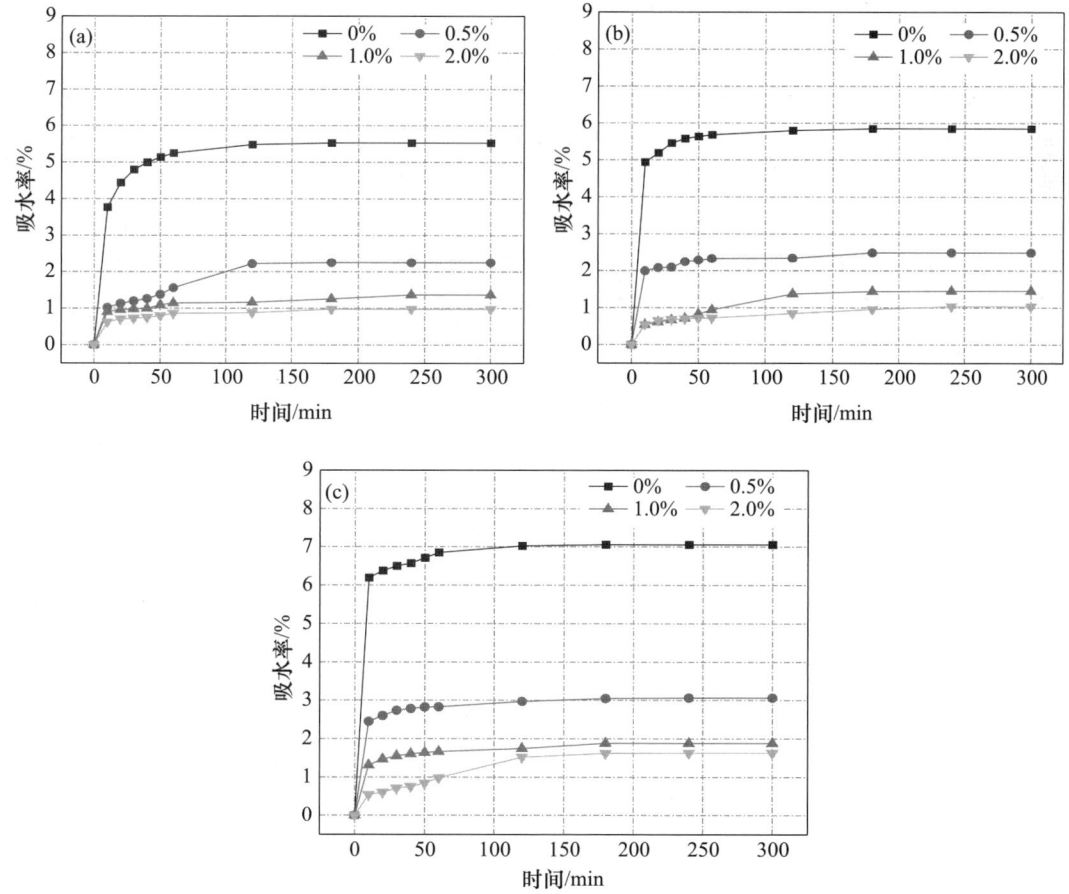

图 5　不同冻融循环次数后硫铝酸盐水泥砂浆的吸水率变化
(a) 50 次冻融；(b) 100 次冻融；(c) 200 次冻融

3.2.4　抗氯离子侵蚀

水泥基材料在自然环境中易受多种侵蚀因素影响而损坏,因此提升其抗氯离子侵蚀性能至关重要。图 6 展示了在不同疏水乳液掺量下氯离子对硫铝酸盐水泥砂浆的侵蚀深度,其中浅白色区域代表氯离子的侵蚀范围。结果表明,随着疏水乳液掺量的增加,氯离子对砂浆的侵蚀深度逐渐减小。

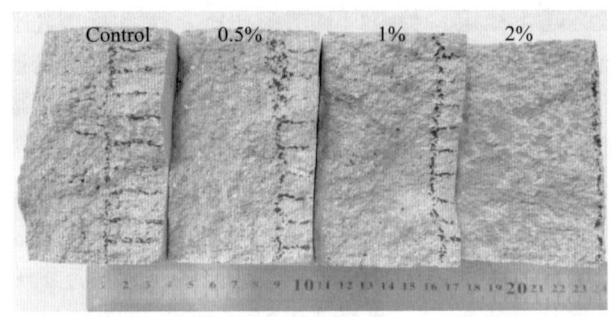

图 6　不同疏水乳液掺量下氯离子对硫铝酸盐水泥砂浆的侵蚀深度

图 7 展示了硫铝酸盐水泥砂浆的氯离子侵蚀深度及侵蚀系数。结果显示，随着疏水乳液掺量的增加，氯离子对砂浆的侵蚀深度明显减小。当疏水乳液掺量为 0.5% 时，砂浆的侵蚀深度为 7.0mm，相较于空白对照组的 22.2mm，降低了 68.5%；当掺量为 1% 时，侵蚀深度降至 3.5mm，较空白对照组降低了 84.2%；而掺量为 2% 时，侵蚀深度仅为 0.5mm，相较于空白对照组降低了 97.7%。这一现象归因于疏水乳液在砂浆内部形成的疏水网状结构，该结构遍布于砂浆内部及孔隙中，赋予砂浆整体防水效果。试验结果证实，疏水乳液能显著地提高砂浆的耐氯离子侵蚀性，且随着掺量的增加，砂浆的抗氯离子侵蚀性能逐渐增强。图 8 还显示，随着疏水乳液掺量的增加，砂浆的抗氯离子侵蚀系数逐渐降低，表明掺入疏水乳液能有效地提升砂浆的抗氯离子侵蚀性能。

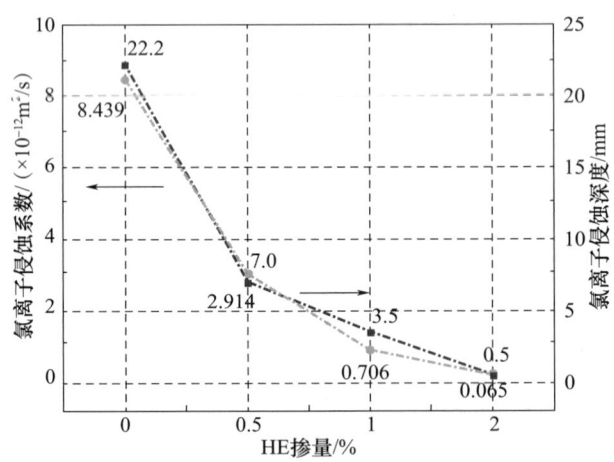

图 7　硫铝酸盐水泥砂浆的氯离子侵蚀深度及侵蚀系数

3.2.5　电通量

电通量测试代表材料的渗透性，试验测试得出的电通量数值越低，代表水泥基材料的抗侵蚀性越好[17]。图 8 展示了在不同比例疏水乳液掺入的情况下，硫铝酸盐水泥砂浆电通量的变化情况。观察结果表明，随着测试时间的增加，砂浆的电通量逐步上升。当测试时间达到 360min 时，0.5% 疏水乳液掺量的砂浆电通量相比空白对照组降低了 41.27%；1% 疏水乳液掺量的砂浆电通量降低了 72.44%，而 2% 疏水乳液掺量的砂浆电通量降低了 84.18%。这种现象的原因在于砂浆内部存在不均匀的孔隙结构，这些孔隙可能成为有害物质侵蚀水泥基材料的通道。然而，加入疏水乳液后，砂浆体系中形成了一种疏水性的网络结构，这种结构能够有效地阻挡有害物质的侵蚀，从而增强砂浆的抗侵蚀性能。

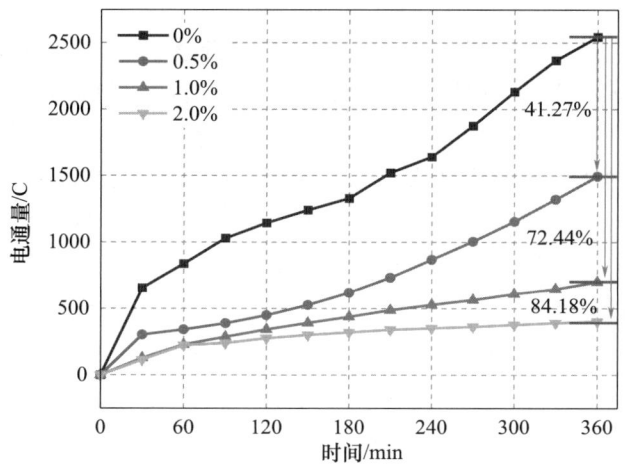

图 8　不同疏水乳液掺量下硫铝酸盐水泥砂浆的电通量变化

3.3　红外光谱分析

通过红外光谱分析以研究疏水乳液中 PDMS 与水泥未水化颗粒和水化产物之间的化学键合作用。如图 9 所示，Control 组和疏水改性组一样，观察到了特定的红外光谱特征峰，水泥水化产物氢氧化钙（CH）和体系中水的—OH 特征峰分别出现在 $3644cm^{-1}$ 和 $3430cm^{-1}$ 处，同时 Si—OH 的弯曲振动峰出现在 $971cm^{-1}$ 处。然而，在全疏水砂浆中，观察到在 $2971cm^{-1}$ 和 $1255cm^{-1}$ 处出现了—CH_3 和 Si—CH_3 的特征峰。这些特征峰的强度随着疏水乳液掺量的增加而增强。由此得出结论，PDMS 的有机官能团可以接枝到水泥未水化颗粒和水化产物的表面，从而降低其表面自由能。正是由于这些低表面能物质的键合作用，使得砂浆具有优异的疏水性。

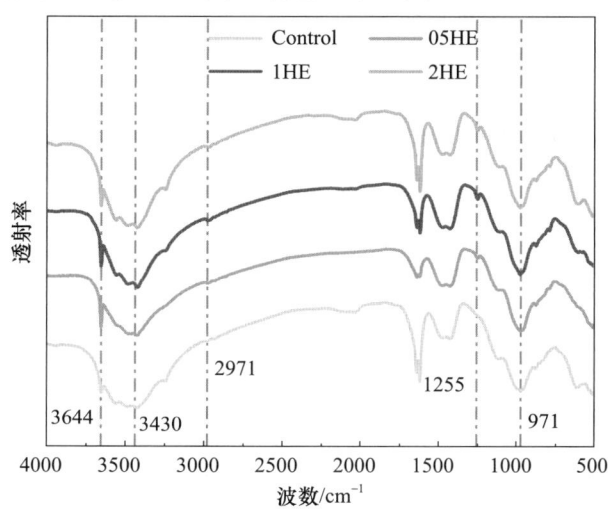

图 9　不同疏水乳液掺量下硫铝酸盐水泥砂浆的红外光谱分析

4 结论

(1) 通过疏水乳液改性后的水泥砂浆具有整体疏水性，1%疏水乳液掺量下，疏水砂浆已经具备了过疏水性，并且成功证明了疏水乳液能够良好地分散于疏水砂浆中，2%疏水乳液掺量下的疏水砂浆具备良好的疏水鲁棒性。

(2) 在硫铝酸盐水泥砂浆中掺入疏水乳液可以有效地提高其抗冻性能，降低其在冻融环境下的损伤情况，尤其是在2%疏水乳液掺量下经过200次冻融循环后减小质量损失0.65%、强度损失56.5%，并降低吸水率5.43%。

(3) 疏水乳液改性形成的内部疏水网络提升了砂浆的抗氯离子侵蚀性，特别是在2%掺量下，氯离子侵蚀深度降低97.7%。电通量测试进一步验证了疏水砂浆的抗侵蚀性能提升。

参考文献

[1] TING M, WONG K S, RAHMAN M E, et al. Deterioration of marine concrete exposed to wetting-drying action [J]. Journal of Cleaner Production, 2020, 278: 123383.

[2] QU F L, LI W G, DONG W K, et al. Durability deterioration of concrete under marine environment from material to structure: A critical review [J]. Journal of Building Engineering, 2021, 35: 102074.

[3] AMINE EL M S, MAHFOUD B, Patrice R, et al. Development of self-compacting mortars based on treated marine sediments [J]. Journal of Building Engineering, 2019, 22: 252-261.

[4] YAGHOOB F, SARAH D, ANDREW W, et al. The influence of calcium chloride deicing salt on phase changes and damage development in cementitious materials [J]. Cement and Concrete Composites, 2015, 64: 1-15.

[5] CHATTARIKA P, GONGANOK J, TANAKORN P, et al. Durability properties of novel coating material produced by alkali-activated/cement powder [J]. Construction and Building Materials, 2023 363: 129837.

[6] MATHIAS M, DIDIER S, NELE D B. Chloride penetration in cracked mortar and the influence of autogenous crack healing [J]. Construction and Building Materials, 2016, 115: 114-124.

[7] YAO H, XIE Z L, HUANG C H, et al. Recent progress of hydrophobic cement-based materials: Preparation, characterization and properties [J]. Construction and Building Materials, 2021, 299: 124255.

[8] GENG Y J, LI S C, HOU D S, et al. Fabrication of superhydrophobicity on foamed concrete surface by GO/silane coating [J]. Materials Letters, 2020, 265: 127423.

[9] SHE W, YANG J X, HONG J X, et al. Superhydrophobic concrete with enhanced mechanical robustness: Nanohybrid composites, strengthen mechanism and durability evaluation [J]. Construction and Building Materials, 2020, 247: 118563.

[10] 夏效静, 雷子杰, 韩雨桐, 等. 超疏水改性水泥基材料研究进展 [J]. 工程建设, 2022, 54 (12), 7-12+19.

［11］SHI Z Q，WANG Q，LI X D，et al. Utilization of super-hydrophobic steel slag in mortar to improve water repellency and corrosion resistance［J］. Journal of Cleaner Production，2022，341：130783.

［12］HUANG J X，GE S J，WANG H N，et al. Study on the improvement of water resistance and water absorption of magnesium oxychloride cement using long-chain organosilane-nonionic surfactants［J］. Construction and Building Materials，2021，306：124872.

［13］WANG F J，LEI S，OU J F，et al. Effect of PDMS on the waterproofing performance and corrosion resistance of cement mortar［J］. Applied Surface Science，2020，507：145016.

［14］SCOTT M，ISMAEL F V，KONSTANTIN S. Durability of superhydrophobic engineered cementitious composites［J］. Construction and Building Materials，2015，81：291-297.

［15］尹立强. 高延性水泥基复合材料冻融损伤与性能演化研究［D］. 呼和浩特：内蒙古工业大学，2020.

［16］孙科科. 冻融循环条件下的聚合物混凝土劣化规律及机理研究［D］. 重庆：重庆大学，2021.

［17］常浩然. 冻融环境与海洋环境耦合作用下的硫铝酸盐水泥基纤维复合材料性能研究［D］. 成都：西南交通大学，2021.

作者简介

第一作者，苏延俐，男，硕士研究生，从事低碳水泥基材料制备及其耐久性研究。

通信作者，赵丕琪，男，博士，教授，从事特种与功能水泥基建筑材料及水泥基材料微观表征与机理机制分析。电话：13127133982；邮箱：mse_zhaopq@ujn.edu.cn。

不同胶粉类型的抹面砂浆耐久性演变规律

王 娟　董庆广　姚苏皖

（上海市建筑科学研究院有限公司，上海 201108）

摘　要：抹面砂浆对于外墙保温系统的安全性和耐久性至关重要。本文研究了不同配比的抹面砂浆基本力学性能、抗冻融性、干湿循环性能及吸水性能，并采用扫描电子显微镜（SEM）、能谱仪（EDS）、压汞测试仪（MIP）分析抹面砂浆的微观形貌和孔结构。研究结果表明：相比于空白组，采用具有憎水性组分的 M3、M4 和 M5 的抹面砂浆吸水量降低，其中，掺有 FX7000 苯丙胶粉的抹面砂浆吸水量降低 79%，防水性最优。28d 抗压、抗折和拉伸粘结强度的结果表明不同类型胶粉和憎水剂的添加有助于砂浆抗折韧性和与保温板拉伸粘结强度的提升，结合扫描电子显微镜（SEM）和压汞测试仪（MIP）检测结果，抹面砂浆内部形成的胶粉-AFt-Cc 的双层有机-无机网络模型增加了砂浆内部各组分的交联性，提升砂浆的防水和粘结性能。

关键词：建筑材料；抹面砂浆；耐久性；有机-无机网络模型

Durability Evolution of Plastering Mortars with Different Types of Redispersible Polymer Powders

Wang Juan　Dong Qingguang　Yao Suwan

(ShanghaiResearch Institute of Building Sciences Co., Ltd., Shanghai, 201108)

Abstract: Plastering mortar is crucial for the safety and durability of exterior wall insulation systems. In this paper, the basic mechanical properties, freeze-thaw resistance, wet dry cycle performance, and water absorption performance of different plastering mortars were investigated. Scanning electron microscopy (SEM), energy dispersive spectroscopy (EDS), and mercury intrusion porosimetry (MIP) were used to analyze the microstructure and pore structure of plastering mortar. The research results show that compared with the blank, the water absorptions of the plastering mortars M3, M4, and M5 with hydrophobic components are reduced. Among them, the plastering mortar with FX7000 styrene propylene redispersible polymer powder (RPP) has the best waterproof performance with a water absorption reduction of 79%. The results of 28-d compressive, flexural, and tensile bond strengths indicate that the addition of different types of RPPs and hydrophobic agents helps to improve the flexural toughness and the tensile bond strength with insulation board. Combined with the results of SEM and MIP, the RPP-AFt-CC double-layer organic-inorganic network formed inside the plastering mortar brings the increase of the cross-linking of various components inside the mortar, and accordingly to improve the waterproof and bonding performance of the plastering mortar.

Keywords: Building materials; Plastering mortar; Durability; Organic-Inorganic Network

0 引言

2022年3月住房城乡建设部发布了《"十四五"住房和城乡建设科技发展规划》，明确将低碳建材和外墙保温材料列为重点技术研究方向[1]。外墙保温材料由抹面砂浆、轻质保温材料、装饰材料等多部分组成。近年来，由于抹面砂浆耐久性能降低、粘结力失效，导致建筑外墙保温板高空脱落的事故频发，对居民生命财产安全造成严重危害。因此，抹面砂浆对外墙保温材料至关重要。

抹面砂浆是由高分子聚合物、水泥、砂为主要材料配制而成的具有良好抗变形能力和粘结性能的聚合物砂浆。抹面砂浆需要具备优异的抗裂、防渗性能，耐候性能好，可以有效地控制砂浆因塑性、干缩、温度变化等因素引起的裂纹，防止及抑制裂缝、渗漏等问题，使得墙体保温砂浆面层有很好的整体抗裂效果和防渗性能。抹面砂浆还需要具有高的粘结强度，与保温层粘结牢固。抹面砂浆在服役过程中，会受到水分、冻融等外部环境因素的影响和酸雨的侵蚀，导致其内部结构发生破坏，力学性能下降。裴须强等人[2]研究了丙烯酸乳液对抹面砂浆的影响；李鹏飞等人[3]研究了可分散乳胶粉对抹面砂浆性能的影响，并优选了最优配比；陈坤等人[4]综述了近些年利用外加剂改性增强抹面砂浆性能研究。但是，目前在复杂环境中抹面砂浆基体劣化规律及微观结构破坏的机理尚不清楚。

本文研究了在浸水、干湿循环和冻融作用下抹面砂浆的物理性能、力学性能和耐久性的演变规律。通过SEM、EDS和MIP分析了聚合物胶粉对抹面砂浆的微观形貌和孔结构的影响，阐释不同环境下抹面砂浆的劣化机理，研究结果为外墙保温系统防护层的安全性能提升提供技术支撑。

1 原材料与试验方法

1.1 原材料

本文水泥采用南方 P·O 42.5 水泥，其物理性质见表 1，化学组分见表 2。试验采用的砂子为 70~140 目的天然细砂，胶粉分为 FX7000 苯丙胶粉、mp2050 乙烯-醋酸乙烯胶粉和 2350 纯丙烯酸胶粉 3 类，由阿克苏诺贝尔公司提供，纤维素醚采用山东一滕生产的 NDJ 黏度为 100000mPa·s 的羟甲基丙基纤维素醚（HPMC）。

表 1 水泥物理性质

标准稠度用水量/%	初凝时间/min	终凝时间/min	45μm 筛余/%	80μm 筛余/%	抗折强度/MPa		抗压强度/MPa	
					3d	28d	3d	28d
26.2	224	291	13.11	2.20	4.42	9.03	18.51	54.43

表 2 水泥化学组分分析（wt.%）

氧化物	CaO	SiO_2	Al_2O_3	Fe_2O_3	MgO	SO_3	K_2O	TiO_2	Cl	Na_2O	LOI
水泥	61.08	23.1	4.82	3.57	2.41	2.03	0.37	0.162	0.14	0.13	1.84

1.2 试验方法

试验设计砂浆配合比见表 3，试验选用 M1 作为空白组，为基础配比，采用 2350 纯丙烯酸胶粉、2350 纯丙烯酸胶粉+憎水剂 Seal80、FX7000 苯丙胶粉+憎水剂 Seal80、2050 乙烯-醋酸乙烯胶粉+憎水剂 Seal80，分别记为 M2、M3、M4 和 M5。控制砂浆标准稠度 48~50mm，经机械搅拌 180s 后，测其保水率和密度等浆体性能。然后标准养护至 28d 水化龄期，测其抗压强度、抗折强度等基础力学性能。

表 3 砂浆配合比

编号		M1	M2	M3	M4	M5
水泥		250	250	250	250	250
Ca-双飞粉		100	100	100	100	100
砂		649	647	646	647	647
乳胶粉	2350		20	20		
	fx7000				20	
	2050					20
憎水剂 Seal80				2	2	2
纤维素醚		1	1	1	1	1
总量		1000	1000	1000	1000	1000
水料比		0.19	0.2	0.2	0.2	0.2

试验所涉及的检测方法按照《建筑砂浆基本性能试验方法标准》(JGJ/T 70—2009)和《挤塑聚苯板（XPS）薄抹灰外墙外保温系统材料》(GB/T 30595—2014)进行。试验设备采用无锡市锡仪建材仪器厂的 ISO-679 水泥胶砂搅拌机、苏州市东华试验仪器有限公司的 HBY-40B 型水泥恒温恒湿标准养护箱、浙江竞远机械设备有限公司的 TYE-300 液压式水泥压力试验机等。

2 结果与分析

2.1 物理性能

图 1 是不同组别对吸水量的影响。观察图 1 可以发现，与对照组 M1 相比，M4 的吸水量最低，降低幅度达到 78.8%。另外，M2、M3 以及 M5 的吸水量相较于对照组均有大幅度的降低。这说明纯丙烯酸胶粉、苯丙胶粉、乙烯-醋酸乙烯胶粉和憎水剂的加入有助于降低水泥基材料的吸水量。其中，苯丙胶粉对吸水量降低影响最大。

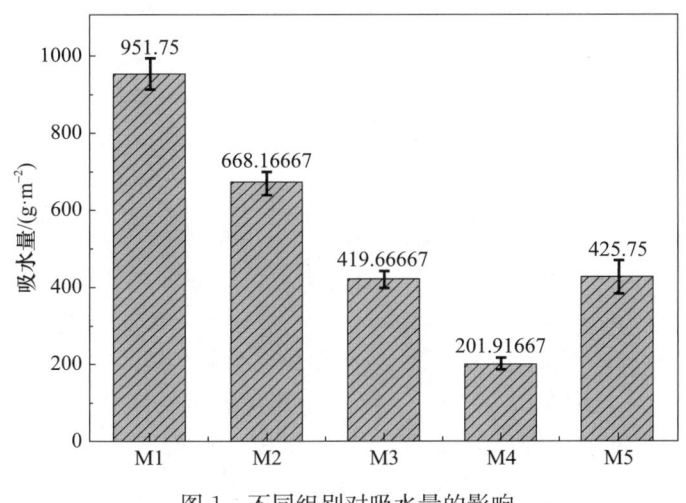

图 1 不同组别对吸水量的影响

2.2 力学性能

图 2 是不同组别对抗压强度和抗折强度的影响。观察图 2 可以发现五个组别的抗压强度和抗折强度总体呈现逐步上升的趋势。这说明不同种类胶粉和憎水剂的添加有助于力学性能增长。表明抗压强度和抗折强度应是同比例变化[5]。

2.3 耐久性

图 3 是不同组别在干湿循环和冻融循环下的粘结强度演变规律。观察图 3 可以发现，在标准养护下粘结强度呈现逐步上升的趋势。但是在冻融循环的条件下，总体呈现先下降后上升的趋势。这说明 2350 纯丙烯酸胶粉的添加一定程度上不利于冻融循环条件下粘结性能的发展。但是 2350 纯丙烯酸胶粉和憎水剂组合使用可以显著地提升水泥

基体的粘结强度。这说明憎水剂的加入具有补充增强粘结强度不足的效果。结合图 4 可以发现，添加了胶粉和憎水剂的组别断面都残余大量的水泥水化颗粒。其中 M1 粘结水泥颗粒较少，与保温板的粘结强度较低，M4 和 M5 试件表面依附的水泥水化颗粒更多，表现出更高的粘结强度。这说明在冻融循环下，添加胶粉组别粘结性能提升的主要原因是胶粉搅拌后在水泥基体表面形成了有机-无机结合的互穿网络。

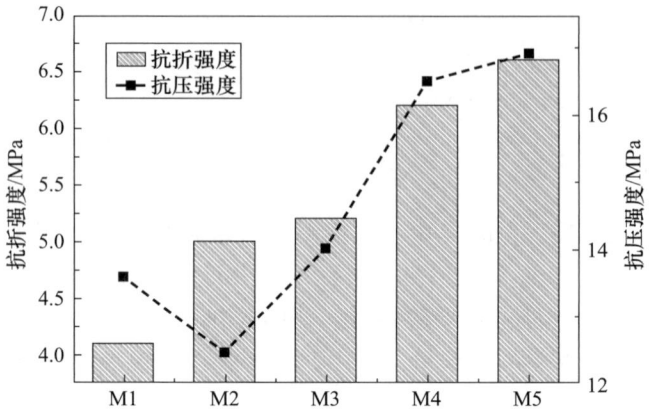

图 2 不同组别对抗压强度和抗折强度的影响

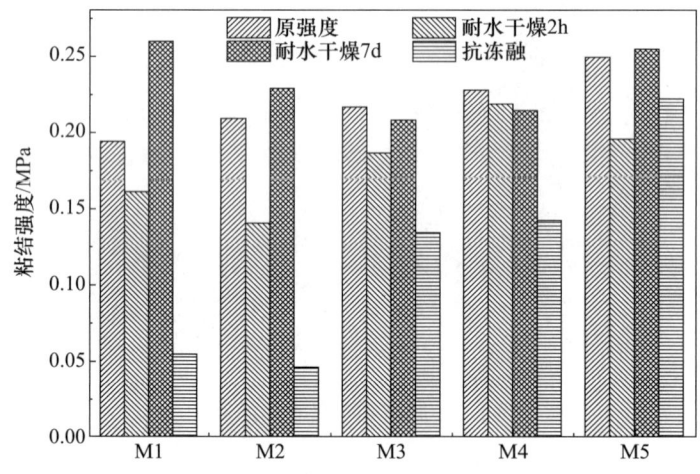

图 3 不同组别在不同环境下的粘结强度

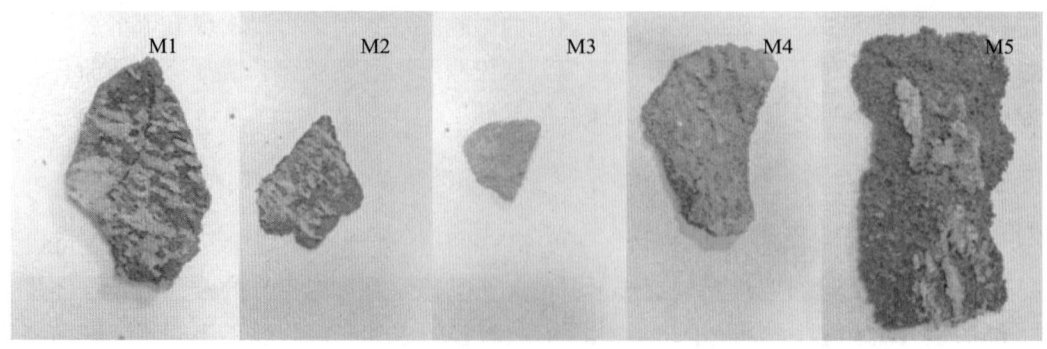

图 4 冻融循环后不同组别的断面形貌

在干湿循环条件下，可以发现干燥2h和7d的粘结强度分别满足GB 30595—2014中大于0.1MPa和大于0.2MPa的指标要求。7d粘结性能提升的重要原因应该是有机-无机互穿网络7d内进行了缓慢水化，形成了更为密实的空间骨架。

2.4 孔结构（MIP）

表4是利用MIP测试获得的不同组别孔结构参数。观察表4可以发现，与对照组相比，加入不同种类胶粉的水泥基材料孔隙率总体呈现下降趋势。这说明胶粉有机物的加入有助于细化孔结构。值得注意的是，M5的孔隙率最低。这说明乙烯-醋酸乙烯胶粉加入后会形成更多网状结构细化水泥基体。另外，有研究表明，孔隙率越低，力学性能越高[6]。这也与图3中粘结强度的演变规律一致。

表4　不同组别的孔结构参数

组别	平均孔径/nm	孔体积/(mL·g^{-1})	孔隙率/%
M1	60.8	0.2607	38.4444
M2	54.9	0.2589	38.6142
M3	103.1	0.2570	38.1789
M4	43.7	0.2319	36.5266
M5	51.3	0.2251	34.8368

图5是对照组和M5的孔径分布情况。观察图5可以发现，不添加胶粉的M1孔径主要集中在1000nm左右。力学性能和耐久性能最好的M5的孔径主要集中在600nm左右。结合表4也可以发现，M5的平均孔径也显著低于M1。众多研究也表明，孔结构越小，力学性能和耐久性能越好。

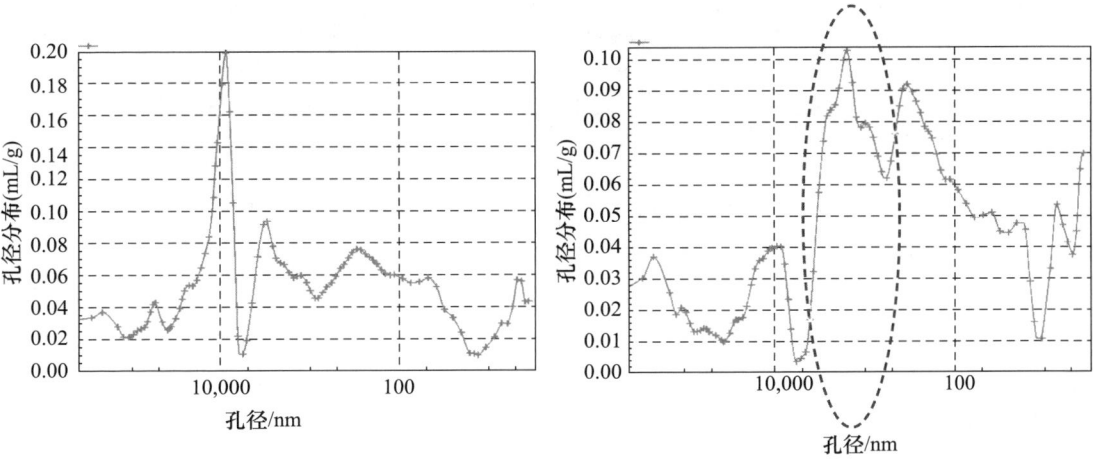

图5　对照组（M1）与M5的孔径分布

2.5 微观形貌与机理模型

图 6 是不同环境下对照组和 M5 的微观形貌。观察图 6 可以发现，对照组 M1 中只有钙矾石 AFt 形成的无机骨架结构。M5 中形成了大量的胶粉络合形成的网状结构以及少许块状的方解石晶体，具体可参考图 6 中 EDS 能谱。氢氧化钙的减少与方解石的增多，可能是因为形成的网状结构对进入的 CO_2 气体有一定的束缚作用。这就导致水化产物氢氧化钙被碳化形成了部分的方解石晶体。综上所述，由胶粉络合形成的聚合物网状结构与 AFt 和方解石形成的无机骨架协同提升了抹面砂浆的粘结性能与耐久性，具体可参考图 7。

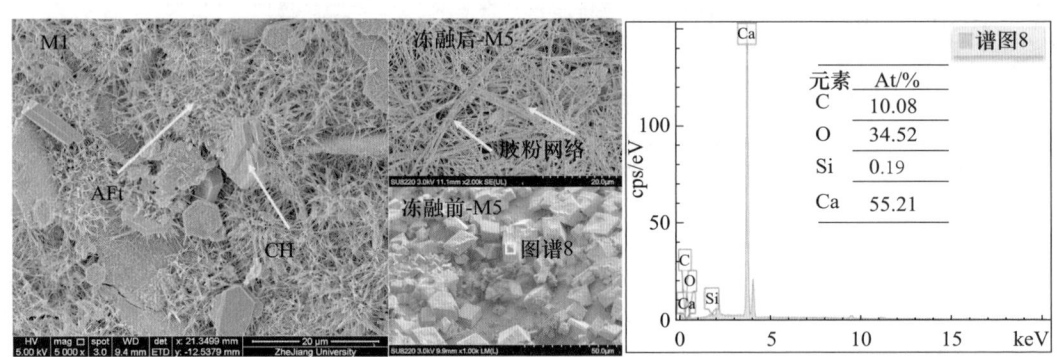

图 6 微观形貌

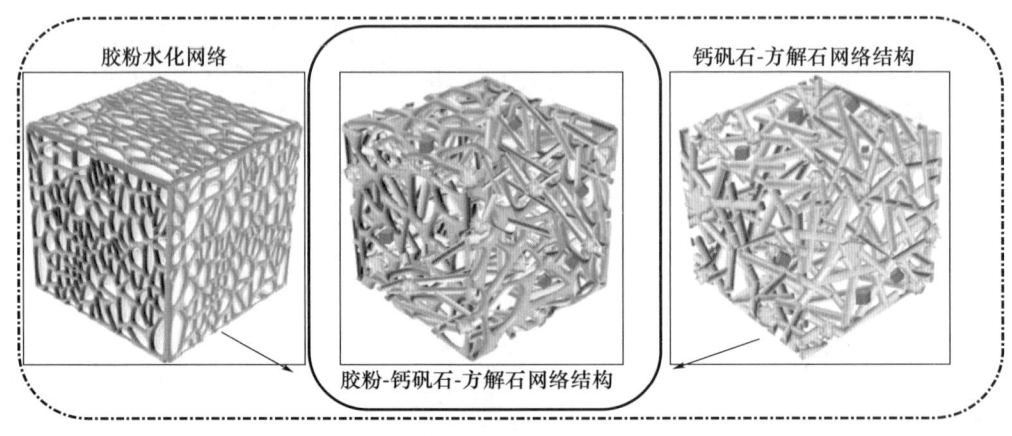

图 7 胶粉-钙矾石-方解石形成的有机-无机双层网络模型

3 结论

本文通过探究在浸水、干湿循环和冻融作用下，添加不同聚合物胶粉的抹面砂浆的物理性能、力学性能和耐久性的演变规律及机理，得出以下结论：

（1）纯丙烯酸胶粉、苯丙胶粉、乙烯-醋酸乙烯胶粉和憎水剂的加入有助于降低水泥基材料的吸水量。其中，苯丙胶粉对吸水量降低影响最大，降低 78.8%。

（2）与对照组 M1 相比，M2、M3、M4 和 M5 的抗折强度分别提升了 21.9%、26.8%、51.2% 和 60.9%。M2、M3、M4 和 M5 的抗压强度分别提升了 －11%、2.9%、21.3% 和 24.3%。综上所述，M3、M4 和 M5 中使用的聚合物胶粉有助于力学性能的提升。

（3）通过 SEM、EDS 和 MIP 发现并建立胶粉-钙矾石-方解石有机-无机双层网络模型，形成的网络模型是粘结强度和耐久性能提升的重要原因。

参考文献

[1] 林奕，李杰，陈文杰，等．"碳达峰"目标下夏热冬冷地区居住建筑外墙保温隔热技术发展探析[J]．新型建筑材料，2023，50（5），140-144.

[2] 裴须强，朱玉雪，李婷，等．丙烯酸乳液改性抹面砂浆及其性能探究[J]．混凝土，2023，（7）：131-135.

[3] 李鹏飞，李育彪，李超前，等．低硅铁尾矿制备抹面砂浆试验研究[J]．矿产保护与利用，2022，42（6）：81-88.

[4] 陈坤，李育彪，柯春云，等．抹面砂浆原材料与应用研究进展[J]．混凝土与水泥制品，2022，（6）：99-104.

[5] JANG J G, KIM H J, PARK S M, et al. The influence of sodium hydrogen carbonate on the hydration of cement [J]. Construction and Building Materials, 2015, 94: 746-749.

[6] QIANG Z, TEDDY F H, LI K F. Freezing behavior of cement pastes saturated with NaCl solution [J]. Construction and Building Materials, 2014, 59: 99-110.

作者简介：王娟，女，硕士，高级工程师，从事建筑围护材料耐久性及性能提升技术研究；联系方式：13585867529，邮箱：wangjuan1@sribs.com。

硫酸钙晶型对修补砂浆工作性能的影响研究

丁 浩[1] 沈学鹏[1] 李东旭[1] 陈爱丽[2]
(1. 南京工业大学,江苏南京 211800;
2. 江苏坤昌新材料有限责任公司,江苏南京 210000)

摘 要：以硫铝酸盐水泥为主要胶凝材料制备自密实型修补砂浆（SCRM）时,虽然具备较高的早期机械强度,但存在凝结时间过快、水化速率过快等问题。本文研究了硫酸钙类型（半水石膏、硬石膏和二水石膏）对自密实型修补砂浆（SCRM）的影响。探究了它们对 SCRM 的工作性能和水化过程的影响。试验结果表明,加入硫酸钙后,SCRM 的机械强度和孔隙结构得到改善。二水石膏可以有效地延缓 SCRM 水化速率。半水石膏的加入使得 SCRM 早期水化加快和具有更大的膨胀性。其中加入 8% 半水石膏（HG02）6h 抗折强度和抗压强度增幅分别为 39.02% 和 34.08%。加入 8% 硬石膏（SG02）20min 流动度损失最小,凝结时间得到较大延长,28d 抗折强度和抗压强度增幅分别为 26.56% 和 28.08%。

关键词：修补砂浆；硫铝酸盐水泥；复合水泥；钙矾石

Study on the Effect of Calcium Sulfate Crystal Type on the Working Performance of Repair Mortar

Ding Hao[1] Shen Xuepeng[1] Li Dongxu[1] Chen Aili[2]
(1. Nanjing University of Technology, Nanjing 211800)
(2. Jiangsu Kunchang New Materials Co., Ltd., Nanjing 210000)

Abstract：When self-compacting repair mortar (SCRM) is prepared by using sulfoaluminate cement as the main cementitious material, although it possesses high early mechanical strength, it suffers from too fast setting time and too fast hydration rate. In this paper, the effects of calcium sulfate types (gypsum hemihydrate, hard gypsum and gypsum dihydrate) on self-compacting repair mortar (SCRM) were investigated. Their effects on the working performance and hydration process of SCRM were explored, and the test results showed that the mechanical strength and pore structure of SCRM were improved by adding calcium sulfate. Gypsum dihydrate can effectively retard the hydration rate of SCRM. The addition of gypsum hemihydrate resulted in faster early hydration and greater swelling of SCRM. Among them, the increase of flexural strength and compressive strength by adding 8% hemihydrate gypsum (HG02) for 6h was 39.02% and 34.08%, respectively. By adding 8% anhydrite (SG02), the loss of mobility was minimized in 20min, the setting time was extended, and the increase of flexural strength and compressive strength in 28d was 26.56% and 28.08%, respectively.

Keywords: repair mortar; sulfoaluminate cement; composite cement; calcite

1 引言

自密实型修补砂浆（SCRM）是由水泥、矿物掺合料、细骨料、添加剂等按适当比例组成，使用时需与一定比例的水或者其他液料搅拌均匀，用于构建物及建构物修补的水泥砂浆[1-2]。为了满足施工条件，SCRM 还应具有适当的凝结时间、较大的流动性、较高的早期强度、良好的抗偏折性能和稳定的体积变化等性能。通常当硅酸盐水泥（portland cement，PC）作为 SCRM 的主要胶凝材料时，PC 水化速率较慢、早期强度较低、干缩严重的这些问题会导致 SCRM 出现收缩、开裂等问题。硫铝酸盐水泥（sulphate aluminate cement，SAC）具有早强、高强、抗冻、抗渗、耐蚀和低碱等突出特点[3]，这种水泥凝结时间速度较快，显示出十分乐观的发展前景。当硫铝酸盐水泥与硅酸盐水泥混合，SAC 中的 $C_4A_3\bar{S}$ 矿物与 OPC 中的 C_3S 矿物在共同水化过程中有互相促进的作用，会使混合水泥水化和凝结加速。该复合体系的主要水化产物为钙矾石、铝凝胶、C-S-H 凝胶和少量低硫水合硫铝酸钙。体系的早期强度是由钙矾石的形成提供的，而后期水泥强度的增长是由 C-S-H 凝胶的形成保证的[4-6]。

如上所述，硫铝酸盐水泥的主要水化反应物为硫铝酸盐，其水化过程通常涉及硫酸钙（石膏、硬石膏），并根据以下反应生成钙矾石（$C_6A\bar{S}_3H_{32}$）和氢氧化铝（AH_3）[7]：

$$C_4A_3\bar{S}+2C\bar{S}+38H \longrightarrow C_6A\bar{S}_3H_{32}+2AH_3 \tag{I}$$

在硫酸钙含量低时，无水硫铝酸钙也可以进行水化：

$$C_4A_3\bar{S}+20H \longrightarrow C_4A\bar{S}H_{14}+2AH_3 \tag{II}$$

硅酸盐组分在高铝相的环境下会发生以下水化反应生成：

$$C_2S+AH_3+5H \longrightarrow C_2ASH_8 \tag{III}$$

C_2S 能促进 Strätlingite（C_2ASH_8）的形成，Strätlingite 也被认为是 AFm 相，由于空位点的存在和某些基团（如羟基和水分子）的部分占用，其结晶度可能较低。

在一些情况下，研究人员尝试将硫铝酸盐水泥和普通硅酸盐水泥一起使用，以改善硅酸盐水泥的早期性能。这种混合使用的体系中会发生不同的反应导致形成钙矾石[8]：

$$C_4A_3\bar{S}+8C\bar{S}+6CH+90H \longrightarrow 3C_6A\bar{S}_3H_{32} \quad (Ⅳ)$$

对硫铝酸盐水泥的水化研究指出钙矾石的形成对胶凝材料的凝固和最终性能起着重要的作用。特别是反应（Ⅰ）中产生的钙矾石，与反应（Ⅳ）中形成的膨胀钙矾石不同，具有优异的尺寸稳定性。根据硫酸钙的来源，钙矾石的形成机制和微观结构特征都是不同的。石膏的快速溶解使钙矾石的形成更快，并在小晶体的基础上形成致密的基质；当使用硬石膏时，硫酸盐离子的缓慢释放会影响钙矾石的形成动力学，但钙矾石的结晶结构会更好[9-11]。

虽然有许多研究者对硫铝酸盐水泥-普通硅酸盐水泥-石膏三元胶凝体系的水化机理和材料性能做过研究，但针对不同类型硫酸钙对修补砂浆的影响研究较少。本研究采用3种不同类型的硫酸钙：半水石膏（HG，a-hemihydrate）、硬石膏（SG，Anhydrite）、二水石膏（DG，Dihydrate）制备 SCRM。探究硫酸钙对 SCRM 早期水化与性能影响。具体研究了它们对 SCRM 的机械强度、凝结时间、流动性等工作性能的影响，利用 X 射线衍射仪（XRD）等温热传导量热仪研究了其水化进程与水化产物，采用压汞法（MIP）研究了其微观结构。探讨了不同类型硫酸钙的作用机理，为制备三元修补砂浆提供理论依据。

2 试验

2.1 原材料

硫铝酸盐水泥（SAC）采用由垩筑新材料科技有限公司生产的 42.5 级低碱度硫铝酸盐水泥；普通硅酸盐水泥（OPC）42.5 级，安徽海螺水泥股份有限公司生产；半水石膏（HG，a-hemihydrate）、硬石膏（SG，Anhydrite）、二水石膏（DG，Dihydrate）比表面积分别为 $364m^2/kg$、$639m^2/kg$、$521m^2/kg$；X 射线荧光（XRF）测定的水泥和硫酸钙的化学成分见表 1。缓凝剂：聚羧酸类高效减水剂（1802B），纤维素：羧纤维素甲基醚（相对分子量 400），胶粉：可再分散性乳胶粉 EVA（乙烯-醋酸乙烯酯共聚物），均由南京坤昌新材料公司生产。消泡剂：9010F，巴斯夫公司生产。骨料：细河砂（目数：70～140）。拌和水：自来水。

表 1 本研究中使用的水泥和硫酸钙的化学成分（wt%）

原材料	CaO	SiO_2	Al_2O_3	Fe_2O_3	SO_3	MgO	TiO_2	LOI
普通硅酸盐水泥	57.67	20.69	6.3	5.74	2.31	1.9	0.38	3.91
硫铝酸盐水泥	43.34	10.04	17.2	2.41	12.61	2.19	0.86	9.93
半水石膏	37.18	0.21	0.09	0.04	55.64	0.04	0.02	6.44
硬石膏	39.17	1.67	0.07	0.02	52.77	4.09	0.05	2.81
二水石膏	22.80	15.49	5.34	1.37	31.99	3.87	0.21	16.21

2.2 试验方法

2.2.1 试验配比

本试验三元体系配比见表2。采用石膏等质量替代水泥,掺量分别为0、4%、8%;水胶比为0.37,胶砂比为1:1.5,减水剂用量为0.2%;消泡剂用量为0.1%;纤维素用量为0.03%;缓凝剂用量为0.05%;胶粉用量为1%。

表2 SCRM混合配方的组成（wt%）

编号	SG	HG	DG	SAC	OPC
Blank	0	0	0	75	25
SG01	4	0	0	72	24
SG02	8	0	0	69	23
HG01	0	4	0	72	24
HG02	0	8	0	69	23
DG01	0	0	4	72	24
DG02	0	0	8	69	23

2.2.2 样品制备

砂浆制备根据《修补砂浆》（JC/T 2381—2016）进行试验；按照表2中配比称取各原材料、骨料与外加剂预混合，制得干粉砂浆与搅拌用水混合搅拌2min以获得均匀的浆体，将浆体倒入40mm×40mm×160mm的模具中。模具振动5~10次，然后刮除浆料表面。最后，在实验室中固化2h后脱模，并转移到20℃的养护箱中进行养护。养护至龄期（6h、1d、3d、7d、28d）制得样品试块。表征测试如XRD及水化热测试样品均是不掺加河砂的水泥净浆，待试样达到对应龄期后进行测试。

2.3 测试方法

2.3.1 工作性能测试

凝结时间按GB/T 50080中规定试验方法测定；流动度按JC/T 985—2005中的试验方法测定初始流动度与20min流动度。试件的机械强度根据《水泥胶砂强度检验方法（ISO法）》（GB/T 17671—1999）测定，制得养护至龄期在2.4kN/s的加载速率下，使用自动抗压强度测试仪（AEC-201型，无锡爱力康仪器设备有限公司）进行抗折强度和抗压强度测试。

干缩率根据标准JC/T 985—2005测定。尺寸40mm×40mm×160mm的SCRM为用收缩探头将新鲜砂浆倒入模具中，在（22±1）℃、95%RH（相对湿度）下固化。在脱模后记录试样的初始长度，然后记录不同龄期（1d、7d、14d、21d、28d）下试样长度的变化。尺寸变化率ε的计算公式如下：

$$\varepsilon = (L_t - L_0)/160 \times 100\% \qquad (V)$$

式中，ε 为尺寸变化率（%）；L_0 为试件初始试验值（mm）；L_t 为试件在一定养护龄期的试验值（mm），160 为砂浆试件有效长度（mm）。

2.3.2 表征

采用日本 Rigaku 公司的 X 射线衍射仪（SmartlabTM 3kW）测试样品的物相结构，扫描速率为 10°/min，扫描范围为 10°~80°。水化热采用 TAM AIR 8 量热仪，测试样品早期水化放热行为。搅拌方式为内搅拌，测试时长为 24h。孔结构测试是将养护到一定龄期的样品去除外表面，敲成 2.5~4mm 碎块，用酒精浸泡。在测试前取出烘干，使用美国 Poremaster GT-6.0，Quantum chrome 压汞仪（MIP）测试试样的孔结构。

3 结果与讨论

3.1 凝结时间与流动度

三种石膏对 SCRM 凝结时间和流动度影响结果见表 3。由表 3 可以看出，随着硫酸钙的掺入后，SCRM 的初凝时间和终凝时间都明显延长，这说明这三种硫酸钙都对 SCRM 有缓凝效果。SG 的初凝时间和终凝时间都是最高的，分别可以达到 71min 和 114min，这说明 SG 的缓凝效果高于其他类型硫酸钙。加入 HG 和 DG 的试验组初凝时间在 40~49min 范围内，终凝时间在 53~62min 范围内。

表 3 SCRM 的凝结时间和流动度

编号	凝结时间/min		流动度/mm		
	初凝	终凝	初始	20min	流动度损失
Blank	30	40	308	273	35
SG01	67	102	300	267	33
SG02	71	114	301	271	30
HG01	49	59	291	230	61
HG02	47	53	290	225	65
DG01	42	60	300	251	49
DG02	40	62	299	255	44

与对照组相比，试验组的流动度发生改变，其中初始流动度与 20min 流动度都低于空白组。HG02 的初始流动度和 20min 流动度都是最低的，分别为 290mm 和 225mm。SG02 的初始流动度与 20min 流动度都是试验组中最高的，分别为 301mm 和 271mm。在流动度损失方面，SG01 和 SG02 小于对照组，分别为 33mm 和 30mm，随着硬石膏掺量增大，流动度损失减小。HG02 的流动度损失是最高的，为 65mm，而 HG01 的流动度损失也达到了 61mm，两者均高于其他组，这说明 a-hemihydrate 对 SCRM 的流动度损失影响较大。

在该三元胶凝体系水化过程中会生成大量的钙矾石，不同溶解度的硫酸钙对钙矾石的形成也起到重要影响。其中本研究中这三种不同类型的硫酸钙溶解速率关系为：半水石膏＞二水石膏＞硬石膏，溶解速率较快的半水石膏在水泥早期水化时可以提供较高浓度的 Ca^{2+} 与 SO_4^{2-} 离子用于生成钙矾石，而溶解速率较慢的硬石膏和二水石膏在水化过程中形成的钙矾石较少。在含有半水石膏的试验组中，钙矾石在未水化的水泥颗粒表面迅速生长，限制了 C_3S 的水化过程，从而延长了 SCRM 的凝结时间。同时，早期形成的大量钙矾石使得流动度损失更高。对于含有二水石膏的试验组，二水石膏晶体中的水分子与水泥中硅酸盐水化物反应生成 C-S-H 凝胶，这种反应会消耗掉一部分水泥中的水分，降低水泥浆体的流动度，从而使得 SCRM 凝结时间延长的同时，流动度损失增大。最后，在含有硬石膏的试验组中，由于其溶解速率低于前面两者，早期时钙矾石生成较少。因此，接触自由水相对较多，颗粒间距增大从而延缓 SCRM 凝结时间。

3.2 机械强度

图 1 展示了 SCRM 样品在不同龄期下的抗压强度和抗折强度，其中图 1（a）和图 1（b）为加入 4% 硫酸钙的试验组与对照组的机械强度柱状图。图 1（c）和图 1（d）为掺入 8% 硫酸钙试验组与对照组的机械强度柱状图。从图 1（a）与图 1（b）可以看出，在水化 6h 后，半水石膏的掺入对 SCRM 的力学性能提升最为明显，抗折强度与抗压强度较对照组分别提升了 26.83% 与 21.52%。另外，加入硬石膏和二水石膏的试验组强度也有所提升，但此时不够明显。在水化 1d 时，半水石膏对 SCRM 的力学性能提升也最为明显，抗折强度与抗压强度分别提升了 11.67% 与 19.42%。另外，加入硬石膏和二水石膏的试验组强度也有所提升。在水化达到 7d 后，这种半水石膏对 SCRM 强度影响最大的情况发生了改变。在加入 4% 硫酸钙的试验组中，加入硬石膏的试验组的 7d 和 28d 的机械强度最高。加入 4% 硬石膏，SCRM 水化 7d 的抗折强度与抗压强度分别提升了 24.61% 和 25.24%，水化 28d 的抗折强度和抗压强度分别提升了 29.69% 和 23.97%。在水化达到 28d 时，加入 4% 半水石膏和二水石膏对抗折强度提升明显，对抗压强度的提升较小。

从图 1（c）和图 1（d）可以看出，加入 8% 半水石膏对 SCRM 的 6h 力学性能提升最为明显，6h 抗折强度和抗压强度分别提升了 39.02% 和 34.08%，但 28d 强度出现倒缩的情况，这可能是由于 HG02 水化速度过快导致有未参与早期水化的硫酸钙被快速形成的钙矾石包裹，在后期养护过程中与水接触，吸水溶胀导致体系强度出现倒缩。对于 SG02 与空白组相比较，水化 6h 机械强度没有明显提升，1d 机械强度有明显提升，后期强度稳定发展。加入 8% 硫酸钙试验组养护龄期达 28d 时，DG02 的抗折强度最高，为 8.21MPa，较对照组提升了 28.12%；SG02 的抗压强度最高，为 56.13MPa，提升了 28.08%。

总体来说，三种不同类型硫酸钙的加入可以提升 SCRM 的机械强度，所有试验组 7d 和 28d 强度差距较小，这说明 SCRM 体系强度发展周期主要在水化 7d 内，硫酸钙的加入也没有改变这一点。对于硫酸钙的种类对 SCRM 机械强度的影响，加入硬石膏和二水石膏对 SCRM 的 6h 机械强度影响不大，对 7d 和 28d 强度提升明显。加入半水石膏对 SCRM 的 6h 和 1d 机械强度有较大提升。

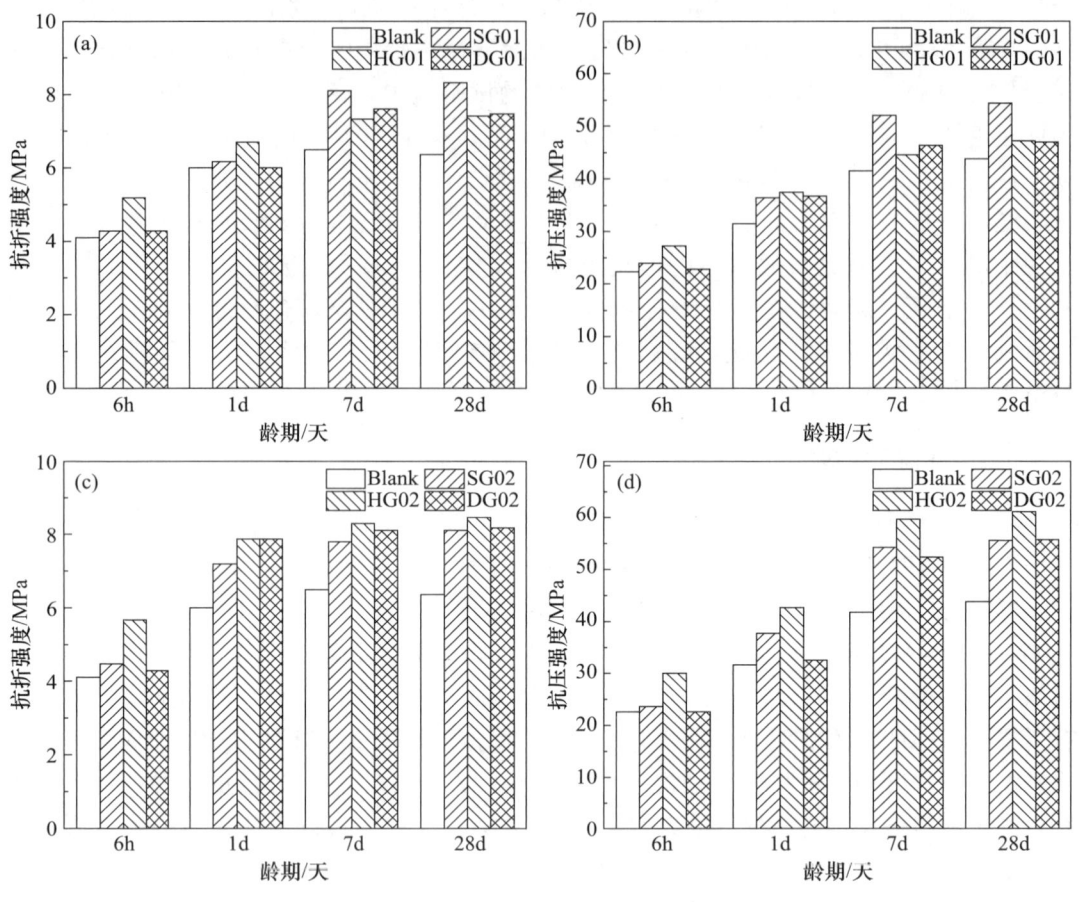

图 1　不同固化期样品的机械强度

3.3　干缩率

图 2 给出了 SCRM 试件在不同龄期的干缩率,可以明显地看到对照组在固化过程中呈现微膨胀,三种不同类型的硫酸钙的加入,使得 SCRM 的膨胀效果更加明显。与硬石膏和二水石膏相比,加入半水石膏表现出更好的膨胀效果,其中掺入 8% 半水石膏对试件尺寸变化影响最为明显,1d 和 28d 干缩率分别小于 −0.003% 和 −0.01%,这与半水石膏的快速溶解使得水化早期大量钙矾石的形成有关。结合图 2(a) 和图 2(b) 可知,随着硫酸钙的掺量从 4% 提升到 8%,SCRM 表现出更大的膨胀。

一般情况下,水泥基材料的收缩包括干收缩、化学收缩和自收缩。对于钙矾石膨胀的解释有两种理论,分别是晶体生长理论和膨胀理论[12]。根据晶体生长理论,硫酸钙会和硫铝酸盐发生反应,在水泥颗粒表面形成钙矾石晶体,并产生结晶压力,从而引起膨胀现象。而膨胀理论认为,钙矾石凝胶的水吸附和大表面积是导致膨胀的原因。该理论认为,钙矾石凝胶在水泥基材料中吸附水分并占据大表面积,从而使体系发生膨胀。试验结果表明,随着石膏含量的增加,胶凝体系在水化初期产生更多的膨胀钙矾石(AFt)[13],根据膨胀理论,这会增强体系的膨胀能力,使其能够包裹更多的自由水,从而减小干收缩的程度。在石膏的补偿效果方面，半水石膏的膨胀效果比硬石膏和二水石膏更好。这是由于石膏的溶解速率和溶解度的差异造成的。同时，补偿效果还会受到膨胀钙矾石的形态和生长方式的影响。然而，过量地添加石膏可能会导致 SCRM 水泥基材料过度膨胀，提高早期膨胀速率。因此，在实际应用中需注意控制石膏的使用量，以充分利用其收缩补偿作用，而不过度地增加早期膨胀率。

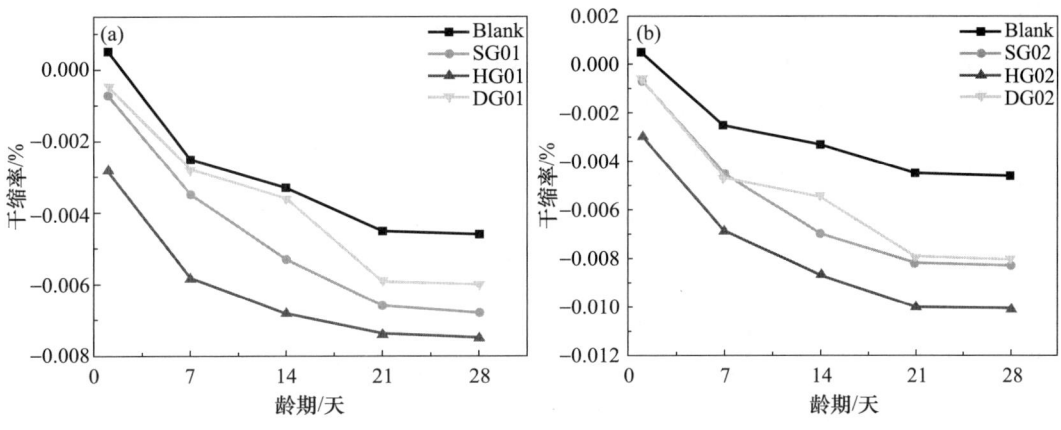

图 2 用三种 $CaSO_4$ 制备的 SCRM 的干收缩率

4 结论

为了改进 SCRM 的工作性能，本文重点研究了三种不同类型的硫酸钙掺入对 SCRM 水化与性能的影响。主要的结论如下：

三种硫酸钙的加入，都不同程度地延缓了 SCRM 的凝结时间。与半水石膏和二水石膏相比，加入硬石膏制备的 SCRM 流动度损失最小，凝结时间更长。硬石膏是制备 SCRM 最适合的硫酸钙类型。

掺入适量硫酸钙的三元胶凝体系可有效地提高砂浆的机械强度和稳定性。与对照组相比，掺入半水石膏的 SCRM（HG02）早期 6h 抗折强度和抗压强度增幅最大，分别提升了 39.02% 和 34.08%。随着硫酸钙掺量从 4% 增加到 8%，SCRM 的机械强度提高。硫酸钙的加入，提升了以硫铝酸盐水泥为主的胶凝体系膨胀特性。三种石膏的补偿膨胀效果为半水石膏＞硬石膏＞二水石膏。

参考文献

[1] 朱炳喜. 高性能修补砂浆的研制与应用 [J]. 新型建筑材料，2004，31（4）：13-15.
[2] 王晓峰，张量. 采用粉末聚合物改性的混凝土修补砂浆 [J]. 新型建筑材料，2007，34（3）：70-73.
[3] ARANDA，M A G，TORRE A G. Sulfoaluminate Cement [M]. Woodhead Publishing，2013.
[4] 黄从运，张明飞，曾俊杰，等. 聚合物乳液改性硫铝酸盐水泥修补砂浆的试验研究 [J]. 绿色建筑，2006，22（5）：34-36.

[5] 华腾飞，吴芳，马晓杰. 组成材料对混凝土结构修补砂浆力学性能的影响分析 [J]. 硅酸盐通报，2014，33 (12)：3186-3191.

[6] 聂光临，孙诗兵，姚晓丹，等. 普通硅酸盐水泥与快硬硫铝酸盐水泥复配砂浆性能研究 [J]. 混凝土与水泥制品，2014，(3)，10-13.

[7] SUN G，WANG Z，YU C，et al. Properties and microstructures of 3D printable sulphoaluminate cement concrete containing industrial by-products and nano clay [J]. Journal of Building Engineering，2023，73，106839.

[8] LIN R，YANG L，PAN G，et al. Properties of composite cement-sodium silicate grout mixed with sulphoaluminate cement and slag powder in flowing water [J]. Construction and Building Materials，2021，308，125040.

[9] LIU L，WANG X，CHEN H，et al. Microstructure-based modelling of drying shrinkage and microcracking of cement paste at high relative humidity [J]. Construction and Building Materials，2016，126：410-425.

[10] BAQUERIZO L G，MATSCHEI T，SCRIVENER K L，et al. Hydration states of AFm cement phases [J]. Cement and Concrete Research，2015，73 (7)，143-157.

[11] 岳文海，赵青南. 温度及碱性介质对天然硬石膏溶解量的影响 [C] //1988 年中国硅酸盐学会房屋建筑材料专业委员会第四届年会，1988.

[12] 杨久俊，海然，吴科如. 钙矾石的结构变异对膨胀水泥膨胀性的影响 [J]. 无机材料学报，2003，18 (1)：136-142.

[13] 薛君玕. 钙矾石相的形成、稳定和膨胀——记钙矾石学术讨论会 [J]. 硅酸盐学报，1983，(02)：121-125.

作者简介：丁浩，男，硕士研究生，主要从事修补砂浆研究。E-mail：202161203249@njtech.edu.cn。

通信作者：李东旭，男，博士生导师，E-mail：dongxuli@njtech.edu.cn。

外加剂对混凝土结构修补砂浆性能影响的研究

陈向娟[1,3]　章银祥[2,3]　田胜力[1,3]　邱军付[2,3]

(1. 北京金隅砂浆有限公司，北京 102402；
2. 北京市建筑材料科学研究总院有限公司，北京 100041；
3. 北京市预拌砂浆工程技术研究中心，北京 100041)

摘　要：修补砂浆所用原材料种类多，配方体系复杂，其中外加剂对修补砂浆的性能影响尤为显著。研究了可再分散乳胶粉、减水剂、淀粉醚、憎水剂对混凝土结构修补砂浆施工性能、抗折强度、抗压强度、拉伸粘结强度等物理性能的影响。结果表明：可再分散乳胶粉能够提高拉伸粘结强度，提高抗折强度，降低抗压强度；在较高掺量可再分散乳胶粉的配方中减水剂的减水效果不明显；淀粉醚能够明显改善砂浆的施工性，随淀粉醚掺量增加，7d 抗折强度、抗压强度不断降低，28d 抗折强度、抗压强度、拉伸粘结强度呈先增后降趋势；憎水剂在掺量超过 0.5‰后会降低砂浆的力学性能。修补砂浆的性能是各因素共同作用的结果，根据施工环境、施工技术及时调整配方才能达到满意的修补效果。

关键词：修补砂浆；外加剂；施工性；力学性能

Research on the Effect of Admixtures on the Performance of Concrete Structure Repair Mortar

Chen Xiangjuan[1,3]　Zhang Yinxiang[2,3]　Tian Shengli[1,3]　Qiu Junfu[2,3]

(1. BBMG Mortar Co., Ltd, Beijing 102402; 2. Beijing Building Materials Academy of Sciences Research Co., Ltd, Beijing 100041; 3. Beijing Municipal Research Center of Engineering Technology on Pre-mixed Mortar, Beijing 100041)

Abstract: There are many kinds of raw materials used in repair mortar, and the formula system is complex. Among them, additives have a particularly significant impact on the performance of repairing mortar. The effects of re-dispersible emulsion powders, water reducing agent, starch ether, and water-repellent admixture on the physical properties such as construction performance, flexural strength, compressive strength, and tensile bonding strength of concrete structure repair mortar were studied. The results show that re-dispersible emulsion powders can improve tensile bonding strength, flexural strength, and ruduce compressive strength; The water reducing effect of the water reducing agent is not significant in the formula with a high content of re-dispersible emulsion powders; Starch ether can significantly improve the workability of mortar. With the increase of starch ether content, the 7-day flexural strength and compressive strength continue to decrease, while the 28-day flexural strength, compressive strength, and tensile bonding strength show a trend of first increasing and then decreasing. When the content of water-repellent admixture exceeds 0.5‰, it will reduce the mechanical properties of mortar The performance of repair mortar is the result of the joint action of various factors, and the formula can be adjusted at any time according to the construction environment and technology to achieve satisfactory repair results.

Keywords: repair mortar; additives; workability; mechanical properties

1 引言

混凝土是目前世界上应用最大宗的人造建筑材料,被广泛应用于建筑、市政、地下、水工、海工等工程中。混凝土结构本应具有良好的长期性能与耐久性。然而,在实际工程应用中,混凝土结构经常因结构设计不合理、施工缺陷以及各种环境条件下的物理、化学或生物侵蚀等原因而在服役期间发生劣化,有的甚至达不到预期寿命而破坏。世界各国每年因钢筋混凝土的腐蚀或破坏损失费用相当高。我国大规模的工程建设刚开始几十年,大量的混凝土基础设施工程正在建设中,但混凝土结构的腐蚀破坏已经开始显现出来,并逐渐引起人们的重视。研究混凝土结构的修补原理、技术与材料对保障我国混凝土结构工程的耐久性与使用寿命具有重要的现实意义。

混凝土结构修补砂浆中含有大量的外加剂,对修补砂浆的性能具有显著影响。可再分散乳胶粉能够改善新拌砂浆的工作性能,同时具有减水作用,在保持砂浆稠度不变的情况下,可降低用水量[1]。可再分散乳胶粉还会提高砂浆的抗折强度、砂浆与基材间的粘结强度,降低砂浆的抗压强度[2-4]。纤维素醚在砂浆中具有增稠保水的作用[5-7],可以显著提高砂浆的黏度,降低砂浆的力学性能[8]。谢业明等[9]研究了高效减水剂对砂浆施工性能和力学性能的影响,研究表明高效减水剂使砂浆抗折强度、抗压强度、粘结强度大幅提高,但是高效减水剂使新拌砂浆流挂严重,砂浆抹面施工性能差,且仅掺减水剂的砂浆的界面粘结强度长期性能较差。因混凝土结构修补砂浆的应用场景有很大的不同,因此需结合施工环境、施工技术等实际情况进行配方调整,以达到满意的修补效果。本文研究了乳胶粉、减水剂、淀粉醚、憎水剂对修补砂浆施工性能和力学性能的影响,为修补砂浆配方调整提供经验。

2 原材料及试验方法

2.1 原材料

普通硅酸盐水泥，金隅普通硅酸盐水泥 P·O 42.5；硫铝酸盐水泥，唐山北极熊公司快硬型硫铝酸盐水泥 42.5 级；硅灰；20~40 目、40~140 目砂为承德围场风积砂；可再分散乳胶粉为瓦克 5010N；减水剂为萘系减水剂；淀粉醚为艾维贝 FP6；憎水剂为瓦克的有机硅憎水剂。

2.2 试验方法

预估不同配比的砂浆需水量，根据 JGJ/T 70《建筑砂浆基本性能试验方法》的方法检测不同配比下的砂浆稠度，稠度均应为（85±4）mm，否则重新计量、搅拌、检测。据此确定不同配比下的砂浆用水量。拉伸粘结强度按照 JGJ/T 70 中规定的方法，在水泥砂浆块上成型 10mm 厚的砂浆；抗折、抗压强度按照《水泥胶砂强度检验方法（ISO 法）》（GB/T 17671）的方法检测，在标准养护条件下养护 7d、28d。

3 结果与讨论

3.1 可再分散乳胶粉对混凝土结构修补砂浆性能的影响

根据混凝土结构修补砂浆不同的力学性能要求，进行高水泥掺量和低水泥掺量两种情况下，可再分散乳胶粉掺量对修补砂浆性能的影响试验，普通硅酸盐水泥用量分别为 20%、35%，快硬硫铝酸盐水泥用量为普通硅酸盐水泥用量的 5%，硅灰掺量 5‰，20~40 目砂 15%，40~140 目砂配平。根据稠度调整用水量。试验配合比和试验结果见表 1 和表 2。

表 1 胶粉用量对修补砂浆性能影响的试验配比

原材料	A1-1	A1-2	A1-3	A1-4	B1-1	B1-2	B1-3	B1-4
普通硅酸盐水泥	20%	20%	20%	20%	35%	35%	35%	35%
VAE 胶粉	1.0%	1.5%	2.0%	2.5%	1.5%	2.0%	2.5%	3.0%

表 2 胶粉用量对修补砂浆性能影响

项目		A1-1	A1-2	A1-3	A1-4	B1-1	B1-2	B1-3	B1-4
需水量	%	16.7	16.4	16.1	15.7	17.7	18.0	18.3	18.7
抗折强度	7d/MPa	3.6	3.6	3.9	4.0	5.1	5.6	5.7	6.2
	28d/MPa	5.1	5.5	5.4	5.6	7.3	7.4	7.5	8.1
抗压强度	7d/MPa	13.8	13.1	13.0	12.6	27.4	26.2	21.9	20.9
	28d/MPa	16.8	17.1	16.1	17.0	33.1	31.7	31.4	26.1
拉伸粘结强度	28d/MPa	0.44	0.76	0.96	1.05	1.03	1.11	1.31	1.37

由表 2 可得，当水泥用量较低时（20%），用水量随 VAE 胶粉量的增大而减小；当水泥用量较高时（35%），用水量随 VAE 用量的增大而增大。抗折强度随 VAE 用量的增大而不断增大。抗压强度在低水泥用量时随 VAE 掺量增大基本不变；在高水泥用量时，随 VAE 掺量增大而不断减小。拉伸粘结强度随 VAE 掺量增加不断增大。

VAE 胶粉的减水作用是因为胶粉在新拌水泥砂浆中发挥作用时会引入一定量的气泡，气泡的滚珠作用以及胶粉中表面活性剂的分散作用使得在保持一定的稠度范围时用水量降低[1]；当水泥的用量较高时，水泥与 VAE 乳胶粉的比值降低，VAE 胶粉的减水作用减弱。VAE 胶粉的高柔性和高弹性的聚合物膜，为砂浆的刚性骨架提供了内聚性，当施加作用力时，会推迟裂纹的发展，直到达到更大的力，从而提高了砂浆的抗折强度，但是柔性聚合物膜也会降低抗压强度[10-12]。聚合物膜形成一个连续的聚合物网的微结构，将基材和水化产物连接在一起，提高改性砂浆与基层之间的界面粘结强度[13]。

3.2 减水剂对混凝土结构修补砂浆性能的影响

水泥用量采用 35%，VAE 胶粉掺量为 3.0%，根据稠度调整用水量，稠度控制在 (85±4) mm。研究减水剂对砂浆需水量、抗折强度、抗压强度、拉伸粘结强度的影响，试验设计及结果见表 3。

从表 3 可知：随着减水剂掺量的增加，需水量先小幅度降低，后期基本不变；抗折强度略微增大，抗压强度和拉伸粘结强度规律不明显。混凝土结构修补存在很多立面施工的情况，采用聚羧酸高效减水剂时砂浆的流动性明显增大，立面施工流挂严重，因此在本次试验中选用萘系减水剂，但是萘系减水剂的减水效果较差，当 VAE 胶粉掺量较高时，VAE 胶粉的减水效果比萘系减水剂的要好，因此导致随着萘系减水剂用量的增大，需水量变化不大，对力学性能的改善也不明显。

表 3 减水剂对修补砂浆性能影响试验配比和结果

项目		J1-1	J1-2	J1-3	J1-4	J1-5	J1-6
减水剂	‰	0	1.0	2.0	3.0	4.0	5.0
需水量	%	18.3	17.5	17.8	17.0	17.0	17.3
抗折强度	7d/MPa	5.3	5.0	5.5	6.7	6.3	6.7
	28d/MPa	11.3	11.0	10.2	10.9	11.3	12.1
抗压强度	7d/MPa	36.2	39.5	38.7	38.9	41.2	40.8
	28d/MPa	46.1	48.1	45.1	46.5	49.5	46.4
拉伸粘结强度	28d/MPa	1.78	1.79	1.84	1.71	1.83	1.82

3.3 淀粉醚对混凝土结构修补砂浆性能的影响

水泥用量采用 35%，VAE 胶粉掺量为 3.0%，根据稠度调整用水量，稠度控制在 (85±4) mm。研究淀粉醚对混凝土结构修补砂浆性能的影响，淀粉醚掺量为 0、0.1‰、0.2‰、0.3‰、0.4‰、0.5‰，配比和测试结果见表 4。

表4 淀粉醚对修补砂浆性能影响试验配比和结果

项目		G1-1	G1-2	G1-3	G1-4	G1-5	G1-6
淀粉醚	‰	0	0.1	0.2	0.3	0.4	0.5
需水量	%	16.0	16.5	17.0	17.8	18.4	18.5
施工性		流挂	顺滑,不流挂	顺滑,不流挂	顺滑,不流挂	黏	黏
抗折强度	7d/MPa	5.9	5.5	5.5	5.1	4.7	4.4
抗折强度	28d/MPa	6.6	7.1	6.8	6.5	6.7	6.2
抗压强度	7d/MPa	29.7	28.2	27.1	26.4	23.9	23.7
抗压强度	28d/MPa	36.9	39.4	36.2	35.8	32.8	34.6
拉伸粘结强度	28d/MPa	1.43	1.67	1.65	1.60	1.54	1.57

由表4可得，随着淀粉醚掺量的增大，修补砂浆的用水量不断增大，但7d抗折强度、抗压强度不断降低，28d抗折强度、抗压强度、拉伸粘结强度先增大后降低，掺量为0.1‰时，达到最大值。淀粉醚的掺入能够改善修补砂浆的流挂现象，但是随着掺量的不断增大，砂浆体系越来越黏，施工性反而变差，因此当掺量为0.1‰时综合性能最好。当淀粉醚溶于水后会均匀分散在水泥砂浆体系中，由于淀粉醚分子呈树枝状结构，且带负电，因此会吸附带正电的水泥颗粒，作为过渡桥梁可以将水泥连接起来，从而赋予浆体较大的屈服值，起到提高抗下垂或抗滑移的作用。

3.4 憎水剂对混凝土结构修补砂浆性能的影响

当缺陷混凝土构件/建筑物处于潮湿环境下时，则要求修补砂浆应具备一定的防水性能，因此研究憎水剂对修补砂浆性能的影响是很有必要的。研究了憎水剂对修补砂浆性能的影响，试验设计和结果见表5。

表5 憎水剂对砂浆性能的影响试验配比和结果

项目		F1-1	F1-2	F1-3	F1-4	F1-5
憎水剂	‰	0	0.5	1	1.5	2
需水量	%	14.6	14.5	14.5	14.8	15.0
抗折强度	7d/MPa	6.7	6.5	6.3	6.2	5.1
抗折强度	28d/MPa	8.3	9.9	9.8	9.8	9.3
抗压强度	7d/MPa	31.8	36.1	35.3	32.7	29.9
抗压强度	28d/MPa	33.6	41.0	40.0	38.8	38.5
拉伸粘结强度	28d/MPa	0.91	1.47	1.27	1.25	1.30

由表5可得，随着憎水剂掺量的增大，用水量先是基本不变，当掺量超过1.0‰后，略有增大；7d抗折强度呈降低的趋势，28d抗折强度先增大后降低；7d、28d抗压强度先增大后减小，掺量为0.5‰时，抗压强度达到最大值41MPa；在憎水剂掺量为0.5‰时，拉伸粘结强度达到最大值1.47MPa。因此，憎水剂掺量为0.5‰时砂浆的力学性能最优。

4 结论

(1) 在不同水泥用量时,VAE 胶粉的减水效果表现不同;VAE 胶粉能够提高抗折强度和拉伸粘结强度,降低抗压强度。

(2) 萘系减水剂在 VAE 胶粉掺量较高时,对修补砂浆力学性能的改善不明显。

(3) 淀粉醚能够明显地改善混凝土结构修补砂浆的流挂性能,能够改善立面修补的施工效果。

(4) 随憎水剂掺量的增加,修补砂浆抗折强度、抗压强度、拉伸粘结强度先增大后降低,在 0.5‰掺量时力学性能最佳。

参考文献

[1] 王培铭,刘恩贵. 苯丙共聚乳胶粉水泥砂浆的性能研究 [J]. 建筑材料学报,2009,12 (3):253-258.
[2] 郑娟荣,康民启. 纯丙烯酸基乳胶粉改性砂浆在外墙外保温体系中适用性研究 [J]. 新型建筑材料,2011,38 (9),17-18.
[3] 黄利频. 聚合物干粉改性水泥砂浆力学性能的研究 [J]. 福州大学学报(自然科学版),2006,34 (4),555-559.
[4] 尹季平,盖广清,王建. 低掺量可再分散乳胶粉聚合物砂浆力学性能研究 [J]. 吉林建筑大学学报,2011,(04),35-37.
[5] PATURAL L,GROSSEAU P,GOVIN A,et al. Water transport in freshly-mixed mortars containing cellulose ethers [C]. Orgagec' 08,2008.
[6] PATURAL L,MARCHAL P,GOVIN A,et al. Cellulose ethers influence on water retention and consistency in cement-based mortars. Cement and Concrete Research,2011,(41),46-55.
[7] PATURAL L,GOVIN A,GROSSEAU P,et al. The effect of cellulose ethers on water retention in freshly-mixed mortars [J]. Ceramic Materials,2011,63 (1),85-87.
[8] 马保国,张琴,蹇守卫. 纤维素醚对水泥砂浆力学性能的影响 [C] //第三届全国商品砂浆学术交流会论文集,2009,172-177.
[9] 谢业明,葛序尧,单远铭. 聚合物改性高强修补水泥砂浆的研究 [J]. 工程与建设,2009,23 (2),222-224,227.
[10] 盖广清,王林. 干粉抹面聚苯板粘结剂的研究 [J]. 墙材革新与建筑节能,2006,(10):51-53.
[11] 刘大智,沈化荣,储洪强. 聚合物水泥砂浆的力学性能与微观机理研究 [J]. 南京航空航天大学学报,2010,6,802-805.
[12] 王培铭,赵荣,张国防. 可再分散乳胶粉在水泥砂浆中的作用机理 [J]. 硅酸盐学报,2018,46 (2),256-262.
[13] WANG P M,LIU P,LIU X K. Interface bond mechanism of EVA-modified mortar and porcelain tile [J]. Journal of Materials in Civil Engineering,2013,25 (6),726-730.

作者简介:陈向娟,女,硕士,工程师,研究方向为水泥基特种砂浆的研究及应用。联系地址:北京市房山区窦店镇亚新路 17 号,北京金隅砂浆有限公司,联系电话:010-80307306,E-mail:cxjbbmg_m@163.com

新型相变保温砂浆的制备及研究

肖力光 蒋大伟 李晶辉 尚小月

(吉林建筑大学，材料科学与工程学院，长春 130118)

摘 要：以生物质复合无机水合盐定形相变材料和膨胀珍珠岩-硅气凝胶相变储能砂浆为研究对象，制备了一种新型环保相变储能保温砂浆，砂浆各项性能指标优异，可以满足各项国家标准规定。在定形相变材料掺入量为 4% 时，新型保温砂浆的干密度为 $256kg/m^3$，抗压强度为 1.51MPa，导热系数为 0.0689W/(m·K)，相变焓值为 21.5J/g，相变温度在 16～28℃，可用于室温调节。

关键词：相变；生物质；储能；砂浆；保温

Preparation and Research of New Phase Change Thermal Insulation Mortar

Xiao Liguang　Jiang Dawei　Li Jinghui　Shang Xiaoyue

(Jilin Jianzhu University, School of Materials Science and Engineering, Changchun 130118)

Abstract: We take the composite inorganic hydrated salt shaped phase change material prepared on the basis of biomass, the phase change energy storage mortar composed of expanded perlite and silica aerogel as the research object, and successfully prepared a new type of environmental friendly phase change energy storage thermal insulation mortar. The mortar has excellent performance indicators, which can meet various national standards. When the amount of phase change material added is 4%, the dry density of the new insulation mortar is $256kg/m^3$, the compressive strength is 1.51MPa, the thermal conductivity is 0.0689W/(m·K), the enthalpy of phase change is 21.5J/g, and the phase change temperature is between 16 and 28℃, which can be used for room temperature regulation.

Keywords：phase transition；biomass；energy storage；mortar；heat preservation

0 引言

能源和环境问题始终是人类发展无法逾越的问题，这一问题极大地制约着我国乃至世界各国的经济和社会发展，所以说该问题的解决直接决定着一个国家或是全人类的发展。2020 年，在联合国大会上我国首次提出"双碳"目标，该目标明确地提出 2030 年"碳达峰"与 2060 年"碳中和"，旨在控制我国的碳排放量与碳中和比率。要实现这一目标，首先要提高能源利用率，降低能源消耗率，尤其是在建筑、工业等大宗能源消耗领域；根据调查，预计 2040 年，我国建筑和农业能耗将占全国总能耗量的 32.4%[1]。因此，建筑业与农业能耗的控制将极大地影响我国"双碳"目标的实现速度。开发和利用无污染的新能源变得尤为重要，目前研究的相变材料（PCMs）作为一种新兴的高效储能材料[2]，可以很大程度上达到节能和环保的目的。

相变材料随环境温度的变化在相变过程中会吸收或释放一定能量，从而达到储能调温的目的[3-4]，通过对环境热量的吸收或释放，可在多维度上解决能源供需不平衡及能源短缺的问题，具有很广阔的发展空间[5-6]。同时，与显热储存相比，其储热能力要远远高于显热储存，可以达到其 50～100 倍[7]。本文将着重研究和探讨生物质炭化秸秆对四元无机水合盐相变材料的负载作用以及生物质炭化秸秆负载相变材料储能保温砂浆的物理性能指标；得到一种新型相变保温砂浆，以进一步降低建筑能耗。

1 主要原材料与试验方法

1.1 主要原材料

试验所用原材料为：P·O 42.5 级水泥；膨胀珍珠岩；Ⅱ级粉煤灰；纤维素醚；聚丙烯纤维；气凝胶；$Na_2HPO_4 \cdot 12H_2O$，$Na_2SO_4 \cdot 10H_2O$，$Na_2CO_3 \cdot 10H_2O$，$Na_2S_2O_3 \cdot 5H_2O$；芦苇秸秆。

1.2 试验方法及检测设备

PCM 的过冷度通过 JK-16U 多路温度测试仪测定；相变焓值以及相变温度通过美国 TA 公司生产的差式扫描量热仪（DSC）来测试；红外光谱由中世沃克科技发展股份有限公司生产的 IRAffinity-1 型分析仪测试；采用日立公司生产的 TM3030 台式扫描电镜进行微观形貌分析；采用日本理学株式学社生产的 Ultima Ⅳ型衍射仪进行 X 射线衍射测试。

根据《建筑保温砂浆》（GB/T 20473），完成试件的养护、成型、测试，确定干密度、抗压强度以及砂浆导热系数。按照《建筑砂浆基本性能试验方法》（JG/J 70）中标准稠度（50±5）mm 确定用水量。

2 试验与讨论

2.1 生物质复合无机水合盐定形相变材料制备

2.1.1 无机水合盐多元相变材料的制备

以 $Na_2SO_4 \cdot 10H_2O$、$Na_2S_2O_3 \cdot 5H_2O$、$Na_2CO_3 \cdot 10H_2O$ 为辅助储热剂，$Na_2HPO_4 \cdot 12H_2O$ 为主要储热剂，并加入纳米 ZnO 作为成核剂，制备得到四元无机水合盐相变材料。

2.1.2 炭化秸秆的制备

将芦苇秸秆粉碎筛分，得到 1~5mm 和 5~10mm 的秸秆纤维，在氮气保护的条件下，以 300℃、400℃、500℃作为炭化温度，进行炭化秸秆制备，得到多孔生物质炭化秸秆。

2.1.3 定形相变材料的制备

利用浸渍法制备定形相变材料，制备过程中首先将相变材料进行加热使其熔融，而后与不同炭化温度、不同粒径的秸秆纤维进行混合。制备过程中采用超声分散的方法，在恒温水浴中进行相变材料的制备，冷却后得到生物质定形相变材料。

2.1.4 无机水合盐定形相变材料性能分析

不同处理条件下秸秆纤维的 SEM 图，如图 1 所示。经过 300℃炭化后的秸秆纤维微观形貌如图 1（a）所示，秸秆的纤维结构比较完整，不存在结构上的破坏，表面存在一定量的微小孔隙；经过 400℃炭化后的秸秆纤维微观形貌如图 1（b）所示，与炭化温度为 300℃的试验相比，纤维结构出现了一定破损，且表面的孔洞有所增大；经过 500℃炭化后的秸秆纤维微观形貌如图 1（c）所示，结构相对于 300℃和 400℃条件下的碳化秸秆，其表面微孔结构明显增大增多，比表面积也进一步增加。图 1（d）为炭化秸秆负载四元无机水合盐相变材料所得到的定形相变材料的微观形貌图，可以发现炭化后生物质秸秆纤维优异的微孔结构，为负载 PCM 提供了条件。

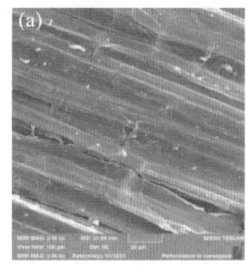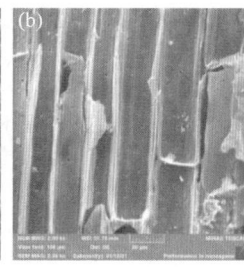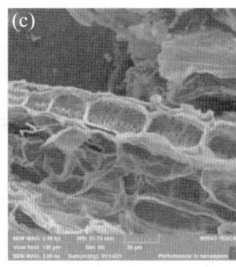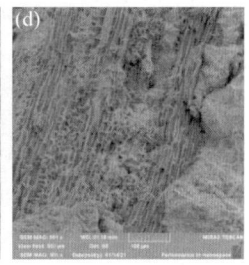

图 1 不同条件下秸秆纤维的 SEM 图

四元相变材料改性前后的红外光谱如图 2 所示。由图直观分析可知，相变材料被生物质秸秆负载前后，其主要峰位置基本相同，说明负载过程中生物质秸秆纤维与相变材料并没有对其基本性能产生影响的化学反应发生或新官能团产生。图 2 中，3400cm^{-1} 处出现的吸收峰，归属于—OH 键的伸缩振动峰；1653cm^{-1} 处的吸收峰，归属于 S＝O 键的伸缩振动吸收峰；1472cm^{-1} 处的吸收峰是 C＝O 键的伸缩振动吸收峰，1013~

1125cm^{-1}处出现的吸收峰是 S—O 键的伸缩振动引起的；在 870cm^{-1}处的吸收峰则是成核材料 Zn—O 键的伸缩振动所产生的，为氧化锌的特征吸收峰。

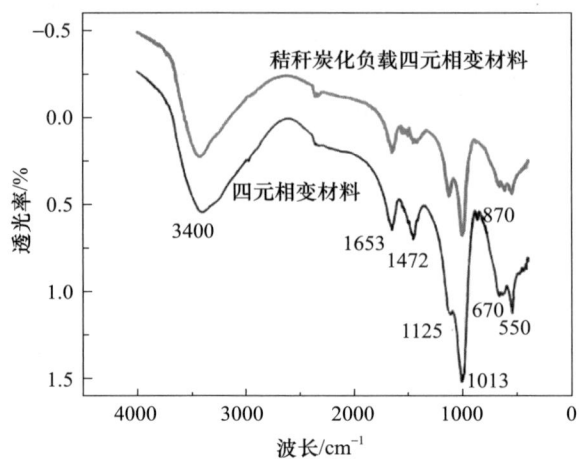

图 2　四元相变材料改性前后的红外光谱图

四元无机水合盐相变材料复合生物质炭化秸秆前后的 DSC 曲线如图 3 所示，其中图 3（a）为四元无机水合盐相变材料的差示扫描量热曲线，图 3（b）为四元相变材料经过炭化秸秆负载后的差示扫描量热曲线。与经过 500℃炭化处理秸秆（秸秆粒径为 5～10mm）复合后，相变材料的相变焓由 115.9J/g 提高至 126.3J/g，相变区温度区间由 22.79～28.0℃，改变至 14.68～26.13℃，各方面性能均有所提升。

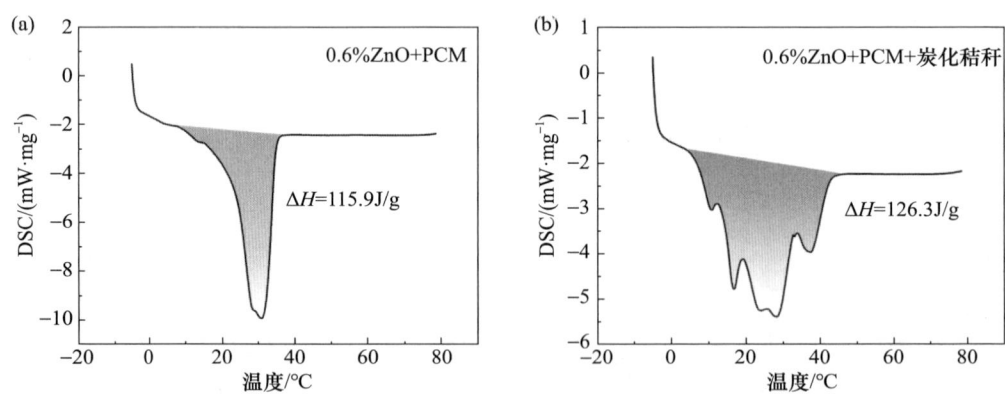

图 3　四元相变材料负载改性前后的 DSC 曲线

通常情况下，相变材料一旦被基体材料微孔吸附到结构中后，在材料随环境温度变化吸放热的过程中载体对热量会有一定的吸收，所以导致与基体材料复合后的相变材料的实际相变焓会小于其名义相变焓。但本试验结果却出现了一定的升高，为了分析这一原因，我们进一步分析了炭化秸秆本身的差示扫描量热曲线。测量结果如图 4 所示，从图中可知炭化秸秆本身就具有一定的焓值，分析其原因可能是由于炭化秸秆具有优异的多孔结构，因而赋予其一定的储热能力，同时随热解温度的提高，炭化秸秆单位质量内 C 元素含量比率显著升高，焓值也有所提升。

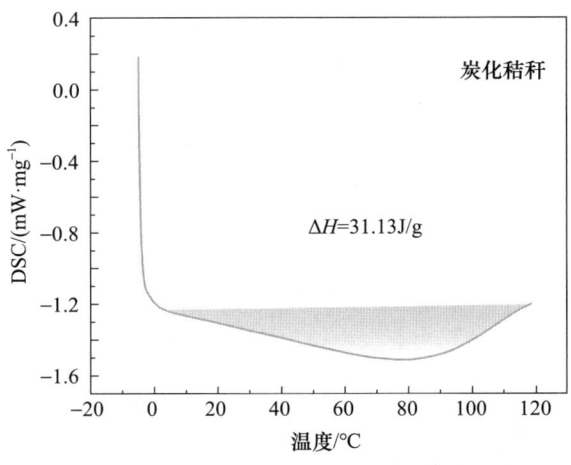

图 4 炭化秸秆的 DSC 曲线

高温条件下生物质纤维类材料中有机物会随温度的提升逐步发生分解反应，转化为 H_2、CO_2、CO 等气体挥发到环境中。随着温度的变化，有机物的反应程度也不相同，最终的炭产率也会有一定差别，根据生物炭产率的计算公式，可以得到秸秆纤维的质量损失率与炭化温度的关系如表 1 所示，变化趋势如图 5 所示。

$$\text{Yield}（\%）=\frac{m_1}{m_2}\times 100 \tag{1}$$

式中　m_1——秸秆炭化前的质量，g；

　　　m_2——秸秆炭化后的质量，g。

表 1　秸秆纤维质量损失率与秸秆表面炭化温度之间的关系

碳化温度/℃	碳化时间/min	1～5mm 秸秆炭化产率/%	5～10mm 秸秆炭化产率/%
300	120	42.3	39.8
400	120	38.2	34.6
500	120	36	33.2

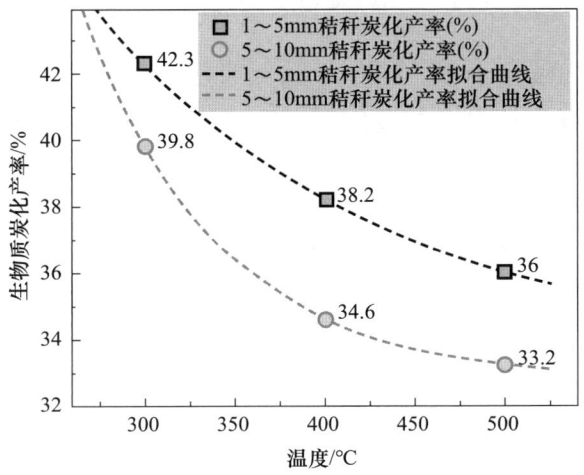

图 5　不同温度下不同粒径秸秆的炭化产率

由图5和表1分析可知，随着秸秆炭化温度的逐渐提升，秸秆纤维生物质碳的产率逐步降低，但1~5mm粒径秸秆纤维生物质炭化产率在研究范围内始终略高于5~10mm粒径的秸秆纤维，归纳认为炭化温度高低、粒径大小均与生物质炭化产率成反比关系，原因可能是炭化过程中，秸秆随着温度的升高会发生热解反应，产生大量气体以及木焦油和木醋液等物质生成，致使其生物质炭化产率的降低；由图6观察可知，秸秆在300℃时炭化不完全，仍有部分呈原本黄色状态，温度超过400℃后，秸秆整体呈黑色，因而可以判断在本文所选用的试验条件下，300℃的炭化温度便具有了较高的炭化产率。

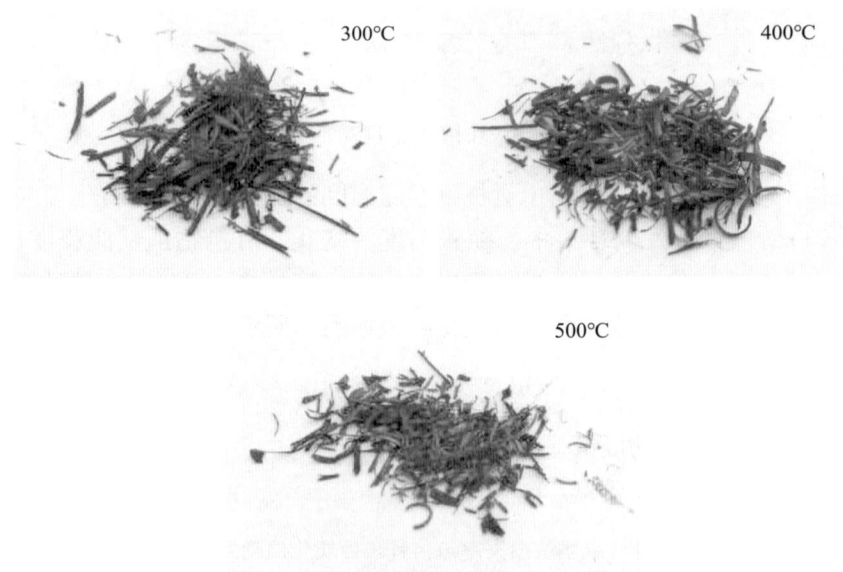

图6 不同温度下秸秆炭化实物图

根据扩散-渗出圈法测试，每组试验取0.1g定形相变材料均匀分散在图7所示的圆形滤纸上，以7.5mm半径的圆为测试圈，在烘箱中加热至70℃恒温2h后称量处理后样品的质量，并观察滤纸上样品渗出情况以及渗出圈大小。

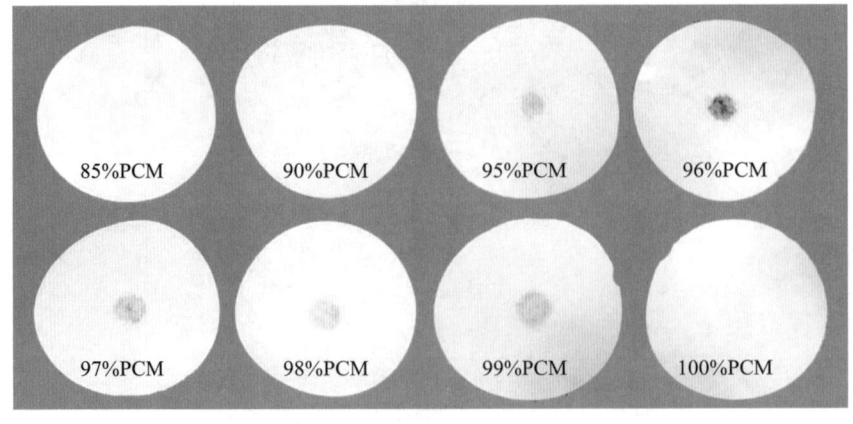

图7 不同质量分数定形相变材料热处理渗出情况

观察图7可知，相变材料质量分数小于95%时，滤纸上无明显残留痕迹；大于等于95%时，滤纸上出现明显的残留痕迹，且渗出圈直径逐渐增大；等于100%时，渗出圈直径有较小的减小，分析认为产生此种现象的原因为相变材料负载到多孔载体上增大了其比表面积，因此在测试过程中，其渗出圈直径反而会有一些增大；图8（a）为不同质量分数定形相变材料经过热处理后具体渗出圈大小及差值百分比。

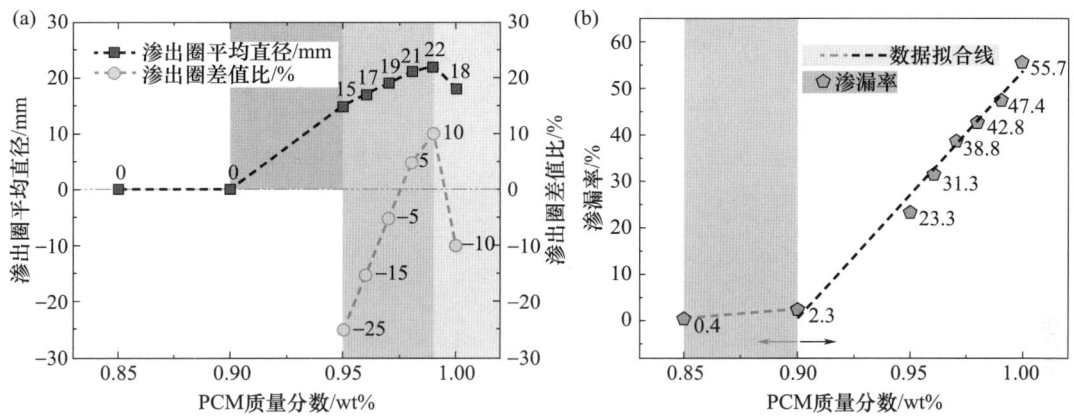

图8 不同质量分数定形相变材料热处理后渗出圈大小及差值百分比、渗漏率
（a）不同质量分数定形相变材料热处理后渗出圈大小及差值百分比；
（b）不同质量分数定形相变材料热处理后渗漏率

表2为不同质量分数定形相变材料热处理渗出情况；图8（b）为不同质量分数定形相变材料热处理后渗漏率变化趋势图。由图8中数据分析可知，定形相变材料质量分数小于95%时渗漏率相对较小，且随着质量分数增加，其增加比率较小。但质量分数大于等于95%后，随着质量分数的增加，渗漏率逐步增大，且增加比率也较大，在质量分数等于100%时，渗漏率达到最大。由此分析认为：生物质炭化秸秆的加入可以大大改善相变材料的渗漏问题。

表2 不同质量分数定形相变材料热处理渗出情况

项目	PCM 质量分数（wt%）							
	85	90	95	96	97	98	99	100
热处理前样品质量/g	0.0993	0.1012	0.1002	0.1081	0.1091	0.1024	0.1003	0.1008
热处理后样品质量/g	0.0989	0.0989	0.0769	0.0742	0.0667	0.0586	0.0527	0.0446
泄漏率/%	0.4	2.3	23.3	31.3	38.8	42.8	47.4	55.7
测试区域直径/mm	20	20	20	20	20	20	20	20
渗出圈平均直径/mm	0	0	15	17	19	21	22	18
渗出圈差值比/%	0	0	−25	−15	−5	5	10	−10

图9为四元相变材料负载改性前后的XRD衍射曲线，对比衍射图谱主要峰位，水合盐相变材料主要物相在图谱中都有体现，证明水合盐相变材料较好地吸附在载体的孔隙及沟壑中或附着在载体表面，无新的物相生成。

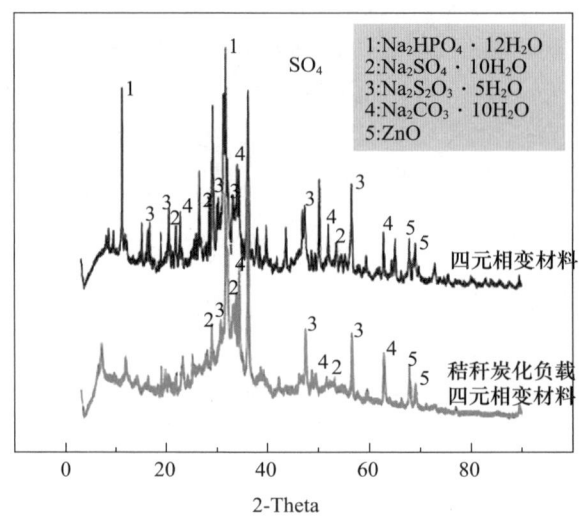

图 9 四元相变材料改性前后的 XRD 衍射曲线

为了了解定形相变材料的循环稳定性，本文最后通过循环测试法进行了相关测试，相变材料质量随循环次数增加其质量损失情况如表 3 所示，由表 3 中数据计算得到定形相变材料的质量损失率分别为 0%、3.4%、5.9%、9.7%。可见，在 100 次循环试验后，质量损失率仍低于 10%，说明该材料具有很好的稳定性和循环使用性。

表 3 定形相变材料的循环稳定性测试

项目	循环 0 次	循环 20 次	循环 50 次	循环 100 次
定形相变材料质量/g	100	96.6	94.1	90.3

2.2 定形相变材料对保温砂浆的影响

根据《建筑保温砂浆》（GB/T 20473）等保温砂浆性能标准，在以气凝胶与膨胀珍珠岩为集料的砂浆中，加入 2%、4%、6%、8%、10% 的定形无机相变储能材料，分析定形相变材料的掺量对于相变储能砂浆干密度、抗压强度、导热系数和相变焓值的影响。

2.2.1 定形相变材料的掺量对保温砂浆干密度的影响

定形相变材料的掺量对保温砂浆干密度的影响趋势如表 4、图 10 所示，由图表可知：定形相变材料掺量逐渐增加时，砂浆干密度也呈现出增大的趋势。分析认为：这是由于定形相变材料的密度远大于膨胀珍珠岩和气凝胶密度所致，即使掺入量很小也会对砂浆的干密度产生一定的影响。

表 4 定形相变材料的掺量对保温砂浆干密度的影响

组别	1	2	3	4	5
定形相变材料的掺量/%	0	2	4	6	8
干密度/（kg·m^{-3}）	242	247	256	263	271

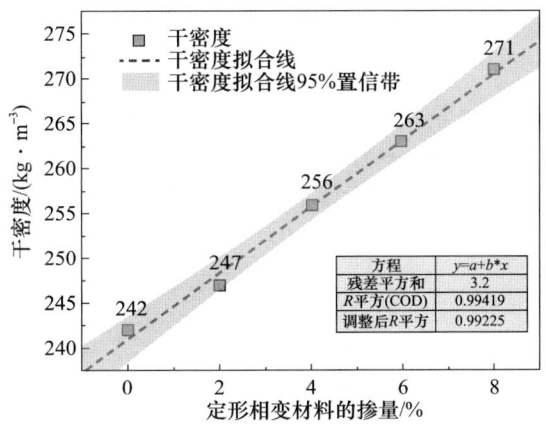

图 10 干密度随定形相变材料掺量的变化曲线

2.2.2 定形相变材料的掺量对保温砂浆抗压强度的影响

定形相变材料的掺量对保温砂浆抗压强度影响数据如表 5 所示，变化趋势如图 11 所示。根据数据趋势可知，相变材料掺量逐渐增加时，砂浆抗压强度也逐渐增大。分析认为，这是由于膨胀珍珠岩与气凝胶具有一定的吸附能力，相变材料被吸附后提高了其密实度，从而提高了抗压强度。但经过推测，当相变材料掺量过多时，由于水合盐泄漏和结晶的原因，抗压强度会出现下降的趋势。本文在试验条件下，保温砂浆抗压强度：≥0.20MPa，满足《建筑保温砂浆》（GB/T 20473—2021）要求。

表 5 定形相变材料的掺量对保温砂浆抗压强度的影响

组别	1	2	3	4	5
定形相变材料的掺量/%	0	2	4	6	8
抗压强度/MPa	1.40	1.45	1.51	1.57	1.64

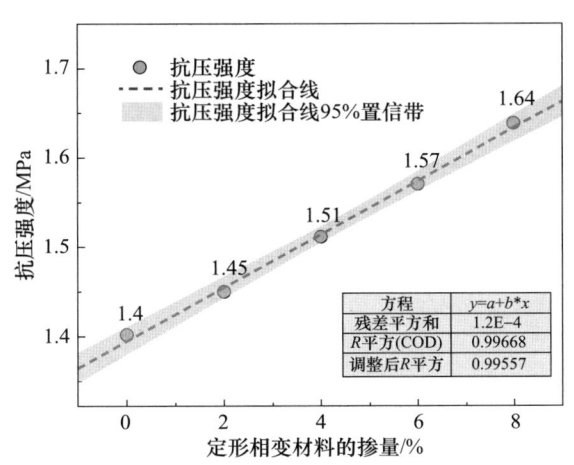

图 11 抗压强度随定形相变材料掺量的变化曲线

2.2.3 定形相变材料的掺量对保温砂浆导热系数的影响

通过表 6、图 12 可以看出，保温砂浆的导热系数与相变材料的掺量成反比。当相变材掺量逐渐增加时，砂浆导热系数也逐渐增大，分析认为，这是由于无机水合盐相变材料本身具有较好的导热性能所产生的,当定形相变材料的掺量为 2% 和 4% 时,导热系数为 0.0653W/（m·K^{-1}）和 0.0689W/（m·K^{-1}）,均小于 0.070W/（m·K^{-1}）,满足 GB/T 20473《建筑保温砂浆》要求。

表 6　定形相变材料的掺量对保温砂浆导热系数的影响

组别	1	2	3	4	5
定形相变材料的掺量/%	0	2	4	6	8
导热系数/（W·m^{-1}·K^{-1}）	0.0627	0.0653	0.0689	0.0725	0.0766

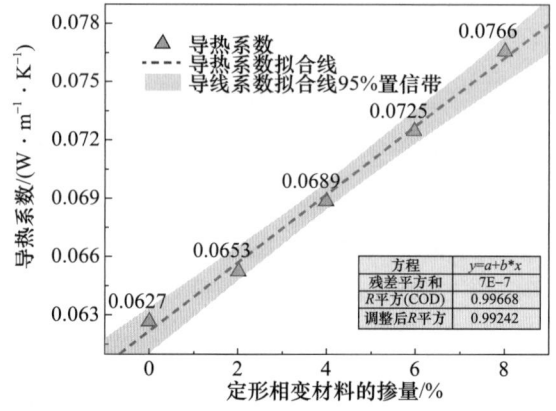

图 12　导热系数随定形相变材料掺量的变化曲线

2.2.4　定形相变材料的掺量对保温砂浆相变焓的影响

通过表 7、图 13 可以看出,保温砂浆的相变焓与定形相变材料掺量成正比,即随着相变材料掺量的增加,砂浆相变焓值逐渐增大,文中试验条件下,除掺量 2% 时的相变焓值:18.7J/g 不符合 JC/T 2338《建筑储能调温砂浆》规定外,其余掺量均满足相关规定。

表 7　定形相变材料的掺量对保温砂浆相变焓的影响

组别	1	2	3	4	5
定形相变材料的掺量/%	0	2	4	6	8
相变焓/（J·g^{-1}）	0	18.7	21.5	24.3	27.1

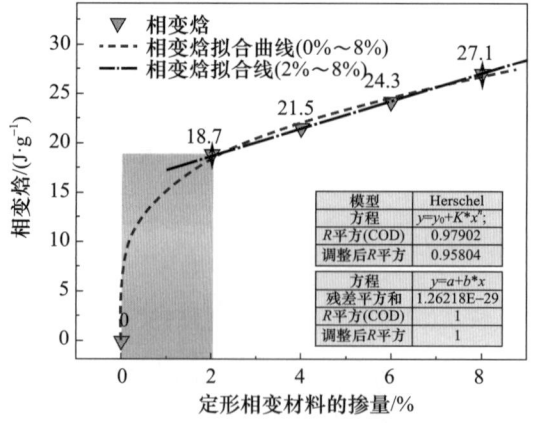

图 13　相变焓随定形相变材料掺量的变化曲线

3 结论

以膨胀珍珠岩和气凝胶为轻集料的保温砂浆，加入水合盐无机与生物质炭化秸秆组成的定形相变材料后得到的新型保温砂浆，不但各项性能优异，强度、密度、保温性均符合要求，而且可以更好地利用生物质材料，发展低碳建筑。在定形相变材料掺入量为4%时，新型保温砂浆的干密度为 $256kg/m^3$，抗压强度为 1.51MPa，导热系数为 0.0689W/(m·K)，均符合《建筑保温砂浆》（GB/T 20473—2021）所提出的Ⅰ型保温砂浆标准。同时，该保温砂浆的相变焓值为 21.5J/g，满足 JC/T 2338—2015《建筑储能调温砂浆》中的相关规定，相变温度在 16～28℃，可用于室温调节。

参考文献

[1] AGENCY I E. Key World Energy Statistics [J]. International Energy Agency, 2016, 789: 167-179.

[2] XIAO L G, ZHAO M Y, HU H L. Study on Graphene Oxide Modified Inorganic Phase Change Materials and Their Packaging Behavior [J]. Journal of Wuhan University of Technology-Materials Science Edition, 2018, 33 (4): 788-792.

[3] MEHRALI M, LATIBARI S T, ROSEN M A, et al. From rice husk to high performance shape stabilized phase change materials for thermal energy storage [J]. RSC advances, 2016, 6 (51): 45595-45604.

[4] ZHU X, WANG Q, KANG S, et al. Coal-based ultrathin-wall graphitic porous carbon for high-performance form-stable phase change materials with enhanced thermal conductivity [J]. Chemical Engineering Journal, 2020: 125112.

[5] RATHOD M K, BANERJEE J. Thermal stability of phase change materials used in latent heat energy storage systems: a review [J]. Renewable and Sustainable Energy Reviews, 2013, 18: 246-258.

[6] YAN Q Y, LIU C, ZHANG J. Experimental study on thermal conductivity of composite phase change material of fatty acid and paraffin [J]. Materials Research Express. 2019, 6 (6): 065507.

[7] LIU M, SAMAN W, BRUNO F. Review on Storage Materials and Thermal Performance Enhancement Techniques for High Temperature Phase Change Thermal Storage Systems [J]. Renewable and Sustainable Energy Reviews, 2012, 16 (4): 2118-2132.

第一作者：肖力光（1962—），男，二级教授，博士，博士生导师，长期从事新型建筑材料研究。联系地址：吉林省长春市新城大街 5088 号吉林建筑大学 材料科学与工程学院，邮编：130118。

建筑固废制备气凝胶及气凝胶保温砂浆的研究

孙振平[1,2,3]　张挺[1,2,3]　杨海静[1,2,3]　李飞[4]　胡江伦[5]

(1. 同济大学 先进土木工程材料教育部重点实验室，上海 201804；
2. 同济大学 材料科学与工程学院，上海 201804；
3. 上海市水务局城市管网智能评估与修复工程技术研究中心，上海 201900；
4. 上海复培材料科技有限公司，上海 201804；
5. 江阴市江伦建材有限公司，江苏江阴 214400)

摘　要：二氧化硅气凝胶具有极低的导热系数和优良的耐火性能，被视为一种新型无机保温材料。然而，由于二氧化硅气凝胶的制备成本较高，截至目前仍然未能在建筑节能领域得到规模化应用。基于此，本文提出利用建筑固废制备二氧化硅气凝胶，将该二氧化硅气凝胶应用于保温砂浆体系的技术路线，并开展具体的研究工作。本文的研究工作不仅大幅降低了二氧化硅气凝胶的制备成本，同时还实现了建筑固废的资源化利用，具有重要的经济、环境保护和社会意义，而且试验结果表明，二氧化硅气凝胶作为骨料制备的保温砂浆具有良好的保温隔热性能，能够提高建筑围护结构的节能率。

关键词：建筑固废；二氧化硅气凝胶；保温砂浆；导热系数

Study on Preparation of Aerogel and Aerogel Thermal Insulation Mortar from Building Solid Wastes

Sun Zhenping[1,2,3]　Zhang Ting[1,2,3]　Yang Haijing[1,2,3]　Li Fei[4]　Hu Jianglun[5]

(1. Key Laboratory of Advanced Civil Engineering Materials of Ministry of Education, Tongji University, Shanghai 201804；
2. School of Materials Science and Engineering, Tongji University,

Shanghai 201804；

3. Research Center for Intelligent Evaluation and Restoration Engineering Technology of Urban Pipe Network of Shanghai Water Affairs Bureau, Shanghai 201900；

4. Shanghai Fodev New Material Technology Co., Ltd., Shanghai 201804；

5. Jiangyin Jianglun Building Materials Co., Ltd., Jiangyin 214400, Jiangsu)

Abstract：Silica aerogel is regarded as a new type of inorganic thermal insulation material because of its extremely low thermal conductivity and excellent fire resistance. However, due to its high cost of preparation, silica aerogel has not been applied in the field of building energy conservation on a large scale up to now. Accordingly, in this paper, the technical route of preparing silica aerogel from building solid waste was proposed, and the silica aerogel was applied to the thermal insulation mortar system through the researches. The research work not only greatly reduces the preparation cost of silica aerogel, but also realizes the resource utilization of building solid waste, which has important economic, environmental protection and social significance. The test results show that the thermal insulation mortar prepared with silica aerogel as aggregates, has good thermal insulation performance and can improve the energy saving rate of building envelope.

Keywords：Construction solid waste; Silica aerogel; Thermal insulation mortar; Thermal conductivity

1 引言

中国是全球最大的碳排放国家之一，尤其是中国建筑业的碳排放占比超过了全国碳排放总量的二分之一[1]。这是由于建筑业在生产、运营阶段会产生大量的碳排放。为了减少碳排放量，中国提出了"双碳"目标，即在2030年前实现碳达峰和2060年前实现碳中和。降低建筑业的碳排放是实现国家"双碳"目标的重要举措。

降低建筑业碳排放的有效措施之一是采用保温隔热性能更佳的建筑保温材料[2]。目前，常用的建筑保温材料包括有机保温材料和无机保温材料。有机保温材料包括发泡聚氨酯、挤塑聚苯板和膨胀聚苯板等，这些保温材料不仅保温隔热性能理想［导热系数一般为0.024～0.039W/（m·K）[3]］，而且吸水率低，在建筑围护结构的保温体系中得到广泛应用。然而，有机保温材料也存在诸多缺陷，包括与基体粘结性能不佳、稳定性差和防火性能差等问题。尤其是有机保温材料燃点低，且在燃烧过程中会产生大量有毒有害物质，导致火灾事故频发，其在建筑保温领域中的应用受到了极大的制约[4]。无机保温材料包括发泡混凝土、掺加轻质骨料的保温砂浆、泡沫玻璃、泡沫陶瓷和岩棉等，其虽导热系数比有机保温材料高,但与基层材料(混凝土)具有良好的粘结性,性能稳定且防火性能更加优异。因此,从使用安全性和耐久性方面考虑,无机保温材料更具有优势。但是,无机保温材料的保温隔热性能相对较差[导热系数一般为 0.15~0.60W/(m·K)[5]],将其作为保温材料应用于建筑围护结构中,难以满足我国对于建筑节能的高要求(60%甚至 75%)。

保温砂浆作为一种重要的无机保温材料,其不仅市场需求量大,而且结构可调控性更好。保温砂浆主要是由水泥和掺合料、轻质骨料、外加剂、纤维以及其他一些必要的组分制备而成,其保温隔热性能主要受两部分结构的影响,一是硬化水泥浆体,二是轻质骨料。轻质骨料是多孔轻质的粒状材料,导热系数低,是保温砂浆保温隔热性能的主要贡献者。目前,保温砂浆中常用的轻质骨料包括膨胀珍珠岩、膨胀蛭石和玻化微珠等。然而,这些轻质骨料不仅吸水率较高,而且导热系数仍然不够理想[6-7]。因此,需要开发研制更低导热系数和更低吸水率的骨料。在这种背景下,人们开始关注低导热系数和高结构稳定性的二氧化硅气凝胶。

二氧化硅气凝胶是一种纳米级多孔固体材料,其是由二氧化硅凝胶颗粒形成连续、三维、呈骨架连接的网络结构,采用干燥工艺可使二氧化硅气凝胶保留其网络结构的前提下,结构中的溶剂被空气代替。这样,二氧化硅气凝胶的结构中有大量的纳米级孔洞,孔隙体积占整个体积的 90%以上。二氧化硅气凝胶的独特结构赋予了它众多的优异性能,如低密度($3\sim350kg/m^3$)、低导热系数[$0.013\sim0.033W/(m·K)$]、高比表面积($500\sim1200m^2/g$)[8]。然而,二氧化硅气凝胶的制备对硅源的质量要求很高,致使二氧化硅气凝胶的生产成本居高不下,至今,二氧化硅气凝胶只在航空、汽车等领域有少量应用,若欲将二氧化硅气凝胶推广至建筑保温领域,必须寻求来源广泛和价格低廉的硅源,并通过大量研究工作制备出适合于建筑节能领域使用的二氧化硅气凝胶及其衍生产品。

本文利用废弃混凝土加工再生粗骨料后的余料(WCP)作为原材料,通过对建筑固废中硅类物质采取促溶措施,使建筑固废中硅类物质快速溶出形成富硅溶液。通过富硅溶液组成的优化措施,制备二氧化硅气凝胶的原材料——硅源溶液。接着,将建筑固废促溶和组成优化后得到的硅源溶液作为前驱体,通过相关变量的调控,进行硅质结构重建,制备出能够常压干燥的二氧化硅气凝胶。最后,利用二氧化硅气凝胶制备了保温砂浆。

2 原材料与试验方法

2.1 原材料

从建筑和拆迁垃圾堆场分别收集废弃混凝土。其中,废弃混凝土经破碎筛分,去除粒径大于 4.75mm 的再生粗骨料后得到废弃混凝土加工再生粗骨料后的余料(WCP)。通过 XRF 对 WCP 的氧化物组成进行分析,结果见表 1。

表 1　WCP 的氧化物组成　　　　　　　　　　　　　　　　　　　　　%

氧化物	SiO_2	CaO	Al_2O_3	Fe_2O_3	MgO	SO_3	K_2O	Na_2O	LOI
WCP	66.17	13.36	8.26	2.92	1.51	1.22	0.33	0.06	6.17

促进 WCP 中硅类物质溶出的介质采用酸性溶液，酸性溶液的配制采用去离子水和盐酸。制备二氧化硅气凝胶的过程中强酸性阳离子交换树脂被用于去除杂质离子。1mol/L HCl 和 3mol/L NH_4OH 作为酸性催化剂和碱性催化剂。乙醇和正己烷作为溶剂。三甲基氯硅烷（TMCS，C_3H_9ClSi）作为表面改性剂。所有的试剂和样品都购自上海麦克林生化科技有限公司。

制备保温砂浆所用的水泥为武汉亚东水泥有限公司生产的 P·I 42.5 级水泥；砂子为中国厦门艾思欧标准砂有限公司生产的标准砂，表观密度 $2580m^3/kg$；水为实验室提供的自来水。

2.2　样品的制备

采用酸性溶液处理的方法实现 WCP 中硅类物质的溶出。将盐酸溶解在去离子水中以制备酸性溶液，随后在酸性溶液中加入一定量的 WCP，反应一段时间后将混合物过滤，即得到相应的富硅溶液。在此过程中，探究了酸浓度的影响。

通过阳离子交换树脂等手段对富硅溶液中的杂质阳离子进行限制或去除，从而获得硅源溶液。采用溶胶-凝胶法将硅源溶液制备成二氧化硅气凝胶。首先，用 3mol/L 的盐酸将制得的硅源溶液的 pH 值调节到 1.0±0.5，并持续搅拌 2h。随后，加入 3mol/L 的氨水将硅源溶液的 pH 值调节到 6.0 以实现硅源溶液的凝胶化。凝胶化后，凝胶样品在模具中继续保持 1d，即可得湿凝胶。接着，将湿凝胶取出并浸没在无水乙醇中进行溶剂置换（乙醇置换水），时间为 1d。此后，使用正己烷置换乙醇。每 12h 更换一次新鲜正己烷，持续 1d。为了在常压下实现凝胶的干燥，将完成溶剂置换的湿凝胶在常温下用 TMCS 溶液（TMCS 和正己烷的体积比为 1∶1.5）进行表面改性，时间为 1d。取出经表面改性后的湿凝胶，依次在 60℃、80℃和 100℃的干燥箱中分别干燥 4h、3h 和 2h，以获得二氧化硅气凝胶。

将所制备的二氧化硅气凝胶作为骨料，通过等体积取代砂子配制不同取代率的砂浆。

2.3　试验方法

采用低场核磁共振仪（^1H-NMR，PQ-001，上海纽迈电子科技有限公司）对二氧化硅气凝胶的凝胶过程中水分子的变化规律进行监测。二氧化硅气凝胶的比表面积通过 N_2 吸附方法进行测定。样品在分析前在 200℃下真空脱气 8h，然后在 77K 获得吸附-解吸等温线。基于 Brunauer-Emmett-Teller（BET）理论计算二氧化硅气凝胶的比表面积。通过 Barrett-Joyner-Halenda（BJH）方法获得二氧化硅气凝胶孔结构的信息。二氧化硅气凝胶的导热系数通过 GB/T 10297—2015《非金属固体材料导热系数的测定 热线法》进行测定。保温砂浆的强度按照 GB/T 17671—2021《水泥胶砂强度检验方法

(ISO 法)》进行测试。载荷速度为（100±10）N/s。

3 结果与讨论

3.1 硅类物质的溶出

图 1 显示的是酸浓度对 WCP 中 SiO_4^{4-} 溶出量的影响。不难发现，酸浓度的提高会加速 WCP 中 SiO_4^{4-} 在酸性溶液中的溶出，尤其是对于酸浓度小于 5mol/L 的酸性溶液。酸浓度较低时，WCP 中存在部分 $Ca(OH)_2$ 和 $CaCO_3$ 等物质，这些碱性物质会优先与酸反应，从而消耗大量的酸性溶液，进而导致 SiO_4^{4-} 溶出量的减少。随着酸浓度的提高，WCP 中 $Ca(OH)_2$ 和 $CaCO_3$ 等物质被逐渐消耗殆尽，大量的酸性溶液可参与硅类物质的结构破坏，从而加速 SiO_4^{4-} 的溶出。因此，在对 SiO_4^{4-} 溶出量

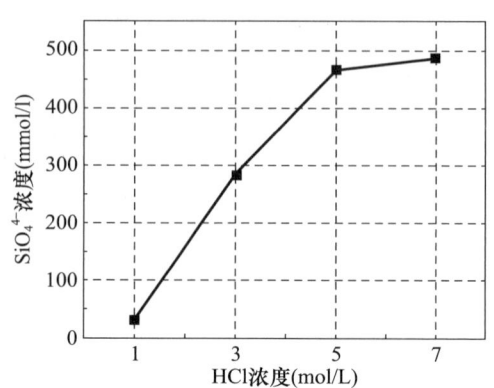

图 1 酸浓度对废弃混凝土加工再生粗骨料后的余料中 SiO_4^{4-} 溶出量的影响

进行对比后发现，促进 WCP 中 SiO_4^{4-} 溶出的酸浓度应不小于 5mol/L。

3.2 二氧化硅气凝胶结构和性能

如图 2 所示，酸性溶液的浓度分别为 1mol/L 和 3mol/L 时，所获得的硅源溶液在凝胶过程中出现两个明显的 T_2 信号峰。其中，在 1000ms 附近存在一个 T_2 信号峰，这与硅源溶液中自由水的 T_2 信号峰相一致，这意味着大量的水分子以自由水的形式存在于硅源溶液中。与此同时，在 100ms 附近也存在一个 T_2 信号峰，这与凝胶片段的形成有关。通过对硅源溶液中的凝胶产物和状态进行观察后发现，硅源溶液中存在少量的絮状物，这是初级粒子通过缩聚反应形成的凝胶片段。随着凝胶时间的不断延长，硅源溶液中 T_2 信号峰并未发生明显的改变，且絮状物的状态并未改变，这意味着酸性溶液的浓度为 1mol/L 和 3mol/L 时，所制备的硅源溶液不能形成二氧化硅气凝胶的有效结构。当酸性溶液的浓度提高至 5mol/L 和 7mol/L 时，所制备的硅源溶液在凝胶过程的早期同样存在两个 T_2 信号峰，分别对应于硅源溶液中的自由水和凝胶片段中的水。然而，随着凝胶化的不断进行，两个 T_2 信号峰逐渐演化成一个 T_2 信号峰，这意味着硅源溶液逐渐形成了一个完整的整体。在对硅源溶液的凝胶状态进行观察后发现，硅源溶液失去流动性，并且形成凝胶的整体结构，这说明这些硅源溶液能够形成二氧化硅气凝胶的有效结构。因此可以推断，酸性溶液的浓度必须在 5mol/L 以上，其所制备的硅源溶液才能形成二氧化硅气凝胶的有效结构。

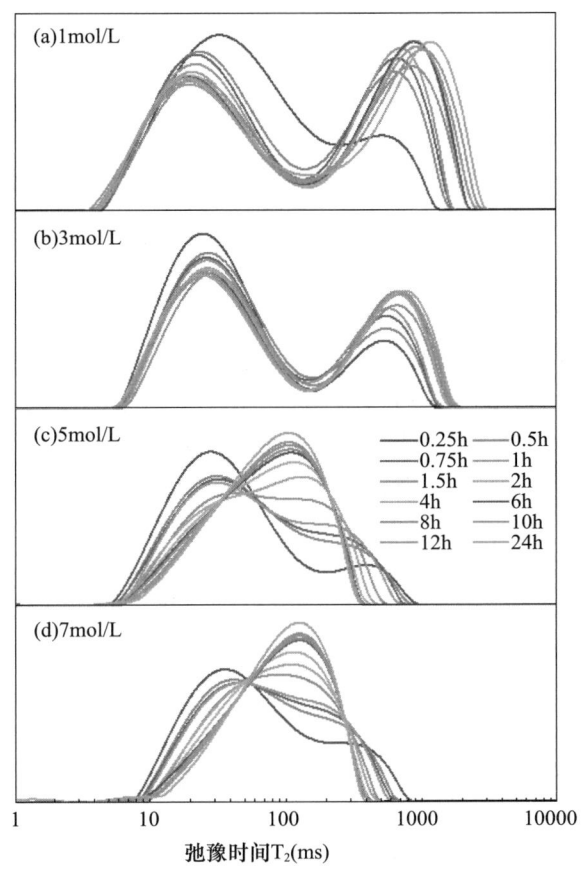

图 2　不同酸浓度制备的硅源溶液在凝胶合成过程中 T_2 信号峰分布的影响

随后，对二氧化硅气凝胶的孔结构进行分析，结果如图 3 和表 2 所示。在对二氧化硅气凝胶的孔体积和平均孔径进行分析后发现，当酸性溶液的浓度为 5mol/L 时，硅源溶液所制得的二氧化硅气凝胶的孔体积和平均孔径为 0.47cm³/g 和 5.23nm；当酸性溶液的浓度为 7mol/L 时，硅源溶液所制得的二氧化硅气凝胶的孔体积和平均孔径为 0.45cm³/g 和 5.19nm。酸性溶液的浓度 5mol/L 时，硅源溶液所制备的二氧化硅气凝胶具有更高的孔隙率。此外，当酸性溶液的浓度分别为 5mol/L 和 7mol/L 时，硅源溶液所制备的二氧化硅气凝胶的导热系数分别为 0.036W/(m·K) 和 0.038W/(m·K)。由此，可以推断，酸性溶液的浓度为 5mol/L 时，硅源溶液所制备的二氧化硅气凝胶具有更完整的介孔结构和更好的保温隔热性能。

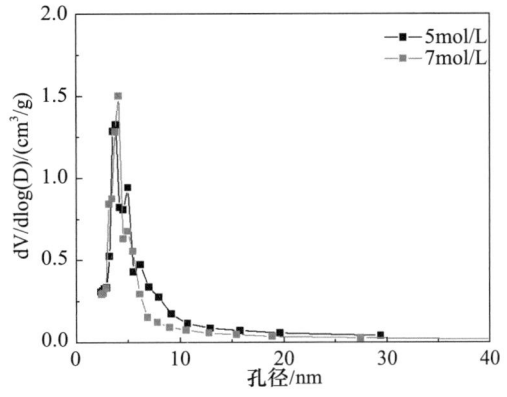

图 3　不同酸浓度制备的硅源溶液对二氧化硅气凝胶孔径分布的影响

表 2　二氧化硅气凝胶的孔结构

酸性溶液浓度/ (mol·L⁻¹)	比表面积/ (m²·g⁻¹)	孔体积/ (cm³·g⁻¹)	平均孔径/ nm	孔隙率/ %	导热系数/ (W·m⁻¹·K⁻¹)
5	365.89	0.47	5.23	83.36	0.036
7	350.95	0.45	5.19	81.15	0.038

3.3　保温砂浆

二氧化硅气凝胶作为骨料，通过等体积取代法将二氧化硅气凝胶取代砂子，用于保温砂浆的制备。二氧化硅气凝胶掺量对保温砂浆导热系数的影响如图 4（a）所示。随着二氧化硅气凝胶掺量的增加，保温砂浆的导热系数不断降低。当二氧化硅气凝胶的掺量为 60vol%和 100vol%时，所制备的二氧化硅气凝胶的导热系数为 0.274W/（m·K）和 0.107W/（m·K），相比于不掺加二氧化硅气凝胶的保温砂浆的导热系数降低了 63%和 85%，这意味着二氧化硅气凝胶的加入能有效地提高保温砂浆的保温隔热性能。这是由于二氧化硅气凝胶独特的介孔结构特性使得其具有低的导热系数，因此，将其作为保温骨料制备的保温砂浆具有更低的导热系数。

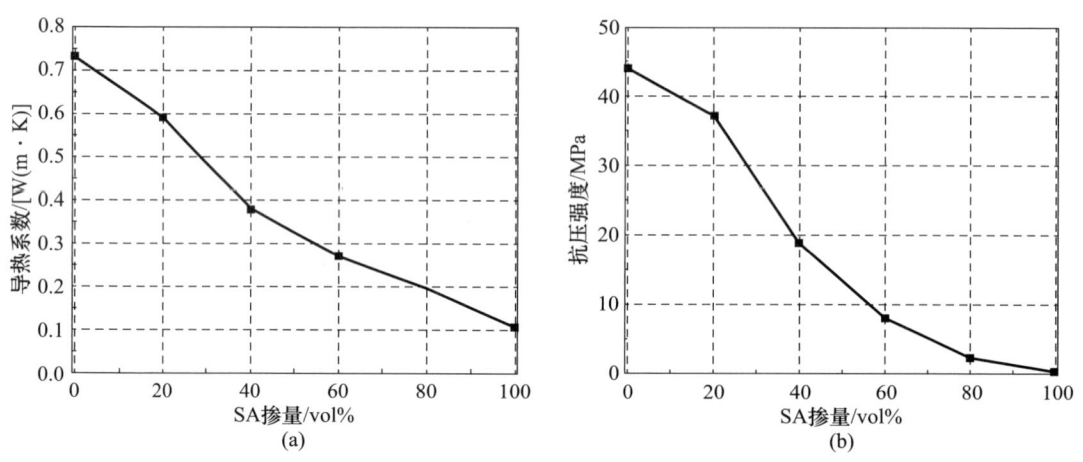

图 4　二氧化硅气凝胶掺量对保温砂浆导热系数和抗压强度的影响

二氧化硅气凝胶的加入对保温砂浆的保温隔热性能有提升作用，然而，二氧化硅气凝胶的加入对保温砂浆抗压强度的发展是不利的。图 4（a）显示的是二氧化硅气凝胶对 28d 保温砂浆抗压强度的影响。从图 4（b）中可以看到，随着二氧化硅气凝胶掺量的提高，保温砂浆的抗压强度不断降低，尤其是当二氧化硅气凝胶的掺量高于 60%时，砂浆的抗压强度小于 10MPa。这是由于二氧化硅气凝胶呈多孔结构，不仅强度极低，而且脆性很大，其杨氏模量只有 10MPa 以下，抗拉强度只有 16kPa 左右，断裂韧度只有 0.8kPa·m$^{1/2}$左右。此外，二氧化硅气凝胶表面的疏水结构使得其与水泥浆体之间的粘接性能大幅度降低。

4 结论

(1) 二氧化硅气凝胶的大规模制备和在建筑节能材料中的应用，是建筑行业尽快实现"双碳"目标的重要途径，利用建筑固废制备二氧化硅气凝胶，不仅能够资源化利用建筑固废，减少对天然矿物的开采，而且可以降低二氧化硅的制备成本。

(2) 酸性溶液的浓度为 5mol/L 和 7mol/L 时，所制备的硅源溶液才能形成结构较理想的 SA。其中，WCP 在酸性溶液的浓度为 5mol/L 中所形成的硅源溶液，制备的二氧化硅气凝胶具有最佳的孔隙结构特征，其孔体积为 $0.47cm^3/g$，平均孔径为 5.23nm。

(3) 将制备的二氧化硅气凝胶通过等体积取代砂子配制保温砂浆，随着二氧化硅气凝胶取代率的提高，保温砂浆的抗压强度下降，导热系数也随之减小，当二氧化硅气凝胶取代率达到 100vol% 时，砂浆的导热系数值为 0.107 W/(m·K)。

参考文献

[1] 中国建筑节能协会. 中国建筑能耗研究报告 2020 [J]. 建筑节能, 2021, 49 (2): 1-6.

[2] HUNG A L, PÁSZTORY Z. An overview of factors influencing thermal conductivity of building insulation materials [J]. Journal of Building Engineering, 2021, 44: 102604.

[3] 阿如罕, 解盼盼, 鞠殿东. SiO_2 气凝胶在砂浆和混凝土中的应用进展 [J]. 混凝土与水泥制品, 2023, 1: 30-34.

[4] STEC A A, HULL T R. Assessment of the fire toxicity of building insulation materials [J]. Energy and Buildings, 2011, 43 (2-3): 498-506.

[5] SLOSARCZYK A, VASHCHUK A, KLAPISZEWSKI L. Research development in silica aerogel incorporated cementitious composites-a review [J]. Polymers, 2022, 14 (7): 1407-1456.

[6] JIA G, LI Z, LIU P, et al. Preparation and characterization of aerogel/expanded perlite composite as building thermal insulation material [J]. Journal of Non-Crystalline Solids, 2018, 482: 192-202.

[7] WANG L, LIU P, JING Q, et al. Strength properties and thermal conductivity of concrete with the addition of expanded perlite filled with aerogel [J]. Construction and Building Materials, 2018, 188: 747-757.

[8] BERGMANN B P, EFFTING C, SCHACKOW A. Lightweight thermal insulating coating mortars with aerogel, EPS, and vermiculite for energy conservation in buildings [J]. Cement and Concrete Composites, 2022, 125: 104283.

再生骨料级配对矿渣硫铝酸盐水泥基回填砂浆物理力学性能的影响

蔡 强 浦明波 杨 肯 李文杰 徐玲琳

(同济大学，材料科学与工程学院，上海 201804)

摘 要：建筑垃圾再生骨料具有低压碎值、高吸水率、高孔隙率和高渗透性等特性，将其用于制备再生砂浆时，常需增加水灰比以保证工作性，从而导致再生砂浆的收缩增大、机械强度降低，并威胁着耐久性。基于此，本文选用矿渣硫铝酸盐水泥、建筑垃圾再生骨料为原料，研究了所得再生回填砂浆的工作性能、干燥收缩以及抗压强度。结果表明，同胶砂比和水灰比时，0.6~1.18mm 再生骨料掺量的降低和 2.36~4.75mm 再生骨料掺量的增加有利于提高回填砂浆的流动度。此外，0.6~1.18mm 再生骨料具有一定的内养护效果，其掺量的增加促进了矿渣硫铝酸盐水泥的水化，减轻了再生回填砂浆的干燥收缩、提升了抗压强度。

关键词：再生骨料；矿渣硫铝酸盐水泥；回填砂浆；干燥收缩

Influence of Recycled Aggregate Particle Size Distribution on the Physical and Mechanical properties of Slag Sulfoaluminate Cement Based Backfill Mortar

Cai Qiang Pu Mingbo Yang Ken Li Wenjie Xu Linglin

(School of Materials Science and Engineering, Tongji University, Shanghai 201804)

Abstract: Recycled aggregate (RA) from construction waste has special characteristics such as low crushing value, high water absorption, high porosity, and high permeability. Accordingly, when RAs were used to prepare recycled mortar, it is often necessary to increase the water to cement ratio to ensure workability, which leads to increased shrinkage, decreased mechanical strength and durability of the recycled mortar. Therefore, in this paper, slag sulfoaluminate cement and RAs with different particle size distribution were used to prepare backfill mortar, and the workability, drying shrinkage, and compressive strength were tested. The results indicate that a decrease in the content of 0.6-1.18 mm RA and an increase in the content of 2.36~4.75 mm RA are beneficial to improving the flowability of backfill mortar. In addition, 0.6~1.18 mm RA has a certain internal curing effect, and the increase in its dosage promotes the hydration of slag sulfoaluminate cement, reduces the drying shrinkage of backfill mortar, and improves the compressive strength.

Keywords: Recycled aggregates; Slag sulfoaluminate cement; Backfilling mortar; Dry shrinkage

0 引言

随着工业化和城市化进程加速,建筑垃圾显著增多。我国近年每万平方米新建工程中排出了500~600t建筑固废[1-3],相应拆除旧建筑工程中产生700~12000t建筑固废[4]。这些建筑垃圾若未经过处理,将对环境造成严重污染[5]。若将其合理破碎、清洗和筛分制备成骨料,可代替部分天然骨料,在直接减少砂石等天然骨料开采的同时,降低了环境污染,减少碳排放[6]。但再生骨料表观密度低、吸水率高、粉碎指数高,在推广应用中受限[7]。

利用再生骨料制备回填砂浆是解决上述问题的有效途径之一,但常需加入额外的拌合水以保证回填砂浆的工作性——这不仅降低了再生骨料回填砂浆固化后的机械性能,还易导致回填砂浆收缩严重。基于此,本文创新采用矿渣硫铝酸盐水泥(矿渣含量达80%)制备低收缩再生骨料回填砂浆,通过改变建筑垃圾制再生细骨料的颗粒级配,研究其对再生回填砂浆的工作性能、干燥收缩和抗压强度等物理力学性能的影响,旨在对再生骨料在回填砂浆中应用提供指导。

1 试验

1.1 原材料

再生骨料由北京建工集团有限公司提供,由建筑废弃混凝土经颚式破碎机破碎、筛分、清洗等步骤制得。实验室按0.6~1.18mm、1.18~2.36mm以及2.36~4.75mm三个粒径范围对再生细骨料进一步筛分,记为细再生细骨料(FRFA)、中再生细骨料(MRFA)和粗再生细骨料(CRFA)。三种粒径范围的再生细骨料的外观如图1(a)~(c)所示。可见,MRFA和CRFA中存在一定量的红色砖块残渣,多源自烧制多孔砖,其多孔结构导致其拥有较高的吸水率；较 MRFA 和 CRFA 而言，FRFA 的形貌较为规整，具有较大的比表面积。通过 SEM 对 FRFA 进行观测结果如图 1（d）所示，其表面为旧砂浆，疏松多孔。

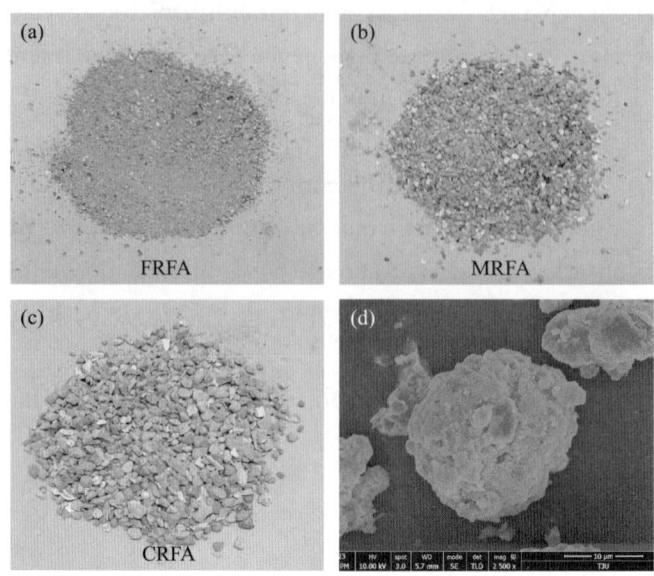

图 1　不同粒径再生骨料外观（数码相机摄）和 FRFA 的微观形貌（扫描电镜摄）

连续级配中各级配再生细骨料的占比如表 1 所示，其中，细再生细骨料的占比最高，达到 49.3%；粗再生细骨料其次占 34.1%，中再生细骨料占比较少，仅为 16.6%。

表 1　再生细骨料各级配占比/%

0.6~1.18mm	1.18~2.36mm	2.36~4.75mm
49.3	16.6	34.1

采用 X 射线荧光测试（XRF）分析了三种级配的再生细骨料的化学组成，结果如表 2 所示。可见，再生骨料组成非常复杂，但总体钙、硅、铝元素占比较大，总计超 85%。不同粒径的再生细骨料化学组分较为稳定。相对而言，再生骨料的粒径越细，氧化钙的占比增加，氧化铝的占比降低。

表 2　不同粒径再生骨料的化学组成/%

化学成本	CaO	SiO_2	Al_2O_3	Fe_2O_3	MgO	N_2O	K_2O	SO_3	TiO_2	LOI
FRFA	18.4	58.2	10.5	3.3	1.9	1.3	2.1	3.2	0.5	0.2
MRFA	17	58.3	12	3.9	1.8	1.5	2.2	2.2	0.5	0.2
CRFA	16.5	58.1	13.4	3.7	1.8	1.5	2.2	1.8	0.5	0.1

1.2　配合比

不同级配再生骨料回填砂浆的配合比如表 3 所示，再生骨料回填砂浆的水固比控制为 1∶4，胶砂比控制为 1∶5。其中，Z1 采用初始的连续级配的再生细骨料，Z2~Z4 为三种单粒径分布的再生细骨料复配而成的混合级配的再生细骨料，MRFA 的比重保持在 16.7%。

表3 不同级配再生骨料回填砂浆配比

	胶凝材料	连续级配	FRFA	MRFA	CRFA	F：M：C	胶砂比	水固比
Z1	16.7%	83.3%					1：5	1：4
Z2	16.7%		33.3%	16.7%	33.3%	4：2：4	1：5	1：4
Z3	16.7%		29.2%	16.7%	37.4%	3.5：2：4.5	1：5	1：4
Z4	16.7%		25.0%	16.7%	41.6%	3：2：5	1：5	1：4

2 结果与分析

2.1 再生骨料吸水率

三种不同粒径的再生细骨料的吸水能力如图2所示。CFRA和MRFA的吸水率为2.7%和6%，而FRFA的吸水率高达20.3%。CRFA和MRFA的吸水率与再生细骨料中存在的多孔的砖块残渣有关。FRFA的颗粒较细，比表面积较大，且颗粒表面多包裹着疏松多孔的砂浆，其吸水能力远远大于CRFA和MRFA。

2.2 再生骨料回填砂浆流动度

细再生骨料拥有较强的吸水能力，在砂浆搅拌过程中，部分水会被再生骨料吸收，导致有效水灰比降低，故需考量再生回填砂浆的流动度。不同级配再生回填砂浆的流动度如图3所示。由图可见，由连续级配再生骨料制备的回填砂浆流动性最差，仅为145cm。对于混合级配的回填砂浆，当各单粒径再生骨料组分比例为FRFA：MRFA：CRFA=4：2：4（Z2）时，流动度提至155cm。降低FRFA的掺量并提高CRFA的占比，再生骨料回填砂浆的流动度将不断提升，最终在Z4样品处达到最大值180cm。流动度的提升与骨料特性有关，一方面，FRFA掺量的减少和CRFA掺量的提升使得骨料总比表面积下降，润滑所需胶凝材料量下降；另一方面，FRFA具有高吸水率的特性，同等水灰比下，低FRFA掺量的再生骨料回填砂浆实际有效水灰比更高，润滑效果更明显。

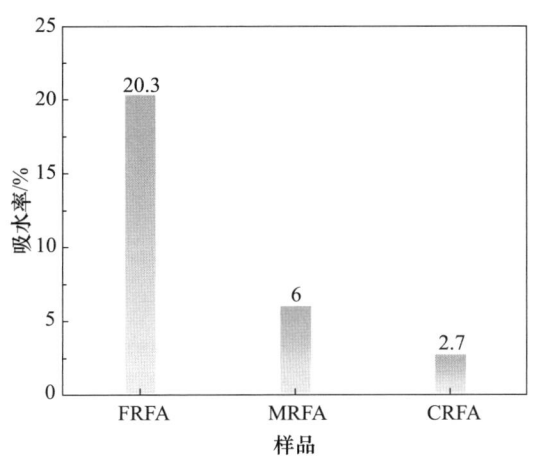

图2 不同粒径再生骨料的吸水率

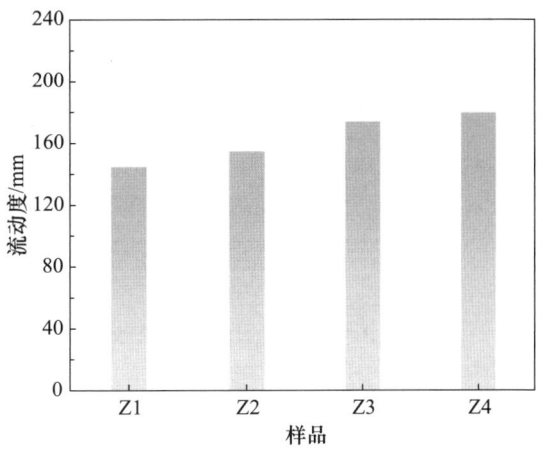

图3 再生骨料回填砂浆的流动度

2.3 再生骨料回填砂浆干燥收缩

图 4 是再生骨料回填砂浆 28d 龄期内的干燥收缩情况。由图可知，在干燥养护早期（0~7d），掺连续级配再生骨料的砂浆和高 FRFA 掺量的砂浆都表现出高的干燥收缩程度。随着水化进行，养护至第 7d 时，高 FRFA 掺量的砂浆（Z2）表现出低的干燥收缩，而低 FRFA 掺量的回填砂浆却表现出较高的干燥收缩，该现象一直保持到 28d。28d 时，随着 FRFA 掺量逐步由 33.3% 降低至 25%，Z3 和 Z4 样品相较于 Z2，回填砂浆的干燥收缩分别增大了 8.3% 和 16.7%。在由细再生骨料构成的回填砂浆中，FRFA（0.6~1.18mm）掺量的增加有利于减轻回填砂浆的干燥收缩。这或与 FRFA 的内养护作用有关，高吸水率的 FRFA 给矿渣硫铝酸盐水泥进一步水化提供水分，促进了自由水向结构水转变。随着 FRFA 掺量的增加，内养护效果越明显，抵抗干燥收缩的效果越佳。因此，高 FRFA 掺量的 Z2 样品在后期表现出较低的干燥收缩。

2.4 再生骨料回填砂浆抗压强度

图 5 是不同龄期再生骨料回填砂浆的抗压强度。由图可得，连续级配再生细骨料制备的回填砂浆（Z1）在 7d、14d、28d 龄期中都表现出较低的抗压强度。由混合级配再生骨料制备的回填砂浆的抗压强度在各龄期都优于连续级配的参比样。在混合级配再生骨料回填砂浆中，Z2 样品表现出最高的抗压强度，28d 的抗压强度达 3.4MPa。随着再生骨料回填砂浆中 FRFA 掺量的减少以及 CRFA 占比的增加，回填砂浆的抗压强度降至 2.9MPa。Z2 样品优异的抗压强度得益于矿渣硫铝酸盐水泥更充分的水化。随着水化反应的进行，高吸水率的 FRFA 不断为矿渣硫铝酸盐水泥提供水分，促进其进一步水化。

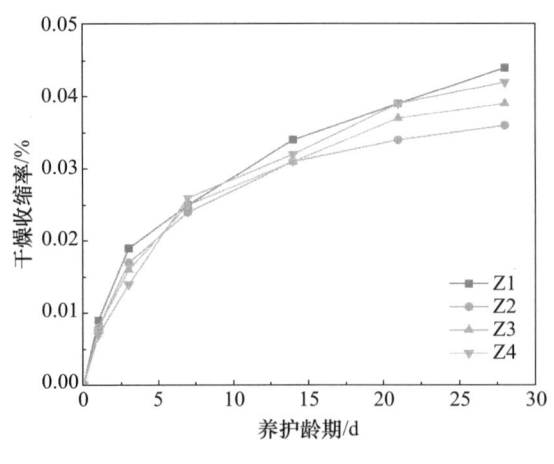

图 4 再生细骨料级配对回填砂浆干燥收缩率的影响

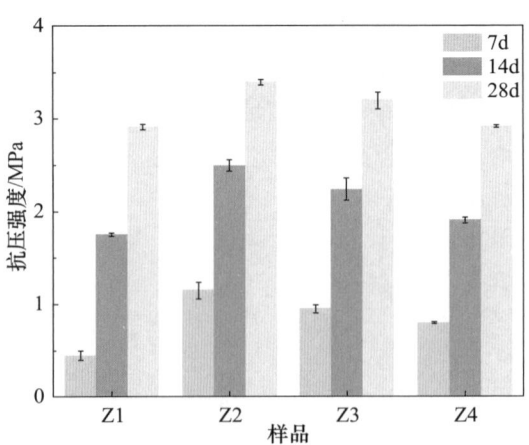

图 5 再生骨料回填砂浆不同龄期的抗压强度

3 结论

(1) 0.6~1.18mm 再生骨料掺量降低或 2.36~4.75mm 再生骨料掺量增加，均有利于提高再生回填砂浆的流动度。

(2) 0.6~1.18mm 再生骨料掺量的增加，有助于抑制水化反应后期再生骨料回填砂浆的干燥收缩。

(3) 0.6~1.18mm 再生骨料具有一定的内养护效果，促进矿渣硫铝酸盐水泥的水化反应，促进再生回填砂浆抗压强度的发展。随着其掺量增加，各龄期回填砂浆的抗压强度均有所提高。

参考文献

[1] RUAN S, LIU L, ZHU M, et al. Application of desulfurization gypsum as activator for modified magnesium slag-fly ash cemented paste backfill material [J]. Science of the total environment, 2023, 869: 161631.

[2] WEI H, XIAO B, GAO Q. Flow properties analysis and identification of a fly ash-waste rock mixed backfilling slurry [J]. Minerals, 2021, 11 (6): 576.

[3] YAN B, REN F, CAI M, et al. Influence of new hydrophobic agent on the mechanical properties of modified cemented paste backfill [J]. Journal of materials research and technology, 2019, 8 (6): 5716-5727.

[4] GUO Z, QIU J, JIANG H, et al. Flowability of ultrafine-tailings cemented paste backfill incorporating superplasticizer: insight from water film thickness theory [J]. Powder technology, 2021, 381: 509-517.

[5] ZHOU N, DONG C, ZHANG J, et al. Influences of mine water on the properties of construction and demolition waste-based cemented paste backfill [J]. Construction and building materials, 2021, 313: 125492.

[6] CHEN Q, ZHANG Q, QI C, et al. Recycling phosphogypsum and construction demolition waste for cemented paste backfill and its environmental impact [J]. Journal of cleaner production, 2018, 186: 418-429.

[7] MAO Y, LIU J, SHI C. Autogenous shrinkage and drying shrinkage of recycled aggregate concrete: a review [J]. Journal of cleaner production, 2021, 295: 126435.

作者简介：

蔡强，男，同济大学材料科学与工程学院博士生，联系方式：17802590935。

徐玲琳，女，博士，博导，同济大学材料科学与工程学院副教授，主要从事特种砂浆相关研究；联系方式：13681746856, xulinglin@126.com。

掺入回收风电叶片复合材料时瓷砖胶的柔韧性

李 建　郭鲲鹏　冯少光　耿 翔

[陶氏化学（中国）投资有限公司，上海 201203]

摘　要：废弃风电叶片的回收和再利用是目前迫切需要解决的一个难题。为了寻找解决该问题的方案，本文首先通过热重、扫描电镜和能谱分析对两种废弃风电叶片回收所制得的纤维进行了表征，进而研究了它们应用于高性能瓷砖胶时对横向变形的影响。结果表明：两种纤维的表面有不同程度的树脂包裹，在纤维长度和有效成分上有所区别。掺入 5.0%～10.0% 的回收纤维能够有效地提高瓷砖胶的横向变形。将合适参数的回收纤维与可再分散乳胶粉配合使用，在满足高性能瓷砖胶产品的柔韧性需求的同时，有助于降低配方成本。

关键词：风电叶片；回收；瓷砖胶；横向变形

Flexibility of Ceramic Tile Adhesives with Recycled Composite Fibers from Wind Turbine Blades

Li Jian　Guo Kunpeng　Feng Shaoguang　Geng Xiang

[Dow Chemical (China) Investment Co. Ltd., Shanghai 201203]

Abstract: The recycling and reuse of retired wind turbine blades is an urgent challenge nowadays. To address the challenge, two grades of recycled composite fibers (RCFs) from retired wind turbine blades were collected and characterized by thermal gravity analysis (TGA), scanning electron microscopy (SEM) and energy dispersive X-ray spectroscopy (EDS). Their impacts on the transverse deformation of high-quality ceramic tile adhesives were studied. The results show that the two RCFs are wrapped with polymer resin to some extent but differ in purity and fiber length. By adding 5.0%~10.0% RCF, the transverse deformation of tile adhesives can be effectively improved. Working together with redispersible latex powder, RCF favors the accomplishment of highly flexible ceramic tile adhesives while reducing the formulation cost.

Keywords: wind turbine blades; recycling; tile adhesives; transverse deformation

风能发电最早起源于欧洲，1998年后开始快速发展。国内则起步较晚，截至2004年，国内风电的装机容量为617MW，仅占当时全球总量的1.5%[1]。从2005年开始，国内风电产业进入快车道，2005—2009年国内每年增长超过1倍。图1为2005—2019年期间全球和国内风电累计装机容量随时间的增长。其中，截至2019年国内的风电累计装机容量达到237029MW，约占全球总量的36%，我国已经发展成世界第一大风能发电国。风电叶片质量的80%~90%[2]或更高比例[3]为树脂基复合材料。树脂基复合材料由树脂和纤维增强材料组成。其中，树脂分为热固性树脂和热塑性树脂，增强纤维包括玻璃纤维和碳纤维。绝大多数风电叶片使用热固性树脂和玻璃纤维增强材料[4-5]。风电机组的设计寿命一般不低于20年[6-7]，受环境、荷载、维护等各种因素的影响，实际使用寿命通常在20~25年之间。以20年寿命计算，欧洲风电叶片的报废已经进入快速增长期，而国内风电叶片的报废预计将从2025年开始迎来暴发。Liu等[1]基于不同规格的风电叶片计算得出风电叶片复合材料消耗量为8~13.5t/MW，与Albers[8]等估算出的10t/MW的结果基本吻合。若基于后一数据，可以计算得出，国内至2019年已累计使用约237万t的复合材料。至2025年累计产生约1.25万t废弃物，2030年该数据将增加至约44.7万t。Liu等[1]的研究预测，至2050年全球风电叶片产业将累计产生约4340万t的废弃复合材料，我国最终将成为有最多风电废弃物待处理的国家。热固性复合性材料由于所含树脂交联形成三维空间网状结构，不溶不熔，难以回收。大量报废的风电叶片复合材料何去何从，成为行业内一个巨大的挑战。

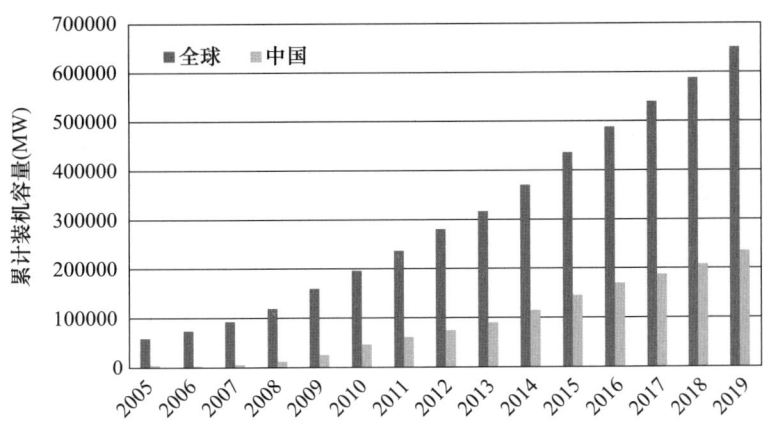

图1 风电累计装机容量随时间的增长

（全球数据来源：WWEA；国内数据来源：CWEA）

近年来，可持续发展和循环经济成为热点，越来越多的废弃物在不同领域得到循环利用。对于废弃玻璃纤维增强复合材料的回收处理，常规技术路线包括[3,9-16]：1）循环利用，不加工或尽量少加工后制成新产品，改变其功能。如物理切割后加工设计成公园长椅、车棚、桥梁等。2）机械粉碎再生，如粉碎后用作不同应用的填料、增强材料或作为某些产品生产工艺中新的原材料。3）能量回收，焚烧利用其热能。4）热解或化学裂解后回收原材料。5）填埋处理。综合来看，前两个技术路线的可行性更高。建材行业体量巨大，是废弃物应用的一个重要潜在领域。已有一些废弃物如脱硫石膏、粉煤灰、高炉矿渣等成功应用于该领域[17]，废弃风电叶片在建材中的应用也逐渐获得关注。Holcim和Fiberline两家公司将复合材料用于水泥烧制，部分替代所用的原材料并降低煤炭的消耗，同时仍能获得相同的水泥性能[3]；许冬梅等[18]建议将废弃风电叶片的束状回收物用于水泥基地坪和透水砖，而粉状回收物用于环卫制品、地坪和人造石等；于雪梅等[19]采用石串珠绳锯切割技术对废弃叶片切割处理获得直径不大于2mm的环氧树脂颗粒和长度不大于8mm的玻璃纤维混合破碎料。研究证明，该混合料能够显著地提高砂浆的抗折强度和抗压强度，且对水泥质量掺量为10%时最优。Yazdanbakhsh等[20]将回收风电叶片切成条形小块，加入混凝土中替代10%~15%体积的集料，结果对抗压强度、抗折强度和抗拉强度的影响不显著，但可以显著提高材料的韧性。与该结论相似，Haider等[21]研究了切割成长径比相似的3种尺寸（长度范围为7.75~29.72mm，宽度范围为0.67~2.56mm）的细条状回收风电叶片复合材料对水泥砂浆力学性能的影响。结果表明：在体积掺量为5%和7%时，大尺寸回收切片能够极大地提高砂浆的韧性。3%体积掺量时，与粉煤灰和硅灰复合使用具有协同效应，改善砂浆的韧性。Oliveira等[22]研究风电叶片回收纤维在砂浆中部分取代砂子后对抗压和抗折强度的影响。结果表明：加入高达15%的回收叶片纤维时，虽然力学性能有所下降，但仍然可以满足巴西当地标准要求，且同时可以降低材料比重约20%。然而，总体而言，目前回收风电叶片在建材中的使用路线研究仍处于早期阶段，缺乏具有高附加值且商业可行的方案。探索回收风电叶片复合材料的应用，特别是用于高附加值应用，意义重大。

瓷砖粘贴中使用的水泥基瓷砖胶粘剂（以下简称瓷砖胶）是最主要的建筑砂浆应用之一，对瓷砖胶的要求与所使用的瓷砖类型和应用场景紧密相关。一方面，随着瓷砖产品的发展，低吸水的超大型瓷砖成为目前国内瓷砖发展的主流方向之一[23]。然而，过大的尺寸使其易于产生一定的变形。因此，粘贴该类瓷砖时对瓷砖胶提出更高的要求，除了满足拉伸粘结强度要求以外，瓷砖胶的柔韧性尤为重要。另一方面，对于普通尺寸的瓷砖，在实际应用中，存在一些场合由于不同的原因导致基材稳定性较差，如电梯井、温差显著的阳台或是外墙。刚性太强的瓷砖胶难以适应基材的变形，产生界面应力，容易发生剥离脱落的情况。相反，高柔韧性的瓷砖胶可以有效地缓冲基材变形导致的应力，避免脱落。通常，通过测量瓷砖胶的横向变形来表征其柔韧性。JC/T 547—2017《陶瓷砖胶粘剂》中规定了两类柔韧性瓷砖胶产品，即S1型和S2型，其中，S1型要求横向变形不小于2.5mm，S2型不小于5.0mm。提高瓷砖胶的横向变形最常用的方法是掺入合适种类的乳液或可再分散型乳胶粉（以下简称胶粉），提高其在配方中的添加量[24-25]。然而，相较于其他无机材料，胶粉的价格要高出数十倍。增加胶粉添加量会导致配方成本的大幅增加。寻找具有更高性价比的解决方案来改善瓷砖胶的柔韧性成为切实的需求。

本研究对来自废弃风电叶片的两种复合材料纤维的基本特性进行了表征,借助统计软件的辅助试验设计和分析,研究了它们对高性能瓷砖胶柔韧性的影响,为提高瓷砖胶的柔韧性和风电叶片的回收再利用提供一种新的思路。

1 试验

1.1 原材料

水泥:普通硅酸盐水泥,42.5R级,市售。

砂:白色机制石英砂,0.1~0.5mm,市售。

甲酸钙:建材级产品,由朗盛化学生产。

纤维素醚:WALOCEL™ MW 40000 PFV,羟乙基甲基纤维素醚(HEMC),标称黏度为40000mPa·s(2%,Haake,2.55S^{-1}),由陶氏公司生产。

胶粉:醋酸乙烯-叔碳酸乙烯共聚物(VA/VeoVa),玻璃化温度为15℃,由陶氏公司生产。

回收复合材料纤维(以下简称RCF):市场获取样品,标记为RCF-A和RCF-B。均为废弃风电叶片粉碎所得。

试验所用测试配方如表1所示。

表1 测试用瓷砖胶配方组成

组分(质量比,%)	比例(质量比,%)
普通硅酸盐水泥(42.5R)	40.0
石英砂(0.1~0.5mm)	平衡至100.0
甲酸钙	0.5
可再分散乳胶粉	2.0~4.0
羟乙基甲基纤维素醚	0.4
回收复合材料纤维(RCF)	5.0~10.0
总重	100.0

1.2 试验过程

1.2.1 试验设计

设定两种RCF的掺量范围为5.0%~10.0%(对配方总重,下同)。同时,设定胶粉的掺量范围为2.0%~4.0%。通过SAS JMP软件进行试验设(DOE),同时改变胶粉掺量、RCF掺量和RCF种类,配方设计结果如表2中F1~F9所示。利用软件对测试结果进行建模和分析。建模时,使用最小方差回归。模型优化的过程中移除没有影响的因子，重新进行回归，直至获得最优模型。除了试验设计的配方外，同时测试仅掺有2%、3%和4%胶粉的配方作为参照样。

表 2 试验设计配方

配方编号	胶粉掺量（%）	RCF 掺量（%）	RCF 种类
Ref-1	2.0	0	—
Ref-2	3.0	0	—
Ref-3	4.0	0	—
F1	3.0	7.5	RCF-B
F2	3.0	7.5	RCF-A
F3	2.0	5.0	RCF-A
F4	2.0	5.0	RCF-B
F5	2.0	10.0	RCF-A
F6	2.0	10.0	RCF-B
F7	4.0	5.0	RCF-A
F8	4.0	10.0	RCF-B
F9	4.0	10.0	RCF-A

1.2.2 测试项目

横向变形：参照《陶瓷砖胶粘剂》（JC/T 547—2017）进行试样成型，48h 后移除模具，放入（23±2）℃密闭空间养护12d，其后在标准温湿度环境下继续养护14d 后采用 Instron 万能试验机进行横向变形的测试。测定时，以 2mm/min 速度加载直至样品破坏，记录传感器移动的距离。

热重分析（TGA）：采用 TA Instrument TGA-500 型热重分析仪对 RCF 进行热重分析。试验中采用空气氛围，温度范围为室温～850℃，升温速度为10℃/min。

扫描电镜-能谱分析（SEM-EDS）：对 RCF 进行 SEM-EDS 分析。采用 FEI 产 Nova Nano SEM630 扫描电镜，测试加速电压设定为 5kV。观察 RCF 的原始形貌以及550℃烧蚀后的形貌，并对纤维表面局部进行能谱分析。另外，从硬化后的瓷砖胶砂浆条上取样，采用扫描电镜观察含有纤维的瓷砖胶砂浆的截面形貌。

2 结果与讨论

2.1 原材料表征

2.1.1 热重分析（TGA）

图 2 为两种 RCF 热重分析的结果。可以看到，两者有明显的区别。对于 RCF-A 纤

维,从室温至200℃之前,有少量的质量损失,微分热重(DTG)曲线上未出现峰。该段失重应为物理吸附水或其他小分子溢出造成的失重。随着温度进一步上升,在200~500℃区域有明显的失重。该区域又分为两个阶段,其中225~395℃为主要失重阶段,DTG曲线上可以看到较大的峰,峰值对应的温度约为325℃。样品产生约22.0%的失重。395~500℃的区域,DTG曲线上460℃左右有较小的峰出现。样品有少量的失重,约为4.5%,失重速度较之前明显变慢。325℃和460℃所产生的失重应为热固性树脂分解所致。其中,第一个峰由主链分解导致的,而第二个峰是残碳的氧化所致。温度进一步提高,质量几乎没有损失,仅减少约0.9%。产生65.6%的灰分残余,该灰分量与风电叶片中常用的增强纤维量吻合[2],应为玻璃纤维。RCF-B的热重曲线前期与RCF-A相似,但含水率稍高,且聚合物分解导致的失重明显较少。550℃以后DTG曲线上多出一个峰,对应质量损失约9.3%。该失重可以排除为环氧或玻璃纤维造成,应为无机组分分解,该组分为碳酸钙的可能性较大。总体而言,RCF-A纤维产品较纯净,基本由回收叶片材料组成,而RCF-B则可能后期添加或者其他原因混入了一定量的无机物。

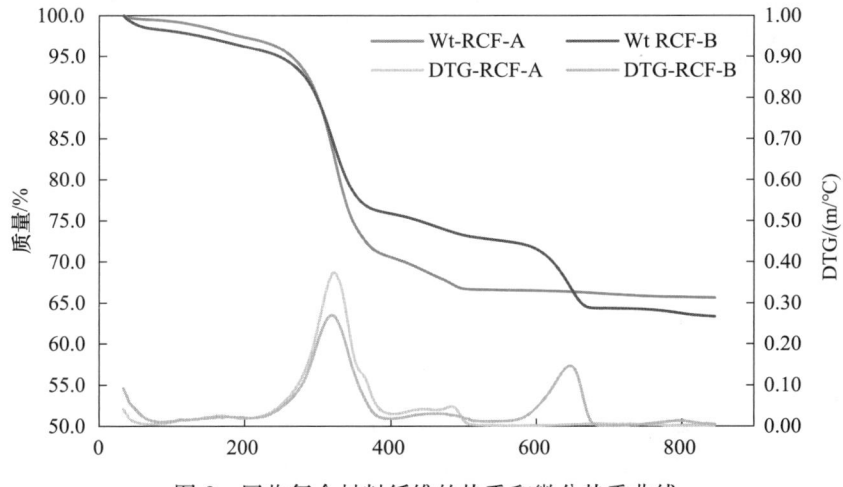

图2 回收复合材料纤维的热重和微分热重曲线

2.1.2 扫描电镜-能谱分析(SEM-EDS)

通过SEM观察RCF的微观形貌。图3为RCF-A纤维煅烧前后的形貌。可以看到,样品RCF-A以纤维状为主。纤维的形貌长而直,长纤维的占比高,绝大部分纤维的长度在300~500μm之间,存在少量更长的纤维和短纤维。纤维的直径约20μm或更小。可以观察到部分不规则形状的颗粒,应为粉碎中产生的小树脂颗粒或树脂复合材料。煅烧后,RCF分布更为规则,不规则球状的颗粒少。

RCF-B纤维煅烧前后的形貌如图4所示,与RCF-A纤维的形貌存在差异。短纤维的比例较RCF-A纤维明显多,有较多的零碎纤维分布其中。同时,可以明显看到其中有更多不规则的颗粒和粉状物。煅烧后的不规则的颗粒和粉状物占比仍较多。

图 3　RCF-A 纤维的微观形貌

煅烧前：(a) 100×；(b) 200×；(c) 1000×；煅烧后：(d) 100×；(e) 200×；(f) 1000×

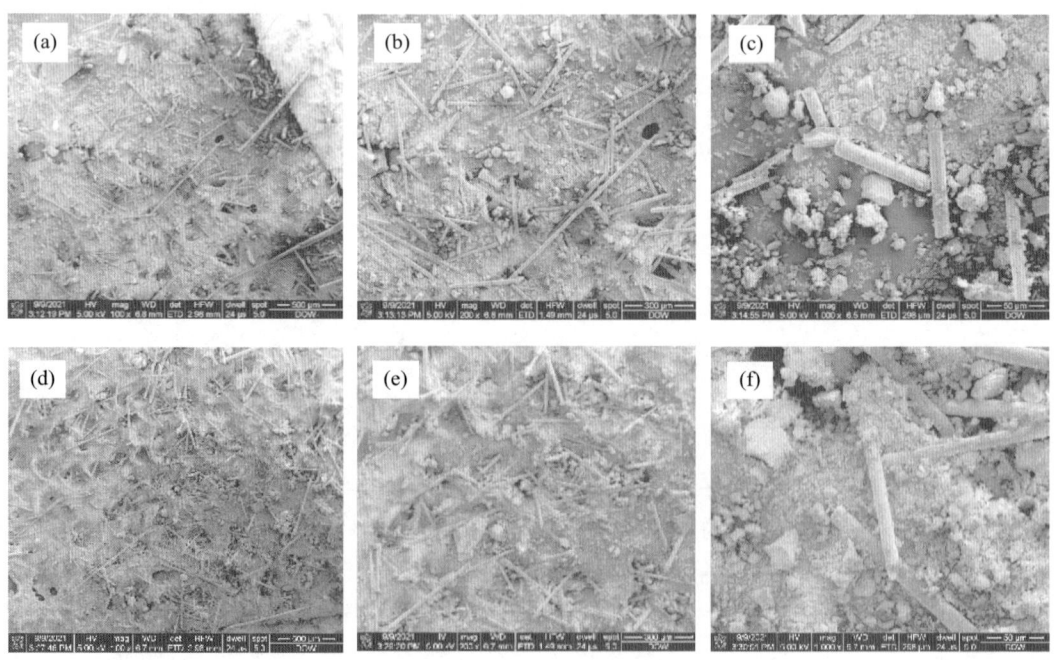

图 4　RCF-B 纤维煅烧前后的形貌

煅烧前：(a) 100×；(b) 200×；(c) 1000×；煅烧后：(d) 100×；(e) 200×；(f) 1000×

采用能谱分析煅烧前后的纤维表面元素，结果如表3所示，样品代号后面有550表示煅烧后的样品。可以看到，未处理过的RCF-A表面有较多的碳元素，基于前述热重分析结果，该产品中并无碳酸盐的存在，因此可以推断该元素来源于树脂。高温灼烧后，树脂分解，因此不再有碳元素，但仍然包含其他元素。同时，550℃并未达到碳酸钙分解的温度，若其存在，则应残留有碳元素信号的存在。煅烧后未发现碳元素同样说明RCF-A中不含有碳酸钙。可以推断，该纤维产品表面存在树脂包覆。普通玻璃纤维在碱性水泥中的应用存在耐碱性差的问题。玻璃纤维面表面覆盖有热固性树脂如环氧树脂时能够有效地提高玻璃纤维在水泥体系应用时的耐碱性[26]。因此在水泥材料中使用该纤维时可能比普通玻璃纤维具有更好的耐久性。对于RCF-B纤维，原纤维的表面同样含有碳元素，其含量相对较低，表明其表面可能覆盖的树脂含量较少。灼烧后，样品中同样不再含有碳元素。

表3 两种RCF表面元素组成

元素名称	质量百分比（%）			
	RCF-A	RCF-A-550	RCF-B	RCF-B-550
B	48.38	56.02	53.13	58.65
O	19.34	21.31	22.13	17.24
C	14.72	0	3.2	0
Si	10.54	12.40	10.97	11.58
Na	2.91	3.00	0	0
Ca	2.39	3.29	7.25	8.39
Al	0.95	1.33	3.32	3.4
Mg	0.78	1.02	0	0.74

2.2 横向变性

2.2.1 测试结果

图5为RCF与胶粉的不同组合对横向变形的影响。可以看到，三个参照配方中，随着胶粉掺量的提高，横向变形逐步提高。然而，仅仅依靠该胶粉自身，即使掺量为4.0%时，配方仍无法满足S1型产品的要求，其较2.0%胶粉掺量时仅提高24.6%。随着RCF的加入，横向变形有不同程度的提高，部分配方可以满足需求。胶粉掺量相同时，掺有RCF的配方结果均高于未掺RCF的配方，如F9较F3提高60.1%。RCF与胶粉组合产生的具体影响将在以下部分通过软件模型进行详细分析。

2.2.2 结果建模

图6为JMP软件进行模型回归分析的结果。图中斜线表征模型预测结果与实际测试结果之间的相关性，其两侧的曲线为95%置信区间，水平线为所有测试结果的均值。该模型的P值为0.0025，远小于显著性要求的0.05。R^2为0.97。该结果说明模型有数理统计意义，预测值与实测值之间有良好的线性关系。另外，置信曲线穿过横轴同样说

明该模型有数理统计意义。因此，可以利用该模型识别主要影响因子，预测测试结果。

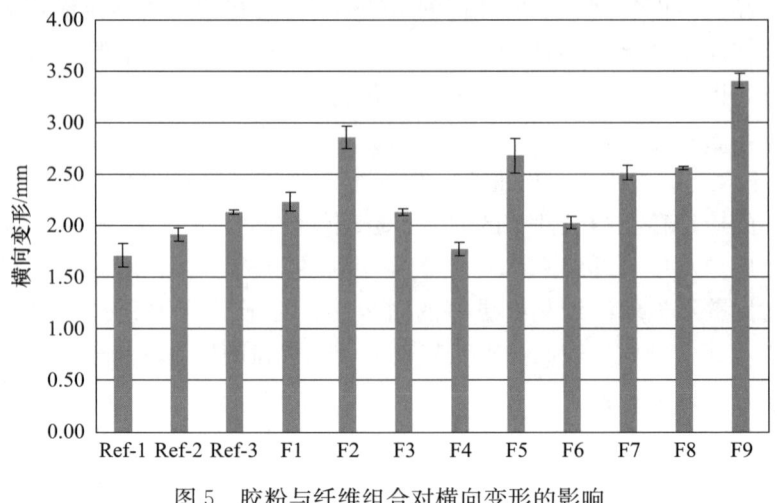

图 5　胶粉与纤维组合对横向变形的影响

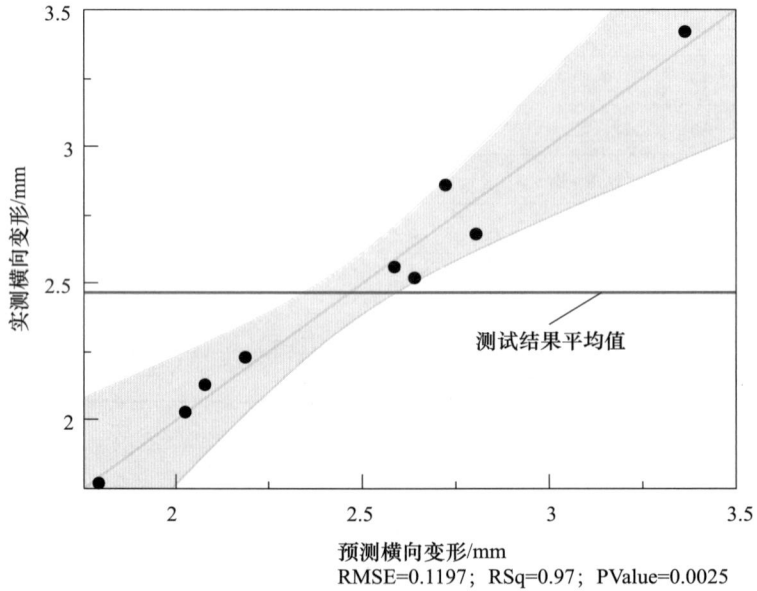

图 6　实测结果与模型预测结果之间的相关性

进一步分析各参数对横向变形的影响，结果如图 7 所示。可以看出，使用 RCF-A 时，结果显著高于 RCF-B。若固定 RCF-A 掺量为 7.5%，横向变形随着胶粉掺量的提高逐步提高。同样，若固定胶粉掺量为 3%时，横向变形随着 RCF-A 掺量的增加而提高。使用 RCF-B 时，胶粉的掺量为主要影响因子。若固定 RCF 掺量为 7.5%，横向变形随着胶粉掺量的提高逐渐增加。RCF 的掺量则影响较小，若固定胶粉掺量为 3.0%时，横向变形随着 RCF 掺量的增加仅稍有提高，增加幅度并不显著。

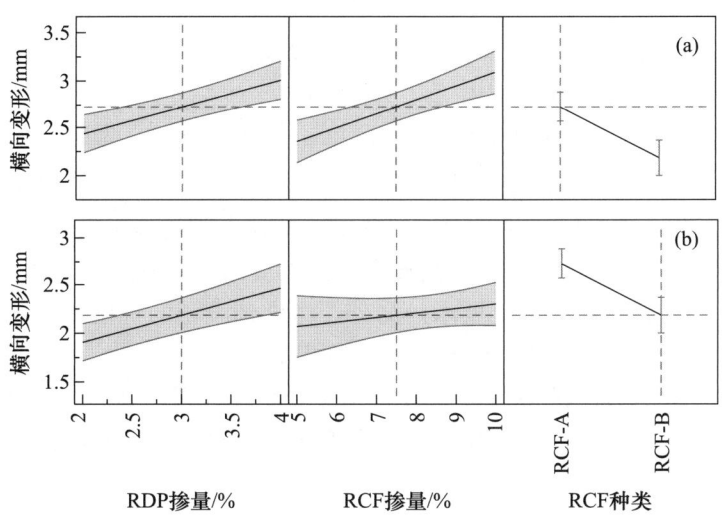

图 7 各参数对横向变形的影响
(a) RCF-A;(b) RCF-B

通过软件进一步分析各参数之间的交互作用,结果如图 8 所示。图中每一个格子表征的是其横轴和竖轴对应参数之间的交互作用。若其中两条线为平行线,则表明这两个参数之间完全没有交互作用;若斜率不同,则表明两者存在一定的交互作用;两者相交,则表明有强烈的交互作用。从中可以看出,胶粉掺量与 RCF 掺量之间、胶粉掺量与 RCF 类型之间不存在交互作用。RCF 掺量与 RCF 类型之间存在一定的交互作用,即不同规格的纤维掺量变化对横向变形的影响显著不同。RCF 掺量越高,RCF-A 对于 RCF-B 在提高横向变形时的优势越明显,这与前述分析结果吻合。

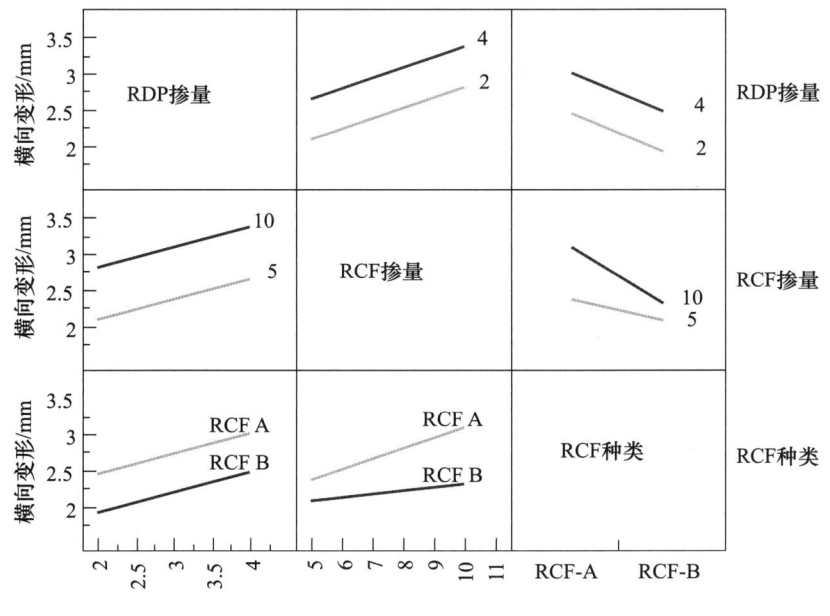

图 8 参数变量之间的交互作用图

2.2.3 优选区域

基于软件提供的模型，可以对测试结果进行预测。参照 S1 型产品要求，通过软件分析找到能够满足性能需求的参数组合，结果如图 9 所示。图 9（a）为 RCF-A 时的情况，图中灰色阴影部分为无法满足的区域，白色区域为能够满足要求的区域，灰色线为结果 2.6mm 时的组合。往虚线一侧走，横向变形值变高。从该结果可以看出，使用 RCF-A 时有很大的区域可以满足柔韧性的要求。即使在胶粉掺量较低为 2.0% 时，仍可以通过添加 7.9%~10.0% 的 RCF 达到横向变形的要求。胶粉掺量超过 3.5% 时，RCF 掺量从 5.0%~10.0% 都可以满足要求。另外，考虑到胶粉的价格远高于 RCF，低胶粉掺量和高 RCF 掺量的配方有助于降低配方整体成本。

图 9（b）为 RCF-B 时的模型预测结果。从中可以看到，满足要求的区域极小。仅当胶粉掺量大于 3.7% 时，两者的特定区域组合才能满足 S1 型瓷砖胶的要求。

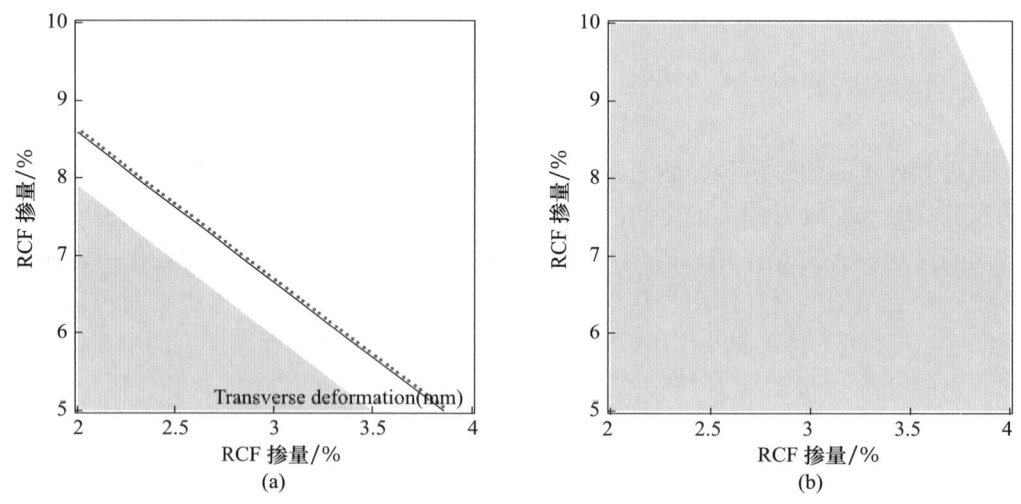

图 9 模型对测试组合的结果预测
(a) RCF-A；(b) RCF-B

2.2.4 纤维改性砂浆形貌

图 10 为掺入 7.5% RCF-A 后瓷砖胶砂浆的形貌。从图 10（a）可以看到，由于纤维素醚具一定有表面活性，搅拌过程中引入大量气泡孔，导致砂浆基体呈多孔状，孔径基本小于 $150\mu m$。RCF 整体分布较为均匀，有部分 RCF 的一端露出砂浆表面。纤维呈现出一定的取向性，应与制样时齿型刮刀的梳理有关。露出的纤维大部分表面覆盖有砂浆，少部分则表面较为光洁。分析认为，前者是由于取样过程中样品受到破坏，纤维从基体中拉出所致，后者则可能是该端原本就位于砂浆孔隙处。RCF 伸出部分以小于 $100\mu m$ 为主，考虑到纤维自身长度多为 $300\sim500\mu m$，纤维的主体仍埋在砂浆中。图 10（b）显示，无论 RCF 露出与否，其根部与砂浆结合较为紧密。图 10（c）和 10（d）可以进一步观察到纤维与砂浆之间良好的界面结合。图 10（d）中可以看到纤维表面有一圈覆盖物，应为聚合物树脂，对玻璃纤维可以起到一定的保护作用。足够的埋入程度和较好的纤维-砂浆界面结合使得 RCF-A 可以起到良好的增韧和提高瓷砖胶柔性的作用。而 RCF-B 由于纤维较短、纤维有效成分较低，因而改善作用较差。

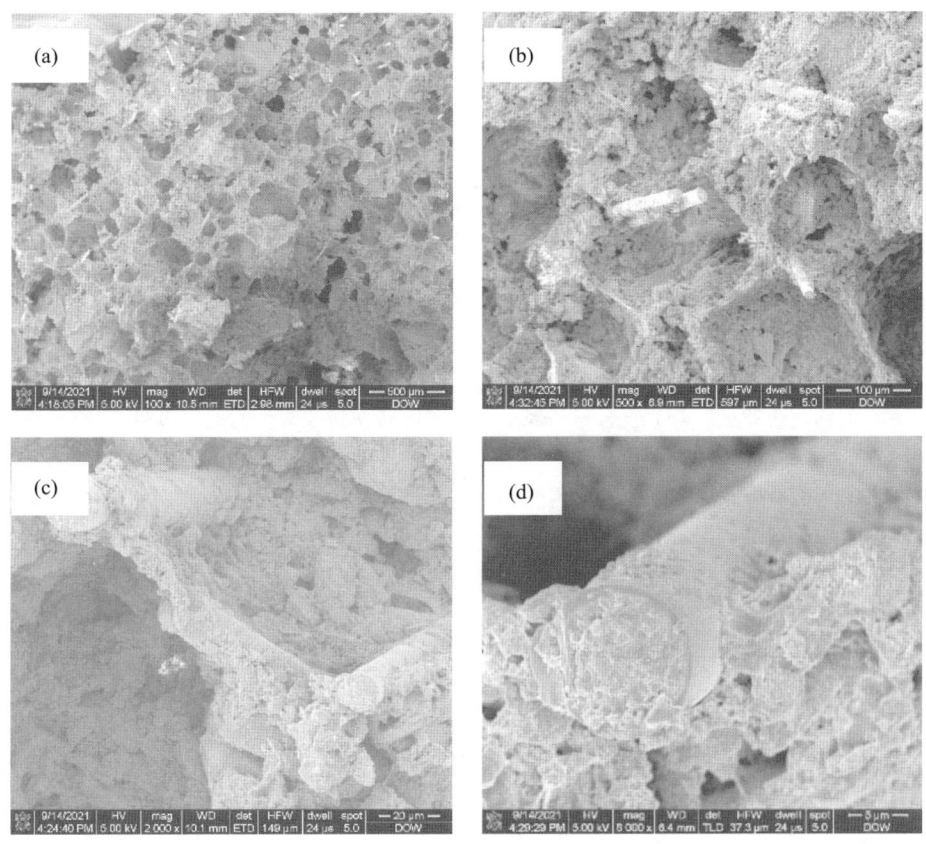

图 10　掺入 7.5%RCF-A 后瓷砖胶砂浆的形貌
(a) 100×；(b) 500×；(c) 2000×；(d) 5000×

3　结论

本研究对两种不同规格的回收风电叶片所制得的纤维的基本特点进行了表征，利用试验设计的辅助探讨了它们对瓷砖胶横向变形的影响，主要结论如下：

两种规格的回收纤维在纯度和长度上有所差异，其中 RCF-A 仅含树脂和玻璃纤维，其长度较长，以 $300\sim500\mu m$ 为主。两者表面均存在树脂包覆，有助于提高纤维在强碱性水泥体系中的耐久性。

回收纤维的掺入有助于提高瓷砖胶的横向变形能力，其规格和掺量对横向变形的影响存在交互作用，而胶粉掺量的影响与两者均无交互作用。RCF-A 性能更优，随着其掺量增加，横向变形显著线性提高。掺 10% 时，较未掺时提高 58%～65%。回收纤维与砂浆之间的界面结合良好，较长的纤维长度能让该纤维的主体埋入瓷砖胶砂浆基体和桥接裂纹，有利于发挥改善砂浆柔韧性的作用。

将 RCF-A 型回收纤维与可再分散胶粉共同使用时，在确保满足砖胶柔韧性需求的前提下，能够显著地降低胶粉掺量，有助于配方成本的优化。

目前风电回收叶片的回收利用还处于开发探索阶段，此类纤维的选择还比较有限，产品的基本参数也非最优。如何优化其参数和生产工艺，从而更好地满足瓷砖胶或其他砂浆的性能需求，值得进一步深入研究。

参考文献

[1] LIU P, BARLOW C Y. Wind turbine blade waste in 2050 [J]. Waste Manag, 2017, 62: 229-40.

[2] JENSEN J P, SKELTON K. Wind turbine blade recycling: Experiences, challenges and possibilities in a circular economy [J]. Renewable and Sustainable Energy Reviews, 2018, 97: 165-76.

[3] PAULSEN E B, ENEVOLDSEN P. A Multidisciplinary Review of Recycling Methods for End-of-Life Wind Turbine Blades [J]. Energies, 2021, 14 (14).

[4] 戴春晖, 刘钧, 曾竟成, 等. 复合材料风电叶片的发展现状及若干问题的对策 [J]. 玻璃钢/复合材料, 2008, (1): 53-6.

[5] OSTACHOWICZ W, MCGUGAN M, SCHRöDER-HINRICHS J-U, et al. MARE-WINT: new materials and reliability in offshore wind turbine technology [M]. Springer Nature, 2016.

[6] 唐荆, 陈啸, 杨科. 风电叶片全寿命周期性能研究 [J]. 风能, 2017 (01): 58-61.

[7] NIJSSEN R, BRøNDSTED P. Fatigue as a design driver for composite wind turbine blades [J]. Advances in wind turbine blade design and materials, 2013: 175-209.

[8] ALBERS H, GREINER S, SEIFERT H, et al. Recycling of wind turbine rotor blades. Fact or fiction? [J]. DEWI-Magazin, 2009: 32-41.

[9] YAZDANBAKHSH A, BANK L. A Critical Review of Research on Reuse of Mechanically Recycled FRP Production and End-of-Life Waste for Construction [J]. Polymers, 2014, 6 (6): 1810-26.

[10] MARYLISE SCHMID N G R, THOMAS W. Accelerating wind turbine blade circularity [R], 2020.

[11] COOPERMAN A, EBERLE A, LANTZ E. Wind turbine blade material in the United States: Quantities, costs, and end-of-life options [J]. Resources, Conservation and Recycling, 2021, 168.

[12] BANK L, ARIAS F, YAZDANBAKHSH A, et al. Concepts for Reusing Composite Materials from Decommissioned Wind Turbine Blades in Affordable Housing [J]. Recycling, 2018, 3 (1).

[13] ANDRÉ J K A, NYGREN D, MATTSSON C, et al. Re-use of wind turbine blade for construction and infrasture applications; proceedings of the IOP Conference Series: Materials Science and Engineering, F, 2020 [C]. IOP Publishing Ltd.

[14] JUNLEI CHEN J W, AIQING NI. Recycling and reuse of composite materials for wind turbine blades: An overview [J]. Journal of Reinforced Plastics and Composites, 2019, 38 (12): 567-77.

[15] RAHIMIZADEH A, KALMAN J, FAYAZBAKHSH K, et al. Recycling of fiberglass wind turbine blades into reinforced filaments for use in Additive Manufacturing [J]. Composites Part B: Engineering, 2019, 175.

[16] RAHIMIZADEH A, KALMAN J, HENRI R, et al. Recycled Glass Fiber Composites from Wind Turbine Waste for 3D Printing Feedstock: Effects of Fiber Content and Interface on Mechanical Performance [J]. Materials (Basel), 2019, 12 (23).

[17] 王晓丽, 李秋义, 陈帅超, 等. 工业固体废弃物在新型建材领域中的应用研究与展望 [J]. 硅酸盐通报, 2019, 38 (11): 3456-64.

[18] 许冬梅, 张兴林, 荆涛. 废旧热固性复合材料绿色回收利用关键技术研究：以风电行业废弃风

叶片为例［J］. 环境保护，2019，47（20）：54-6.

［19］于雪梅，朱晓华，刘卫生，等. 废弃风电叶片切割装置设计及破碎料的应用［J］. 工程塑料应用，2018，46（6）：60-64.

［20］YAZDANBAKHSH A，BANK L C，RIEDER K-A，et al. Concrete with discrete slender elements from mechanically recycled wind turbine blades［J］. Resources，Conservation and Recycling，2018，128：11-21.

［21］HAIDER M M，NASSIRI S，ENGLUND K，et al. Exploratory Study of Flexural Performance of Mechanically Recycled Glass Fiber Reinforced Polymer Shreds as Reinforcement in Cement Mortar［J］. Transportation Research Record：Journal of the Transportation Research Board，2021.

［22］OLIVEIRA P S，ANTUNES M L P，DA CRUZ N C，et al. Use of waste collected from wind turbine blade production as an eco-friendly ingredient in mortars for civil construction［J］. Journal of Cleaner Production，2020，274.

［23］尹虹. 2020 瓷砖行业发展趋势深度剖析［J］. 陶瓷，2020，5：9-11.

［24］AFRIDI M U K，CHAUDHARY Z U，OHAMA Y，et al. Strength and elastic properties of powdered and aqueous polymer-modified mortars［J］. Cement and Concrete Research，1994，24（7）：1199-213.

［25］WANG R，WANG P-M，YAO L-J. Effect of redispersible vinyl acetate and versatate copolymer powder on flexibility of cement mortar［J］. Construction and Building Materials，2012，27（1）：259-62.

［26］屠霖，陈建中. 环氧树脂涂覆玻纤增强水泥的性能与结构［J］. 混凝土与水泥制品，1991，（1）：42-44.

作者简介：李建，男，江苏南京人，博士。现就职于陶氏化学研发部，主要从事有机聚合物助剂在新型建筑材料中应用的研究开发和技术服务工作。邮箱：jli@dow.com。

风电基础专用超早强高抗裂灌浆料的制备与性能研究

杨 虎[1,2]　马保国[1]

（1. 武汉理工大学 硅酸盐建筑材料国家重点实验室，湖北武汉 430070；
2. 武汉晨创润科材料有限公司，湖北武汉 430070）

摘　要：本文研究了不同含量的纳米矿物增强料对风电基础专用超早强高抗裂灌浆料的流动度、早期强度、最终强度和膨胀率的影响。研究结果表明，随着纳米矿物增强料掺量的增加，灌浆料性能的初始流动度和30min后流动度逐渐减小，灌浆料性能的抗压强度和抗折强度逐渐增大，灌浆料的3h竖向膨胀率逐渐增大，而24h与3h竖向膨胀率之差逐渐减小，纳米矿物增强料掺量为2%时灌浆料的综合性能最好。最优配合比下的灌浆料，初始流动度和30min后流动度分别为318mm和290mm，1d、3d和28d抗折强度分别为11.8MPa、17.6MPa和22.6MPa，1d、3d和28d抗压强度分别为73.5MPa、90.3MPa和135.4MPa，3h竖向膨胀率为0.21%，24h与3h竖向膨胀率之差为0.10%。

关键词：灌浆料；纳米矿物增强料；风电基础；流动度；抗压强度；抗折强度；膨胀率

Preparation and Performance Study of Ultra Early Strength and High Crack Resistance Grouting Material for Wind Power Foundation

Yang Hu　Ma Baoguo

(1. State Key Laboratory of Silicate Materials for Architectures, Wuhan University of Technology, 430070, Wuhan, Hubei 430070; 2. Wuhan Chenchuang Runke Material Co., Ltd, 430070, Wuhan, Hubei, 430070)

Abstract: This article investigates the effects of different contents of nano mineral reinforcing materials on the flowability, early strength, final strength, and expansion rate of ultra-early strength and high crack resistance grouting material for wind power foundation. The research results indicate that as the amount of nano mineral reinforcement increases, the initial flowability and flowability of the grouting material gradually decrease after 30 minutes. The compressive strength and flexural strength of the grouting material gradually increase, and the 3-hour vertical expansion rate of the grouting material gradually increases. The difference between the 24-hour and 3-hour vertical expansion rates gradually decreases. When the amount of nano mineral reinforcement is 2%, the comprehensive performance of the grouting material is the best. Under the optimal mix ratio, the initial flowability and flowability of the grouting material after 30 minutes are 318mm and 290mm, respectively. The flexural strength at 1d, 3d, and 28d is 11.8MPa, 17.6MPa, and 22.6MPa, respectively. The compressive strength at 1d, 3d, and 28d is 73.5MPa, 90.3MPa, and 135.4MPa, respectively. The vertical expansion rate at 3h is 0.21%, and the difference between the vertical expansion rates at 24h and 3h is 0.10%.

Keywords: nano mineral reinforcement materials; wind power foundation; grouting material; liquidity; compressive strength; bending strength; expansion rate

1 引言

灌浆料是由水泥、骨料、外加剂和矿物掺和料等原材料在专业化工厂按比例计量混合而成，在使用地点按规定比例加水或配套组分拌和，用于螺栓锚固、结构加固、预应力孔道和设备基础等灌浆的材料，其具有流动性能好、抗压强度高和微膨胀等优点[1-4]。尤其是灌浆料被应用于风力发电基础的固定，其要求灌浆料具有良好的流动性、超早强、高强度和高抗裂等特性。因为风电主要分布在西北及具有海岸的地区，这些地区工程施工环境与设施后期应用环境复杂。当在极为严酷的条件下灌浆，例如，陆上风电或是海底灌浆；当在低温气候条件下的基础灌浆。另外还由于自然界的风力常常不够稳定，假如风刮得过大。这些都造成风电等大型设备基础在施工和应用过程中需要面临高温差、高湿度、高扭力的考验，最后导致风电基础无法正常施工或基础强度不够影响风电的可靠性，甚至使风电基础无法达到设计使用寿命[5-7]。因此，要想让风电发挥最大的经济效益、社会效益和环境效益，风电基础用灌浆料必须具有优异的超早强、高抗裂等性能。

传统的灌浆料还无法兼顾超早强和高抗裂等性能，并且目前的文献[8]、[9]缺少对灌浆料抗折强度的检测或者制备的灌浆料抗折强度较低，而抗折强度是体现灌浆料抗裂性能的重要指标。为了推动风电等重要工程对灌浆料的需求，本文采用自研的纳米增强矿物增强料制备灌浆料，研究了灌浆料的抗压强度、抗折强度和膨胀率，旨在为风电基础等重大工程研发出具有超早强、微膨胀、高抗裂和超高强的灌浆料。

2 试验

2.1 原材料

水泥：P·O 52.5 硅酸盐水泥。石英砂：40~200 目连续级配。纳米矿物增强料（代号 NMZQ）：自研。膨胀稳定组分：自研。聚羧酸减水剂：自研。拌和用水：自来水。

2.2 灌浆料的配比与制备

经过前期试验优化途径确定了灌浆料的基准配合比，然后掺入纳米矿物增强料研究纳米矿物增强料对灌浆料的性能影响，配合比如表1所示，其中灌浆料成型过程中水料比为0.11。

参考 GB/T 50448—2015《水泥基灌浆材料应用技术规范》和 JC/T 986—2005《水泥基灌浆材料》对灌浆料的流动性、抗压强度和收缩率进行检测。GB/T 17671—2021《水泥胶砂强度检验方法（ISO 法）》对灌浆料的抗折强度进行检测。

表1 灌浆料配合比（wt%）

项目	水泥	膨胀稳定组分	聚羧酸减水剂	石英砂	纳米矿物增强料（NMZQ）
基准配合比	43	1.6	0.4	55	0
NMZQ-1%	42	1.6	0.4	55	1
NMZQ-2%	41	1.6	0.4	55	2
NMZQ-3%	40	1.6	0.4	55	3
NMZQ-4%	39	1.6	0.4	55	4

3 结果与讨论

3.1 灌浆料的流动性

流动性是灌浆料非常重要的一个指标，流动性好才能保证灌浆料能够充分地填充缝隙、空洞及不规则区域，提高工艺效率和施工质量，而表征灌浆料的主要方式是灌浆料的流动度。本文测试灌浆料初始和30min后的流动度结果如图1所示。

如图1所示，未加纳米矿物增强料时，灌浆料的初始流动度和30min后流动度分别为330mm和310mm，随着纳米矿物增强料掺量的增加，灌浆料初始和30 min后流动度逐渐降低，但是，纳米矿物增强料掺量不超过2%时，灌浆料的初始和30 min后流动度降低幅度较小，其初始和30 min后流动度分别为318mm和290mm，仍能满足GB/T 50448中Ⅲ类灌浆料对流动度的要求；当纳米矿物增强料掺量超过3%时，灌浆料的初始流动度降低明显，尤其是 30min 后流动度损失较大，纳米矿物增强料掺量为 3% 时，灌浆料的初始流动度已经低于 GB/T 50448 要求的 290mm，30min 后流动度已经低于 GB/T 50448 要求的 260mm，纳米矿物增强料掺量为 4% 时，灌浆料的初始和 30min 后流动度继续降低，都远远低于标准要求。

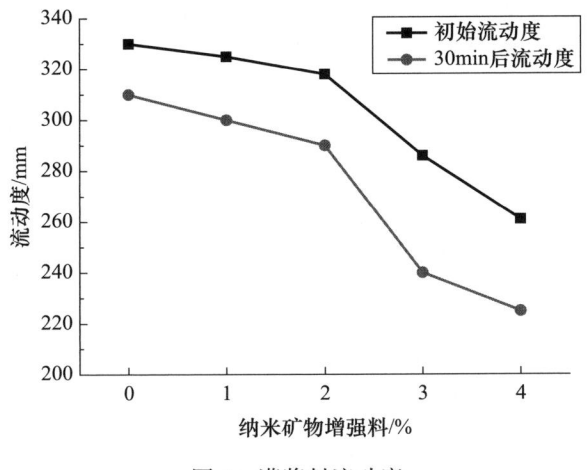

图 1　灌浆料流动度

加入纳米矿物增强料后，灌浆料的流动性降低，这是由于纳米矿物增强料颗粒比表面积较大，容易吸水，并且纳米组分活性较高，能够加速水化反应，使灌浆料流动度下降。因此，随着纳米矿物增强料掺量增加，降低流动度的效果越显著，流动度逐渐降低[8]。

3.2　灌浆料力学性能

力学性能是体现灌浆料主要性能的指标，抗压强度反映了灌浆料的承载能力，抗折强度反映了灌浆料承载大负荷、大扭矩和抗裂的性能。本文对灌浆料的抗压强度和抗折强度的检测结果如图 2 和图 3 所示。

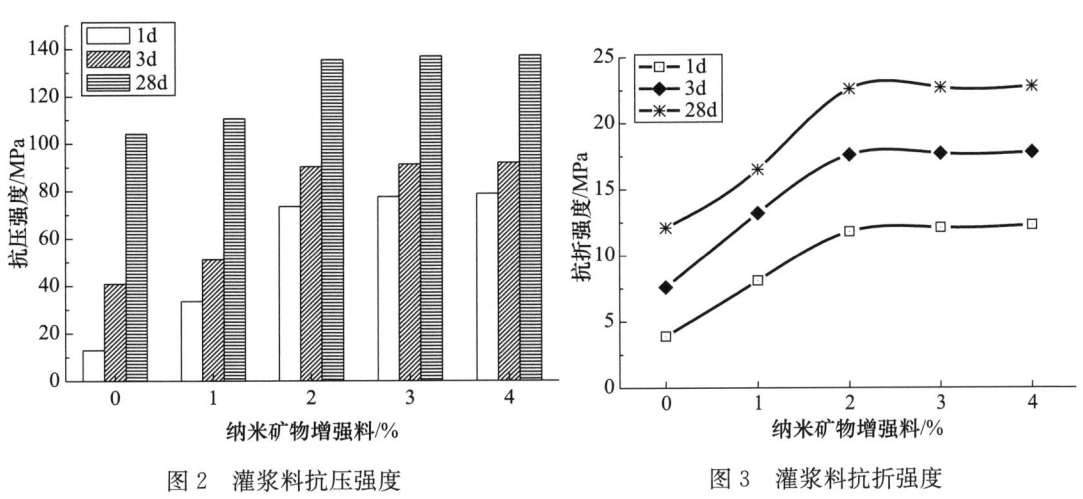

图 2　灌浆料抗压强度　　　　　　图 3　灌浆料抗折强度

如图 2 和图 3 所示，未加纳米矿物增强料时，灌浆料的 1d、3d 和 28d 抗压强度分别为 13.0MPa、40.9MPa 和 104.1MPa，抗折强度分别为 3.9MPa、7.6MPa 和 12.1MPa。随纳米矿物增强料掺量增加，灌浆料 1d、3d 和 28d 的抗压强度和抗折强度都不断增大。纳米矿物增强料掺量为 1%～4% 时，灌浆料 1d 抗压强度分别为 33.5MPa、73.5MPa、77.6MPa 和 78.9MPa，1d 抗折强度分别为 8.1MPa、11.8MPa、12.1MPa 和 12.3MPa；灌浆料 3d 抗压强度分别为 51.1MPa、90.3MPa、95.4MPa 和 97.6MPa，3d 抗折强度分别为 13.2MPa、17.6MPa、17.7MPa 和 17.8MPa；灌浆料 28d 抗压强度分别为 110.5MPa、135.4MPa、136.9MPa 和 137.2MPa，28d 抗折强度分别为 16.5MPa、22.6MPa、22.7MPa 和 22.8MPa。还可以看出，纳米矿物增强料掺量为 1% 和 2% 时，灌浆料的抗压强度和抗折强度显著增加，而当纳米矿物增强料掺量为 3% 和 4% 时，灌浆料的抗压强度和抗折强度增长变慢。这是因为纳米矿物增强料比表面积大、活性高，纳米矿物增强料加入后，能起到纳米效应。一方面，活性高的纳米矿物增强料可以加速水化，提高灌浆料的抗压和抗折强度，尤其是早期强度；另一方面，纳米矿物增强料中纳米颗粒可以填充灌浆料内部的孔隙，使得灌浆料更加致密，因此也会提高灌浆料的抗压和抗折强度[9-12]。但是，灌浆料的主要力学性能还是由胶凝材料和石英砂共同贡献的，纳米矿物增强料对灌浆料总体力学性能的影响是有限的，当纳米矿物增强料掺量达到一定时（比如 3%），灌浆料的力学性能增长幅度就会减缓。

3.3 灌浆料膨胀率

灌浆料的微膨胀性对灌浆料也是较重要的指标，微膨胀有助于灌浆料填充设备基础的每个位置，保证灌浆料与设备紧密连接，并且能避免由于灌浆料收缩造成的缺陷。根据 GB/T 50448，灌浆料的微膨胀性主要用 3h 竖向膨胀率及 24h 与 3h 竖向膨胀率之差来表征，检测结果如图 4 所示。

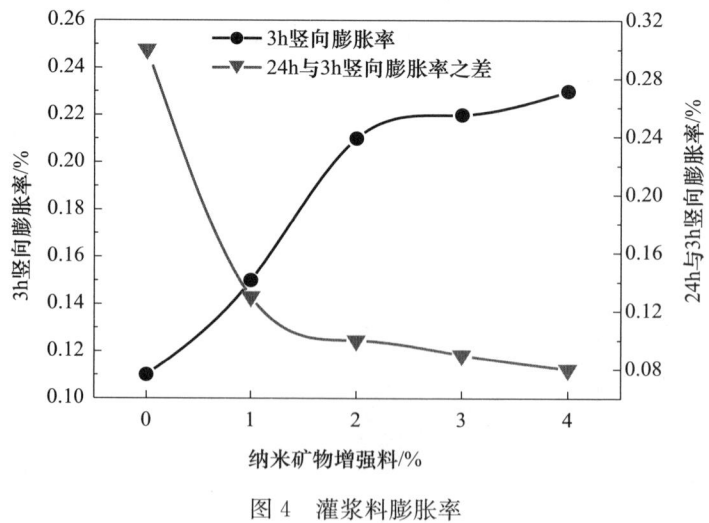

图 4　灌浆料膨胀率

由图 4 可知，未加纳米矿物增强料时，灌浆料的 3h 竖向膨胀率及 24h 与 3h 竖向膨胀率之差分别为 0.11% 和 0.30%，随纳米矿物增强料掺量的增加，灌浆料的 3h 竖向膨胀率逐渐增大，而 24h 与 3h 竖向膨胀率之差均逐渐减小，且纳米矿物增强料掺量为 1% 和 2% 时，灌浆料的 3h 竖向膨胀率增长较快，24h 与 3h 竖向膨胀率之差显著减小；当纳米矿物增强料掺量超过 2% 时，3h 竖向膨胀率及 24h 与 3h 竖向膨胀率之差变化变小，基本趋于稳定。这是因为，一方面，纳米矿物增强料可以加速水化，促进了钙矾石（AFt）的生成，而 AFt 具有膨胀特性，使灌浆料体积发生微膨胀；另一方面，纳米矿物增强料中含有纳米组分，纳米颗粒进入到浆体中能够填充浆体内部的微小孔隙，使得浆体更加紧密，避免了 3~24h 之间的体积收缩，因此灌浆料的 3h 竖向膨胀率会升高，而 24h 与 3h 竖向膨胀率之差逐渐降低的，这对于灌浆料是有利的[13-15]。但是，当纳米矿物增强料掺量达到一定时（比如 3%），纳米矿物增强料对灌浆料水化增强作用基本发挥到最大，并且纳米矿物增强料中的纳米组分将灌浆料内部已经填充紧密，继续增加纳米矿物增强料，对灌浆料膨胀率影响基本达到最大，因此纳米矿物增强料掺量超过 3% 后，灌浆料的膨胀率变化基本稳定。

3.4 灌浆料微观形貌分析

为了进一步分析灌浆料力学性能和体积微膨胀机理，本文对灌浆料的微观形貌进行了检测，其结果如图 5~图 7 所示。

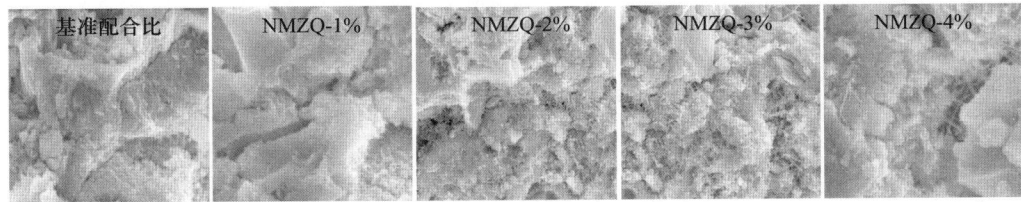

图 5 灌浆料水化 1d 的微观形貌（放大 2500 倍）

图 6 灌浆料 3d 微观形貌（放大 2500 倍）

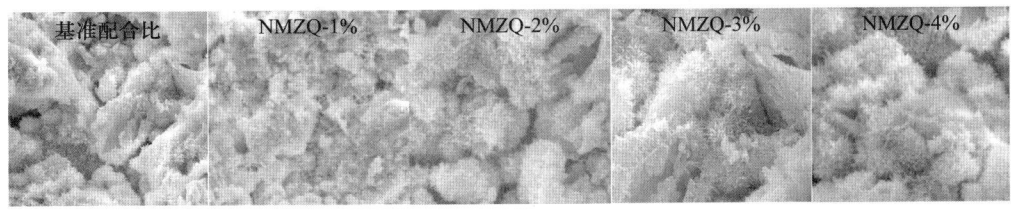

图 7 灌浆料 28d 微观形貌（放大 2500 倍）

由图 5 可知，未加纳米矿物增强料时，灌浆料水化 1d 后，试样断面的柱状钙矾石（AFt）晶体和絮凝状 C-S-H 凝胶较少，随着纳米矿物增强料掺量的增加，试样断面的 AFt 和絮凝状 C-S-H 凝胶逐渐增多。纳米矿物增强料的加入增加了水化产物 AFt 与 C-S-H 凝胶的生成，AFt 与 C-S-H 凝胶、片状 $Ca(OH)_2$ 晶体紧密结合，相互交织形成致密的网状结构，促进了灌浆料早期强度提高，因此，随着纳米矿物增强料的增加，灌浆料的早期强度不断增加。另外，AFt 具有微膨胀作用，随着纳米矿物增强料增加，AFt 生成量增加，灌浆料的收缩率也减小，因此灌浆料膨胀率增大。灌浆料的早期强度变化规律及收缩膨胀规律，与试样的微观形貌分析结果一致。

如图 6 和图 7 所示，随着时间的延长，每个试样的 AFt 和絮凝状 C-S-H 凝胶都是稳定生长的，3d 后的试样，AFt、C-S-H 与 $Ca(OH)_2$ 凝胶逐渐交叉连接形成致密结构。水化 28d 后，试样内部的水化产物逐渐异向交叉分布形成致密的网状结构，致使灌浆料的强度不断增加。还可以看出，灌浆料 3d 或 28d 的微观形貌，纳米矿物增强料掺量越高，灌浆料的微观结构越致密，这也与前面的强度和膨胀率结果一致。此外，水化 28d 后，纳米矿物增强料掺量为 2%、3% 和 4% 的试样微观结构基本类似，这也能解释纳米矿物增强料掺量为 2%、3% 和 4% 的灌浆料的强度和膨胀率差别不大的原因。

综上所述，纳米矿物增强料掺量为 2% 时，灌浆料的综合性能最好，此时灌浆料的初始流动度和 30min 后流动度分别为 318mm 和 290mm，1d、3d 和 28d 抗折强度分别为 11.8MPa、17.6MPa 和 22.6MPa，1d、3d 和 28d 抗压强度分别为 73.5MPa、90.3MPa 和 135.4MPa，3h 竖向膨胀率为 0.21%，24h 与 3h 竖向膨胀率之差为 0.10%。

4 结论

随着纳米矿物增强料掺量的增加，灌浆料性能的初始流动度和 30min 后流动度逐渐减小，但是纳米矿物增强料掺量不超过 2% 时，灌浆料的初始流动度和 30min 后流动度仍能满足标准要求。

随着纳米矿物增强料掺量的增加，灌浆料性能的抗压强度和抗折强度逐渐增大，尤其是纳米矿物增强料掺量为 1% 和 2% 时，灌浆料的抗压强度和抗折强度增长迅速。继续增加纳米矿物增强料，灌浆料的抗压强度和抗折强度继续增长，但增长幅度不大。

未加纳米矿物增强料时，灌浆料的 3h 竖向膨胀率及 24h 与 3h 竖向膨胀率之差分别为 0.11% 和 0.30%，随纳米矿物增强料掺量的增加，灌浆料的 3h 竖向膨胀率逐渐增大，而 24h 与 3h 竖向膨胀率之差逐渐减小，且纳米矿物增强料掺量为 1% 和 2% 时，灌浆料的 3h 竖向膨胀率增长较快，24h 与 3h 竖向膨胀率之差显著减小；当纳米矿物增强料掺量超过 2% 时，3h 竖向膨胀率及 24h 与 3h 竖向膨胀率之差变化变小，基本趋于稳定。

纳米矿物增强料掺量为 2% 时灌浆料的综合性能最好，此时灌浆料的初始流动度和 30min 后流动度分别为 318mm 和 290mm，1d、3d 和 28d 抗折强度分别为 11.8MPa、17.6MPa 和 22.6MPa，1d、3d 和 28d 抗压强度分别为 73.5MPa、90.3MPa 和 135.4MPa，3h 竖向膨胀率为 0.21%，24h 与 3h 竖向膨胀率之差为 0.10%。

参考文献

[1] 刘云霄，茌引引，田威，等．不同膨胀剂对水泥基灌浆料的性能影响［J］．建筑材料学报，2022，25（03）：307-313.

[2] 陈志华．浅谈灌浆料在维修加固工程中的应用［J］．江苏科技信息．2013，（5）．84-86.

[3] 叶显，吴文选，候维红，等．膨胀剂对高强灌浆料体积稳定性的影响［J］．建筑材料学报，2018，21（6）：950-955.

[4] 张勇，田文丽，马超然，等．我国水泥基灌浆料材料研究进展［J］．混凝土，2018，（06）：124-126.

[5] 邹伟，梁世高，吴文选，等．超高强灌浆料在风电基础二次灌浆中的应用及裂缝控制［J］．四川建材，2022，（009）：86-87.

[6] 曾辉，计晔，彭静，等．海上风电基础用高强灌浆料的制备［J］．建材与装饰，2022，18（10）：31-34.

[7] 逢鲁峰，孙立刚，常青山，等．一种高性能风电机组基础灌浆料研制与性能研究［J］．混凝土，2023，(3)：166-170.

[8] 李伟，王高明，江芸，等．硅酸盐-硫铝酸盐复合水泥体系物理性能及水化机理研究［J］．材料导报，2014，28（2）：407-409.

[9] 王冬梅，丁海媛．高强灌浆料性能研究［J］．天津建设科技，2011，（5）：8-10.

[10] 蒋涛，廖开星，潘从玲，等．高性能水泥基灌浆料的制备及研究［J］．混凝土与水泥制品，2021，（12）：6-11

[11] 李峤玲．超早强水泥基灌浆料的性能研究［D］．哈尔滨：哈尔滨工业大学，2011.

[12] 俞锋，朱华．早强微膨胀水泥基灌浆料的性能研究［J］．混凝土与水泥制品，2012，（11）：6-9.

[13] 卢佳林，陈景，甘戈金，等．新型高性能水泥基无收缩灌浆料的研制［J］．材料导报，2016，30（3）：123-129.

[14] 许彦明，蒙海宁，左李萍，等．高强微膨胀钢筋套筒灌浆料性能研究［J］．商品混凝土，2017，（12）：34-38.

[15] 卢佳林，陈景，甘戈金，等．新型高性能水泥基无收缩灌浆料的研制［J］．材料导报，2016，30（3）：123-129.

作者简介：杨虎，男，1986年出生，硕士、高级工程师，从事水泥、砂浆、混凝土及其功能外加剂的研发及应用研究，邮箱 2045608348@qq.com

不同级配铁尾矿砂对盾构注浆材料性能影响研究

杨文秀[1,2]　宋昱璋[1,2]　赵青林[1,2]　周明凯[1,2]　马文杰[1,2]

（1. 武汉理工大学 硅酸盐建筑材料国家重点实验室，湖北武汉 430070；
2. 武汉理工大学 材料科学与工程学院，湖北武汉 430070）

摘　要：盾构注浆材料用于填充管道与管片的空隙，因空隙尺寸较小，集料宜选用细砂或特细砂，而铁尾矿颗粒粒径较小，具有作为注浆材料用微、细集料的可行性。本研究通过调整铁尾矿砂的级配，探究其对盾构注浆材料性能的影响。结果表明：铁尾矿砂的颗粒粒径小，且粒径分布相对狭窄，是一种级配不良的特细砂。在应用时通过改善铁尾矿砂集料的级配，注浆材料的28d抗折强度和抗压强度分别最大可达到3.0MPa和5.1MPa，满足设计强度要求。同时，凝结时间、保水性、压力泌水率以及体积稳定性也均满足设计要求。综合来看，在浸出特性符合环保要求的情况下，铁尾矿代砂制备盾构注浆材料是一种不错的选择。

关键词：盾构注浆材料；铁尾矿砂；颗粒级配；性能

Research on the Effect of Different Graded Iron Tailings on the Performance of Shield Tunnel Grouting Materials

Yang Wenxiu[1,2]　Song Yuzhang[1,2]　Zhao Qinglin[1,2]　Zhou Mingkai[1,2]　Ma Wenjie[1,2]

(1. State Key Laboratory of Silicate Materials for Architectures,
Wuhan University of Technology, Wuhan 430070;
2. School of Materials Science and Engineering, Wuhan University of
Technology, Wuhan 430070)

Abstract: Shield tunneling grouting material is used to fill the gaps between pipelines and segments. Due to the small size of the gaps, fine sand or ultra-fine sand should be selected as the aggregate; However, the particle size of iron tailings is relatively small, making it feasible to use micro-and fine aggregates as grouting materials. In this study the effect of adjusting the grading of iron tailings on the performance of shield tunneling grouting materials was investigated. The results show that the particle size of iron tailings is small, and the particle size distribution is relatively narrow, making it a poorly graded special fine sand; By improving the grading of iron tailings aggregate during application, the maximum 28 day flexural strength and compressive strength of the grouting material can reach 3.0MPa and 5.1MPa, respectively, meeting the design strength requirements; At the same time, the setting time, water retention, pressure bleeding rate, and volume stability all meet the design requirements. Overall, under the condition that the leaching characteristics meet environmental requirements, using iron tailings as a substitute for sand to prepare shield grouting materials is a good choice.

Keywords: shield grouting material; iron tailings sand; particle size distribution; performance

0 引言

由于建筑行业砂的需求量大，导致天然砂资源出现短缺、供应不足等问题，且在短期内无法再生，因此迫切需要开发能够既满足数量基数大又满足可持续发展需要的砂。近年来，由于低品质的铁矿石开采增加，导致铁尾矿的排放量也随之增加，出现了大量堆积，既破坏环境又浪费资源。因此，选用铁尾矿砂来替代天然砂制备砂浆、混凝土，已成为国内外建材行业热点话题以及未来的发展必然趋势[1]。铁尾矿砂是对铁矿石提炼、筛选后而产生的一种固体废弃物，常年堆放在尾矿坝上，是目前存量最多的一种尾矿资源[2]。有研究表明对铁尾矿砂进行二次处理改进，可以将其作为集料应用在建筑行业中[3]。

盾构注浆材料填充于管道与管片的空隙中，因空隙尺寸较小，集料不可以选择较粗的砂，应选用细砂或特细砂，而铁尾矿砂颗粒粒径较小，细度模数一般在0.7~2.2之间，因此将铁尾矿砂作为注浆材料的集料具有满足应用要求的可行性[4]。但铁尾矿因其棱角多、颗粒较粗糙、级配不良、石粉含量多、颗粒级配断档等，将其直接作为集料应用时容易导致砂浆及混凝土出现流动性差、离析泌水等工作性差的问题[5]。

在铁尾矿代砂用作建筑材料方面，国内外学者也开展过相关研究。如朱志刚等[6]通过调整控制铁尾矿砂的粒径分布以及石粉含量，制备了一种超高性能混凝土，并且保证了混凝土良好的工作性；Shetty K K等[7]向自密实混凝土中加入铁尾矿砂探究了对其性能的影响，试验结果发现加入适量的铁尾矿砂能够适当改善混凝土的力学性能，产生了积极的影响；张玉琢等[8]通过调整铁尾矿砂集料颗粒级配，将铁尾矿与天然砂复合使用，当两种砂的比例为1:1时，混凝土表现出工作性良好；赵芸平[9]及Ali U S等[10]将铁尾矿替代混凝土中的河砂，试验结果表明，由于铁尾矿砂颗粒粒径较小，导致浆体的流动性及工作性降低，但是弹性模量得到提高，高于普通混凝土；陈小和等[11]研究发现机制砂的颗粒级配是影响胶砂性能的关键因素；丁海棠等[12]探究了调整铁尾矿砂的颗粒级配对混凝土性能的影响，试验结果显示适当调整铁尾矿砂颗粒级配区间中细粉颗粒的比例，可以改善以铁尾矿砂为集料的混凝土性能，制备出性能优良的混凝土；艾长发等[13]研究通过控制机制砂的颗粒级配能够改善混凝土性能；当集料颗粒级配符合骨架密实型特征时，可以使混凝土工作性及强度得到提高。

但上述研究中铁尾矿砂均为局部替代细集料用于混凝土的配制或流动性要求不高的胶砂，铁尾矿全部代砂应用于盾构注浆材料过程中还必须解决其存在的工作性和体积稳定性差、易堵管等实际应用问题，并且也需满足盾构注浆材料应用的强度要求。因此，本研究提出了通过调整铁尾矿砂集料颗粒级配来改善铁尾矿砂在应用时出现的问题，进一步探究不同集料级配对盾构注浆材料的力学性能、工作性能以及体积稳定性的影响，并且针对铁尾矿砂特性及盾构注浆材料设计要求，提出铁尾矿砂在注浆材料中应用时应注意的事项。

1 试验

1.1 原材料

1.1.1 砂

铁尾矿砂：来自湖北黄石，其化学成分见表1。

表1 铁尾矿砂的化学成分

化学成分	CaO	SiO_2	Fe_2O_3	Al_2O_3	SO_3	K_2O	MgO	P_2O_5	LOI
含量/%	18.72	31.11	15.11	7.61	6.93	1.54	6.11	0.52	9.32

1.1.2 水泥

试验所用水泥为 P·O 42.5 水泥，产自湖北武汉。

1.1.3 超细粉

试验所用超细粉产自湖北武汉，是由机制砂生产时产生的石粉再经粉磨后形成的一种粉体材料。

1.1.4 减水剂

试验用减水剂选用减水率为26%的聚羧酸高性能减水剂。

1.1.5 增稠剂

试验中增稠剂选用海藻胶类增稠剂。海藻胶类增稠剂主要成分为海藻胶，为乳白色粉末。

1.2 试验方法

1.2.1 力学性能

注浆材料强度按照国家标准《水泥胶砂强度检验方法（ISO法）》（GB/T 17671—2021[14]）执行，将拌和好的注浆材料一次性装入尺寸为40mm×40mm×160mm的三联带底试模中，由于注浆材料流动度较大，试样无须振动，脱模后放入标准养护箱中进行养护，测试砂浆 7d、28d 抗折、抗压强度。

1.2.2 工作性能

（1）流动性：注浆材料的流动度按照地方标准 DB42/T 1218—2016[15]《盾构法隧道同步注浆材料》测定。依据盾构注浆材料运输及泵送时间要求，本研究中要求注浆材料 2h 流动度损失较小，以保证其顺利泵送。因此待距加水 2h 后，需按同样方法测试注浆材料 2h 后流动度值。

（2）压力泌水率和保水性：注浆材料压力泌水率按照 DB31/T 978—2016《同步注浆用干混砂浆应用技术规范》[15]进行测试。注浆材料的保水性按照标准 JGJ/T 70—2009《建筑砂浆基本性能试验方法标准》[16]执行。

（3）凝结时间测定：砂浆凝结时间按照标准 JGJ/T 70—2009[16]执行，采用贯入阻力法测定注浆材料的凝结时间。

1.2.3 体积稳定性

试验根据 JGJ/T 70—2009[16]进行，试验所用模具为 40mm×40mm×160mm 长方体，在试模中注入砂浆后无须振动，测试 7d、14d、28d、56d、90d 试件干燥收缩率。

2 结果与分析

2.1 铁尾矿砂级配设计

本研究采用筛分法对铁尾矿砂进行分析，集料颗粒详细分析结果见表 2。通过表 2 分析可知，铁尾矿砂的颗粒粒径尺寸主要分布在 0.6~0.075mm 之间，占 82%，细颗粒较多，导致粒径分布不均匀，同时铁尾矿砂的形状为细条状，且多棱角，如图 1、图 2 所示。因此铁尾矿砂属于级配不良的特细砂；所以将不做处理的铁尾矿砂直接作为盾构注浆材料集料时极易导致砂浆出现离析泌水以及堵管现象等问题，影响盾构注浆材料的流动性，进而影响施工。

表 2 铁尾矿砂集料颗粒分析结果

集料种类	累计通过率/%							细度模数 M_x	不均匀系数 C_u	曲率系数 C_c
	4.75mm	2.36mm	1.18mm	0.60mm	0.30mm	0.15mm	0.075mm			
铁尾矿	100	99.9	99.4	92.9	66.6	34.9	11.3	1.06	2.49	0.84

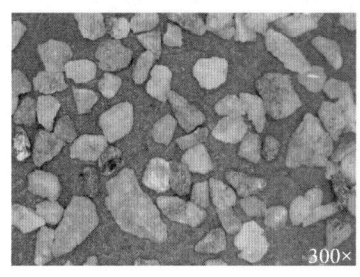

图 1 铁尾矿砂光学显微镜图（300×）

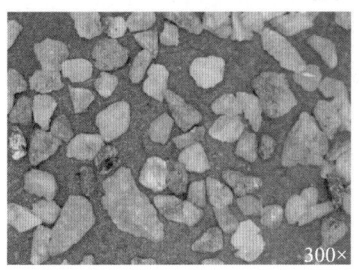

图 2 铁尾矿二值化照片

鉴于铁尾矿级配不良,代砂作为盾构注浆材料的集料时必须通过调整铁尾矿砂的颗粒级配,使集料在满足堆积密实要求时能够在一定程度上缓解粗颗粒沉降的问题,避免出现体积收缩大、微裂缝等状况,同时还要适当控制浆骨比,使更多的浆料起到润滑作用,进而提高盾构注浆材料的力学性能以及耐久性,改善工作性能。

目前常用的堆积模型主要包括 Fuller 曲线、Dinger-Funk 模型及 Andreasen 模型等[17]。Fuller 曲线又称富勒级配曲线,是依据试验研究提出的一种理想的集料级配曲线。Fuller 认为:不同粒径大小的固体颗粒之间若能有规则地按照一定比例搭配起来,可从理论上得到密度最大、空隙最小的集料组成。但随着对该体系理论的深入认识与实践,A. N. Talbol 认为最大密度的系数取值有一定波动范围,因此将 Fuller 公式调整为式 (2-1) 所示:

$$P = 100 \left(\frac{d_i}{D}\right)^n \quad \text{式 (2-1)}$$

式中　P——筛分通过量（%）;
　　　d_i——第 i 级筛孔尺寸（mm）;
　　　D——颗粒最大直径（mm）;
　　　n——级配系数,一般取 0.4～0.6。

骨架结构是集料中粗颗粒之间的相互搭接形成的,细颗粒填充在粗颗粒搭接骨架后形成间隙中起到很好的填充及支撑作用。基于 Talbol 曲线对铁尾矿砂级配的调整,下面引入填充系数 λ（一种判定混合料结构类型的参数）,其定义为集料中细颗粒所占体积与体系中粗颗粒紧密堆积时空隙率的比,其计算公式如公式 (2-2) 所示:

$$\lambda = \frac{q_t/\rho_t}{q_w/\rho_w \times V_a} \quad \text{式 (2-2)}$$

式中　λ——填充系数;
　　　q_t——细颗粒的质量分数（%）;
　　　q_w——粗颗粒的质量分数（%）,$q_t + q_w = 1$;
　　　ρ_t——细颗粒堆积密度（g/cm³）;
　　　ρ_w——粗颗粒堆积密度（g/cm³）;
　　　V_a——粗颗粒紧密堆积时空隙率（%）。

当填充系数 $\lambda<1$ 时,表示集料堆积后空隙率较大,细颗粒不足以全部填充粗颗粒之间搭接形成的骨架间空隙,属于骨架空隙结构,如图 3 (a) 所示;当填充系数 $\lambda \approx 1$ 时,集料中的细颗粒正好能够填充好骨架间的空隙,使得骨架结构密实,故其属于骨架密实型结构,如图 3 (b) 所示;当填充系数 $\lambda>1$ 时,表示集料中细颗粒过多,细颗粒在充分填充空隙后还有富余的细颗粒,最终导致粗颗粒不能相互搭接形成嵌挤结构,形成悬浮密实结构,如图 3 (c) 所示。但 λ 过大时,细颗粒过多,易使砂浆的工作性能以及力学性能降低。因此只有当填充系数 λ 适宜时,既可降低砂浆的空隙率,提高材料密实度,又可以改善浆体的工作性。

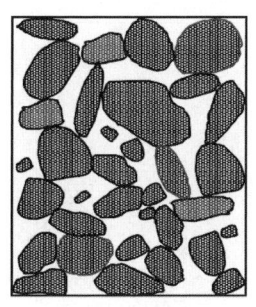 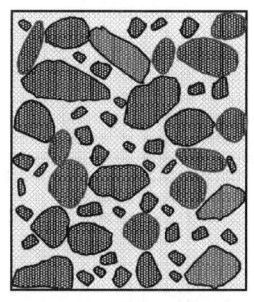 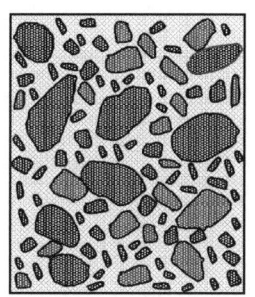

(a)骨架空隙结构　　　　　　　(b)骨架密实结构　　　　　　　(c)悬浮密实结构

图 3　集料堆积结构模型

基于以上对铁尾矿砂集料颗粒级配设计理念，根据铁尾矿砂颗粒特征，进行铁尾矿砂颗粒级配的调整。将铁尾矿砂按其粒径分 5 组：1.18～0.6mm（A）、0.6～0.3mm（B）、0.3～0.15mm（C）、0.15～0.075mm（D）、0.075mm 以下（E）。不同铁尾矿砂的颗粒级配、堆积密度、表观密度、空隙率以及填充系数见表 3。

表 3　不同颗粒级配的铁尾矿砂堆积状态参数

组别	A	B	C	D	E	堆积密度/(kg·m^{-3})	表观密度/(kg·m^{-3})	空隙率/%	λ
M0	15	40	25	15	5	1721	2841	39.4	1.07
M1	12	33	35	15	5	1733	2832	38.8	1.15
M2	12	33	30	20	5	1732	2817	38.5	1.21
M3	9	26	25	35	5	1748	2806	37.7	1.30
M4	9	26	20	40	5	1762	2804	37.2	1.36

由表 3 可知，从 M0 至 M4，铁尾矿砂粗颗粒占比逐渐减少，堆积密度增大，表观密度以及空隙率降低，逐渐呈现悬浮密实结构。同时，通过固定胶凝材料、外加剂、水胶比以及浆骨比最佳比例不变，改变铁尾矿砂级配种类，根据表 3 各组不同级配的铁尾矿砂设计组别 M0 至 M4，配合比如表 4 所示，探究铁尾矿砂的颗粒级配对盾构注浆材料的力学性能、工作性能以及体积稳定性影响的研究。

表 4　铁尾矿砂砂浆级配调整配合比

原材料	每 1kg 原料用量/g					水胶比	浆骨比
	水泥	铁尾矿砂	超细粉	聚羧酸减水剂	海藻胶		
配合比	90	525.6	430	3.0	0.3	0.48	1.00

2.2　铁尾矿砂颗粒级配对盾构注浆材料力学性能的影响

铁尾矿砂集料级配是影响砂浆的力学性能的主要因素之一。图 4 为铁尾矿砂集料级配设计对盾构注浆材料抗折强度及抗压强度的影响规律。

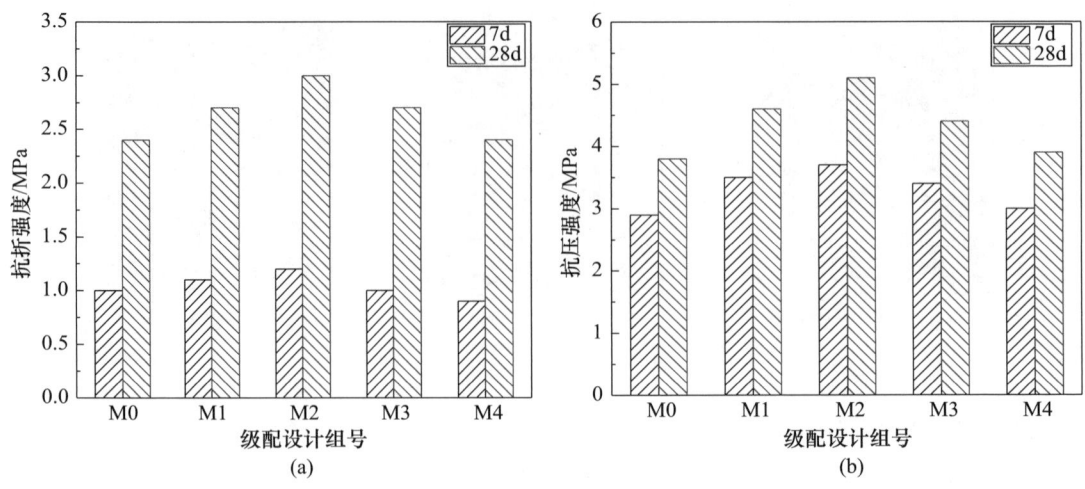

图 4 集料级配对注浆材料抗折强度及抗压强度的影响

对比图 4 中不同集料级配注浆材料的抗折、抗压强度,可以明显地看出:无论是 7d 还是 28d,其抗折强度、抗压强度都具有相同的发展趋势。当养护龄期达到 28d 时,M2 组的抗折强度和抗压强度都达到了最高,分别为 3.0MPa、5.1MPa;对比其他四个组分:M0、M1、M3、M4 组的 28d 抗压强度都有一定程度的下降,M0 的抗压强度降低幅度最大为 25.5%,M1 的抗压强度降低程度最小为 9.8%,为 4.6MPa,M3、M4 其抗压强度降低幅度分别为 13.7%、23.5%。铁尾矿砂中的粗颗粒在浆体硬化后在其悬浮密实结构中主要起骨架支撑作用,使得胶凝材料水化硬化后其水化产物能够与粗颗粒容易搭接,产生嵌套结构,最终使得注浆材料的力学性能得到提高,但粗颗粒过多会导致粗颗粒之间的空隙不能充分填充,反而会影响强度的提升,如 M0 组。相比于 M0,而 M1、M2 组中粗颗粒相对减少,细颗粒增多,此时细颗粒的增多优化了铁尾矿砂集料级配,适当地降低了粗颗粒之间的较大的空隙,同时细颗粒的增多能够更加充分地填充空隙,从而降低了因粗颗粒过多而导致注浆材料较大的空隙率,进而能够提高注浆材料的抗折强度和抗压强度。对于 M3、M4 组,粗颗粒含量过低,相对削弱了集料骨架支撑作用。同时细颗粒(0.3mm 以下)较多,当水泥浆体积一定时,由于其细颗粒较多而导致集料的比表面积增大,需要更多的浆料包裹,致使集料表面的包裹层相对较薄,而砂浆的强度与浆料膜的厚度也息息相关,故 M3、M4 组注浆材料的强度受到影响,表征出强度降低。

2.3 铁尾矿砂颗粒级配对盾构注浆材料流动性的影响

图 5 为铁尾矿砂集料级配对注浆材料初始流动度及 2h 流动度的影响规律。砂浆的流动性与其颗粒表面浆料包裹层厚度有关,当包裹层较厚时,其颗粒之间相互搭接而产生的阻力较小,初始流动度就会相对较大;当包裹层较薄时,颗粒之间就会发生碰撞而产生阻力,降低初始流动度。

由图 5(a)可知,注浆材料初始流动度随集料级配设计逐渐降低,即随着粗颗粒含量降低,细颗粒含量增加,其初始流动度呈下降趋势;集料级配设计中 M0 组,粗颗粒较多，细颗粒较少，其砂浆初始流动度达到最大，为278mm，主要是因为M0组颗粒的比表面积相对较小，使得浆料不仅能够充分地包裹在集料表面，还形成了具有一定厚度的浆料膜，带动集料一起流动摊平，故其初始流动度最大。与M0组相比，M1、M2、M3、M4组初始流动度都有一定程度的降低，分别降低了3.0%、6.5%、9.0%、11.5%，其中M4组初始流动度损失率显著增加，其原因在于M4组填充系数λ过大，集料中较小粒径的颗粒较多，致使颗粒总比表面积增加，需更多浆料包裹，但由于浆料不足以包裹其颗粒表面，并不能带动集料一起流动，故降低注浆材料流动性，在宏观上表现为注浆材料流动度降低。但浆料过多时，会导致浆料与集料分层产生离析泌水现象，进而会提高2h流动度损失，如图5（b）中的M0组所示，2h流动度损失量较大。当集料级配设计为M1时，砂浆2h流动度损失量最小为53mm，2h流动度最大。在M2~M4级配设计中，由于集料中细颗粒（颗粒粒径低于0.15mm）含量高于M1组，相同水胶比下造成盾构注浆材料黏性较大，进而也会增大砂浆2h流动度损失量。

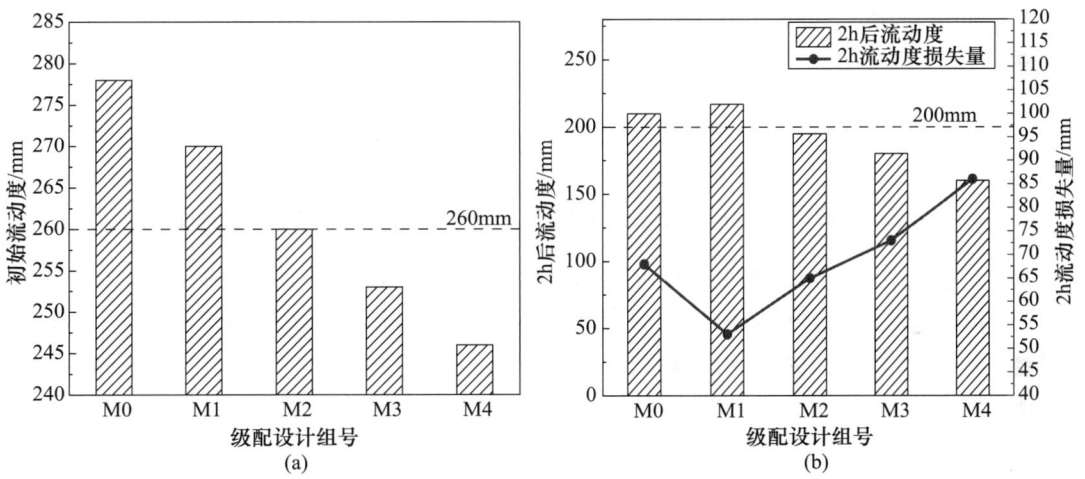

图5 集料级配对注浆材料初始流动度及2h流动度影响

2.4 集料颗粒级配对盾构注浆材料压力泌水率与保水率的影响

注浆材料的离析泌水是由于浆料中各组分间结合力不足，进而无法使集料悬浮在浆液中，产生集料及浆料其他各组分分离沉降的情况，导致注浆材料内部组成分布不均匀。这对注浆效果与质量有极大危害，因此需严格控制泌水率与保水率。图6为不同铁尾矿砂集料级配对注浆材料压力泌水率及保水率的影响规律。

如图6（a）所示，由M0至M4组，压力泌水率呈现逐渐降低的趋势，铁尾矿砂集料级配设计为M0时，注浆材料压力泌水率达到最高，为4.7%，但是依然可以满足注浆材料压力泌水率设计要求（压力泌水率均≤5%）；在图6（b）可以看到，在M4组中注浆材料保水率达到了最高，为99.1%；M0组注浆材料的保水率最低，虽然保水率较M4降低了4.1%，但依然为95.5%，满足注浆材料对保水率的设计要求。随铁尾矿砂集料中粗颗粒含量增加、细颗粒含量降低，注浆材料保水率呈现上升趋势。这主要是因为在M0至M4组设计中，粗颗粒的含量逐渐降低，细颗粒含量逐渐增多，颗粒的比表面积增加,在用水量不变的情况下,浆体黏聚力增加,因此出现了由 M0 至 M4 组中压力泌水率逐渐降低和保水率逐渐增大的情况,并且得到的保水率与压力泌水率结果能够相互印证。

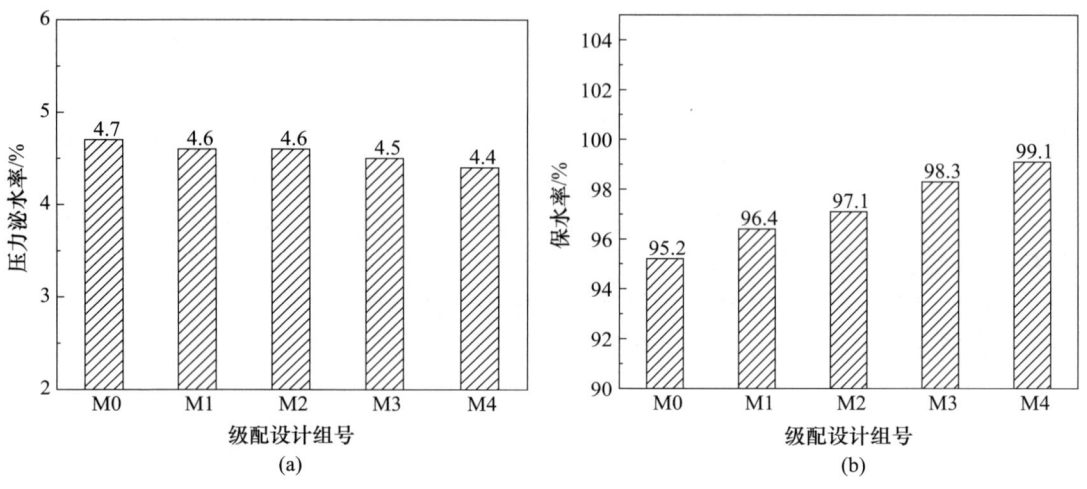

图 6 集料级配对注浆材料压力泌水率及保水率的影响

2.5 铁尾矿砂集料颗粒级配对盾构注浆材料凝结时间的影响

图 7 为铁尾矿集料级配对盾构注浆材料初凝时间及终凝时间的影响规律。在图 7 中可以明显看出,注浆材料的初凝时间由 M0 至 M4 组逐渐降低,终凝时间同时呈现逐渐降低的趋势;M0 组初凝时间以及终凝时间最长,分别为 6.6h、9.8h,但其凝结时间依然在 6~10h 内,满足注浆材料对凝结时间的设计要求。M4 组的初凝时间和终凝时间最短,相比于 M0 组,分别缩短了 7.6%、13.6%。M1、M2、M3 组初凝时间和终凝时间相比于 M0 组分别缩短了 3.1%、4.5%、4.5% 和 1.5%、7.6%、10.6%。

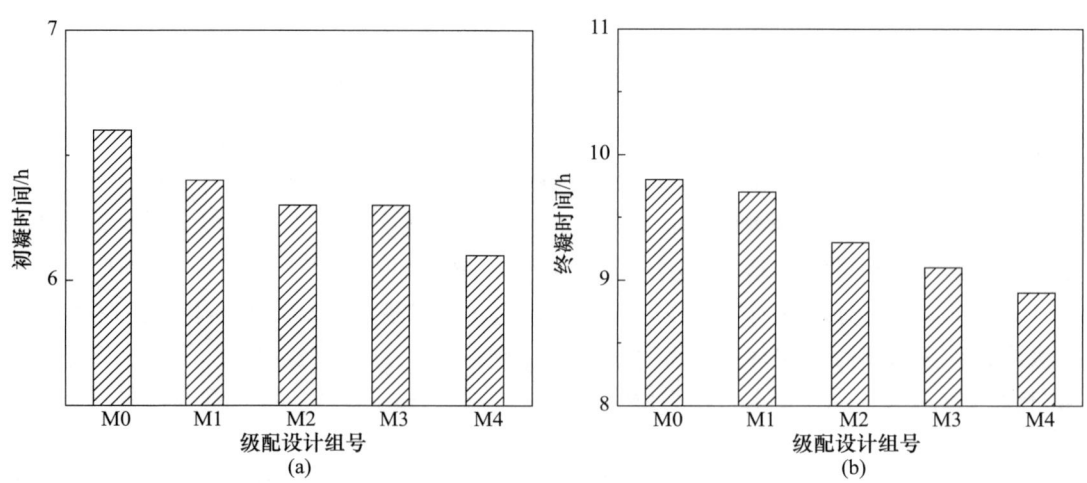

图 7 集料级配对注浆材料初凝时间及终凝时间的影响

2.6 铁尾矿砂集料颗粒级配对盾构注浆材料体积稳定性的影响

图 8 为铁尾矿砂集料级配对盾构注浆材料体积稳定性的影响规律。由图 8 可知，由 M0 至 M4 组其体积收缩率逐渐降低，并且 M0 组在养护龄期中，其体积收缩率都是最大的。相比于 M0 组，M1、M2、M3 和 M4 组 90d 收缩率分别降低了 5.6%、13.8%、20.7% 和 27.8%。这主要原因是在 M0 至 M4 组设计中由于粗颗粒的含量逐渐降低，细颗粒含量逐渐增多，使得颗粒与颗粒之间的空隙率降低，水分扩散速率降低，自由水分的蒸发减少，体积收缩率也随之降低。在注浆材料体积收缩率结果中，M1 组在 21d 的收缩率已经达到 90d 的 72.2%，在后期养护过程中体积变化会相对较小，因此注浆材料的体积稳定性满足设计要求。

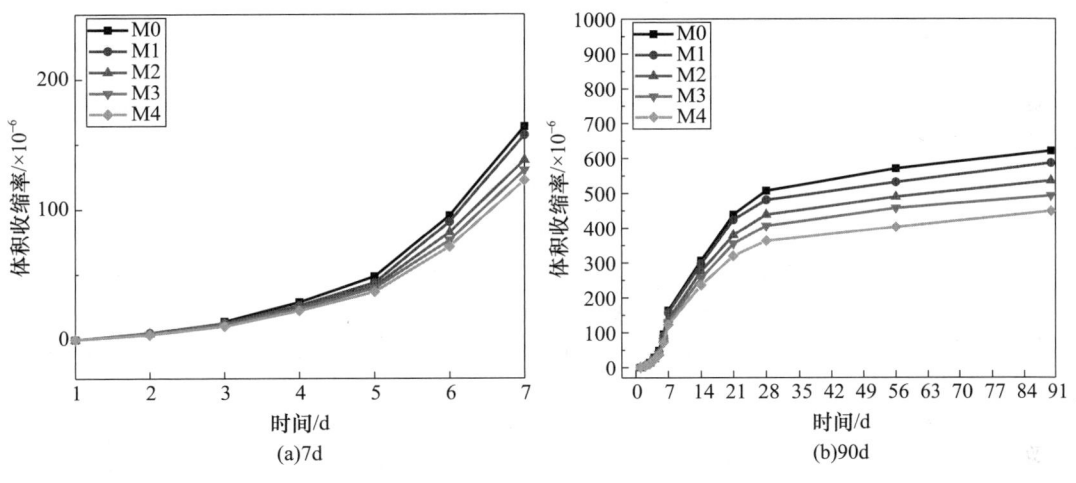

图 8　集料级配对盾构注浆材料体积稳定性的影响

3　结论

(1) 由于铁尾矿砂的颗粒粒径小，且粒径分布相对集中，是一种级配不良的特细砂。同时，铁尾矿砂多为形状不规则、棱角突出，由于铁尾矿砂级配不良容易对注浆材料的流动性产生很大的不利影响，所以在应用铁尾矿砂作为集料时，必须改良铁尾矿砂集料级配，再应用到注浆材料中。

(2) 注浆材料的强度随着集料中细颗粒的增加呈现先增加后减小的趋势，集料级配为 M2 组时，28d 抗折强度和抗压强度达到最大，分别为 3.0MPa 和 5.1MPa；M1 组注浆材料抗压强度相对于 M2 降低幅度最小，为 4.6MPa，满足设计要求。

(3) 通过研究铁尾矿砂集料级配设计对盾构注浆材料工作性能的影响发现：随填充系数 λ 的增加，即粗颗粒含量降低，细颗粒含量增加时，砂浆初始流动度逐渐降低，M0 初始流动度最大，但 M0 组 2h 流动度较 M1 低，且 2h 流动度损失率大，M1 组流动度效果更佳；压力泌水率随填充系数 λ 的增加逐渐降低；保水率逐渐增加；凝结时间逐渐降低。

（4）随集料级配中粗集料减少，细颗粒含量逐渐增多，使得颗粒与颗粒之间的空隙率降低，水分扩散速率降低，自由水分的蒸发减少，体积收缩率也随之降低。结合注浆材料的力学性能、工作性能以及体积稳定性等各方面性能数据，整体来看，按 M1 组级配设计的铁尾矿砂具有更优异的综合性能。

参考文献

[1] 徐博书，张玉力，潘宝峰. 铁矿尾矿资源综合利用概况 [D] //第六届国际绿色建筑与建筑节能大会论文集，2010：3.

[2] 伍敏. 铁尾矿砂自密实混凝土力学性能试验研究 [D]. 合肥：合肥工业大学，2012.

[3] 张以河，胡攀，张娜，等. 铁矿废石及尾矿资源综合利用与绿色矿山建设 [J]. 资源与产业，2019，21（3）：1-13.

[4] 朱欣然. 铁矿尾矿资源开发利用经济分析 [D]. 北京：中国地质大学，2010.

[5] 陈虎，沈卫国，单来，等. 国内外铁尾矿排放及综合利用状况探讨 [J]. 混凝土，2012，（2）：89-92.

[6] 朱志刚，李北星，周明凯，等. 铁尾矿砂应用于混凝土的可行性研究 [J]. 武汉理工大学学报（交通科学与工程版），2016，40（3）：428-431+436.

[7] SHETTY K K, NAYAK G, VIJAYAN V. Effect of red mud and iron ore tailings on the strength of self compacting concrete [J]. European Scientific Journal, 2014, 10 (21): 168-176.

[8] 张玉琢，周梅，刘凯，等. 铁尾矿砂用于混凝土细集料的试验研究 [J]. 非金属矿，2016，39（6）：57-66.

[9] 赵芸平，孙玉良，于涛，等. 尾矿砂石混凝土施工性能的试验研究 [J]. 混凝土，2009，（6）：94-96.

[10] ALI U S, MOHD W H, YUSOF A, et al. Evaluation of iron ore tailings as replacement for fine aggregate in concrete [J]. Construction and Building Materials, 2016, 120 (8): 72-79.

[11] 陈小和，赵伟. 不同机制砂的颗粒级配和胶砂性能研究 [J]. 非金属矿，2021，44（4）：47-49.

[12] 丁海棠，胡明玉，杨东友. 铁尾矿砂对各种性能混凝土的影响分析 [J]. 中华建设，2017（5）：63-65.

[13] 艾长发，彭浩，胡超，等. 机制砂级配对混凝土性能的影响规律与作用效应 [J]. 混凝土，2013，（1）：73-76.

[14] 国家市场监督管理总局，国家标准化管理委员会. 水泥胶砂强度检验方法（ISO 法）：GB/T 17671—2021 [S]. 北京：中国标准出版社，2021.

[15] 上海市质量技术监督局. 同步注浆用干混砂浆应用技术规程：DB31/T 978—2016 [S]. 中国标准出版社，2016.

[16] 中华人民共和国住房和城乡建设部. 建筑砂浆基本性能试验方法. JGJ/T 70—2009 [S]. 中国建筑工业出版社，2009.

[17] LARRARD F D, SEDRAN T. Mixture-proportioning of high-performance concrete [J]. Cement and Concrete Research, 2002, 32 (11): 1699-1704.

作者简介：杨文秀，女，硕士，主要从事生态建筑材料方面的研究，E-mail ywenxiu2022@163.com。

装饰用粉体涂料的研究

闫慧聪[1] 于利华[2] 冯秀艳[3] 滕朝晖[4] 国爱丽[3] 刘 佳[3]

(1. 山西二建集团有限公司,太原 030001;
2. 承德超时建筑材料有限公司,承德 068256;
3. 北京建筑材料检验研究院有限公司,北京 100041;
4. 山西省建筑材料工业设计研究院有限公司,太原 030006)

摘 要:采用复合胶凝材料体系、可再分散性乳胶粉、无机氧化铁颜料等研制一种装饰用粉体涂料,并研究了各填料用量、颜料用量及纤维素用量对其性能的影响。经研究表明,无机复合胶凝材料用量13%～20%,乳胶粉用量5%～7%,颜料用量10%～20%以及合理的填料配比,可实现装饰性能良好、物理性能满足要求的装饰用粉体涂料。

关键词:装饰用粉体涂料;可再分散性乳胶粉;无机氧化铁颜料

Research on Powdered Decorative Coatings

Yan Huicong[1] Yu Lihua[2] Feng Xiuyan[3] Teng Zhaohui[4]
Guo Aili[3] Liu Jia[3]

(1. Shanxi Second Construction Group Co., Ltd., Tai yuan 030001;
2. Chengde Chaoshi Building Materials Co., Ltd., Chengde 06825;
3. Beijing Building Materidls Testing Academy Co., Ltd., Beijing 100041;
4. Shanxi Building Materials Industrial Design and Research Academy
Co., Ltd., Taiyuan 030006)

Abstract: A decorative powder coating was developed using a composite cementitious material system, redispersible latex powder, inorganic iron oxide pigment, and other materials. The effects of the amount of fillers, pigments, and cellulose on its performance were studied. Research has shown that the use of inorganic composite cementitious materials with a dosage of 13-20%, latex powder with a dosage of 5%-7%, pigment with a dosage of 10-20%, and a reasonable filler ratio can achieve decorative powder coatings with good decorative performance and physical properties that meet the requirements.

Keywords：decorative powder coating; redispersible latex powder; inorganic iron oxide pigment

0 引言

20世纪末，我国建筑市场飞速发展，但对建筑涂料装饰类材料要求不高，建筑涂层材料主要为107胶白水泥腻子，即采用107胶（较低缩醛度的聚乙烯醇缩甲醛）配以改性纤维素和白水泥等无机填料制成。采用该外刷涂料的装饰体系主要存在以下问题：107胶腻子本身干燥后容易出现裂纹，会导致表面涂料层的开裂，聚灰尘后变黑，影响视觉效果；107胶腻子的粘结强度衰减快，易导致墙面开裂、鼓泡、起皮乃至脱落等问题；107胶玻璃化温度较高（聚乙烯醇玻璃化温度＞130℃，而完全缩醛化聚乙烯醇玻璃化温度为105℃，所以107胶玻璃化温度介于105～130℃之间），因而以其为粘结材料的107胶腻子因柔性小、大风失水、冻融等因素导致开裂时，腻子层难以抵御这种裂缝产生应力，也会随之开裂，影响涂料的整体效果。由于107胶腻子存在上述缺陷，随着人们环保健康理念的提升，这种装饰体系最终退出了建材市场。

涂料行业选择新的聚合物粘结材料来改善腻子各项性能，以满足涂料层的各项要求。出现了早期的乳液型腻子（膏状腻子），由醋丙乳液（固含量为50%）、重质碳酸钙、轻质碳酸钙以及羟乙基纤维素（2%水溶液）等原料组成。这种早期的乳液型腻子也存在一些缺陷，如干燥过程中易发生龟裂，储存期出现发霉质变等。从理论上讲，如果能够降低粘结材料的玻璃化温度，当聚合物与无机填料共混时，聚合物会附在无机粒子表面并形成胶膜。当聚合物用量达到一定比例后，几乎所有的无机粒子都处于胶膜包覆中，此时共混材料（即腻子）中聚合物柔性链形成的柔性网络明显多于由无机粒子形成的刚性网络，在柔韧性上得以提高。应用该理论体系，市场上出现了一些单、双组分柔性耐水腻子，该腻子能够消除一些由于基层开裂造成的裂纹，并且有一定的耐水性[1-3]。但是，此体系仍存在工序多、人工费用高、工序间衔接时间有节点要求等问题。

在目前房地产发展阶段，在确保涂料质量的同时，如何能降低施工、材料成本成为业内关注的重要问题。为此，我们依据JC/T 1024—2019《墙体饰面砂浆》，利用无机颜料、可再分散乳胶粉、无机填料、各种添加剂研制具有抗裂、防水、色彩耐久性强、阻燃性好的涂料。

1 试验部分

1.1 主要设备及原材料

1.1.1 主要设备为干粉混合机、砂浆搅拌机。

1.1.2 原材料：原材料具体见表1。

表1 试验用原材料

原材料名称	型号	产地
可再分散性乳胶粉	FTN-03	北京
重质碳酸钙	800目	浙江
滑石粉（LG-800）	1000目	广西
无机复合胶凝材料	800目	自制
纤维素醚（HPMC）	2000型	山东
木质纤维	微米级	北京
钛白粉	SR-237	深圳
氧化铁黄	YO4900	深圳
氧化铁红	KR3597	深圳
抑泡剂	MVNZ1ZN	德国
阻碱剂	—	北京

1.2 试验制备和试验

对填料进行筛分，然后按试验配比，依据JC/T 1024—2019中样品制备规定进行样品搅拌及试样制备，确保样品搅拌的均匀性，试样性能试验依据JC/T 1024—2019要求进行。

2 分析与讨论

2.1 乳胶粉用量对其性能的影响

FTN-03乳胶粉具有成膜性好，与不同的基材附着力好、耐候性优良等优点，乳胶粉用量越多，装饰砂浆中颜料体积浓度越小，涂膜中基料对颜料粒子的湿润和包覆越充分，因而提高了涂料的性能，如耐擦性、耐污染性等。表2为相同颜料配比、填料配比下乳胶粉用量对其性能的影响。

表2 乳胶粉用量对性能的影响

编号	乳胶粉用量	施工性	墙面光亮程度	耐擦洗性
1	4.5%	难	不光亮	掉粉
2	5%	易	不光亮	轻微掉粉
3	6%	易	光亮	优
4	7%	易	光亮	优

注：纤维素醚、木纤维用量为3kg/t。

由表 2 可见，从施工现场、涂刷后墙面光亮程度及耐擦洗性能，乳胶粉的适宜用量为 5%～7%。

2.2 滑石粉等填料用量的影响

滑石粉的主要成分是羟基络合物，能提高材料的附着力，由于滑石粉中和氧结合的镁原子在整个片状的二氧化碳之间形成层状结构，相邻层之间靠弱的范德华力结合在一起，当有剪切力作用时，层间容易分离，有滑腻感，故能提高流平性，改善施工性能，并能防止颜料的沉淀结块。滑石粉还能吸收涂层的伸缩应力，免于产生裂纹和孔隙，从而增强涂层的强度，提高耐擦洗性。然而，滑石粉易粉化，需与其他填料配合。[4] 表 3 为乳胶粉用量相同的情况下，滑石粉等填料用量对材料性能的影响。

表 3 滑石粉等填料用量对材料性能的影响

编号	滑石粉用量/%	复合胶凝材料用量/%	重钙用量/%	搅拌状态	耐擦洗性/次
1	0	12.5	47.5	稀膏状	760
2	1	12.5	46.5	黏度适中	—
3	3	12.5	44.5	—	—
4	3	20	37	稀膏状	1130
5	5	20	35	稀膏状	1600
6	7	25	28	—	2100
7	10	20	24	—	1900

注：乳胶粉用量为 5%，纤维素醚和木纤维用量为 3kg/t。m（粉体）：m（水）＝1：2.8。

由表 3 可见，调节滑石粉、复合胶凝材料和重钙用量，可得到最优填料组成，其中第 6 组试样的耐擦洗性最佳、效果最好。

2.3 颜料用量对性能的影响

选用颜料时可考虑其在水中的分散性和颜色的耐候性，表 4 为乳胶粉用量及其他填料、乳胶粉等配比相同的情况下，钛白粉用量对性能的影响。

表 4 钛白粉用量对于性能影响

编号	钛白粉用量/%	对比率	耐擦性
1	5	0.8	优
2	10	0.9	优
3	15	0.93	优
4	20	0.94	轻微掉粉
5	25	0.95	严重掉粉

在试验过程中发现，当颜料用量小于15%，涂层遮盖力随颜料用量增加而增强，但当用量大于20%，由于颜料分散性下降，发生团聚使着色力下降，出现发花现象。结合表4可见，钛白粉的最佳用量为10%~20%。

2.4 纤维素醚用量的影响

纤维素醚为增稠保水剂，可通过改变其用量来调节砂浆干燥速度，改善成膜性。图1和图2分别为其他组分不变的情况下，改变纤维素醚用量对涂层干燥时间和耐擦洗性的影响[5]。

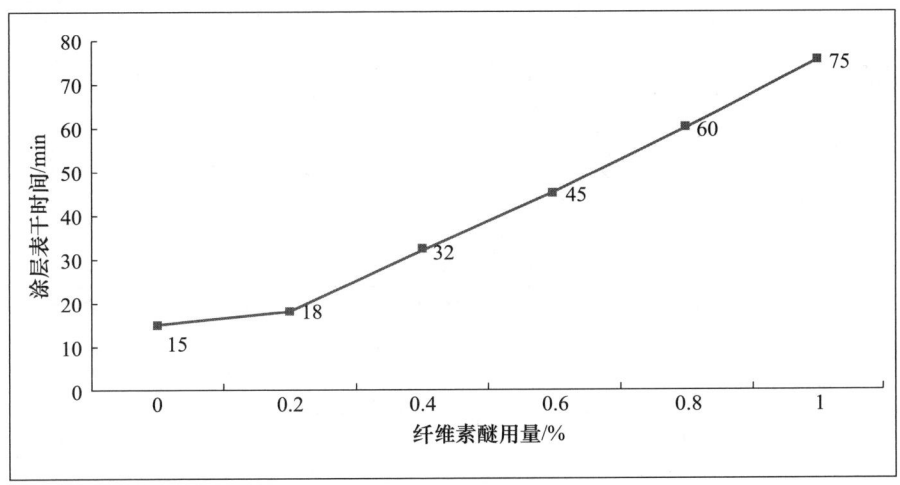

图1　纤维素醚用量对涂层干燥时间的影响

由图1可见，随着纤维素醚用量增多，涂层干燥时间延长。

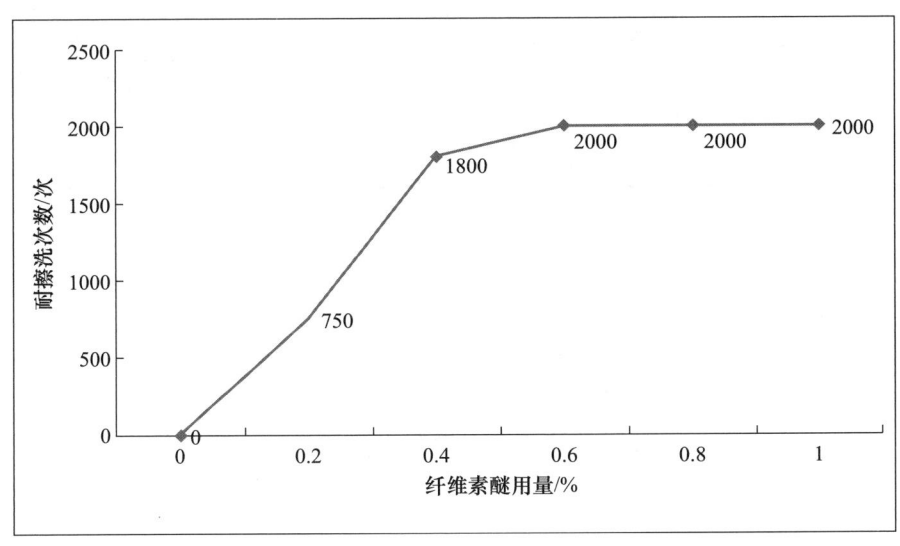

图2　纤维素醚用量对涂层耐擦洗性的影响

由图 2 可见，随着纤维素醚用量增加，涂层的耐擦洗次数增加，后趋于稳定，考虑经济成本，纤维素醚用量应为 0.4%。

2.5 粉体涂料组成优化

综合考虑成本、性能因素，基本配方见表 5。

表 5 优化后粉体涂料组成　　　　　　　　　　　%

乳胶粉	木纤维	滑石粉	无机复合胶凝材料	重钙	纤维素醚	颜料
5～7	0.3～0.6	5～10	13～20	35～50	0.3～0.6	10～20

3 性能

采用 JC/T 1024—2019《墙体饰面砂浆》CE 指标要求，进行试验机第三方检测试验，结果见表 6，各项性能指标符合行业标准要求。

表 6 装饰砂浆的性能

项目		JC/T 1024—2019	测试结果
可操作时间	60min	刮涂无障碍	刮涂无障碍
初期干燥抗裂性		无裂纹	无裂纹
吸水量/g	30min ≤	2.0	1.5
	240min ≤	5.0	4.5
强度/MPa	抗折强度 ≥	2.5	3.0
	抗压强度 ≥	4.5	5.0
	拉伸粘结原强度 ≥	0.5	1.1
	老化循环拉伸粘结强度 ≥	0.4	0.6
抗泛碱性		无可见泛碱、不掉粉	无可见泛碱、不掉粉
耐沾污性　立体状/级	≤	2	2
耐候性 250h	≤	1 级	符合

4 结语

该研究制备的装饰用粉体涂料具有生产工艺简单、运输方便、贮存期长等优点。使用该新材料，既可以满足多种装饰效果（瓷砖、艺术墙等），又解决了面层易开裂、不耐擦洗、瓷砖透气性差、增加建筑物负荷、容易产生脱落等问题，同时，90% 以上的材料是无机材料，不含有毒物质，是无毒无味的绿色环保建材。

参考文献

[1] 中华人民共和国住房和城乡建设部. 外墙外保温工程技术标准：JGJ 144—2019 [S]. 北京：中国

建筑工业出版社，2019.
［2］白尚严. 国内外绿色建材发展综述［J］. 科学情报开发与经济，2007，56-57.
［3］SHIMESU M，SATORU S，SEIICHI V，et. al. Powder Drug Coating［P］. Japan. JP55167219，1980.
［4］张婧，钱建刚，田佩秋等，超细滑石粉的分散及其在水性涂料中的应用［J］涂料工业，2008，38（4）：52-54.
［5］滕朝晖，李晓峰，闫高峰. 预拌砂浆用可再分散乳胶粉生产与应用技术［M］. 北京：中国建材工业出版社，2020.

作者简介：

第一作者： 闫慧聪，男，2000年01月生，山西运城人，助理工程师，学士，邮箱：yanhuicong@QQ.com。

通信作者： 滕朝晖，男，1974年7月生，山西曲沃人，高级工程师。

第四部分
砂浆的生产与应用技术

水泥基类刚性防水材料及其应用

沈春林　褚建军　王玉峰　李　伟　孟亚楠

（中建材苏州防水研究院有限公司，江苏苏州 215004）

摘　要：由住房和城乡建设部及市场监督总局于 2022 年 9 月 27 日联合颁布了 GB 55030—2022《建筑与市政工程防水通用规范》，并于 2023 年 4 月 1 日实施。规范将水泥基类刚性防水材料作为一道外设防水层列入规范中。本文就有关水泥基类刚性防水材料的定义、分类、特点、物理力学性能和应用作一介绍。水泥基刚性防水材料因其优异的性能被日益重视，已成为研究、开发、应用的热点。

关键词：刚性防水材料；涂层防水；应用

Cement Based Rigid Waterproof Materials and Their Applications

Shen Chunlin　Chu Jianjun　Wang Yufeng　Li Wei　Meng Yanan

(China Building Materials Suzhou Waterproof Research Institute Co., Ltd., Suzhou 215004)

Abstract: On September 27, 2022, the Ministry of Housing and Urban Rural Development and the State Administration for Market Regulation jointly issued GB 55030-2022 "General Code for Waterproofing of Buildings and Municipal Engineering" and implemented it on April 1, 2023. This national standard includes cement-based rigid waterproof materials as an external waterproof layer. In this paper, the definition, classification, characteristics, physical and mechanical properties, and applications of cement-based rigid waterproof materials were introduced. Cement based rigid waterproof materials have been increasingly valued for their excellent performance, which research, development and application have become a hot topic.

Keywords: Rigid waterproof material; Coating waterproofing; Application

0 引言

建筑防水是建筑工程中一个十分重要的组成部分，随着防水功能要求的提高和住宅商品化，建筑防水材料正朝着多元化、多功能、环保型方向发展。我国新型建筑防水材料按形态和作用通常分为 5 大类：防水卷材、防水涂料、密封材料、刚性防水及堵漏止水材料。其中水泥基刚性防水材料按作用又可分为有承重作用（自防水混凝土）的防水材料和有防水作用（涂层防水层）的防水材料。本文所述的水泥基类刚性防水材料仅指以水泥基类刚性材料用作防水层达到建筑物防水目的的各类防水材料。

刚性防水材料按其胶凝材料的不同分为三大类：一类是硅酸盐水泥中加入无机或有机外加剂配制而成的防水砂浆、聚合物砂浆、水泥基渗透结晶材料等；第二类是以膨胀水泥为主、特种水泥为基料配制的防水砂浆、无机防水堵漏材料等；第三类是喷涂于砂浆或混凝土表面，增加砂浆或混凝土的密实度或提高其表面憎水性的防水剂。按目前现行国家和行业产品标准可分为：无机防水堵漏材料类，聚合物水泥防水砂浆类，聚合物水泥防水浆料（通用型），砂浆、混凝土防水剂类，水性渗透型无机防水剂、水泥基渗透结晶型防水材料、水性渗透型无机防水剂类等。由于这些刚性防水材料产品众多，组成、特性和用途不同，本文就目前常用的刚性防水材料产品、特性、应用和性能作一介绍。

1 产品定义、分类和特点

1.1 无机防水堵漏材料

无机防水堵漏材料是以快凝、微膨胀水泥为主要成分，掺入添加剂经一定生产工艺加工制成的用于防水、防潮、抗渗、堵漏用粉状无机材料。其与混凝土和水泥砂浆基面有极好粘结性。

产品分为速凝型（主要用于渗漏或涌水基体上的防水堵漏）和缓凝型（主要用于潮湿基层上的防水、抗渗、防潮）2 种，均为单组分灰色粉料。目前无机类防水堵漏材料主要代表产品有：防水宝、确保时、水不漏、霍尼漏克、堵漏灵、堵漏王、抗压密封剂等十几种产品。

产品主要特点：（1）无毒、无害、无污染、无味、不燃，可用于饮用水工程；（2）凝结硬化快、速凝、高早强；（3）抗渗、堵漏、微膨胀、瞬间止水；（4）迎、背水面均可施工，施工方便；（5）可带水施工，防潮、抗渗、快速堵漏；（6）堵漏凝固的时间可调，防水粘贴一次完成，粘结力强，抗渗、抗压；（7）与基体结合成整体，不老化，耐水性好。

1.2 水泥基渗透结晶型防水材料（CCCW）

水泥基渗透结晶型防水材料是由普通硅酸盐水泥、精细石英砂和多种活性化学物质配制而成的浅灰色粉末状防水材料。与水作用后，活性化学物质通过水为载体向混凝土内部渗透，与水泥水化产物生成不溶于水的针状结晶体，填塞毛细孔道和微细缝隙，从而提高混凝土致密性和防水性。由于产品借助渗透作用，能与混凝土结合为整体，可以达到长久性防水、防潮和保护钢筋、提高混凝土结构强度的目的。

水泥基渗透结晶型防水材料按使用方法分为：水泥基渗透结晶型防水涂料和水泥基渗透结晶型防水剂。

产品主要特点：(1) 双重防水性能，所产生的结晶体既能堵塞混凝土结构内部结构孔缝，在混凝土结构基面的涂层也具有很好的抗裂抗渗作用；(2) 长久的自我修复性能，防水涂层与混凝土结构寿命一样长，同时活性化学物质多年以后仍能被水激活，不断生长出新的渗透结晶物，来弥补和修复因裂缝所带来的渗漏，具有长久的防水性能；(3) 快凝、早强、刚而不脆的特性；(4) 施工简单、省工省时、综合成本低，施工完成后也不需要做保护层；(5) 环保、无毒、无公害，产品能适用于饮用水、食品加工、泳池、水库等建筑项目；(6) 在保护混凝土内部钢筋不受侵蚀的基础上，延长了建筑物的使用寿命。

1.3 聚合物水泥防水砂浆

聚合物水泥防水砂浆是以水泥、细骨料为主要原材料，以聚合物乳液或可再分散胶粉为改性剂，添加适量助剂混合而成的刚性并带一定柔性的新型防水抗渗材料。其具有强度高、防水性好、有一定的延伸性、易与潮湿基层粘结的优点，施工方便，以水为分散剂，有利于环境保护。

产品按组分分为单组分（S类）和双组分（D类）2种。单组分（S类）：由水泥、细骨料和可再分散胶粉、添加剂等组成。双组分（D类）：由粉填料部分（水泥、细骨料）和液料部分（聚合物乳液、添加剂）等组成。

产品特点：(1) 具有耐候性、耐磨性及耐水性，无毒无害，可用于饮用水工程；(2) 对混凝土、砂浆、石材、木板、聚苯板、玻璃、金属等基面粘结力强，且具有一定的柔性；(3) 可在混凝土表面上形成坚固的涂层，对混凝土表面起到加固保护和防水的作用，且对钢筋具有保护性能，对已锈蚀的钢筋能起到修补防护效能，耐久性好；(4) 能在潮湿基层和潮湿环境下施工，操作方便，省时省工。

1.4 聚合物水泥防水浆料（通用型）

聚合物水泥防水浆料（通用型）是以水泥、细骨料为主要原材料，可再分散聚合物干粉或聚合物乳液和添加剂为改性材料，按一定比例拌制而成的刚性并带柔性防水抗渗产品。

产品按组分分为单组分（S）类和双组分（D）类。单组分（S）类：由水泥、细骨料和可再分散胶粉、添加剂等组成。双组分（D）类：由水泥、细骨料和聚合物乳液、添加剂等组成。

产品性能：聚合物水泥防水浆料（JJ防水浆料）是兼有刚性与柔性结合的新型防水抗渗材料，这种涂料的聚合物涂膜具有延伸性、防水性，又具有水硬性材料强度高、易与潮湿基层粘结和耐水性好的优点，可根据不同工程部位要求调节柔韧性和强度等性能，施工方法灵活方便。这类产品在国内已有二十余年的发展历史，虽发展历程短，但发展速度较快。聚合物水泥防水浆料（通用型）在国内最有代表性的是K11聚合物水泥防水浆料，产品于1995年由德高建材进入我国，并得到了广泛应用。

1.5 砂浆、混凝土防水剂

防水剂是由化学原料配制而成的一种能起到提高水泥混凝土和水泥砂浆不透水性的外加剂。在使用时通常按比例掺入水泥混凝土或水泥砂浆中，以形成防水混凝土或防水砂浆；也有涂刷在表面而渗透到水泥混凝土或水泥砂浆中，从而起到防水的作用。

根据防水剂的形态，可分为液态防水剂和固态防水剂。按照防水剂的化学组成可将防水剂分为无机质系、有机质系和复合系3类。无机质系防水剂主要有氯化物金属盐类防水剂、无机铝盐防水剂、硅质钠类防水剂、混凝土密封剂、硅酸质粉末等；有机质系防水剂又称为聚合物防水剂，多以聚合物的形态出现，一般都是指橡胶胶乳、树脂乳液等，有机质系防水剂还有金属皂类防水剂、脂肪酸系、石蜡和沥青乳液等；复合系是由无机质混合物、有机质混合物、无机质与有机质的混合物复合而成的一类防水剂。按照防水剂的防水机理，可分为减渗性防水剂和憎水性防水剂（有机硅防水剂）2类。

砂浆、混凝土防水剂虽然品种多，但其作用主要有堵塞砂浆或混凝土的毛细通道，提高砂浆、混凝土密实性，增加砂浆或混凝土的憎水性，使砂浆、混凝土具有防水抗渗的能力。砂浆、混凝土防水剂常用的代表性产品有：氯盐防水剂、无机铝盐防水剂、硅酸钠（钾）防水剂、硅酸质粉末防水剂、脂肪酸防水剂等。

2 产品性能

2.1 无机防水堵漏材料

无机防水堵漏材料的物理力学性能应符合 GB 23440—2009《无机防水堵漏材料》的要求，具体见表1。

表1 无机防水堵漏材料物理力学性能

项目		缓凝型（Ⅰ型）	速凝型（Ⅱ型）
外观		色泽均匀、无杂质、无结块	
凝结时间/min	初凝	≥10	≤5
	终凝	≤360	≤10
抗压强度/MPa	1h	—	≥4.5
	3d	≥13.0	≥15.0
抗折强度/MPa	1h	—	≥1.5
	3d	≥3.0	≥4.0
涂层7d抗渗压力/MPa		≥0.4	—
试件7d抗渗压力/MPa		≥1.5	
7d粘结强度/MPa		≥0.6	
耐热性（100℃，5h）		无开裂、起皮、脱落	
冻融循环（20次）		无开裂、起皮、脱落	

2.2 水泥基渗透结晶型防水材料

水泥基渗透结晶型防水涂料和水泥基渗透结晶型防水剂的物理力学性能应符合 GB 18445—2012《水泥基渗透结晶型防水材料》的要求，具体见表2、表3。

表 2 水泥基渗透结晶型防水涂料的物理力学性能

项目		性能指标
外观		均匀、无结块
含水率/%		≤1.5
细度（0.63mm筛余）/%		≤5
氯离子含量/%		≤0.10
施工性	加水搅拌后	刮涂无障碍
	20min	刮涂无障碍
28d 抗折强度/MPa		≥2.8
28d 抗压强度/MPa		≥15.0
28d 湿基面粘结强度/MPa		≥1.0
砂浆抗渗性能	28d 带涂层抗渗压力[a]/MPa	报告实测值
	28d 带涂层抗渗压力比/%	≥250
	28d 去除涂层的抗渗压力[a]/MPa	报告实测值
	28d 去除涂层抗渗压力比/%	≥175
混凝土抗渗性能	28d 带涂层抗渗压力[a]/MPa	报告实测值
	28d 带涂层抗渗压力比/%	≥250
	28d 去除涂层抗渗压力[a]/MPa	报告实测值
	28d 去除涂层抗渗压力比/%	≥175
	56d 带涂层混凝土的第二次抗渗压力/MPa	≥0.8

[a] 基准砂浆和基准混凝土 28d 抗渗压力应为 0.4 ± 0.1 MPa，并在产品质量检验报告中列出。

表 3 水泥基渗透结晶型防水剂的物理力学性能

项目		性能指标
外观		均匀、无结块
含水率/%		≤1.5
细度（0.63mm筛余）/%		≤5
氯离子含量/%		≤0.10
总碱量/%		报告实测值
减水率/%		<8
含气量/%		≤3.0
凝结时间差	初凝/min	>−90*
	终凝/h	—

续表

项目		性能指标
抗压强度比/%	7d	≥100
	28d	≥100
28d 收缩率比/%		≤125
混凝土抗渗性能	28d 掺防水剂的抗渗压力/MPa	报告实测值
	28d 抗渗压力比/%	≥200
	56d 掺防水剂的第二次抗渗压力	报告实测值
	56d 第二次抗渗压力比/%	≥150

* 凝结时间差为受检混凝土与基准混凝土的差值,"—"表示提前。

2.3 聚合物水泥防水砂浆

聚合物水泥防水砂浆的物理力学性能应符合 JC/T 984—2011《聚合物水泥防水砂浆》的要求,具体见表4。

表4 聚合物水泥防水砂浆的物理力学性能

项 目		Ⅰ型	Ⅱ型
外观		液体经搅拌后均匀无沉淀、粉料为均匀,无结块的粉末	
凝结时间	初凝/min	≥45	
	终凝/h	≤24	
抗渗压力/MPa	涂层试件,7d	≥0.4	≥0.5
	砂浆试件,7d	≥0.8	≥1.0
	砂浆试件,28d	≥1.5	≥1.5
28d 抗压强度/MPa		≥18.0	≥24.0
28d 抗折强度/MPa		≥6.0	≥8.0
柔韧性(横向变形能力)/mm		≥1.0	
粘结强度/MPa	7d	≥0.8	≥1.0
	28d	≥1.0	≥1.2
耐碱性[饱和 $Ca(OH)_2$ 溶液,168h]		无开裂、剥落	
耐热性(100℃水,5h)		无开裂、剥落	
抗冻性-冻融循环(−15~20℃,25次)		无开裂、剥落	
28d 收缩率/%		≤0.30	≤0.15
吸水率/%		≤6.0	≤4.0

2.4 聚合物水泥防水浆料(通用型)

聚合物水泥防水浆料(通用型)的物理力学性能应符合 JC/T 2090—2011《聚合物水泥防水浆料》的要求,具体见表5。

表5 聚合物水泥防水浆料（通用型）的物理力学性能

项目		通用型（Ⅰ型）
外观		液体经搅拌后均匀无沉淀，粉料为均匀、无结块的粉末
干燥时间/h	表干时间	≤4
	实干时间	≤8
抗渗压力/MPa		≥0.5
柔韧性（横向变形能力）/mm		≥2.0
粘结强度/MPa	无处理	≥0.7
	潮湿基层	≥0.7
	碱处理	≥0.7
	浸水处理	≥0.7
抗压强度/MPa		≥12.0
抗折强度/MPa		≥4.0
耐碱性［饱和$Ca(OH)_2$溶液，168h］		无开裂、剥落
耐热性（100℃水，5h）		无开裂、剥落
抗冻性（-15～20℃，25次）		无开裂、剥落
28d 收缩率/%		≤0.3

2.5 砂浆、混凝土防水剂

砂浆防水剂和混凝土防水剂的物理力学性能应符合 JC 474—2008《砂浆、混凝土防水剂》的要求，具体见表6、表7。

表6 砂浆防水剂的物理力学性能

项目		一等品	合格品
安定性		合格	合格
凝结时间	初凝/min	≥45	≥45
	终凝/h	≤10	≤10
抗压强度比/%	7d	≥100	≥85
	28d	≥90	≥80
透水压力比/%		≥300	≥200
吸水量比（48h）/%		≤65	≤75
收缩率比（28d）/%		≤125	≤135

注：安定性和凝结时间为受检净浆的试验结果；其他项目数据均为受检砂浆与基准砂浆的比值。

表7 混凝土防水剂的物理力学性能

项目	一等品	合格品
安定性	合格	合格
泌水率比/%	≤50	≤70

续表

项目		一等品	合格品
初凝时间差/min		≥-90	≥-90
抗压强度比/%	3d	≥100	≥90
	7d	≥110	≥100
	28d	≥100	≥90
透水高度比/%		≤30	≤40
吸水量比（48h）/%		≤65	≤75
收缩率比（28d）/%		≤125	≤135

注：安定性为受检净浆的试验结果；凝结时间差为受检混凝土与基准混凝土的差值，"—"表示提前；表中其他数据均为受检混凝土与基准混凝土的比值。

3 产品应用

3.1 简述

新型刚性防水材料已引起行业主管部门、同行专家的重视，有关部门制定了相应的国家或行业产品标准，同时在制定国家和行业技术规范和规程中引用了这些产品标准。不仅统一了新型刚性防水材料产品质量的试验方法和技术要求，同时也具体规范了新型刚性防水材料的设计、施工和质量验收。这些规范和规程主要有：GB 55030—2022《建筑与市政工程防水通用规范》、JC/T 60014—2022《地下工程混凝土结构自防水技术规范》、GB 50108—2008《地下工程防水技术规范》、GB 50345—2012《屋面工程技术规范》、JGJ/T 53—2011《房屋渗漏修缮技术规程》、JGJ/T 212—2010《地下工程渗漏治理技术规程》、JGJ/T 235—2011《建筑外墙防水工程技术规程》、JGJ/T 298—2013《住宅室内防水工程技术规范》、JGJ/T 317—2014《建筑工程裂缝防治技术规程》等。此外，国家有关部门组织编制了国家建筑标准设计图集，如12J201《平屋面建筑构造》、02J301《地下建筑防水构造》、11J930《住宅建筑构造》等，在这些图集中，同样涉及水泥基类刚性防水材料产品。这些标准、规范和规程、设计构造图集的制定，有力地推动了新刚性防水材料的推广和应用。

水泥基刚性防水材料，按照GB 55030—2022《建筑与市政工程防水通用规范》要求，水泥基渗透结晶型防水材料，防水层厚度不应小于1.0mm，用量不应小于1.5kg/m²；聚合物水泥基防水砂浆的防水层厚度不应小于6mm；掺外加剂、防水剂的砂浆防水层厚度不应小于18mm。

3.2 无机防水堵漏材料

无机防水堵漏材料适用于：迎水面或背水面防水工程；速凝型用于渗水面和漏水孔、洞、裂缝的防潮防水、堵漏；缓凝型用于无渗水面防水、抗渗。具体可用于各种砖石、混凝土结构的建筑物或构筑物的渗漏修缮，尤其适用于各种地下工程的带水堵漏。此外，缓凝型产品也是快速粘贴瓷砖、马赛克、大理石的理想材料，防水、粘贴可一次完成。

3.3 水泥基渗透结晶型防水材料

水泥基渗透结晶型防水材料适用于混凝土、水泥砂浆等建筑物容易渗漏水的部位，主要包括水电大坝、水池、地下室、地下工程、大型市政工程（如地铁、隧道、涵洞、水库）等与水接触的工程以及路桥工程、建筑外墙、厨卫防水工程等。

3.4 聚合物水泥防水砂浆

聚合物水泥防水砂浆适用于：高层、多层、中高层等建筑物外墙面、屋面、窗口周边、穿墙管道、地面、港口、码头、路桥、水池、水塔及各种所需砂浆防水工程；建筑的外墙、地下室、室内卫生间、阳台等的防水、防渗漏、防潮工程以及室内外各种装饰材料的粘贴。也可用于有耐酸、耐碱、耐盐腐蚀或有柔性要求的场合使用；厨房、卫生间、阳台、庭院或沟槽等的防水，游泳池或水库的防水，混凝土基面铺设木板之前的防潮处理，桥面防水，地下混凝土面的防腐蚀、防盐液的保护层。

3.5 聚合物水泥防水浆料（通用型）

聚合物水泥防水浆料（通用型）适用于：厨卫防水，饮用水池、游泳池、养鱼池等各种水池的防水处理，外墙防水及补漏，地下室内外防水（常与工程堵漏相互配合，先灌浆堵漏，再用通用型防水涂料在地下室内墙和地面满涂）。通用型防水涂料是适合作地下室内外防水的主防水材料，主要原因有：（1）与基层粘结力强，非常适合作背水面、迎水面防水；（2）与砂浆亲和力好，不会产生隔离效应，可在防水层上直接粘结瓷砖或涂刷装饰涂料，无须做找平层。

3.6 砂浆、混凝土防水剂

砂浆、混凝土防水剂主要用于：附建工程和单建式人防工程、工业与民用建筑的各种防水、防潮、抗渗；粮食储备库的防水、防潮、抗渗；污水池、净化池、水池、游泳池和地下工程的防水、抗渗；地下道桥、隧道、地铁和涵洞的抗渗、防水及渗漏修补治理；地下室的防水、防潮、抗渗及渗漏维修等。

4 结语

刚性防水主要是利用水泥胶材料，因自身的耐久性，与主体结构寿命相同，且刚性防水材料（涂层防水）与砂、混凝土基层有着良好的粘结，具有抗裂防渗作用，已越来越引起重视和应用。GB 55030—2022《建筑与市政工程防水通用规范》、JC/T 60001—2022《地下工程混凝土结构自防水技术规范》的颁布与实施，充分肯定了水泥基刚性防水材料的作用。

水泥基防水材料因不掺加有机溶剂和各种有毒添加剂，具有高固含量、无毒性、无污染、施工安全、价格低廉、材料易得的特点，对人体无害，属绿色环保型产品，满足了 GB 55030—2022《建筑与市政工程防水通用规范》中提出的"保障人身健康和生命财产安全、生态环境安全"的要求。

水泥基刚性防水材料，施工方法简便，省工省力，且对施工条件没有那么苛刻，可在潮湿基面上直接涂刷；作为一道防水层单独使用，使得水泥基刚性防水材料的应用更加广泛。相关部门制定水泥基刚性防水材料产品国家标准和行业标准，且有相应的配套国家技术规范、规程和施工标准图集，有力地推动了水泥基刚性防水材料的健康发展。

由于刚性防水材料产品众多，应根据产品自身的特点，结合具体工程实践，在符合相应的国家技术规范和规程的前提下选用合适的水泥基刚性防水材料。

防水工程是一个系统工程，水泥基刚性防水和柔性防水各有优点、缺点，但并不对立排斥，应取长补短，互相结合，根据防水等级设立多道防水，使我国的刚性防水技术日趋成熟，促进建筑防水行业技术进步和发展。

目前，根据 GB 55030—2022《建筑与市政工程防水通用规范》对水泥基刚性防水材料的质量要求，正在修订或将要修订的标准有：GB/T 18445、GB/T 23440、JC/T 984、JC/T 2090，通过修订使得水泥基刚性防水材料产品更能满足建筑防水工程的需要。

作者简介：沈春林，1954 年生，江苏苏州人，教授级高工，从事建筑防水行业 50 余年。享受国务院特殊津贴，编制国家标准规范 50 余个。出版防水专著 100 余本。联系电话：13306211108，邮箱：SCL1217@126.COM。

水泥厂翻新聚合物水泥防水装饰一体化涂料施工技术研究

罗建光[1]　侯燕深[1]　柳文君[2]　修成铁[2]

（1. 广州市凯聚新材料有限公司，广东广州 510000；
2. 江西万道新材料有限公司，江西赣州 341000）

摘　要：水泥厂翻新工程中，对原有外墙表面进行铲除修补处理后，表层选用聚合物水泥基防水装饰一体化涂料施工工艺，其具有优异的耐候性、耐温变性、防水抗渗性、装饰效果好，同时具有防水与外墙装饰的效果，满足了可以耐受水泥厂库体外墙长期热量散发的翻新应用需求。文章通过介绍水泥厂翻新施工技术要点，为该涂料推广应用提供了参考依据。

关键词：建筑材料；聚合物水泥基防水装饰一体化涂料；水泥厂翻新；施工工艺

Research on Construction Technology of Polymer Cement-based Waterproof and Decoration Integrated Coating for Cement Factory Renovation

Luo Jianguang[1]　Hou Yanshen[1]　Liu Wenjun[2]　Xiu Chengtie[2]

(1. Guangzhou K&J New Material Co, Ltd., Guangdong Guangzhou 510000;
2. Jiangxi Wandao New Material Co, Ltd., Jiangxi Ganzhou 341000)

Abstract: In the renovation project of cement factory, after the removal and repair of the original exterior wall surface selection of polymer cement-based waterproof and decoration integrated coating construction process, it has excellent weather resistance, temperature resistance, impermeable, good decorative effect and has the effect of waterproof and exterior wall decoration, it can meet the needs of renovation application that can withstand long-term heat emission from cement factory exterior wall. This paper introduces the key technical points of cement plant renovation and provides reference for the popularization and application of this coating.

Keywords：building material；polymer cement-based waterproof and decoration integrated coating；cement factory renovation；Construction Technology

0　引言

21世纪的今天，水泥企业一改过去粉尘大、污染重的形象，纷纷建成"花园式工厂"。花园式工厂厂区绿化率很高、工厂环境优美，没有污水、空气优良，是可以媲美花园的新式工厂。目前我国各大水泥企业无论新建厂房还是翻新已有的老厂区，都是按照花园式工厂的标准设计、施工。这一轮"花园式工厂"的建设，主要在"美"上做文章：包括工厂厂区的绿化、生产生活用房的粉刷、车间地坪涂料翻新等，更新后的厂区焕然一新，使得干部、职工的工作、生活环境赏心悦目。

1　水泥厂翻新工程问题状况与原因分析

1.1　水泥厂翻新工程概况

水泥在生产加工过程中需要破碎、均化、预热、分解、烧成、粉磨等工序，这些生产工序会对水泥厂建筑墙体产生影响，例如：震动、热量散发、累积粉尘等问题。这就决定水泥厂生产、生活建筑有其不同于其他建筑的地方，水泥厂的翻新工程对外墙涂料的选用有更高的技术要求。

根据翻新设计需求，水泥厂生活建筑外墙、生产建筑外墙均采用聚合物水泥基防水装饰一体化涂料[1]。防水装饰一体化涂料翻新体系的耐候性、防水抗渗性、抗盐析泛碱、装饰效果好等特点满足了水泥厂翻新工程的基本性能需求。用相对较少的施工步骤便可以达到设计要求，克服了一般外墙乳胶漆、真石漆等无法在水泥厂翻新中应用的问题。

1.2　水泥厂外墙常见问题分析

1.2.1　水泥厂库体外墙高温热量散发

我们以水泥库为例，水泥库是预应力库，特别是熟料库在产品入库后会因为温度的变化而产生形变，对其表面的装饰材料形成动态荷载，因此必须考虑水泥厂建筑翻新时持久的安全性，如果粘贴不牢会产生脱落等安全隐患。由于水泥库的这个特点，在翻新的时候不能在上面批刮普通砂浆，否则就会造成砂浆脱落，对人身、财产造成重大安全隐患。

另外,由于库体表面的温度较高,对外装饰材料的抗高温性、耐候性也有较高的要求。经过实际测量,水泥厂库体整体长时间保持 40~55℃,进出料口等局部温度可长时间保持 60℃的高温,夏天太阳直射外墙时温度还可以进一步升高。普通的真石漆、乳胶漆、质感涂料涂刷到其上面,成膜物质的分子链会因高温断裂,耐候性大幅下降,短时间内就形成漆膜开裂、脱落等问题(图 1)。

1.2.2 水泥厂建筑单体庞大,极易产生裂缝,造成渗漏和安全隐患

水泥厂的水泥库、磨房等建筑的单体体积都很大,在建筑过程中容易产生温度裂缝,随着时间推移越裂越大。温度裂缝多发生在大体积混凝土表面或温差变化较大地区的混凝土结构中。混凝土浇筑后,在硬化过程中水泥水化产生大量的水化热(当水泥用量在 350~550kg/m³,每立方米混凝土将释放出 17500~427500kJ 的热量,从而使混凝土内部温度升到 70℃左右甚至更高)。由于水泥库的体积较大,大量的水化热聚集在混凝土内部而不易散发,导致内部温度急剧上升,而混凝土表面散热较快,这样就形成内外的较大温差,较大的温差造成内部与外部热胀冷缩的程度不同,使混凝土表面产生一定的拉应力。当拉应力超过混凝土的抗拉强度极限时,混凝土表面就会产生裂缝。建筑的混凝土结构开裂,一则会有水进入混凝土内部,加速其开裂过程,再则会影响结构安全。所以,水泥库、磨房等建筑翻新时必须选用防水性能好的涂料在建筑物表面形成良好的防护层,保证长久的安全(图 2)。

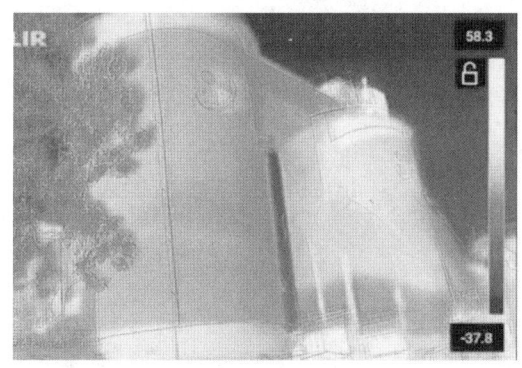

图 1 水泥厂库体红外摄影图片

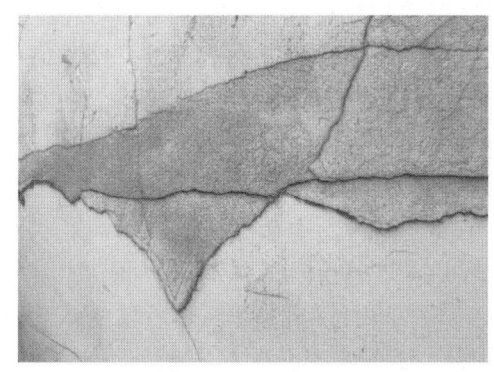

图 2 水泥厂建筑外墙常见裂缝

1.2.3 水泥库、磨房等大型建筑的混凝土碳化得不到有效防护

钢筋锈蚀除了由于外来的水进入到混凝土内部外,还有混凝土碳化后钢筋得不到有效防护的因素。混凝土的碳化是混凝土所受到的一种化学腐蚀。空气中 CO_2 气体通过硬化混凝土细孔渗透到混凝土内,与其碱性物质[$Ca(OH)_2$]发生化学反应后生成碳酸盐($CaCO_3$)和水,使混凝土碱性降低的过程称为混凝土碳化,又称作中性化。水泥在水化过程中生成大量的氢氧化钙,使混凝土空隙中充满了饱和氢氧化钙溶液,其碱性介质对钢筋有良好的保护作用,使钢筋表面生成难溶的 Fe_2O_3 和 Fe_3O_4,称为钝化膜。碳化后使混凝土的碱度降低,当碳化超过混凝土的保护层时,在水与空气存在的条件下,就会使混凝土失去对钢筋的保护作用,钢筋开始生锈。可见,碳化会使混凝土的碱度降低,同时增加混凝土孔溶液中氢离子数量,因而会使混凝土对钢筋的保护作用减弱(图 3)。

图 3 水泥厂库体受到腐蚀的裸露钢筋

所以对于水泥厂而言，需要对原来素混凝土的大型生产建筑进行防碳化处理，防止因为混凝土碳化而造成的钢筋锈蚀，进而影响结构安全。

1.2.4 冷却塔等建筑高湿、高热，需要特殊处理

水泥厂余热电站的冷却塔是改造的难点，这里高温、高湿，一般的真石漆、乳胶漆、质感涂料涂刷到其上面会很快脱落，并有可能落入循环水池内，影响设备安全。所以，冷却塔的涂装只能采用耐高温、高湿、抗泛碱的涂料，而且在涂装过程中切忌使用腻子粉。

1.2.5 粉尘大，建筑表面容易集结

尽管经过除尘措施，但是水泥厂仍会飘浮水泥颗粒，这些粉尘落在建筑表面，水泥粉尘接触到空气中的水分或者下雨之后发生水化反应变成水泥石凝固体，不断堆积越来越大，特别是库体、磨坊等生产区域的建筑严重影响观瞻。这也是水泥企业的一大特点。了解水泥厂建筑的特点，才能有的放矢地制定翻新方案，否则，照搬照抄民用建筑和其他行业的经验就会事倍而功半（图4）。

图 4 水泥厂旧外墙累积的水泥粉尘结块

2 普通外墙乳胶漆翻新失败案例分析

该水泥厂原有外墙翻新工程项目采用的涂料是普通外墙乳胶漆，仅仅过了一年已经多处脱落、陈旧不堪，施工时没有达到成膜的厚度，导致严重的透底发花现象，这种涂料无法对库体进行保护，混凝土库壁会因为渗水和二氧化碳的碳化，继续造成钢筋锈蚀、混凝土开裂、脱落，形成严重的安全隐患。普通外墙乳胶漆并无防水性，所以导致

涂料表面生长了霉菌和青苔，非常影响观瞻。由于材料的粘结性能和柔韧性都比较差，所以仅仅过了一年，生产、生活建筑的墙壁就产生脱落，形成安全隐患。在施工时，对原有基层的凝结灰尘层没有做铲除处理，未对起泡鼓胀的水泥砂浆层做铲除处理，严重影响表观效果。在施工时，该项目的罐体根本就没有做腻子顺平处理，直接在原有基层上滚涂外墙乳胶漆，导致的基层毛茬挂灰严重。俗话说，三分材料、七分施工。如果这两个环节都出现问题，逐渐累加，最终会形成严重的安全隐患，而且因为没有对基层进行有效处理，增加了二次翻新的难度[2]。

综上所述，水泥企业翻新的时候必须考虑安全性、耐久性和功能性，三者缺一不可。如果选用的承包企业没有整体的解决方案，不能避免可能发生的安全隐患，工程不能持久发挥作用，那么这种翻新的性价比无疑是很低的，不建议尝试（图5）。

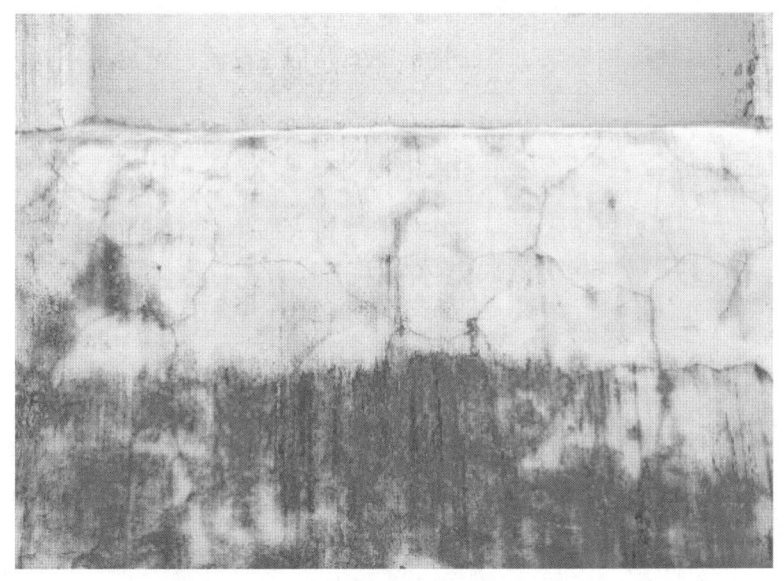

图 5　原有外墙乳胶漆已经开裂严重、长满青苔霉斑

3　施工工序要点

3.1　基层处理方式

基层处理整体施工过程中的关键部位，聚合物水泥基防水装饰一体化涂料对各种基层都有良好的附着力，实际施工中需要确保基层结实无掉灰脱落问题。首先，原有空鼓的水泥砂浆需要剔凿掉，用1∶3聚合物水泥修补砂浆进行修补；其次，清理原外立面浮浆、同样用1∶3聚合物水泥修补砂浆修补孔洞，修补砂浆或外墙柔性腻子修补裂缝部位并找平，打磨脱层、粉化部位及一切影响粘接力的松动部位。浮灰及松动颗粒用钢丝刷、手电钻、电镐或角磨机清理，保证基面平整度及坚实性；最后，打磨后清理浮灰，高压水枪冲洗，基层务必要打磨找平。

3.2 底涂层与找平层处理

待基层处理完毕养护干燥之后,墙体腰线及以下整体批刮 2 道外墙柔性腻子找平。腰线以上用聚合物水泥修补砂浆配合外墙柔性腻子局部修补找平。腻子找平后进行打磨处理,之后大面整体涂刷基层纳米渗透加固底漆。

3.3 防水装饰一体化涂料面涂施工

聚合物水泥基防水装饰一体化涂料为双组分涂料[3],由特种水泥基(A 组分)、聚合物乳液基(B 组分)在使用前按一定比例充分搅拌混合后使用,施工可选用辊涂、刷涂、喷涂等方式。整体喷涂或滚涂防水装饰一体化涂料两道(包含外部管道及金属构件),喷涂可采用真石漆喷壶或无气喷涂设备,待第一遍施工完毕涂膜表干之后,即可进行第二道施工;具体装饰效果可将合适的图案及标志贴附遮蔽后采用选定颜色的防水装饰一体化涂料进行施工,施工结束后去除遮蔽获得图案及标志。

3.4 罩面层施工

面涂施工完毕后,为防止水泥粉尘在外墙涂料表面堆积,需要整体涂刷罩面层,提高耐沾污性能。施工完毕后做到涂膜整体效果抗开裂、防水、平整度好,美观、耐用(图 6)。

图 6 水泥厂库体翻新前后对比

4 防水装饰一体化涂料翻新工程的质量保证

4.1 双组分涂料使用要点

聚合物水泥基防水装饰一体化涂料为双组分涂料,A、B 组分在使用前需要充分混合,避免因搅拌不均匀产生的结块、颗粒,严重会堵塞喷枪,影响喷涂效果。搅拌过程中需要注意搅拌工具干净清洁,搅拌均匀后可以通过筛网过滤以获得均匀的涂料。双组分涂料混合后即开始反应,可操作时间会受温度影响,未使用浆料应放置在阴凉处,避免太阳直晒。

4.2 基面强度测试

基层处理后强度会影响后续涂料层粘结[4],基层强度不足则会容易使涂料层发生开裂脱落。为此,需要对基层强度进行测试,其强度应符合设计要求。

4.3 涂层厚度检查

待聚合物水泥基防水装饰一体化涂料面涂完工后,在外墙随机抽取一个区域图层对其切割取样,使用涂膜厚度计或游标卡尺测量其厚度,确保满足聚合物水泥防水装饰涂料应用技术规程中的要求。

5 结语

聚合物水泥基防水装饰一体化涂料具有优异耐候性、防水抗渗性、抗盐析、抗泛碱等性能。在水泥厂库体翻新工程中,针对水泥厂外墙的耐热性、防水抗渗、耐沾污等各项性能需求,采用了防水装饰一体化涂料施工。此施工工艺操作简单,仅需对原有基面做好处理,省去了外墙防水层、保护层的施工步骤。此材料同时解决了水泥厂翻新工程的装饰需求与功能需求,有效地缩短了施工周期,降低了翻新成本,施工完成后外观效果好。

参考文献

[1] 黎翠莲. 外墙防水装饰一体化体系在既有建筑外墙防水维修工程中的应用[J]. 中国建筑防水,2018,(13):37-39.
[2] 刘青青,黄莉恒,吴伟. 聚合物水泥基防水装饰一体化的制备及性能研究[J]. 中国建筑防水,2021,(12):12-16.
[3] 中国工程建设标准化协会. 聚合物水泥防水装饰涂料:T/CECS 10108—2020[S]. 北京:中国标准出版社,2020.
[4] 中国工程建设标准化协会. 聚合物水泥防水装饰涂料应用技术规程:T/CECS 953—2021[S]. 北京:中国建筑工业出版社,2022.

作者简介:罗建光,男,高级工程师,广州市凯聚新材料有限公司技术中心负责人,主要从事干粉砂浆外加剂研究,联系方式:13926440176。

启新远程控制砂浆全自动生产系统

胡元平

(山东省泰安市泰安启新建材有限公司,山东泰安 271000)

摘 要:泰安启新建材有限公司是专业从事混凝土、砂浆机械设备及配套产品研发、生产和销售的科技创新型企业。公司凭借在环保砂浆领域的技术实力和领先理念,以实现经济效益与社会效益的双重提高为目标,成为国内环保砂浆设备制造和销售行业的佼佼者。公司自主研发了一种砂浆制造设备,已获国家专利局发明专利,专利号 ZL201921029129,发文序号 2019070400605400,该项目是全国乃至世界目前先进高端的建筑移动式湿干混砂浆制造设备。该项目工艺流程高度科学、结构紧凑、占地面积小、物料流动速度快、环节少、效率高、易于清理,生产设备为封闭式现场搅拌,无原料储地,直接干湿料分开存储,存于物料罐内,全自动生产,布局合理,生产效率高,自动化程度高,远程控制生产。

关键词:砂浆设备;远程控制;先进高端;全自动

Qixin Remote Control Mortar Fully Automatic Production System

Hu Yuanping

(Tai′an Qixin Building Materials Co., Ltd., Tai′an City 271000)

Abstract: Qixin company aims to be a leader in the manufacturing and sales of environmentally friendly mortar equipment in China. The company has independently developed a mortar manufacturing equipment, which obtained an invention patent from the National Patent Office. As a high-end mobile ready-mixed mortar manufacturing equipment, this production system has some advantages, such as compacted structure, small footprint, fast material flow rate, few links, high efficiency, and easy cleaning. Moreover, the production equipment is a closed on-site mixing system, to have fully automated production, reasonable layout, high production efficiency, high automation degree, and remote control ability.

Keywords：Mortar production equipment; Remote control; Advanced high-end; Fully automatics

1　概述

泰安启新建材有限公司是一家始终坚持"集约科技智慧，专注创新引领"的产业部署，专业从事混凝土、远程控制砂浆自动生产系统及配套产品研发、生产和销售的科技创新型企业。公司自成立以来，一贯坚持"创新、优质、专业、科技"的恒久价值体系，以科技研发引领环保砂浆领域行业，以实现经济效益与社会效益的双重提高，成为远程控制砂浆自动生产系统和销售行业的佼佼者（图1）。

泰安启新建材有限公司投入大量资金和精力，成功研发远程控制砂浆自动生产系统。该项目是全国乃至世界目前先进高端的建筑移动式远程控制砂浆自动生产系统。该专利已获国家专利局发明专利，专利号 ZL201921029129，发文序号 2019070400605400（图2）。

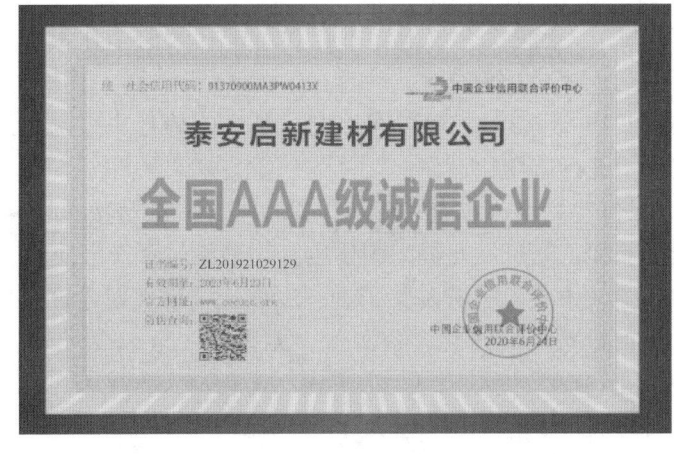

图 1

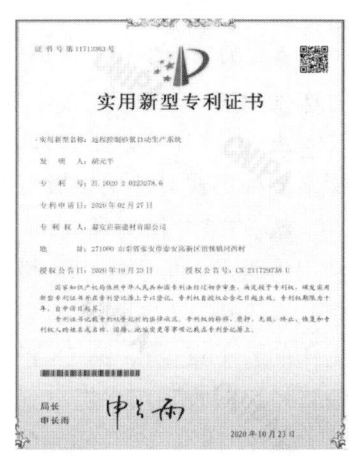

图 2

该项目工艺流程科学、结构紧凑、占地面积小、物料流动速度快、环节少、效率高、易于清理，生产设备为封闭式现场搅拌，无原料储地，直接干湿料分开存储，存于物料罐内，全自动生产，布局合理，生产效率高，自动化程度高，远程控制生产。该物料运输采用举升式气悬浮物料运输车，不存在二次倒运环节，避免了二次离析问题的出现。

该项目为全封闭式运行，整体生产、运输无外漏，完全达到环保要求，无废气、废水、噪声排放，不会产生任何污染。项目经济效益高，社会效益好，成本低，社会建设需求量特别大。

2 国家相关政策背景

绝不以牺牲环境为代价,换取一时经济增长。

绝不以牺牲后代人的幸福为代价,换取当代人所谓的富足。

变革创新是推动人类社会向前发展的根本动力。谁排斥变革,谁拒绝创新,谁就会落后于时代,谁就被历史淘汰。

——2018年4月10日,习近平在博鳌亚洲论坛年会开幕式上的主旨演讲。

2.1 《战略性新兴产业分类(2018)》(国家统计局令第23号)

国家统计局公布《战略性新兴产业分类(2018)》(国家统计局令第23号),旨在准确反映"十三五"国家战略性新兴产业发展规划情况,其中机制砂、建筑垃圾回收再利用等被列入我国战略 新兴产业的重点产品服务,以重大技术突破和重大发展需求为基础,对经济社会全局和长远发展具有重大引领带动作用,知识技术密集、物质资源消耗少、成长潜力大、综合效益好的产业。

2.2 国家其他相关政策及文件

▲2015年3月5日第十二届全国人大三次会议上,李克强总理在政府工作报告中首次提出"互联网+"行动计划。

▲2015年4月14日印发的《2015年循环经济推进计划》。其中明确提出鼓励各地探索多种形式对建筑垃圾资源化利用进行市场化运作。

▲2015年9月印发的《促进绿色建材生产和应用行动方案》,以建筑垃圾处理和再利用为重点,加强再生建材生产技术和工艺研发,提高固体废弃物消纳量和产品质量。

▲2016年2月21日发布的《中共中央、国务院关于进一步加强城市规划建设管理工作的若干意见》,第23条提出要促进垃圾减量化、资源化、无害化,至2020年,力争将垃圾回收利用率提高到35%以上。

▲2016年12月印发的《建筑垃圾资源化利用行业规范条件》。

▲2017年5月印发的《全国城市市政基础设施建设"十三五"规划》,加强建筑垃圾源头减量与控制,加强建筑垃圾回收利用设施及消纳设施建设。2018年4月印发的《住房和城乡建设部建筑节能与科技司2018年工作要点》,深入推进建筑能效提升,提升建筑垃圾利用效能。

▲2021年4月,国家发改委等十部委《关于"十四五"大宗固体废弃物综合利用的指导意见》(发改环资381号)明确指出,依托国家级创新平台,支持产学研有机融合,鼓励企业建立技术研发平台,大力开展大宗固体废弃物关键技术研究,推动大宗固体废弃物多产业、多品种协调利用,形成可复制、可推广的大宗固体废弃物综合利用新模式。到2025年,煤矸石、粉煤灰、尾矿(共伴生矿)、冶炼渣、工业副产石膏、建筑垃圾、农作物秸秆等大宗固体废弃物综合利用能力显著提升,利用规模不断扩大,新增大宗固废利用率要达到60%以上,且存量大宗固体废弃物有序减少。

3 远程控制砂浆全自动生产系统模式及优势

3.1 生产模式

3.1.1 占地面积小

启新远程控制砂浆自动生产系统占地面积仅 $10m^2$，无须专设原材料存储地，可避免原有的扬尘污染隐患，还将有效减少砂浆生产的土地使用量，提高土地资源利用率，促进节约用地，实现土地的盘活利用。

3.1.2 技术革新

在原材料的使用方面，首先，该系统为实现砂浆湿砂生产的封闭式现场级配砂浆生产系统，该生产模式的出现将为建筑施工技术领域带来一次革新，并将有效地提高地区建材制品的产业竞争力。其次，该系可直接利用城市建筑垃圾进行生产，实现建筑垃圾的资源化利用，有效地提高水泥、砂子等自然资源和社会资源的资源利用率，促进循环经济的发展。

3.1.3 运输便捷环保

运输环节采用举升式气悬浮物料运输罐车，整个运输过程为全封闭运输，物流过程清洁、环保、节能，并且不存在二次拉运，在提高资源利用率、降低环境污染隐患等方面的优势不言而喻。

3.1.4 生产效率提高

该生产模式从原材料的使用、运输、存储及建筑材料成品的生产方式等方面进行了多项改进，在保证建筑材料成品质量的前提下，实现砂浆、细石混凝土等建材制品生产流程的最优化，提高建筑制品生产效率，间接促进各地经济发展。

3.1.5 污染降低

启新砂浆生产模式，在各个环节上尽最大的可能将建材制品生产中存在的污染隐患降到最低。由小见大，从点滴做起，带动建筑施工行业减少对环境的污染，使建筑施工更加绿色环保，以缓解我国目前生态环境污染问题面临的严峻形势（图3）。

图 3

3.2 系统优势

3.2.1 创新专利
以科技创造智慧，国内新发明，独有专利打造行业领导品牌，专利号：ZL 2020 2 0223278.6。

3.2.2 高度科学
工艺流程高度科学，结构紧凑，占地面积小，物料流动速度快，环节少，易于清理，无粉尘。

3.2.3 远程自动
封闭式现场搅拌无原料储地，直接干湿料分开储存于物料罐内，全自动远程控制生产，布局合理，生产效率高（图4）。

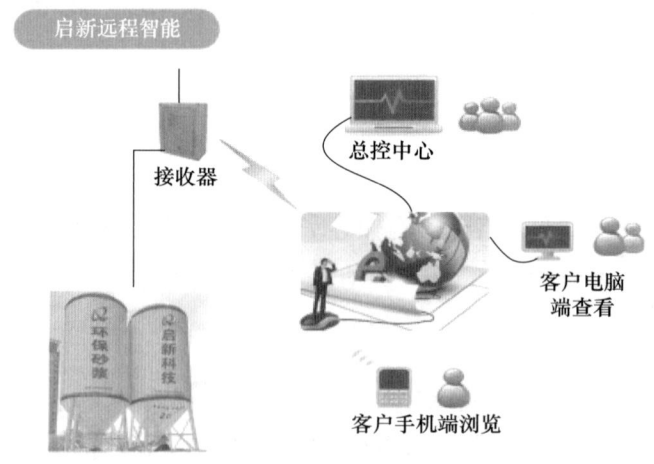

图 4

3.2.4 科技运输
物料运输采用举升式气悬浮物料运输车，不存在二次倒运环节，避免了二次"离析"问题的出现。

3.2.5 绿色环保
全封闭式运行，智能整体生产、运输无外漏，完全达到环保标准与要求，无废气、废水、噪声排放，不会产生任何污染。

3.2.6 智能控制
远程物联网控制系统，高端装备制造业，符合新旧动能转换时代要求（图5）。

该项目抢抓世界工业智能经济发展趋势，聚合专业科技人才智慧，精心研发而成。社会效益好、经济效益高，低成本，满足社会建设大量需求。公司生产的砌筑砂浆、抹灰砂浆、地面砂浆分别经过山东省建筑工程质量检测站、山东省水泥质量监督检验站检测均为合格品。

远程控制砂浆自动生产系统——承载时代的荣耀与梦想，引领砂浆行业实现从"行业旧时代"向"行业新时代"的跨越。

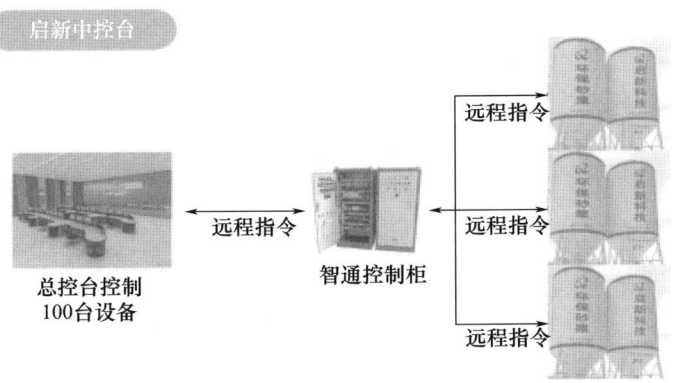

图 5

4 生产系统解决传统砂浆产业弊端

4.1 老式砂浆厂弊端

老式砂浆厂弊端（图 6）

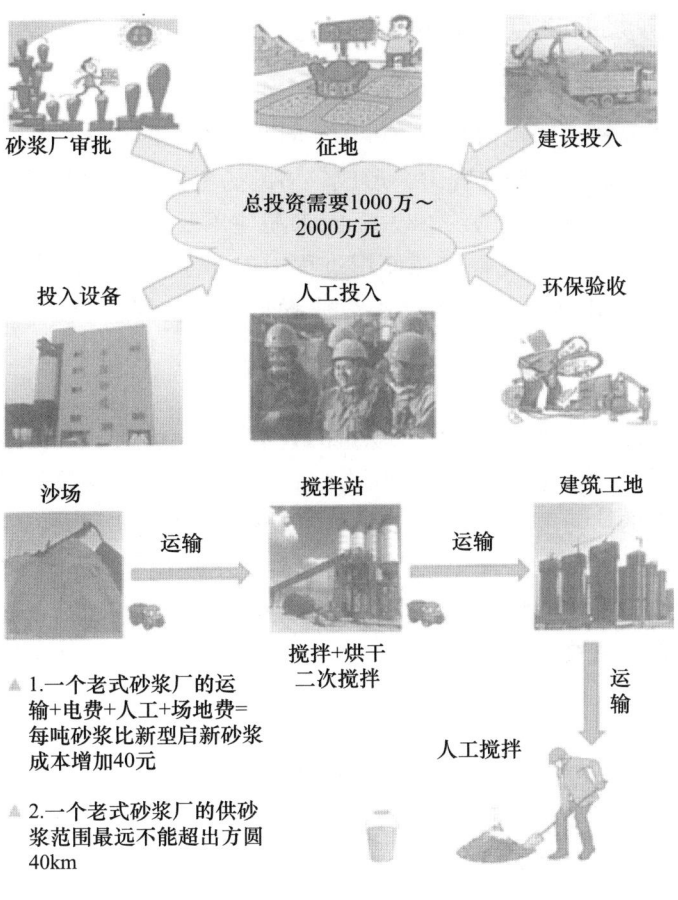

图 6

4.1.1 建设成本高

一个老式砂浆厂的建设成本高：包括审批、征地、场地建设、设备购置安装、人工成本、环保验收等越需要投入 1000 万～2000 万元。

4.1.2 运营成本高

一个老式砂浆厂的运营成本高：包括运输、电费、人工、场地费，每吨砂浆比新型启新砂浆成本增加 40 元。

4.1.3 运输成本高

一个老式砂浆厂的运输成本高：供砂范围最远不超过方圆 40km。

4.1.4 储存场地大

大场地储存干砂，增加场地投入成本。

4.1.5 污染严重

机器工作噪声大，扬尘污染空气严重，环保测评不达标，原料装袋才能运送工地。

4.1.6 耗工费时

工地供料不及时，工人等原料的时间上，耗费较长。

4.1.7 损耗严重

工地二次搅拌，人力物力损耗严重，并且人工搅拌砂浆黏性不好，不达标。

4.2 传统砂浆的缺点和局限性

4.2.1 很难满足文明施工和环保要求

首先，是各种原材料（包括水泥、砂子、石灰膏等）的存放场地，会对周围的环境造成影响。其次，在砂浆拌制过程中会形成较多的扬尘，如有关数据显示，广州城市的施工扬尘占了城区粉尘排放量的约 22%，而水泥使用及其相关的总粉尘排放量占城区施工扬尘总量的约 35%，因此，水泥使用过程中的粉尘排放量是施工扬尘的主要污染来源。第三，现场拌和砂浆的搅拌设备往往噪声超标，噪声扰民亦成城市一大环境问题。

4.2.2 难以保证施工质量

首先，因计量的不准确而造成砂浆质量的异常波动，现场拌和砂浆往往无严格的计量，全凭工人现场估计，不能严格执行配合比；无法准确添加微量的外加剂；不能准确控制加水量；搅拌的均匀度难以控制，其次，原材料的质量波动大，如不同源地河砂含泥量与级配均有较大差异，在此条件下拌制的砂浆出现质量的异常波动在所难免。再次，现场拌和砂浆施工性能差，因现拌砂浆无法或很少添加外加剂，和易性差，难以进行机械施工，操作费时费力，落灰多，浪费大，质量事故多，如抹灰砂浆开裂剥落、防水砂浆渗漏等。

4.2.3 产品单一不能适应市场

现拌砂浆品种单一，无法满足各种新型建材对砂浆的不同要求[1-4]，如国家鼓励使用的新型墙体材料混凝土空心砌块、加气混凝土砌块、灰砂砖、陶粒混凝土空心砌块、粉煤灰砖等，而现拌砂浆长期以来就是水泥砂浆、水泥石灰砂浆等有限的几个配合比，远远不能适应新型墙体材料的使用要求。

5 全自动生产系统解决建筑垃圾再利用

5.1 有效利用建筑垃圾

如何有效地处理利用建筑垃圾，成为城市管理工作的重点。建筑垃圾体量大，不易回收利用，一直是垃圾清运中一个让人头疼的问题。城市建设过程中产生的建筑垃圾，是一个两难的问题，一方面城市要建设，另一方面确实对城市造成了影响。在这以前，因为建筑垃圾没有地方接收处理，施工方经常会随意倾倒造成扬尘和垃圾污染。

启新环保设备是建筑垃圾消纳场。该消纳场的使用，标志着因房屋拆迁、装修等产生的建筑垃圾有了更好的处理场所。这样的选址既不会对周围的村民造成噪声等污染，土地也可以进行再开发利用。目前该启新环保设备场能消纳各类土方、石渣、砂砾及其他类型的建筑垃圾 100 万 t，而且消纳场会根据建筑垃圾的种类进行无害化处理并再利用。

国家禁止河道采砂。过度的滥采、乱挖砂石导致河床毁滩塌岸、河势恶化，对河道防洪和航运安全造成影响。俗话说"靠水吃水，靠山吃山"虽然国家明令禁止上山采石，但依然有人在"毁绿开山"。启新环保设备的出现可以保护环境，持续发展。保护环境就是保护我们自己（图7）。

图 7

5.2 建筑垃圾的危害

随着工业化、城市化进程的加速，建筑业也同时快速发展，相伴而产生的建筑垃圾日益增多，我国建筑垃圾的数量已占到城市垃圾总量的 1/3 以上。

据推算，每年新产生的建筑垃圾超过 3 亿 t。如采取简单的堆放方式处理，每年新增建筑垃圾的处理都将占 1.5 亿～2 亿 m^2 用地。我国正处于经济建设高速发展时期，每年不可避免地产生数亿吨建筑垃圾。如果不及时处理和利用，必将给社会、环境和资源带来不利影响。

我国建筑垃圾的数量已占到城市垃圾总量的 30%～40%。以 500～600t/万 m^2 的标准推算，到 2020 年，我国还将新增建筑面积约 300 亿 m^2，新产生的建筑垃圾将是一个令人震撼的数字。然而，绝大部分建筑垃圾未经任何处理，便被施工单位运往郊外或乡村，露天堆放或填埋，耗用大量的征用土地费、垃圾清运费等建设经费。同时，清运和堆放过程中的遗撒和粉尘、灰砂飞扬等问题又造成了严重的环境污染。

建筑垃圾污染的特点是具有潜在性和长期性，对环境的污染从表面来看一般不太明显，容易被忽视，但其危害作用是长久的，后果一旦表现出来就难以在短期内清除，而且耗资巨大。随意排放、堆放建筑垃圾不仅污染和占用了大量土地，而且在雨水、地下水的长期渗透和扩散作用下，会污染水体和土壤，降低该地区的环境功能等级。废石和尾矿的乱排乱放容易导致淤塞河道，污染水体，对环境造成危害。在干旱或大风天气下造成的扬尘以及某些建筑垃圾成分的自燃，会产生一氧化碳、二氧化硫等有害气体，污染大气环境，影响居民的健康。所以，项目的建设是保护人类身体健康及生存环境的需要。

5.3 项目是大力发展循环经济的需要

建筑垃圾再生利用对于资源回收利用和环境保护都具有十分重大的意义。利用建筑垃圾制成机制砂、砂石骨料，代替部分天然骨料来配制成部分再生产品，可节省大量天然的矿物资源，对解决砂石资源的短缺、打击非法采砂、发展循环经济、生产绿色建筑都有积极的作用和显著的效果。所以，项目的建设是建筑垃圾再生利用的需要。

要站在科学发展观的高度，充分认识建筑垃圾再生利用对建设资源节约型、环境友好型社会的重要性，改变对建筑垃圾的传统观念和传统处理做法，大力推进"建筑垃圾循环利用模式"的形成，实现生态效益、社会效益和经济效益的同步推进、协调发展。所以项目的建设是大力发展循环经济的需要。

参考文献

[1] 夏正斌，张燕红，涂伟萍. 单组分水泥基聚合物胶粉改性耐水腻子的研制 [J]. 新型建筑材料，2003，(9)：3-5.
[2] 王培铭. 外墙抹灰用商品砂浆的应用范围和技术要求 [J]. 房材与应用，1999，27 (4)：30-32.
[3] 张国防，王培铭，吴建国. 聚合物干粉对水泥砂浆体积密度和吸水率的影响 [J]. 新型建筑材料，2004，(2)：29-31.
[4] 刘志勇，李延涛，刘津明. 水泥砂浆韧性改善的试验研究 [J]. 四川建筑科学研究，2001，27 (3)：47-49.

作者简介 胡元平，现任泰安启新建材有限公司董事长，中国被动式集成建筑材料产业联盟副主席、散协被动式装配建筑专业委员会副会长。其在砂浆行业耕耘多年，发明远程控制砂浆自动生产系统。

第五部分
砂浆的标准与测试方法

预拌砂浆标准中存在的问题及对策研究

章银祥[1,3,4]　　王肇嘉[1,3,4]　　陈向娟[2,3,4]　　邱军付[1,3,4]

(1. 北京建筑材料科学研究总院有限公司 北京 100041；

2. 北京金隅砂浆有限公司 北京 102402；

3. 北京市预拌砂浆工程技术研究中心 北京 100041；

4. 固废资源利用与节能建材国家重点实验室 北京 100041)

摘　要：现行预拌砂浆行业标准中存在诸多问题，是许多失败工程的主因之一，阻碍了预拌砂浆行业的发展。研究认为：检测、计算普通砂浆70.7mm立方体抗压强度时，试验结果不宜乘以1.35；饰面砖及外保温工程用普通抹灰砂浆的拉伸粘结强度宜≥0.40MPa；宜增加适合于厚层粘贴的陶瓷砖胶粘剂的品种、技术指标及其相应检测方法，其拉伸粘结强度试件成型方法中，应增加背粘法或组合法；压折比、抗冲击性不能真实表征外保温用抹面砂浆的柔韧性，宜使用三点弯拉断裂位移及其测试方法测试外保温用抹面砂浆的抗裂性；稠度、扩展度不能直接表征非流动性砂浆的施工性，有争议时，宜采用抹灰阻力及其试验方法检测非流动性砂浆的施工性。研究结果可为相关标准的制修订提供参考并促进行业的发展。

关键词：砂浆；标准；问题；对策

Research on the Problems and Countermeasures of the Pre-mixed Mortars Standards

Zhang Yinxiang[1,3,4]　　Wang Zhaojia[1,3,4]　　Chen Xiangjuan[2,3,4]　　Qiu Junfu[1,3,4]

(1. Beijing building materials academy, Beijing 100041；

2. Beijing BBMG mortars Co. Ltd, Beijing 102402；

3. Beijing engineering research center on pre-mixed mortars, Beijing 100041；

4. State key laboratory of solid waste reuse for buiding materials, Beijing 100041)

Abstract：There are many problems in the current pre-mixed mortars standards. The research results show: When testing and calculating the compressive strength of ordinary mortars 70.7mm cube, the test result should not be multiplied by 1.35. The tensile bond strength of ordinary plastering mortar used in the brick decorative system and ETICS should be ≥0.40MPa. The varieties, technical indexes and corresponding testing methods of ceramic tile adhesives suitable for thick layer bonding should be added, and the back bonding method or composition bonding method should be adopted for the forming methods of tensile bond strength specimens. The C/F ratio and impact resistance can not really represent the flexibility of the base-coat used for ETICS, and the three-point flexural tensile fracture displacement and its testing method should be used for testing the base-coat cracking resistance. The consistency and fluidity can not accurately characterize the workability of non-fluidity mortars; when there is a dispute, it is appropriate to use the plastering resistance and its test method to test the workability of the non-flowing mortars. The research results can provide some reference for the set & revision of relevant standards.

Keywords: mortars; standards; problems; countermeasures

1　关于普通抹灰砂浆

相关材料标准：GB/T 25181—2019《预拌砂浆》[1]中对普通抹灰砂浆的拉伸粘结强度要求：M5，≥0.15MPa；>M5，≥0.20MPa；JG/T 291—2011《建筑用砌筑和抹灰干混砂浆》[2]要求普通干混抹灰砂浆的粘结强度≥0.20MPa；JC/T 2326—2015《建筑用找平砂浆》[3]中要求墙面找平砂浆的拉伸粘结强度，Ⅰ型≥0.3MPa，Ⅱ型（饰面砖工程）≥0.5MPa。

相关工程标准：JGJ 144—2019《外墙外保温工程技术标准》[4]中对粘贴固定的外墙外保温系统，要求基层墙体与胶粘剂间的拉伸粘结强度≥0.3MPa；JGJ 126—2015《外墙饰面砖工程施工及验收规程》[5]中要求外墙饰面砖工程的基体粘结强度≥0.4MPa；23BJ1-4《预拌砂浆》[6]中要求"外墙外保温工程、内外墙饰面砖工程的基层找平砂浆的拉伸粘结强度不应低于0.35MPa"。

另外，GB/T 25181[1]中，砌筑砂浆、抹灰砂浆的强度等级过多，而大多数砂浆厂中散装砂浆（政府要求使用散装砂浆）筒仓的个数较少，给管理工作造成极大的困难，错（乱）发砂浆等级的现象普遍存在。这些问题是部分饰面砖工程、外墙外保温工程出现大面积脱落现象的主要原因。

建议：涂料等饰面用普通抹灰砂浆的拉伸粘结强度≥0.20MPa、抗压强度≥10.0MPa；内外墙饰面砖工程、外墙外保温工程用基层抹灰砂浆的拉伸粘结强度≥0.40MPa、抗压强度≥10.0MPa。

2　关于普通砂浆抗压强度的试验方法

我们在进行相关试验时发现：JGJ/T 70—2009《建筑砂浆基本性能试验方法标

准》[7]中70.7mm×70.7mm×70.7mm规格试块的原强度(不乘以1.35)与100mm×100mm×100mm规格试块按GB/T 50081—2019《混凝土物理力学性能试验方法标准》[8]处理(×0.95)后的强度值的比值趋近于1。相关试验结果见表1、图1。

建议：检测、计算普通砂浆立方体抗压强度时，试验结果不乘以1.35(此建议有待于平行试验验证)。

表1 不同规格试块28d抗压强度对比结果

组别	70.7mm×70.7mm×70.7mm	100mm×100mm×100mm	
	原强度/MPa	原强度/MPa	处理值(×0.95)
1	41.8	45.0	42.8
2	45.7	46.0	43.7
3	30.1	28.7	27.3
4	33.5	33.4	31.7
5	36.9	33.9	32.2
6	38.5	32.7	31.1
7	20.0	22.5	21.4
8	21.2	22.1	21.0
9	19.5	20.2	19.2

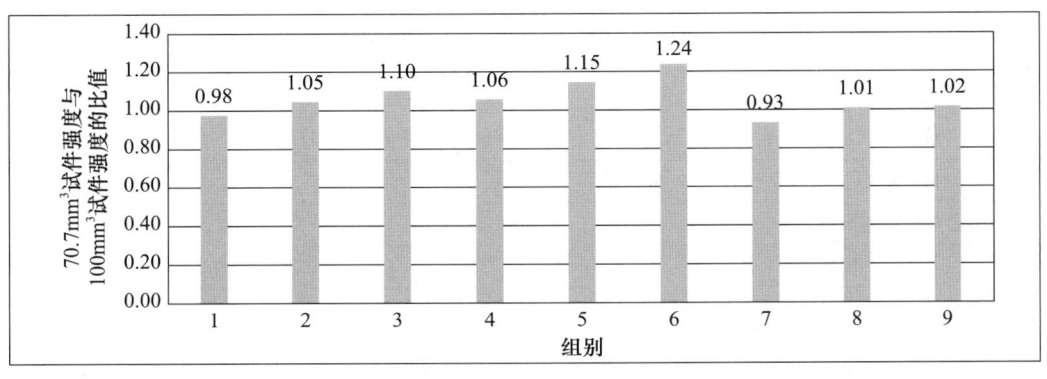

图1 70.7mm立方体试块与100mm立方体试块的28d强度比值

3 关于瓷砖胶粘剂

现行标准JC/T 547—2017《陶瓷砖胶粘剂》[9]几乎等效采用了ISO标准，适合于薄粘法施工。而我国目前的饰面砖工程，因基层平整度普遍较差以及工人的施工习惯等原因，仍以厚粘法为主，因而，JC/T 547—2017不太符合国情。以薄粘法用胶粘剂进行厚粘法施工时，一方面材料成本偏高而浪费较大；另一方面，因保水率过高，使得胶粘剂长期难以固化而影响施工进度。同时因砂粒过细、胶材过多、保水增稠剂用量过大，使得胶粘剂收缩偏大、水汽偏多，造成工程隐患，这是许多饰面砖工程大面积脱落的主要因素之一。

建议：增加适合于厚层粘贴的陶瓷砖胶粘剂的品种、技术指标及其相应检测方法，其拉伸粘结强度试件成型方法中应增加背粘法（图 2）或组合法。

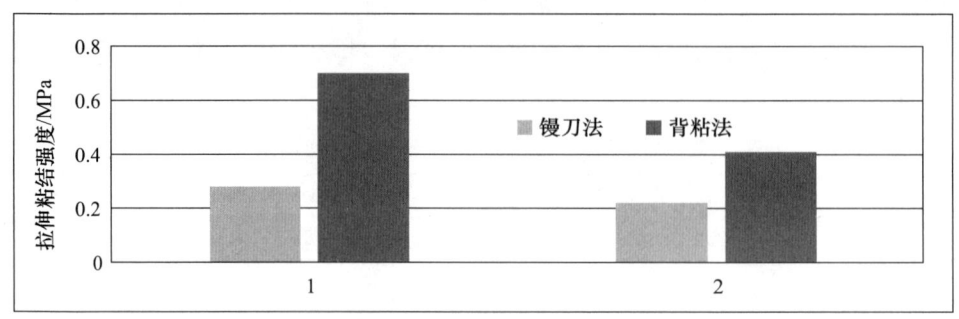

图 2　镘刀法（薄粘法）与背粘法的拉伸粘结强度对比

4　关于外保温用抹面砂浆的抗裂性（柔韧性）试验方法

相关标准[10-13]中，对外墙外保温工程用抹面砂浆均提出了抗冲击性要求。表 2 为我们组织相关单位进行抗冲击性试验的平行试验结果。由表 2 可见，不同实验室、不同试验人员之间的抗冲击性检测结果差异较大。分析原因有二：一是相关标准规定的抗冲击试件成型方法中的玻纤网位置很难控制；二是相关标准规定的抗冲击性试验结果的评判中，对裂纹的长度、宽度等未予以明确规定，一般实验室都靠肉眼观察，致使不同人员之间的评判结果差异较大。

表 2　不同试验单位、不同样品的抗冲击性试验结果

样品编号		MS-1-1			MS-3			MS-5		
试验单位（人员）		YZ-1	YZ-5	YZ-6	YZ-1	YZ-5	YZ-6	YZ-1	YZ-5	YZ-6
基材	EPS	2/10	—	8/10	1/10	—	5/10	8/10	—	11/11
	Rock-wool board	3/10	1/8	—	7/10	1/9	0/12	8/10	11/11	8/12

对于水泥基抹面砂浆，之前的相关标准[10-13]中均用压折比≤3.0 作为其柔韧性的指标。但我们的试验表明，在压折比≤3.0 而聚合物掺量不够时，相应外保温系统难以通过大型耐候性试验[14]。

图 3 为我们进行的部分试验结果。其中，压折比的检测方法参考文献[10]，三点弯拉断裂位移的检测方法参考文献[15]～[17]；横坐标为干混砂浆中聚合物 VAE 乳胶粉的掺量（质量比）；左纵坐标为三点弯拉断裂位移，右纵坐标为压折比。

由图 3 可见，随着聚合物 VAE 乳胶粉含量的提高，抹面砂浆的压折比先是较快减小，但 VAE 含量达 2% 以后，压折比的减小幅度趋缓，此结果与文献[18]基本一致。而三点弯拉断裂位移则随着 VAE 乳胶粉含量的提高而不断增加。

由此说明，三点弯拉断裂位移试验方法较压折比更能真实地反映抹面砂浆的柔韧性（抗裂性）。

不同外保温材料的尺寸稳定性指标差别较大[10-13]：EPS，≤0.3%；XPS，≤1.2%；

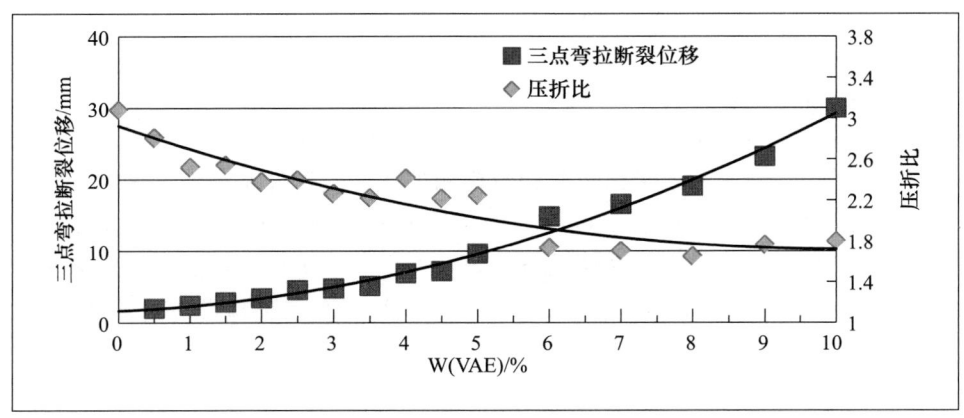

图 3　压折比及三点弯拉断裂位移与 VAE 掺量的相关性

PU，≤1.0%；岩棉，≤0.2%；相应外保温系统用抹面砂浆的柔韧性（抗裂性）应有所不同，建议采用三点弯拉断裂位移试验方法对不同保温材料配套的抹面砂浆进行相应的抗裂性能指标研究。玻纤网在抹面层中的位置对外保温系统的抗裂性能至关重要[17]；建议建立数学模型，模拟、计算玻纤网的不同位置对外保温系统抗裂性能的具体影响。

5　关于施工性的试验方法

表 3 是我们对 5 个不同厂家的普通水泥基抹灰砂浆 DP7.5 进行试验的结果。其中的稠度是不同厂家抹灰砂浆加水搅拌后 10min、90min 时，按照 JGJ/T 70—2009[7] 的方法测试而得；抹灰阻力为相应砂浆，按照文献[19]～[20]的方法分别在 10min、90min 时测试而得。

由表 3 可见，不同厂家、相同型号抹灰砂浆 DP7.5 的初始（10min）稠度均为 90～100mm，90min 的稠度损失率均小于 30%。

但由表 3 可见，不同厂家、相同型号抹灰砂浆 DP7.5，在稠度基本相同的情况下抹灰阻力却相差很大，尤其是在 90min 时，CD、DS 两个厂家样品的抹灰阻力已超过 20N，基本不能施工了。这与工人师傅的感觉基本相似。

可见，稠度、扩展度不能正确表征非流动性砂浆的施工性[19]。

当对非流动性砂浆的施工性存有争议时，建议采用抹灰阻力试验方法进行检测。

表 3　不同厂家 DP7.5 抹灰砂浆的稠度值及平均抹灰阻力

厂家		CD	DS	HD	DD	BH
稠度/mm	10min	97	97	93	93	93
	90min	73	72	78	69	73
平均抹灰阻力/N	10min	13.9	16.4	7.2	12.3	8.9
	90min	22.2	24.8	9.8	11.4	16.7

6 结论

检测、计算普通砂浆 70.7mm 立方体抗压强度时,试验结果不宜乘以 1.35;饰面砖及外保温工程用普通抹灰砂浆的拉伸粘结强度应≥0.40MPa;应增加适合于厚层粘贴的陶瓷砖胶粘剂的品种、技术指标及其相应检测方法,其拉伸粘结强度试件成型方法中应增加背粘法或组合法;压折比、抗冲击性不能真实地表征外保温用抹面砂浆的柔韧性,宜使用三点弯拉断裂位移及其测试方法表示;稠度、扩展度不能正确地表征非流动性砂浆的施工性,有争议时,宜采用抹灰阻力及其试验方法检测非流动性砂浆的施工性。

参考文献

[1] 国家市场监督管理总局,国家标准化管理委员会. 预拌砂浆:GB/T 25181—2019 [S]. 北京:中国标准出版社,2019.

[2] 中华人民共和国住房和城乡建设部. 建筑用砌筑和抹灰干混砂浆:JG/T 291—2011 [S]. 北京:中国标准出版社,2011.

[3] 中华人民共和国工业和信息化部. 建筑用找平砂浆:JC/T 2326—2015 [S]. 北京:中国建材工业出版社,2016.

[4] 中华人民共和国住房和城乡建设部. 外墙外保温工程技术标准:JGJ 144—2019 [S]. 北京:中国建筑工业出版社,2019.

[5] 中华人民共和国住房和城乡建设部. 外墙饰面砖工程施工及验收规程:JGJ 126—2015 [S]. 北京:中国建筑工业出版社,2015.

[6] 北京市规划和自然资源委员会. 预拌砂浆:23BJ1-4 [S]. 北京:北京市规划和自然资源委员会,2023.

[7] 中华人民共和国住房和城乡建设部. 建筑砂浆基本性能试验方法标准:JGJ/T 70—2009 [S]. 北京:中国建筑工业出版社,2009.

[8] 中华人民共和国住房和城乡建设部,国家市场监督管理总局. 混凝土物理力学性能试验方法标准:GB/T 50081—2019 [S]. 北京:中国建筑工业出版社,2019.

[9] 中华人民共和国工业和信息化部. 陶瓷砖胶粘剂:JC/T 547—2017 [S]. 北京:中国建材工业出版社,2017.

[10] 中华人民共和国国家质量监督检验检疫总局,中国国家标准化管理委员会. 模塑聚苯板薄抹灰外墙外保温系统材料:GB/T 29906—2013 [S]. 北京:中国标准出版社,2014.

[11] 中华人民共和国国家质量监督检验检疫总局,中国国家标准化管理委员会. 挤塑聚苯板(XPS)薄抹灰外墙外保温系统材料:GB/T 30595—2014 [S]. 北京:中国标准出版社,2014.

[12] 中华人民共和国住房和城乡建设部. 硬泡聚氨酯板薄抹灰外墙外保温系统材料:JG/T 420—2013 [S]. 北京:中国标准出版社,2014.

[13] 中华人民共和国住房和城乡建设部. 岩棉薄抹灰外墙外保温系统材料:JG/T 483—2015 [S]. 北京:中国标准出版社,2016.

[14] 章银祥,郜伟军,田胜力. 超低能耗高层建筑岩棉条外保温系统研究 [M]//京津冀超低能耗建筑发展报告(2017). 北京:中国建材工业出版社,2017:219—225.

[15] 中华人民共和国工业和信息化部. 岩棉外墙外保温系统用粘结、抹面砂浆:JC/T 2559—2020

[S]．北京：中国建材工业出版社，2020．

[16] 章银祥，王肇嘉，蔡鲁宏，等．一种外保温系统抹面层抗裂性试验方法：201811235445.2 [P]．

[17] 章银祥，等．外保温系统抹面层及其抹面砂浆抗裂性试验方法的研究 [M]//第八届全国商品砂浆学术交流会论文集．北京：中国建材工业出版社，2020．

[18] 王茹，王培铭．苯丙乳液水泥砂浆横向变形与压折比及其关系 [J]．建筑材料学报，2008，11（4）：5．

[19] 王肇嘉，章银祥，张增寿，等．砂浆施工性试验方法的研究与应用 [J]．新型建筑材料，2021，48（11）：5．

[20] 章银祥，王肇嘉，蔡鲁宏，等．一种砂浆施工性测试装置与测试方法：CN201911179612.0 [P]．

作者简介：章银祥（1967—），男，教授级高工，主要从事干混砂浆、建筑保温的研究。E-mal：zhang-yx@163.com。

聚合物水泥防水砂浆和浆料产品及标准修订设想

沈春林　褚建军　王玉峰　李　伟　孟亚楠

（中建材苏州防水研究院有限公司，江苏苏州 215004）

摘　要：住房城乡建设部及市场监督总局于 2022 年 9 月 27 日联合颁布了 GB 55030—2022《建筑与市政工程防水通用规范》并在 2023 年 4 月 1 日实施。规范将聚合物水泥防水砂浆和浆料作为一道外设防水层列入规范中，并对产品的技术要求作了具体规定。为此，本文就有关聚合物水泥防水砂浆和浆料产品的定义、分类、特点、产品物理力学性能和应用作一介绍，并提出有关聚合物水泥防水砂浆和浆料标准修订设想供参考。

关键词：聚合物水泥防水砂浆和浆料；性能特点；应用；标准修订

Proposal for Revision of Polymer Modified Cement Waterproof Mortar and Slurry Products Standards

Shen Chunlin　Chu Jianjun　Wang Yufeng　Li Wei　Meng Yanan

(China Building Materials Suzhou Waterproof Research Institute Co., Ltd., Suzhou 215004)

Abstract: The Ministry of Housing and Urban Rural Development and the State Administration for Market Regulation jointly issued GB 55030-2022 " General Code for Waterproofing of Buildings and Municipal Engineering" on September 27, 2022, and implemented it on April 1, 2023. The specification includes polymer modified cement waterproof mortar and slurry as an external waterproof layer and specifies the technical re-

quirements for these products. In this paper, the definition, classification, characteristics, physical and mechanical properties, and applications of polymer modified cement waterproof mortar and slurry products were introduced. Moreover, the revision of standards for polymer modified cement waterproof mortar and slurry was proposed.
Keywords: Polymer modified cement waterproof mortar and slurry; Performance characteristics; Application; Standard revision

1 引言

聚合物水泥类防水材料产品包括：（1）聚合物水泥防水砂浆，其标准为 JC/T 984—2011《聚合物水泥防水砂浆》，这是一种偏刚性的防水材料。其产品归类中也属于一种刚性防水材料，目前正对其标准进行修订；（2）聚合物水泥防水涂料，其行标原为 JC/T 894—2001《聚合物水泥防水涂料》，2009 年国家标准化管理委员会新颁布了《聚合物水泥防水涂料》国家标准，其标准号 GB/T 23445—2009，已于 2010 年 1 月 1 日执行。这是一种偏柔性的防水材料。其产品归类中也属于一种柔性防水材料。（3）聚合物水泥防水浆料，其标准为 JC/T 2090—2011《聚合物水泥防水浆料》，这类产品是既有柔性性能，又带有刚性的一种防水材料。聚合物水泥类防水材料在国内已有二十余年的发展历史，虽发展历程短，但发展速度较快，用量仅次于沥青防水卷材。

由住房城乡建设部及市场监督总局于 2022 年 9 月 27 日联合颁布了 GB 55030—2022《建筑与市政工程防水通用规范》并在 2023 年 4 月 1 日实施。规范将聚合物水泥防水砂浆和浆料作为一道外设防水层列入规范中，并对产品的技术要求作了具体规定。本文就有关聚合物水泥防水砂浆和浆料产品的定义、分类、特点、产品物理力学性能和应用作一介绍。根据 GB 55030—2022《建筑与市政工程防水通用规范》要求将对 JC/T 984—2011《聚合物水泥防水砂浆》和 JC/T 2090—2011《聚合物水泥防水浆料》标准修订，提出修订设想与建议设想供参考。

2 聚合物水泥防水砂浆

2.1 产品简介

聚合物水泥防水砂浆是以水泥、细骨料为主要原材料，以聚合物乳液或可再分散胶粉为改性剂，添加适量助剂混合而成的刚性并带一定柔性的新型防水抗渗材料。其具有强度高、防水性好、有一定的延伸性、易与潮湿基层粘结的优点，施工方便，以水为分散剂，有利于环境保护。

产品按组分分为单组分（S 类）和双组分（D 类）2 种。单组分（S 类）：由水泥、细骨料和可再分散胶粉、添加剂等组成。双组分（D 类）：由粉填料部分（水泥、细骨料）和液料部分（聚合物乳液、添加剂）等组成。

2.2 产品特点

聚合物水泥防水砂浆产品的特点：(1) 具有耐候性、耐磨性及耐水性，无毒无害，可用于饮用水工程；(2) 对混凝土、砂浆、石材、木板、聚苯板、玻璃、金属等基面粘结力强，且具有一定的柔性；(3) 可在混凝土表面上形成坚固的涂层，对混凝土表面起到加固保护和防水的作用，且对钢筋具有保护性能，对已锈蚀的钢筋能起到修补防护效能，耐久性好；(4) 能在潮湿基层和潮湿环境下施工，操作方便，省时省工。

2.3 质量要求

聚合物水泥防水砂浆的物理力学性能应符合 JC/T 984—2011《聚合物水泥防水砂浆》的要求，具体见表1。

表1 聚合物水泥防水砂浆的物理力学性能

项目		Ⅰ型	Ⅱ型
外观		液体经搅拌后均匀无沉淀、粉料为均匀、无结块的粉末	
凝结时间	初凝/min	≥45	
	终凝/h	≤24	
抗渗压力/MPa	涂层试件，7d	≥0.4	≥0.5
	砂浆试件，7d	≥0.8	≥1.0
	砂浆试件，28d	≥1.5	≥1.5
28d 抗压强度/MPa		≥18.0	≥24.0
28d 抗折强度/MPa		≥6.0	≥8.0
柔韧性（横向变形能力）/mm		≥1.0	
粘结强度/MPa	7d	≥0.8	≥1.0
	28d	≥1.0	≥1.2
耐碱性[饱和 Ca(OH)$_2$ 溶液，168h]		无开裂、剥落	
耐热性（100℃水，5h）		无开裂、剥落	
抗冻性-冻融循环（-15~20℃，25次）		无开裂、剥落	
28d 收缩率/%		≤0.30	≤0.15
吸水率/%		≤6.0	≤4.0

2.4 产品应用

聚合物水泥防水砂浆适用于：高层、多层、中高层等建筑物外墙面、屋面、窗口周边、穿墙管道、地面、港口、码头、路桥、水池、水塔及各种所需砂浆防水工程；建筑的外墙、地下室、室内卫生间、阳台等的防水、防渗漏、防潮工程以及室内外各种装饰材料的粘贴，也可用于有耐酸、耐碱、耐盐腐蚀或有柔性要求的场合使用；厨房、卫生间、阳台、庭院或沟槽等的防水，游泳池或水库的防水，混凝土基面铺设木板之前的防潮处理，桥面防水，地下混凝土面的防腐蚀、防盐液的保护层。

3 聚合物水泥防水浆料

3.1 产品简介

聚合物水泥防水浆料是以水泥、细骨料为主要原材料、可再分散聚合物干粉或聚合物乳液和添加剂为改性材料按一定比例拌制而成的刚性并带柔性的防水抗渗产品。

产品按组分分为单组分（S）类和双组分（D）类。单组分（S）类：由水泥、细骨料和可再分散胶粉、添加剂等组成。双组分（D）类：由水泥、细骨料和聚合物乳液、添加剂等组成。产品分为通用型和柔韧型二型。

3.2 产品特点

聚合物水泥防水浆料产品的特点：聚合物水泥防水浆料（JJ防水浆料）是兼有刚性与柔性结合的新型防水抗渗材料，这种涂料的聚合物涂膜具有延伸性、防水性，又具有水硬性材料强度高、易与潮湿基层粘结和耐水性好的优点，可根据不同工程部位要求调节柔韧性和强度等性能，施工方法灵活方便。聚合物水泥防水浆料（通用型）在国内最有代表性是K11聚合物水泥防水浆料，产品于1995年由德高建材引入我国，并得到了广泛应用。

3.3 质量要求

聚合物水泥防水浆料的物理力学性能应符合JC/T 2090—2011《聚合物水泥防水浆料》的要求，具体见表2。

表2 聚合物水泥防水浆料的物理力学性能

项 目		技术要求	
		通用型（Ⅰ型）	柔韧型（Ⅱ型）
外观		液体经搅拌后均匀无沉淀、粉料为均匀、无结块的粉末	
干燥时间/h	表干时间	≤4	
	实干时间	≤8	
抗渗压力/MPa		≥0.5	1.0
不透水性（0.3MPa，30min）		—	不透水
柔韧性	横向变形能力/mm	≥2.0	—
	弯折性	—	无裂纹
粘结强度/MPa	无处理	≥0.7	
	潮湿基层	≥0.7	
	碱处理	≥0.7	
	浸水处理	≥0.7	

续表

项 目	技术要求	
	通用型（Ⅰ型）	柔韧型（Ⅱ型）
抗压强度/MPa	≥12.0	—
抗折强度/MPa	≥4.0	—
耐碱性［饱和 Ca(OH)$_2$ 溶液，168h］	无开裂、剥落	
耐热性（100℃水，5h）	无开裂、剥落	
抗冻性（-15~20℃，25次）	无开裂、剥落	
收缩率/%	≤0.3	—

4 标准存在不足之处及标准修订设想

4.1 前言

由苏州非金属矿工业设计研究院、建筑材料工业技术监督研究中心于 2009—2011 年组织有关科研院所、生产企业与质检机构单位修订了《聚合物水泥防水砂浆》、制定了《聚合物水泥防水浆料》建材行业标准，标准号分别是 JC/T 984—2011、JC/T 2090—2011。发布近十余年来，在我国建筑物刚性及刚性带柔性的防水工程中得到了广泛的应用，特别是试验方法被很多产品标准和技术规范、施工规程广泛引用，对推广该类产品的推广应用起到了一定的作用，但在该标准执行过程中，也出现了一些不足之处，使用标准的产品生产单位、检测单位、科研单位均给予了反馈意见。为了提高标准质量，根据 GB 55030—2022《建筑与市政工程防水通用规范》对聚合物水泥防水砂浆、聚合物水泥防水浆料产品的技术要求和标准存在的不足之处，标准编制组提出标准修订建议。

4.2 JC/T 984—2011《聚合物水泥防水砂浆》

4.2.1 标准存在不足之处，需要进行修订

1. 被引用的带年代号的标准，已有最新标准颁布，需要及时修订本标准

如引用的 JC/T 907—2002《混凝土界面处理剂》，已修订为 JC/T 907—2018《混凝土界面处理剂》；引用的 JC/T 1004—2006《陶瓷墙地砖填缝剂》，已修订为 JC/T 1004—2017《陶瓷砖填缝剂》等。

2. 部分试验方法存在争议

如本标准 8.1 条，引用了 JC/T 907—2002 标准，但本标准又规定了试件组数和每组的数量，试验方法按 JC/T 907，而 JC/T 907 没有规定试件组数，只有数量，这样，被引用标准的试验方法与本标准的规定就产生了歧义。

3. 部分技术要求与新颁布的 GB 55030—2022 存在差异

本标准规定的Ⅰ型产品的 7d 砂浆试件抗渗压力、7d 粘结强度均小于 GB 55030—

2022 中表 3.4.2 规定的要求，为了规避被引用标准的误解，需要修订。

4. 个别项目对本标准试验结果的判定存在争议，需要修订

本标准 8.1 条规定了试件组数和每组的数量，试验方法按 JC/T 907，而 JC/T 907 没有规定试件组数，只有数量，这就存在最后试验结果按试件数还是每组数来判定？对试验结果的判定产生了歧义。

5. 标准中未设置产品的氯离子含量及环保要求

本标准规范的双组分产品，其一个组分需要用到聚合物乳液，在一般规定中需要明确聚合物乳液的有害物质含量。单组分产品另新增对产品的氯离子含量的要求。这样规范的产品不仅可以满足环境要求，还可以满足环保要求和使用要求。

4.2.2 标准修订设想

标准技术要求设置：施工性、干燥时间、抗渗压力、抗压强度、抗折强度、柔韧性、粘结强度、耐碱性、耐热性、抗冻性、收缩率、吸水率、氯离子含量、VOC 含量等。比原标准增加了施工性、氯离子含量、VOC 含量。

修订后的标准的技术内容更科学、合理，更有利于促进聚合物水泥防水砂浆产品的健康发展，标准主要修改内容如下：

(1) 规范性引用文件中引用了最新文件版本；
(2) 增加了产品的施工性试验项目及相应的试验方法；
(3) 增加了产品的氯离子含量试验项目及相应的试验方法；
(4) 增加了产品的挥发性有机化合物（VOC）试验项目及相应的试验方法；
(5) 修改了粘结强度的试验方法；
(6) 修改了总判定规则；
(7) 完善标准文本表述，进行编辑性修改。

5 结语

建筑防水材料是工程建设的基础性材料，是关系国计民生的重要功能性产品。建筑防水的优劣关乎结构安全和百姓安康。遮风避雨是人类生活的最低需要，现代建筑本应赋予我们的是安全、健康和舒适生活。

聚合物水泥基防水材料具有粘结强度高、抗裂性好、耐水性好、使用寿命长等诸多优点，而被广泛用于土木建设工程。我国自 20 世纪 70 年代以来采用氯丁胶乳（CR）添加至防水砂浆中的方法，大幅度提高了防水砂浆的综合性能，特别是在粘结强度和抗裂性、耐水性方面得到了显著的提高。20 世纪 80 年代初我国采用将丙烯酸胶乳（简称丙乳）添加到防水砂浆中，提高了防水砂浆的耐久性和耐水性，这种聚合物水泥防水材料大量应用于我国水利电力工程中。20 世纪 90 年代初日本的聚合物水泥基复合防水涂料技术引入我国，从此聚合物水泥基防水材料得到快速发展和广泛应用。

修订 JC/T 984—2011、JC/T 2090—2011 标准，完善试验条件、试验方法、限制产品中的氯离子含量等，制定全国统一的聚合物水泥防水砂浆产品质量要求，建立全国统一的产品质量检测平台，可以进一步提高聚合物水泥防水砂浆的科技进步，有利于聚合

物水泥防水砂浆和浆料产品的健康发展，满足我国聚合物水泥防水砂浆和浆料的市场需求，有利于保证我国基础设施的防水工程质量，保证人民生命财产的安全，为建筑防水相关规范、规程引用本标准提供科学依据，更好地满足建筑防水规范和工程使用要求。

作者简介：沈春林，男，1954年生，江苏苏州人，教授级高工，从事建筑防水行业50余年。享受国务院政府特殊津贴，参与编制国家标准规范50余个。出版防水专著100余本。联系电话：13306211108，E-mail：SCL1217@126.com。

聚合物改性水泥砂浆晾置时间与拉伸粘结强度关联分析

张心怡 范树景 杭法付 叶勇

(临海市忠信新型建材有限公司杭州研发分公司,杭州 310052)

摘 要：本文研究了羟乙基甲基纤维素（HEMC）、乙烯-醋酸乙烯共聚物（EVA）和淀粉醚（SE）三种聚合物对聚合物改性水泥砂浆拉伸粘结原强度和晾置时间性能的影响，通过对比瓷砖表面砂浆的有效粘结面积，分析聚合物改性水泥砂浆晾置时间与拉伸粘结强度性能的关联性。结果表明，HEMC、EVA 和 SE 三种聚合物对聚合物改性水泥砂浆的性能影响不尽相同，对于拉伸粘结原强度、晾置时间性能和有效粘结面积，HEMC-EVA 复掺均优于 SE 分别与 HEMC 和 EVA 复掺，HEMC-EVA-SE 复掺均优于两种聚合物复掺。在 HEMC-EVA-SE 复掺时，随 HEMC 掺量增加，拉伸粘结原强度呈现出先增后减的趋势，EVA 显著提高聚合物改性水泥砂浆的拉伸粘结原强度，但 SE 的掺入不利于拉伸粘结原强度的提高。三种聚合物还有助于延长晾置时间和增大有效粘结面积，但 SE 的效果不如 HEMC 和 EVA。通过研究还发现，有效粘结面积随着晾置时间的延长迅速降低，当晾置时间达到 50min 时，有效粘结面积普遍降至 50% 以下，进而导致拉伸粘结强度普遍下降，出现低于 0.5MPa 的情况。

关键词：聚合物；聚合物改性水泥砂浆；晾置时间；拉伸粘结强度

Correlation Analysis between Open Time and Tensile Bond Strength of Polymer Modified Cement Mortar

Zhang Xinyi Fan Shujing Hang Fafu Ye Yong

(Hangzhou R&D Branch, Linhai Zhongxin New Building Materials Co. Ltd., Hangzhou 310052)

Abstract: In this paper, the effects of hydroxyethyl methyl cellulose (HEMC), ethylene-vinyl acetate copolymer (EVA) and starch ether (SE) on the tensile bond strength and open time of polymer modified cement mortar were studied. By comparing the effective bonding area of mortar on the surface of ceramic tiles, the correlation between the open time of polymer modified cement mortar and the tensile bond strength was analyzed. The results show that the three polymers of HEMC, EVA and SE have different effects on the properties of polymer modified cement mortar. For the original tensile bond strength, open time performance and effective bond area, HEMC-EVA co-doping is better than SE co-doping with HEMC and EVA respectively, and HEMC-EVA-SE co-doping is better than two polymers co-doping. When HEMC-EVA-SE is mixed, the tensile bond strength increases first and then decreases with the increase of HEMC content. EVA significantly improves the tensile bond strength of polymer modified cement mortar, but the addition of SE is not conducive to the improvement of tensile bond strength. The three polymers also help to prolong the open time and increase the effective bonding area, but the effect of SE is not as good as that of HEMC and EVA. It was also found that the effective bonding area decreased rapidly with the extension of the open time. When open time reached 50min, the effective bonding area generally decreased to less than 50%. This leads to a general decrease in tensile bond strength, which was less than 0.5MPa.

Keywords：polymer; polymer modified cement mortar; open time; bond strength

0 引言

聚合物改性水泥砂浆是以水泥、细骨料为主要成分，以聚合物为改性剂，并添加适量助剂混合而成的砂浆，它因其优异的拉伸粘结强度而被广泛运用于瓷砖的铺贴之中。在铺贴瓷砖过程中，砂浆由于基底的吸水、暴露于环境中水分的蒸发以及砂浆本身的水化作用而产生外干内湿的结皮现象，结皮完整地覆盖于砂浆表面，影响了砂浆对瓷砖的有效粘结，使得砂浆的拉伸粘结强度显著降低。聚合物改性水泥砂浆随时间变化的有效粘结性在 JC/T 547—2017《陶瓷砖胶粘剂》标准中以晾置时间性能作为评价指标。目前国内市场上以超大尺寸、超薄外形的瓷砖为流行趋势，粘结此类超大尺寸的瓷砖所花费的时间会比普通尺寸的瓷砖更长，以晾置10min为指标已远远不能满足市场需求。

Jean-Yves Petit 等人[1]研究发现乳胶粉和不同黏度的纤维素醚在新拌砂浆中对水泥颗粒竞争性吸附会影响砂浆的凝固时间和晾置时间性能；王颖等人[2]发现淀粉醚在拉伸粘结强度提升上没有明显优势，并且不同种类的淀粉醚与纤维素醚协同作用效果具有差异性，仅有协同效果好的淀粉醚能够延长晾置时间；姜帝等人[3]通过正交试验发现纤维素醚掺量对于晾置时间性能的改善优于乳胶粉掺量和胶砂比。以上学者都是针对某一固定的晾置时间，研究两种聚合物复掺时对砂浆晾置时间性能的影响。到目前为止尚未发现有在一系列晾置时间后，研究羟乙基甲基纤维素（HEMC）、乙烯-醋酸乙烯共聚物（EVA）和淀粉醚（SE）两者复掺或三者复掺时，对砂浆拉伸粘结原强度、晾置时间性能和有效粘结面积的变化进行的研究，该研究对大尺寸瓷砖铺贴起到指导作用。基于此，本文研究 HEMC、EVA 和 SE 这三类聚合物掺量对砂浆的拉伸粘结强度和晾置时间性能影响，并探讨其关联性，为聚合物在砂浆中的应用提供实际参考依据。

1 试验

1.1 原材料

水泥：P·O 42.5 型硅酸盐水泥，安徽海螺水泥股份有限公司生产。砂：粒径小于 1.25mm 淡化砂，市售；乳胶粉：VINNAPAS® 5010N 型乙烯-醋酸乙烯共聚物（EVA），最低成膜温度为 4℃，玻璃化温度为 16℃，瓦克化学（中国）有限公司产。纤维素醚：Tylose® EGC-168 型羟乙基甲基纤维素（HEMC），黏度为 30000mPa·s，日本信越化学生产；淀粉醚：OPAGEL® CMT 型淀粉醚（SE），荷兰艾维贝生产。拌和水：自来水。

拉伸粘结强度试验的瓷砖：符合 GB/T 4100—2015《陶瓷砖》附录 A 要求的 AⅠa 类挤压陶瓷砖，吸水率 0.1%～0.5%，尺寸为（50±1）mm×（50±1）mm。晾置时间性能试验的瓷砖：符合 GB/T 4100—2015 附录 L 要求的 BⅢ类干压陶瓷砖，吸水率为（15±3）%，尺寸为（50±1）mm×（50±1）mm。混凝土板：符合 JC/T 547—2017《陶瓷砖胶粘剂》附录 A 要求的试验混凝土板，尺寸为 400mm×400mm×40mm。

试验中采用 1∶1.2 的灰砂比，EVA、HEMC 和 SE 掺量分别按水泥质量的百分比计，具体见表 1。

表 1 聚合物掺量

试验编号	EVA/%	HEMC/%	SE/%
M0V7S01	7	0	0.1
M02V7S01	7	0.2	0.1
M04V7S01	7	0.4	0.1
M07V7S01	7	0.7	0.1
M09V7S01	7	0.9	0.1
M09V0S01	0	0.9	0.1
M09V2S01	2	0.9	0.1
M09V4S01	4	0.9	0.1
M09V7S01	7	0.9	0.1
M09V9S01	9	0.9	0.1
M04V7S0	7	0.4	0
M04V7S01	7	0.4	0.1
M04V7S02	7	0.4	0.2
M04V7S03	7	0.4	0.3
M04V7S04	7	0.4	0.4

1.2 试验方法

拉伸粘结原强度和不同晾置时间下的拉伸粘结强度按照 JC/T 547—2017《陶瓷砖胶粘剂》标准进行试验。首先使用直边抹刀在 400mm×400mm×40mm 的混凝土板上用力涂抹一层聚合物改性水泥砂浆，然后在 6mm×6mm 的齿状抹刀上涂抹一层稍厚的聚合物改性水泥砂浆，将齿状抹刀与混凝土板呈约 60°的角度对聚合物改性水泥砂浆进行平行梳理。对于拉伸粘结原强度试验，则应在梳理完毕后立即将吸水率为 0.1%～0.5% 的瓷砖放置于梳条之上。对于不同晾置时间下的拉伸粘结强度试验，则应在梳理完毕后的规定时间内（即：20min、30min、40min、50min 晾置时间）将吸水率为 (15±3)% 的瓷砖放置于梳条之上。在 (23±2)℃、(50±5)% 标准条件下养护至龄期 28d 进行测试。瓷砖表面砂浆有效粘结面积为瓷砖表面粘结砂浆面积与瓷砖面积的比值，每组十块瓷砖采用 Image pro 软件进行灰度处理后，计算其算术平均值即得瓷砖表面砂浆的有效粘结面积。

2 试验结果与分析

2.1 拉伸粘结原强度

图 1（a）反映了 HEMC-EVA、HEMC-SE、EVA-SE 两种聚合物复掺对聚合物改性水泥砂浆拉伸粘结原强度的影响。当 HEMC 与 EVA 复掺时，聚合物改性水泥砂浆拉伸粘结原强度达到 1.93MPa，远高于 SE 分别与 HEMC 和 EVA 复掺时。由此可见，HEMC-EVA 复掺对拉伸粘结原强度改善效果明显优于另外两组。

图 1（b）显示 HEMC-EVA-SE 三种聚合物复掺，HEMC 掺量变化对聚合物改性水泥砂浆拉伸粘结原强度的影响。从图中可以看出，HEMC-EVA-SE 复掺的拉伸粘结原强度显著高于 EVA-SE 复掺的拉伸粘结原强度，并且随着 HEMC 掺量的增加，强度呈现出先增大后减小的变化规律。HEMC 掺量小于 0.2% 时拉伸粘结原强度明显提高，掺量在 0.2%～0.4% 时略微上升，达到最大值 2.29MPa，掺量大于 0.4% 时又略有下降。这是由于 HEMC 能够改善砂浆整体的保水性，使得拉伸粘结原强度提高，但掺量进一步增加时又由于 HEMC 的引气效果显著，大大增加了聚合物改性水泥砂浆硬化后的孔隙率，引入对强度不利的大气孔[4-5]，致使聚合物改性水泥砂浆的整体强度呈现出降低的趋势。

图 1（c）显示 HEMC-EVA-SE 三种聚合物复掺，EVA 掺量变化对聚合物改性水泥砂浆拉伸粘结原强度的影响。HEMC-EVA-SE 复掺的拉伸粘结原强度均高于 HEMC-SE 复掺，并且随着 EVA 掺量的增加，强度呈增大的趋势。EVA 掺量小于 2% 时拉伸粘结原强度增幅并不明显，掺量在 2%～7% 时显著增大，当掺量高于 7% 时拉伸粘结强度增幅有限。这是由于一方面，乳胶粉颗粒形成聚合物膜结构具有优异的延展性和拉伸粘结强度，当聚合物膜分布于水化产物之间或者包裹在水化产物和集料表面时，聚合改性水泥砂浆的整体内聚力将会提高[6-7]；另一方面，乳胶粉聚合物膜会对瓷砖和基底产生分子间作用力，进而极大地提高了界面处的拉伸粘结原强度[7]。

图 1（d）显示 HEMC-EVA-SE 三种聚合物复掺，SE 掺量变化对聚合物改性水泥砂浆拉伸粘结原强度的影响。HEMC-EVA-SE 复掺的拉伸粘结原强度均低于 HEMC-EVA 复掺，并且随着 SE 掺量的增加，强度呈现出减小的趋势。SE 掺量小于 0.1% 时拉伸粘结强度略有减小，掺量在 0.1%～0.2% 时减小幅度增大，掺量大于 0.2% 时减小幅度又开始放缓。这是由于淀粉醚是具有引气作用的外加剂，当其掺量增加时，引气效果显著，使得聚合物水泥砂浆的拉伸粘结原强度降低[8]。

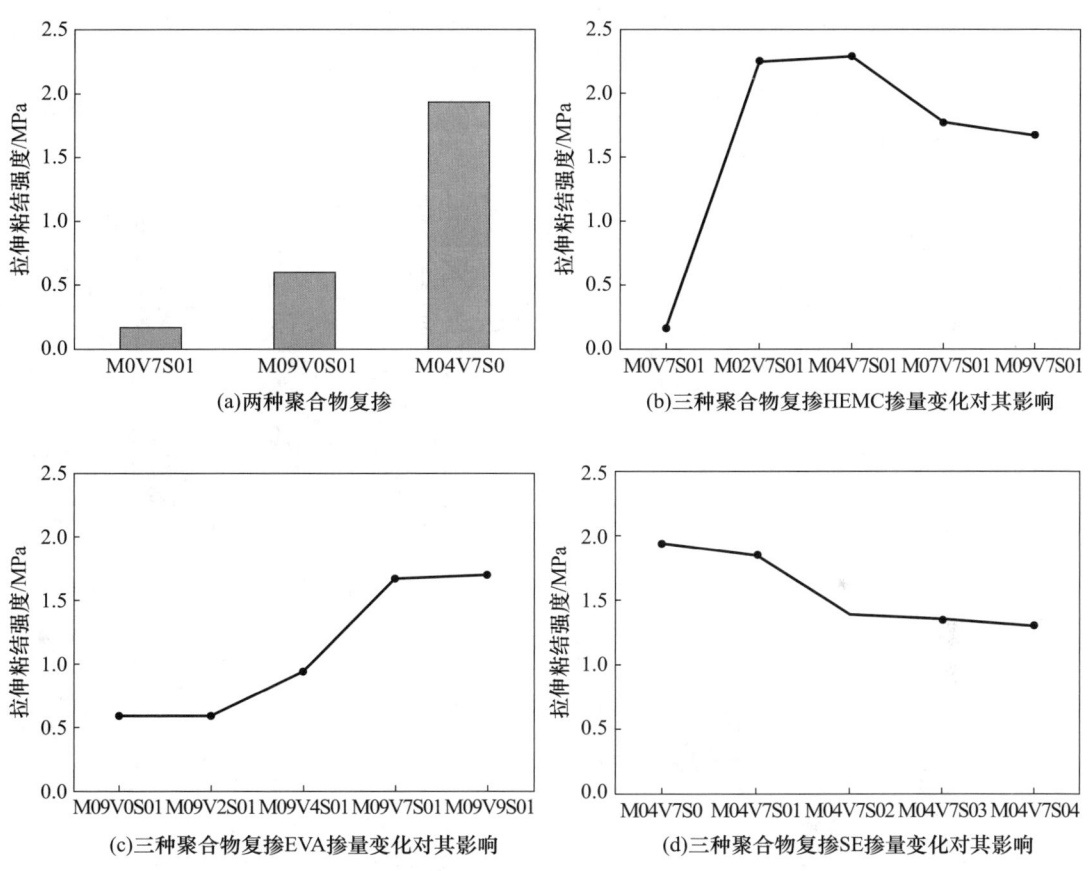

图 1 各聚合物复掺对拉伸粘结原强度的影响

综上所述，HEMC、EVA、SE 对拉伸粘结原强度的影响截然不同，EVA 显著增大拉伸粘结原强度，而 SE 则使拉伸粘结原强度降低，HEMC 介于两者之间。

2.2 晾置时间性能

图 2（a）显示了 HEMC-EVA、HEMC-SE、EVA-SE 复掺对聚合物改性水泥砂浆晾置时间性能的影响，发现晾置 20min 后 EVA-SE 复掺的试验组强度仅达到了 0.01MPa，随着晾置时间进一步增加至 30～50min 后强度完全丧失，为 0.00MPa。

从图 2（b）中还可以看出，在掺入 7%EVA、0.1%SE 的情况下，HEMC 掺量从 0% 增大到 0.9% 时，晾置 20min 后聚合物改性水泥砂浆的拉伸粘结强度依次为 0.01MPa、1.20MPa、1.73MPa、1.52MPa、1.23MPa，故呈现出先增后减的变化规律，掺量为0.2%时强度达到最大值。晾置时间延长至30min和40min时，纤维素醚HEMC掺量为0%，拉伸粘结强度0.00MPa，拉伸粘结强度随HEMC掺量增加则依然呈现先增后减的变化规律，掺量为0.4%时都达到了强度最大值。与晾置20min时间的强度相比，晾置30min时间的强度分别降低100%、37%、30%、8%、3%，晾置40min时间的强度进一步降低至100%、62%、53%、28%、42%，其中28%这一数值有待进一步验证。当晾置时间进一步延长至50min时，拉伸粘结强度随HEMC掺量的增大而增大，仅有HEMC-EVA-SE复掺且HEMC掺量为0.7%和0.9%的强度可达到0.5MPa，相比于晾置20min的强度降低了100%、78%、72%、65%、54%。由此可见，HEMC-EVA-SE复掺的拉伸粘结强度优于EVA-SE复掺时，随着HEMC掺量的增加，拉伸粘结强度降低的幅度有所减小。

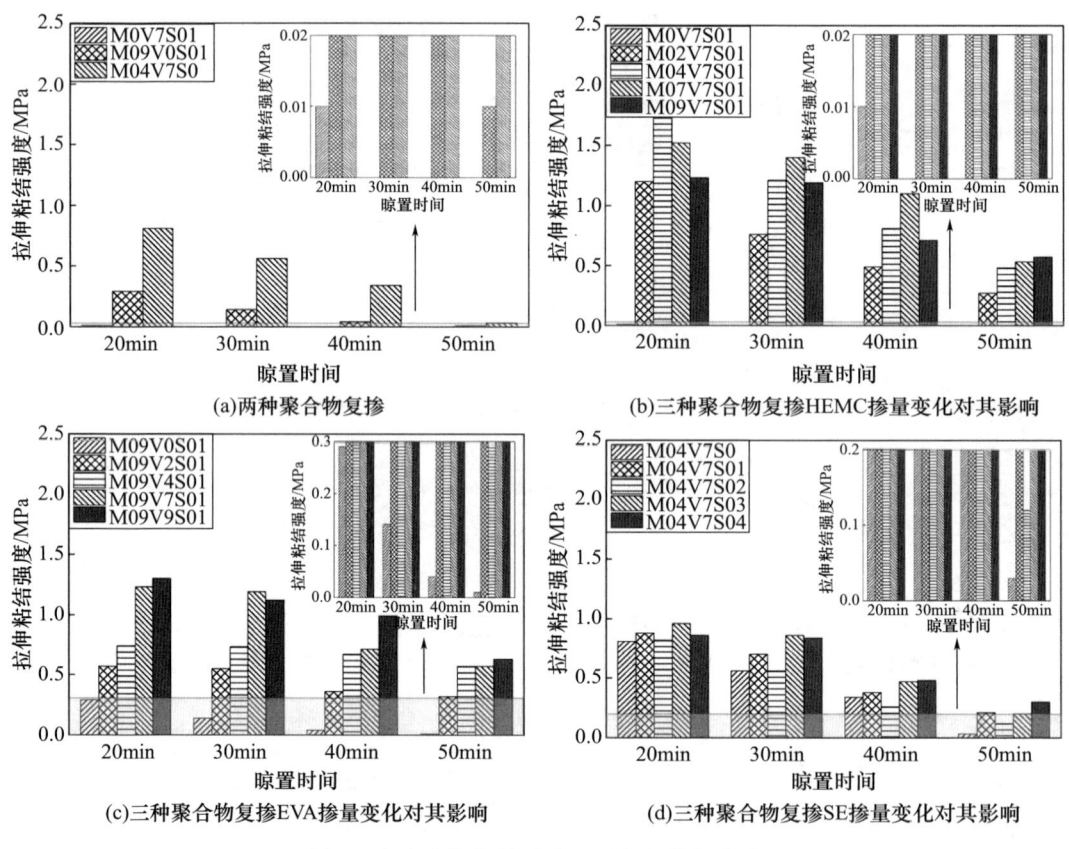

图2 各聚合物复掺对晾置时间性能的影响

从图2（c）中还可以看出，在掺入0.9%HEMC、0.1%SE情况下，EVA掺量从0%增大到9%时，各晾置时间下聚合物改性水泥砂浆的拉伸粘结强度随EVA掺量的增大基本呈现增大的趋势。在晾置20min时，随EVA掺量增大，聚合物改性水泥砂浆的拉伸粘结强度分别为0.29MPa、0.57MPa、0.74MPa、1.23MPa、1.30MPa，可见，HEMC-SE复掺在晾置20min时就已不能达到0.5MPa。晾置时间进一步延长时，与晾置20min时间相比，晾置30min时间的强度分别减小了52%、4%、1%、3%、14%，晾置40min时间的强度分别进一步减小至86%、37%、9%、42%、24%，晾置50min

时间的强度分别再进一步减小至 97%、44%、23%、54%、52%。由此可见，HEMC-EVA-SE 复掺拉伸粘结强度减小幅度小于 HEMC-SE 复掺时，EVA 对各晾置时间下聚合物改性水泥砂浆的拉伸粘结强度具有提升的作用。

从图 2（d）中还可以看出，在掺入 0.4%HEMC、7%EVA 情况下，SE 掺量从 0% 增大到 9% 时，聚合物改性水泥砂浆晾置 20min 时间后的拉伸粘结强度分别为 0.81MPa、0.88MPa、0.82MPa、0.96MPa、0.86MPa，说明 HEMC-EVA-SE 复掺的拉伸粘结强度比 HEMC-EVA 复掺时高，拉伸粘结强度受 SE 掺量变化差异不大。当晾置时间进一步延长时，与晾置 20min 时间相比，晾置 30min 时间强度分别减小了 31%、20%、32%、10%、2%，晾置 40min 时间强度分别进一步减小至 58%、57%、68%、51%、44%，并且在此时各 SE 掺量的强度都降低至 0.5MPa 以下。晾置 50min 时间强度分别再进一步减小至 96%、76%、85%、79%、65%。由此可见，SE 掺量变化对聚合物改性水泥砂浆晾置时间性能的影响较小。

2.3 晾置时间与拉伸粘结强度关联性分析

为了进一步分析晾置时间与拉伸粘结强度的关联性，处理了不同晾置时间和不同聚合物掺量下瓷砖表面砂浆的有效粘结面积，图 3（a）～（c）分别代表 HEMC-EVA-SE 复掺时 HEMC、EVA、SE 掺量变化对有效粘结面积的影响，表 2 为各试验组有效粘结面积的计算结果。从图中可以看出，随着晾置时间的延长，瓷砖表面砂浆的有效粘结面积均有所减小，并在晾置 50min 时有效粘结面积普遍降至 50% 以下，这使得 2.2 节中拉伸粘结强度随时间延长而降低并在晾置 50min 时出现强度低于 0.5MPa 的情况。在两种聚合物复掺时，EVA-SE 复掺瓷砖表面砂浆的有效粘结面积均小于 HEMC 分别与 EVA 或 SE 复掺，与 2.2 节中图 2（a）显现出 EVA-SE 复掺的强度低于 HEMC 分别与 EVA 或 SE 复掺的情况一致。

从表 2 和图 3（a）中可以看出，在相同晾置时间下，HEMC-EVA-SE 复掺的有效粘结面积远大于 EVA-SE 复掺，并且随着 HEMC 掺量的增大，瓷砖表面砂浆的有效粘结面积也随之增大。在晾置时间的延长过程中，HEMC 掺量高的有效粘结面积减小幅度要小于掺量低。上述表现与 2.2 节中图 2（b）中的变化一致，HEMC-EVA-SE 复掺的强度高于 EVA-SE 复掺，随着 HEMC 掺量的增加，强度降低幅度有所减缓。可见，HEMC 对聚合物水泥砂浆表面结皮问题具有改善作用，从而延长了晾置时间。

从表 2 和图 3（b）中可以看出，在相同晾置时间下，HEMC-EVA-SE 复掺的有效粘结面积明显大于 HEMC-SE 复掺，这与 2.2 节中图 2（c）表现一致。不同 EVA 掺量的有效粘结面积变化同样与 2.2 节中图 2（c）拉伸粘结强度减小幅度变化一致，EVA 掺量为 1% 和 2% 的有效粘结面积大于 EVA 掺量为 3% 和 4%，且随着晾置时间的延长，EVA 掺量为 3% 和 4% 的有效粘结面积降低的幅度大于掺量为 1% 和 2%。由此说明，EVA 对晾置时间性能具有改善作用，但 EVA 掺量超出一定范围时晾置后的有效粘结面积会有所减小。

从表 2 和图 3（c）中可以看出，在晾置 20min、30min 时间下，HEMC-EVA-SE 复掺的有效粘结面积大于 HEMC-EVA 复掺，晾置时间进一步延长至 40min、50min 时，

HEMC-EVA-SE 复掺与 HEMC-EVA 复掺都产生严重的结皮，所保留有效粘结面积都小于 50% 且两者差异较小，这也使得 2.2 节图 3（c）中此时各试验组的拉伸粘结强度都降至 0.5MPa 以下。由此可见，SE 对有效粘结面积在晾置时间较短时改善作用明显，但在长时间晾置中影响会变小。

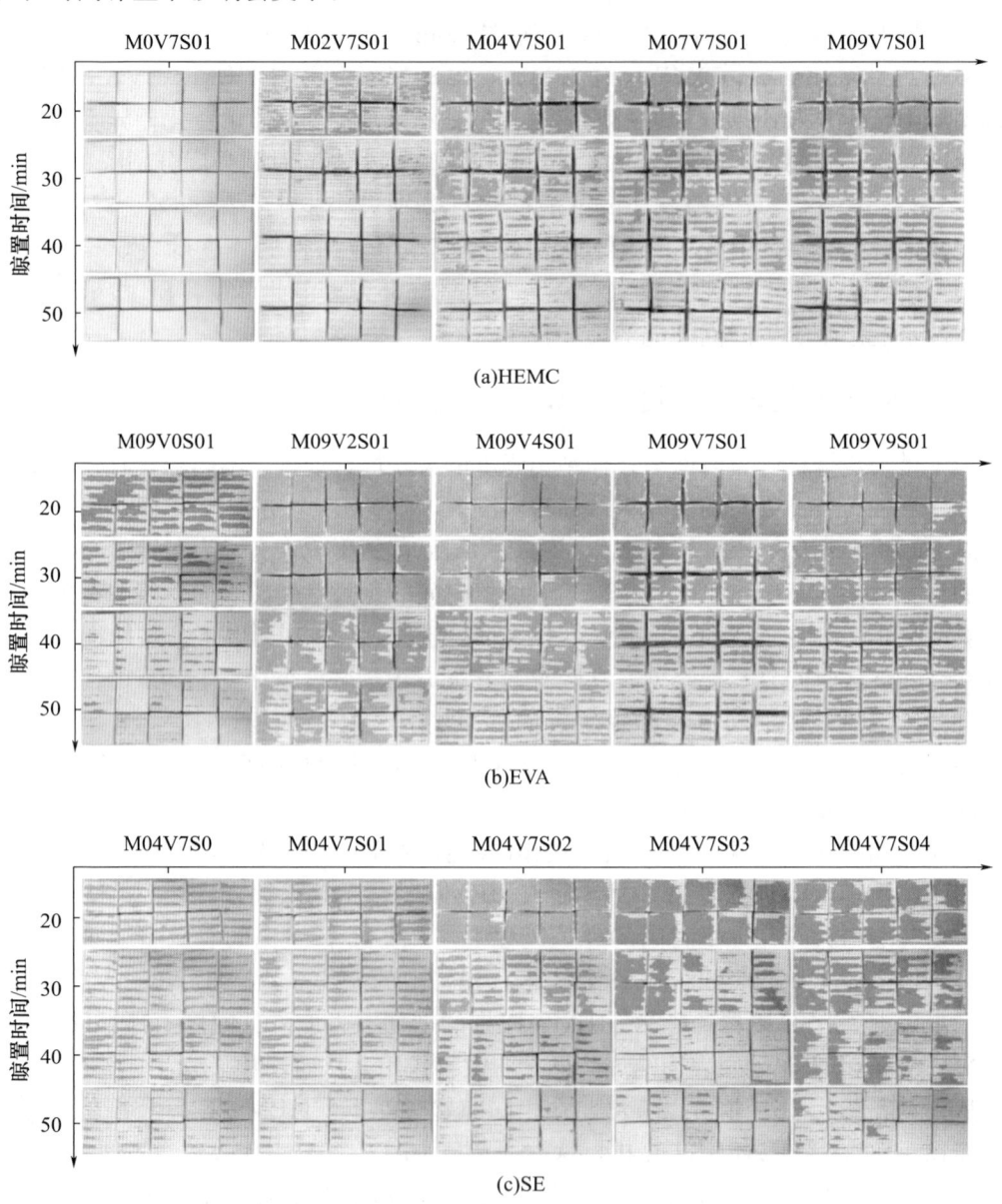

图 3　各聚合物复掺对瓷砖表面砂浆有效粘结面积的影响

通过对有效粘结面积与拉伸粘结强度的拟合发现，HEMC 掺量变化时有效粘结面积与拉伸粘结强度呈正相关，如图 4 所示，当有效粘结面积很低时，拉伸粘结强度也很低，所以砂浆长时间晾置，它会对拉伸粘结强度产生十分不利的影响。然而，EVA、SE 掺量变化时两者的相关性不大。

表2 瓷砖表面砂浆的有效粘结面积

	晾置时间/min	20	30	40	50
有效粘结面积/%	M0V7S01	2.4	0	0	0
	M02V7S01	50.9	23.8	16.5	9.2
	M04V7S01	81.5	51.7	32.3	23.5
	M07V7S01	90.0	60.2	40.6	24.4
	M09V7S01	95.4	72.5	41.1	27.9
	M09V0S01	51.4	28.7	10.6	5.8
	M09V2S01	96.4	94.1	72.4	54.2
	M09V4S01	96.7	90.3	61.1	43.7
	M09V7S01	95.4	73.3	41.7	28.0
	M09V9S01	93.5	80.2	50.4	43.3
	M04V7S0	37.7	25.8	25.1	12.7
	M04V7S01	44.9	33.8	25.8	13.0
	M04V7S02	92.9	40.3	23.1	8.7
	M04V7S03	82.0	47.6	13.6	8.5
	M04V7S04	74.5	59.0	41.6	34.3

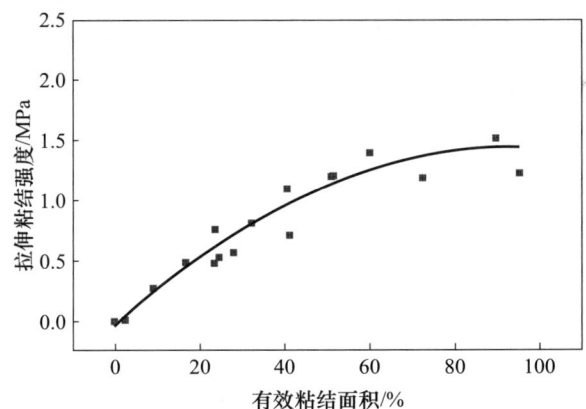

图4 HEMC掺量变化时有效粘结面积与拉伸粘结强度拟合

3 结论

(1) 对于聚合物改性水泥砂浆的拉伸粘结原强度、晾置时间性能和有效粘结面积,HEMC-EVA复掺均优于SE分别与HEMC和EVA复掺,HEMC-EVA-SE复掺均优于两种聚合物复掺。

(2) HEMC-EVA-SE复掺时,随HEMC掺量的增加拉伸粘结原强度呈现出先增后减的趋势,EVA显著提高聚合物改性水泥砂浆的拉伸粘结原强度,但SE的掺入不利于拉伸粘结原强度的提高。三种聚合物还有助于延长晾置时间和增大有效粘结面积,但

SE 的效果不如 HEMC 和 EVA。

(3) 随着晾置时间的延长，有效粘结面积会迅速降低，当晾置时间达到 50min 时，有效粘结面积普遍降至 50% 以下，进而导致拉伸粘结强度普遍下降，出现低于 0.5MPa 的情况。

参考文献

[1] JEN-YVES P, ERIC W. Evaluation of various cellulose ethers performance in ceramic tile adhesive mortars [J]. Adhesion & Adhesives, 2013, 40: 202-209.
[2] 王颖，高鹿鸣. 淀粉醚对瓷砖胶性能的影响 [J]. 新型建筑材料, 2017, (4): 62-64.
[3] 姜帝，盖广清，孔朦，等. 纤维素醚对瓷砖粘结剂主要性能的影响 [J]. 吉林建筑工程学院学报，2013, 30 (3): 12-14.
[4] 张方，苏雷，邵伟，等. 羟乙基甲基纤维素醚改性水泥浆体性能研究 [J]. 墙材革新与建筑节能，2019, 07 (10): 47-50.
[5] 张绍康，王茹，徐玲琳，等. 羟乙基甲基纤维素改性水泥砂浆的物理力学性能和孔隙率 [J]. 材料学报，2020, 34 (Z2): 01607-01611.
[6] 王培铭，赵国荣，张国防. 可再分散乳胶粉在水泥砂浆中的作用机理 [J]. 硅酸盐学报，2018, 46 (2): 256-262.
[7] 王培铭. 商品砂浆 [M]. 北京: 化学工业出版社, 2008.
[8] 彭景元，彭春元，陈光，等. 纤维素醚和淀粉醚对干混砂浆性能的影响 [J]. 广东建材，2018, (8): 13-16.

作者简介 张心怡 (1999.12—)，女，助理工程师，从事干混砂浆的研发，E-mail: zhangxinyi1019@163.com。

不同拌和机制、拌和量及加荷速度对干混砂浆试验测试结果影响规律的研究

朱 诚　江海燕　文春燕　王大莲

(安徽皖维花山新材料有限责任公司，安徽巢湖 238012)

摘　要：本研究通过系统的三组比对试验：①手工拌和 200g 与机器拌和 500g 和 2000g；②净浆搅拌机拌和 500g 与胶砂搅拌机拌和 2000g；③拉拔仪不同加荷速度 250N/s 与 5mm/min，测试这些变量对砂浆湿密度、拉拔强度的影响。试验结果表明手工拌和 200g 比起机器拌和，湿密度更大，拉拔粘结强度较高；净浆搅拌机拌和 500g 比起胶砂搅拌机拌和 2000g，湿密度更大，但对拉拔粘结强度无明显差异；不同加荷方式测试时，拉拔粘结强度无明显差异。

关键词：干混砂浆；拌和机制；拌和量；拉拔粘结强度；加荷方式

Study on the Influence of Different Mixing Methods, Mixing Amounts and Loading Speeds on Test Results of Dry Mix Mortar

Zhu Cheng　Jiang Haiyan　Wen Chunyan　Wang Dalian

(Anhui WanWei Group, Anhui Chaohu, 238012)

Abstract: In this study, three groups of systematic comparison experiments were conducted 1) manual mixing and machine mixing 2) mixing mortar 500g with cement paste mixer and 2000g with cement & mortar mixer 3) pulling off adhesion test with loading speed 250N/s and 5mm/min respectively, while mortar wet density and pulling off adhesion strength under those various conditions were tested. Those results show that manual mixing mortar 200g is of higher wet density and pulling off adhesion strength than machine mixing mortar 500g while machine mixing mortar 500g is of higher wet density than machine mixing mortar 2000g but no obvious difference in pulling off adhesion strength between machine mixing amounts. Furthery there is no obvious difference in strength between different loading speeds.

Keyword：dry mix mortar; mixing method and amount; loading type

1 引言

在干混砂浆产品开发或者产品比对时，不同厂家、不同试验人员甚至权威检测机构对同一个干混砂浆样品的测试结果往往存在较大的差异。对于砂浆，其抗压强度与干燥体积密度存在确定的非线性相关性[1]。国内外相关研究表明，搅拌机的类型及其结构与参数显著影响着砂浆搅拌均匀性、搅拌效率以及混合料的性能[2]，但是未见详细地对搅拌方式、搅拌量、加荷方式对干混砂浆拉拔粘结强度影响规律的研究，因此我们进行了不同试验方式包括搅拌方式、搅拌量对砂浆湿密度以及不同加荷方式对拉拔粘结强度测试结果的比对和分析，以期对实际工作进行指导。

2 试验

2.1 原材料

水泥：皖维集团水泥厂生产的皖维牌普通硅酸盐水泥，强度等级 42.5，水泥物理力学性质见表 1，化学组成见表 2。

表 1 水泥的物理力学性能

原材料	比表面积/(m²·kg⁻¹)	初凝时间/min	终凝时间/min	抗折强度/MPa		抗压强度/MPa	
				3d	28d	3d	28d
水泥	340	280	369	5	8.1	24.8	47.5

表 2 所用水泥的化学组成　　　　　　　　　　　%

原材料	SiO_2	Al_2O_3	Fe_2O_3	CaO	MgO	K_2O	Na_2O	SO_3	R_2O
水泥	22.33	6.94	3.52	57.64	1.97	0.78	0.25	2.43	0.77

粗细骨料：安徽凤阳生产的石英砂，目数分别为 40～70 目、50～100 目。其累计筛分曲线如图 1 所示。

重质碳酸钙：南京欧米亚生产，目数为 325 目。

纤维素醚：天盛纤维素醚 R5100，为羟丙基甲基纤维素醚，NDJ 标称黏度 10000mPa·s

可再分散乳胶粉：安徽皖维花山新材料有限责任公司生产的皖维牌可再分散性乳胶粉，牌号 WWJF-8010，为醋酸乙烯酯乙烯共聚物，玻璃化温度 T_g10～12℃，灰分含量 12%～14%。

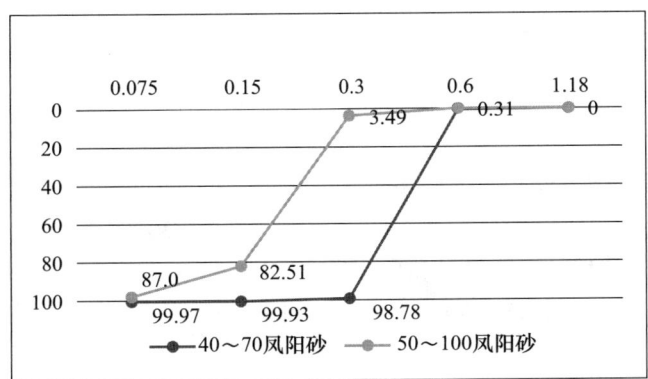

图 1 安徽凤阳累计砂筛分曲线

标准瓷质砖：符合 JC/T 547—2017《陶瓷砖胶粘剂》要求的 GB/T 4100—2015《陶瓷砖》规定的瓷质砖，吸水率≤0.2%，未上釉，具有平整的粘结面，尺寸为 50mm×50mm×4mm。

基准混凝土板：符合 JC/T 547—2017 要求的基准混凝土板，规格 400mm×400mm×40mm，含水率不大于 3%；吸水率在 0.5~1.5mL，表面拉伸强度不小于 1.5MPa。

基准 EPS 板：尺寸为 400mm×400mm×50mmmm，表观密度（18.0±0.2）kg/m³，垂直于板面方向的抗拉强度不低于 0.10MPa，其他性能指标应符合 GB/T 10801.1—2021《绝热用模塑聚苯乙烯泡沫塑料》的要求。

2.2 砂浆的配比

陶瓷墙地砖胶粘剂 C1 等级，其配比见表 3；

表 3 陶瓷墙地砖胶粘剂的配比　　　　　　　　　　　　　　　　　　kg/m³

水泥	细砂	粗砂	重钙粉	纤维素醚	乳胶粉	水
350	100	486	50	3.5	10.5	225

EPS 板薄抹灰外保温系统粘结砂浆，其配比见表 4；

表 5 EPS 板薄抹灰外保温系统粘结砂浆　　　　　　　　　　　　　　kg/m³

水泥	细砂	粗砂	纤维素醚	乳胶粉	水
360	100	528	2	10.5	225

EPS 板薄抹灰外保温系统抹面砂浆，其配比见表 5。

表 6 EPS 板薄抹灰外保温系统抹面砂浆　　　　　　　　　　　　　　kg/m³

水泥	细砂	粗砂	重钙粉	纤维素醚	乳胶粉	水
250	100	528	100	2.5	20	225

2.3 试验工具与设备

手工拌和：300mL塑料杯，克重8g；4寸调漆刀，同一人员同一手法拌和砂浆，搅拌速度约为1r/s。

机器拌和：500g用水泥净浆搅拌机，上海路达NJ-160A型，采用拌和慢速模式，搅拌叶公转（62±5）r/min，自转（140±5）r/min；2000g采用水泥胶砂搅拌机，上海路达JJ-5型，采用拌和慢速模式，搅拌叶公转（62±5）r/min，自转（140±5）r/min。

涂料密度杯：不锈钢材质，体积100mL，同一人员同一手法测试砂浆湿密度，每次测试三次取平均值。

拉拔粘结强度试验机：上海荣计达仪器LBY-Ⅵ型，可设置位移或拉力不同模式和速度。mm/min：主要是指压盘的升降的位移速度；N/S：与试样刚度（软硬）有关，同样的速度，刚度小的试样的压盘的升降速度要比刚度大的试样快。

2.4 试验方案

2.4.1 陶瓷墙地砖胶粘剂C1等级

（1）按表4中的配比搅拌成砂浆，整个试验分三组：人工搅拌组（A组）由熟练的试验人员用调漆刀保持同一手法和速度在塑料杯中搅拌200g砂浆2min；机器搅拌组（B组）采用水泥净浆搅拌机搅拌500g砂浆2min；机器搅拌组（C组）采用水泥净浆搅拌机搅拌2000g砂浆2min。

（2）三组试验均做湿密度并按JC/T 547—2017成型。

（3）在标准养护室［温度（23±2）℃、湿度50%±5%］养护3d。

（4）A、B、C三组分别成型10块样块，分别取5块为A1、B1、C1组，在拉拔试验机上用250N/s的加荷方式来测试；另外分别取5块为A2、B2、C2组，在拉拔试验机上用5mm/min的加荷方式来测试。

（5）统计其拉拔强度结果，单位为MPa。

2.4.2 EPS板薄抹灰外保温系统粘结砂浆

（1）按表5中的配比搅拌成砂浆，整个试验分三组：人工搅拌组（D组）由熟练的试验人员用调漆刀保持同一手法和速度在塑料杯中搅拌200g砂浆2min；机器搅拌组（E组）采用水泥净浆搅拌机搅拌500g砂浆2min；机器搅拌组（F组）采用水泥净浆搅拌机搅拌2000g砂浆2min。

（2）三组试验均做湿密度并按JG 149—2003成型。

（3）在标准养护间［温度（23±2）℃、湿度50%±5%］养护3d。

（4）D、E、F三组分别在基准混凝土板上成型12块40mm×40mm×mm样块，分别取6块为D1、E1、F1组，在拉拔试验机上用250N/s的加荷方式来测试；另外分别取6块为D2、E2、F2组，在拉拔试验机上用5mm/min的加荷方式来测试。

（5）统计其拉拔强度结果，单位为MPa。

2.4.3 EPS板薄抹灰外保温系统抹面砂浆

（1）按表5中的配比搅拌成砂浆，整个试验分三组：人工搅拌组（G组）由熟练的试验人员用调漆刀保持同一手法和速度在塑料杯中搅拌 200g 砂浆 2min；机器搅拌组（H 组）采用水泥净浆搅拌机搅拌 500g 砂浆 2min；机器搅拌组（I 组）采用水泥净浆搅拌机搅拌 2000g 砂浆 22min。

（2）三组试验均做湿密度并按 JG 149—2003 成型。

（3）在标准养护间［温度（23±2）℃、湿度 50%±5%］养护 3d。

（4）G、H、I 三组分别成型 12 块 40mm×40m×3mm 样块，分别取 6 块为 G1、H1、I1 组，在拉拔试验机上用 250N/s 的加荷方式来测试；另外分别取 6 块为 G2、H2、I2 组，在拉拔试验机上用 5mm/min 的加荷方式来测试。

（5）统计其拉拔强度结果，单位为 MPa。

3 试验结果与分析

3.1 结果统计

陶瓷墙地砖胶粘剂 C1 等级的人工组 A1、A2 与机器组 B1、B2、C1、C2 各组拉拔粘结强度结果见表 6。

表 6　陶瓷墙地砖胶粘剂各组拉拔粘结强度　　MPa

分组	1	2	3	4	5	平均值	标准差
A1	1.05	1.33	1.08	1.35	1.15	1.19	0.14
A2	1.31	1.32	1.41	1.34	1.36	1.35	0.04
B1	1.11	1.05	1.00	0.95	1.02	1.03	0.06
B2	1.02	1.04	1.01	1.04	1.06	1.03	0.02
C1	0.83	1.03	1.01	0.88	0.93	0.94	0.08
C2	1.00	0.93	1.01	0.86	0.86	0.93	0.08

EPS 板粘结砂浆与基准混凝土板的拉拔粘结强度：人工组 D1、D2 与机器组 E1、E2、F1、F2 各组强度结果见表 7。

表 7　EPS 板粘结砂浆与基准混凝土板各组拉拔粘结强度　　MPa

分组	1	2	3	4	5	6	平均值	标准差
D1	0.51	0.43	0.48	0.47	0.49	0.55	0.49	0.04
D2	0.53	0.50	0.56	0.45	0.59	0.50	0.52	0.05
E1	0.52	0.41	0.47	0.44	0.50	0.54	0.48	0.05
E2	0.48	0.43	0.48	0.56	0.51	0.55	0.50	0.05
F1	0.44	0.41	0.38	0.41	0.39	0.37	0.40	0.02
F2	0.42	0.45	0.46	0.51	0.45	0.46	0.46	0.03

EPS 板抹面砂浆与基准 EPS 板粘结强度：人工组 G1、G2 与机器组 H1、H2、I1、I2 各组强度结果见表 8。

表8 EPS板抹面砂浆与基准EPS板的各组拉拔粘结强度   MPa

分组	1	2	3	4	5	6	平均值	标准差
G1	0.17	0.14	0.14	0.11	0.14	0.14	0.14	0.02
G2	0.12	0.10	0.11	0.12	0.12	0.13	0.12	0.01
H1	0.13	0.14	0.14	0.12	0.14	0.14	0.13	0.01
H2	0.12	0.10	0.10	0.10	0.14	0.10	0.11	0.02
I1	0.11	0.11	0.09	0.09	0.11	0.11	0.10	0.01
I2	0.12	0.10	0.10	0.10	0.10	0.11	0.10	0.01

3.2 不同搅拌方式的比对试验

（1）湿密度

分别取瓷砖胶手工组A1与机器组B1比对、EPS板粘结砂浆手工组D2与机器组E2比对、EPS抹面砂浆手工组G2与机器组H2比对，如图2所示。

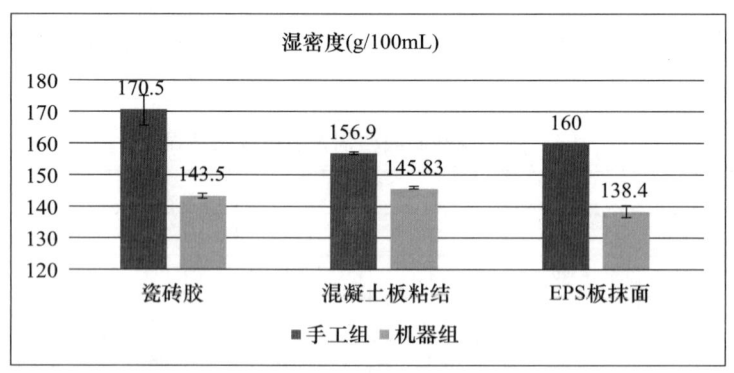

图2 不同搅拌方式的湿密度结果比对

（2）拉拔粘结强度

分别取瓷砖胶手工组A1与机器组B1比对、EPS板粘结砂浆手工组D2与机器组E2比对、EPS板抹面砂浆手工组G2与机器组H2比对，如图3所示。

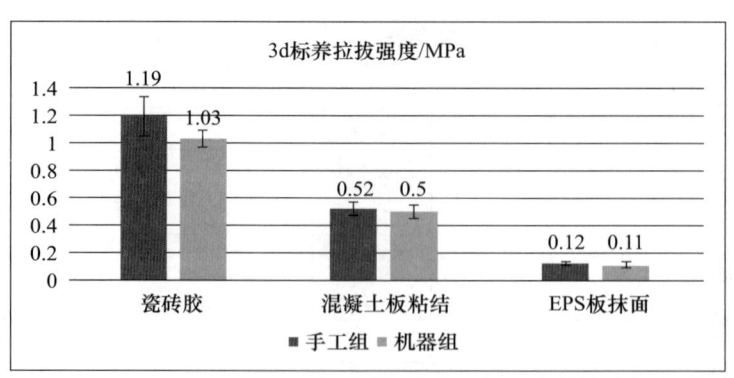

图3 不同搅拌方式的拉拔粘结强度结果比对

3.3 不同拌和量的比对试验

（1）湿密度

分别取瓷砖胶机器组 500g B1 与机器组 2000g C1 比对、EPS 板粘结砂浆机器组 500g E2 与机器组 2000g F2 比对、EPS 抹面砂浆机器组 500g H2 与机器组 2000g Ⅰ2 比对，如图 4 所示。

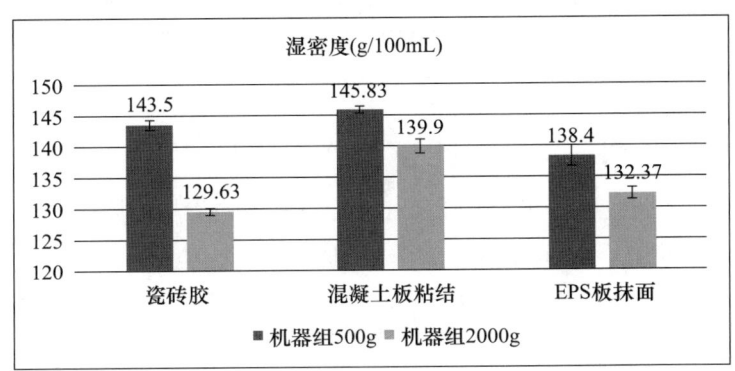

图 4　不同拌和量的湿密度结果比对

（2）拉拔粘结强度

分别取瓷砖胶机器组 500g B1 与机器组 2000g C1 比对、EPS 板粘结机器组 500g E2 与机器组 2000g F2 比对、EPS 抹面砂浆机器组 500g H2 与机器组 2000g Ⅰ2 比对，如图 5 所示。

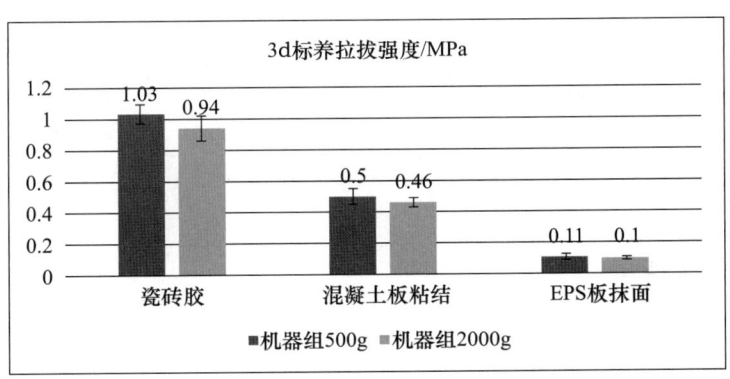

图 5　不同拌和量的拉拔粘结强度结果比对

3.4 不同加荷方式测试的比对试验

拉拔粘结强度

手工组分别取瓷砖胶手工组 A1 与 A2 比对、EPS 板粘结砂浆手工组 D1 与 D2 比对、EPS 抹面砂浆手工组 G1 与 G2 比对，如图 6 所示。

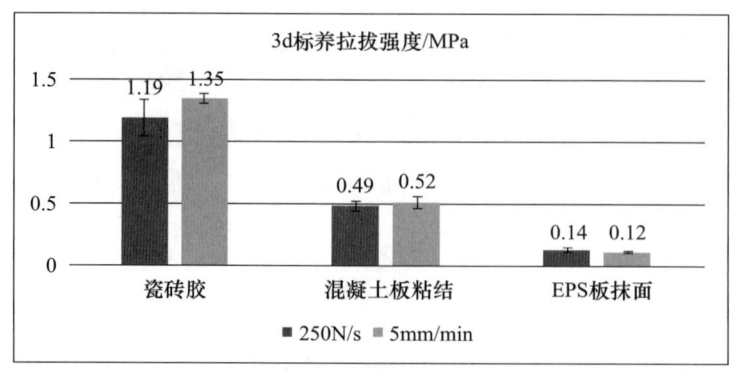

图 6 手工组不同加荷速度的比对拉拔粘结强度

机器组分别取瓷砖胶机器组 B1 与 B2 比对、EPS 板粘结砂浆机器组 E1 与 E2 比对、EPS 抹面砂浆机器组 H1 与 H2 比对，如图 7 所示。

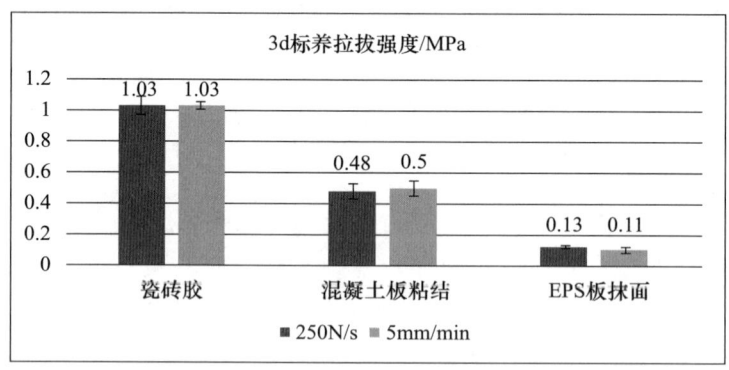

图 7 机器组不同加荷速度的比对拉拔粘结强度

4 结论

4.1 不同搅拌方式

手工拌和相较于机器拌和而言，湿密度更大，拉拔粘结强度测试结果也大一些，在瓷砖胶中表现更为明显。

4.2 不同拌和量

拌和量为 500g 比拌和量 2000g 的湿密度更大，而拉拔强度无明显差异。

4.3 不同加荷方式

250N/s 与 5mm/min 是试验机上的两种控制方式。几组试验的拉拔强度无明显差异。

参考文献

[1] 刘宾. 膨胀珍珠岩保温砂浆改性研究 [M]. 上海：同济大学，2007.
[2] 曹源文，肖伟，王凡宇，等. PVA 纤维束双卧轴搅拌器的数值模拟 [J]. 筑路机械与施工机械化，2016，33（11）：84-87.

作者简介 朱诚（1998—），男，学士，应用工程师，干混砂浆应用，E-mail：957353038@qq.com。

第六部分
其 他

内掺水泥基渗透结晶型防水材料混凝土配合比设计及其性能研究

沈春林[1] 高 岩[2] 王玉峰[1] 李 伟[1] 孟亚楠[1] 胡金亮[2]

(1. 中建材苏州防水研究院有限公司,江苏苏州 215004;
2. 辽宁九鼎宏泰防水科技有限公司,辽宁盘锦 124214)

摘 要:为了研究水泥基渗透结晶型防水材料对混凝土性能的影响,试验研究了掺入0%、0.6%、0.8%、1.0%和1.2%水泥基渗透结晶型防水材料混凝土的保水性、力学性能、抗渗性能、抗氯离子渗透性能以及凝结时间,并采用扫描电镜观察其微观形貌并对其进行分析。试验结果表明:适量的水泥基渗透结晶型防水材料能明显地改善混凝土的保水性以及力学性能,当添加量为0.8%时效果最佳;同样,水泥基渗透结晶型防水材料对混凝土的抗渗性能以及抗氯离子渗透性能也有提升,当添加量为1%时,抗渗压力比升高趋势更为明显,电通量最低,说明此时混凝土的抗渗性能以及抗氯离子渗透性能最佳;同时可以发现,随着水泥基渗透结晶型防水材料掺量的增加,混凝土凝结时间也有所缩短;SEM图像显示CCCW的掺入促进裂缝与空隙处的水化反应,生成枝蔓状结晶,使得混凝土更加致密,提高了混凝土的力学性能与渗透性。

关键词:水泥基渗透结晶型防水材料;混凝土;保水性;力学性能;抗渗性;抗氯离子渗透性

Study on the Preparation and Properties of Concrete with Cement-based Permeable Crystalline Waterproof Material

Shen Chunlin[1] Gao Yan[2] Wang Yufeng[1] Li Wei[1] Meng Yanan[1] Hu Jinliang[2]

(1. CNBM Suzhou Waterproof Research Institute Co., Ltd., Suzhou 215004;
2. Liaoning Jiuding Hongtai Waterproof Technology
Co., Ltd., Panjin 124214)

Abstract: In order to study the effect of cement-based permeable crystalline waterproofing materials on the performance of concrete, experiments were conducted to investigate the water retention, mechanical properties, impermeability, chloride ion penetration resistance, and setting time of concrete mixed with 0%, 0.6%, 0.8%, 1.0%, and 1.2% cement-based permeable crystalline waterproofing materials. At the same time, scanning electron microscopy was used to observe its microstructure and analyze it. The experimental results show that an appropriate amount of cement-based permeable crystalline waterproof material can significantly improve the water retention and mechanical properties of concrete, and the best effect is achieved when the addition amount is 0.8%; Similarly, cement-based permeable crystalline waterproof material also improves the impermeability and chloride ion permeability of concrete. When the addition amount is 1%, the impermeability pressure ratio increases more obviously, and the electric flux is the lowest, indicating that the impermeability and chloride ion permeability of concrete are the best at this time; At the same time, it can be observed that as the amount of cement-based permeable crystalline waterproofing material increases, the setting time of concrete also decreases; SEM images show that the addition of CCCW promotes the hydration reaction between cracks and voids, generating branched crystals, making the concrete more dense and improving its mechanical properties and permeability.

Keywords: cementitious capillary crystalline waterproofing material; concrete; water retention; mechanical properties; impermeability; resistance to chloride ion penetration

0 引言

随着城市化的不断建设，城市居民数量激增，城市空间容量需求急剧膨胀，为了缓解城市土地资源紧张问题，全国各城市都在大力拓展城市地下空间。开发利用地下空间是城市化进程的必然选择，然而，经济发展的同时也要注重工程质量与工程防护，尤其是地下空间防水防渗问题成为重中之重[1]。水泥基渗透型防水材料作为一款刚性防水材料，相对于传统防水材料，一方面杜绝了使用明火产生火灾或者人员烫伤的风险，施工简便，安全环保；另一方面能显著地提高混凝土构造物的强度和耐久性，大大地提高了防水工程质量[2-3]。

根据国家建筑材料工业局防水材料导向目录中的要求和走势，国家将大力重点发展及推广使用水泥基渗透结晶型防水材料（CCCW），使其不仅应用在工程防水上面，也将逐步应用在家居防水及小面积防水上面。可以预见，未来对水泥基渗透结晶型防水材料的需求量将会大幅度增加，其在我国的发展空间是非常大的，前景较为看好。因此研究水泥基渗透结晶材料对混凝土性能的影响有着重要的现实意义。国内外学者也对其进行了大量研究，张二芹[4]等通过 RCM 法对内掺水泥基渗透结晶型防水剂混凝土的抗氯离子渗透性能进行研究，结果表明，适量的水泥基渗透结晶型防水剂使得混凝土抗氯离子渗透性能提高 30% 以上；延永东等[5]、姚嘉诚[6]等则通过将渗透结晶材料与纳米SiO_2进行复配后然后掺入到混凝土中，并对其自修复性能以及抗渗性能进行研究，结果表明，复掺两种材料的混凝土自我修复能力最佳，且抗氯离子侵蚀效果最好；郭宁林[7]等通过将内掺水泥基渗透结晶防水材料混凝土在硫酸铵溶液浸泡环境下探究其耐腐蚀性能及自愈合性能，结果表明，内掺型 CCCW 混凝土具有较强的抗硫酸铵腐蚀性能和裂缝自愈合性能；Cuenca 等[8]、李冰等[9]、杨敏毅等[10]则是对内掺渗透结晶型材料混凝土的裂缝自愈合能力进行探究，并确定其最优掺量，结果表明，水泥基渗透结晶型材料的修复混凝土裂缝能力较强。

本研究通过内掺 0%、0.6%、0.8%、1.0%、1.2%的水泥基渗透结晶型材料，对不同掺量、不同龄期混凝土的坍落度、强度、抗渗压力、电通量及凝结时间进行试验，并通过扫描电子显微镜对其微观形貌进行分析，进一步探究水泥基渗透结晶型材料对混凝土性能的作用规律。

1 试验

1.1 原材料

1.1.1 水泥

水泥选用 P·O 42.5 级水泥，其性能指标见表1、表2。

表1 水泥物理性能

水泥种类	凝结时间/min		抗折强度/MPa		抗压强度/MPa		安定性	比表面积/(cm²·g⁻³)	密度/(g·m⁻³)
	初凝	终凝	3d	28d	3d	28d	试饼法	—	—
P·O 42.5	180	230	5	8.4	27.2	52.5	合格	3960	3.1

表2 水泥化学指标 %

SiO₂	CaO	Al₂O₃	TiO₂	Fe₂O₃	MgO	SO₃	烧失量
22.66	60.45	6.46	0.35	3.76	3.21	1.88	1.23

1.1.2 细骨料

细骨料选用机制砂，其性能指标要求见表3。

表3 细骨料性能指标

表观密度/(kg·m⁻³)	堆积密度/(kg·m⁻³)	含泥量/%	泥块含量/%	含水率/%	细度模数
2670	1430	2.1	0.6	3	2.8

1.1.3 粗骨料

粗骨料选用符合标准的碎石，其各项性能要求指标见表4。

表4 粗骨料性能指标

表观密度/(kg·m⁻³)	堆积密度/(kg·m⁻³)	含泥量/%	泥块含量/%	含水率/%	规格/mm	压碎指标值/%	针片状/%
2700	2350	1	0.03	0.4	5~30	5.8	4.5

1.1.4 矿物填料

矿物填料选用粉煤灰,其性能指标要求见表5。

表 5 粉煤灰性能指标

0.0045mm方孔筛筛余,细度/%	含水率/%	烧失量/%	需水量比/%
0.18	0.21	2.2	94

1.1.5 防水剂

水泥基渗透结晶型防水材料(防水剂),辽宁九鼎宏泰防水科技有限公司生产,符合国家标准 GB 18445—2012《水泥基渗透结晶型防水材料》。

1.2 试件制备与试验方法

1.2.1 试件制备(配合比)

根据 JGJ 55—2011《普通混凝土配合比设计规程》制备混凝土试件,先将粗骨料倒入搅拌机中,倒入部分水搅拌60s(主要起润湿作用)。接着将水泥基渗透结晶型防水材料和剩余的水加入搅拌机中搅拌均匀。最后加入水泥和粉煤灰,搅拌180s,使水泥基渗透结晶型防水材料搅拌均匀后出料浇筑,其中水泥和粉煤灰应分批加入,防止结团导致搅拌不充分。试件24h后进行脱模,然后在标准养护条件下分别养护7d、28d。水泥基渗透结晶型防水混凝土材料试件配合比见表6。

表 6 混凝土试件配合比

编号	水灰比	配合比					
		水泥/kg	粉煤灰/kg	砂子/kg	石子/kg	水/kg	水泥基渗透结晶型材料掺量/%
CCCW0	0.5	280	80	700	1110	200	0
CCCW1	0.5	280	80	700	1110	200	0.6
CCCW2	0.5	280	80	700	1110	200	0.8
CCCW3	0.5	280	80	700	1110	200	1.0
CCCW4	0.5	280	80	700	1110	200	1.2

1.2.2 试验方法

为了探究水泥基渗透结晶型防水材料对混凝土性能影响的变化规律,试验按照 GB/T 50080—2002《普通混凝土拌合物性能试验方法标准》对混凝土坍落度、强度以及凝结时间进行测试;按照 GB 18445—2012《水泥基渗透结晶型防水材料》进行抗渗压力测试;按照 GB/T 50082—2009《普通混凝土长期性能和耐久性能试验方法标准》中电通量法对其抗氯离子渗透性能进行测试。

2 试验结果与分析

2.1 不同掺量下混凝土坍落度对比

不同掺量下水泥基渗透结晶型防水混凝土 CCW0~CCW4 的坍落度对比如图1所示。

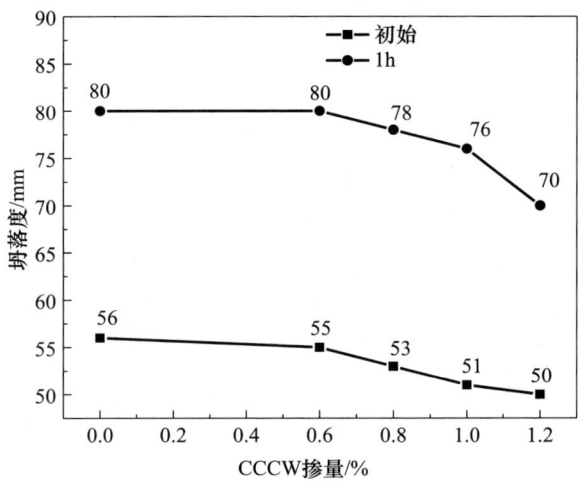

图1 不同掺量下混凝土坍落度对比

从图 1 可以看出，随着混凝土配合比中 CCCW 掺量的增加，防水混凝土的坍落度越来越小，且 1h 坍落度损失也呈现缩小趋势。由此可见，水泥基渗透结晶防水材料能有效地减少混凝土的水分流失，改善其保水性，这是因为该水泥基渗透结晶型防水材料为粉状，随着其掺量的不断增多，水胶比也会逐渐变小，混合料稠度变大而减少水分流失，保水性增强。另外，考虑到混凝土的和易性和施工可操作性，选用 0.8% 的添加量为宜。

2.2 抗压强度试验

在基准混凝土配料时分别掺入混凝土质量 0.6%、0.8%、1.0%、1.2% 的水泥基渗透结晶型防水材料。试验采用立方体标准试件，待养护 7d、28d 后进行抗压强度试验，测试结果如图 2 所示。

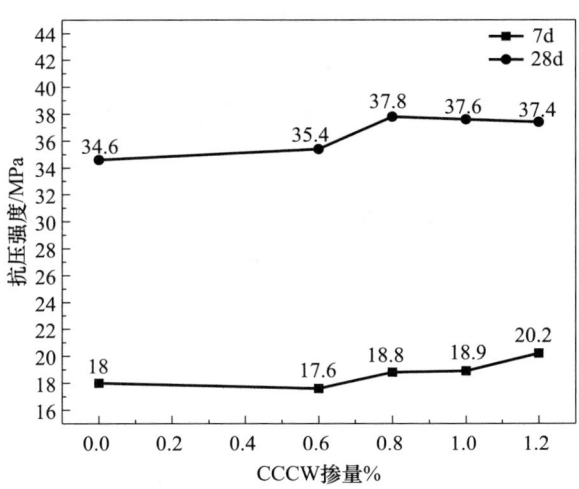

图 2 不同龄期混凝土抗压强度随掺量变化图

从图 2 可知，7d 混凝土抗压强度随着 CCCW 的增多呈现逐渐增高的趋势，其中掺量为 0.6%的混凝土相对于普通混凝土强度下降了 2.2%，当掺量达到 0.8%以上时，混凝土抗压强度相对于基准混凝土，分别提升了 4.4%、5%、12.2%，1.2%添加量提升最高，最高可达 20.2MPa；28d 混凝土抗压强度随 CCCW 掺量的增多呈现先上升后出现些许下降，其中掺量为 0.8%的混凝土抗压强度提升了 9.2%，掺量为 0.6%、1.0%和 1.2%的混凝土抗压强度分别提升了 2.3%、8.7%、8.1%。可见水泥基渗透结晶型防水材料能有效地提高混凝土的抗压强度，可能是因为活性母料与水融合后生成的硅酸根离子向混凝土试件内部渗透，促使融合料与钙离子之间发生反应，形成难溶性硅凝胶，使得混凝土之中的空隙以及毛细孔被堵塞，提高了材料的密度和强度，从而提高了混凝土的抗压强度，当掺量达到 0.8%及以上时，强度达到峰值，所以添加量 0.8%为宜。

2.3 抗折强度试验

对不同掺量、不同龄期的水泥基渗透结晶型防水混凝土材料的抗折强度进行测试，测试结果如图 3 所示。

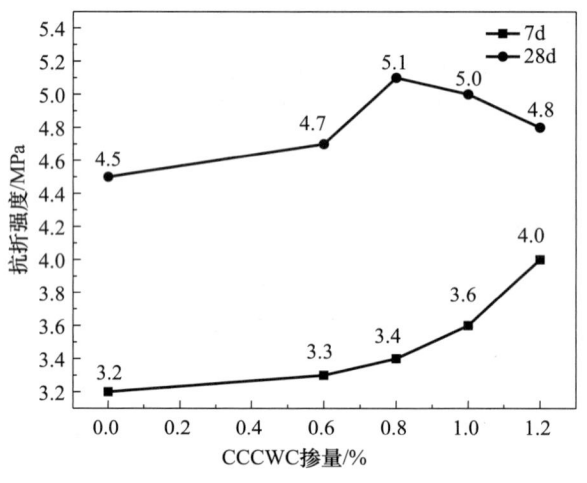

图 3　不同龄期混凝土抗折强度随掺量变化图

从图 3 可知，7d 混凝土抗折强度随着 CCCW 掺量的增多呈现逐渐增高的趋势：当添加量为 1.2%时，抗折强度最高，最高可达到 4.0MPa；28d 混凝土抗折强度随水泥基渗透结晶型防水材料的增多呈现先上升后降低的趋势，其中掺量为 0.8%的混凝土提升最高，最高提升 13.3%，0.6%、1.0%和 1.2%掺量的混凝土抗折强度分别提升了 4.4%、11.1%和 6.7%。分析其原因可能是，随着 CCCW 掺量增高，混凝土密实度变高，从而使得强度升高，当掺量大于一定值后混凝土黏稠度变高，在制样时不易振捣密实，试件容易出现空隙，导致混凝土抗折强度略微有所下降；另外还有可能，当 CCCW 掺量过多，拌和时粉料分散不均匀，导致试件之内出现过多以结团固体颗粒形式存在的固体母料，从而影响混凝土的抗折强度。可见，水泥基渗透结晶防水材料添加量并不是越多越好，从长期的抗折强度角度来看，CCCW 的最优添加量为 0.8%。

2.4 劈裂抗拉强度试验

通过劈裂试验机进行混凝土抗拉强度的测定。试件脱模后待其在标准条件下养护7d、28d后进行试验，测试结果如图4所示。

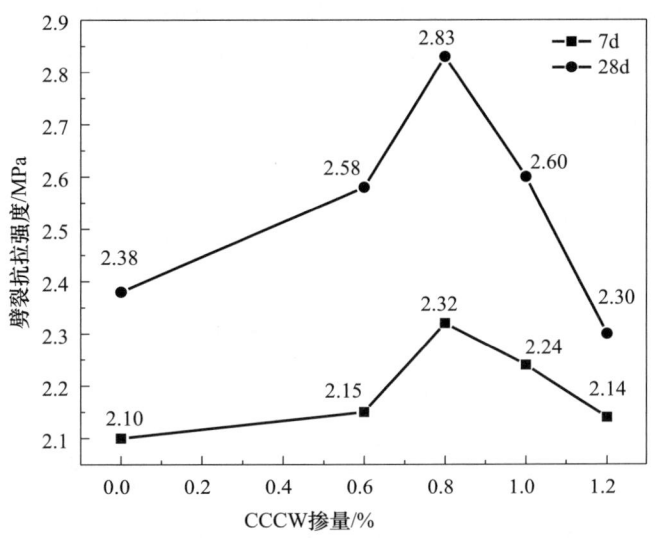

图 4 不同龄期混凝土劈裂抗拉强度随掺量变化图

由图4可看出，7d 和 28d 混凝土劈裂抗拉强度随 CCCW 掺量的增加均呈现先上升再降低的趋势：当掺量为 0.8% 时混凝土劈裂抗拉强度达到峰值，7d 混凝土劈裂抗拉强度达到 2.32MPa；28d 混凝土劈裂抗拉强度则达到 2.83MPa，相对基准混凝土提升了 18.9%。然而，当掺量提高到 0.8% 以上后，劈裂强度逐渐呈下降趋势，其原因与上述类似，可能是因为混凝土黏稠度过大导致试样出现空隙导致，还有可能是 CCCW 过量导致拌和不均匀导致强度出现下降，由此可见，相对于混凝土劈裂抗拉强度而言，CCCW 的最佳掺量为 0.8%。

2.5 抗渗性能试验

按照 GB/T 50082 成型掺入混凝土质量 0.6%、0.8%、1.0%、1.2% 的水泥基渗透结晶型防水材料混凝土试件，养护至 28d 进行第一次抗渗压力试验检测后再放入标准养护条件养护至 56d 进行第二次抗渗压力试验。各组试件的抗渗性试验数据见表7。

表 7 抗渗性试验结果

试件编号	28d 抗渗压力/MPa	抗渗压力比/%	56d 抗渗压力/MPa	56 抗渗压力比/%
CCCW0	0.4	—	0.3	—
CCCW1	0.6	150	0.5	167
CCCW2	0.8	200	0.7	233
CCCW3	1.2	300	0.9	300
CCCW4	1.3	325	0.9	300

根据表 7 可以得出，当养护 28d 后，CCCW4 的抗渗压力比最高，最高值为 325%，CCCW1 的抗渗压力比最低，最低为 150%；当进行第二次抗渗压力试验后，测得的混凝土抗渗压力比最低为 167%，最高为 300%，均满足国标 GB 18445—2012 中规定的大于等于 150%。由此可见，掺加水泥基渗透结晶防水材料能显著提高混凝土的抗渗性能。为了更直观地看出水泥基渗透结晶型防水材料与混凝土抗渗压力比之间的关系，根据表 7 绘出水泥基渗透结晶型防水材料掺量对混凝土抗渗压力比影响曲线，如图 5 所示。

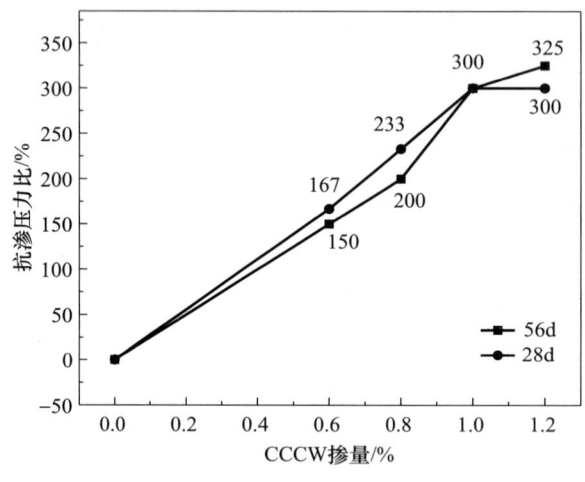

图 5　抗渗压力比影响曲线

由图 5 可以看出，随着水泥基渗透结晶型防水材料在混凝土中掺量的提高，混凝土的抗渗压力比逐渐提高。当添加量为 1.2% 时，混凝土的抗渗性能最好；在水泥基渗透结晶型防水材料由 0% 增加至 1.0% 的过程中，混凝土的抗渗压力比变化趋势呈线性上升；当掺量由 1.0% 增加至 1.2% 时，混凝土的抗渗压力比提高趋势变缓，28d 抗渗压力比仅提高 25%，56d 抗渗压力比趋于平衡。这是由于当 CCCW 掺入到混凝土遇到水时，首先混凝土表面的渗透结晶防水材料会与水反应，在其表面生成一层防水结晶层；另外，还有一部分水会通过毛细管、混凝土裂缝渗入到混凝土试件内部，渗透结晶活性组分被激活生成结晶沉淀，堵塞毛细管和部分宽度较小的裂缝，阻止更多水的渗入，从而使得抗渗压力逐渐提高，但混凝土内部裂缝是有限的，当 CCCW 添加量较多时只有那固定的一部分活性物质反应生成结晶体来填补裂缝，所以当添加量在不高于 1% 时，对混凝土抗渗性能提升更为显著。

2.6　抗氯离子渗透性能试验

本试验采用电通量法对掺入混凝土质量 0.6%、0.8%、1.0%、1.2% 的水泥基渗透结晶型防水材料混凝土试件进行 28d 电通量测试，利用通过混凝土试件的电通量为指标，从而确定混凝土抗氯离子渗透性能，试验数据见表 8。电通量的试验装置满足现行行业标准 JG/T 261《混凝土氯离子电通量测定仪》的有关规定。为了更直观地看出水泥基渗透结晶型防水材料对混凝土电通量的影响规律，根据表 8 绘制出变化曲线图 6。

表 8　混凝土电通量试验数据

项目	水泥基渗透结晶型防水材料混凝土				
	CCCW0（基准）	CCCW1	CCCW2	CCCW3	CCCW4
28d 电通量/C	1503	1210	996	975	972

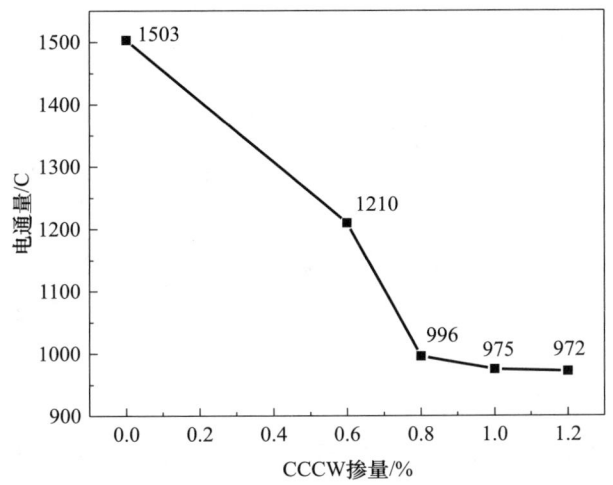

图 6　不同掺量下混凝土电通量变化曲线

由图 6 可以看出，掺加水泥基渗透结晶型防水材料能明显地降低混凝土抗氯离子渗透试验的电通量。随着防水剂掺量不断增加，混凝土电通量迅速降低，最高降低 35%，但添加到 1.2% 时，电通量开始逐渐趋近于平衡。可见，当水泥基渗透结晶型防水材料添加量为 1.0% 时，混凝土电通量最低，说明该配比下，混凝土的抗氯离子渗透性能最佳。其原因与上述抗渗试验相同，一方面，渗透结晶防水材料在混凝土表面形成防水层；另一方面，渗透结晶材料中的硅酸离子与混凝土中的钙离子发生反应，生成枝蔓状的硅酸钙晶体结构，填充了混凝土试件的内部毛细管空隙，从而使得混凝土更加致密，阻止水的渗漏，当掺量达到一定程度后，只有固定的活性组分起作用，所以电通量趋近于平衡。

2.7　凝结时间测定

为了考察混凝土在施工时的可操作性，实测不同防水剂掺量下混凝土拌合物的初凝时间和终凝时间，试验结果如图 7 所示。

由图 7 可知，水泥基渗透结晶型防水材料对混凝土凝结时间也有所影响，掺量越多，凝结时间越短。然而，初凝时间随掺量升高变化不是很明显，对终凝时间则相对大一些，当添加量达到 1% 时，终凝时间下降梯度呈扩大趋势，相对于 0.8% 添加量缩短了 5.6%。分析其原因与上述坍落度试验类似，该水泥基渗透结晶型防水材料为粉状材料，当添加量越多时，整个体系的水灰比就会降低，那么就会减少游离的水，这样生成的水化物固相需求量越少，凝结硬化所需要的时间就越短。

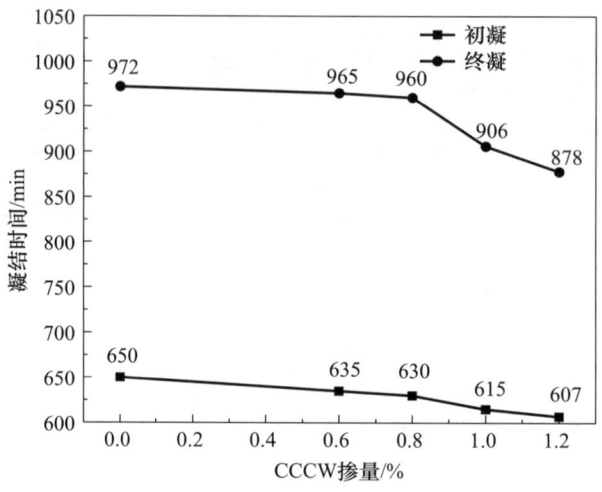

图 7 不同掺量下混凝土凝结时间变化曲线

3 微观分析

为了探究 CCCW 对混凝土的作用机理,通过扫描电镜分别对基准混凝土与内掺 0.8%CCCW 的混凝土的微观形貌进行观测,SEM 图如图 8 所示。

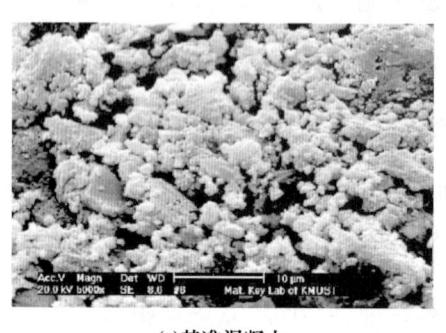

(a)基准混凝土　　　　　　　　(b)内掺0.8%CCCW混凝土

图 8 SEM 照片

由 SEM 图可知,基准混凝土的内部存在大量的孔洞与裂缝,导致混凝土密实度不够,从而使得混凝土力学性能与渗透性不佳。反观掺入 0.8%CCCW 的混凝土裂纹则相对较少且致密,这是因为渗透结晶材料中的硅酸根离子与钙离子反应生成大量的枝蔓状的结晶体,堵塞了混凝土的毛细管与微裂缝,从而提高了混凝土密实度,一定程度上改善了混凝土的力学性能与渗透性能。

4 结论

(1) 适量的水泥基渗透结晶型防水材料能有效地改善混凝土拌合物的保水性,从坍落度测试结果可以看出,当防水剂掺量为 0.8% 时,混凝土的 1h 坍落度损失率相对较低,说明此时混凝土拌合物的保水性及和易性最佳。

(2) 通过试验分析可知:当水泥基渗透结晶型防水材料掺量为 0.8% 时,混凝土抗压强度、抗折强度以及劈裂抗拉强度最高,说明在此添加量下,混凝土的密实度最高,力学性能最好。

(3) 水泥基渗透结晶型防水材料能明显地提高混凝土的抗渗性能以及抗氯离子渗透性能,当添加量为 1% 时,其对混凝土抗渗性能提升更为显著。这也说明此时的修复率最佳。另外,通过电通量法可知,选用同样的添加量,此时混凝土的电通量最低,致密度最高,抗氯离子渗透性能最佳。

(4) 随着水泥基渗透结晶型防水材料掺量的增大,混凝土拌合物的凝结时间下降,当掺量为 1.0%,终凝时间下降比例更为明显。

(5) 由 SEM 图可知,掺入 CCCW 的混凝土内部生成大量枝蔓状结晶体,堵塞了混凝土的毛细管与微裂缝,从而提高了混凝土密实度,一定程度上改善了混凝土的力学性能与渗透性能。

参考文献

[1] 沈春林,苏立荣,岳志俊. 建筑防水材料 [M]. 北京:化学工业出版社,2000.

[2] 张晨剑,谢嘉磊,王志豪,等. 氯离子含量对中高强混凝土抗压强度和耐久性的影响 [J]. 硅酸盐通报,2023,(7):1-13.

[3] 张安林,李紫薇. 浅谈水泥基渗透结晶型防水添加剂对混凝土性能的影响 [J]. 四川建材,2019,45 (2):12-16.

[4] 张二芹. 渗透结晶型防水剂对混凝土性能影响研究 [J]. 四川建材,2023,49 (6):6-8.

[5] 延永东,高生宇,姚嘉诚,等. 复掺渗透结晶材料和纳米二氧化硅混凝土抗氯离子侵蚀性能研究 [J]. 混凝土,2022,(7):48-52.

[6] 姚嘉诚,延永东,徐鹏飞,等. 水泥基渗透结晶型防水材料和纳米二氧化硅改性混凝土自修复性能的研究 [J]. 硅酸盐通报,2020,39 (6):1772-1777.

[7] 郭宁林,郭荣鑫,林志伟,等. 内掺型 CCCW 混凝土在硫酸铵环境中抗腐蚀及自愈性能研究 [J]. 硅酸盐通报,2020,39 (4):1107-1114.

[8] CUENCA E,TEJEDOR A,FERRARA L. A methodology to assess crack-sealing effectiveness of crystalline admixtures under repeated cracking healing cycles [J]. Construction and Building Materials,2018,179:619-632.

[9] 李冰,郭荣鑫,万夫雄,等. 不同条件下内掺水泥基渗透结晶型防水材料混凝土自愈合性能研究 [J]. 硅酸盐通报,2019,38 (7):2208-2212.

[10] 杨敏毅,曾俊杰,王胜年,等. 渗透结晶材料对混凝土裂缝自愈合的影响 [J]. 硅酸盐通报,2017,36 (10):3542-3547,3554.

水电站大体积混凝土缺陷修复和效果检测措施

陈森森[1]　王玉峰[2]　赵灿辉[3]　李　康[1]　孙晨让[1]　顾生丰[1]　叶　锐[1]

（1. 南京康泰建筑灌浆科技有限公司，江苏南京 210046；
2. 中建材苏州防水研究院有限公司，江苏苏州 215008；
3. 北京辉腾科创防水技术有限公司，北京 100020）

摘　要：杨房沟水电站作为雅砻江流域水电开发有限公司流域水电开发的又一关键工程，为世界第一高拱坝，其结构大多由大体积混凝土浇筑，地下厂房系统的部分结构厚度超过1.5m，受水化热、温度、湿度和围岩偏压等多方面因素影响，呈现以不规则裂缝为主的不同种类缺陷，严重地影响了大坝结构的安全性、整体性和耐久性。因此，大体积混凝土缺陷的修复和效果检测尤为重要，选择有针对性的新工艺、新材料及新检测手段，从根本上解决了裂缝对大坝质量与结构的安全隐患。

关键词：地下厂房；大体积混凝土；裂缝检测手段；裂缝处理；饱满度检测

Repair and Effect Detection Measures of Mass Concrete Defects in Hydropower Station

Chen Sensen[1]　Wang Yufeng[2]　Zhao Canhui[3]　Li Kang[1]　Sun Chenrang[1]
Gu Shengfeng[1]　Ye Rui[1]

(1. Nanjing Kangtai Construction Grouting Technology Co. , Ltd. , Nanjing, Jiangsu 210046; 2. Sinoma Suzhou Waterproof Research Institute Co. , Ltd. , Suzhou, Jiangsu 215008; 3. Beijing Huiteng Kechuang Waterproofing Technology Co. , Beijing 100020)

Abstract: Yangfanggou Hydropower Station, as another key project of Yalong River

Basin Hydropower Development Co., Ltd., is the world's first high arch dam. Most of its structures are poured with mass concrete. Some structures of the underground powerhouse system are more than 1.5 meters thick. Affected by many factors such as hydration heat, temperature, humidity, and wall rock bias, it presents different kinds of defects, mainly irregular cracks, which seriously affect the safety of the dam structure integrity and durability, therefore the repair and effectiveness testing of defects in large volume concrete are particularly important. Choosing targeted new processes, materials, and testing methods fundamentally solves the safety hazards of cracks on the quality and structure of the dam.

Keywords: underground plant building; large volume concrete; crack detection means; crack treatment; measurement of fullness

1 引言

杨房沟水电站位于四川省凉山彝族自治州木里县境内（部分工程区域位于甘孜州九龙县境内）的雅砻江中游河段雅砻江镇上游约6km处，是雅砻江中游河段一库七级开发的第六级，距木里县城约156km。

2 主体工程概况

地下厂房的引水发电系统主要建筑有电站进水口、压力管道、尾水连接管、尾水出口、主副厂房、主变室、尾水调压室、尾水洞检修闸门室、母线洞、出线洞等。

该工程缺陷表现形式呈现出以不规则裂缝为主，其中较为严重的部位为输水系统及厂房系统结构裂缝，勘察统计裂缝总长度超过8000m，严重影响水电站部分结构和设备的安全运行（图1）。

图1 现场不规则裂缝实景

3 大体积混凝土结构裂缝排查、检测及治理措施

3.1 大体积混凝土裂缝类别等缺陷排查检测措施

处理大体积混凝土裂缝前需先对裂缝进行检测分类，确定宽度及深度。通常检测方式分为三类：裂缝宽度菲林卡、HC-U81 混凝土超声波检测仪及 Z1Z-FF02-190 东成水钻机抽芯钻孔，裂缝宽度采用菲林卡识别比对，只能识别表面缝宽，无法识别内部裂缝情况（图2），对于裂缝深度检测，混凝土缺陷检测仪通常应用于小体积混凝土的缝深检测，有碎渣影响检测效果（图3）；而抽芯钻孔通常又对主体结构破坏性较大且无法探测斜向裂缝走向（图4、图5），附大体积混凝土结构裂缝示意图（图6）。

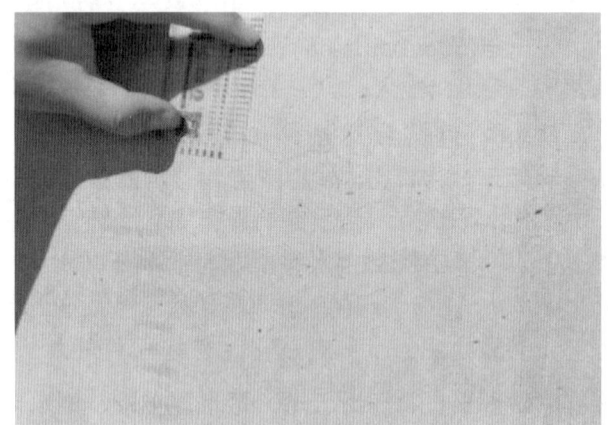

图 2　菲林卡实景

图 3　HC-U81 混凝土超声波检测仪实景

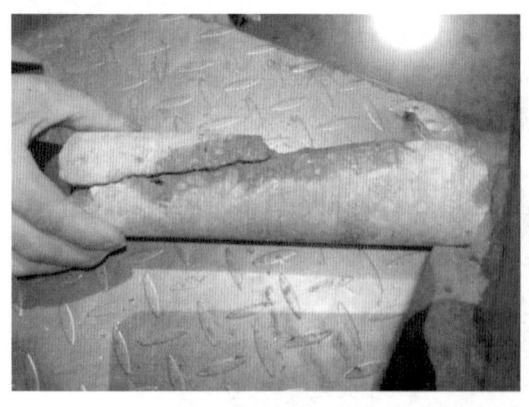

图 4　抽芯取样实景

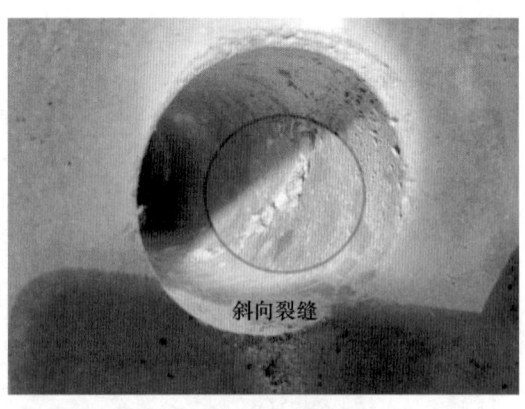

图 5　取样孔斜向裂缝实景

HC-U81 混凝土超声波检测仪使用范围：超声回弹综合法检测混凝土强度、混凝土内部缺陷的检测和定位、混凝土裂缝深度检测（采用优化跨缝检测方式）、混凝土裂缝宽度检测、自动读数带拍照；主要参数：触发方式为自动触发、采样周期 0.05～

2.0μs、采样长度 1024、接收灵敏度<10μV、声时测量范围 0～99999μs、声时测读精度 0.05μs、幅度测读范围 0～170dB。

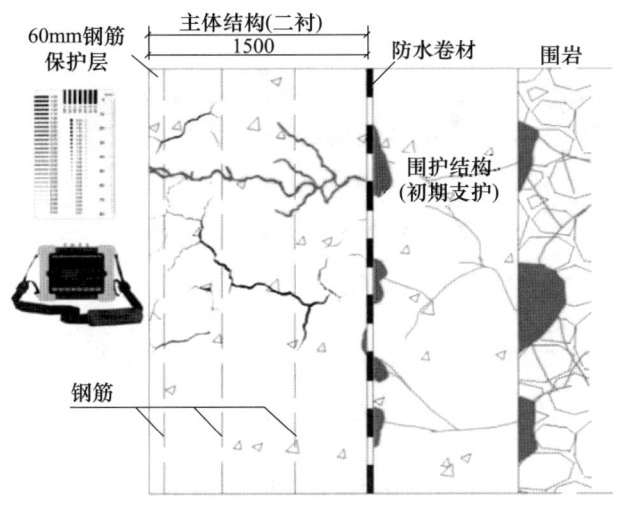

图 6 大体积混凝土结构裂缝示意

目前自主研发的压水压密性试验检测法，对结构破坏性较小的同时不受大体积混凝土结构影响，不破损结构内钢筋，能够对裂缝状况进行检测。以结构 1500mm 的大体积混凝土为例，在裂缝两侧交替布置深浅孔，使用长度 1000mm、直径为 14mm 的钻杆进行浅孔作业，孔深至结构的 1/3 左右，再使用直径为 28mm 的钻杆钻至结构的 2/3 左右，再使用直径为 14mm 的钻杆斜向打入 28mm 孔内（图 7）。

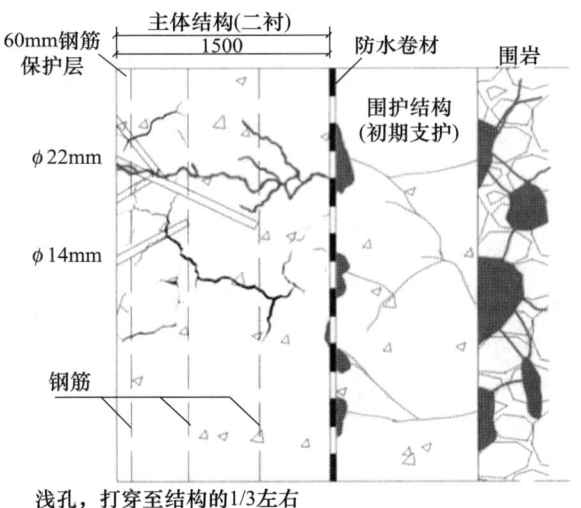

图 7 结构内打孔示意

采用 KT-CSS-3A（Ⅱ型）耐潮湿环氧树脂裂缝封闭胶封堵注浆口，其余 14mm 注浆口安装注浆嘴，进行主体结构压水压密性试验检测，将不可见的裂缝暴露出来（图 8），或者通过压水后水的消耗量来判断裂缝内部的情况。

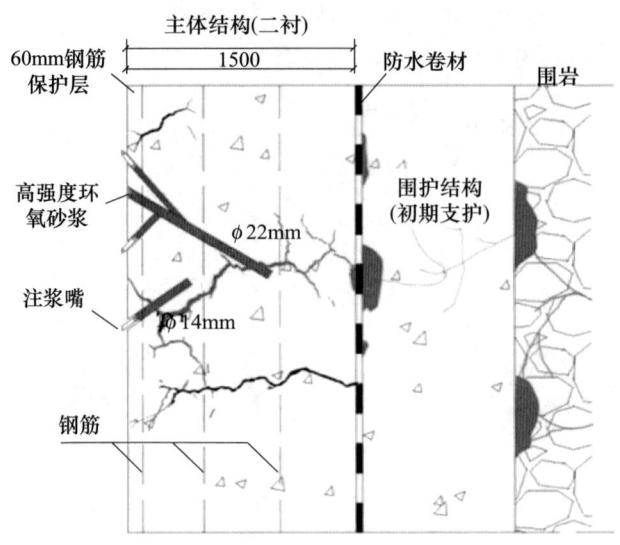

图 8 结构内压水压密性示意（一）

混凝土结构内裂缝检测完毕后再使用长度 2000mm、直径 28mm 的钻杆垂直钻孔，孔深至围岩层，使用高压螺杆泵对结构壁后进行压水压密性试验，通过此试验将主体结构内贯穿裂缝暴露出来（图 9）。

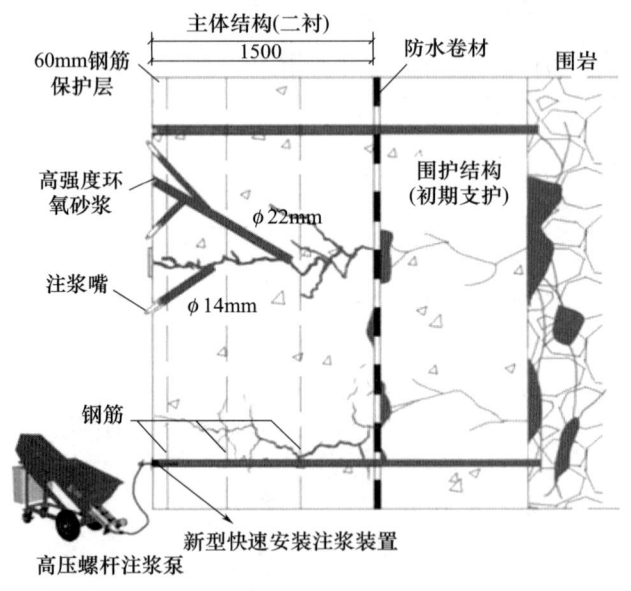

图 9 结构内压水压密性示意（二）

3.2 大体积混凝土结构裂缝综合治理措施

混凝土结构裂缝根据裂缝宽度和深度大小分为 A、B、C、D 四类等级[1-5]，针对不同等级制定对应的方案，结合不同使用功能和环境，采用针对性的新工法和新材料进行综合整治（图 10）。

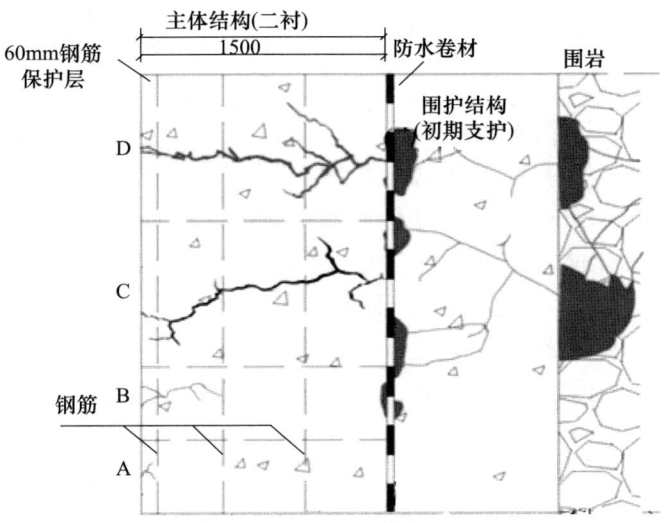

A类裂缝：宽<0.2mm，深<50mm(浅表裂缝)
B类裂缝：宽0.2～0.3mm，深100～350mm(结构内裂缝)
C类裂缝：宽≥0.2mm，<0.5mm(贯穿干裂缝)
D类裂缝：宽≥0.5mm(贯穿渗水裂缝)

图 10　裂缝等级分类示意

3.2.1　A类裂缝

裂缝宽<0.2mm，深<50mm 的浅表裂缝，把碳化层和氧化层、污染层打磨清理干净，切 V 形槽，宽 2～3cm，深 1cm，涂刷 KT-CSS-4F 耐潮湿高渗透改性环氧树脂结构胶作为底涂，宽为 15～20cm，用 KT-CSS-3A（Ⅱ型）进行封闭（图 11）。

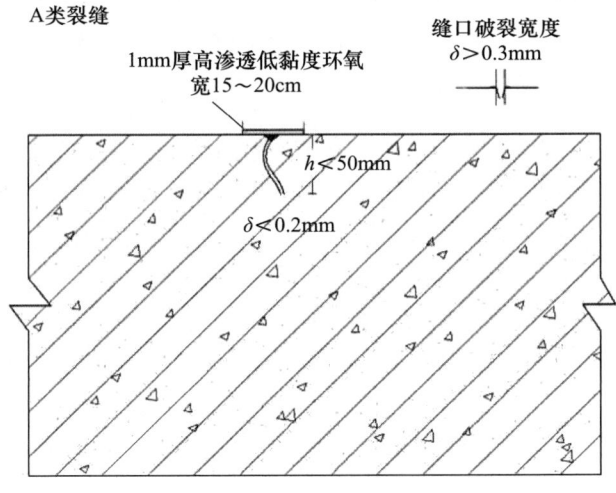

图 11　A类裂缝示意

3.2.2　B类裂缝

缝宽≥0.2mm，<0.3mm，缝深 10～35cm 的裂缝，打磨，切 V 形槽，宽 2～3cm，

深 1cm，用 KT-CSS-3A（Ⅱ型）封闭，因裂缝检测只能以抽查为主，并不能全部探明每一条裂缝的深度。为防止裂缝较深，还是使用组合法打孔，使用 14mm 孔径钻杆先钻浅孔，深度 20～30cm，再钻深孔，深度 50～80cm，安装专用注浆嘴，采用低压、慢灌、快速固化，分序分次控制灌浆工法，灌注 KT-CSS-18（Ⅲ型）（具有 15%～25% 的延伸率，有一定的韧性和弹性，可以抗裂缝在重力荷载或其他环境造成裂缝的变化）。灌浆压力控制在 0.3～0.5MPa，通过灌注 2min 停 1min 的方式控制灌浆，可通过调整材料配合比例调整固化速度：当 A、B 组分配比为 10∶4 时，具有 15% 左右的延伸率，固化时间为 90min 左右；当 A、B 组分配比为 10∶5 时，具有 25% 左右的延伸率，固化时间为 60min 左右，结束指标为稳压 2min，耗量小于 0.2mL/min，停止灌浆。通过灌注 KT-CSS-18，完全能够达到加固设计规范中对于宽度＞0.2mm 裂缝的封闭要求。在裂缝两侧涂刷 KT-CSS-4F 底涂，宽度为 15～20cm，用 KT-CSS-3A（Ⅱ型）进行封闭（图12）。

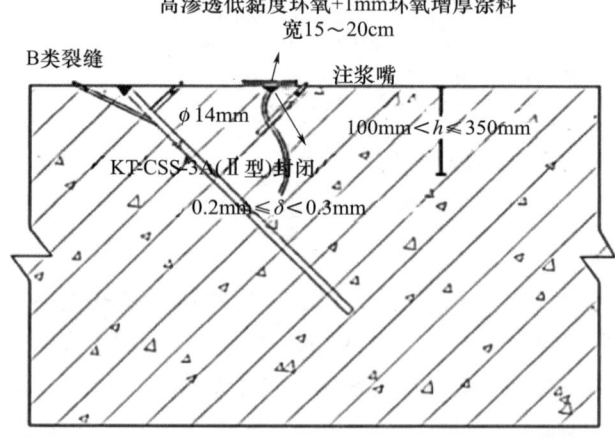

图 12　B 类裂缝示意

3.2.3　C 类裂缝

缝宽≥0.3mm，＜0.5mm 的贯穿干裂缝，骑缝切 V 形槽，宽 2cm，深 2cm，将槽清洗干净用 KT-CSS-3A（Ⅱ型）封闭，斜向裂缝两侧交替钻孔，使用长度 1000mm、直径为 14mm 的钻杆进行钻孔，孔深钻至结构的 1/3 左右，再用长度 1500mm、直径为 22mm 的钻杆进行钻孔，孔深至结构的 2/3 左右，再使用组合法打孔注浆。

待封闭材料固化后进行化学灌浆，灌 KT-CSS-18（Ⅲ型）耐潮湿韧性改性环氧树脂结构胶，灌浆压力为 0.4～0.6MPa，先浅孔后深孔，根据现场进浆量情况实时调整 A、B 组分比例，固化时间控制在 80～120min，结束指标为稳压 3min，耗量小于 0.3mL/min，停止灌浆，浅孔注浆可以起到对裂缝表层的粘接封闭作用，为深孔压力注浆时饱满度提供保障。

采用前述方案对裂缝进行封闭（图13、表1）。

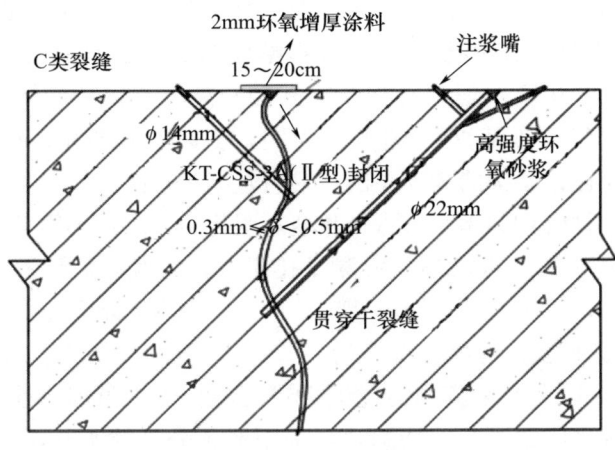

图 13 C 类裂缝示意

表 1 耐潮湿韧性改性环氧树脂结构胶性能指标

检测项目	《工程结构加固材料安全性鉴定技术规范》GB 50728—2011	《混凝土裂缝用环氧树脂灌浆材料》JC/T 1041—2007		耐潮湿韧性改性环氧树脂结构胶 KT-CSS-18（Ⅲ型）
		Ⅰ型	Ⅱ型	
抗压强度/MPa	≥60	≥40	≥70	≥80
		≥5.0	≥8.0	
钢对C45混凝土正拉粘结强度（水下固化）/MPa	—	Ⅰ型（干帖接）≥3.0	Ⅱ型（干帖接）≥4.0	≥4.0
		（湿粘接）≥2.0	（湿粘接）≥2.5	
伸长率/%		0		≥20

3.2.4 D 类裂缝

缝宽≥0.5mm 的贯穿渗水裂缝，若渗水出现在钢筋混凝土段，则应先对围岩堵水再进行结构裂缝化学灌浆处理。措施如下：

1）堵水：先进行壁后围岩的钻孔压水检测，若显示围岩透水率符合设计标准，结构表面裂缝仍有渗水，则沿缝两侧各 4m 范围内按间距 0.2m 左右布设化学灌浆孔（裂缝密集部位可视现场情况确定间距），斜向裂缝钻孔，孔径 14mm，深度 500mm 左右，安装专用注浆嘴；再采用风钻垂直钻孔，入围岩 2m 以上，大体积混凝土结构外围岩内灌注低聚合物水泥基特种灌浆材料，按照配比对浆液进行搅拌、灌注，灌浆压力控制在 0.8～1.0MPa；结束指标为稳压 3min，耗量不小于 0.2L/min，关闭进浆阀。大体积混凝土结构内采用低压、慢灌、快速固化，分序分次 KT-CSS 控制灌浆工法，灌注化学浆液，确保饱满度。

2）凿槽：采用石材雕刻机沿缝雕刻U形槽，槽深3cm左右，槽宽2cm左右，并将槽清洗干净。

3）埋注浆嘴：用KT-CSS-3A（Ⅱ型）封闭，斜向裂缝钻孔，孔径14mm，浅孔在结构的1/3左右，深孔在结构的2/3左右，安装注浆嘴。

4）灌浆：待封闭材料KT-CSS-3A（Ⅱ型）固化后，采用KT-CSS-18（Ⅲ型）进行灌浆，灌浆压力控制在0.3～0.5MPa，深浅孔布置，先浅孔后深孔，深孔采用粗孔和细孔组合的灌浆工艺，采用前述控制灌浆工法，确保灌浆饱满度。

5）采用前述方案对裂缝进行封闭。

6）此注浆材料可以在有水流的情况下进行堵漏，水中可以固化和粘接，各项指标超过国家标准，在有水压的情况下堵漏，可采用泄压分流的工艺，注浆材料不溶于水，可以把水挤走，进行空间置换充填裂缝孔隙达到堵漏的目的（图14～图16，表2）。

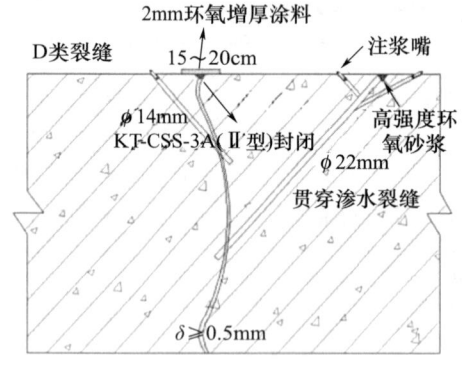

图14 D类底板裂缝示意

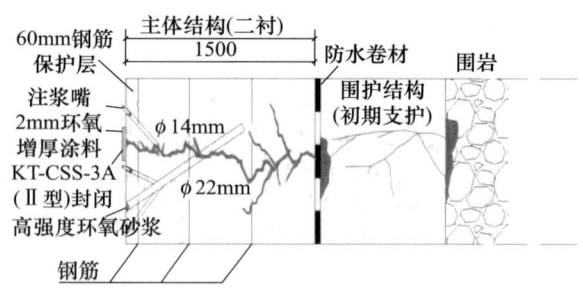

图15 D类侧墙裂缝示意

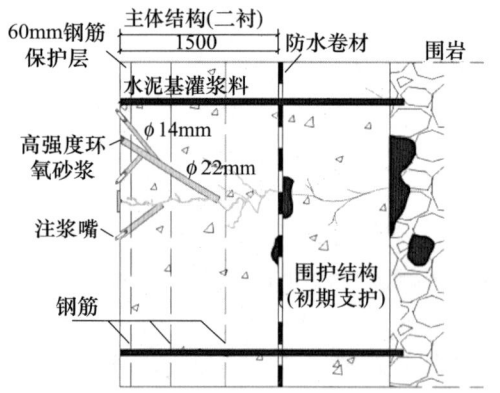

图16 D类裂缝结构内及壁后注浆示意

表2 大体积混凝土注浆材料使用条件

种类	名称	使用条件
水泥基灌浆料	KT-CSS-9908	围岩裂隙堵水、加固，增加抗渗、抗压能力
环氧类灌浆料	KT-CSS-18	大体积混凝土堵漏、加固，有韧性、潮湿基层固化，抗结构应力变化

3.3 大体积混凝土裂缝灌浆后饱满度效果检测措施

待大体积混凝土结构裂缝灌浆处理后，再在两侧布置深浅孔进行压水压密性试验，检测注浆饱满度：若结构内能够持续进水且结构面无渗水现象，则证明结构内部仍有裂缝存在；若结构内能够持续进水且结构面有渗水现象，则证明仍有裂缝未处理；若稳压 3min 耗水量不超 3mL，则证明主体结构裂缝渗水得以解决（图17）。

在确认主体结构裂缝饱满度达到要求后，再对主体结构壁后进行压水压密性试验，检测其结构壁后注浆饱满度，钻孔至围岩 1000mm，使用高压螺杆注浆泵进行压水压密性试验：若结构表面出现渗漏水现象，则证明大体积混凝土结构内仍然有贯穿裂缝；若稳压 3min 耗水量不超 3mL，则证明结构内裂缝缺陷已解决（图18）。

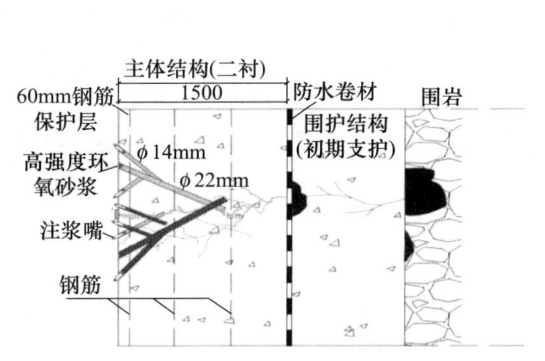

图17 结构内压水压密性试验示意（一）　　图18 结构壁后压水压密性试验示意（二）

通常的方法对大体积混凝土裂缝检测无法探明，采用以上措施，彻底解决了大体积混凝土结构内裂缝走向不可测的问题（图19、图20）。

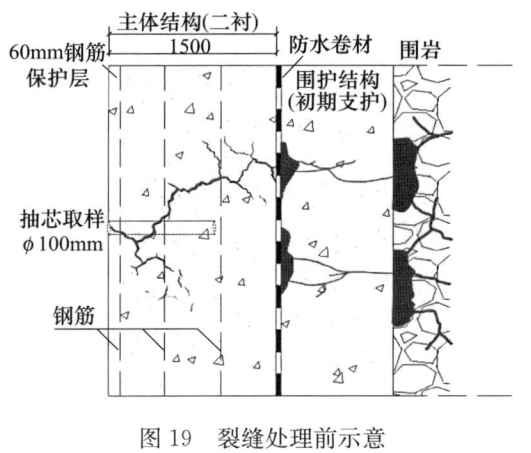 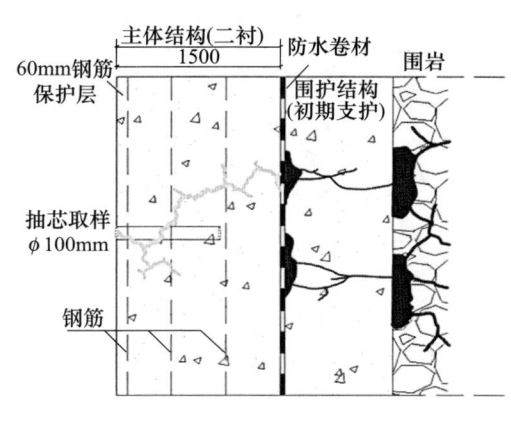

图19 裂缝处理前示意　　图20 裂缝处理后示意

4 大体积混凝土结构裂缝治理和检测效果验证

选择针对性的新工法和新检测手段，利用材料复合、工法组合、设备配合、工艺融合，进行水电站大体积混凝土的缺陷修复和效果检测措施，经业主、甲方和第三方检测机构验收合格，通水后 28 个月，停止发电，放空检查，结构无开裂和渗漏，从而能直观证明效果显著。

此技术措施还能运用于水库大坝、港口码头、地铁车站、部队洞库等具有大体积混凝土缺陷的修复施工和效果检测中去,为同类工程提供了借鉴。

参考文献

[1] 杨恒. 两河口导流洞混凝土缺陷处理探讨[J]. 技术与市场,2012,(6):189-190.

[2] 李亮. 锦屏二级水电站引水隧洞衬砌混凝土裂缝缺陷修补[J]. 中国建材科技,2014,(6):123-124.

[3] 戴杨春. 泰安抽水蓄能电站输水隧洞混凝土衬砌裂缝处理[C]//全国化学灌浆学术交流会. 中国水利学会,2006.

[4] 马文波. 水工地下隧洞衬砌混凝土裂缝处理[J]. 商品与质量,2015,(8):251.

[5] 张晓飞,薛秀福. 锦屏水电站引水隧洞衬砌混凝土裂缝处理试验段总结[J]. 城市建设理论研究(电子版),2014,1-5.

作者简介:陈森森,教授级高级工程师,土木工程专业,1973年5月出生,江苏南京人,从事地下工程裂缝、渗漏、病害、缺陷等综合整治29年。

高效水分蒸发抑制方法对超高性能混凝土适用性研究

方寅生　秦兆权

（安徽汇辽新型装饰材料有限公司，安徽东至 247200）

摘　要：在高温的环境下，现浇混凝土浆体的自由水向表面蒸发，随着失水的增加，毛细管负压产生的应力使混凝土表面体积产生收缩，形成塑性收缩裂缝。严重的收缩裂缝会对混凝土的结构稳定性有重大的影响，进而造成巨大的经济损失。因此如何控制塑性阶段的裂缝，对混凝土的耐久性具有重大的意义。本文主要研究了超高性能混凝土（UHPC）浆料表面水分蒸发的抑制方法。通过试验测试和分析，探讨了不同因素对UHPC浆料表面水分蒸发的影响，并提出了有效的抑制措施。本文的研究成果对于提高 UHPC 施工质量、减少 UHPC 开裂、提高 UHPC 耐久性等方面具有重要的参考价值。

关键词：UHPC，水分蒸发，抑制措施，施工质量，耐久性

Research on the Applicability of Efficient Water Evaporation Inhibitors to Ultra High Performance Concrete

Fang Yinsheng　Qin Zhaoquan

(Anhui Huiliao New Decoration Materials Co., Ltd,
Anhui Dongzhi 247200)

Abstract: In a high-temperature environment, the free water of the cast-in-place concrete slurry evaporates towards the surface. With the increase of water loss, the stress generated by capillary negative pressure causes the volume of the concrete surface to shrink, forming plastic shrinkage cracks. The impact of severe shrinkage cracks can have a significant impact on the structural stability of concrete, leading to significant economic losses. Therefore, how to control cracks in the plastic stage is of great significance for the durability of concrete. This article mainly studies the suppression method of surface water evaporation in UHPC slurry. Through experimental testing and analysis, the influence of different factors on the surface moisture evaporation of UHPC slurry was explored, and effective suppression measures were proposed. The research results of this article have important reference value for improving the construction quality of UHPC, reducing UHPC cracking, and improving UHPC durability.

Keywords：UHPC; moisture evaporation; suppression measures; construction quality; durability

1 引言

超高性能混凝土（UHPC）是一种抗压强度达200MPa的超高性能水泥基复合材料，具有很好的耐久性能和施工性能，在石油、核电、市政、海洋、人防工程及军事设施中有广泛的应用前景[1-2]。在UHPC浆料浇筑过程中，经常会遇到UHPC表面快速干燥的状况，例如环境温度高，湿度低，高风速，外部环境温度寒冷而内部产生巨大热量的UHPC等。而超UHPC浆料表面的水蒸发速率高于泌水速率，UHPC表面易塑性收缩开裂、结壳、发黏，表面以下呈海绵状结构，拆模后会出现裂缝[3]。

大风一吹，还出现严重的"起灰"现象。更为严重的情况是，UHPC浆料表面迅速干燥，连抹面也无法进行，严重地影响到施工进程和工程质量。因此，如何减少UHPC浆料表面的水分蒸发，保持UHPC表面的塑性状态是某些施工中不得不解决的问题，如果在塑性UHPC浆料表面洒水来补充过多蒸发掉的水分的话，会造成UHPC浆料表面的水灰比增大，导致UHPC表面结构疏松、强度偏低，造成UHPC构件表面起粉。

UHPC浆料在浇筑后由于与空气存在一定的湿度差，UHPC浆料中的水分要向外迁移，一方面减少了UHPC正常水化所需要的水分；另一方面，失水引起的湿度梯度和应力集中会造成塑性开裂和干燥开裂，同时快速失水也容易造成UHPC浆料表层结壳，导致抹面困难，增加了施工的难度。这种现象在UHPC中尤为突出，原因在于高效减水剂和大掺量矿物掺合料的广泛应用，现代UHPC水胶比持续降低，拌合物黏聚性大，泌水少，在水分蒸发速率快的环境中极易发生上述现象。尽管表层的裂缝对UHPC力学性能影响不大，但研究表明，表层裂缝明显使UHPC的渗透性能上升，进而大幅度降低UHPC的耐久性。因此，加强现代UHPC的养护，减少UHPC表层的水分蒸发，抑制因水分蒸发引起的开裂，对提高UHPC构件耐久性具有重要的意义[4]。

本文研究了3种抑制水分蒸发的方法，对UHPC的生产具有借鉴意义。

2 试验部分

2.1 原材料

（1）水泥、砂原材料选择与质量控制：选用质量稳定的水泥、砂等原材料，确保原材料粒径、含水率等指标符合要求。同时对原材料进行严格的进场检验和质量控制，确保原材料质量的一致性。其中水泥为普通的硅酸盐水泥，细骨料为20~40目普通石英砂。

（2）粉煤灰：采用灵寿县恒阳矿产品加工厂，规格325目Ⅰ级粉煤灰。

（3）硅灰：采用北京正源益清新材料技术有限公司，规格950U的微硅粉。

（4）外加剂（减水剂）：采用西卡540P聚羧酸高性能减水剂。

（5）水分抑制材料：选择了3种抑制UHPC表面水分蒸发的材料，即①PE保鲜膜；②乳液——陶氏罗门哈斯乳液968LO乳液；③蒸发抑制剂——江苏苏博特 Ereducer®-101 塑性UHPC高效水分蒸发抑制剂。

2.2 试验方法

试验中，水分蒸发抑制率参考国家标准JG/T 477—2015《混凝土塑性阶段水分蒸发抑制剂》的要求进行测定[5]。

试验过程中，将按照一定比例配制的UHPC浆料均匀地涂布在标准尺寸的玻璃板上，然后将其放置在恒温恒湿环境中进行养护。在不同的时间节点，对试件的外观、质量等进行测量，并记录数据。试验计划见表1。

表1 试验计划表

试件	措施	备注
试件1	不做处理	—
试件2	覆膜[6]	PE保鲜膜
试件3	喷乳胶	陶氏罗门哈斯乳液968LO乳液
试件4	喷蒸发抑制剂[7]	江苏苏博特 Ereducer®-101 塑性UHPC高效水分蒸发抑制剂

上述恒温恒湿环境为环境温度(37 ± 1)℃，环境湿度为$(30\pm1)\%$，内部风速为5m/s，风速平行于玻璃板，玻璃板尺寸为200mm×200mm。

试样浆体的配比见表2。

表2 试样配合比

材料（质量份）				水胶比	砂胶比
水泥	硅灰	粉煤灰	外加剂		
80	10	10	2	0.19	1.1

试样制备和测试：成型过程中先将原材料干拌均匀，然后在搅拌过程中将混合均匀

的水和外加剂缓慢倒入搅拌机内，湿拌 3min。当混合料进入黏流状态后，然后在玻璃板涂抹，并对试件 2、3、4 分别进行覆膜、喷乳液和喷洒蒸发抑制剂操作，然后放入称重恒温恒湿环境中进行养护。在不同的时间节点，对试件的外观、质量等进行测量，并记录数据。

3 结果与讨论

3.1 试验结果

表 3 为本次试验记录的数据，包括试样的外观和累积质量变化。

表 3 试件的外观、累积质量变化

时间	试件 1		试件 2		试件 3		试件 4	
	累积质量变化/g	外观	累积质量变化/g	外观	累积质量变化/g	外观	累积质量变化/g	外观
0min	0	—	0	—	0	—	0	—
15min	−10	轻微失水	0	无结壳	0	无结壳	0	无结壳
30min	−13	结壳起皮	0	无结壳	−7	无结壳	−3	无结壳
45min	−15	结壳起皮	−5	无结壳	−10	无结壳	−7	无结壳
1h	−18	结壳起皮	−8	无结壳	−13	无结壳	−10	无结壳
2h	−28	表面失水	−10	无结壳	−15	无结壳	−15	无结壳
3h	−35	表面失水	−12	无结壳	−20	无结壳	−15	无结壳
4h	−36	表面失水	−15	无结壳	−20	无结壳	−15	无结壳
5h	−36	表面失水	−20	无结壳	−25	无结壳	−15	无结壳
6h	−36	表面失水	−20	无结壳	−25	无结壳	−15	无结壳

试件 1 的试验结果表明，UHPC 浆料表面水分蒸发随着时间的推移逐渐加剧。在初始阶段，水分蒸发速率较快，而在后期阶段，水分蒸发速率逐渐减缓。此外，试验还发现，UHPC 试件的不同处理方法对 UHPC 浆料表面水分蒸发也有显著影响。

试件 2 的试验结果表明，保鲜膜可以有效地阻止 UHPC 表面的水分蒸发，从而保持 UHPC 的湿润状态，有利于 UHPC 的硬化和强度发展，而且保鲜膜覆盖操作简单，成本较低，适用于各种规模的 UHPC 工程。缺点就是可能影响 UHPC 硬化，保鲜膜会与未初凝的 UHPC 粘结在一起，阻碍了 UHPC 表面与外界的交互，可能导致 UHPC 难以排出其内部水分与多余气泡，使 UHPC 表面无法充分干燥，硬化速度变慢或形成不均匀的硬化层，而且对特殊异形结构薄膜养护不能够有效附着在 UHPC 表面。

试件 3 的试验结果表明，UHPC 表面喷乳液可以有效地抑制水分蒸发，从而起到养护 UHPC 的作用。乳液是一种液体，喷洒在 UHPC 表面后会形成一层薄膜，这层薄膜可以有效地防止水分从 UHPC 表面蒸发，同时还可以防止水分渗透到 UHPC 内部，从而保持 UHPC 的水分平衡。

试件 4 的试验结果表明，UHPC 表面蒸发抑制剂施工方便快捷，无须额外的设备和施工工艺，与 UHPC 材料相容性良好，缺点是价格相对较高，可能会增加 UHPC 工程的成本。

3.2 讨论

针对上述试验结果，本文从以下几个方面进行了讨论。

（1）环境条件的影响：环境温度和湿度是影响 UHPC 浆料表面水分蒸发的关键因素。在高温和低湿环境下，水分蒸发速率会明显加快。因此，在施工过程中，应尽量控制环境温度和湿度，以减缓水分蒸发速率。

（2）隔绝 UHPC 与空气的介质材料影响：介质材料的不同也会对 UHPC 浆料表面水分蒸发产生影响，如果选择完全隔绝 UHPC 表面与外界的交互的材料，可能导致 UHPC 难以排出其内部水分与多余气泡，使 UHPC 表面无法充分干燥，硬化速度变慢或形成不均匀的硬化层。

（3）工艺难度的影响：施工工艺也是影响 UHPC 浆料表面水分蒸发的关键因素之一。例如，覆膜适用于平板或者结构简单的构件，喷乳液对于大构件比较费工时，可能会出现等乳液喷涂完毕，UHPC 表面已经蒸发失水了。

（4）成本的选择：针对试验结果和分析讨论，本文提出了一些有效的抑制措施，每项措施均有自己的应用场景，例如试件 4，可以有效抑制 UHPC 浆料表面水分的蒸发，提高 UHPC 施工质量和使用寿命，但是蒸发抑制剂的价格相对较高，可能会增加 UHPC 工程的成本。

4 结论

本文通过对三种抑制 UHPC 浆料表面水分蒸发材料的试验测试和分析，发现覆盖聚乙烯（PE）保鲜膜、喷洒聚合物乳液以及喷洒商品的蒸发抑制剂都能明显降低 UHPC 试样的水分蒸发，防止试样表面结壳。但 PE 保鲜膜存在表面适应性差，不利于气泡排出的缺点。喷洒商品的蒸发抑制剂效果最好，但价格昂贵。喷洒聚合物乳液是一种价格适中，效果满足要求的方法。

参考文献

[1] BONNEAU O, POULIN C, DUGAT J. Reactive powder concrete: From theory to practice [J]. Concrete International, 1996, 18 (4): 47-49.

[2] RICHARD P, CHEYREZY M. Composition of reactive powder concrete [J]. Cement and Concrete Research, 1995, 25 (7): 1501-1511.

[3] 王凯, 朱恩, 李柏殿, 等. UHPC 水化热对功能梯度组合梁早期收缩开裂的影响 [J]. 硅酸盐通报, 2017, 36 (1): 38-42.

[4] 罗遥凌, 高育欣, 闫欣宜, 等. 热养护 UHPC 后期水稳定性 [J]. 材料导报, 2021, 35 (Z1): 242-246.

[5] 中华人民共和国住房和城乡建设部. 混凝土塑性阶段水分蒸发抑制剂：JG/T 477—2015 [S]. 北京：中国标准出版社，2016.

[6] 黄婕，杨小红. 新型混凝土节水保湿养护膜养生效果的研究 [J]. 工程建设与设计，2004（5）：48-49.

[7] 储阳，王瑞，王文彬，等. 一种具有核壳结构的混凝土水分蒸发抑制剂的制备方法：CN201811145218.0 [P]. 镇江苏博特新材料有限公司. [2023-12-02].

作者简介：

方寅生，硕士，高级工程师，E-mail：Fangys118@126.com。

秦兆权，工程师，从事无机非金属材料开发与研究。

高纤维体积率 GRC 材料的韧性性能研究

张亚晴　王玉峰　沈春林　孟亚楠　李　伟　李　英　蒋　怡

（中建材苏州防水研究院有限公司，江苏苏州 215004）

摘　要：为探究高体积率玻璃纤维对 GRC 材料弯曲韧性的影响，通过四点弯曲试验、抗冲击试验展开研究，并观测、记录其破坏过程和破坏方式，分析其破坏机理和破坏行为。结果表明，提高玻璃纤维体积率能够增大其弯曲韧性、冲击韧性。当纤维体积率为 7% 时，弯曲韧性指数分别可达到 I30，掺入 7% 纤维体积率的 GRC 材料的 I30 平均值可达到 47.82，极限强度达到 11.73MPa，为传统 GRC 材料的 1.63~1.98 倍，其弯曲韧性表现最佳。在冲击荷载作用下高纤维体积率 GRC 材料抵抗开裂和破坏的性能得到了明显提升，冲击韧性有较大改善。掺 7% 入纤维体积率的 GRC 材料终裂破坏次数平均高达 196.17 次，是传统 GRC 材料的 3.2~17.8 倍，冲击延性指标为 48.04，为传统 GRC 材料的 3.8~33.4 倍，其冲击韧性表现最佳。

关键词：玻璃纤维增强水泥基材料；高纤维体积率；韧性性能；破坏形态

Study on the Toughness Properties of High Fiber Volume Ratio GRC Materials

Zhang Yaqing　Wang Yufeng　Shen Chunlin　Meng Yanan　Li Wei
Li Ying　Jiang Yi

(CNBM Suzhou Waterproof Research Institute Co., Ltd., Suzhou 215004)

Abstract: In order to investigate the effect of high volume fraction glass fiber on the bending toughness of GRC materials, research was conducted through four point bending tests and impact resistance tests, and its failure process and mode were observed and recorded, and its failure mechanism and behavior were analyzed. The results indicate that increasing the volume fraction of glass fiber can increase its bending toughness and impact toughness. When the fiber volume fraction is 7%, the bending toughness index can reach I30 respectively. The average I30 value of GRC material with 7% fiber volume fraction can reach 47.82, and the ultimate strength can reach 11.73MPa, which is about 1.63-1.98 times that of traditional GRC materials. Its bending toughness performance is the best. Under impact load, the resistance to cracking and failure of high fiber volume fraction GRC materials has been significantly improved, and the impact toughness has been greatly improved. The average number of final cracks in GRC materials with a 7% fiber volume fraction is 196.17, which is 3.2 to 17.8 times that of traditional GRC materials. The impact ductility index is 48.04, which is about 3.8 to 33.4 times that of traditional GRC materials. Its impact toughness performance is the best.

Keywords：glass fiber reinforced cement-based materials; high fiber volume fraction; toughness performance; destructive form

玻璃纤维增强水泥基复合材料（glass fiber reinforced cementitious materials, GRC）的基体、增强体均为无机材料，玻璃纤维易分散且与水泥基体结合度较高。两者结合后充分发挥玻璃纤维优点，克服了水泥基材料易开裂、脆性大等弱点。GRC材料通常是以低纤维体积率掺入，控制在5%以下，抗弯峰值强度、抗拉峰值强度、抗冲击强度分别可达到25MPa、9MPa、$6kJ/m^2$，充分展示了GRC材料轻质高强的特性。由于纤维体积率受限，只是在一定程度上改善了水泥基材料的脆性及抗变形能力，但仍然存在韧性不足、提高开裂点强度、抗应变能力尚嫌不够等问题。因此，GRC材料常被限制使用在非承重或半承重结构中。

提高玻璃纤维体积率可以制备出力学性能优异的纤维增强水泥基材料，尤其是抗折强度提升显著，28d抗折强度最高可达38.6MPa。抗折强度可以在一定程度上反映出水泥基材料所具有的韧性，但是，基于基础力学性能研究无法全面反映出高纤维体积率GRC材料所具有的力学性能，尤其是在韧性研究上。因此，本文对其韧性包括弯曲韧性、冲击韧性进行研究，进而完善高纤维体积率GRC材料的力学性能。

1 试验

1.1 原材料

试验采用P·O 42.5型普通硅酸盐水泥；粉煤灰为超细粉煤灰；外加剂为含固率40%的聚羧酸减水剂；玻璃纤维为汇尔杰有限责任公司生产的ZrO_2含量为167%的JB-Ⅱ耐碱玻璃纤维，选取长度为6mm。具体化学成分及物理力学性能分别如表1、表2所示。

表 1　耐碱玻璃纤维的化学成分　　　　　　　　　　　　　　　　　　　　　％

纤维品种	SiO_2	Na_2O	CaO	K_2O	AlO_3	ZrO_2
JB-Ⅱ	61	14.2	6.2	1.67	0.23	16.7

表 2　耐碱玻璃纤维力学性能

纤维品种	密度/(g·cm^{-3})	弹性模量/GPa	抗拉强度/MPa	抗拉极限延伸率/%	线密度/tex	单丝直径/μm	含水率/%	侵入剂/%	断裂强度/(N·tex^{-1})
JB-Ⅱ	2.7	72~80	1800	2.4	2700	13~15	<0.1	≥1.6	≥0.30

1.2　配合比

基体配合比为：0.35水胶比，1∶0.8胶砂比，30％粉煤灰取代量，玻璃纤维体积率为0％、3％、5％、7％、10％，具体配合比如表3所示。试块制备工艺采用纤维后掺法以及压制成型法制备。

表 3　试验配合比

编号	水	水泥	粉煤灰	砂	玻璃纤维/%	减水剂/%
JZ	0.35	0.7	0.30	0.8	0	2
G3%	0.35	0.7	0.30	0.8	3	2
G5%	0.35	0.7	0.30	0.8	5	3
G7%	0.35	0.7	0.30	0.8	7	5
G10%	0.35	0.7	0.30	0.8	10	7

1.3　试件的制备

将水泥、粉煤灰、砂、减水剂搅拌30s至混合均匀，加入水搅拌60s后再缓慢均匀加入玻璃纤维搅拌90s后至混合分散均匀。

在低玻璃纤维体积率（0％~5％）时，拌合物流动性较好可选择浇筑成型法，在高纤维体积率（5％~10％）时，采用慢压工艺，定负荷施加压力6MPa至拌合物填满模具，并保持加载，保载时间为5s。

1.4　试验方案

1.4.1　弯曲试验

四点弯曲试验方法根据美国材料与试验协会制定的ASTMC 1018-97标准。制备完成后以保鲜膜覆盖，置于室内养护1d后拆模，放于标准养护室内养护至28d龄期后进行四点弯曲试验，试验前一天将试块取出晾干。四点弯曲试验使用试件尺寸为400mm×100mm×100mm，每组3块。

试验加载装置为MTS SHT4106型万能试验机，试块跨度为300mm，加载点为跨度三分点位置，采用位移控制加载，全过程保持加载速率恒定为0.2mm/min。

1.4.2 抗冲击试验

抗冲击测试试验方法参考美国混凝土学会制定的（ACI）544 标准和 CECS 13—2009《纤维混凝土试验方法标准》。将质量为 8kg 的钢锤从 500mm 高处释放以自由落体形式反复冲击试件。其中，冲击试件采用圆饼试件，尺寸为直径为 150mm、厚（63.5±3）mm，每组 6 块。对同一配比的圆饼试件进行 6 次抗冲击试验，通过记录试验过程中试块出现初裂、终裂冲击次数 N_1、N_2，将试件从初始开裂直到发生完全破坏所吸收能量的相对增长值定义为冲击延性指数，试件的冲击韧性采用冲击延性指标进行表征（表 4）。

表 4 试块初裂、终裂评判标准

指标	试块形态
初裂冲击次数 N_1	试件表面出现第一条可见裂纹
终裂冲击次数 N_2	试块出现贯穿裂缝，裂缝发展至底面，并与试验装置的挡板接触

2 结果与分析

2.1 弯曲韧性

2.1.1 GRC 材料弯曲位移-荷载曲线分析

根据四点弯曲试验采集仪器采集的荷载、位移数据，绘制出相关试块位移-荷载响应曲线，如图 1 所示。

从图 1 中 JZ 组试块四点弯曲位移-荷载图可以看出，未掺入玻璃纤维的基准组试块与掺入玻璃纤维的试块，在四点弯曲荷载作用下的位移-荷载曲线特征明显不同。基准组因其本身脆性较大，试块一旦出现裂缝，会立即扩展直至贯穿，试块出现毫无征兆的脆性破坏，因此位移-荷载曲线几乎呈直线下降。JZ 组初裂点位移与极限位移重合，初裂荷载与极限荷载同样相等。

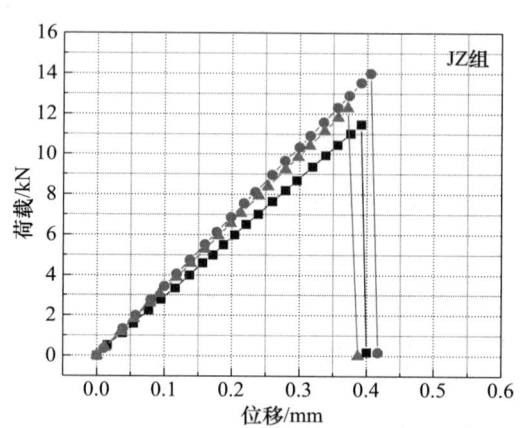

图 1 28d 养护龄期 JZ 组试块四点弯曲位移-荷载图

由图 2 可知，除 JZ、G3％组外其余三组试验组在四点弯曲试验结束后均表现出断而不裂的破坏特征。由图 3、图 4 可以看出，玻璃纤维的掺入可以在一定程度上改善水泥基材料的脆性，使得水泥基材料的强度和韧性得到提升，位移-荷载曲线均表现出应变硬化的特征，五组不同玻璃纤维体积率的 GRC 材料受到弯曲荷载时，其初裂强度分别为：4.343MPa、4.376MPa、4.390MPa、4.423MPa，JZ 组初裂强度为 4.091MPa，五组试验组初裂强度相差不大，均在 4～4.5MPa 范围之内，说明 GRC 材料初裂强度主要是由基体强度决定,受玻璃纤维体积率影响并不大,对弹性阶段改善效果不显著,而基体产生微裂纹即硬化应变阶段时,在此阶段玻璃纤维对水泥基强度效果较为显著。

图 2　GRC 材料四点弯曲试验试块破坏图

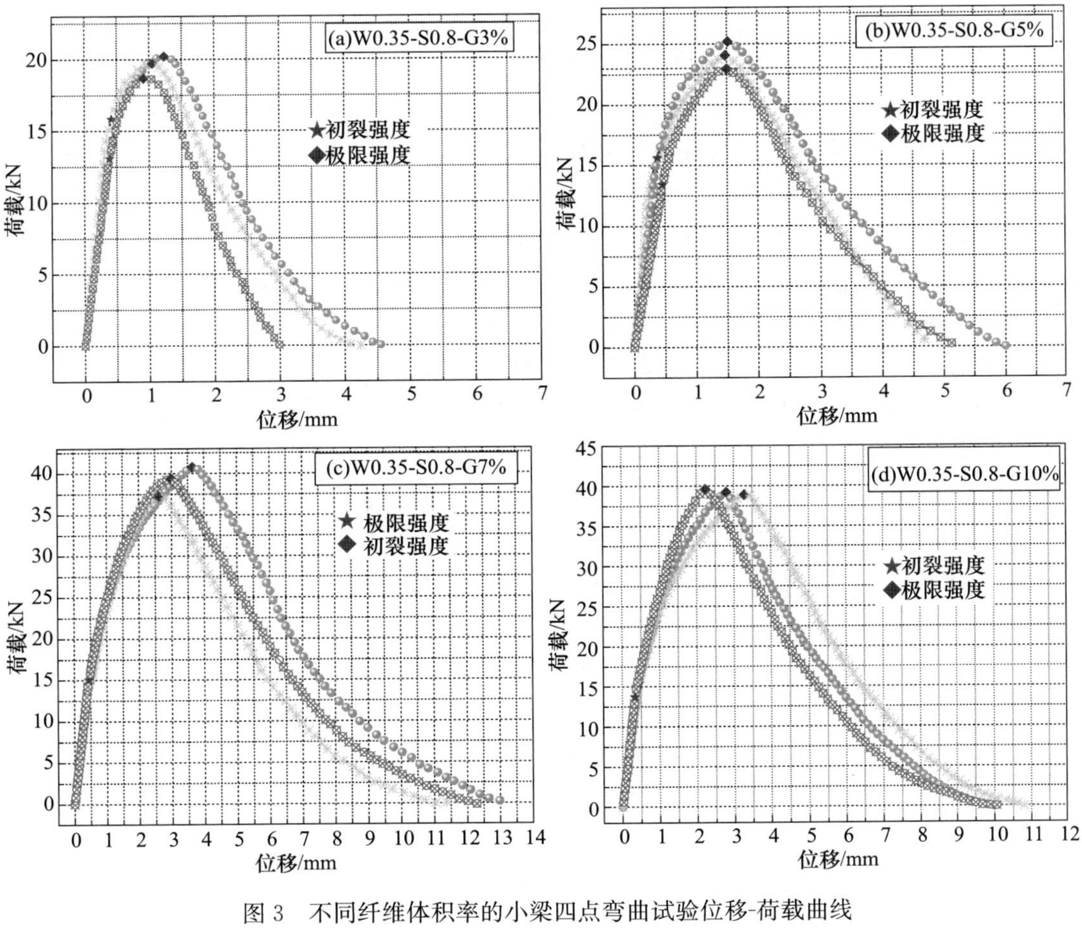

图 3　不同纤维体积率的小梁四点弯曲试验位移-荷载曲线
（a）G3%组；（b）G5%组；（c）G7%组；（d）G10%组

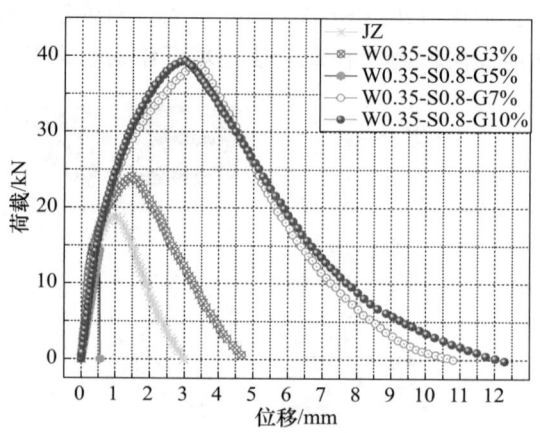

图 4 GRC 材料的位移-荷载曲线

G3%组位移-荷载曲线在弹性阶段时的位移达到 0.421mm 时结束，试件达到初裂，初裂强度为 4.34MPa；随后位移-荷载曲线进入应变硬化阶段，荷载增长速度减缓，当位移达到 1.065mm 时，极限强度达到 3.68MPa，应变硬化阶段结束。随后进入应变软化阶段，位移-荷载曲线下降较 JZ 组减缓，这是由于玻璃纤维与基体脱粘及拔出需要吸收能量，试件仍能保持一定的残余抗弯强度，因此位移-荷载曲线软化阶段下降缓慢，试块表现出良好的塑性变形，呈现裂而不断的韧性破坏特征[1]。G5%组位移-荷载曲线在弹性阶段时的位移达到 0.397mm 时结束，试件达到初裂，初裂强度为 4.38MPa；随后位移-荷载曲线进入应变硬化阶段，荷载增长速度减缓，当位移达到 1.4978mm 时，极限强度达到 7.23MPa，较 G3%组提高 23.15%，且应变软化阶段持续时间较 G3%组增长，抵抗变形能力增大。应变硬化阶段结束后进入应变软化阶段，位移-荷载曲线较 G3%组下降速度有所减慢。G7%组位移-荷载曲线在弹性阶段时的位移达到 0.447mm 时结束，试件达到初裂，初裂强度为 4.39MPa；随后位移-荷载曲线进入应变硬化阶段，荷载增长速度逐渐减缓，当位移达到 3.082mm 时，极限强度达到 11.73MPa，较 G5%组提高 62.67%，极限荷载提高幅度较大，提升效果十分显著，说明试块在开裂后，其所承受的荷载仍然有大幅度的增长，抵抗变形能力十分显著。G10%组位移-荷载曲线在弹性阶段时的位移达到 0.397mm 时结束，试件达到初裂，初裂强度为 4.42MPa；随后位移-荷载曲线进入应变硬化阶段，荷载增长速度逐渐减缓，当位移达到 2.774mm 时，极限强度达到 11.77MPa，较 G7%组仅提高 0.221%，提升幅度不明显，故纤维体积率应控制在 10%以下。综上所述，提高玻璃纤维体积率对 GRC 材料初裂强度无明显提升。GRC 材料的极限强度对应的位移值随玻璃纤维体积率的增大有所增加，而低纤维体积率 GRC 材料的脆性未得到明显改善，一般在位移较小时试块就已经失效，试验结束，其抵抗变形能力较弱。由于纤维体积率较大，纤维以集束性存在且纤维平均间距较小，当试块受弯开裂后，玻璃纤维通过锚固作用向水泥基体传递应力，裂缝随荷载增大不断扩展，玻璃纤维多以拔出、拉断形式破坏，其吸收裂缝扩展所释放的能量并阻止裂缝进一步向前扩展，吸收的能量越多，GRC 材料能承受的荷载也越大[2]。这说明增大玻璃纤维体积率可以使 GRC 材料表现出更加优异的持荷变形能力，大大改善GRC材料脆性缺点，提高其韧性性能、改善破坏形态。提高玻璃纤维体积率使得制备出的GRC材料在具有优良的力学性能的同时还具有优异的韧性。与低体积率GRC材料相比，其受弯时仅有小幅度的假应变硬化阶段，高纤维体积率GRC材料在受弯过程中则表现出了明显的应变硬化行为，且持荷时间增长，抵抗变形能力增大。这种受弯时的力学行为极大地提高了材料的极限荷载、极限位移，使得GRC材料在破坏前具有较大的能量吸收能力、变形能力，赋予高纤维体积率GRC材料优异的弯曲韧性，使由无纤维或低纤维体积率的水泥基材料的脆性断裂变为高纤维体积率GRC材料的延性破坏。

由以上分析可知，高纤维体积率GRC材料弯曲韧性性能优于低纤维体积率GRC材料，假应变硬化阶段更加明显，大大提升了GRC材料弯曲性能。

2.1.2　GRC材料弯曲韧性分析

由图5可知，各组试块弯曲韧性指标I10、I20、I30值分别大于10、20、30，说明玻璃纤维的掺入对水泥基材料的韧性均有一定程度的改善。未掺入玻璃纤维的JZ组的弯曲韧性指标仅能达到I5，低纤维体积率的G3%组、G5%组的弯曲韧性指标分别可以达到I10、I20，而G7%组、G10%组弯曲韧性指数最高可达到I30，GRC材料韧性改善显著。主要原因是当纤维体积率为0或较低时，玻璃纤维阻裂能力较弱，吸收能量较少，其位移-荷载曲线不具有应变硬化阶段或应变硬化阶段持续时间较短，弯曲韧性指标较小，试块韧性改善不明显，而提高玻璃纤维体积率可延长应变硬化阶段，玻璃纤维吸收、传递能量较多，可以延缓试块破坏，但纤维体积率增长至10%时，GRC材料弯曲韧性指标仅提升0.167%，提升幅度较小，因此应适当提高玻璃纤维体积率。

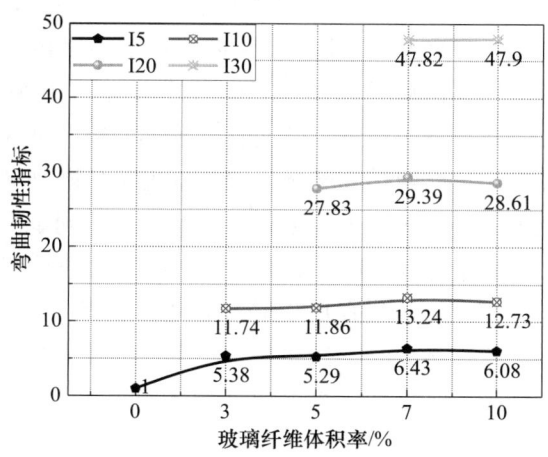

图5　玻璃纤维体积率对GRC材料弯曲韧性指标的影响

2.2　冲击韧性

高纤维体积率GRC材料落锤冲击试验结果如图6所示，试块破坏形态如图7所示。

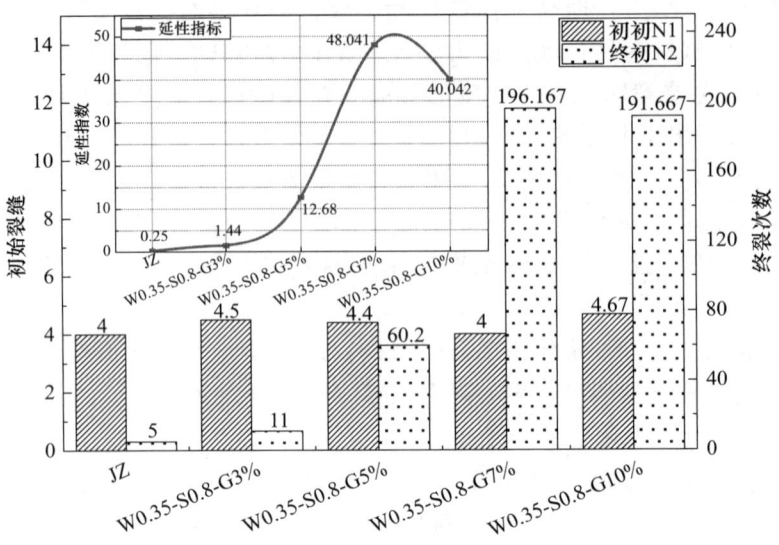

图 6　GRC 材料抗冲击性能试验结果

由图 7（a）、（b）试块冲击面和侧面可以看出，未掺加玻璃纤维的试块受到冲击荷载后，试块初裂即终裂，观察到第一条裂缝时试块开裂至试件底面，出现贯穿裂缝试块分裂成为两块，其侧面出现一条宽度较大的裂缝。其余掺有玻璃纤维的试块，随着玻璃纤维体积率的增加，试块平均初裂次数均保持在 4~5 条之内，而终裂次数表现出增加的趋势，抗冲击韧性不断增强，这与上述小梁四点弯曲试验初裂荷载保持在某值上下浮动，极限荷载随纤维体积率不断增加原因相似；当玻璃纤维体积率为 3% 时，试块抗冲击初裂次数较 JZ 组增长不明显，终裂次数增长缓慢、延性指标增长不明显，是 JZ 组的 5.76 倍。由图 7（c）、（d）观察可知，掺入 3% 玻璃纤维的试块在受到冲击荷载出现第一条裂缝后，并未出现基准组试块受到冲击后的分崩破裂，试块仍保持较高的完整性；试块初裂时，表面仅有一条裂缝，裂缝附件无其他细小裂缝；试块终裂时，试块表面出现三条贯穿裂缝，从裂缝中可以观察到部分纤维，纤维呈拉断破坏。这说明少量玻璃纤维的掺入在一定程度上可以将外部冲击能量传递至基体，共同承受外部荷载，并抑制裂缝的增长；当玻璃纤维体积率为 5% 时，试块抗冲击终裂次数持续增长，延性指标增长尤其显著，是 G3% 组的 8.81 倍，观察试块破坏形态［图 7（e）、（f）］，试块初裂时，试块表面出现多条细小裂缝，终裂时，试块出现一条宽度较大的贯穿裂缝、两条较窄的微小裂缝，试块仍保持较高的完整度；当玻璃纤维体积率为 7% 时，试块的延性指标达到最高值，其抗冲击性能最佳；试块初裂后具有较大吸收能量的能力，其终裂次数是基准组终裂次数的 39.233 倍，有效降低了水泥基体的开裂敏感性，使试块在初裂发生后仍能承受较大次数的落锤冲击，因此 GRC 材料的韧性得到增强。观察冲击试块表面可以明显看出［图 7（g）、（h）］，表面落锤点处出现明显凹坑，表面有五条明显裂缝，其中一条为宽度较大的贯穿裂缝并伴随多条细小裂缝，其余裂缝附近同样伴随大量微小裂缝。这可能是因为玻璃纤维在水泥基体中呈三维乱向分布，承担微型钢筋的作用，且纤维体积率较高，玻璃纤维在水泥基材料中均匀分布且相互交错、间距较小，增强基体材料介质的连续性，显著制约裂缝发展，防止局部应力导致试块提前破坏[3-4]，因此提高玻璃纤维体积率对试块抗冲击性能有明显提升效果，但玻璃纤维体积率增大继续至10%时，试块的抗冲击性能并未出现继续提升的趋势，这是因为当纤维体积率过大时，玻璃纤维呈束状存在于水泥石中，纤维平均中心间距极小，而纤维间距过小会影响与基体间的粘结强度，降低与水泥石的粘结强度，且制备过程中，水泥浆体不能很好地包裹在纤维表面，玻璃纤维间易产生摩擦力，极易出现纤维结团及损坏现象[5]，试块内部受力不均导致试块抗冲击性能不如G7%组，延展系数提升幅度下降。

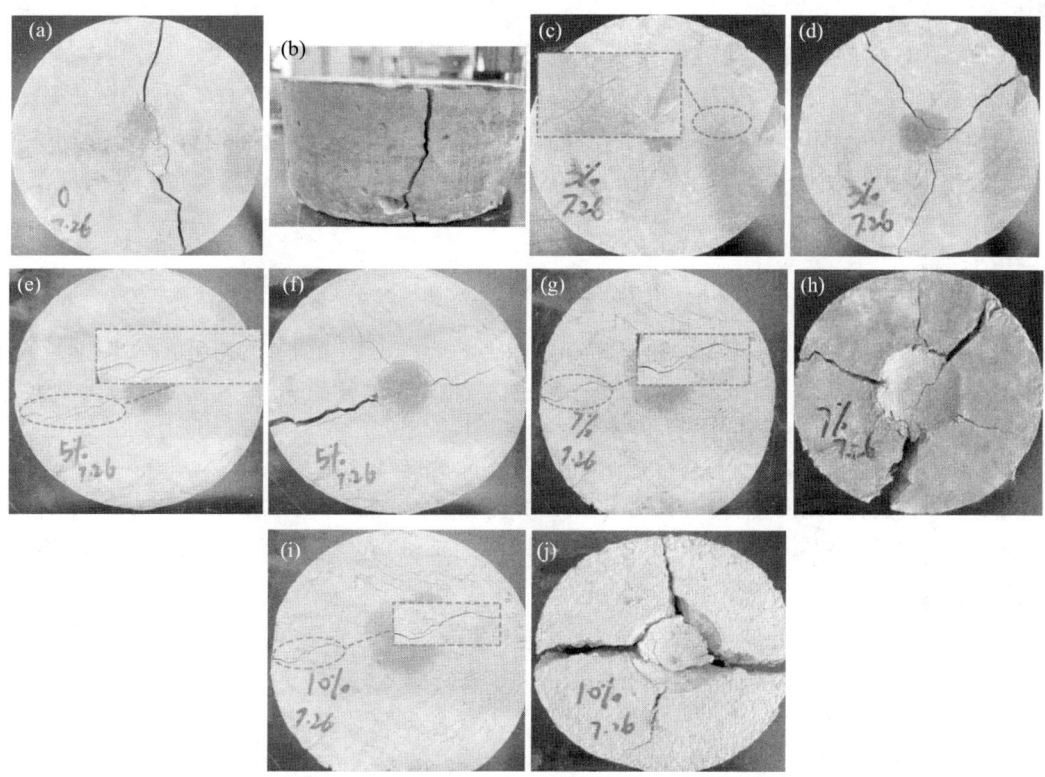

图7　28d龄期高纤维体积率GRC试块落锤冲击破坏形态

3　结论

本文研究了高体积率玻璃纤维对水泥基复合材料弯曲韧性、冲击韧性的影响，结果表明：

（1）高体积率玻璃纤维的掺入可以明显改善GRC材料在弯曲作用下的破坏形态。低纤维体积率（0%～5%）GRC材料四点弯曲试验结束时呈无征兆的脆性破坏，而高纤维体积率GRC材料在四点弯曲试验结束时，试块仍保持较高的完整性，呈延性破坏。

（2）GRC材料的弯曲韧性随玻璃纤维体积率的增大有明显的改善，当纤维体积率为7%时，GRC材料弯曲韧性表现最佳。其初裂强度受玻璃纤维体积率影响较小，试块开裂后玻璃纤维对试块极限强度有显著提高。其中，G7%组极限强度达到11.74MPa，较JZ组提高218.6%，弯曲韧性I30平均指标高达47.82。这足以说明，提高玻璃纤维体积率使得制备出的GRC材料在具有优良力学性能的同时还具有优异的韧性，与低纤维体积率GRC材料相比其受弯时仅有小幅度的假应变硬化阶段，高纤维体积率GRC材料在受弯时则表现出了明显的假应变硬化行为。

（3）未掺入玻璃纤维的基准组在受到冲击荷载后，初裂即终裂，试块破坏为两个独立的部分，表现为脆性破坏。在抗冲击试验中试块随玻璃纤维体积率的增大，试块破坏时的平均裂缝数呈递增趋势，且裂缝平均宽度逐渐减小，试块从脆性破坏转变为韧性破坏。

（4）GRC材料在冲击荷载作用下抵抗开裂和破坏的性能得到了明显提升，冲击韧性有较大改善。当纤维体积率为7%时，GRC材料冲击韧性提升效果显著，其终裂破坏次数平均高达196.167次，破坏时冲击耗能达到7689J，冲击延性指标达到为48.04，约为JZ组的192倍。

参考文献

[1] 赵臻真. 钢纤维混凝土弯曲韧性及残余抗折强度试验研究 [D]. 郑州：郑州大学，2017.

[2] 邓宗才，陈海龙. 集束型玻璃纤维混凝土轴拉、弯曲和断裂性能 [J]. 哈尔滨工程大学学报，2019，40（5）：993-999.

[3] 沈荣熹. 新型纤维增强水泥复合材料研究的进展 [J]. 硅酸盐学报，1993，(4)：356-364.

[4] 董进秋. 玄武岩纤维混凝土抗冲击性能研究 [D]. 秦皇岛：燕山大学，2011.

[5] 黄政宇，周璇. 超高性能注浆纤维水泥基材料力学性能研究 [J]. 铁道科学与工程学报，2018，15（5）：1187-1195.

基于生命周期的工业副产石膏制备胶凝材料碳足迹评价

李莹[1] 段鹏选[2] 倪文[1] 张大江[3]

(1. 北京科技大学土木与资源工程学院，北京 100083；
2. 桂林理工大学土木与建筑工程学院，桂林 541004；
3. 北京工业大学材料与制造学部，北京 100124)

摘 要：在"两山"理论、"双碳"目标的新形势下，我国发布了一系列政策及优惠条件鼓励以工业副产石膏为原料制备石膏胶凝材料，包括建筑石膏、α型高强石膏、混合相石膏等。迄今为止，国内鲜有关于石膏胶凝材料的碳足迹核算报告。本文基于生命周期评价方法，针对工业副产石膏制备石膏胶凝材料碳足迹建立核算模型，并以磷石膏制备α型高强石膏为例演示模型计算过程。结果表明：α型高强石膏产品原料获取、生产、运输三个阶段的碳足迹分别为 3.95 kg CO_2 eq/t、288.04 kg CO_2 eq/t、14.31 kg CO_2 eq/t，总量为 306.3 kg CO_2 eq/t，其中生产阶段碳排放量最大，是降低能耗、减少碳排放、节约成本的重要环节。本文建立的石膏胶凝材料产品碳足迹核算模型适用于建筑石膏、α型高强石膏、无水石膏、混合相石膏等产品碳足迹核算。

关键词：工业副产石膏；石膏胶凝材料；α型高强石膏；生命周期评价；碳足迹

Carbon Footprint Assessment of Cementitious Materials Prepared from Industrial By-Product Gypsum Based on Life Cycle

Li Ying[1] Duan Pengxuan[2] Ni Wen[1] Zhang Dajiang[3]

(1. School of Civil and Resource Engineering, University of Science and Technology Beijing, Beijing 100083; 2. College of Civil Engineering and Architecture, Guilin University of Technology, Guilin 541004; 3. Faculty of Materials and Manufacturing, Beijing University of Technology, Beijing 100124)

Abstract: Under the new situation of "Two Mountains" Theory and "Dual carbon" goals, our country has issued a series of policies and preferential conditions to encourage the preparation of gypsum cementitious materials from industrial by-product gypsum, including calcined gypsum, α high-strength gypsum, mixed phase gypsum, et al. So far, there are few carbon footprint calculation reports on gypsum cementitious materials in China. In this paper, the carbon footprint accounting model of gypsum cementitious materials prepared from industrial by-product gypsum was established based on the method of life cycle assessment, which was demonstrated through the production of α high-strength gypsum from phosphogypsum. The results show that the carbon footprint in the three stages of raw material acquisition, production and transportation of α high-strength gypsum product is 3.95 kg CO_2 eq/t, 288.04 kg CO_2 eq/t and 14.31 kg CO_2 eq/t, respectively, and the total emission is 306.3 kg CO_2 eq/t. The carbon emission in the production stage is the largest, which is an important segment to reduce energy consumption, reduce carbon emissions and save costs. The accounting model established in this paper is applicable to the carbon footprint accounting for calcined gypsum, α high-strength gypsum, anhydrite, mixed phase gypsum, et al.

Keywords: industrial by-product gypsum; gypsum cementitious material; α high-strength gypsum; life cycle assessment; carbon footprint

0 引言

工业副产石膏是工业生产过程中排出的以二水硫酸钙为主要成分的副产物,由于其杂质成分复杂,资源化利用难度大,长期堆存造成严重的环境污染,已成为制约相关行业可持续性发展的重要因素[1-2]。石膏胶凝材料是真正意义上的绿色、低碳材料,其碳排放量显著低于水泥、石灰等胶凝材料。以工业副产石膏为原料制备石膏胶凝材料既是"绿水青山"对环境治理的要求,也是建材行业应对"碳达峰、碳中和"的需要,同时是大规模利用工业副产石膏的一条重要途径。目前,国内鲜有关于石膏胶凝材料的碳足迹核算报告。

碳足迹(carbon footprint)是指某项活动过程或某个产品的生命周期内产生的温室气体排放量[3-4],其概念源于Wackernagel等[5]提出的"生态足迹"(ecological footprint)。《PAS:2050商品和服务在生命周期内的温室气体排放评价规范》[6](Publicly Available Specification 2050,PAS:2050)是目前应用于产品碳足迹核算的主要国际标准之一,其中规定了使用生命周期评价(life cycle assessment,LCA)技术来评价产品的温室气体排放。生命周期评价是指对一个产品系统的生命周期中输入、输出及其潜在环境影响的汇编和评价[7-8],核算阶段可包括原材料生产、制造、运输、使用、废弃全生命周期,即"从摇篮到坟墓",也可包括原材料生产、制造、运输三个阶段,即"从摇篮到大门"[9],LCA技术已成为国际上评估产品碳排放的主导方法[10]。

在国际环保压力的新形势下,产品的碳足迹认证是未来发展趋势,各个行业均展开了相关产品碳足迹的核算研究。王珊珊等[11]分别应用PAS:2050和GHG Protocol国际标准，采用 LCA 技术对胶合板两种生命周期阶段的碳足迹进行核算和分析；徐西蒙[10]、阴世超[12]、赵秀秀[13]等基于生命周期评价法建立了建筑物碳足迹的核算模型，以实际住宅为例计算分析了全生命周期的碳排放数据，并提出相应的减碳途径；Zhang 等[14]基于 LCA 建立了 CO_2 核算框架，评价水泥生产过程的环境影响，通过采用替代原料生产低碳水泥；光文涛等[15]采用生命周期法核算了高贝利特硫铝酸盐水泥碳足迹，认为采用固废制备高贝利特硫铝酸盐水泥为水泥生产碳减排提供了新思路；白文琦等[16]应用排放系数法对通用硅酸盐水泥生产阶段的碳足迹进行核算，得到不同品种水泥生产阶段的碳排放数据；徐振华等[17]核算了磷石膏制硫酸联产水泥过程中的碳排放，结果表明可实现水泥生产的碳减排，同时节约硫黄资源，资源化利用磷石膏。

目前，国内实施了标准 GB 33654—2017《建筑石膏单位产品能源消耗限额》，对建筑石膏产品的能耗进行了限制[18]，还有少部分研究者进行了纸面石膏板的生命周期评价[19]、磷石膏道路基层材料环境影响研究[20]、磷石膏基生态水泥的生命周期评价[21]等工作，而针对不同类型石膏胶凝材料碳足迹进行核算和评价的较少，尤其是 α 型高强石膏产品。为了进一步推动工业副产石膏高附加值利用、促进石膏行业的发展，本文采用简化的"生命周期评价方法"，参照 PAS：2050 标准，建立以工业副产石膏为原料制备胶凝材料碳足迹核算模型，包括建筑石膏、α 型高强石膏、Ⅱ型无水石膏、混合相石膏等产品，天然石膏制备的胶凝材料的碳足迹核算也可参考该模型进行。最后，本文以磷石膏制备 α 型高强石膏为例分析了该产品"从摇篮到大门"各生命周期阶段的碳足迹分布特征。

1 核算模型

1.1 目标与范围定义

1. 研究目标及方法

本文选择以工业副产石膏为原料制备胶凝材料作为研究对象，参考 PAS：2050 标准，对其生命周期过程中排放的温室气体（即其碳足迹）进行分析，建立核算模型，并以贵州某公司的磷石膏制备 α 型高强石膏生产为例，通过核算模型计算各阶段的碳足迹，找出碳排放较大的阶段并探索产生原因，为后期针对工业副产石膏资源化利用过程的碳减排提供参考，同时为石膏胶凝材料 LCA 数据分析提出计算方法及基础数据。

2. 功能单位

进行碳足迹核算首先需要确定功能单位，一般采用产品的销售单位。本文以 1t 石膏胶凝材料为功能单位，量化工业副产石膏胶凝材料生命周期阶段的碳足迹。

3. 系统边界

由于石膏产品应用种类较多（包括抹灰石膏、石膏腻子、石膏基自流平砂浆、防火门芯板、石膏隔墙板等），循环利用和废弃处置具有复杂性和不确定性，并且数据有限，本文仅核算分析石膏胶凝材料"从摇篮到大门"的碳足迹。图 1 为石膏胶凝材料碳足迹核算系统边界，包括 3 个部分：原材料获取阶段的碳足迹、生产阶段的碳足迹和运输阶段的碳足迹。

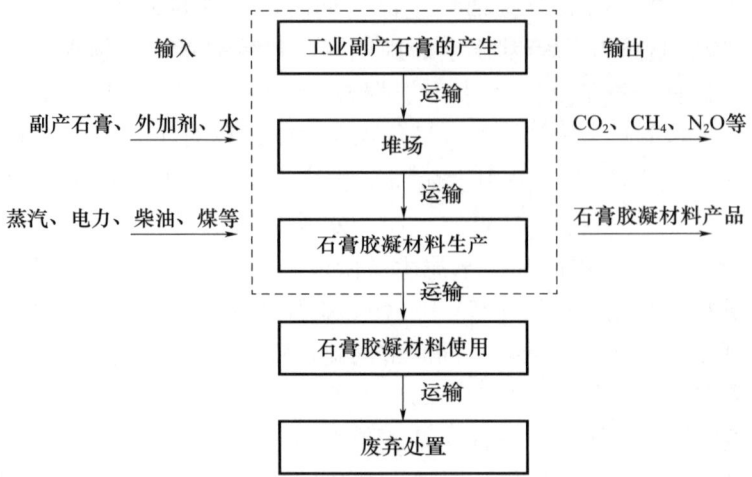

图 1 石膏胶凝材料生命周期系统边界（虚线为系统边界）

4. 数据收集及计算依据

（1）数据收集。

收集图 1 系统边界内石膏胶凝材料的原料获取、生产、运输阶段的定性资料和定量数据。通过监测、计算或估算而得到的数据[22]均可用于量化核算产品生命周期阶段的输入和输出。数据类型主要包括活动数据和排放因子等[23]，活动数据包括石膏胶凝材料生产过程中所用的原材料、能源消耗等；电力和热力的排放因子可参考国家或行业发布的数值。

（2）取舍原则。

石膏胶凝材料碳足迹评价应包括所界定的系统边界内可能对产品碳足迹有实质性贡献的所有温室气体排放与清除，计算过程中忽略的单项碳排放对系统边界内的碳足迹贡献不得超过 1%[24]，忽略的所有项碳排放之和不得超过系统边界内总排放量的 5%[24-25]。

（3）计算依据。

石膏胶凝材料产品生命周期阶段的碳足迹核算依据包括石膏胶凝材料实际生产统计数据、相关原材料企业调研数据、文献资料数据以及国家行业发布的数据。

1.2 碳足迹核算公式

PAS：2050 基于 2006 IPCC 国家温室气体清单指南[26]提供的数量模型，各阶段碳足迹通常以活动数据乘以相应的排放因子来表述[27]。石膏胶凝材料产品生命周期碳足迹分析过程在系统边界的界定范围进行，根据各生命周期阶段中使用的材料及能源消耗、温室气体的直接排放等因素对各阶段碳足迹进行分解量化，给出碳足迹的计算公式。

1. 原材料获取

原材料获取碳足迹核算过程包括石膏胶凝材料生产中使用的所有材料，包括工业副产石膏（也可使用天然石膏）、自来水及外加剂等，该阶段的碳足迹计算公式见式（1）。

$$G_M = \sum \frac{M_i \times \alpha_i}{\eta_i} \tag{1}$$

式中 G_M——原材料获取阶段的温室气体排放量，kg CO_2 eq；

M_i——第 i 类材料实物量，kg；

α_i——第 i 类材料的排放因子，kg CO_2 eq/kg；

η_i——第 i 类材料的利用率，$\eta_i \leqslant 1$。

2. 生产阶段

石膏胶凝材料生产过程是二水石膏的脱水反应过程，生产过程中仅产生水蒸气，不会产生其他温室气体。反应方程式如式（2）所示。

$$CaSO_4 \cdot 2H_2O \longrightarrow CaSO_4 \cdot 0.5H_2O + 1.5H_2O \tag{2}$$

因此，生产阶段的碳足迹主要源于能源消耗，该阶段碳足迹由式（3）进行计算：

$$G_P = \sum E_i \times \beta_i + \sum O_k \times P_k \tag{3}$$

式中 G_P——生产阶段的温室气体排放量，kg CO_2 eq；

E_i——第 i 类能源消耗量，kg；

β_i——第 i 类能源排放因子，kg CO_2 eq/kg；

O_k——第 k 类温室气体直接排放量，kg；

P_k——第 k 类温室气体全球增温潜势。

3. 运输阶段

运输阶段碳足迹主要来自运输过程中的能源消耗和温室气体直接排放，影响因素主要包括运输工具类型的选择、运输距离等。本阶段包括工业副产石膏及外加剂等原材料的运输，由式（4）进行计算：

$$G_T = \sum M_i \times D_i \times \gamma_i + \sum O_k \times P_k \tag{4}$$

式中 G_T——运输阶段的温室气体排放量，kg CO_2 eq；

M_i——第 i 类运输的实物量，kg；

D_i——第 i 类运输距离，km；

γ_i——交通运输工具的碳排放因子，kg CO_2/(t·km)；

O_k——第 k 类温室气体直接排放量，kg；

P_k——第 k 类温室气体全球增温潜势。

4. 石膏胶凝材料"从摇篮到大门"碳足迹核算

石膏胶凝材料产品生命周期的碳足迹 G 计算公式为：

$$G = G_M + G_P + G_T \tag{5}$$

式中 G——石膏胶凝材料产品"从摇篮到大门"的温室气体排放量，kgCO_2 eq。

2 结果与讨论

本文以蒸压微晶法制备磷石膏基 α 型高强石膏（α high-strength gypsum，α-HG）为例，演示石膏胶凝材料"从摇篮到大门"碳足迹核算模型的计算过程，分析该高强石膏产品各阶段的碳足迹分布特征，探索产品节能减排的可能途径。

2.1 工艺描述

蒸压微晶法工艺以工业副产石膏为原料,掺加适量的外加剂溶液,混合均匀后在转晶器中进行反应,干燥后包装入库。该工艺具有物料传热快、反应周期短、生产效率高、产物性能好、质量稳定且无须废水处理等优点,生产环境绿色清洁,已成功应用于脱硫石膏、柠檬酸石膏、磷石膏等工业副产石膏制备 α 型高强石膏的生产,具体生产流程如图 2 所示。

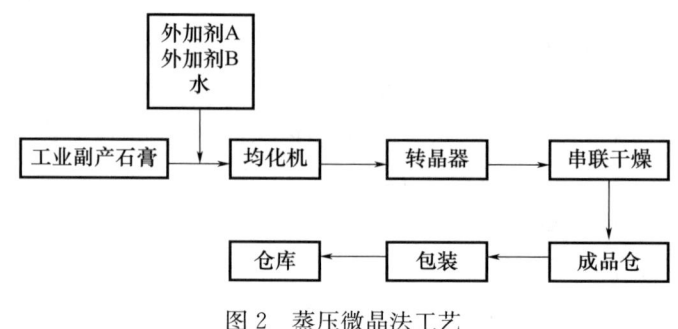

图 2 蒸压微晶法工艺

2.2 清单分析

根据贵州某公司磷石膏制备 α 型高强石膏产品的实际生产过程统计数据,建立产品"从摇篮到大门"生命周期清单,包括工业副产石膏等原材料消耗、蒸汽及电力耗量、运输距离统计,见表 1。

表 1 1 t 高强石膏"从摇篮到大门"生命周期清单的活动数据及数据源

生命周期阶段	原材料	单位	活动数据	数据来源
原材料获取	磷石膏	kg/t	1 400.0	生产线
	外加剂 A	kg/t	2.0	生产线
	外加剂 B	kg/t	5.5	生产线
	流水	kg/t	60.0	生产线
生产	蒸气	kg/t	800.0	生产线
	电力	kW·h/t	75.0	生产线
运输	磷石膏	km/t	50.0	生产线
	外加剂 A	km/t	500.0	生产线
	外加剂 B	km/t	500.0	生产线

注:原材料消耗、生产能耗、运输距离均由企业提供。

2.3 原材料获取核算

工业副产石膏是上游工业过程产生的副产物,其产生及运输到堆场部分的碳足迹已分配到上游产品中去,因此其碳足迹取作 0[28]。根据数据收集原则,估算数据也可用于核算过程,因此外加剂 A(有机酸)、B(硫酸盐)碳排放因子可根据企业生产能耗数据估算得出。生产过程对称量精确度要求较高，且收尘可回收利用，原材料利用率较高，因此材料利用率取1，通过式（1）计算原材料获取阶段的碳足迹，结果见表2。

表2　生产1 t高强石膏原材料获取的碳足迹核算

原材料	碳排放因子/ (kg CO_2 eq/kg)	活动数据/ kg	计算结果 (kg CO_2 eq/t)
磷石膏	0	1 400.0	0
外加剂A	1.73[a]	2.0	3.46
外加剂B	0.08[b]	5.5	0.44
流水	0.00091[10]	60.0	0.05
总计			3.95

a 根据山东某企业提供生产1t有机酸耗标煤0.625t，按照标煤排放因子2.77tCO_2 eq/t[29]，计算得出外加剂A排放因子为0.625×2.77=1.73kg CO_2 eq/kg；

b 根据昆明市某企业生产1t硫酸盐耗标煤0.0288t，计算得出外加剂B排放因子为0.0288×2.77=0.08kg CO_2eq/kg。

由计算结果可以看出，原材料获取阶段碳足迹为3.95kg CO_2 eq/t。其中外加剂A、B的碳足迹之和为3.90kg CO_2 eq/t，占系统边界内总排放量（表6）的1.3%；自来水消耗产生的碳足迹为0.05kg CO_2 eq/t，贡献较小，占系统边界内总排放量的0.02%，根据取舍原则，可忽略该部分的碳足迹计算。

2.4　生产阶段核算

α型高强石膏生产能耗的活动数据来自企业的实际生产记录，主要是蒸汽及电力消耗，不会产生其他温室气体排放，仅需计算式（3）中的第一部分。根据表2中蒸汽和电力耗量，通过式（3）计算生产阶段的碳足迹，结果见表3。

表3　生产1t高强石膏生产阶段碳足迹核算

能源	碳排放因子	单位	活动数据	单位	计算结果 (kg CO_2 eq/t)
蒸汽	0.3056 [a]	kg CO_2 eq/kg	800	kg/t	244.46
电力	0.5810 [b]	kg CO_2 eq/kW·h	75	kW·h/t	43.58
总计					288.04

a 实际生产使用1.0MPa饱和蒸汽（温度为180℃左右，热焓值为2778kJ/kg[30]），根据热力排放因子0.11tCO_2/GJ[25]计算得到生产所用蒸汽的排放因子为2778×0.11/1000=0.3056kgCO_2eq/kg；

b 电力的排放因子采用国家发展和改革委员会公布的数据0.5810 tCO_2eq/MW·h[31]。

由表3中数据可知，α型高强石膏生产过程的碳足迹核算结果为288.04kg CO_2 eq/t，其中贡献最大的环节为消耗蒸汽进行升温、脱水反应及干燥，占该阶段碳足迹的84.87%。工业副产石膏的特点之一是含有大量的附着水，本工艺生产原料附着水含量18%左右，此部分水在升温和干燥过程需消耗较多能量，从而提高了α型高强石膏产品的生产能耗。

2.5 运输阶段核算

此阶段产生的碳足迹主要源于运输工具的选择及其能源消耗产生的温室气体排放，主要包括工业副产石膏、外加剂运输至高强石膏生产厂等过程。由于原材料一般均就近获取，多采用公路运输，燃料为柴油，碳排放因子为 $0.192 kg CO_2/(t \cdot km)$[32-33]。柴油消耗过程除了 CO_2 之外，还会产生 CH_4、N_2O 等温室气体[34-35]，根据文献[35]中卡车污染物的排放系数及柴油的排放因子，换算出运输过程中 1t 产品运输 1km 消耗柴油产生的 CH_4、N_2O 排放量，见表 4。通过式（4）计算出产品该阶段的碳足迹，结果见表 5。

表 4 公路运输中其他温室气体排放

温室气体	排放因子	单位	全球变暖潜力[25]
CH_4	4.63×10^{-6} a	$kg/(t \cdot km)$	28
N_2O	6.94×10^{-6} a	$kg/(t \cdot km)$	265

a 由文献[35]可知，消耗柴油产生 1GJ 能量排放 76026g CO_2、1.833g CH_4、2.749g N_2O，根据柴油的碳排放因子 $0.192 kg CO_2/(t \cdot km)$，计算出 CH_4 的排放系数为 $0.192 \times 1.833/76026 = 4.63 \times 10^{-6} kg/(t \cdot km)$；$N_2O$ 的排放系数为 $0.192 \times 2.749/76026 = 6.94 \times 10^{-6} kg/(t \cdot km)$。

表 5 生产 1t 高强石膏运输阶段碳足迹核算

运输	质量/t	距离/km	CO_2 排放/kg	CH_4 排放/kg	N_2O 排放/kg	计算结果（kg CO_2 eq/t）
副产石膏	1.40	50	13.44	9.07×10^{-3}	0.13	13.58
转晶剂 A	0.002	500	0.19	1.29×10^{-4}	1.84×10^{-3}	0.19
转晶剂 B	0.0055	500	0.53	3.56×10^{-4}	5.06×10^{-3}	0.54
总计			14.16	9.56×10^{-3}	0.14	14.31

由结果可以看出，该阶段的碳足迹为 14.31kg CO_2 eq/t。其中外加剂运输的碳排放为 0.73kg CO_2 eq/t，占系统边界内总排放量（表 6）的 0.2%；CH_4 和 N_2O 排放总量为 0.15kg CO_2 eq/t，占系统边界内总排放量的 0.05%，根据取舍原则，可忽略此两部分的碳足迹计算。

综上所述，忽略部分的碳足迹为自来水获取（0.05kg CO_2 eq/t）、外加剂运输（0.73kg CO_2 eq/t）以及运输过程中其他温室气体 CH_4 和 N_2O 的排放总量（0.15kg CO_2 eq/t），共占系统边界内总排放量的 0.30%，小于 5%，符合取舍原则。因此，为了简化计算，在磷石膏制备高强石膏的碳足迹核算中可忽略运输阶段柴油消耗产生的其他温室气体的排放，仅计算 CO_2 的排放量以及忽略转晶剂运输和生产用水所产生的碳足迹。

2.6 α 型高强石膏"从摇篮到大门"碳足迹核算结果

根据式（5）计算本工艺过程制备的高强石膏生命周期碳足迹，计算结果见表 6。由表 6 可看出，α 型高强石膏"从摇篮到大门"的碳足迹核算结果为 306.3kg CO_2 eq/t，生产阶段贡献最大，占比 94.04%，是探求节能减排的最可能方向。

表6 α型高强石膏生命周期评价碳足迹核算

生命周期阶段	排放量/（kg CO$_2$ eq/t）	占比/%
原料获取阶段	3.95	1.29
生产阶段	288.04	94.04
运输阶段	14.31	4.67
总计	306.30	100.00

2.7 生产阶段热耗分析

本工艺生产所用磷石膏（dihydrate，DH）纯度一般为90%左右，杂质中SiO$_2$占比最大，因此假设杂质为惰性的SiO$_2$，反应物料附着水含量18%（质量分数）左右，转晶温度为130℃，假定初始状态为25℃，成品半水石膏（hemihydrate，HH）附着水含量为0.5%（质量分数），进行物料衡算和能量衡算的简化计算。热力学相关数据来自文献[30]，见表7，生产过程热力学框架图如图3所示。

表7 热力学数据

项目	数值/[kJ/(kg·K)]	项目	数值/(kJ/kg)
DH比热容	0.61	H$_2$O在100℃蒸发的热焓	2257
SiO$_2$比热容	0.82	饱和蒸汽180℃时的热焓	2778
H$_2$O比热容	4.20	水在180℃时的热焓	763

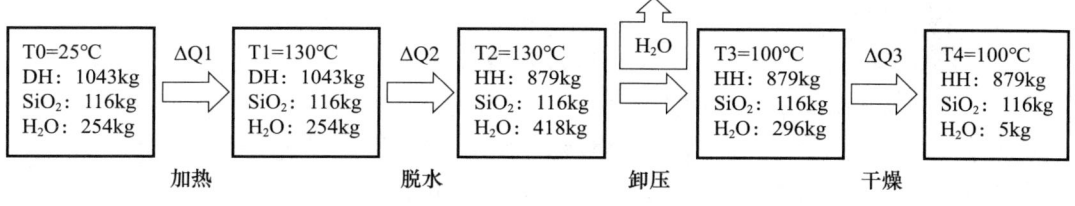

图3 磷石膏升温、脱水、卸压、干燥过程热力学框架图

（1）升温阶段热耗计算（ΔQ_1）

由于在饱和蒸汽环境下130℃时蒸发的水较少，大多数仍为液态，为简化计算，忽略此部分水蒸发所需热量。此过程初始状态是25℃，末状态是130℃，通过热力学计算得到升温阶段的热耗ΔQ_1为188.81MJ。

（2）反应阶段热耗计算（ΔQ_2）

二水石膏脱去1.5个结晶水生成半水石膏的反应热参考苏联和日本资料[36]数据95.18~96.14kJ/kg（DH）以及德国可耐福公司[36]数据111.6kJ/kg（DH），取120kJ/kg（DH）。以此计算，反应阶段的热耗ΔQ_2为125.16MJ。

（3）干燥阶段热耗计算（ΔQ_3）

卸压过程中由于釜内外的温度、压力差较大，水分形成强烈的扩散运动，在此过程中会自发散失较多水分。根据实际生产数据（表8）计算可知，散失水分的比例约为脱水后物料总水量的29%，以此计算得到图3中的卸压后物料的含水量为296kg。

表 8 卸压阶段物料水分散失生产数据

M_0/t	C_1/%	P/%	C_2/%	M_T/kg	M_S/kg	S/%
10	14.00	95.0	22.40	2682	570	21.2
10	13.68	95.0	22.18	2655	567	21.4
10	24.10	90.0	24.96	3482	1314	37.7
10	23.94	93.0	27.90	3504	991	28.3
13	19.38	88.0	23.62	3967	1173	29.6
13	18.87	89.0	22.51	3926	1291	32.9
13	19.85	90.0	23.63	4052	1284	31.7
平均值						29.0

注：M_0 为入釜物料质量；C_1 为入釜物料含水率；P 为原料石膏品位；C_2 为卸压后物料含水率；M_T 为脱水后理论总含水量；M_S 为散失水量；S 为散失水量占理论总水量的比例。

此阶段的热耗主要用于物料中的水分蒸发，通过热力学计算得到干燥阶段热耗 ΔQ_3 为 656.79MJ。

（4）蒸汽耗量理论计算

生产阶段的总热耗约为 970MJ，由此计算得出附着水含量为 18% 的原料生产过程理论蒸汽需求量约为 481kg，而实际生产 1t 产品蒸汽耗量约 800kg，设备热利用率约 60.0%，此外，本工艺生产过程中蒸汽冷凝后的热水及干燥的热风均未有效利用，造成部分能源浪费，能耗偏高。可通过设备升级提高热利用率，同时回收尾气和冷凝热水对入釜前物料进行预加热，减少生产过程蒸汽耗量。

由三个阶段的热耗分配可以看出，蒸汽消耗大部分用于水分的升温及干燥过程。α 型高强石膏生产能耗偏高的另一方面原因即是磷石膏原料附着水含量较高，加入外加剂溶液后，入釜物料附着水含量常大于 18%。若采用附着水含量为 12% 的物料进行生产，按上述过程计算，理论蒸汽需求量为 384kg，理论能耗降低约 20%。可通过陈化、晾晒石膏原料等方式降低附着水含量，以减少升温和干燥过程中的水分耗能，实现节能。

2.8 产品应用实例分析

α 型高强石膏强度、耐水性能等均优于建筑石膏粉，可替代部分水泥制备室内装饰装修材料，如石膏隔墙板、石膏自流平砂浆、石膏粘结砂浆、GRG 装饰制品等，具有质量轻、强度高、保温隔热性能好、声学反射性能优、防火、绿色环保等特点。本文以石膏基自流平砂浆为例，对比水泥基自流平砂浆，分析产品的低碳效益。

所采用的磷石膏基 α 型高强石膏达到建材行业标准 JC/T 2038—2010《α 型高强石膏》[37] 中 α50 强度等级，采用表 9 的配方制备室内用石膏基自流平砂浆，性能满足 JC/T 1023—2021《石膏基自流平砂浆》中 G25 等级以上，实际烘干抗压强度可达 30MPa 以上。水泥基自流平砂浆配方根据文献 [38-40] 中数据整理得到（表 9），其性能达到 JC/T 985—2017《地面用水泥基自流平砂浆》[41] 中 C30 等级以上。由此可见，该石膏基自流平砂浆产品可替代表 9 中水泥基自流平砂浆产品用作室内自流平材料。

表 9　自流平砂浆配方及性能　　　　　　　　　　　　　　　　　　　　kg

类型	胶凝材料	其他粉料	砂	减水剂	纤维醚	乳胶粉	消泡剂	缓凝剂
石膏基	540	10	450	0.9	0.4	3.0	0.5	0.05
水泥基	350	240	390	3.0	0.4	15.0	0.5	0.17

水泥由于其混合材和熟料的掺加比例不同，其碳排放一般范围为 590～930kgCO_2/t[16,42]，根据文献[43]，生产 1t 普通硅酸盐水泥"从摇篮到大门"的碳足迹取值 870kg CO_2 eq/t。由表 9 中数据可看出，水泥基自流平砂浆中外加剂、其他粉料用量均高于石膏基自流平砂浆，不考虑其他粉料、砂以及外加剂的碳排放，采用高强石膏替代水泥生产 1t 自流平砂浆产品的 CO_2 减排量约为 139kg。

由此可见，若采用 1000 万 t α 型高强石膏替代 640 万 t 水泥制作 1852 万 t 室内自流平材料，则至少可减少 257 万 t 的 CO_2 排放，同时可资源化利用 1400 万 t 工业副产石膏，节约土地资源约 170 万 m²。因此，采用工业副产石膏制备石膏胶凝材料，具有重要的环境意义和社会意义。

3　结论

（1）基于"生命周期评价"方法，参照 PAS：2050 标准，建立了以工业副产石膏为原料制备的石膏胶凝材料产品碳足迹核算模型，为石膏行业碳减排、参与碳交易提供依据。

（2）应用所建立的碳足迹核算模型，以磷石膏制备 α 型高强石膏为例进行计算，得出原材料获取、生产、运输三个阶段的碳排放分别为 3.95kg CO_2 eq/t、288.04kgCO_2 eq/t、14.31kgCO_2 eq/t，其中生产阶段排放最大，具有较大的碳减排潜力。

（3）工业副产石膏原料中附着水含量对生产过程的能耗影响较大，通过降低工业副产石膏附着水含量，可以显著降低能耗和碳排放量；通过回收利用余热、提高设备热利用率也可降低能耗。

（4）采用磷石膏制备的 α 型高强石膏替代水泥制备自流平砂浆用于室内地面，可以显著降低单位产品的碳排放量；1t 石膏基自流平砂浆代替水泥基自流平砂浆，可减少排放 139kg CO_2，具有显著的碳减排效益。

参考文献

[1] 纪罗军，赵红林. 从循环经济角度看工业副产石膏的资源化利用[J]. 硫酸工业，2021（9）：1-8.
[2] 陈家伟，张仁亮. 工业副产石膏资源化利用生态环境技术发展报告[J]. 广州化工，2020，48（24）：1-3.
[3] WIEDMANN T, MINX J. A definition of 'carbon footprint' ISA UK research report 0701 [R]. Hauppauge NY, USA：Nova Science Publishers，2008：1-11.
[4] 耿涌，董会娟，郗凤明，等. 应对气候变化的碳足迹研究综述[J]. 中国人口·资源与环境，2010，20（10）：6-12.

[5] WACKERNAGEL M, REES W E. Perceptual and structural barriers to investing in natural capital: economics from an ecological footprint perspective [J]. Ecological Economics, 1997, 20 (1): 3-24.

[6] 任鲲, 周红军. 生物液体燃料碳足迹评价方法综述 [C]. 中国石油石化节能减排技术交流大会, 2015.

[7] 张莉. 基于LCA的电力行业CO_2排放预测及燃煤电厂实例分析 [D]. 杭州: 浙江大学, 2017.

[8] International Organization for Standardization. Environmental management-life cycle assessment-principles and frameworks: ISO 14040—2006 [S]. Switzerland: ISO, 2006.

[9] 童庆蒙, 沈雪, 张露, 等. 基于生命周期评价法的碳足迹核算体系: 国际标准与实践 [J]. 华中农业大学学报 (社会科学版), 2018 (1): 46-57+158.

[10] 徐西蒙. 基于生命周期理论的建筑碳足迹分析 [J]. 环境科学导刊, 2021, 40 (2): 28-34.

[11] 王珊珊, 杨红强. 基于国际碳足迹标准的中国人造板产业碳减排路径研究 [J]. 中国人口·资源与环境, 2019, 29 (4): 27-37.

[12] 阴世超. 建筑全生命周期碳排放核算分析 [D]. 哈尔滨: 哈尔滨工业大学, 2012: 47-70.

[13] 赵秀秀. 绿色建筑全生命周期碳排放计算与减碳效益评价 [D]. 大连: 大连理工大学, 2017.

[14] ZHANG J, LIU G, CHEN B, et al. Analysis of CO_2 emission for the cement manufacturing with economic input-output life cycle assessment [J]. Natural Hazards, 2015: 1-14.

[15] 光文涛, 隋晓萌, 王鹏刚, 等. 采用固废制备的高贝利特硫铝酸盐水泥碳足迹核算与分析 [J]. 青岛理工大学学报, 2022, 43 (4): 34-40.

[16] 白文琦, 杜强, 吕晶, 等. 通用硅酸盐水泥生产的碳足迹研究 [J]. 西安工程大学学报, 2013, 27 (4): 472-476.

[17] 徐振华, 黄绪泉, 刘立明. 磷石膏制硫酸联产水泥过程中的碳排放核算 [J]. 磷肥与复肥, 2022, 37 (2): 46-48.

[18] 国家质量监督检验检疫总局, 中国国家标准化管理委员会. 建筑石膏单位产品能源消耗限额: GB 33654—2017 [S]. 北京: 中国标准出版社, 2017.

[19] 马丽丽. 纸面石膏板的生命周期评价 [D]. 北京: 北京工业大学, 2012.

[20] 吕莎莎. 基于LCA磷石膏基层材料环境影响研究 [D]. 武汉: 华中科技大学, 2012.

[21] 张乐. 磷石膏基生态水泥的开发及其生命周期评价研究 [D]. 武汉: 华中科技大学, 2009.

[22] 冯志亮. 废旧轮胎全生命周期碳足迹计算 [D]. 天津: 河北工业大学, 2020.

[23] 赵爱琴, 魏丽, 王虹. 中美温室气体排放核算的对比分析及建议 [J]. 环境保护, 2015, 43 (8): 60-63.

[24] 中国建筑材料联合会. 绿色设计产品评价规范—纸面石膏板: T/CBMF 124—2021 [S]. 北京: 中国建材工业出版社, 2021.

[25] 中国电子节能技术协会. 电器电子产品碳足迹评价通则: T/DZJN 001—2018 [S]. 北京: 中国电子节能技术协会, 2018.

[26] Intergovernmental Panel on Climate Change. 2006 IPCC guidelines for national greenhouse gas inventories [M]. Hayama: Institute for Global Environmental Strategies, 2006.

[27] 郑辉, 王玎, 方丽霞. 生命周期评价视角下的机电产品碳足迹分析模型研究 [J]. 天津科技大学学报, 2017, 32 (6): 65-72.

[28] VENTA G J, et al. Life cycle analysis of gypsum board and associated finishing products [R]. Ottawa: ATHENATM Sustainable Materials Institute, 1997.

[29] 程亚美. 工业化住宅建筑墙板能耗与碳排放研究 [D]. 北京: 北方工业大学, 2019.

[30] 刘光启. 化学化工物性数据手册-无机卷[M]. 北京：化学工业出版社，2002.

[31] 生态环境部办公厅. 关于做好2022年企业温室气体排放报告管理相关重点工作的通知[EB/OL]. 2022-03-15.

[32] 申娟娟. 基于LCA的建筑碳足迹测算及减排对策研究[D]. 广州：广东工业大学，2019.

[33] 崔鹏. 建筑物生命周期碳排放因子库构建及应用研究[D]. 南京：东南大学，2015.

[34] 杨倩苗. 建筑产品的全生命周期环境影响定量评价[D]. 天津：天津大学，2009.

[35] 黄志甲. 建筑物能量系统生命周期评价模型与案例研究[D]. 上海：同济大学，2003.

[36] 陈燕. 石膏建筑材料[M]. 北京：中国建材工业出版社，2003.

[37] 中华人民共和国工业和信息化部. α型高强石膏：JC/T 2038—2010[S]. 北京：中国建材工业出版社，2011.

[38] 郑成艳，盖广清，刘圣伟，等. 水泥基自流平砂浆性能的研究[J]. 商品混凝土，2009（10）：35-39.

[39] 高淑娟，刘文斌. 水泥基自流平砂浆的配制[J]. 商品混凝土，2011（10）：39-40+48.

[40] 韩芳芳，高奎旻，梁飞，等. 一种低成本水泥基自流平砂浆的配制及性能研究[J]. 新型建筑材料，2017，44（2）：99-102.

[41] 中华人民共和国工业和信息化部. 地面用水泥基自流平砂浆：JC/T 985—2017[S]. 北京：中国建材工业出版社，2017.

[42] 秦于茜. 水泥产品碳足迹核算研究[D]. 西安：西安理工大学，2020.

[43] 陈乔. 建筑工程建设过程碳排放计算方法研究[D]. 西安：长安大学，2014.

基金项目： 广西科技计划项目（AB22035064）

作者简介： 李莹（1984—），女，博士研究生。主要从事工业副产石膏综合利用技术研究。E-mail：liying_lry@163.com。

通信作者： 段鹏选，教授级高级工程师。E-mail：duanpengxuan@126.com。

水硬性石灰的制备

苏泓霖[1,2]　左彦峰[1,2]　刘航[1,2]　何焜[1,2]

（1. 中国地震局建筑物破坏机理与防御重点试验室，河北廊坊 065201；
2. 防灾科技学院 土木工程学院，河北廊坊 065201）

摘　要：本文研究了采用物理复合的形式制备水硬性石灰的可行性，通过向氢氧化钙中加入水硬性物质的方法制备水硬性石灰，本文所述的水硬性物质为矿粉，并对以氢氧化钙和矿粉为原材料所制备的水硬性石灰的物理性能及其抗压强度进行了测试分析，研究结果表明：以氢氧化钙和矿粉为原材料制备的水硬性石灰，初凝时间＞1h，终凝时间≤15h，安定性≤2mm，复合的水硬性石灰随着矿粉掺量的增加，分别达到 HL2、HL3.5、HL5 的要求，以氢氧化钙和矿粉为原材料，通过物理复合的形式制备水硬性石灰是可行的。本文以物理复合的形式制备水硬性石灰，经济环保且通过对矿粉掺量，矿粉细度的控制，得到了性能较好的水硬性石灰。

关键词：防灾减灾工程；水硬性石灰；氢氧化钙；物理复合

Preparation of Hydraulic Lime

Su Honglin[1,2]　Zuo Yanfeng[1,2]　Liu Hang[1,2]　He Kun[1,2]

(1. Key Laboratory of Building Failure Mechanism and Defense, China Earthquake Administration, Langfang 065201;
2. School of Civil Engineering, Institute of Disaster Prevention Science and Technology, Langfang 065201)

Abstract: In this paper, the feasibility of preparing hydraulic lime in the form of physical composite is studied, and the hydraulic lime is prepared by adding hydraulic material to calcium hydroxide, the hydraulic hard substance described in this paper is mineral powder, and the physical properties and compressive strength of hydraulic lime prepared with calcium hydroxide and mineral powder as raw materials are tested and analyzed, and the results show that the initial setting time of hydraulic lime prepared by calcium hydroxide and mineral powder as raw materials is＞1h, the final setting time is≤15h, and the stability is ≤2mm. With the increase of mineral powder content, the composite hydraulic lime meets the requirements of HL2, HL3.5 and HL5 respectively, and it is feasible to prepare hydraulic lime in the form of physical composite with calcium hydroxide and mineral powder as raw materials. In this paper, hydraulic lime is prepared in the form of physical compounding, which is economical and environmentally friendly. And through the control of the amount of ore powder and the fineness of the ore powder, the hydraulic lime with good performance was obtained.

Keywords: disaster prevention and reduction engineering hydraulic lime, calcium hydroxide, physical composite

0 引言

水硬性石灰分为天然水硬性石灰和人造水硬性石灰，通过烧制黏土质石灰岩或硅质石灰岩，并通过消化和粉磨获取的为天然水硬性石灰，人造水硬性石灰是由气硬性石灰和水泥、矿粉、粉煤灰天然火山灰以及石灰石填料等合适的火山灰质材料组成的胶凝材料[1-2]。水硬性石灰具有机械强度高，硬结速度快，柔性和施工性好，有利于水蒸气交换，抗冻，抗盐性好，经济性好等优点[3]。在德国、美国等有大量的研究，欧洲有10余个天然水硬性石灰生产厂。2002年欧洲标准EN459-1对石灰及水硬性石灰按强度及生产过程进行分类并制定技术标准[4]。水硬性石灰常用于石质文物的修复工程，在对宋代古月桥不同裂缝形式修复施工[5]、贺兰口岩画加固材料的研究[6]、宛平城墙修复[7]等修缮工程中均得到一定程度的应用。王琳琳等[2]以泥灰岩为原料，沈雪飞[8]等以陕南铅锌尾矿等为主要原料制备天然水硬性石灰。宗翔[9]等用硅灰、糯米浆和纸巾纤维，陈芳红等[10]用减水剂对天然水硬性石灰进行改性研究，水硬性石灰性能均在原有基础上得到一定程度提高。

目前的研究中，有关人造水硬性石灰的研究较少。水硬性石灰大多应用于古建筑修复领域，国内在建筑领域应用较少。本文通过用氢氧化钙和矿粉进行物理复合制备水硬性石灰，为研究水硬性石灰砂浆的应用提供参考。

1 试验设计

1.1 试验材料与仪器

本试验的原材料为工业级氢氧化钙，矿粉（S95级），二水石膏成分见表1，河砂。

表1 二水石膏成分

成分	二水合硫酸钙 ($CaSO_4 \cdot 2H_2O$)	铵 (NH_4)	碱金属及镁 (MgO)	盐酸不溶物	重金属（以pb计）	铁 (Fe)	碳酸盐 (CO_3)	氯化物 (Cl)	硝酸盐 (NO_3)
含量	99.0%	0.005%	0.2%	0.025%	0.001%	0.0005%	0.05%	0.002%	0.002%

主要试验仪器：J-5 水泥胶砂搅拌机；NLD-3 型水泥胶砂流动度测定仪；ZS-15 型水泥胶砂振实台；YH-40B 型标准恒温恒湿养护箱；YAW-300C 型压力试验机（精度等级 1 级）；球磨机 SMφ500×500 毫米试验磨；FBT-9 型全自动比表面积测定仪；雷氏夹；F1-31A 型水泥雷氏沸煮箱。

1.2 试验方案设计

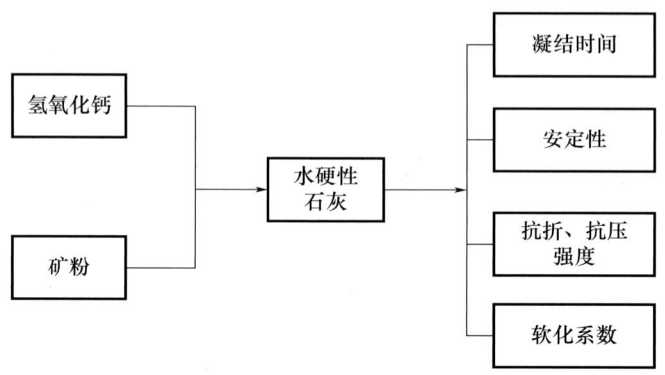

该研究采用物理复合的方式制备水硬性石灰砂浆，通过在氢氧化钙中分别掺入 10%、20%、30%、40%、50%、60%、70%、80%的矿粉，制备水硬性石灰，对水硬性石灰进行标准稠度用水量、凝结时间、安定性测试，制备水硬性石灰砂浆，进行抗折强度、抗压强度、软化系数测试，将矿粉分别研磨 30min、60min、90min、120min、150min，磨细矿粉对应的细度见表 2。根据水硬性石灰砂浆强度性能选取矿粉掺量最好的一组，用磨细矿粉代替矿粉制备水硬性石灰，进行标准稠度用水量、凝结时间、安定性测试并制备砂浆进行强度测试。

表 2　矿粉磨细时间对应的矿粉细度

磨细时间/min	0	30	60	90	120	150
细度/（cm²/g）	405.55	642.00	655.04	699.14	705.93	794.14

1.3 试验方法

（1）根据 GB/T 1346—2011《水泥标准稠度用水量、凝结时间、安定性检验方法》[11]对水硬性石灰进行测试。

（2）流动度按照 GB/T 2419—2005《水泥胶砂流动度测定方法》[12]对各组砂浆初始流动度进行测试。

（3）抗折、抗压强度按照《水泥胶砂强度检验方法（ISO 法）》（GB/T17671—1999）[13]的相关规定进行测试。

（4）养护条件：湿度（60±10）%

2 结果与分析

2.1 矿粉掺量对水硬性石灰性能影响

不同掺量矿粉所需标准稠度用水量如图 1 所示：

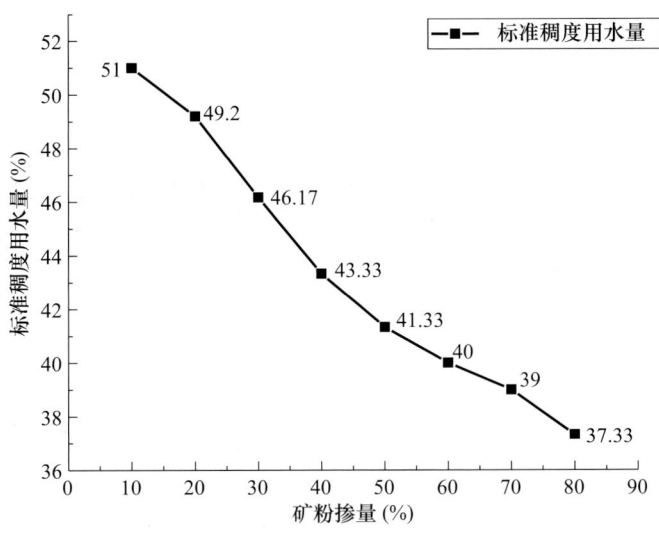

图 1 不同掺量矿粉标准稠度用水量

2.1.1 矿粉掺量对水硬性石灰物理性能的影响

矿粉掺量对水硬性石灰凝结时间的影响如图 2、图 3 所示：

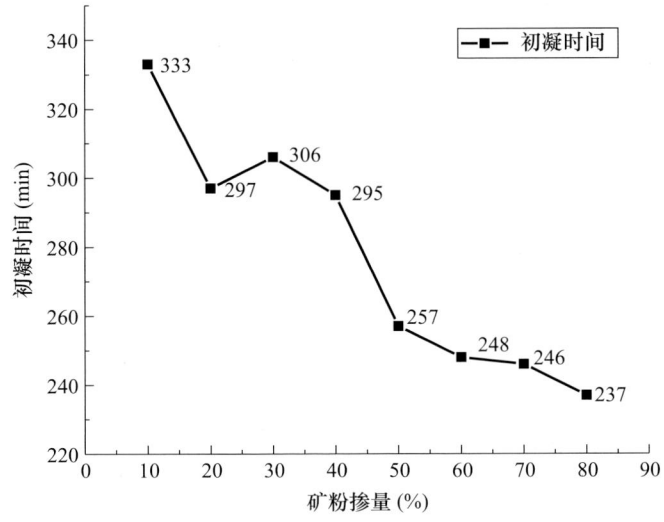

图 2 矿粉掺量对水硬性石灰初凝时间的影响

由图 2、图 3 可以看出，水硬性石灰的初凝时间和终凝时间都随着矿粉掺量的增加呈下降趋势，水硬性石灰的初凝时间约为 3h～5h，大于 1h，终凝时间约为 6h～8h，小于 15h。

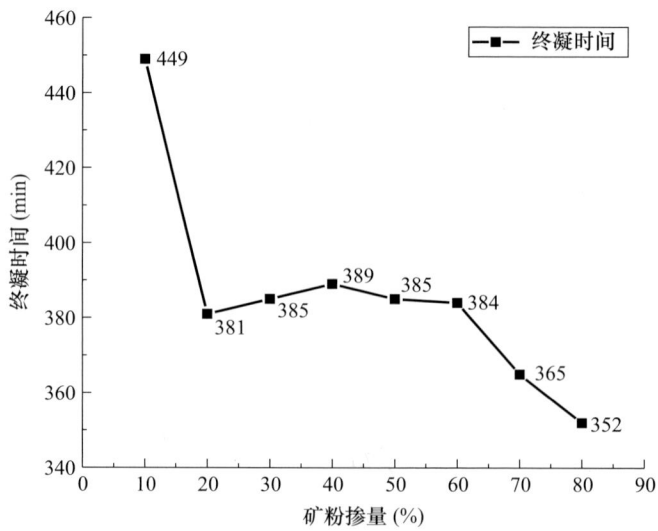

图 3 矿粉掺量对水硬性石灰终凝时间的影响

矿粉掺量对水硬性石灰安定性的影响见表 3：

表 3 矿粉掺量对水硬性石灰安定性影响

矿粉掺量（%）	10	20	30	40	50	60	70	80
C_1-A_1 测值（mm）	1	0.5	2	0	0	0.5	1	0
C_2-A_2 测值（mm）	1	0.5	0	0	0	0	0	0
C-A 平均值（mm）	1	0.5	1	0	0	0.25	0.5	0

由表 3 可知，随着矿粉掺量的变化，水硬性石灰试件煮后增加距离的平均值不超过 5.0mm，水硬性石灰安定性良好。

2.1.2 矿粉掺量对水硬性石灰力学性能的影响

矿粉掺量对水硬性石灰抗折强度的影响如图 4 所示：

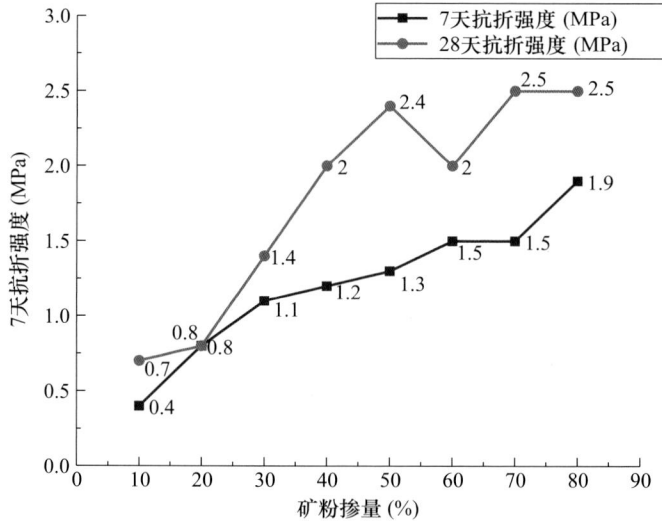

图 4 矿粉掺量对水硬性石灰的抗折强度影响

由图 4 可以看出，水硬性石灰的抗折强度随着矿粉掺量的增加呈增加趋势，矿粉掺量为 50％时，水硬性石灰抗折强度最高。矿粉掺量小于 50％时，水硬性石灰抗折强度随着矿粉掺量增长迅速，掺量大于 50％时，增长速度有所降低，矿粉掺量大于 70％时，对强度几乎没影响。

矿粉掺量对水硬性石灰抗压强度的影响如图 5 所示：

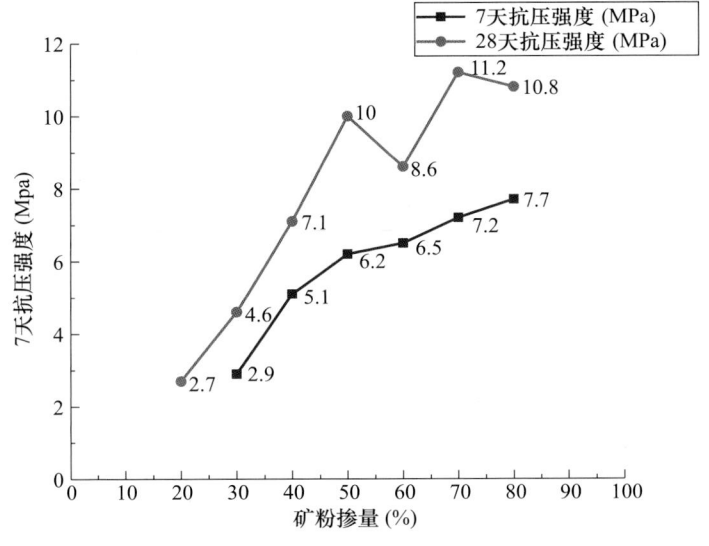

图 5　矿粉掺量对水硬性石灰抗压的强度影响

由图 5 可以看出，矿粉掺量在 50％以下时，抗压强度随着矿粉掺量的增加增长迅速，矿粉掺量在 50％以上时，抗压强度增加速度减缓，但总体呈上升趋势。

2.2　矿粉细度对水硬性石灰性能影响

不同细度的矿粉所需标准稠度用水量如图 6 所示：

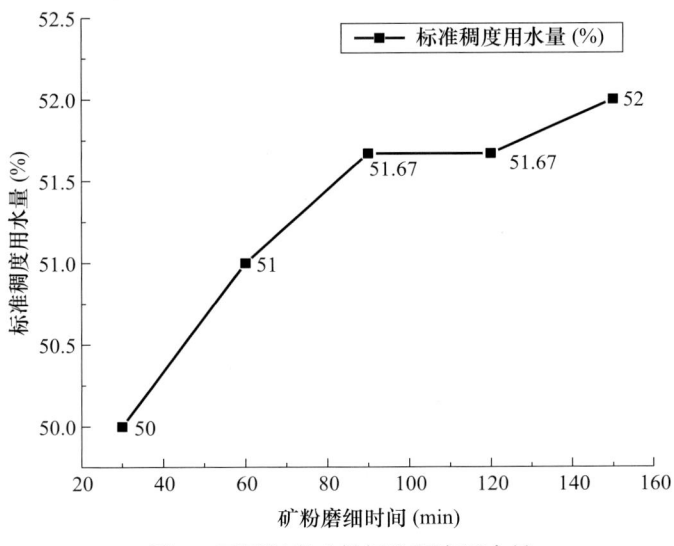

图 6　不同细度矿粉标准稠度用水量

2.2.1 矿粉细度对水硬性石灰物理性能的影响

矿粉细度对水硬性石灰凝结时间的影响如图 7、图 8 所示：

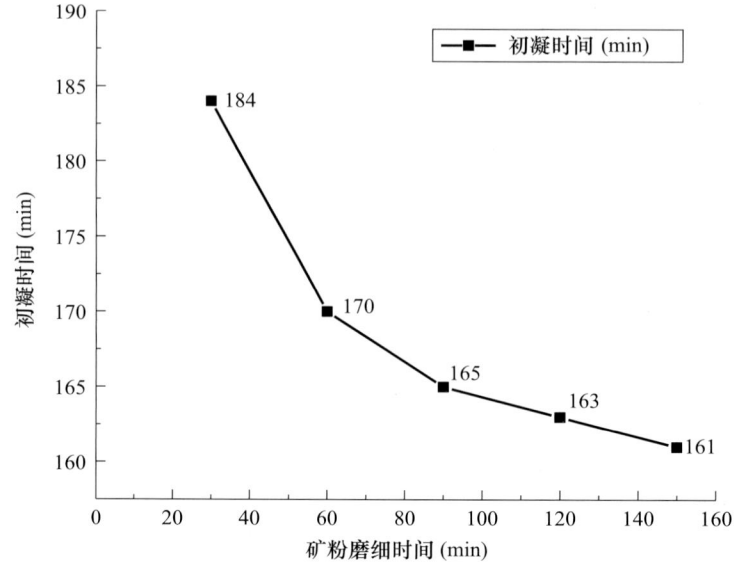

图 7　矿粉细度对水硬性石灰初凝时间的影响

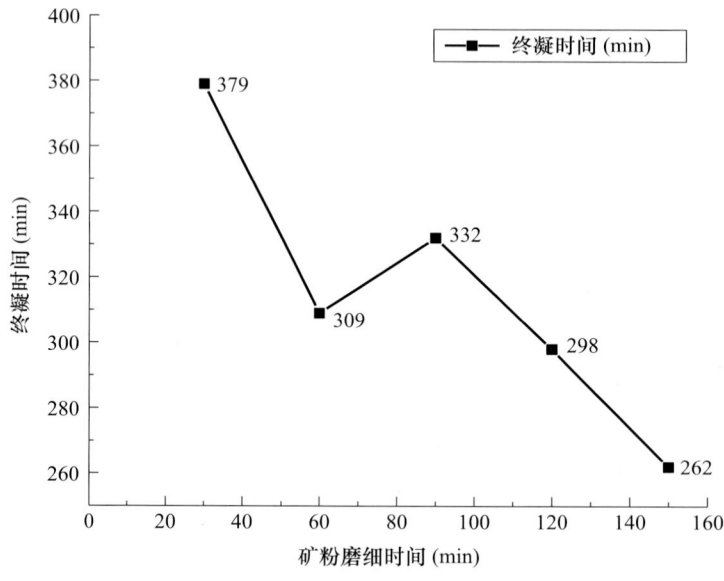

图 8　矿粉细度对水硬性石灰终凝时间的影响

由图 7 和图 8 可以看出，水硬性石灰的凝结时间随着矿粉磨细时间的增加，矿粉细度的增加呈下降趋势。这是因为矿粉磨细之后，比表面积增加，水化反应速度加快，凝结时间变短。初凝时间 2～3 小时，终凝时间 4～7 小时。

矿粉掺量对水硬性石灰安定性的影响见表 4。

表4 矿粉细度对水硬性石灰安定性影响

矿粉磨细时间（min）	30	60	90	120	150
C_1-A_1 测值（mm）	0	0	0.5	0.5	0
C_2-A_2 测值（mm）	0.5	0.5	0	2	0.5
C-A 平均值（mm）	0.25	0.25	0.25	1.25	0.25

由表4可以看出，在矿粉细度不同的条件下，水硬性石灰的安定性良好。

2.2.2 矿粉细度对水硬性石灰力学性能的影响

由图9可以看出，水硬性石灰的抗折强度随着矿渣磨细时间的增加呈上升趋势，矿渣磨细时间90min时，水硬性石灰抗折强度最佳。

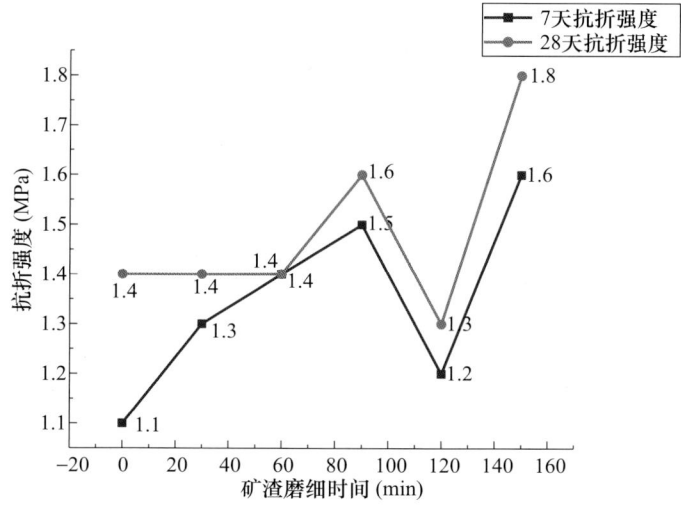

图9 矿粉细度对水硬性石灰抗折的强度影响

由图10可以看出，水硬性石灰的抗压强度随着矿粉细度的增加先增加后趋于稳定，矿粉磨细30min时，水硬性石灰抗压强度增加最为明显。矿粉磨细时间为90min时，水硬性石灰抗压强度最高。

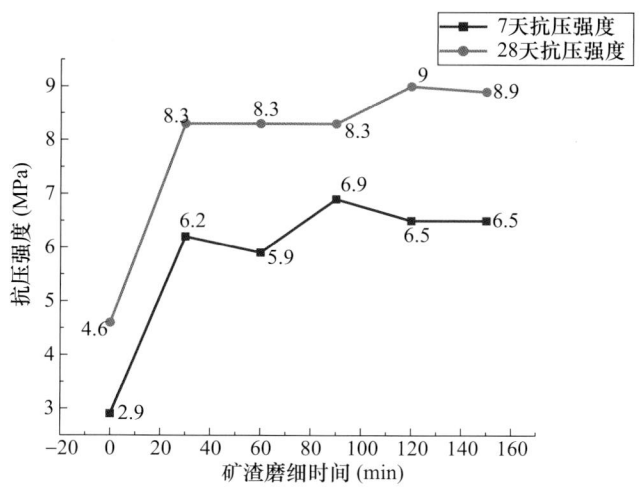

图10 矿粉细度对水硬性石灰抗压的强度影响

3 结论与展望

3.1 结论

1. 由气硬性石灰氢氧化钙和火山灰质材料矿粉,通过物理复合的方式组成的水硬性石灰,物理性能和力学性能均符合 BS EN 459-1 所规定的内容,即以氢氧化钙和矿粉为原材料,通过物理复合的形式制备水硬性石灰是可行的。

2. 矿粉掺量的增加可以显著提高水硬性石灰力学性能,水硬性石灰的抗压强度和抗折强度均得到显著提高。其对水硬性石灰的物理性能也产生一定的影响,随着矿粉掺量的增加,水硬性石灰的凝结时间降低。

3. 水硬性石灰抗折强度和抗压强度随着矿粉细度的增加先增加后趋于稳定。随着矿粉细度的增加,矿粉比表面积增大,水化反应速率加快,水硬性石灰凝结时间降低。

3.2 展望

目前国内对于水硬性石灰的生产工艺,制备流程,原材料选取等还尚未进行系统研究,且国内尚无企业生产,导致了其进口单价远超水泥。这也导致水硬性石灰在市场中的应用难以得到推广。本文研究了一种水硬性石灰的制备方法,虽然取得了一定的成果,但是仍有以下几个方面需要继续研究:

1. 如何通过调节水硬性石灰砂浆各个组分含量等使其能够应用于抹灰,勾缝,粘结等实际工程中去。

2. 如何通过掺外加剂等对水硬性石灰砂浆进行复合改性研究,从而进一步改善水硬性石灰的整体性能。

参考文献

[1] 崔源声. 天然水硬性石灰水泥发展报告 [A]. 中国硅酸盐学会科普工作委员会、建筑材料工业技术情报研究所. 2013 中国水泥技术年会暨第十五届全国水泥技术交流大会论文集 [C]. 中国硅酸盐学会科普工作委员会、建筑材料工业技术情报研究所,2013:11.

[2] 王琳琳,刘泽,王栋民,等. 泥灰岩制备天然水硬性石灰工艺优化及性能 [J]. 硅酸盐通报,2019,38 (3):853-857.

[3] 彭反三. 天然水硬性石灰 [J] 石灰,2009 (3):44-48. PENG Fansan. Natural hydraulic lime [J]. Lime, 2009 (3): 44-48.

[4] 戴仕炳,王金华,胡源,等. 天然水硬性石灰的历史及其在文物和历史建筑保护中的应用研究 [C]. //2009 年中国石灰工业技术交流与合作大会论文集. 2009:149-162.

[5] 李强强,叶良,王甜. 水硬性石灰在宋代古月桥修复中的优化试验研究 [J]. 建筑施工,2019,41 (12):2178-2181.

[6] 徐飞,杨隽永,杨毅. 水硬石灰作为贺兰口岩画加固材料的耐候性能研究 [J]. 文物保护与考古科学,2016,28 (4):31-39.

[7] 杜超群,王菊琳,张涛. 宛平城墙病害勘测及保护材料试验研究[J]. 科学技术与工程,2020,20(20):8316-8324.

[8] 沈雪飞,薛群虎,徐亮等. 利用铅锌尾矿制备天然水硬性石灰可行性研究[J]. 硅酸盐通报,2013,32(10):1973—1978. DOI:10.16552/j.cnki.issn1001-1625.2013.10.027.

[9] 宗翔,张全政. 天然水硬性石灰的有机 无机复合改性研究[J]. 重庆科技学院学报:自然科学版,2022,24(4):80-84.

[10] 陈芳红,李强强,叶良. 内掺型防水剂对古建筑修缮中改性水硬性石灰性能的影响研究[J]. 新型建筑材料,2017,44(12):113-115.

[11] 中华人民共和国国家质量监督检疫总局. 水泥标准稠度用水量、凝结时间、安定性检验方法:GB/T 1346—2011[S]. 北京:中国标准出版社,2011.

[12] 中华人民共和国国家质量监督检疫总局. 水泥胶砂流动度测定方法:GB/T 2419—2005[S]. 北京:中国标准出版社,2005.

[13] 国家质量技术监督局. 水泥胶砂强度检验方法:GB/T 17671—1999(ISO方法)[S]. 北京:中国标准出版社,1999.

作者简介 苏泓霖,学生,防灾科技学院土木工程学院,研究方向为水硬性石灰的制备及性能研究,E-mail:1350281907@qq.com

通信作者 左彦峰,博士,教授,就职于防灾科技学院土木工程学院,研究方向为高性能水泥基材料和混凝土化学外加剂等,E-mail:zoolarpeak@163.com

企业简介
COMPANY PROFILE

郑州市建文特材科技有限公司位于河南省新密市西工业园区，资产总额2.68亿元人民币，具备年研发生产各类特种工程材料30余万吨的能力。公司是与中国建筑材料科学研究总院技术合作创建的高科技企业、中国混凝土与水泥制品协会防水及修复材料与工程技术分会副会长单位。公司是质量管理、环境管理、职业健康安全管理、能源管理四大体系认证企业，曾合作承担国家"十三五"科技攻关项目3项，参与"十四五"科技攻关项目。公司具有发明专利11项，实用新型专利100余项，先后20余次参加国家、行业标准的制订或修编，并分别荣获了"国家级高新技术企业""国家科技型中小企业""国家级绿色工厂""河南省绿色引领企业"、河南省"专精特新"企业、河南省"瞪羚"企业、2022年度郑州市高新技术企业"百快"榜单、郑州市"无废工厂"等荣誉称号。

公司产品
COMPANY PRODUCT

郑州市建文特材科技有限公司

厂址：河南省新密市西工业园区（中国·郑州）
电话：0371-55602388　　传真：0371-55601666
网址：www.jianwenkeji.com　　邮编：452370

关于塞拉尼斯

塞拉尼斯公司是化学及特种材料解决方案的佼佼者，产品被广泛应用于诸多行业和消费品领域。公司充分利用广博的化学、技术和业务专长，为客户、员工和公司股东创造价值。我们致力于可持续发展，为材料的整个生命周期进行责任管理，并不断扩大的可持续产品组合，以满足不断增长的客户需求和社会需求。塞拉尼斯是一家美国财富500强企业，全球约有 12,400 名员工，2023年净销售额达 109亿美元。

产品概述

产品		特点				推荐应用										
可再分散乳胶粉	聚合物类型	类型	MFFT (°C) 约	附加特点	"EMICODE" EC1PLUS 适用性	防水涂料和砂浆			界面剂	瓷砖胶粘剂	瓷砖填缝剂	腻子	瓷缝和抹灰	地坪		外墙外保温系统 (ETICS)	混凝土修补砂浆	墙面
						2K	单组分刚性	单组分柔性						自流平	地板胶			聚合物粘合剂
IOTEX® 60W	VA/E	刚性	12		🍃					•		•	•					
IOTEX® 80W	VA/E	柔性	0							•			•					
IOTEX® AD0110	PVAC	刚性	5															
IOTEX® FL1210	VA/VV	半柔性	5	消泡性	🍃		•			•			•		•			
IOTEX® FL1900	VA/VV	刚性	3	消泡性、流平性						•			•		•			
IOTEX® FL2211	VA/E	刚性	3	消泡性			•								•			
IOTEX® FL3210	VA/VV/E	刚性	5	消泡性	🍃													
IOTEX® FX1000	VA/VV	半柔性	5									•			•			
IOTEX® FX2350	VA/E	超柔性	0		🍃													
IOTEX® FX2630	VA/E	超柔性	0		🍃				•									
IOTEX® FX7000	S/A	半柔性	0	消泡性			•											•
IOTEX® HD2000	VA/E	刚性	3	疏水性	🍃													
IOTEX® HD2040	VA/E	柔性	0	疏水性						•			•		•			
IOTEX® MP2050	VA/E	刚性	3		🍃													
IOTEX® MP2070	VA/E	刚性	5		🍃													
IOTEX® TITAN8100	A	刚性	0														•	
IOTEX® WR8600	A	柔性	0															•

特种添加剂	化学成分	功能														
IOTEX® ELOSET542	淀粉醚	增稠剂					•			•							
IOTEX® ERA200	改性天然树脂	抗泛碱															
IOTEX® FLOWKIT53		流变和附着												•			
IOTEX® PAD3	附着力促进剂	聚苯乙烯助粘剂														•	
IOTEX® SEAL200	有机硅	憎水性					•					•					
IOTEX® SEAL712	有机硅	憎水性															
IOTEX® SEAL81	有机硅	憎水性						•									
IOTEX® OTA100	配方复合物	延长开放时间															

聚合物乳液	聚合物类型	Tg (°C) 约	稳定体系	固含量 (%)	布氏粘度 (25 °C) (mPa·s)	pH 值		
llvolit® 1320	VA/E	0	聚乙烯醇	55.5	3000–5000	4.0–5.0	•	
llvolit® 1350	VA/E	-10	表面活性剂和聚乙烯醇	55.5	1500–3000	4.5–6.0	•	
llvolit® 1386	VA/E	-5	表面活性剂和聚乙烯醇	55.5	1500–3500	4.0–5.0	•	
llvolit® 1360	VA/E	11	聚乙烯醇	55.5	1000–2500	4.0–5.0		•
llvolit® 1369L	VA/E	15	表面活性剂和聚乙烯醇	50.0	100–1000	4.0–6.0		
llvolit® 1490	VA/E	-22	表面活性剂	60.0	1000–3000	4.0–6.0		•

中建西部建设建材科学研究院
CHINA WEST CONSTRUCTION ACADEMY OF BUILDING MATERIALS

智造未来建材
拓展幸福空间

- "中建超韧" UHPC系列产品
- 建筑防水与渗漏治理系列产品
- 装饰功能结构一体化墙体材料
- 保温隔热吸音功能材料
- 建筑材料功能化学品
- 新型低碳无机胶凝材料
- 固废资源化利用技术
- 建材产业智能智造

企业简介 Company Profile

中建西部建设建材科学研究院有限公司（以下简称研究院）是中国建筑打造的一家专注于建筑材料的科技研发与成果转化平台，获批首批中建土木工程材料重点实验室，设立CCPA混凝土与工程技术分会，并与清华大学、同济大学、上海交通大学、重庆大学等高校签订战略合作协议。研究院自建研发大楼位于成都科学城兴隆湖畔，投资超4亿元，实验室面积超2万平方米，科研设备价值达8000万元，现有硕博科研人员近60人，外聘中国工程院院士1人，"双一流"高校专家10人。研究院以科技创新为核心驱动，开展建材产业创新创造、产业升级、科技与产业的融合、科技成果转化、科技创新和应用型人才培养等方面的业务，促进整个建材行业转型升级，推动行业绿色发展。研究院现有40多项产品技术创造了良好的社会、经济和环保效益。

注册资本金
1.7 亿元

固定资产投资
4.2 亿元

实验室建筑面积
20000 m²

引进设备
8000 万元

同时办公
500 人

单位地址：中国（四川）自由贸易试验区成都市天府新区兴隆街道科学城北路东段1659号
联系电话：028-84195379

世环会 【低碳建筑与舒适系统展】
NieTec
260,000m² 规模　120,000+观众　4,000+展商

上海国际低碳建筑装饰主题展
Shanghai International Low-carbon Building Decoration Exhibition

🕐 2025年6月3-5日　📍 上海 | 国家会展中心（虹桥）

 砂浆

 保温

 防水

 涂料

展会咨询

徐女士
021-3323 1382

官方客服

微信公众号

主办机构

 中华环保联合会

 CECA 中国节能协会

 上海市环境保护产业协会

荷瑞展览 —HERUI EXPO—

 informa markets

协办机构

 荷祥

中国砂浆网
mortar_cn

专业创造价值
与行业共成长

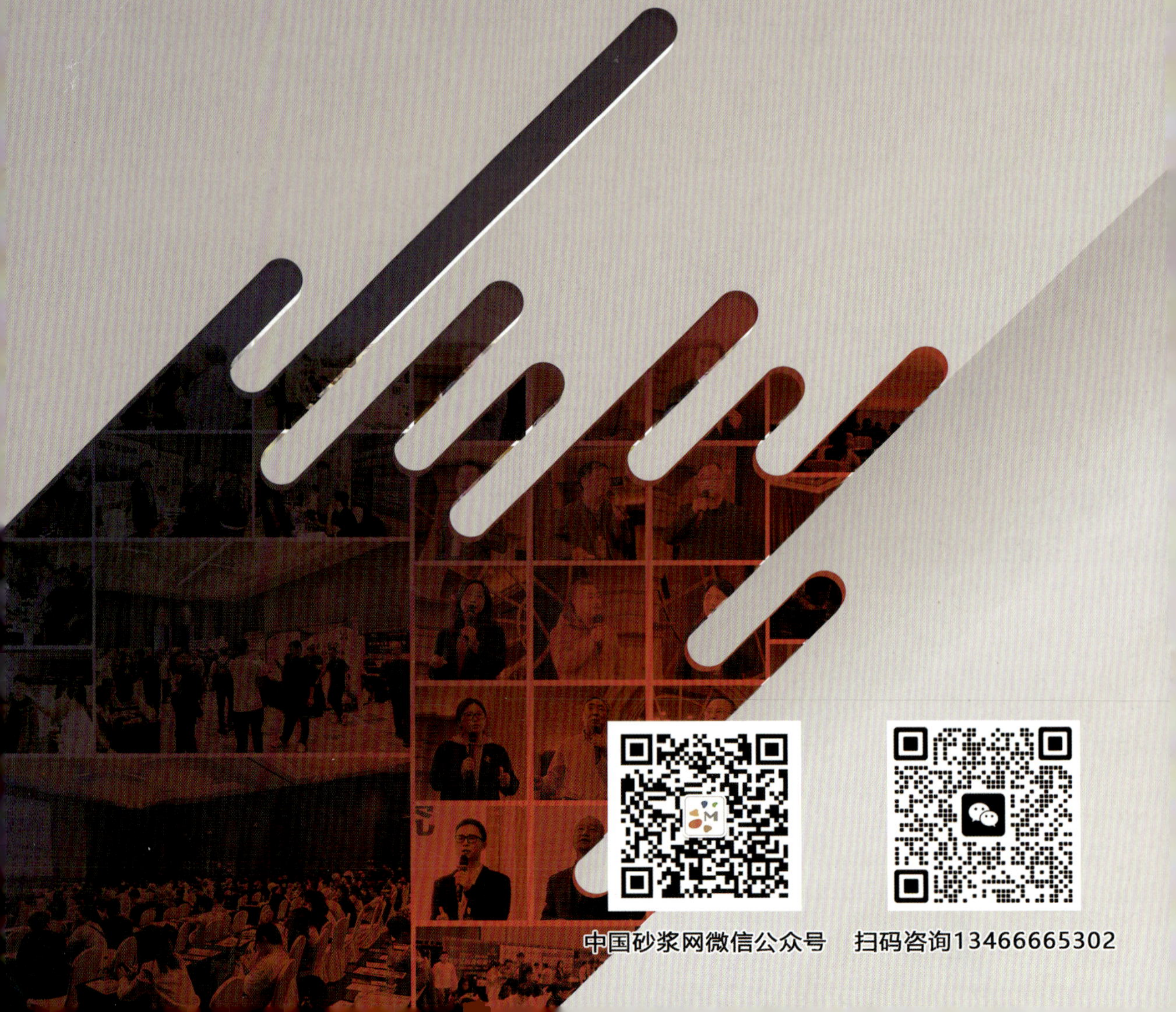

中国砂浆网微信公众号　　扫码咨询13466665302